U0286753

清华

开发者书库

CMOS Analog Integrated Circuits

CMOS模拟集成电路

王永生 ◎编著

Wang Yongsheng

清华大学出版社

北京

内 容 简 介

本书阐述 CMOS 集成电路分析与设计的相关知识：主要介绍 CMOS 模拟集成电路设计的背景、MOS 器件物理及建模等相关知识；分析电流源、电流镜和基准源，以及共源极、共漏极、共栅极和共源共栅极等基本放大器结构、原理、分析与设计技术；同时分析电路的频率、噪声等特性，并进一步讨论运算放大器、反馈结构及其稳定性和频率补偿；然后讨论开关电容电路、比较器，进而介绍数模转换器和模数转换器的基本结构和工作原理；最后讨论与 CMOS 模拟集成电路相关的版图设计技术。

本书可作为高等院校电子信息类本科生和研究生教材，也可作为相关领域工程师的参考用书。

图书在版编目（CIP）数据

CMOS 模拟集成电路/王永生编著.—北京：清华大学出版社，2020.3（2022.3重印）
（清华开发者书库）
ISBN 978-7-302-54022-9

Ⅰ．①C… Ⅱ．①王… Ⅲ．①CMOS 电路－模拟集成电路 Ⅳ．①TN432 ②TN431.1

中国版本图书馆 CIP 数据核字（2019）第 237608 号

责任编辑：盛东亮　赵佳霓
封面设计：李召霞
责任校对：梁　毅
责任印制：刘海龙

出版发行：清华大学出版社
　　　　网　　　址：http://www.tup.com.cn，http://www.wqbook.com
　　　　地　　　址：北京清华大学学研大厦 A 座　　　　邮　　编：100084
　　　　社　总　机：010-83470000　　　　　　　　　　邮　　购：010-83470235
　　　　投稿与读者服务：010-62776969，c-service@tup.tsinghua.edu.cn
　　　　质量反馈：010-62772015，zhiliang@tup.tsinghua.edu.cn
　　　　课件下载：http://www.tup.com.cn，010-83470236
印　装　者：三河市科茂嘉荣印务有限公司
经　　　销：全国新华书店
开　　　本：203mm×260mm　　　印　　张：29　　　　字　　数：814 千字
版　　　次：2020 年 3 月第 1 版　　　印　　次：2022 年 3 月第 4 次印刷
定　　　价：89.00 元

产品编号：060282-01

前言
PREFACE

　　本书比较全面、深入地介绍了 CMOS 模拟集成电路分析与设计的相关知识。本书立足于 CMOS 模拟集成电路基础知识的阐述,同时侧重于模拟集成电路知识的实际运用,介绍了 SPICE 电路模拟仿真,并且也注意与电子电路相关知识的联系和运用。本书可以作为高等院校电子信息类本科生和研究生教材,也可作为相关领域工程师的参考用书。

　　本书循序渐进、深入浅出地阐述了 CMOS 模拟集成电路器件及模型、基本电路、复杂电路,以及系统电路分析与设计的相关内容。本书的内容框架也按照此原则进行组织,共分为 15 章,第 1 章概述,主要内容包括模拟集成电路与数字集成电路的关系、模拟集成电路的抽象层次与电路设计方法,并说明了本书的符号标记法;第 2 章 MOSFET 器件及模型,主要内容包括 MOSFET 器件结构、I/V 特性、器件模型及 SPICE 仿真;第 3 章 CMOS 电流源和电流镜,主要内容包括简单电流源和电流镜、共源共栅电流源和电流镜、大摆幅共源共栅电流镜及威尔逊电流镜;第 4 章基准源,主要内容包括电压基准源和电流基准源;第 5 章 CMOS 单级放大器,主要内容包括放大器的基本分析方法、共源极放大器、共漏极放大器、共栅极放大器及共源共栅放大器;第 6 章 CMOS 差分放大器,主要内容包括差分工作方式、基本差分对、共模响应及采用有源负载的差分对;第 7 章 CMOS 放大器的频率响应,主要内容包括放大器的频率响应分析方法、单端放大器的频率响应及差分放大器的频率响应;第 8 章噪声,主要内容包括噪声的表示及计算方法、电路噪声的类型及模型、基本放大器中的噪声、差分放大器中的噪声;第 9 章反馈,主要内容包括反馈特性及电路结构、实际反馈电路结构、反馈对噪声的影响、反馈电路的分析与设计;第 10 章 CMOS 运算放大器,主要内容包括运算放大器的性能参数、单级及二级运算放大器、运算放大器的输出级、全差分运放及共模反馈;第 11 章稳定性与频率补偿,主要内容包括稳定性分析技术、频率补偿技术;第 12 章比较器,主要内容包括比较器的特性和各种比较器电路结构、失调消除技术;第 13 章开关电容电路,主要内容包括开关电容结构和基本单元、开关电容电路 z 域信号流图、开关电容放大器和积分器及滤波器;第 14 章 DAC 和 ADC 电路,主要内容包括 DAC 的基本特性和结构原理、ADC 的基本特性和结构原理;第 15 章模拟集成电路的版图设计,主要内容包括 MOS 晶体管、无源器件和连线的版图设计、考虑对称性及噪声干扰的版图设计。

　　本书主要由哈尔滨工业大学的王永生编著,来逢昌进行审校。黑龙江大学的曹贝及哈尔滨工业大学的付方发等人也参与了本书部分内容的编写工作。

　　由于编者水平有限,书中难免存在疏漏和错误,恳切希望广大读者批评指正。

编著者

2020 年 1 月

致 谢

EXTEND THANKS TO

对哈尔滨工业大学微电子科学与技术系从事集成电路教学科研的师生表示诚挚的感谢,他们为撰写本书提供了支持和帮助。同时也对清华大学出版社首席策划编辑盛东亮和他的同事表示感谢,感谢他们的辛苦付出。最后,感谢我的家人,自从开始撰写本书,他们给予了我无私的爱、鼓励和理解。

目 录
CONTENTS

绪　　论

主要符号	含　义
I_R	流经电阻的直流电流
V_{DC}, I_{DC}	直流电压和直流电流
$v_a(t)$	瞬时交流电压
v_a, i_a	交流小信号电压和电流
v_A, i_A	总的电压和电流
V_a	电压的 rms 值（均方根值，即有效值）
$V_a(s)$	s 域的电压
$H(s)$	s 域的传递函数

1.1　模拟电路与数字电路

　　随着金属氧化物半导体场效应晶体管（MOSFET，简称 MOS）及互补 MOSFET（CMOS）工艺的进步，数字集成电路（IC）得到了有效的实现，已经达到可以在一个芯片上集成上千万乃至数十亿个晶体管的水平，并且有成熟的电子设计自动化（EDA）工具来支持数字电路的自动化设计。因此，无论是信号处理，还是过程控制，原来采用模拟方式实现的系统，目前越来越多地采用数字的方式完成，数字电路大有取代模拟电路之势。然而，由于自然界的信号是"模拟"的，因此，在能够交给数字系统（如 CPU 或 DSP）处理之前，必须有功能部件能够将模拟信号转换为数字信号，如模数转换器（ADC）。同时，数字系统处理得到的结果也需要一定的功能部件将其转换为反映自然界的模拟信号，如数模转换器（DAC）及执行器。另外，诸如电源、信道传输（无线、电缆、光纤等）收发器、存储媒体的驱动电路、音频视频采集及接口、传感器接口等还必须由模拟电路的方式完成。因而，实际的电子系统往往是如图 1-1 所示的框图描述的模拟及混合信号系统。数字系统的性能越高，对模拟电路的要求也就越高，越离不开模拟集成电路的发展。

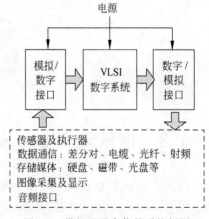

图 1-1　模拟及混合信号系统框图

1.2 电路抽象层次

模拟集成电路或混合信号集成电路的设计和分析,通常在不同的抽象层次上来考虑。根据不同的功能、性能要求及设计考虑,需要在器件物理(device)、晶体管电路(circuit)、结构(architecture)、系统(system)等层次上对复杂电路进行研究,如图 1-2 所示。电子器件是电路系统的基础,需要在器件物理层次研究器件的物理行为。器件的电学特性可以通过对器件的物理特性进行研究得到,在此基础上,由器件构成各种电路拓扑,根据器件的电学特性,进而在电路层次研究各种电路的功能、性能。各种电路形成特定功能的电路模块,例如运算放大器,可通过这些功能模块为基础的层次进行电路结构级的研究,例如对积分器、滤波器等电路的研究。电路功能模块可以构成更大的系统,这些系统往往由放大器、滤波器、积分器、自动增益控制、比较器等电路模块构成,可以在系统级研究系统行为,分析和构造系统算法,以便确定系统的性能、参数等。

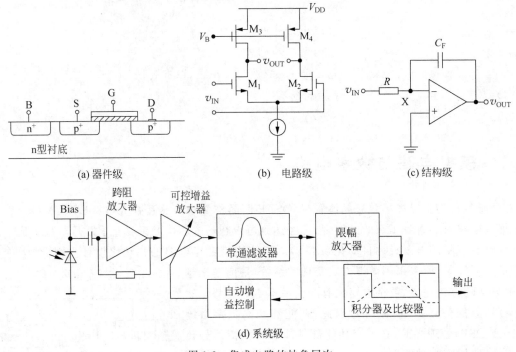

图 1-2　集成电路的抽象层次

1.3 模拟集成电路设计

芯片上实现的系统变得越来越复杂,要求工程师具有分析、综合和设计复杂电路系统的技术和技巧。设计一个系统是一个包括很多变量的、具有挑战的任务。可以采用不同方案来实现相同的规范,因此在实现具有一定规范的电路时需要做很多决定。

电路设计与电路分析是不同的过程。电路分析是从给定电路出发,给出电路的唯一特性或属性的过程。电路设计是针对一个问题开发解决方案,以满足要求特性的创造性过程。起始于一套希望的规范或属性,来找到满足这些要求的电路。解决方案不是唯一的,最终解决方案需要在设计空间中进行探索,以便找到满足要求的最优或较优方案。例如,对一个 10Ω 电阻施加 5V 直流电压,那么流经电阻的电流是多少?分析过程很简单,流经电阻的电流 $I_R = 5V/10Ω = 0.5A$。然而,如果要求设计一种电阻负载,从一个 5V 的电源中抽取 0.5A 电流,那么可以采用单个 10Ω 的电阻,也可以采用两个 20Ω 并联的电阻,也就是说多种串并联电阻的组合都可以满足要求,到底哪个方案较优,要看其他方面的表现,例如可靠性、成本等。图 1-3 显示了分析和设计的对比。

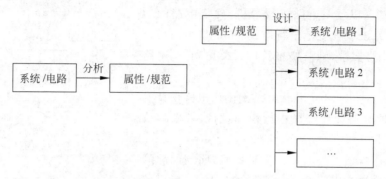

图 1-3 分析与设计的对比

在模拟集成电路设计中,我们首先要了解集成和分立模拟电路设计的区别,这是很重要的。分立模拟电路将各个分立的有源元器件、无源元器件装配在印制电路板(PCB)上,这些元器件都是已经被制造出来,并且经过测试验证的。而模拟集成电路中的各个元器件都处于同一个芯片衬底上,带来的好处是在设计时可以对有源器件和无源器件一同进行设计和优化,提供了更大的设计自由度,从而可以得到比分立模拟电路更为优化的性能和更低的产品成本。然而,在最终制造出来之前,芯片上集成的各个元器件是不能像 PCB 板上分立元器件那样进行板级测试验证的。因此,模拟集成电路对设计者提出了更高的要求,设计者更多地受到集成电路工艺相关的约束,而且在设计的过程中需要采用计算机进行仿真的方法来分析和验证其功能和性能。

在当今的模拟集成电路中,芯片上实现的电路功能越来越多,往往在一个芯片上就可以实现一个电路系统,因此,当今的模拟集成电路设计过程通常采用自顶向下的过程进行,首先通过功能框图设计系统,然后是电路设计,最后是物理设计。模拟集成电路设计过程如图 1-4 所示,主要步骤包括:

(1) 一般产品描述。这是一个集成电路产品开发的起点,一般描述产品所要达到的基本功能和基本属性。

(2) 规范/要求的定义。在确定产品的功能和性能后,应建立集成电路的详细功能描述及性能规范,并且采用专业术语来描述电路的性能,给出必要的性能指标,例如瞬态规范、频率规范、精度、功耗、输入输出端特性、失真、大信号及小信号特性等。

(3) 通过功能模块框图进行系统设计。根据系统的功能要求,划分系统中的功能模块,必要的时候需要建立系统级模型,进行系统级仿真,例如利用 MATLAB、C 等模型进行仿真,可以在这一级别找出系统级的设计问题,以便确定系统设计参数。一些系统级的问题如果在这一阶段不能被发现,那么等到电路设计乃至芯片制造完成后才发现,则需要更大的努力去修改设计,将产生更大的开发成本及更长的开发周期。

(4) 功能模块的规范定义,用于电路级设计和实现。在系统设计的基础上,对系统中的各个功能模块进行功能和性能的定义,明确各个模块的性能指标。例如放大器的增益、带宽、噪声、功耗、输入输出阻抗、失真、线性度等。

（5）电路实现。选择一定工艺，例如 0.18μm CMOS 混合信号集成电路工艺，了解工艺中所能实现器件的特性，根据定义的模块规范要求来进行电路级设计，选择恰当的电路结构，确定电路及器件的设计参数。

（6）电路仿真。在进行电路设计之后，采用此工艺的器件模型进行电路仿真，以便对电路进行分析，确定电路的功能和性能。同时与系统设计规范进行对比，考查是否满足设计要求，如果不能满足要求，则需要重新进行模块划分、电路设计。

（7）物理（版图）设计。当电路仿真结果确认电路设计满足设计要求，则根据电路设计结果进行物理设计，开展集成电路的版图设计。

（8）物理（版图）验证。版图设计得到的物理设计描述，需要根据选择的工艺进行版图设计规则检查（DRC）、版图电路一致性检查（LVS）等验证。

（9）寄生参数提取。版图完成后，需要将版图中所反映的物理上的寄生参数进行提取，然后将寄生参数与原来设计的电路一同进行电路仿真。

（10）芯片制造。版图后仿真如果满足设计要求，则可以根据版图设计数据生成工艺掩膜板，从而进行芯片的制造。

（11）测试和验证。当芯片制造完成后，芯片将进行测试，以便进一步确定实际芯片的功能、性能是否满足规范要求。如果不能满足规范要求，则要返回之前的设计过程，确定问题，修订设计。如果满足规范要求，则可以进行芯片的量产。

1.4　符号标记法

模拟信号通常采用带有下标的符号来表示。根据信号的性质，变量和下标采用大写或小写表示，本书采用如表 1-1 所示的惯例。例如，图 1-5(a)中的 RC 电路，其输入由直流电压 $V_{DC}=2.5\mathrm{V}$ 和交流电压 $v_a=2\sin\omega t$ 组成。

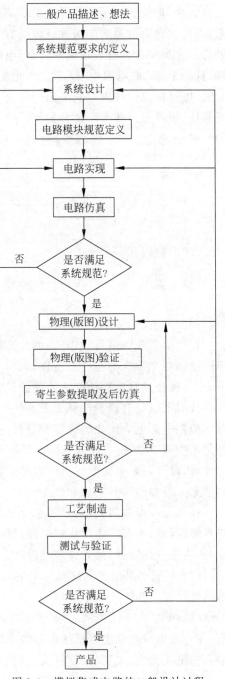

图 1-4　模拟集成电路的一般设计过程

表 1-1　符号和下标的定义

定　义	变　量	下　标	例　子
信号的直流量	大写	大写	V_D
信号的交流量或交流小信号量	小写	小写	v_d
信号的总值（直流和交流）	小写	大写	v_D
信号的复数变量或有效值（均方根 rms 值）	大写	小写	V_d

瞬时电压如图 1-5(b)所示,交流小信号等效电路如图 1-5(c)所示。图 1-5 中的各种电压和电流符号定义如下:

(1) 采用 V_{DC} 和 I_{DC} 表示直流量:变量大写,下标大写。

$$V_{DC} = 2.5V$$
$$I_{DC} = 0A$$

(2) 采用 v_a 表示瞬时交流量或者交流小信号量:变量小写,下标小写。瞬时交流量是指除去直流分量后信号所包含的交流成分的瞬时值。

$$v_a(t) = 2\sin\omega t \quad (单位:V) \tag{1.1}$$

交流小信号量是用于交流小信号等效电路中的信号量,表示电路在工作点下进行小信号等效后得到电路中的信号量。可见这与瞬时交流量既有联系,又有区别,主要区别在于一个用于瞬时表示,与时间有关,而另一个用于线性电路的线性信号表示。因此,在交流小信号等效电路采用同样的标记法来表示交流小信号量,这与其表示瞬时交流量并不在同一场合应用,因而不会发生概念上的混淆。在交流小信号等效电路图 1-5(c)中,分别采用 v_a 和 i_a 表示交流小信号电压量和电流量。

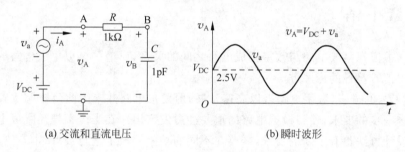

(a) 交流和直流电压　　　　　　　　(b) 瞬时波形

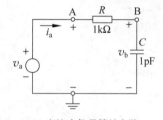

(c) 交流小信号等效电路

图 1-5　信号的标记法

(3) 采用 v_A 和 i_A 分别表示总的电压和电流(瞬时)量:变量小写,下标大写。包括直流值和叠加在上面的交流量。

$$v_A = V_{DC} + v_a(t) = 2.5 + 2\sin\omega t \quad (单位:V) \tag{1.2}$$

(4) 采用 V_a 表示总的 rms 值:变量大写,下标小写。$\sqrt{2}$ 因子用于将正弦幅度转换为 rms 值。

$$V_a = \sqrt{2.5^2 + \left(\frac{2}{\sqrt{2}}\right)^2} \approx 2.87V$$

$V_a(s)$ 表示 s 域的变量,其中采用括号包括复数变量 s。如果将图 1-5(c)中的信号表示在 s 域,将 A 点视为 RC 电路的输入,B 点视为电路的输出,则电路的 s 域传递函数表示为

$$H(s) = \frac{V_b(s)}{V_a(s)} = \frac{1}{sRC + 1} \tag{1.3}$$

同时,本书采用国际单位制的标记法,并且采用如表 1-2 所示的国际单位制的词头表示方法。

表 1-2　国际单位制的词头

符　号	名　称	值	例　子
G	吉(Giga)	10^9	1GHz
M（spice 中为 MEG）	兆(Mega)	10^6	1MHz
k	千(kilo)	10^3	1kΩ
m	毫(milli)	10^{-3}	1mA
μ	微(micro)	10^{-6}	1 μm
n	纳(nano)	10^{-9}	100nm
p	皮(pico)	10^{-12}	1pF
f	飞(femto)	10^{-15}	10fF
a	阿(anno)	10^{-18}	1000aF

1.5　本章小结

　　本章重点阐述了模拟集成电路与数字集成电路之间的关系,讨论了模拟集成电路的一般设计方法,并且给出了本书中信号符号的标注方法。

　　随着 CMOS 工艺的进步,数字电路得以高速发展,但模拟电路并未因此而被淘汰,高性能集成电路对模拟电路有了进一步的要求,使得模拟电路的重要性愈发突出。在当今大规模集成电路的发展下,对模拟集成电路的设计方法也有了新的要求,需要在不同的抽象层次上进行设计,本章给出了一般的自顶向下的模拟集成电路设计流程。

第 2 章

MOSFET 器件及模型

主要符号	含　义
v_{ds}, V_{DS}, v_{DS}	交流小信号、静态直流和总漏-源电压
v_{gs}, V_{GS}, v_{GS}	交流小信号、静态直流和总栅-源电压
v_{bs}, V_{BS}, v_{BS}	交流小信号、静态直流和总衬底-源电压
i_d, I_D, i_D	交流、静态直流和总漏极电流
V_{TH}, V_{THN}, V_{THP}	MOSFET、NMOS 及 PMOS 的阈值电压
K', K_n, K_p	MOSFET、NMOS 及 PMOS 的工艺常数(或称为"跨导参数")
β, β_n, β_p	MOSFET、NMOS 及 PMOS 的增益常数
L, W	MOSFET 沟道的长度和宽度
λ, V_M	MOSFET 的沟道长度调制系数和沟道长度调制电压
γ	MOSFET 的体效应系数
g_m	MOSFET 的跨导
g_{ds}, r_{ds}	MOSFET 的小信号漏源电导和电阻
r_o	晶体管的小信号输出电阻
g_{mb}	MOSFET 体效应引起的跨导
μ_n, μ_p	表面电子、空穴迁移率
C_{ox}	单位面积 MOSFET 栅电容, $C_{ox} = \varepsilon_{ox}/t_{ox}$
ε_{ox}	SiO_2 的介电常数
ε_o	自由空间的介电常数
t_{ox}	栅氧化层厚度
ϕ_{MS}	多晶硅栅与硅衬底之间的功函数之差
Q_{ss}	硅-氧化层界面的表面态
Q_{dep}	耗尽区电荷
ε_{si}	Si 的介电常数
ϕ_{Fp}	费米势
k	玻耳兹曼常数
T	开尔文温度
q	电子电荷
N_{sub}	衬底掺杂浓度
N_a	p 型(衬底)掺杂浓度
n_i	硅的本征载流子浓度

2.1　引言

场效应晶体管(FET)的基本概念始于 20 世纪 30 年代,但是随后一直是双极型器件占主导地位,比较有代表性的是单片运算放大器和 TTL 系列芯片,直到 20 世纪 60 年代初,场效应晶体管才得到实际应用。到 20 世纪 70 年代后期,MOSFET 越来越多地用于集成电路中。MOSFET 的制造工艺相对简单,而且器件可以做得很小,在 IC 芯片上仅占很小的面积,功耗也低。特别是 CMOS 工艺的出现,工艺中器件的集成度得到了进一步提高,超大规模集成电路(VLSI),如微处理器和存储器芯片等,均采用 CMOS 工艺实现。与此同时,MOS 技术也用于模拟电路的设计,随着当今 CMOS 工艺的进步,提供的器件用于实现模拟电路已经可以达到很好的性能,而且成本相对较低。CMOS 工艺可以很方便地集成数字电路和模拟电路,因此,成为设计混合信号集成电路的主要工艺。

MOSFET 是单极器件。MOSFET 中的电流仅依赖于一种类型的多数载流子(电子或空穴)。根据器件中沟道形成的情况,有两种类型的 MOSFET:增强型 MOSFET 和耗尽型 MOSFET。在耗尽型 MOSFET 中,向衬底内掺杂形成实际的沟道;而增强型 MOSFET,当栅极为 0 偏压,即 $v_{GS}=0$ 时,是不存在沟道的,需要改变栅极电压来形成沟道。由于目前在 CMOS 工艺中所面对的 MOSFET 通常是增强型 MOSFET,因此,这里主要讨论增强型 MOSFET 的结构和特性。本书中如果没有特别强调,电路中的 MOSFET 均指增强型 MOSFET。

2.2　MOSFET 器件结构

2.2.1　MOSFET 器件

按形成的沟道及其载流子的类型,MOSFET 分为两种类型:n 沟道 MOSFET 和 p 沟道 MOSFET。通常简称 n 沟道 MOSFET 为 NMOS,简称 p 沟道 MOSFET 为 PMOS。

NMOS 器件结构如图 2-1(a)所示,剖面示意图如图 2-1(b)所示,在 p 型衬底上制作器件,两个重掺杂 n^+ 区分别形成源区和漏区,实际上,从图 2-1(a)中可见 MOS 器件的源漏区是对称的。重掺杂的多晶硅作为 NMOS 的栅,在多晶硅与衬底之间存在一层非常薄的 SiO_2 介质层(栅氧化层),器件形成的沟道就在栅氧化层下面的衬底区域。可见,NMOS 器件一共有 4 个端口:源极(source)、栅极(gate)、漏极(drain)及衬底(也称为 body 或 bulk)。栅在源漏之间的这个方向的尺寸为栅长(L),而与之垂直方向的尺寸为栅宽(W),如图 2-1(a)所示。在 NMOS 正常工作时,p 型衬底和两个 n^+ 型形成的结都是零偏或反偏的,因而存在耗尽区;当 $v_{GS}=0$ 时,不存在沟道;当 $v_{GS}>0$ 并逐步增加,栅下面的衬底区域出现反型并形成沟道,如图 2-1(b)所示。NMOS 符号如图 2-1(c)所示,其中箭头从 p 型衬底区指向 n 型反型区。一般情况下,MOS 的衬底与源极相连,因此在这种情况下可以采用简化符号表示 NMOS,如图 2-1(d)所示,其中带有箭头的端口为源极,箭头表示源极端口电流的方向,在衬底与源极电压不同的情况下,即 $v_{BS}\neq0$ 时,采用带有衬底端 B 的简化符号表示 NMOS,如图 2-1(e)所示。

既然 MOS 器件的源漏区是对称的,为什么还要将其中的一个标为源极而另一个标为漏极进行区分呢? 因为在电路中 MOS 器件的偏置电压一旦确定后,提供载流子的那端就是源极,而接收载流子的那端就是漏极。由于在绝大多数模拟电路中偏置是固定的,源漏极是确定的,因此,为了便于电路分析,标明其源漏极。然而当偏置电压发生变化时,源漏极是可以互换的,例如采用 MOS 器件做开关时,根据器件源漏两端电压的变化,可能会发生源漏极互换的情况。

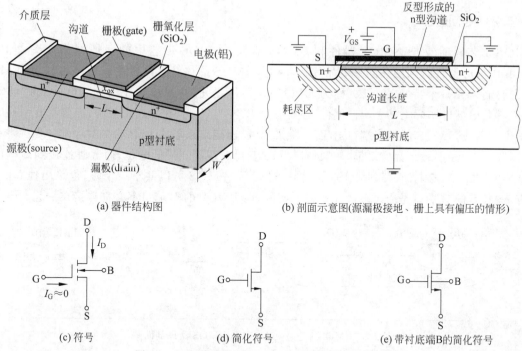

(a) 器件结构图

(b) 剖面示意图(源漏极接地、栅上具有偏压的情形)

(c) 符号

(d) 简化符号

(e) 带衬底端B的简化符号

图 2-1　n 沟道增强型 MOSFET 器件结构图和符号

PMOS 器件结构如图 2-2(a)所示,剖面示意图如图 2-2(b)所示,在 n 型衬底上制作器件,两个重掺杂 p^+ 区分别形成源区和漏区。PMOS 符号与 NMOS 类似,但箭头指示的方向是相反的,如图 2-2(c)所示。简化符号及带衬底 B 的简化符号分别如图 2-2(d)、(e)所示。

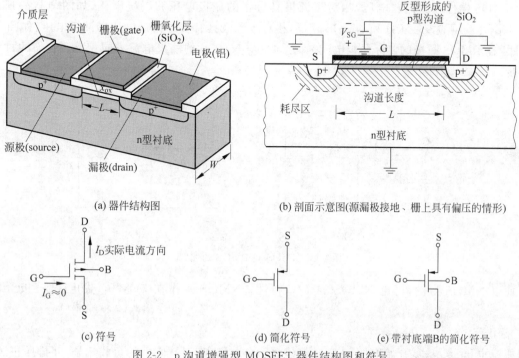

(a) 器件结构图

(b) 剖面示意图(源漏极接地、栅上具有偏压的情形)

(c) 符号

(d) 简化符号

(e) 带衬底端B的简化符号

图 2-2　p 沟道增强型 MOSFET 器件结构图和符号

2.2.2　CMOS

CMOS 工艺同时支持 NMOS 器件和 PMOS 器件。CMOS 工艺中的器件剖面如图 2-3 所示。NMOS 和 PMOS 器件必须做在同一个晶片上,因此,NMOS 晶体管直接做在 p 型衬底上,而 PMOS 晶体管则需要制作在一个特定的 n 区(称为 n 阱)中。器件之间的 SiO_2 氧化层比较厚,称为"场氧化层(FOX)"。MOS 器件实际上是 4 端口器件,还有一个 B 端口,因此,在平面工艺中,需要将 p 型衬底采用 p+ 连接出来形成 NMOS 的衬底端口 B,而 n 阱采用 n^+ 连接出来形成 PMOS 的衬底端口 B。阱和衬底及器件源漏极之间的 pn 结都应反偏,一般情况下,p 型衬底连接到最低电位,而 n 阱连接到高电位。同时,在 n 阱 CMOS 工艺中,所有 NMOS 共享同一衬底,而 PMOS 可以共享一个阱,也采用独立的阱,因此,所有 NMOS 的 B 端口是通过衬底连接在一起的,而 PMOS 的 B 端口不必都连接在一起。

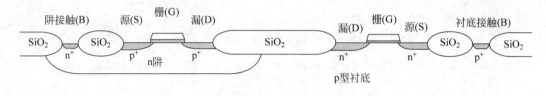

图 2-3　CMOS 工艺中 NMOS 和 PMOS 器件剖面图

2.3　MOSFET 器件 *I/V* 特性

2.3.1　工作区

对 NMOS 器件施加偏置电压,相对于源极具有正的栅极电压和漏极电压,如图 2-4(a)所示;而 PMOS 工作时偏压的极性正好和 NMOS 相反,相对于源极具有负的栅极电压和漏极电压,如图 2-4(b)所示,注意在 PMOS 漏极的实际漏极电流 i_D 方向也与 NMOS 的漏极电流方向相反。它们的衬底都与源极连接。

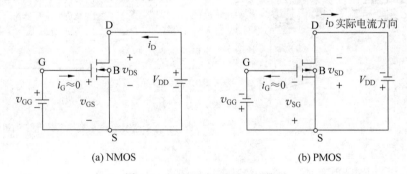

(a) NMOS　　　　　　　　　　　(b) PMOS

图 2-4　NMOS 和 PMOS 的偏置

下面以 NMOS 为例,讨论 NMOS 的 *I/V* 特性。NMOS 工作在 3 个区:截止区、三极管区和饱和区。

1. 截止区

当栅源电压 v_{GS} 从零开始增加,正 v_{GS} 将建立一个电场,吸引衬底中的负载流子,并排斥正载流子。

结果,氧化物绝缘层附近的一层衬底变成欠 p 型,在这种情况下,由于没有载流子,因而源漏区之间没有电流流动。随着 v_{GS} 进一步增加,靠近绝缘层的表面附近吸引的电子比空穴更多,此时称为"反型",将形成类似 n 型沟道。建立沟道需要的最小 v_{GS} 值称为"阈值电压(threshold voltage)"V_{TH}。实际的 MOS 器件的 I/V 特性中,在 v_{GS} 达到阈值电压前也会存在微弱的电流,这样就使得明确定义 V_{TH} 变得比较困难。在半导体物理中,NMOS 的阈值电压定义为界面电子浓度等于 p 型衬底的多子浓度时的栅压,阈值电压表示为

$$V_{TH} = \phi_{MS} - \frac{Q_{ss}}{C_{ox}} + 2\mid\phi_{Fp}\mid + \frac{Q_{dep}}{C_{ox}} \tag{2.1}$$

其中,ϕ_{MS} 为多晶硅栅与硅衬底之间的功函数之差;Q_{ss} 为硅-氧化层界面的表面态,ψ_{Fp} 为费米势,$\mid\phi_{Fp}\mid = \frac{kT}{q}\ln\left(\frac{N_a}{n_i}\right)$,其中 k 是玻耳兹曼常数,$T$ 是开尔文温度,q 是电子电荷,N_a 是 p 型衬底掺杂浓度,n_i 是硅的本征载流子浓度;C_{ox} 为单位面积栅氧化层电容;Q_{dep} 为耗尽区电荷,$Q_{dep} = \sqrt{4q\varepsilon_{si}\mid\phi_F\mid N_a}$,$\varepsilon_{si}$ 是硅介电常数。

当栅源电压 v_{GS} 大于零但仍小于阈值电压 V_{TH} 时,$0 \leqslant v_{GS} \leqslant V_{TH}$,近似认为漏极电流 i_D 等于零,称这个工作区域为"截止区"。

2. 三极管区

当 $v_{GS} > V_{TH}$ 时,沟道出现载流子,当漏源之间存在电压时,即 $v_{DS} > 0$,载流子在电场的作用下开始移动,出现了沟道电流 i_D。当 v_{DS} 非常小时,即当 $v_{GS} > V_{TH}$,且 $0 < v_{DS} \ll (v_{GS} - V_{TH})$ 时,漏极电流 i_D 几乎随 v_{DS} 线性增加,如图 2-5(a)所示,这个区域也称为"深线性区"。

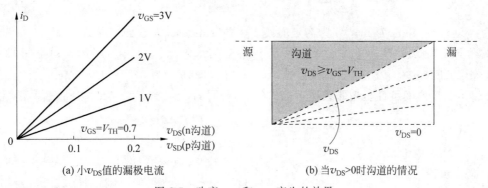

(a) 小 v_{DS} 值的漏极电流　　　　(b) 当 $v_{DS} > 0$ 时沟道的情况

图 2-5　改变 v_{DS} 和 v_{GS} 产生的效果

如果漏源电压很低,漏极电流 i_D 可由欧姆定律计算($i_D = v_{DS}/r_{DS}$)。漏源之间的沟道跨导可由式(2.2)求得

$$g_{DS} = 1/r_{DS} = \frac{W}{L}\mu_n Q_n \tag{2.2}$$

式中,μ_n 是在氧化层下反型层中的电子迁移率;Q_n 是单位面积反型层电荷量;W 为沟道宽度;L 为沟道长度。

Q_n 可根据栅氧化层电容 C_{ox} 和电压差($v_{GS} - V_{TH}$)求得

$$Q_n = C_{ox}(v_{GS} - V_{TH}) \tag{2.3}$$

将式(2.3)中的 Q_n 代入式(2.2)中,可求得漏极电流

$$i_D = v_{DS} g_{DS} = \mu_n C_{ox} \frac{W}{L} (v_{GS} - V_{TH}) v_{DS} \qquad (2.4)$$

因此,当 v_{DS} 很小时,i_D 电流线性地变化,NMOS 可以看作是一个阻值受栅源电压 v_{GS} 控制的可变电阻,电阻值为

$$r_{DS} = \frac{1}{\mu_n C_{ox} \dfrac{W}{L} (v_{GS} - V_{TH})} \qquad (2.5)$$

当栅源电压继续增加时,考查 $v_{GS} > V_{TH}$ 且 $0 < v_{DS} < (v_{GS} - V_{TH})$ 时晶体管的工作状态。v_{DS} 的增加不改变源端沟道的深度,但是由于沟道电势从源极的 0V 变化到漏极的 v_{DS},因此,栅与沟道之间的局部电压差从 v_G 变化到 $v_G - v_D$,使漏端处的沟道深度降低,漏端的沟道变窄,形成锥形,如图 2-5(b)所示,此时,称 MOS 晶体管处于的这个区域为"三极管区"。沿着沟道施加一个小的漏-源电压 v 增量,单位面积反偏层电荷 $Q_n(v)$ 可表示为

$$Q_n(v) = C_{ox}(v_{GS} - V_{TH} - v) \qquad (2.6)$$

则

$$g_{DS}(v) = \frac{W}{L} \mu_n Q_n(v) \qquad (2.7)$$

沿着沟道方向进行积分,求得漏极电流

$$i_D = \int_0^{v_{DS}} g_{DS}(v) dv = \mu_n C_{ox} \frac{W}{L} \int_0^{v_{DS}} (v_{GS} - V_{TH} - v) dv$$

$$= \mu_n C_{ox} \frac{W}{L} \left[(v_{GS} - V_{TH}) v_{DS} - \frac{v_{DS}^2}{2} \right] \qquad (2.8)$$

式中,L 为沟道长度,单位为 m;W 为沟道宽度,单位为 m;μ_n 为表面电子迁移率;C_{ox} 为单位面积 MOSFET 栅氧化层电容,$C_{ox} = \varepsilon_{ox}/t_{ox}$,$\varepsilon_{ox}$ 为 SiO$_2$ 的介电常数,$\varepsilon_{ox} = 3.9\varepsilon_o$,$\varepsilon_o$ 为自由空间的介电常数,$\varepsilon_o = 8.85 \times 10^{-14} F/cm$;$t_{ox}$ 为氧化层厚度,当 $t_{ox} = 0.1\mu m$ 时,C_{ox} 为 $3.45 \times 10^{-8} F/cm^2$。

可见 i_D 与 v_{DS} 之间特性呈现非线性。将式(2.8)重写为

$$i_D = K' \frac{W}{L} \left[(v_{GS} - V_{TH}) v_{DS} - \frac{v_{DS}^2}{2} \right] \qquad (2.9)$$

或

$$i_D = \beta \left[(v_{GS} - V_{TH}) v_{DS} - \frac{v_{DS}^2}{2} \right] \qquad (2.10)$$

式中 K' 是 μ_n 和 C_{ox} 的乘积(即 $K' = \mu_n C_{ox} = \mu_n \varepsilon_{ox}/t_{ox}$)。其值与工艺参数有关,对于特定工艺为一常数,称之为 MOSFET 的"工艺常数",在 SPICE 器件模型中称之为"跨导参数",而 $\beta = (W/L)\mu_n C_{ox}$ 被称为 MOS 增益常数,其值取决于 MOSFET 的物理参数,即取决于工艺常数和器件尺寸。

实际上,当 $v_{DS} \ll (v_{GS} - V_{TH})$ 时,式(2.8)中的 $v_{DS}^2/2$ 项可以忽略,与式(2.4)的结果是一致的。因此,当 $v_{GS} > V_{TH}$ 且 $0 < v_{DS} < (v_{GS} - V_{TH})$ 时,统一将 MOS 晶体管处于的这个区域称为"三极管区"。

3. 饱和区

当 $v_{GS} > V_{TH}$,并且 v_{DS} 足够大时,当 v_{DS} 达到 $v_{DS} \geqslant (v_{GS} - V_{TH})$ 时,v_{GD} 小于 V_{TH}[即 $v_{GD} = (v_{GS} - v_{DS}) \leqslant V_{TH}$],漏端沟道发生夹断,进一步增加 v_{DS} 不会引起 i_D 大幅增加,晶体管工作进入饱和区。图 2-6 显示了式(2.8)的 3 个栅-源电压值的曲线,对于每条曲线,i_D 与 v_{DS} 满足二次曲线关系,然而在实际情况中,不会出现 i_D 随 v_{DS} 增加反而下降的情况,即图 2-7 中虚线所示,当 v_{DS} 增加使沟道发生

夹断时，i_D 达到最大值，可以由条件 $\mathrm{d}i_D/\mathrm{d}v_{DS}=0$ 求出峰值漏极电流时的 v_{DS}，即

$$\frac{\mathrm{d}i_D}{\mathrm{d}v_{DS}}=\mu_n C_{ox}\frac{W}{L}\left[(v_{GS}-V_{TH})-v_{DS}\right]=0 \tag{2.11}$$

由此式可得出 $v_{DS}=v_{GS}-V_{TH}$，此时达到饱和，即"饱和电压" $v_{DS(sat)}=v_{GS}-V_{TH}$。饱和电压也称为"过驱动电压"（$V_{OD}$）。将 $v_{DS}=v_{GS}-V_{TH}$ 代入式(2.8)中，得出饱和区的漏极电流为

$$\begin{aligned}
i_D &= \frac{1}{2}\mu_n C_{ox}\frac{W}{L}(v_{GS}-V_{TH})^2 \\
&= \frac{1}{2}K'\frac{W}{L}(v_{GS}-V_{TH})^2 \\
&= \frac{1}{2}\beta(v_{GS}-V_{TH})^2
\end{aligned} \tag{2.12}$$

对于同时有 NMOS 晶体管和 PMOS 晶体管的情况，为了便于区分，V_{TH} 由 NMOS 的阈值电压 V_{THN} 及 PMOS 的阈值电压 V_{THP} 来代替。

对于恒定的 v_{GS}，完整的 $i_D\text{-}v_{DS}$ 特性曲线如图 2-7 所示，当 $v_{DS}<v_{GS}-V_{TH}$ 时，NMOS 晶体管处于三极管区，而当 $v_{DS}\geqslant(v_{GS}-V_{TH})$ 时，NMOS 晶体管处于饱和区。在理想情况下，处于饱和区时，漏极电流 i_D 不会随 v_{DS} 增加而增加；而在实际中，处于饱和区时，随着 v_{DS} 增加，漏极电流 i_D 会增加非常小的增量，$i_D\text{-}v_{DS}$ 特性曲线的斜率呈现一个有限值，如图 2-7 中的虚线所示，这种效应将在后面的沟道长度调制效应一节进行讨论。

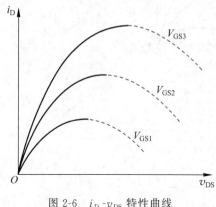

图 2-6　$i_D\text{-}v_{DS}$ 特性曲线

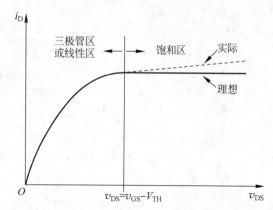

图 2-7　MOS 晶体管的 $i_D\text{-}v_{DS}$ 特性曲线（恒定的 v_{GS}）

2.3.2　输出特性和转移特性

通过以上 NMOS 晶体管工作区的讨论，NMOS 完整的输出特性如图 2-8(a)所示。

如果采用 V_{THN} 表示 NMOS 的阈值电压，图 2-8(a)所示的 NMOS 输出特性可表述为

$$i_D=\begin{cases}
0 & \text{当 } v_{GS}\leqslant V_{THN}\text{ 时} \\
\mu_n C_{ox}\dfrac{W}{L}\left[(v_{GS}-V_{THN})v_{DS}-\dfrac{v_{DS}^2}{2}\right] & \text{当 } v_{GS}>V_{THN}\text{ 且 } v_{DS}<v_{GS}-V_{THN}\text{ 时} \\
\dfrac{1}{2}\mu_n C_{ox}\dfrac{W}{L}(v_{GS}-V_{THN})^2 & \text{当 } v_{GS}\geqslant V_{THN}\text{ 且 } v_{DS}\geqslant v_{GS}-V_{THN}\text{ 时}
\end{cases} \tag{2.13}$$

PMOS 的输出特性如图 2-8(b)所示，PMOS 工作时的偏压的极性与 NMOS 相反，相对于源极具有

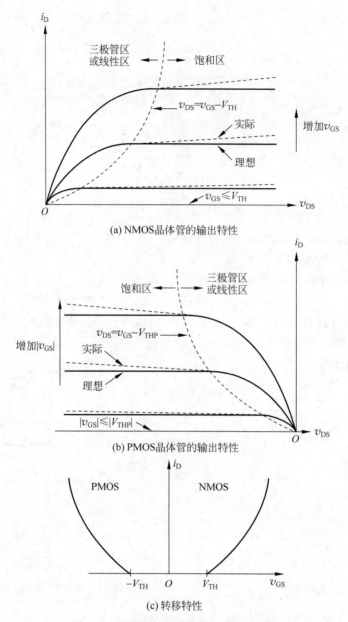

(a) NMOS晶体管的输出特性

(b) PMOS晶体管的输出特性

(c) 转移特性

图 2-8　MOSFET 的输出特性和转移特性

负的栅极电压和漏极电压,PMOS 漏极的实际漏极电流 i_D 方向也与 NMOS 的漏极电流方向相反,而且 PMOS 晶体管的阈值电压 V_{THP} 是负值,采用图 2-4(b)所示的电压电流参考方向,PMOS 的输出特性如图 2-8(b)所示,则 PMOS 输出特性可表述为

$$i_D = \begin{cases} 0 & \text{当} \mid v_{GS} \mid \leqslant \mid V_{THP} \mid \text{时} \\ \mu_p C_{ox} \dfrac{W}{L} \left[(v_{GS} - V_{THP}) v_{DS} - \dfrac{v_{DS}^2}{2} \right] & \text{当} \mid v_{GS} \mid > \mid V_{THP} \mid \text{且} \mid v_{DS} \mid < \mid v_{GS} - V_{THP} \mid \text{时} \\ \dfrac{1}{2} \mu_p C_{ox} \dfrac{W}{L} (v_{GS} - V_{THP})^2 & \text{当} \mid v_{GS} \mid \geqslant \mid V_{THP} \mid \text{且} \mid v_{DS} \mid \geqslant \mid v_{GS} - V_{THP} \mid \text{时} \end{cases} \quad (2.14)$$

从输出特性中可见,针对 i_D-v_{GS} 转移特性,当 MOS 晶体管处于饱和区时,晶体管具有更大的增益,因此,对于模拟电路设计,通常将 MOS 晶体管偏置到饱和区。对于恒定 v_{DS},NMOS 和 PMOS 的转移特性如图 2-8(c)所示,可见转移特性呈现非线性特性。

当 v_{DS} 进一步增加并超过击穿电压时,记为 V_{BD},导致沟道内雪崩击穿,漏极电流迅速上升。必须避免这种工作模式,因为功耗过大可把 MOSFET 毁坏。由于在漏端的反向电压是最高的,所以击穿经常发生在该端。此外,较大的 v_{GS} 值将导致器件氧化层介质击穿。

由于 NMOS 的栅极与有效沟道绝缘,没有栅极电流可以流动,因此在理论上栅极和源极之间的电阻是无穷大的。在实际中,电阻是有限的但非常大,约为 10^8 MΩ 的量级,因此,通常可认为栅极的电流为零。

2.3.3 沟道长度调制效应

当 $v_{GS} > V_{TH}$ 时,沟道出现载流子,在漏源之间施加漏极电压 v_{DS},栅与沟道之间的局部电压差从源端 v_G 变化到漏端的 $v_G - v_D$,使在漏端处的沟道深度降低,因此,在漏端反型电荷密度下降,如图 2-5(b) 所示。当 $v_{DS} = v_{DS(sat)} = v_{GS} - V_{TH}$,漏端的反型电荷密度变为零。随着 v_{DS} 增加到 $v_{DS} > v_{DS(sat)}$,零密度点向源端移动,如图 2-9 所示。随着 v_{DS} 增加,pn 结的偏置电压增加,导致漏端的耗尽区向沟道方向横向延伸,从而减少了有效沟道长度。结果,漏-源电压 v_{DS} 会调制有效沟道长度。在 v_{DS} 的偏置下,耗尽层延伸到 pn 结的 p 区的宽度可由下式(2.15)求得

$$x_p(v_{DS}) = \sqrt{\frac{2\varepsilon_{si}}{qN_a}(|\phi_{Fp}| + v_{DS})} \tag{2.15}$$

其中 $|\phi_{Fp}|$ 为由 p 区产生的场电势

$$\phi_{Fp} = -\frac{kT}{q}\ln\left(\frac{N_a}{n_i}\right) = -V_T\ln\left(\frac{N_a}{n_i}\right) \tag{2.16}$$

其中 N_a 为 p 型衬底掺杂浓度,空间电荷区扩展长度为

$$\Delta L = x_p(v_{DS(sat)} + \Delta v_{DS}) - x_p(v_{DS(sat)}) \tag{2.17}$$

根据式(2.15),将 $v_{DS} = v_{DS(sat)} + \Delta v_{DS}$ 和 $v_{DS} = v_{DS(sat)}$ 代入后得

$$\Delta L = \sqrt{\frac{2\varepsilon_{si}}{qN_a}}\left(\sqrt{|\phi_{Fp}| + v_{DS(sat)} + \Delta v_{DS}} - \sqrt{|\phi_{Fp}| + v_{DS(sat)}}\right) \tag{2.18}$$

由于漏极电流 i_D 与有效沟道长度成反比,因此得

$$i_D \propto \frac{1}{L - \Delta L} = \frac{1}{L(1 - \Delta L/L)} \approx \frac{1}{L}(1 + \Delta L/L) \tag{2.19}$$

由于 ΔL 是 v_{DS} 的函数,沟道长度的相对变化与漏-源电压 v_{DS} 呈正比。即

$$\frac{\Delta L}{L} = \lambda v_{DS} \tag{2.20}$$

这里 λ 被称为沟道长度调制系数。考虑沟道长度调制效应的影响,结合式(2.19)和(2.20),并代入式(2.12)中,得

$$i_D = \frac{1}{2}\mu_n C_{ox}\frac{W}{L}(v_{GS} - V_{TH})^2(1 + \lambda v_{DS}) \tag{2.21}$$

此式说明了图 2-8(a)所示的输出特性在饱和区实际的虚线部分。考虑沟道长度调制效应的 i_D-v_{DS} 特性曲线如图 2-10 所示。如果将饱和区特性曲线延伸到 v_{DS} 的轴,交于 x 轴的负轴 $-V_M$ 处,V_M 称为沟

道长度调制电压,其值为 $V_M = 1/\lambda$。

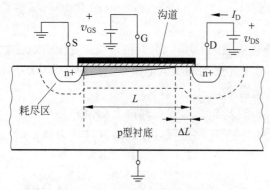

图 2-9   NMOS 的沟道长度调制

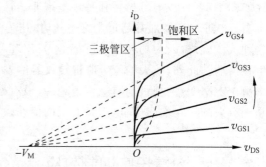

图 2-10   呈现沟道调制电压的 i_D-v_{DS} 特性

【例 2.1】   求沟道长度调制系数和沟道长度调制电压。一种 NMOS 参数如下:衬底掺杂浓度 $N_a = 2 \times 10^{16} \text{cm}^{-3}$,阈值电压 $V_{THN} = 0.7\text{V}$,沟道长度 $L = 1\,\mu\text{m}$,偏置电压为 $V_{GS} = 1.7\text{V}$,$V_{DS} = 5\text{V}$。求沟道长度调制系数 λ 和沟道长度调制电压 V_M。

解: $N_a = 2 \times 10^{16} \text{cm}^{-3}$,$n_i = 1.5 \times 10^{10} \text{cm}^{-3}$,$V_{THN} = 0.7\text{V}$,$L = 1\,\mu\text{m}$,$V_{GS} = 1.7\text{V}$,$V_{DS} = 5\text{V}$,$V_T = 25.8\text{mV}$。

由式(2.16)得

$$\phi_{Fp} = -V_T \ln\left(\frac{N_a}{n_i}\right) = -0.0258 \times \ln\left(\frac{2 \times 10^{16}}{1.5 \times 10^{10}}\right) \approx -0.364$$

$$V_{DS(sat)} = V_{GS} - V_{THN} = 1.7 - 0.7 = 1\text{V}$$

$$\Delta V_{DS} = V_{DS} - V_{DS(sat)} = 5 - 1 = 4\text{V}$$

由式(2.18)得

$$\Delta L = \sqrt{\frac{2 \times 11.7 \times 8.85 \times 10^{-14}}{1.6 \times 10^{-19} \times 2 \times 10^{16}}} \left(\sqrt{|-0.364|+1+4} - \sqrt{|-0.364|+1}\right) \approx 0.29\,\mu\text{m}$$

由式(2.20),$\Delta L/L = 0.29\,\mu\text{m}/1\,\mu\text{m} = 0.29$,沟道的 $\lambda = (\Delta L/L)/V_{DS} = 0.29/5 = 0.058$。因此,调制电压 $V_M = 1/\lambda = 1/0.058 \approx 17.24\text{V}$。

2.3.4   体效应

源极-衬底的 pn 结必须总是零偏或反偏,因此,对于 NMOS,v_{SB} 应等于或大于零;而对于 PMOS,v_{SB} 应等于或小于零,否则就会存在电子或空穴从漏极流向衬底,而不是源极。对于 p 型衬底 n 阱 CMOS 工艺,NMOS 的衬底是共用的,NMOS 的衬底或基底通常接最低电位(一般为地电位或负电源电位),而 PMOS 处于的 n 阱电位通常接到最高电位(一般为正电源电位)。在 CMOS 电路中,MOSFET 源极和基底有可能不处于相同的电位,如图 2-11 所示,当然,必须施加反偏电压,而施加 V_{SB} 电压会增加耗尽区宽度。

反偏电压将使耗尽区变宽,从而降低了有效沟道深度。因此,需要施加更大的栅极电压以弥补沟道深度的降低，v_{SB} 偏压会影响 MOSFET 的有效阈值电压 V_{TH}。随着 v_{SB} 反偏电压的增加而导致 V_{TH} 的增加，这种效应称为"体效应"[①]。对于 NMOS，v_{THN} 可表述为

$$V_{THN} = V_{THN0} + \frac{\sqrt{2q\varepsilon_{si}N_a}}{C_{ox}}(\sqrt{2\mid\phi_{Fp}\mid+v_{SB}} - \sqrt{2\mid\phi_{Fp}\mid})$$

$$= V_{THN0} + \gamma(\sqrt{2\mid\phi_{Fp}\mid+v_{SB}} - \sqrt{2\mid\phi_{Fp}\mid}) \qquad (2.22)$$

式中，v_{SB} 是源到衬底电压；V_{THN0} 是 $v_{SB}=0$ 时初始阈值电压；γ 为"体效应系数"或称为"衬偏系数"。注意源极-衬底的 pn 结必须总是零偏或反偏，因此，式（2.22）中 NMOS 管 v_{SB} 为正，PMOS 管 v_{SB} 为负。同时，NMOS 管阈值电压为正，PMOS 管阈值电压为负。

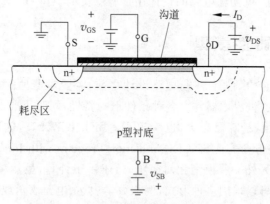

图 2-11　对 NMOS 管施加源-衬底电压 v_{SB}

2.3.5　亚阈值导通效应

在前面讨论的 MOS 器件的特性中，以 NMOS 为例，当栅源电压 v_{GS} 等于或小于阈值电压 V_{TH} 时，流经漏源之间的电流为零。实际上，当 $v_{GS}\approx V_{TH}$ 时，仍然存在漏源电流。v_{GS} 大于阈值电压的区域称为"强反型区"（strong inversion region），而小于阈值电压的区域称为"弱反型区"（weak inversion region），图 2-12 所示的是在饱和区 MOSFET 随 v_{GS} 变化的 $\sqrt{i_D}$ 的特性曲线，图 2-12 中切线对应的虚线表示的 V_{TH} 是不考虑亚阈值导通时的阈值电压，标记为 V_{ON} 的电压量用来区分强反型区和弱反型区。在强反型区，MOS 器件的 i_D 与 v_{GS} 之间的关系满足平方关系；在弱反型区，i_D 与 v_{GS} 之间的关系呈现指数关系。

为了便于手工计算，在弱反型区，MOS 管的 i_D 与 v_{GS} 之间的关系可以表示为

$$i_D = I_{D0}\frac{W}{L}\exp\left[\frac{v_{GS}}{n(kT/q)}\right] \qquad (2.23)$$

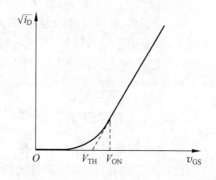

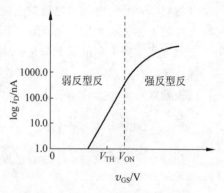

图 2-12　NMOS 的亚阈值导通

---

① 也称为"衬底偏置效应"或"背栅效应"。

其中, n 是亚阈值斜率因子,典型情况大于 1 小于 3; I_{D0} 是一个依赖于工艺的参数; k 是玻耳兹曼常数; T 是开尔文温度; q 是电子电荷。MOSFET 进入弱反型区的点可以近似表示为

$$v_{GS} < V_{TH} + n(kT/q) \tag{2.24}$$

亚阈值导通会使处于关闭状态(栅源电压小于 V_{TH} 时)晶体管的漏极电流增加,对于开关工作的电路,例如数字逻辑电路,则会增加电路工作时的功耗损失,而一些需要高阻抗节点存储电荷信息的电路,亚阈值导通则会给电路实现带来困难。

MOSFET 处于亚阈值导通时, i_D 与 v_{GS} 之间的关系呈现指数关系,晶体管的跨导会比较高,但由于 i_D 电流较小,所以驱动能力较弱,一般情况下,电路设计不会使之处于亚阈值导通区域,但处于亚阈值导通时的 MOSFET 对于低压、低功耗电路的设计还是有意义的。

2.4 MOSFET 器件模型

在采用特定集成电路工艺中的器件进行电路设计之前,需要对器件的电学行为进行建模。建模的目的是尽可能精确地反映真实世界中器件在各种条件下的特性,同时也要考虑模型的计算复杂度(计算量)。一般说来,越精确的模型,计算量越大,也就越不适用于手工计算,这种模型通常用于计算机仿真(simulation),典型的集成电路仿真工具 SPICE(Simulation Program with Integrated Circuit Emphasis)中采用的模型就属于这种情况;另外一些模型相对简单,适于手工计算,虽然精度欠缺不少,但可以满足电路设计和分析的需要。模型可以采用多种形式,例如数学表达、电路表示或者数据表等来描述器件的特性。还有,针对不同层次的分析,模型的级别也不同,比如器件工艺级别、电路级、宏电路或者行为级描述。本节主要讨论将器件的实际物理特性进行建模描述,以便在电路级设计中可以使用器件模型。

本节主要关注 3 类 MOS 模型。描述 MOS 器件特性最简单的大信号模型,适用于手工计算,包括 I/V 特性、电容、噪声及电阻等,此类简单模型对应 SPICE 中的 LEVEL 1 模型;然后,在大信号模型的基础上,推导出小信号模型,用于电路的小信号分析;最后讨论更为复杂的 SPICE LEVEL2、LEVEL3 及 BSIM(Berkeley Short-channel IGFET Model)模型,这些模型用于计算机仿真,其中 BSIM3v3 已经成为集成电路工艺厂家(foundry)向集成电路设计者提供的用于集成电路仿真的标准工艺文件。

2.4.1 MOSFET 器件的大信号模型

1. 大信号模型中的 I/V 参数

前面章节讨论的 MOS 器件的特性可以作为描述 MOS 器件大信号模型的基本 I/V 特性公式。

以 NMOS 为例,电压和电流的方向规定如 2.3 节所述。对于模型中的符号表示,小写的变量并且带有大写的下标表示大信号量;而对于模型参数对应的电压电流,比如阈值电压 V_{THN},变量采用大写表示。表示方式实际上和前面章节是一致的。这里,重新归纳如下表达式,进行模型描述:

截止区:当 $v_{GS} \leqslant V_{THN}$ 时, $i_D = 0$。[①]

三极管区:当 $v_{GS} > V_{THN}$ 且 $v_{DS} < (v_{GS} - V_{THN})$ 时,有

$$i_D = \mu_n C_{ox} \frac{W}{L} \left[(v_{GS} - V_{THN})v_{DS} - \frac{v_{DS}^2}{2} \right] = K' \frac{W}{L} \left[(v_{GS} - V_{THN})v_{DS} - \frac{v_{DS}^2}{2} \right]$$

饱和区:当 $v_{GS} > V_{THN}$ 且 $v_{DS} \geqslant (v_{GS} - V_{THN})$ 时,有

---

① 这里不考虑亚阈值导通效应。

$$i_D = \frac{1}{2}K'\frac{W}{L}(v_{GS} - V_{THN})^2(1 + \lambda v_{DS})$$

式中 L 为沟道长度,单位为 m;W 为沟道宽度,单位为 m;K' 为工艺常数,$K' = \mu_n C_{ox} = \mu_n \varepsilon_{ox}/t_{ox}$,$\mu_n$ 为表面电子迁移率,典型值为 $600 \text{cm}^2/(\text{V·s})$;$C_{ox}$ 为单位面积 MOSFET 电容,$C_{ox} = \varepsilon_{ox}/t_{ox}$,$\varepsilon_{ox}$ 为 SiO$_2$ 的介电常数,$\varepsilon_{ox} = 3.9\varepsilon_o$,$\varepsilon_o$ 为自由空间的介电常数,$\varepsilon_o = 8.85 \times 10^{-14} \text{F/cm}$;$t_{ox}$ 为栅氧化层厚度。

与阈值电压有关的模型描述:

$$V_{THN} = V_{THN0} + \gamma(\sqrt{2|\phi_{Fp}| + v_{SB}} - \sqrt{2|\phi_{Fp}|})$$

$$V_{THN0} - \phi_{MS} \quad \frac{Q_{ss}}{C_{ox}} \quad |2|\psi_{Fp}|| \quad \frac{\sqrt{4q\varepsilon_{si}|\phi_F|N_{sub}}}{C_{ox}}$$

式中,ϕ_{MS} 为多晶硅栅与硅衬底之间的功函数之差;Q_{ss} 为硅-氧化层界面的表面态;ε_{si} 为 Si 的介电常数,$\varepsilon_{si} = 11.7\varepsilon_o$;$\gamma$ 为体效应系数,$\gamma = \frac{\sqrt{2q\varepsilon_{si}N_{sub}}}{C_{ox}}$;$\phi_{Fp}$ 为费米势,$|\phi_{Fp}| = \frac{kT}{q}\ln\left(\frac{N_{sub}}{n_i}\right)$,$k$ 为玻耳兹曼常数,T 为开尔文温度,q 为电子电荷;N_{sub} 为衬底掺杂浓度,对于 p 型衬底 n 沟器件,$N_{sub} = N_a$,N_a 是 p 型衬底的掺杂浓度;n_i 为硅的本征载流子浓度。

表 2-1 中列出了上述公式中使用的对于硅的一些常数。表 2-2 是可以用于手工计算的一种 $0.5\,\mu m$ n 阱 CMOS 工艺的基本模型参数及典型参数值。

表 2-1 硅的一些常用常数

常数符号	描 述	值	单 位
V_{BG}	硅带隙电压(27℃)	1.205	V
k	玻耳兹曼常数	1.38×10^{-23}	J/K
ε_o	自由空间的介电常数	8.85×10^{-14}	F/cm
ε_{ox}	SiO$_2$ 的介电常数	$3.9\varepsilon_o$	F/cm
ε_{si}	Si 的介电常数	$11.7\varepsilon_o$	F/cm
q	电子电荷	1.6×10^{-19}	C
n_i	硅的本征载流子浓度	1.5×10^{10}	cm^{-3}

表 2-2 一种 0.5 μm CMOS 工艺常用的基本大信号模型的参数及典型参数值

参数符号	描 述	NMOS	PMOS	单 位
V_{TH0}	阈值电压($V_{SB} = 0$)	0.7 ± 0.1	-0.7 ± 0.15	V
K'	跨导参数(饱和区)	$110 \pm 10\%$	$50 \pm 10\%$	$\mu A/V^2$
λ	沟道长度调制系数	$0.04(L=1\mu m)$ $0.02(L=2\mu m)$	$0.05(L=1\mu m)$ $0.02(L=2\mu m)$	V^{-1}
γ	体效应系数	0.4	0.6	$V^{1/2}$
$2|\phi_F|$	强反型时的表面势	0.7	0.8	V

2. 大信号模型中的其他参数

上文描述了 MOSFET 器件大信号模型中的基本 I/V 特性,除此之外,在 MOSFET 大信号模型中还包括其他特性,例如源/漏-衬底结、源/漏极欧姆接触电阻、寄生电容及噪声等。完整的 MOS 器件大信号模型如图 2-13 所示。

图 2-13 中的二极管表示源极与衬底之间的 pn 结及漏极与衬底之间的 pn 结。MOS 晶体管正常工

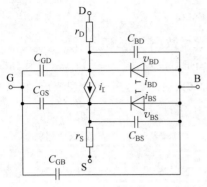

图 2-13　完整的 MOS 器件大信号模型

作时,这些二极管必须反偏或零偏。在模型中的这些二极管是对漏电流(leakage current)进行建模

$$i_{BD} = I_S \left[\exp\left(\frac{qv_{BD}}{kT}\right) - 1 \right] \qquad (2.25)$$

和

$$i_{BS} = I_S \left[\exp\left(\frac{qv_{BS}}{kT}\right) - 1 \right] \qquad (2.26)$$

其中 I_S 是 pn 结的反向饱和电流;q 是电子电荷;k 是玻耳兹曼常数;T 是以开尔文为单位的温度。

图 2-13 中的电阻 r_D 和 r_S 分别是漏极和源极的接触电阻,典型值为 $50 \sim 100\Omega$。在 CMOS 采用硅化物(silicide)工艺的情况下,此电阻值更小,为 $5 \sim 10\Omega$,因此,在漏极电流较小的情况下,可以忽略这些电阻。

图 2-13 中的电容包括 3 类:第一类包括 C_{BD} 和 C_{BS},分别为漏区与衬底及源区与衬底的反向偏置产生的耗尽区电容;第二类是与栅极有关的 C_{GD}、C_{GS} 和 C_{GB},这些电容依赖于 MOS 晶体管的工作条件;第三类是独立于 MOS 管工作条件的寄生电容。

漏区/源区与衬底之间的耗尽区电容分别与 pn 结上的电压 v_{BD} 和 v_{BS} 有关,漏区/源区与衬底之间 pn 结上的耗尽区电容可以分别表达为

$$C_{BD} = \frac{C_{j0} A_D}{\left(1 - \dfrac{v_{BD}}{\phi_j}\right)^{m_j}} \qquad 当\ v_{BD} \leqslant fc \cdot \phi_j\ 时 \qquad (2.27a)$$

$$C_{BD} = \frac{C_{j0} A_D}{(1 - fc)^{1+m_j}} \left[1 - (1 + m_j) fc + m_j \frac{v_{BD}}{\phi_j} \right] \qquad 当\ v_{BD} > fc \cdot \phi_j\ 时 \qquad (2.27b)$$

和

$$C_{BS} = \frac{C_{j0} A_S}{\left(1 - \dfrac{v_{BS}}{\phi_j}\right)^{m_j}} \qquad 当\ v_{BS} \leqslant fc \cdot \phi_j\ 时 \qquad (2.28a)$$

$$C_{BS} = \frac{C_{j0} A_S}{(1 - fc)^{1+m_j}} \left[1 - (1 + m_j) fc + m_j \frac{v_{BS}}{\phi_j} \right] \qquad 当\ v_{BD} > fc \cdot \phi_j\ 时 \qquad (2.28b)$$

其中,C_{j0} 表示零偏压时的单位面积结电容,$C_{j0} = \sqrt{\dfrac{q\varepsilon_{si} N_{sub}}{2\phi_j}}$;$A_D$ 和 A_S 分别表示漏区和源区的面积;ϕ_j 表示 pn 结内建势;fc 表示正向偏置非理想结电容系数,$fc \approx 0.5$;m_j 表示 pn 结梯度系数,其值为 $1/3 \sim 1/2$。

进一步考查漏区/源区与衬底之间的耗尽区电容,如图 2-14 所示,实际的耗尽电容包括两个部分:结底部的耗尽区电容,其面积等于源区或漏区面积,即式(2.27)和式(2.28)表示的电容;由于结周边引起的侧壁电容。同时考虑结底部和侧壁电容,得到总的漏区/源区与衬底之间的耗尽区电容分别表示为

$$C_{BD} = \frac{C_{j0} A_D}{\left(1 - \dfrac{v_{BD}}{\phi_j}\right)^{m_j}} + \frac{C_{jsw0} P_D}{\left(1 - \dfrac{v_{BD}}{\phi_j}\right)^{m_{jsw}}} \qquad 当\ v_{BD} \leqslant fc \cdot \phi_j\ 时 \qquad (2.29a)$$

$$C_{BD} = \frac{C_{j0} A_D}{(1 - fc)^{1+m_j}} \left[1 - (1 + m_j) fc + m_j \frac{v_{BD}}{\phi_j} \right] +$$

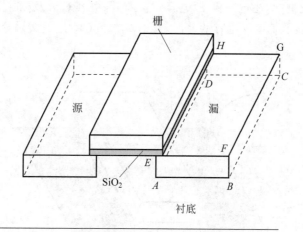

漏区底部区域 *ABCD*
漏区侧壁区域 *ABFE* + *BCGF* + *DCGH* + *ADHE*

图 2-14　MOS 源区/漏区与衬底之间结电容的底部和侧壁电容两部分

$$\frac{C_{jsw0}P_D}{(1-fc)^{1+m_{jsw}}}\left[1-(1+m_{jsw})fc+m_{jsw}\frac{v_{BD}}{\phi_j}\right]\quad \text{当}\ v_{BD}>fc\cdot\phi_j\ \text{时}\qquad (2.29b)$$

和

$$C_{BS}=\frac{C_{j0}A_S}{\left(1-\dfrac{v_{BS}}{\phi_j}\right)^{m_j}}+\frac{C_{jsw0}P_S}{\left(1-\dfrac{v_{BS}}{\phi_j}\right)^{m_{jsw}}}\quad \text{当}\ v_{BS}\leqslant fc\cdot\phi_j\ \text{时}\qquad (2.30a)$$

$$C_{BS}=\frac{C_{j0}A_S}{(1-fc)^{1+m_j}}\left[1-(1+m_j)fc+m_j\frac{v_{BS}}{\phi_j}\right]+$$

$$\frac{C_{jsw0}P_S}{(1-fc)^{1+m_{jsw}}}\left[1-(1+m_{jsw})fc+m_{jsw}\frac{v_{BS}}{\phi_j}\right]\quad \text{当}\ v_{BS}>fc\cdot\phi_j\ \text{时}\qquad (2.30b)$$

其中，A_D 和 A_S 分别表示漏和源区的面积；P_D 和 P_S 分别表示漏区和源区的周长；C_{jsw0} 表示零偏压时的单位长度侧壁结电容；m_{jsw} 表示侧壁 pn 结梯度系数。

表 2-3 给出了一种氧化层厚度为 $140\text{Å}(C_{ox}=24.7\times10^{-4}\,\text{F/m}^2)$ 的 MOS 器件的 C_{j0}、C_{jsw0}、m_j 和 m_{jsw} 参数值[3]。从表 2-3 中可见，只有知道了器件的尺寸，才能够算出耗尽区电容。

表 2-3　MOS 器件模型的电容系数

参　数	NMOS	PMOS	单　位
C_{j0}	560×10^{-6}	770×10^{-6}	F/m^2
C_{jsw0}	350×10^{-12}	380×10^{-12}	F/m
m_j	0.5	0.5	
m_{jsw}	0.35	0.38	
C_{GSO}	220×10^{-12}	220×10^{-12}	F/m
C_{GDO}	220×10^{-12}	220×10^{-12}	F/m
C_{GBO}	700×10^{-12}	700×10^{-12}	F/m

MOS 器件大信号模型中,还包括栅-源电容 C_{GS}、栅-漏电容 C_{GD} 及栅-衬底电容 C_{GB}。对应 MOS 器件的实际结构,图 2-15 显示了各种电容的情况,其中 C_{BD} 和 C_{BS} 是上文讨论的漏区/源区与衬底之间的耗尽区电容。

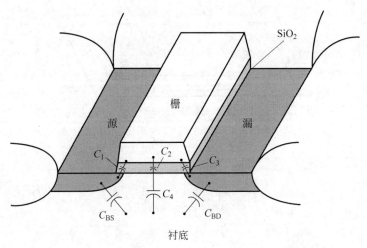

图 2-15　MOS 晶体管中的电容

C_1 和 C_3 是多晶硅栅与源区或漏区交叠而产生的交叠电容。这个交叠是由于源区和漏区注入时的横向扩散引起的。交叠部分的长度为 L_D,交叠电容可表示为

$$C_1 = L_D W_{eff} C_{ox} = C_{GSO} W_{eff} \tag{2.31}$$

和

$$C_3 = L_D W_{eff} C_{ox} = C_{GDO} W_{eff} \tag{2.32}$$

其中,W_{eff} 是有效沟道宽度;C_{GSO} 和 C_{GDO} 分别是栅-源和栅-漏单位宽度交叠电容,单位是 F/m。表 2-3 中也列出了一种 MOS 晶体管的 C_{GSO} 和 C_{GDO}。

此外,还有一种交叠电容。由于在设计 MOS 器件版图时,绘制的栅通常延伸出沟道区域,多晶硅栅的宽度要比沟道的宽度大,因此在沟道的边缘处出现交叠电容。图 2-16 所示的 C_5 是栅与衬底的交叠电容。此交叠电容是沟道长度 L 的函数,可以采用单位沟道宽度交叠 C_{GBO} 系数来衡量,即

$$2C_5 = C_{GBO} L_{eff} \tag{2.33}$$

C_2 是栅与沟道之间的氧化层电容,表示如下:

$$C_2 = (L - 2L_D) W_{eff} C_{ox} = L_{eff} W_{eff} C_{ox} \tag{2.34}$$

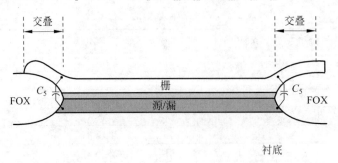

图 2-16　栅与衬底的交叠电容

其中 L_{eff} 是有效沟道长度,由于形成源/漏区时的横向扩散,造成有效沟道长度要比设计值 L 小。C_4 是沟道与衬底之间的耗尽层电容,随偏压的变化而变化。

下面我们来讨论在不同偏压情况下的 C_{GB}、C_{GS} 和 C_{GD}。我们考查当 v_{DS} 为一个适当值的常数时,v_{GS} 从 0 开始变化的情形。当 v_{GS} 不大于阈值电压 V_{TH} 时,晶体管处于截止区;然后,当 v_{GS} 开始大于阈值电压 V_{TH} 时,由于 $v_{DS} > v_{DS(sat)} = v_{GS} - V_{TH}$,MOS 器件首先进入饱和区;直到 $v_{DS} < v_{DS(sat)} = v_{GS} - V_{TH}$,即 v_{GS} 超过 $v_{DS(sat)} + V_{TH}$,MOS 器件进入非饱和区,即三极管区。在上述变化的条件下,C_{GB}、C_{GS} 和 C_{GD} 变化情况如图 2-17 所示。

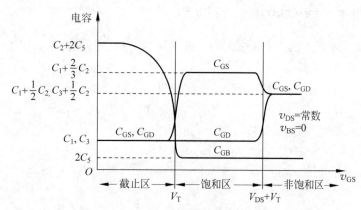

图 2-17 C_{GB}、C_{GS} 和 C_{GD} 在不同偏压情况下的变化情况

在截止区,当 $v_{GS} = 0$ 时,没有沟道存在,C_{GB} 约等于 $C_2 + 2C_5$;当 v_{GS} 从 0 开始增加时,将会形成一层耗尽层,即形成电容 C_4,C_4 串联在 C_2 上;当 v_{GS} 进一步增加时,耗尽区变宽,引起 C_4 下降,从而使 C_{GB} 下降;v_{GS} 再增加,当 $v_{GS} = V_{TH}$ 时,反型层开始形成,由于反型层在栅与衬底之间的隔离作用,使得 C_2 和 C_4 串联的电容可以忽略,C_{GB} 约等于 $2C_5$。

C_{GS} 和 C_{GD} 由 C_1、C_2 和 C_3 计算得出。当 MOS 管处于截止区时,没有沟道存在,$C_{GS} = C_1$,$C_{GD} = C_3$;当 $v_{GS} = V_{TH}$ 时,反型层开始形成,C_2 会分配给 C_{GS} 和 C_{GD};当 MOS 管处于饱和区时,沟道在漏端出现夹断,栅极和沟道之间的电势差从源极 v_{GS} 变化到夹断点的 $v_{GS} - V_{TH}$,从而导致上氧化层中的垂直电场沿沟道方向不均匀分布,这一结构的等效电容等于 2/3 的 C_2,即 $C_{GS} = 2W_{eff}L_{eff}C_{ox}/3$;当进入三极管区时,沟道出现在源极到漏极之间,栅压的变化会引起从源极和漏极抽取相等的电荷量,因此 C_2 可以简单地认为由 C_{GS} 和 C_{GD} 平分,如图 2-17 所示。

通过以上讨论,各个工作区的 MOS 器件电容可归纳如下。

截止区:

$$C_{GB} = C_2 + 2C_5 = L_{eff}W_{eff}C_{ox} + C_{GBO}L_{eff} \tag{2.35a}$$

$$C_{GS} = C_1 = C_{GSO}W_{eff} \tag{2.35b}$$

$$C_{GD} = C_3 = C_{GDO}W_{eff} \tag{2.35c}$$

饱和区:

$$C_{GB} = 2C_5 = C_{GBO}L_{eff} \tag{2.36a}$$

$$C_{GS} = C_1 + \frac{2}{3}C_2 = C_{GSO}W_{eff} + \frac{2}{3}L_{eff}W_{eff}C_{ox} \tag{2.36b}$$

$$C_{GD} = C_3 = C_{GDO}W_{eff} \tag{2.36c}$$

三极管区：

$$C_{GB} = 2C_5 = C_{GBO}L_{eff} \tag{2.37a}$$

$$C_{GS} = C_1 + \frac{1}{2}C_2 = C_{GSO}W_{eff} + \frac{1}{2}L_{eff}W_{eff}C_{ox} \tag{2.37b}$$

$$C_{GD} = C_3 + \frac{1}{2}C_2 = C_{GDO}W_{eff} + \frac{1}{2}L_{eff}W_{eff}C_{ox} \tag{2.37c}$$

以上公式没有考虑 3 个区域之间的平滑过渡区,相关的讨论可见 BSIM 等文献[4~8]。

2.4.2　MOSFET 器件的小信号模型

从前面章节的讨论,可以看出 MOSFET 呈现的是一种非线性特性。正如图 2-8 所示的输出特性与转移特性,当 MOSFET 处于饱和区,v_{DS} 为一定值时,i_D 与 v_{GS} 呈现非线性关系。但是,如果在特定的偏置下,v_{GS} 在一个固定值 V_{GS} 上叠加一个微小变化的量 v_{gs},就会引起漏极电流 i_D 在特定值 I_D 上的一个微小变化 i_d。先看一看下面的例子。晶体管偏置在饱和区工作的 NMOS 电路如图 2-18(a)所示。对于漏-源环路应用基尔霍夫电压定律(KVL)得

$$V_{DD} = v_{DS} + R_D i_D$$

则

$$i_D = \frac{V_{DD}}{R_D} - \frac{v_{DS}}{R_D} \tag{2.38}$$

从式(2.38)可以得出,当 $v_{DS} = 0$ 时,$i_D = V_{DD}/R_D$,描述了负载线与 i_D 轴相交于 V_{DD}/R_D;而在 $i_D = 0$ 处,可知 $v_{DS} = V_{DD}$,负载线与 v_{DS} 轴相交于 V_{DD},如图 2-18(b)所示。负载线与 MOSFET 的 i_D-v_{DS} 特性曲线的交点给出了在给定的直流电压 V_{GS} 下的(静态)工作点。假设漏极电流、漏-源电压和栅-源电压的初始静态值,即静态工作点,分别为 I_D、V_{DS} 和 V_{GS}。在 MOSFET 放大器中,交流输入信号通常与栅电压叠加。如果交流小信号 v_{gs} 与 V_{GS} 串联,将使栅-源电压 v_{GS} 和漏极电流 i_D 产生小的变化。也就是,如果栅-源电压有微小变化,例如 $v_{GS} = V_{GS} + v_{gs}$,那么漏极电流和漏-源电压也会有相应的变化,即 $i_D = I_D + i_d$ 和 $v_{DS} = V_{DS} + v_{ds}$,如图 2-18(c)所示。在静态工作点附近,漏极电流 i_D 的微小变化 i_d 和漏-源电压 v_{DS} 的微小变化 v_{ds} 如图 2-18(d)所示。漏-源电压的变化量 v_{ds} 等于电压增益与 v_{gs} 的乘积。如果 i_d、v_{gs} 和 v_{ds} 的值很小,图 2-18(a)可以采用图 2-18(d)的小信号电路替代。

首先采用大信号模型确定直流(静态)工作点(V_{DS}、V_{GS}、I_D),然后在工作点将非线性器件特性进行线性化等效,得到 MOSFET 器件的小信号模型,从而简化电路分析。

基于 MOSFET 的大信号模型,可推导出 MOSFET 的小信号等效电路。小信号模型中的各种参量与大信号模型中的工作点直接相关。小信号模型中的参数均采用带小写下标的小写变量表示。从 MOSFET 的转移特性来看,v_{GS} 的变化会引起 i_D 的变化,它们之间的关系表现为跨导 g_m,这样,基本的 MOS 小信号电路由一个电压控制电流源 $g_m v_{gs}$ 来表示,如图 2-19(a)所示。由于在饱和区,MOSFET 的 g_m 大,因此,MOSFET 一般工作在饱和区,我们推导的小信号模型都是基于 MOSFET 偏置在饱和区的等效电路。在饱和区,由于沟道长度调制效应,i_D-v_{DS} 特性呈现有限斜率,可以采用输出电阻 r_o 并联来表示,等效电路如图 2-19(b)所示。由于 MOSFET 的栅电流 i_g 很小,趋近于零,所以栅-源间相当于开路。

由前面的讨论可知,图 2-19 中 MOSFET 的跨导 g_m 和小信号输出电阻 r_o 的值取决于工作点,由指定的工作点(V_{DS}、V_{GS}、I_D)决定。

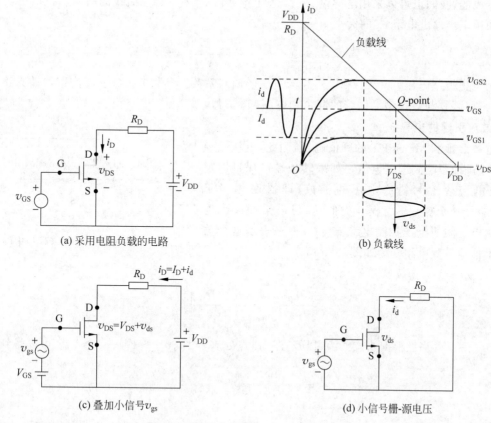

(a) 采用电阻负载的电路

(b) 负载线

(c) 叠加小信号 v_{gs}

(d) 小信号栅-源电压

图 2-18 输入小信号电压 v_{gs} 的 NMOS 管

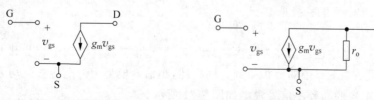

(a) 基本的MOS小信号模型

(b) 采用输出电阻表示沟道长度调制的MOS小信号模型

图 2-19 MOSFET 的基本小信号模型

1. 跨导 g_{m}

跨导是转移特性(i_{D} 相对于 v_{GS})在工作点处的斜率,定义为相对于栅-源电压变化的漏极电流的变化。表达式为

$$g_{\mathrm{m}} = \frac{\partial i_{\mathrm{D}}}{\partial v_{\mathrm{GS}}}\bigg|_{v_{\mathrm{DS}}=\text{常数}}$$

在工作点附近,$i_{\mathrm{D}} \approx I_{\mathrm{D}}$、$v_{\mathrm{GS}} \approx V_{\mathrm{GS}}$、$v_{\mathrm{DS}} \approx V_{\mathrm{DS}}$,NMOS 管的小信号跨导可由式(2.12)导出

$$g_{\mathrm{m}} = K'\frac{W}{L}(V_{\mathrm{GS}} - V_{\mathrm{TH}}) = \sqrt{\left(2K'\frac{W}{L}\right)I_{\mathrm{D}}} = \sqrt{2\beta I_{\mathrm{D}}} \tag{2.39}$$

2. 小信号输出电阻 r_{o}

小信号输出电阻是 i_{D}-v_{DS} 特性在夹断区或饱和区的斜率的倒数,这是由于 MOSFET 的沟道长度

调制效应造成的,我们也可以采用电导量 g_{ds} 来表示饱和区 i_D-v_{DS} 特性曲线的斜率。在工作点处,可以根据式(2.21)求出输出电阻 r_o 的大小

$$\frac{1}{r_o} = \frac{1}{r_{ds}} = g_{ds} = \frac{\partial i_D}{\partial v_{DS}} = \frac{I_D}{|V_M|} = \lambda I_D \tag{2.40}$$

这里,V_M 为沟道调制电压;$\lambda(=1/|V_M|)$ 为沟道长度调制系数。参数 V_M 对于 p 沟道器件为正,对于 n 沟道器件为负。V_M 与双极型晶体管的厄尔利电压 V_A 类似。

3. 体效应引起的电导 g_{mb}

衬底电势会影响 MOSFET 的阈值电压,因此,也就影响到饱和电压,进而影响到漏极电流。如果其他端口保持恒定电压,漏极电流表现为衬底电压的函数,即衬底相当于 MOSFET 的另一个栅——背栅。类似地,可以采用一个连接漏极和源极之间的电压控制电流源 $g_{mb}v_{bs}$ 来表示这个关系,这样,小信号等效电路变为如图 2-20 所示。

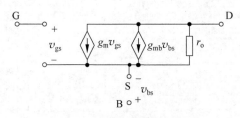

图 2-20 体效应在小信号模型中的表示

g_{mb} 可表示为

$$g_{mb} = \frac{\partial i_D}{\partial v_{BS}}\bigg|_{\text{工作点}} = -\frac{\partial i_D}{\partial v_{SB}}\bigg|_{\text{工作点}}$$

注意 $\dfrac{\partial i_D}{\partial V_{TH}} = -\dfrac{\partial i_D}{\partial v_{GS}}$,并且根据式(2.22),以及在工作点处 $i_D \approx I_D$、$v_{GS} \approx V_{GS}$、$v_{SB} \approx V_{SB}$,可以得到

$$g_{mb} = -\frac{\partial i_D}{\partial V_{TH}}\frac{\partial V_{TH}}{\partial v_{SB}} = g_m \frac{\partial V_{TH}}{\partial v_{SB}} = g_m \frac{\gamma}{2\sqrt{2|\phi_{Fp}|+V_{SB}}} = \eta g_m \tag{2.41}$$

其中,$\eta = \dfrac{\gamma}{2\sqrt{2|\phi_{Fp}|+V_{SB}}}$。从式(2.41)可见,$g_{mb}$ 与 γ 成正比。式(2.41)也表明,随着 V_{SB} 增加,体效应对交流小信号电流 i_d 带来影响会降低。

4. 电容

MOSFET 的小信号模型中也包括器件电容。MOSFET 小信号模型中的电容与其大信号模型中的电容是一致的,可以根据 2.4.1 节中的分析得到。同样地,小信号模型中的电容参数均采用带小写下标的小写变量表示。包括电容的高频小信号模型如图 2-21 所示。

在多数情况下,MOSFET 的衬底与源极相连,简化后的高频模型如图 2-21(c)所示,其中 $C'_{gs} = C_{gs} + C_{gb}$。电容 C_{bd} 通常可以忽略,特别是在手工计算时,模型可简化为如图 2-21(d)所示。下面计算高频模型的频率响应,在 MOSFET 的栅极施加一个测试电流 i_g,并测量漏极短路电流 i_d,等效电路如图 2-21(e)所示。栅极的电压在 s 拉普拉斯域表示为

$$V_{gs}(s) = \frac{1}{(C'_{gs}+C_{gd})s}I_g(s) \tag{2.42}$$

由于 r_o 很大,所以流过它的电流很小,可忽略流经 r_o 的电流。这样 $I_d(s)$ 可表示为

$$I_d(s) = [g_m - sC_{gd}]V_{gs}(s) \tag{2.43}$$

将 $V_{gs}(s)$ 代入式(2.42),得到

$$I_d(s) = \frac{g_m - sC_{gd}}{(C'_{gs}+C_{gd})s}I_g(s) \tag{2.44}$$

令 $s = j\omega$,可以得到频域表达式,图 2-21(e)中模型在相关的频率下,$g_m \gg \omega C_{gd}$,得到频域下的电流增益

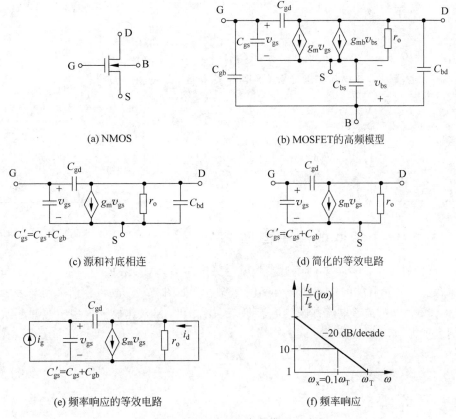

(a) NMOS　　　　　　　　(b) MOSFET的高频模型

(c) 源和衬底相连　　　　　　　(d) 简化的等效电路

(e) 频率响应的等效电路　　　　　(f) 频率响应

图 2-21　MOSFET 的高频模型和响应

$\beta_{\mathrm{f}}(\mathrm{j}\omega)$ 为

$$\beta_{\mathrm{f}}(\mathrm{j}\omega) = \frac{I_{\mathrm{d}}(\mathrm{j}\omega)}{I_{\mathrm{g}}(\mathrm{j}\omega)} = \frac{g_{\mathrm{m}}}{(C'_{\mathrm{gs}} + C_{\mathrm{gd}})\,\mathrm{j}\omega} \qquad (2.45)$$

这表明电流增益将随频率升高而下降,斜率为$-20\mathrm{dB}/$十倍频程。这一关系如图 2-21(f)所示。电流增益为 1 时,$|\beta_{\mathrm{f}}(\mathrm{j}\omega)|=1$,则可以得到单位增益带宽 ω_{T} 为

$$\omega = \omega_{\mathrm{T}} = \frac{g_{\mathrm{m}}}{C'_{\mathrm{gs}} + C_{\mathrm{gd}}} = \frac{g_{\mathrm{m}}}{C_{\mathrm{gs}} + C_{\mathrm{gd}} + C_{\mathrm{gb}}} \qquad (单位为 \mathrm{rad/s}) \qquad (2.46)$$

或

$$f_{\mathrm{T}} = \frac{g_{\mathrm{m}}}{2\pi(C_{\mathrm{gs}} + C_{\mathrm{gd}} + C_{\mathrm{gb}})} \qquad (单位为 \mathrm{Hz}) \qquad (2.47)$$

ω_{T} 或 f_{T} 也称为 MOS 晶体管的"特征频率"。

【例 2. 2】　求出 NMOS 放大器中 NMOS 晶体管的小信号参数。图 2-18 中的 NMOS 放大器,$V_{\mathrm{GS}}=1\mathrm{V}, V_{\mathrm{DD}}=5\mathrm{V}, R_{\mathrm{D}}=10\mathrm{k}\Omega$。已知 NMOS 的参数为 $W=5\,\mu\mathrm{m}, L=1\,\mu\mathrm{m}, V_{\mathrm{TH}}=0.7\mathrm{V}, K_{\mathrm{n}}=110\,\mu\mathrm{A/V^2}$,$\lambda=0.04\mathrm{V^{-1}}$。求出小信号晶体管模型参数 g_{m} 和 r_{o}。

解:希望将 NMOS 晶体管偏置在其饱和区,因此,根据式(2.12),并忽略沟道长度调制效应,这里:

$$V_{\mathrm{GS}}=1\mathrm{V}, \quad V_{\mathrm{TH}}=0.7\mathrm{V}$$

$$I_D = \frac{1}{2}K_n\frac{W}{L}(V_{GS}-V_{TH})^2 = \frac{1}{2}\times 110\times 10^{-6}\times\frac{5\times 10^{-6}}{1\times 10^{-6}}\times(1-0.7)^2 = 24.75\,\mu A$$

则

$$V_{DS} = V_{DD} - R_D I_D = 5 - 10\times 10^3\times 24.75\times 10^{-6} = 4.7525V$$

可见 $V_{DS} > V_{GS} - V_{TH}$，因此，可以保证此 NMOS 处于饱和区，由式(2.39)得

$$g_m = K_n\frac{W}{L}(V_{GS}-V_{TH}) = 110\times 10^{-6}\times\frac{5\times 10^{-6}}{1\times 10^{-6}}\times(1-0.7) = 165\,\mu A/V$$

由式(2.40)得

$$r_o = \frac{1}{\lambda I_D} = \frac{1}{0.04\times 24.75\times 10^{-6}} = 1010k\Omega$$

2.4.3　MOSFET 器件的噪声模型

　　MOSFET 器件另一个比较重要的模型参数就是噪声模型。MOSFET 中的噪声主要包括欧姆接触电阻的热噪声及与晶体管有关的沟道热噪声和闪烁噪声。如图 2-22 所示，分别采用与表示源漏区欧姆接触电阻的 r_S 和 r_D，以及沟道电流并联的电流源 i_{nrS}、i_{nrD} 和 i_{nD} 来建模。模型中源漏区欧姆接触电阻的热噪声分别表示为

$$\overline{i_{nrS}^2} = \left(\frac{4kT}{r_S}\right)\Delta f \tag{2.48a}$$

和

$$\overline{i_{nrD}^2} = \left(\frac{4kT}{r_D}\right)\Delta f \tag{2.48b}$$

其中，k 为玻耳兹曼常数；T 是绝对温度；r_S 和 r_D 分别表示源区和漏区的欧姆电阻；Δf 表示很小的带宽，通常为单位 1Hz 带宽。

　　与沟道电流并联的噪声电流主要有两种：沟道热噪声和闪烁噪声。均方电流噪声源表达为

$$\overline{i_{nD}^2} = \left[\frac{8kTg_m(1+\eta)}{3} + \frac{K_f' I_D}{fC_{ox}L^2}\right]\Delta f \tag{2.49}$$

其中，k 为玻耳兹曼常数；T 是绝对温度；g_m 为 MOSFET 的小信号跨导；$\eta = g_{mb}/g_m$；K_f' 为闪烁噪声系数，单位为 F·A；I_D 为漏极偏置电流；f 为频率；Δf 表示带宽，通常为单位 1Hz 带宽。式(2.49)中第一项表示的是沟道热噪声，第二项为闪烁噪声。K_f' 是与工艺相关的一个常量，典型量级在 10^{-28} F·A。

　　可以将式(2.49)的均方电流噪声除以 MOS 管的 g_m^2 折算到 MOS 的栅极，并且根据式(2.39)，均方电压噪声的形式可表示为

$$\overline{v_{nD}^2} = \frac{\overline{i_{nD}^2}}{g_m^2} = \left[\frac{8kT(1+\eta)}{3g_m} + \frac{K_f'}{2fC_{ox}K'WL}\right]\Delta f$$

$$\tag{2.50}$$

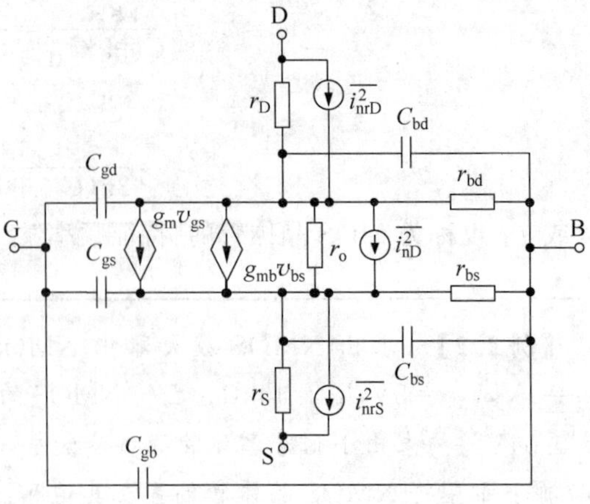

图 2-22　包含噪声的 MOSFET 的高频小信号模型

其中，$K' = \mu_n C_{ox}$。表示成输入电压噪声功率谱密度，可以写为

$$S_v(f) = \frac{\overline{i_{nD}^2}}{g_m^2} = \left[\frac{8kT(1+\eta)}{3g_m} + \frac{K'_f}{2fC_{ox}K'WL} \right] \tag{2.51}$$

噪声功率谱密度 $S_v(f)$ 的单位为 V^2/Hz。关于噪声分析，会在后续的相关章节中做进一步的讨论。

2.4.4　MOSFET 器件的 SPICE 模型

前面章节讨论的模型适用于手工计算，对于长沟道器件，这些模型也可以用于基本特性的计算机仿真。但随着 MOSFET 器件的特征尺寸变得越来越小，当 MOSFET 器件尺寸进入亚微米以下时，上述模型的误差就比较大了，需要更为精确的模型用于计算机仿真。

多年来，已开发出很多模型来适应工艺的进步，从基本的 SPICE LEVEL1 到 LEVEL2、LEVEL3，以及 BSIM 模型等。虽然最初的 SPICE LEVEL1 模型不适用于亚微米级以下的器件，但由于其直接来源于器件所反映的 I/V 特性，因此，对于理解计算机仿真模型和器件的物理特性还是有意义的。

1. SPICE LEVEL 1 模型

前面章节的模型可以作为计算机仿真的基本模型，对应 SPICE LEVEL1 模型。下面给出了模型的基本参数。

(1) 与阈值电压 V_{TH} 有关的模型参数，如表 2-4 所示。

表 2-4　与阈值电压 V_{TH} 有关的 SPICE LEVEL 1 模型参数

参数符号	SPICE 关键字	描　　述	默认值	典型值	单　位
V_{TH0}	VTO	阈值电压($V_{SB}=0$ 时)	1.0	0.8	V
γ	GAMMA	体效应系数	0	0.4	$V^{1/2}$
$2\lvert \phi_F \rvert$	PHI	强反型时的表面势	0.65	0.58	V
N_{SUB}	NSUB	衬底掺杂浓度	0	1×10^{15}	cm^{-3}
Q_{ss}/q	NSS	表面态密度	0	1×10^{10}	cm^{-2}
	TPG	栅材料类型	1	1	

可见，通过式(2.1)和式(2.22)，根据上述模型参数可以计算得到阈值电压的值。如果在一个器件模型的定义中没有给出模型参数值，SPICE 在仿真时将采用上述参数的默认值，而典型值是一般工艺中的常见值，作为参考。TPG 表示栅材料的类型，1 表示与衬底相反，-1 表示与衬底相同，0 代表铝栅。

(2) 与跨导相关的模型参数，如表 2-5 所示。

表 2-5　与跨导相关的 SPICE LEVEL 1 模型参数

参数符号	SPICE 关键字	描　　述	默认值	典型值	单　位
K'	KP	跨导参数	20×10^{-6}	50×10^{-6}	A/V^2
t_{ox}	TOX	栅氧化层厚度	1×10^{-7}	40×10^{-9}	m
λ	LAMBDA	沟道长度调制系数	0	0.01	V^{-1}
L_D	LD	横向扩散	0	2.5×10^{-7}	m
$\mu_{n,p}$	UO	表面迁移率	600	580	$cm^2/(V \cdot s)$

（3）与寄生参数及源/漏极有关的模型参数，如表 2-6 所示。

表 2-6　与寄生参数及源/漏极有关的 SPICE LEVEL 1 模型参数

参数符号	SPICE 关键字	描　　述	默认值	典型值	单　位
r_S	RS	源极欧姆接触电阻	0	40	Ω
r_D	RD	漏极欧姆接触电阻	0	40	Ω
r_{SH}	RSH	源/漏极表面电阻	0	50	Ω/sq
C_{GSO}	CGSO	单位沟道宽度栅源交叠电容	0	4×10^{-10}	F/m
C_{GDO}	CGDO	单位沟道宽度栅漏交叠电容	0	4×10^{-10}	F/m
C_{GBO}	CGBO	单位沟道长度栅衬底交叠电容	0	4×10^{-10}	F/m
ϕ_j	PB,PBSW	底部和侧壁 pn 结内建势	0.8	0.8	V
m_j, m_{jsw}	MJ,MJSW	底部和侧壁 pn 结梯度系数	0.5	0.5	
C_{j0}	CJ	零偏压时的底部单位面积结电容	0	3×10^{-4}	F/m^2
C_{jsw0}	CJSW	零偏压时的侧壁单位长度结电容	0	2.5×10^{-10}	F/m
I_S	IS	源/漏-衬底 pn 结的反向饱和电流	1×10^{-14}	1×10^{-14}	A
J_S	JS	源/漏-衬底 pn 结的反向饱和电流密度	0	1×10^{-8}	A/m^2
fc	FC	正向偏置非理想结电容系数	0.5	0.5	

从上述模型参数可见，SPICE LEVEL1 模型基于前面章节讨论的 MOSFET 器件的大信号模型，其适用于长沟 MOSFET 器件。

2. SPICE LEVEL 2、3 模型

LEVEL1 模型适用于微米级 MOSFET 器件，当器件的沟道长度小于 $5\,\mu m$ 时，LEVEL1 就表现出其缺陷，器件模型与小尺寸器件的实际特性出现明显偏差，而 LEVEL2 模型就是为表示很多二阶效应所建立，描述的二阶效应如下：

（1）沟道长度对阈值电压的影响：即短沟道效应的影响，当沟道长度小于 $5\,\mu m$ 时，应考虑源区和漏区耗尽层对阈值电压的影响。

（2）漏栅静电反馈效应对阈值电压的影响：随着漏源电压 V_{DS} 的增加，在漏区一侧的耗尽区宽度会有所增加，使阈值电压值下降。

（3）沟道宽度对阈值电压的影响：即窄沟道效应，当沟道宽度小于 $5\,\mu m$ 时，应考虑"边缘"效应，实际的栅会有一部分覆盖到场氧化层上（真正的沟道宽度以外，如图 2-16 所示），此场氧化层下也会引起耗尽电荷，这部分电荷虽然很少，但当 MOSFET 的宽度很小时，其在整个耗尽电荷所占的比例将增加，进而影响阈值电压，使阈值电压值有所增加。

（4）迁移率随表面电场的变化：在 LEVEL1 模型中，假设迁移率为常数，实际上并不是这样，在栅电压增加时，表面迁移率会有所下降。

（5）沟道夹断引起的沟道长度调制效应的修正：在考虑了短沟道和窄沟道后，需要对出现夹断时的饱和电压进行修正。

（6）载流子漂移速度限制而引起的电流饱和效应：在实际的短沟道器件中，在夹断之前沟道电流就会出现饱和，这是由于载流子的漂移速度达到了最大极限，因而造成漏源电流饱和。

（7）弱反型导通：即亚阈值导通，在 LEVEL2 模型中考虑了弱反型导通，引入了一个新的阈值电压 V_{ON}，如图 2-12 所示，其标志器件从弱反型进入强反型。

LEVEL3 模型参数基本上与 LEVEL2 相同，不同的是 LEVEL3 引入了一些半经验模型，LEVEL3

模型对 LEVEL2 模型的一些解析式进行了简化,并引入了一些经验常数,以提高模型描述器件的精度。在 LEVEL3 中考虑的器件二阶效应如下:

(1) 由于二维电位分布使阈值电压受到器件长度和宽度的影响。

(2) 静电反馈对阈值电压的影响。

(3) 由于热电子速度饱和使线性区和饱和区之间的过渡减缓。

(4) 由于热电子速度饱和引起饱和电压和饱和电流的下降。

表 2-7 列出了 SPICE LEVEL2、LEVEL3 的模型参数,详细的模型描述参见文献[3]～文献[8]。表 2-7 中同时也列出 SPICE LEVEL1 模型对应的参数。

表 2-7　MOSFET 的 SPICE LEVEL 1、2、3 模型参数对照

参数符号	SPICE 关键字	模型 LEVEL	描　　述	默认值	单　位
V_{TH0}	VTO	1/2/3	阈值电压($V_{SB}=0$)	1.0	V
γ	GAMMA	1/2/3	体效应系数	0	$V^{1/2}$
$2\lvert\phi_F\rvert$	PHI	1/2/3	强反型时的表面势	0.65	V
N_{SUB}	NSUB	1/2/3	衬底掺杂浓度	0	cm^{-3}
Q_{ss}/q	NSS	1/2/3	表面态密度	0	cm^{-2}
N_{FS}	NFS	2/3	表面快态密度	0	cm^{-2}
N_{eff}	NEFF	2	总沟道电荷系数	1	
	TPG	1/2/3	栅材料类型	1	
K'	KP	1/2/3	跨导参数	20×10^{-6}	A/V^2
t_{ox}	TOX	1/2/3	栅氧化层厚度	1×10^{-7}	m
λ	LAMBDA	1/2	沟道长度调制系数	0	V^{-1}
L_D	LD	1/2/3	横向扩散	0	m
μ_o	UO	1/2/3	表面迁移率	600	$cm^2/(V\cdot s)$
X_j	XJ	2/3	结深	0	m
U_{CRIT}	UCRIT	2	迁移率临界电场强度	1×10^4	V/cm
U_{EXP}	UEXP	2	迁移率临界指数系数	0	—
U_{TRA}	UTRA	2	横向电场系数	0	
v_{max}	VMAX	2/3	载流子最大漂移速度	0	m/s
X_{QC}	XQC	2/3	沟道电荷分配系数	0.1	—
δ	DELTA	2/3	窄沟道效应系数	0	—
κ	KAPPA	3	饱和场因子	0.2	—
η	ETA	3	静态反馈系数	0	—
θ	THETA	3	迁移率调制系数	0	V^{-1}
A_f	AF	1/2/3	闪烁噪声指数	1.0	—
K_f	KF	1/2/3	闪烁噪声系数	0	—
I_S	IS	1/2/3	衬底 pn 结的反向饱和电流	1×10^{-14}	A
J_S	JS	1/2/3	衬底 pn 结的反向饱和电流密度	0	A/m^2
ϕ_j	PB	1/2/3	衬底 pn 结内建势	0.8	V
C_{j0}	CJ	1/2/3	零偏压时的底部单位面积结电容	0	F/m^2
m_j	MJ	1/2/3	底部衬底 pn 结梯度系数	0.5	—
C_{jsw0}	CJSW	1/2/3	零偏压时的侧壁单位长度结电容	0	F/m
m_{jsw}	MJSW	1/2/3	侧壁衬底 pn 结梯度系数	0.33	—

参数符号	SPICE 关键字	模型 LEVEL	描　　述	默认值	单　位
fc	FC	1/2/3	正向偏置非理想结电容系数	0.5	——
C_{GSO}	CGSO	1/2/3	单位沟道宽度栅源交叠电容	0	F/m
C_{GDO}	CGDO	1/2/3	单位沟道宽度栅漏交叠电容	0	F/m
C_{GBO}	CGBO	1/2/3	单位沟道长度栅衬底交叠电容	0	F/m
r_S	RS	1/2/3	源极欧姆接触电阻	0	Ω
r_D	RD	1/2/3	漏极欧姆接触电阻	0	Ω
r_{SH}	RSH	1/2/3	源/漏极表面电阻	0	Ω/sq

3. BSIM 模型

SPICE LEVEL 1～3 模型采用直接从器件物理特性导出的公式来描述器件的特性。然而,当器件的特征尺寸进入到亚微米以后,建立物理意义明确而又运算效率高的精确模型变得非常困难。而 BSIM(Berkeley Short-channel IGFET Model)模型专门为短沟道 MOSFET 而开发,其特点是采用大量的经验参数拟合的方法来简化方程。当然 BSIM 模型与器件的工作原理相应地失去了一一对应的联系。BSIM 模型是加州大学伯克利分校(University of California at Berkeley)计算机科学系开发和维护的。在 1984 年,他们引入了 BSIM1 模型,主要为了满足亚微米级 MOSFET 器件的需要。BSIM1 主要考虑了小尺寸 MOSFET 的一些二阶效应,包括:

(1) 载流子迁移率与垂直电场的关系;

(2) 载流子速度饱和;

(3) 漏极感应引起的表面势垒下降;

(4) 漏和源对耗尽层电荷的共享效应;

(5) 离子注入后的非均匀杂质分布;

(6) 沟道长度调制效应;

(7) 弱反型区导电效应;

(8) 参数随几何尺寸的变化。

为了简化漏极电流方程,BSIM1 建立了一些新的关系式来计算饱和、横向电场对迁移率的影响及饱和电压,并采用了大量的半物理模型。

在 1991 年,加州大学伯克利分校公布了 BSIM2 模型,除了包括 BSIM1 的各种二级效应以外,还考虑了以下效应:

(1) 输出电阻的热电子效应;

(2) 源/漏极寄生电阻;

(3) 反型层电容。

在 1994 年,加州大学伯克利分校公布了 BSIM3 模型。与之前的 BSIM 模型不同,BSIM3 模型重新回归基于器件物理的建模方法。BSIM1 和 BSIM2 集中于解决模型的精度问题,因此引入了大量的拟合参数。但在实际应用中参数过多,使用起来非常麻烦。BSIM3 模型基于物理模型,考虑了器件尺寸和工艺参数的影响,并简化了模型参数。BSIM3 模型在数字电路或模拟电路的仿真中都产生了非常好的效果。其第三版本 BSIM3v3 已经成为工艺厂家提供的标准 MOS 器件模型。

BSIM3 模型着重解决深亚微米 MOSFET 器件中的效应:

(1) 阈值电压下降;

（2）横向和纵向的非均匀掺杂；

（3）垂直电场引起的迁移率下降；

（4）载流子速度饱和效应；

（5）漏极感应势垒下降（DIBL）；

（6）沟道长度调制；

（7）源/漏极寄生电阻；

（8）输出电阻的热电子效应。

BSIM3v3 模型包括模型控制参数（Model Control Parameters）、直流参数（DC Parameters）、C-V 模型参数（C-V Model Parameters）、非准静态参数（NQS Parameters）、尺寸变化参数（dW and dL Parameters）、温度参数（Temperature Parameters）、闪烁噪声模型参数（Flicker Noise Model Parameters）、工艺参数（Process Parameters）及几何尺寸范围参数（Geometry Range Parameters）。表 2-8 列出了 BSIM3v3 版本的主要模型参数，供大家参考。模型的详细描述参见文献[6]。

表 2-8 MOSFET 的 BSIM3v3 模型的主要参数

参数符号	SPICE 关键字	描述	默认值	单位
V_{TH0}	VTH0	长沟器件阈值电压（$V_{SB}=0$，低 V_{DS}）	0.7（NMOS） −0.7（PMOS）	V
K_1	K1	一阶体效应系数	0.5	$V^{1/2}$
K_2	K2	二阶体效应系数	0	—
K_3	K3	窄宽度效应系数	80.0	—
K_{3b}	K3B	窄宽度效应系数的体效应系数	0	1/V
W_0	W0	窄宽度效应参数	$2.5×10^{-6}$	m
N_{LX}	NLX	横向非均匀掺杂参数	$1.74×10^{-7}$	m
D_{VT0W}	DVT0W	短沟道时 V_{TH} 窄沟效应的第一系数	0	1/m
D_{VT1W}	DVT1W	短沟道时 V_{TH} 窄沟效应的第二系数	$5.3×10^6$	1/m
D_{VT2W}	DVT2W	短沟道时 V_{TH} 窄沟效应的体效应系数	−0.032	1/V
V_{BM}	VBM	V_{TH} 计算时最大施加衬偏电压	−3.0	V
D_{VT0}	DVT0	V_{TH} 短沟道效应的第一系数	2.2	—
D_{VT1}	DVT1	V_{TH} 短沟道效应的第二系数	0.53	—
D_{VT2}	DVT2	V_{TH} 短沟道效应的体效应系数	−0.032	1/V
μ_0	U0	低场迁移率	670.0（NMOS） 250.0（PMOS）	$cm^2/(V·s)$
U_A	UA	一阶迁移率下降系数	$2.25×10^{-9}$	m/V
U_B	UB	二阶迁移率下降系数	$5.87×10^{-19}$	m^2/V^2
U_C	UC	体效应引起的迁移率下降系数	$-4.65×10^{-11}$ （MOBMOD=1,2） −0.0465 （MOBMOD=3）	m/V^2 1/V
v_{SAT}	VSAT	载流子饱和速度	$8×10^4$	m/s
A_0	A0	沟道长度的体电荷效应系数	1.0	—
A_{GS}	AGS	A_{BULK} 的栅偏压系数	0	1/V
B_0	B0	沟道宽度的体电荷效应系数	0	m
B_1	B1	体电荷效应中沟道宽度偏离值	0	m

续表

参数符号	SPICE 关键字	描述	默认值	单位
K_{eta}	KETA	体电荷效应的衬底偏压系数	-0.047	1/V
A_1	A1	第一非饱和效应参数	0	1/V
A_2	A2	第二非饱和因子	1.0	—
R_{dsw}	RDSW	单位宽度寄生电阻值	0	$\Omega \cdot \mu m_{W_r}$
P_{rwg}	PRWG	R_{dsw} 的栅偏效应系数	0	1/V
P_{rwb}	PRWB	R_{dsw} 的体效应系数	0	$1/V^{1/2}$
W_r	WR	用于 R_{ds} 计算 W_{eff} 的宽度偏离指数因子	1.0	—
W_{int}	WINT	宽度偏离拟合参数	0	m
L_{int}	LINT	长度偏离拟合参数	0	m
dW_G	DWG	W_{eff} 的栅偏因子	0	m/V
dW_B	DWB	W_{eff} 的衬偏因子	0	$m/V^{1/2}$
V_{off}	VOFF	大 W 和 L 时亚阈值电压的偏离	-0.08	V
N_{factor}	NFACTOR	亚阈值摆动因子	1.0	—
E_{ta0}	ETA0	亚阈值区的 DIBL 系数	0.08	—
E_{tab}	ETAB	亚阈值区的 DIBL 效应的体偏压系数	-0.07	1/V
D_{sub}	DSUB	亚阈值区的 DIBL 效应指数因子	D_{rout}	—
C_{it}	CIT	界面陷阱电容	0	F/m^2
C_{dsc}	CDSC	漏/源-沟道的耦合电容	2.4×10^{-4}	F/m^2
C_{dscd}	CDSCD	C_{dsc} 对漏极偏压的灵敏度	0	$F/(V \cdot m^2)$
C_{dscb}	CDSCB	C_{dsc} 对衬底偏压的灵敏度	0	$F/(V \cdot m^2)$
P_{CLM}	PCLM	沟道长度调制参数	1.3	—
$P_{DIBL,C1}$	PDIBLC1	输出电阻 DIBL 效应第一校正参数	0.39	—
$P_{DIBL,C2}$	PDIBLC2	输出电阻 DIBL 效应第二校正参数	0.0086	—
$P_{DIBL,CB}$	PDIBLCB	DIBL 效应校正参数的体效应参数	0	1/V
D_{rout}	DROUT	Rout 中 DIBL 效应校正参数与 L 相关的系数	0.56	—
P_{SCBE1}	PSCBE1	衬底电流体效应第一参数	4.24×10^8	V/m
P_{SCBE2}	PSCBE2	衬底电流体效应第二参数	1.0×10^{-5}	V/m
P_{VAG}	PVAG	厄利电压的栅偏压系数	0	—
δ	DELTA	有效 V_{DS} 参数	0.01	V
t_{ox}	TOX	栅氧化层厚度	1.5×10^{-8}	m
X_j	XJ	结深	0.15×10^{-6}	m
N_{SUB}	NSUB	衬底掺杂浓度	6.0×10^{16}	cm^{-3}
N_{CH}	NCH	沟道掺杂浓度	1.7×10^{17}	cm^{-3}
N_{gate}	NGATE	多晶硅栅掺杂浓度	0	cm^{-3}
α_0	ALPHA0	碰撞电离电流的第一参数	0	m/V
β_0	BETA0	碰撞电离电流的第二参数	30	V
r_{SH}	RSH	源/漏极欧姆表面电阻	0	Ω/sq
MOBMOD	MOBMOD	迁移率模型选择标志符	1	
J_{s0sw}	JSSW	侧壁饱和电流密度	0	A/m
J_{s0}	JS	单位面积源漏-衬底 pn 结的饱和电流密度	1.0×10^{-4}	A/m^2
I_{jth}	IJTH	二极管限制电流	0.1	A

续表

参数符号	SPICE 关键字	描述	默认值	单位
XPART	XPART	电荷分配标志符	0	
C_{GSO}	CGSO	非 LDD 区栅源交叠电容	计算值	F/m
C_{GDO}	CGDO	非 LDD 区栅漏交叠电容	计算值	F/m
C_{GBO}	CGBO	栅衬底交叠电容	0	F/m
C_j	CJ	零偏压时的底部单位面积结电容	5.0×10^{-4}	F/m^2
m_j	MJ	底部衬底 pn 结梯度系数	0.5	—
m_{jsw}	MJSW	侧壁衬底 pn 结梯度系数	0.33	—
C_{jsw}	CJSW	源/漏侧壁单位长度结电容	5.0×10^{-10}	F/m
C_{jswg}	CJSWG	源/漏栅侧壁单位长度结电容	C_{jsw}	F/m
m_{jswg}	MJSWG	源/漏栅侧壁结电容梯度系数	m_{jsw}	—
P_{bsw}	PBSW	源/漏侧壁 pn 结内建势	1.0	V
P_b	PB	衬底 pn 结内建势	1.0	V
P_{bswg}	PBSWG	源/漏栅侧壁 pn 结内建势	P_{bsw}	V
C_{GS1}	CGS1	轻掺杂区栅源交叠电容	0	F/m
C_{GD1}	CGD1	轻掺杂区栅漏交叠电容	0	F/m
C_{kappa}	CKAPPA	轻掺杂区交叠电容边缘场电容系数	0.6	V
C_f	CF	边缘场电容	计算值	F/m
C_{LC}	CLC	短沟道模型常数项	0.1×10^{-6}	m
C_{LE}	CLE	短沟道模型指数项	0.6	—
D_{LC}	DLC	根据 CV 的长度偏离拟合参数	L_{int}	m
D_{WC}	DWC	根据 CV 的宽度偏离拟合参数	W_{int}	m
V_{fbcv}	VFBCV	平带电压参数(仅对于 capMod=0)	−1	V
noff	NOFF	从弱反型到强反型 CV 特性中 Vgsteff 中的 CV 参数	1.0	—
v_{offcv}	VOFFCV	从弱反型到强反型 CV 特性中 Vgsteff 中的 CV 参数	0	V
acde	acde	累积区和耗尽区的电荷厚度的指数系数(capMod=3)	1.0	m/V
moin	moin	栅偏表面势系数	15	—
N_{oia}	NOIA	噪声参数 A	1×10^{20}(NMOS) 9.9×10^{18}(PMOS)	—
N_{oib}	NOIB	噪声参数 B	5×10^4(NMOS) 2.4×10^3(PMOS)	—
N_{oic}	NOIC	噪声参数 C	-1.4×10^{-12}(NMOS) 1.4×10^{-12}(PMOS)	—
E_m	EM	饱和场	4.1×10^7	V/m
A_f	AF	闪烁噪声指数	1	—
E_f	EF	闪烁噪声频率指数	1	—
K_f	KF	闪烁噪声系数	0	—

随着 MOSFET 工艺的持续进步,更多的 BSIM 模型陆续开发出来,例如 BSIM4、BSIM-BULK、BSIM-SOI、BSIM-CMG、BSIM-IMG 等,以满足模拟、RF 及纳米级器件的器件建模需求[8]。

2.5 MOSFET 电路的 SPICE 仿真

当前,典型的集成电路的电路分析和设计基于 SPICE(Simulation Program with Integrated Circuit Emphasis)的仿真模拟。SPICE 仿真器有很多版本,比如商用的 PSPICE、HSPICE、SPECTRE、ELDO, 免费版本的 WinSPICE、SPICE OPUS 等,其中 HSPICE 和 SPECTRE 功能强大,在集成电路设计中使用更为广泛。

无论哪种 SPICE 仿真器,使用的 SPICE 语法或语句都是一致的或相似的,差别只是在于形式上的不同而已,基本的原理和框架都是一致的。因此这里简单介绍一下 SPICE 的基本框架,详细的 SPICE 语法可参照相关的 SPICE 教材或相应仿真器的说明文档[4,9]。

2.5.1 SPICE 仿真基本描述

首先看一个简单的例子,采用 SPICE 模拟 MOS 管的输出特性,对一个宽度 $W=5\mu m$、长度 $L=1\mu m$ 的 NMOS 管进行输入输出特性直流扫描。V_{GS} 从 1V 变化到 3V,步长为 0.5V;V_{DS} 从 0V 变化到 5V,步长为 0.2V;输出以 V_{GS} 为参量,描绘 I_D 与 V_{DS} 之间关系波形图,SPICE 描述如下。

```
* Output Characteristics for NMOS
M1 2 1 0 0 MNMOS w = 5.0u l = 1.0u

VGS 1 0 1.0
VDS 2 0 5

.op
.dc Vds 0 5 0.2 Vgs 1 3 0.5
.plot dc - I(Vds)
.probe

* model of NMOS
.MODEL MNMOS NMOS VTO = 0.7 KP = 110U
+ LAMBDA = 0.04 GAMMA = 0.4 PHI = 0.7
.end
```

在 SPICE 描述中,每条描述语句占一行,这里注意如果需要换行,在换行的一行前需要加"+"符号表示续行。此外,还需要注意的是,SPICE 默认不区分大小写。如果需要 SPICE 区分大小写,在不同的仿真器中采用不同的选项来控制区分,这需要阅读特定仿真器的使用手册。

上述 SPICE 语句描述的仿真电路图如图 2-23 所示,两个独立电压源 VGS 和 VDS 分别施加到 MOSFET 器件的栅源之间和漏源之间,源极接地。采用 SPICE 仿真器对此 SPICE 描述进行仿真后,得到图 2-23 中 NMOS 器件的输出特性 SPICE 仿真波形图,如图 2-24 所示。

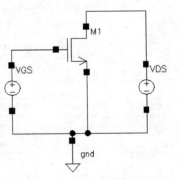

图 2-23 MOS 管输出特性 SPICE 仿真电路图

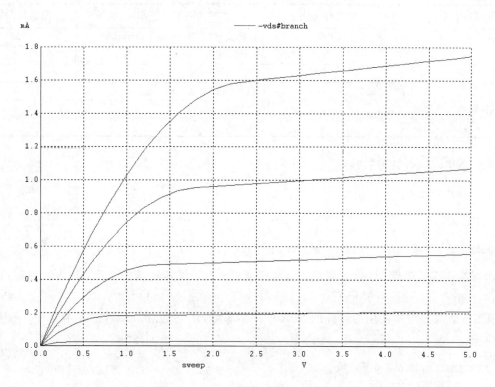

图 2-24　NMOS 管输出特性 SPICE 曲线

从这个简单的 SPICE 描述(程序)中可以知道 SPICE 电路描述的主要组成部分。

(1) 标题和电路结束语句。在输入的电路描述语句中输入的第一条语句必须是标题语句,最后一条必须是结束语句(. end),注意在 end 之前有一个点号。在本例中,描述如下。

```
* Output Characteristics for NMOS          ←标题
…
…
.end                                       ←结束语句
```

注释行采用 * 开头,可以出现在标题和结束语句之间的任何行,对描述给出相关的注释、标注,如:

```
* model of NMOS
```

注释行可以增强 SPICE 描述的可读性。

(2) 电路描述语句。电路描述语句描述电路的组成和连接关系,包括元器件、激励源、器件模型等描述。另外,如果电路是层次化的,既包含子电路,电路描述部分还包括子电路描述(. subckt)。

在描述元器件时,要根据类型,采用不同的关键字作为元器件名的第一个字母,SPICE 中常用的部分元器件的关键字如表 2-9 所示。

表 2-9　SPICE 中的部分元器件的关键字

元器件类型	元器件关键字	元器件类型	元器件关键字
电阻	R	n 型或 p 型 MOS 场效应晶体管	M
电容	C	GaAs 场效应晶体管	B
电感	L	电压控制开关	S
二极管	D	电流控制开关	W
NPN 或 PNP 双极型晶体管	Q	互感	K
n 沟或 p 沟结型场效应晶体管	J		

在本例中，NMOS 管的描述为：

M1 2 1 0 0 MNMOS w = 5.0u l = 1.0u

表示的意思为：

元器件关键字 x　D　G　S　B　模型名　宽 = xx　长 = xx

其中 D 表示漏端连接的节点；G 表示栅端连接的节点；S 表示源端连接的节点；B 表示衬底端连接的节点。

器件模型描述电路中所使用的器件的 SPICE 模型参数，语句为 . model。如在本例中，采用 SPICE LEVEL1 模型：

.MODEL MNMOS NMOS VTO = 0.7 KP = 110U
+ LAMBDA = 0.04 GAMMA = 0.4 PHI = 0.7

其中 MNMOS 为模型名，以便在元器件调用时使用，NMOS 为模型的关键字。注意这里有换行，在换行的一行前加"＋"符号表示续行。

激励源描述用来说明提供激励源用途的独立源和受控源，例如 V 表示独立电压源；I 表示独立电流源；E 表示电压控制电压源；F 表示电流控制电流源；G 表示电压控制电流源；H 表示电流控制电压源，等等。

（3）分析类型描述语句。分析类型描述语句说明对电路进行何种分析。例如直流工作点（. op）、直流扫描分析（. dc）、交流分析（. ac）、噪声分析（. noise）、瞬态分析（. tran）等。

（4）控制选项描述语句。控制选项用于描述 SPICE 仿真时的相关控制选项，一般在 . option 内进行设置，另外还有打印及输出控制选项（. print、. plot、. probe）等。

整个 SPICE 程序说明如表 2-10 所示。

表 2-10　MOS 管输出特性仿真的 SPICE 程序说明

SPICE 描述	说　　明
* Output Characteristics for NMOS	标题，SPICE 描述第一行
M1 2 1 0 0 MNMOS w＝5.0u l=1.0u	元器件描述： 模型名为 MNMOS 的场效应 MOS 管 M1，漏节点 2、栅节点 1、源节点 0、衬底节点 0、栅宽 5.0μm、栅长 1.0μm
VGS 1 0 1.0	激励源描述： 连接在 1 和 0 节点之间的 1.0V 独立电压源 VGS

续表

SPICE 描述	说　明
VDS 2 0 5	激励源描述： 连接在 2 和 0 节点之间的 5V 独立电压源 VDS
.op	分析类型描述，直流工作点分析
.dcVds 0 5 0.2Vgs 1 3 0.5	分析类型描述，直流扫描分析： V_{DS} 从 0V 变化到 5V，步长为 0.2V；V_{GS} 从 1V 变化到 3V，步长为 0.5V
.plot dc-I(Vds)	控制选项描述，打印声明
.probe	控制选项描述，打印输出
* model of NMOS	注释行，以 * 开头
.MODEL MNMOS NMOSVTO=0.7 KP=110U +LAMBDA=0.04 GAMMA=0.4 PHI=0.7	无器件模型描述： 定义模型名为 MNMOS 的 NMOS 类型的模型。注意有换行
.end	结束语句

2.5.2　SPICE 中的基本仿真

下面以图 2-25 所示的电路为例子，讲解 SPICE 的几种基本仿真：直流仿真、交流仿真和瞬态仿真。

此电路为电流源做负载的共源级放大器，采用电流镜实现电流源，偏置为电阻与电流镜实现的简单偏置电路，放大器的输出驱动一个 5pF 的电容负载。各节点号（0 节点到 4 节点）已标注在图中，其中地节点（gnd）为默认节点号 0 节点。

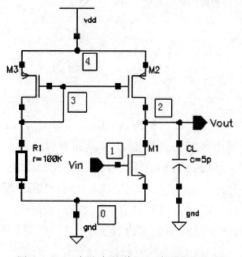

1. 直流仿真

针对图 2-25 所示的电路，这里采用子电路描述的方式，将放大器 AMP 作为一个子电路进行描述。子电路描述的格式为：

```
.subckt cell_name port1 port2... portN
```

其中.subckt 是子电路声明的关键字；cell_name 是子电路的名称；port1 port2 ... portN 是子电路的端口列表。子电路描述必须以.ends 结尾表示子电路描述的结束。

图 2-25　一个基本的共源级放大器的例子

子电路中的电路描述与普通的 SPICE 电路描述是一样的。在主 SPICE 程序中使用子电路时，需要进行例化，例化名必须以 x 开头，语法格式为：

```
Xinst_name net1 net2 ... netN cell_name
```

其中 Xinst_name 是例化名；net1 net2 ... netN 对应子电路端口连接的节点名；cell_name 是被例化的子电路名。图 2-25 中电路的直流仿真 SPICE 程序如下。

```
* DC analysis for AMP
*
```

```
*  AMP sub - circuit
.subckt AMP out in vdd gnd
M1 out in gnd gnd MOSN w = 5u l = 1.0u
M2 out 3 vdd vdd MOSP w = 5u l = 1.0u
M3 3 3 vdd vdd MOSP w = 5u l = 1.0u
R1 3 gnd 100K
.ends

X1 2 1 4 0 AMP
CL 2 0 5p

Vdd 4 0 DC 5.0
Vin 1 0 DC 5.0

.OP
.DC Vin 0 5 0.1
.plot dc V(2)
.probe
.option list node post

* model
.MODEL MOSN NMOS VTO = 0.7 KP = 110U
+ LAMBDA = 0.04 GAMMA = 0.4 PHI = 0.7

.MODEL MOSP PMOS VTO = - 0.7 KP = 50U
+ LAMBDA = 0.05 GAMMA = 0.6 PHI = 0.8
.end
```

放大器子电路名称为 AMP,其端口名为 out、in、vdd 和 gnd,在例化时,例化名为 X1,对应的端口的连线分别为 2 节点、1 节点、4 节点和 0 节点。

.OP 是分析直流工作点的语句。此语句在进行电路直流工作点计算时,电路中所有电感短路,电容开路。值得注意的是,在一个 HSPICE 模拟中只能出现一个 .OP 语句。

.DC 是直流扫描分析。该语句规定了直流传输特性分析时所用的电源类型和扫描极限。在直流分析中,.DC 语句可进行:

(1) 直流参数值扫描;

(2) 电源值扫描;

(3) 温度范围扫描;

(4) 执行直流蒙特卡罗分析(随机扫描);

(5) 完成直流电路优化;

(6) 完成直流模型特性化。

.DC 语句具体格式取决于实际应用需要,下面给出了最常用的基本格式:

.DC var1 START = start1 STOP = stop1 STEP = incr1

其中 var1 是扫描变量;START=start1 是扫描起始值;STOP=stop1 是扫描结束值;STEP=incr1 是步长。在本例中:

```
.dc Vin 0 5 0.1
```

此语句表示的含义是：输入端的电压源 Vin 从 0V 变化到 5V，步长为 0.1V。

.DC 语句可以采用嵌套的形式，例如：

.DC var1 START = start1 STOP = stop1 STEP = incr1 var2 START = start2 STOP = stop2 STEP = incr2

在 2.5.1 节中的 NMOS 输出特性的仿真中，就采用了这种嵌套的形式。

下面是采用.DC 做温度扫描的例子：

.DC TEMP = 55 125 10

图 2-26 是图 2-25 中电路的直流扫描结果。可见在 1～1.12V 区域内是此放大器的高增益区。

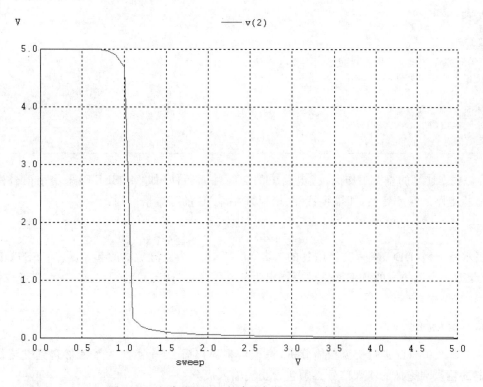

图 2-26 电路(图 2-25)的直流扫描 SPICE 仿真输出波形

2. 交流仿真

根据直流分析的结果，将图 2-25 的放大器电路的输入直流工作点 Vin 设置在 1.07V 处，然后对电路进行交流小信号分析。图 2-25 中电路的交流仿真 SPICE 程序如下。

```
* AC analysis for AMP
*
* AMP sub－circuit
.subckt AMP out in vdd gnd
M1 out in gnd gnd MOSN w = 5u l = 1.0u
M2 out 3 vdd vdd MOSP w = 5u l = 1.0u
M3 3 3 vdd vdd MOSP w = 5u l = 1.0u
```

```
R1 3 gnd 100K
.ends

X1 2 1 4 0 AMP
CL 2 0 5p

Vdd 4 0 DC 5.0
Vin 1 0 DC 1.07 AC 1.0

.OP
.AC DEC 20 100 100MEG
.plot ac VDB(2) VP(2)
.probe
.option list node post

* model
.MODEL MOSN NMOS VTO = 0.7 KP = 110U
+ LAMBDA = 0.04 GAMMA = 0.4 PHI = 0.7

.MODEL MOSP PMOS VTO = − 0.7 KP = 50U
+ LAMBDA = 0.05 GAMMA = 0.6 PHI = 0.8
.end
```

.AC 语句根据计算的直流工作点,将电路中的非线性元器件(如 MOSFET)采用小信号模型进行等效,然后分析电路的频率特性,如幅频特性、相频特性。.AC 的基本格式为:

```
.AC DEC PTS FSTART FSTOP
```

其中 PTS 表示每十倍(DEC)频程交流仿真的点数;FSTART 为交流仿真的起始频率;FSTOP 是交流仿真的结束频率。交流仿真的频率增长可以指定为每十倍频程(DEC)、倍频程(OCT),或者线性(LIN)进行变化。在本例中,语句

```
.AC DEC 20 100 100MEG
```

表示从 100Hz 到 100MHz 进行交流扫描分析,每十倍频程扫描 20 个点。为了能够得到交流仿真的结果,在放大器的输入端施加的输入信号必须包含交流输入成分:

```
Vin 1 0 DC1.07 AC 1.0
```

这里表示的是在 1 节点和 0 节点之间施加的输入电压源 Vin 的直流偏置为 1.07V,而交流输入为 1V(单位为 1)。

此 SPICE 描述打印输出节点(2 号节点)的幅频特性曲线(下)和相频特性曲线(上),幅频特性曲线中输出以 dB 为单位,相频特性曲线的输出单位为度(degree),如图 2-27 所示。随着频率的增加,在高于 3dB 频率以上,幅频特性以每十倍频程 20dB 下降,而相频特性从 180°(反相)开始发生相移,最大相移约为 90°。

3. 瞬态仿真

为了了解在瞬态输入激励施加的情况下,例如正弦信号,电路随时间变化的瞬态行为,对图 2-25 中的电路进行了瞬态仿真。这里,首先考查在输入端施加偏置为 2.0V、振幅为 1.0V、频率为 100kHz 的

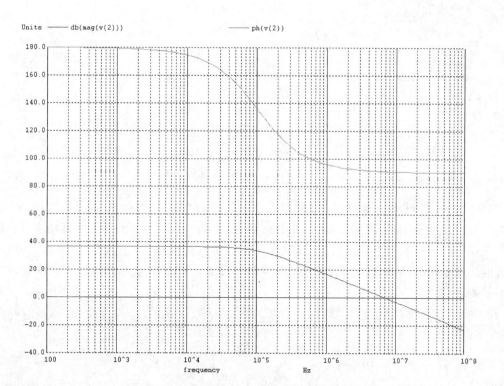

图 2-27　电路(图 2-25)的 SPICE 交流仿真结果

正弦信号时的电路行为,瞬态仿真 SPICE 程序如下。

```
*  TRAN analysis for AMP
*
*  AMP sub - circuit
.subckt AMP out in vdd gnd
M1 out in gnd gnd MOSN w = 5u l = 1.0u
M2 out 3 vdd vdd MOSP w = 5u l = 1.0u
M3 3 3 vdd vdd MOSP w = 5u l = 1.0u
R1 3 gnd 100K
.ends

X1 2 1 4 0 AMP
CL 2 0 5p

Vdd 4 0 DC 5.0
Vin 1 0 DC 2.0 sin(2.0 1.0 100K)

.OP
.TRAN 0.1u 30u
.plot tran V(2) V(1)
.probe
.option list node post
```

```
* model
.MODEL MOSN NMOS VTO = 0.7 KP = 110U
+ LAMBDA = 0.04 GAMMA = 0.4 PHI = 0.7

.MODEL MOSP PMOS VTO = - 0.7 KP = 50U
+ LAMBDA = 0.05 GAMMA = 0.6 PHI = 0.8
.end
```

.TRAN 语句对电路进行瞬态分析,其基本格式为:

.TRAN TSTEP TSTOP [TSTART [TMAX]] [UIC]

其中,TSTEP 表示时间增量步长；TSTOP 表示结束时间；[]中的选项为可选项,可以省略；TSTART 为初始时间,如果省略 TSTART,则假设其为 0。瞬态分析总是从时刻 0 开始进行分析,在时间间隔(0,TSTART)内,也对电路进行分析,只是不进行仿真数据存储。在(TSTART,TSTOP)时间间隔内,对电路进行分析,同时也对电路的仿真数据进行存储。TMAX 表示仿真的最大步长,默认情况下,SPICE 仿真器选择 TSTEP 或者(TSTOP-TSTART)/50 二者中较小的为时间间隔。UIC(Use Initial Conditions)选项表示用户可以选择使用.IC 说明的初始瞬态条件,而不是仿真器计算的初始瞬态条件。在本例中:

.TRAN 0.1u 30u

表示瞬态仿真的结束时间为 30μs,步长为 0.1μs,起始时间为 0 时刻。同样地,为了能够得到瞬态仿真的结果,在放大器的输入端施加的输入信号必须包含瞬态输入成分,例如:

Vin 1 0 DC 2.0 sin(2.0 1.0 100K)

语句中使用的正弦信号的基本格式为:

SIN(VOVA FREQ[TD] [THETA])

其中的各个参数的含义如表 2-11 所示。

表 2-11 正弦信号说明的参数含义

参　　数	含　　义	默认值	单　　位
VO	偏置电压	—	V(电压信号) A(电流信号)
VA	幅值	—	V(电压信号) A(电流信号)
FREQ	频率	1/TSTOP	Hz
TD	延迟时间	0	s
THETA	阻尼系数	0	1/s

描述的正弦信号为

$$y(t) = \begin{cases} \text{VO} & 0 \leqslant t < \text{TD} \\ \text{VO} + \text{VA}e^{-(t-\text{TD})\text{THETA}}\sin(2\pi\text{FREQ}(t-\text{TD})) & \text{TD} \leqslant t \leqslant \text{STOP} \end{cases}$$

这里再列出一种我们经常使用的瞬态波形——脉冲信号(PULSE):

```
PULSE(V1V2 TD TR TF PW PER)
```

其中的各个参数的含义如表2-12所示。

表 2-12 脉冲信号说明的参数含义

参　　数	含　　义	默认值	单位
V1	初始电平		V(电压信号) A(电流信号)
V2	脉冲电平		V(电压信号) A(电流信号)
TD	延迟时间	0	s
TR	上升时间	TSTEP	s
TF	下降时间	TSTEP	s
PW	脉冲宽度	TSTOP	s
PER	周期	TSTOP	s

此外,比较常见的瞬态波形还有指数(EXP)、分段线性(PWL)及调幅调频波形,请参阅文献[9]。

在本例中,偏置为2.0V、振幅为1.0V、频率为100kHz的正弦信号输入时的瞬态仿真结果如图2-28所示,可见当输入信号幅度很大时,放大器达到了饱和,因而在输出端不能得到输入的放大信号。

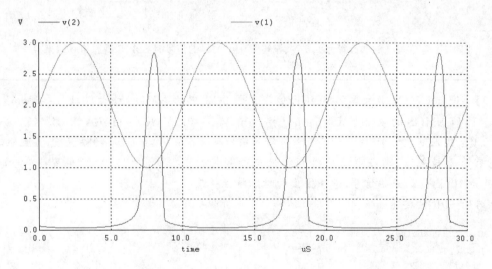

图 2-28　在输入施加偏置为 2.0V、振幅为 1.0V 的正弦信号时 SPICE 瞬态仿真结果

我们调整为小信号时,需注意偏置值的选取,根据直流仿真的结果,我们选择1.07V的偏置值,瞬态仿真结果如图2-29所示。

```
Vin 1 0 DC 1.07sin(1.07 0.0001 100K)
```

通过瞬态仿真,可见此时放大器处于正确的偏置下,我们可以对输入进行放大,从仿真波形图可知小信号增益约为70倍,约为37dB。与图2-27的AC仿真结果进行对照,可以发现在100kHz时的增益结果是一致的,同样,相位的结果也是一致的。

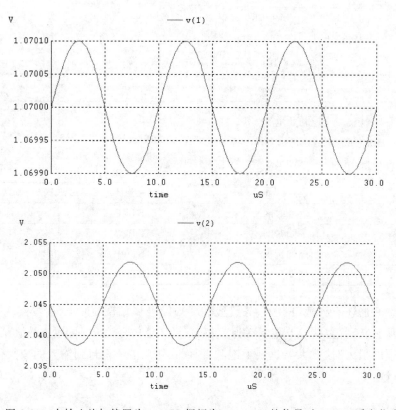

图 2-29 在输入施加偏置为 1.07V、振幅为 0.0001V 的信号时 SPICE 瞬态仿真结果

【例 2.3】 进行 NMOS 放大器的 SPICE 仿真。图 2-18 中的 NMOS 放大器，$V_{GS}=1V$，$V_{DD}=5V$，$R_D=10k\Omega$。已知 NMOS 的参数为 $W=5\mu m$，$L=1\mu m$，$V_{TH}=0.7V$，$K_n=110\mu A/V^2$，$\lambda=0.04V^{-1}$。进行 SPICE 仿真：输入 V_{gs} 从 0V 变化到 5V，考查输入输出特性；在 $V_{GS}=1.0V$ 的偏置下，并且驱动 $C_{LD}=1.0pF$ 的电容负载情况下，考查电路的幅频特性与相频特性；在 $V_{GS}=1.0V$ 的偏置下，叠加幅度为 0.01V、频率为 100kHz 的正弦信号，考查输出的瞬态特性。

解：电路的 SPICE 描述如下：

```
* DC, AC and TRAN analysis for AMP in figure 2-18
M1 out in gnd gnd MOSN w=5u l=1.0u
RD out vdd 10K
CLD out gnd 1p

Vdd vdd 0 DC 5.0
Vgnd gnd 0 DC 0.0
Vgs in 0 DC 1.0 AC 1.0 sin(1.0 0.01 100KHz)

.op
.dc Vgs 0 5 0.1
.ac DEC 20 100 1000MEG
.tran 0.1u 30u
```

```
.save all
.plot dc V(out)
.plot dc I(Vdd)
.plot ac V(out)
.plot ac VP(out)
.plot tran V(in)
.plot tran V(out)
.probe

* model
.MODEL MOSN NMOS VTO = 0.7 KP = 110U
+ LAMBDA = 0.04 GAMMA = 0.4 PHI = 0.7

.end
```

直流工作点(.OP)的 SPICE 仿真结果给出：

```
TEMP = 27 deg C
DC Operating Point ... 100 %
gnd = 0.000000e + 00
in = 1.000000e + 00
out = 4.705911e + 00
vdd = 5.000000e + 00
vdd # branch = - 2.94089e - 05
vgnd # branch = 2.940886e - 05
vgs # branch = 0.000000e + 00
```

可见,当输入 V_{GS} 为 1.0V 时,输出为 4.71V,这与例 2.2 计算结果 4.75V 很接近。

直流扫描分析的 SPICE 仿真结果如图 2-30~图 2-31 所示。图 2-30 是放大器的电压转移特性的仿真曲线,从中可以看到高增益区在 0.7~1.8V 的输入范围内。

图 2-31 是电源电流 I_{DD} 随输入变化的特性,此电流与流经 NMOS 晶体管的电流大小相等但方向相反。可见当输入 $V_{GS}=1.0V$ 时,支路电流与例 2.2 的计算结果是一致的。

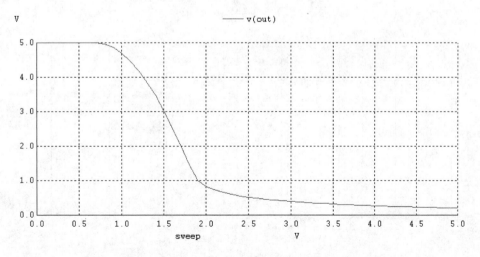

图 2-30　放大器的电压转移特性 SPICE 仿真结果

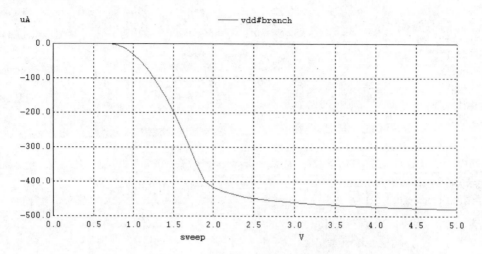

图 2-31　电源 V_{DD} 的电流 I_{DD} 随输入变化的 SPICE 仿真结果

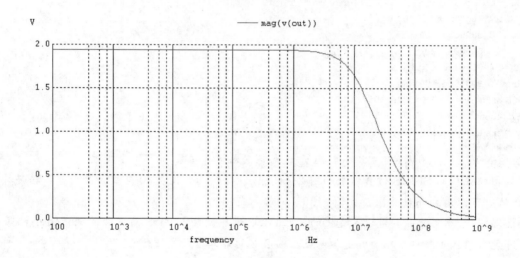

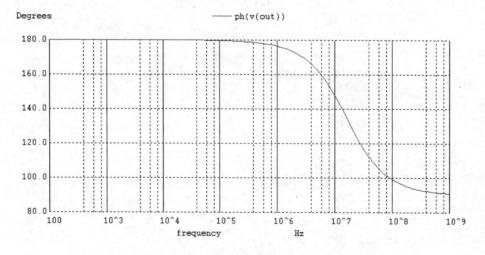

图 2-32　放大器的幅频特性和相频特性的 SPICE 仿真结果

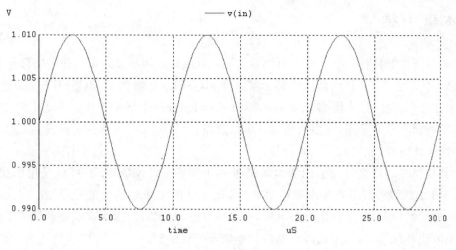

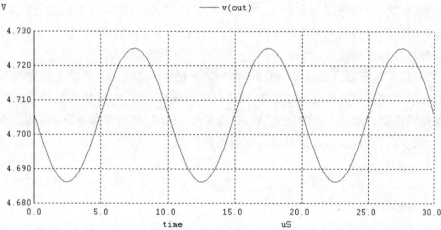

图 2-33　输入节点和输出节点的瞬态 SPICE 仿真结果

交流(AC)分析的 SPICE 仿真结果如图 2-32 所示。

当 NMOS 晶体管偏置在饱和区时,图 2-18 中的 NMOS 放大器的增益可以表示为

$$A_v = -g_m(R_D \parallel r_o)$$

这在第 5 章的 CMOS 单级放大器中我们会进一步讨论分析。当输入 $V_{GS}=1.0\text{V}$ 时,根据例 2.2 计算的 g_m 和 r_o,可以得到

$$|A_v| = g_m(R_D \parallel r_o) = 165 \times 10^{-6} \times (10 \parallel 1010) \times 10^3 \approx 1.65$$

从图 2-30 的转移特性和图 2-32 的幅频特性中可见,仿真结果与例 2.2 计算的结果在同一个量级上。

瞬态(TRAN)分析的 SPICE 仿真结果如图 2-33 所示。

从图 2-33 瞬态的仿真波形中可见,当输入施加 0.01V 振幅的正弦信号时,输出接近 0.02V 振幅,可见增益接近 2,并且输出信号与输入信号的关系是反相的。这与前述的直流、交流的仿真,以及例 2.2 的计算结果是一致的。

2.6 本章小结

MOSFET 是电压控制器件,MOSFET 有两种类型:增强型和耗尽型。每一种类型都有 p 沟道和 n 沟道型,目前 CMOS 工艺中的 MOS 器件均属于增强型 MOSFET。增强型 MOSFET 仅在栅-源电压超过阈值电压时工作。根据栅-源及漏-源电压值,MOSFET 可以在 3 个区域工作:三极管区、饱和区和截止区。MOSFET 的栅电流非常小,在多数情况下可以忽略。MOSFET 的特性包括很多二级效应,例如沟道长度调制效应、体效应、亚阈值导通效应等。

MOSFET 器件模型的建立是为了能够反映器件的工作特性。MOSFET 可以采用压控电流源建模,再考虑 MOSFET 二级效应及寄生电阻电容效应,就可以建立基本的大信号模型。MOSFET 的大信号模型是一个非线性模型,为了简化电路分析,在大信号模型的基础上,确定电路器件的工作点,然后对器件进行小信号线性化等效,就可以得到器件的小信号等效模型。

为了更为精确地反映 MOSFET 器件特性,建立了用于计算机仿真的 SPICE 模型。从最初适用于长沟器件的 SPICE LEVEL1 到更为复杂的 LELVE2、LEVEL3 及 BSIM 模型,都是为了适应 CMOS 工艺的进步,满足器件特性描述的需要。

在基本的大信号模型的基础上进行电路分析,得到基本的关系表达式,掌握电路的基本原理,将此作为电路设计的起点,然后采用精确的 SPICE 模型进行电路仿真,得到电路精确的仿真结果,并且根据电路的原理,对电路的性能再做进一步的优化,而后,再采用 SPICE 仿真得到电路的结果。CMOS 集成电路设计就是这样逐步迭代的过程,直到得到满意的电路性能。

习题

1. 一种工艺的 NMOS 的工艺参数 $t_{ox}=4\text{nm}$,$\mu_n=450\text{cm}^2/\text{V}\cdot\text{s}$,$V_{THN}=0.45\text{V}$,其器件尺寸 $W/L=20$,求 C_{ox}、K_n,为了使其工作在饱和区并且 $I_D=0.3\text{mA}$,求过驱动电压 V_{OD} 及 V_{GS}。如果处于此工作点下的 NMOS 的 $V_{DS}=0.5\text{V}$,此 NMOS 晶体管是否处于饱和区?

2. 一个工艺的 PMOS 的工艺参数 $t_{ox}=4\text{nm}$,$\mu_p=180\text{cm}^2/\text{V}\cdot\text{s}$,$V_{THP}=-0.5\text{V}$,其器件尺寸 $W/L=50$,求 C_{ox}、K_p,为了使其工作在饱和区并且 $I_D=0.3\text{mA}$,求过驱动电压 V_{OD} 及 V_{GS}。如果处于此工作点下的 PMOS 的 $V_{DS}=-0.2\text{V}$,此 PMOS 晶体管是否处于饱和区?

3. 一种 $0.5\mu\text{m}$ 工艺的 NMOS,$K_n=120\mu\text{A}/\text{V}^2$,$W=16\mu\text{m}$,$L=1\mu\text{m}$,沟道长度调制电压 $V_M=50\text{V}$,求 λ。当 $V_{DS}=1\text{V}$,并且 $V_{OD}=0.5\text{V}$ 时,求流经 NMOS 晶体管的漏极电流 I_D,同时求处于此工作点的小信号晶体管模型参数 g_m 和 r_o。如果 V_{DS} 上升至 2V,流经 NMOS 晶体管的漏极电流 I_D 为多少?

4. 一个放大器中的 NMOS,$V_{GS}=1.5\text{V}$。NMOS 的参数为 $W=10\mu\text{m}$,$L=1\mu\text{m}$,$V_{TH}=0.7\text{V}$,$K_n=110\mu\text{A}/\text{V}^2$,$\lambda=0.1\text{V}^{-1}$。求出小信号晶体管模型参数 g_m 和 r_o。

5. 一个放大器中的 PMOS,$V_{GS}=-1.5\text{V}$。NMOS 的参数为 $W=20\mu\text{m}$,$L=1\mu\text{m}$,$V_{TH}=-0.8\text{V}$,$K_p=60\mu\text{A}/\text{V}^2$,$\lambda=0.1\text{V}^{-1}$。求出小信号晶体管模型参数 g_m 和 r_o。

6. 图 2-18 所示的 NMOS 放大器,$V_{GS}=1.5\text{V}$,$V_{DD}=5\text{V}$,$R_D=10\text{k}\Omega$。NMOS 的参数为 $W=10\mu\text{m}$,

$L=1\mu m$，$V_{TH}=0.7V$，$K_n=110\mu A/V^2$，$\lambda=0.1V^{-1}$。进行 SPICE 仿真：输入 V_{GS} 从 0V 变化到 5V，考查输入输出特性；在 $V_{GS}=1.5V$ 的偏置下，并且驱动 $C_{LD}=2.0pF$ 的电容负载情况下，考查电路的幅频特性与相频特性；在 $V_{GS}=1.5V$ 的偏置下，叠加幅度为 0.001V 频率为 100kHz 的正弦信号，考查输出的瞬态特性。

7. 一种 0.5μm 工艺中的 MOSFET 采用 BSIM3 描述 SPICE 器件模型，如果我们需要采用此工艺进行电路设计，假设对于长沟器件，我们如何获得用于电路计算的器件阈值电压 V_{TH} 及工艺常数（即 $K'=\mu_n C_{ox}=\mu_n \varepsilon_{ox}/t_{ox}$）。

第 3 章

CMOS 电流源与电流镜

主要符号	含　义
v_{ds}, V_{DS}, v_{DS}	交流小信号、静态直流和总漏-源电压
v_{gs}, V_{GS}, v_{GS}	交流小信号、静态直流和总栅-源电压
V_{OD}	MOSFET 的过驱动电压
L, W	MOSFET 沟道的长度和宽度
$i_{out}, I_{OUT}, i_{OUT}$	交流小信号、静态直流和总电流源输出电流
r_{out}	电流源的小信号输出电阻
V_{TH}, V_{THN}, V_{THP}	MOSFET、NMOS 及 PMOS 的阈值电压
μ_n, μ_p	表面电子、空穴迁移率
C_{ox}	单位面积 MOSFET 栅电容 $= \varepsilon_{ox}/t_{ox}$
K_n, K_P	NMOS 及 PMOS 的工艺常数(或称为"跨导参数")
$\lambda, \lambda_n, \lambda_p$	MOSFET、NMOS 及 PMOS 的沟道长度调制系数
g_m	MOSFET 的跨导
r_o	晶体管的小信号输出电阻
g_{mb}	MOSFET 体效应引起的跨导

3.1　引言

　　电流源是模拟集成电路中的一种基本元件,它为放大器提供偏置电流和负载。在交流小信号等效电路中,电流源相当于一个很大的等效电阻。在模拟集成电路中采用电流源作为放大级的偏置元件和负载已经被广泛应用。由电流源提供电路偏置和负载,比使用电阻更经济,特别是对于很小的偏置电流,电流源占用的芯片面积更小。

　　本章讨论如何采用 CMOS 工艺中的 MOSFET 器件设计电流源电路。理想的电流源具有无穷大的输出电阻,也就是电流源的输出电流不受输出端电压变化的影响。而实际的电流源电路受限于器件特性,具有有限的输出电阻,而且还会消耗一定的电压裕度。因此,在电流源电路的设计中,就要考虑这两方面的特性。在 MOSFET 电流源的基础上,进一步地采用电流镜结构,以便得到精度更高的电流源。电流镜结构广泛地用于模拟集成电路的设计中。

3.2 MOSFET 电流源

3.2.1 简单电流源

图 3-1 所示的是一种电流源的实现方法,电路图如图 3-1(a)所示。当 NMOS 晶体管处于饱和区时,如果忽略沟道长度调制效应,NMOS 晶体管的漏极电流可以提供一个电流近乎恒定的电流源。控制 M_1 栅极上的偏置电压 V_{BIAS},即 M_1 的栅源电压,就可以得到不同的电流值。然而,考虑到实际 NMOS 晶体管的沟道长度调制效应,NMOS 晶体管漏极的输出电流会受到漏源电压的影响,即处于饱和区的 NMOS 电流源的输出电压 v_{OUT} 会影响到输出电流 i_{OUT},其 I/V 特性如图 3-1(b)所示。

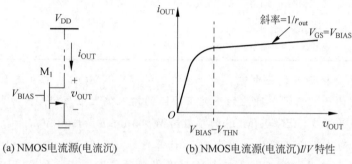

(a) NMOS电流源(电流沉)　　　　(b) NMOS电流源(电流沉)I/V 特性

图 3-1　采用 NMOS 晶体管的电流源(电流沉)

当栅-源电压 $v_{GS}=V_{BIAS}$ 时,工作在饱和区的 NMOS 晶体管 M_1 的漏极输出电流为

$$i_{OUT} = \frac{1}{2}\mu_n C_{ox} \frac{W}{L}(V_{BIAS}-V_{THN})^2(1+\lambda v_{OUT}) \tag{3.1}$$

对于特定的输出电压 $v_{OUT}=V_{OUT}$,即输出电压固定在一个直流值上,而不考虑其变化,则有

$$i_{OUT} \approx I_{OUT} = \frac{1}{2}\mu_n C_{ox} \frac{W}{L}(V_{BIAS}-V_{THN})^2(1+\lambda V_{OUT}) \tag{3.2}$$

为了保证电流源的性能,NMOS 晶体管处于饱和区,因此,输出节点的电压应保证

$$v_{OUT} \geqslant V_{BIAS}-V_{THN} \tag{3.3}$$

即输出电压应至少达到 NMOS 晶体管的饱和电压。此 NMOS 电流源的小信号输出电阻表示为

$$r_{out}^{-1} = \frac{\partial i_{OUT}}{\partial v_{OUT}} \approx \lambda I_{OUT} \tag{3.4}$$

该电阻为 NMOS 晶体管的输出电阻。输出电阻越大,电流源越接近理想电流源。

这种电流源也可以采用 PMOS 晶体管来实现,如图 3-2 所示。为了区分图 3-1 所示的采用 NMOS 晶体管的电流源,根据输出端的电流方向,有时将图 3-1 所示的电流源称为"沉电流源"(sink current source),简称"电流沉"(current sink);而图 3-2 所示的采用 PMOS 管的电流源称为"源电流源"(source current source),简称"电流源"(current source)。但在很多场合,并不区分 NMOS 电流沉和 PMOS 电流源,统称为"电流源"。

同样地,为了保证电流源的性能,PMOS 晶体管处于饱和区,因此,输出节点的电压应保证

$$|v_{OUT}-V_{DD}| \geqslant |V_{BIAS}-V_{DD}|-|V_{THP}| \tag{3.5}$$

即

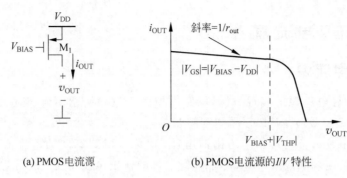

(a) PMOS电流源　　　　　　(b) PMOS电流源的I/V特性

图 3-2　采用 PMOS 晶体管的电流源

$$v_{OUT} \leqslant V_{BIAS} + |V_{THP}| \tag{3.6}$$

此 PMOS 电流源的小信号输出电阻为 $1/(\lambda_p I_{OUT})$。

【例 3.1】　求基本电流源的输出电流。对于图 3-1 所示的 NMOS 基本电流源,如果想要获得 1mA 的电流输出,在不考虑沟道长度调制效应的情况下,M_1 的输入偏置电压(即栅-源电压)应该是多少? 输出电压 v_{OUT} 最低应该为多少? 已知 NMOS 的参数为 $W=5\mu m$,$L=1\mu m$,$V_{THN}=0.7V$,$K_n=110\mu A/V^2$, $\lambda=0.04V^{-1}$。在考虑沟道长度调制效应的情况下,计算当 $v_{OUT}=2V$ 和 $v_{OUT}=4V$ 时的输出电流。

解：图 3-1 所示的电流源正常工作时需将 NMOS 晶体管偏置在其饱和区,因此,根据式(3.1),忽略沟道长度调制效应,当栅-源电压 $v_{GS}=V_{BIAS}$ 时,这里 $K_n=\mu_n C_{ox}=110\mu A/V^2$,有

$$i_{OUT} = \frac{1}{2}\mu_n C_{ox} \frac{W}{L}(V_{BIAS}-V_{THN})^2 = \frac{1}{2}\times 110\times 10^{-6} \times \frac{5\times 10^{-6}}{1\times 10^{-6}} \times (V_{BIAS}-0.7)^2 = 1mA$$

由此得到 $V_{BIAS} \approx 2.607V$,可见很难算得一个很精确的电压值。输出电压 v_{OUT} 最低值为

$$v_{OUT} \geqslant V_{BIAS} - V_{THN} = 2.607 - 0.7 = 1.907V$$

考虑沟道长度调制效应,如果 $v_{OUT}=2V$,则有

$$i_{OUT} = \frac{1}{2}\mu_n C_{ox} \frac{W}{L}(V_{BIAS}-V_{THN})^2(1+\lambda v_{OUT})$$

$$= \frac{1}{2}\times 110\times 10^{-6} \times \frac{5\times 10^{-6}}{1\times 10^{-6}} \times (2.607-0.7)^2(1+0.04\times 2) \approx 1.08mA$$

考虑沟道长度调制效应,如果 $v_{OUT}=4V$,则有

$$i_{OUT} = \frac{1}{2}\mu_n C_{ox} \frac{W}{L}(V_{BIAS}-V_{THN})^2(1+\lambda v_{OUT})$$

$$= \frac{1}{2}\times 110\times 10^{-6} \times \frac{5\times 10^{-6}}{1\times 10^{-6}} \times (2.607-0.7)^2(1+0.04\times 4) \approx 1.16mA$$

可见,由于存在沟道长度调制效应,基本电流源的输出电流容易受到输出电压的影响。

3.2.2　共源共栅电流源

基本电流源的性能不是很好,受沟道长度调制的影响,此电流源的小信号输出电阻较小,输出电流 i_{OUT} 容易受到输出节点 v_{OUT} 电压的影响。

电流源的输出电阻可以采用图 3-3(a)所示的思路来提高。在 MOS 晶体管的源极增加一个负反馈电阻,这样可以增加小信号输出电阻,计算小信号输出电阻的等效电路如图 3-3(b)所示,则有

$$v_s = -v_{gs2} \tag{3.7}$$

$$v_{bs2} = -v_s \tag{3.8}$$

而 i_{out} 全部流经 r_s,则 r_s 上的电压降为

$$v_s = i_{out} r_s \tag{3.9}$$

流经 r_{o2} 上的电流为 $i_{out} - g_{mb2} v_{bs2} - g_{m2} v_{gs2}$,因而有

$$(i_{out} - g_{mb2} v_{bs2} - g_{m2} v_{gs2}) r_{o2} + v_s = v_{out} \tag{3.10}$$

结合式(3.7)~式(3.10),可以计算出电路的输出电阻为

$$r_{out} = \frac{v_{out}}{i_{out}} = r_s + r_{o2} + [(g_{m2} + g_{mb2}) r_{o2}] r_s \approx (g_{m2} r_{o2}) r_s \tag{3.11}$$

其中 $g_{m2} r_{o2} \gg 1$ 并且 $g_{m2} \gg g_{mb2}$。可见 r_s 的引入,增加了电流源电路的输出电阻。

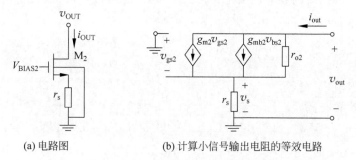

(a) 电路图　　　　　　(b) 计算小信号输出电阻的等效电路

图 3-3　采用源极负反馈电阻来提高输出电阻的技术

根据上述原理,可以考虑采用一个工作在饱和区的 MOS 晶体管来代替电阻 r_s,如图 3-4(a)所示,称为"共源共栅电流源"(cascode[①] current source)。小信号等效电路如图 3-4(b)所示,由于 M_1 的栅极偏置在固定直流电压下,在小信号等效电路中 M_1 的栅极连接到交流地上,即 $v_{gs1} = 0$,这样 M_1 的作用等效为一个 r_{o1} 电阻。因此,根据图 3-3 和式(3.11),式(3.11)中的 $r_s = r_{o1}$,得到小信号输出电阻为

$$r_{out} = r_{o1} + r_{o2} + [(g_{m2} + g_{mb2}) r_{o2}] r_{o1} \approx (g_{m2} r_{o2}) r_{o1} \tag{3.12}$$

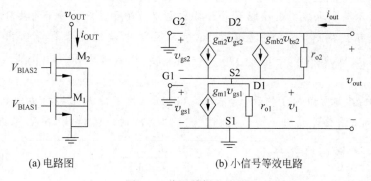

(a) 电路图　　　　　　(b) 小信号等效电路

图 3-4　共源共栅电流源

---

①　cascode 是 cascade triode 的缩写,是"级联三极管"意思,在 MOS 电路中常称为"共源共栅"。

由此可见,共源共栅电流源具有非常大的输出电阻,电流源更加接近理想电流源。为了保证电流源的性能,所有 NMOS 晶体管应处于饱和区,因此,输出节点的电压应保证

$$v_{OUT} \geqslant (V_{GS1} - V_{THN}) + (V_{GS2} - V_{THN}) \tag{3.13}$$

即输出节点处的最小电压为两个过驱动电压(V_{OD})之和。

【例 3.2】 求共源共栅电流源的输出电流。对于图 3-4 所示的共源共栅电流源,如果想要获得 0.1mA 的电流输出,在不考虑沟道长度调制效应的情况下,M_1 的输入偏置电压(即栅-源电压)应该是多少? M_2 栅极的偏置电压 V_{BIAS2} 最低应该是多少? 输出电压 v_{OUT} 最低应该为多少? 已知 NMOS 的参数为 $V_{THN}=0.7V$,$K_n=110\,\mu A/V^2$,$\lambda=0.04V^{-1}$。假设所有 NMOS 晶体管的尺寸都为 $W=20\,\mu m$,$L=1\,\mu m$。

解: 图 3-4 所示的电流源正常工作时,需将所有 NMOS 晶体管偏置在其饱和区,共源共栅电流源的电流由流经处于饱和区 M_1 的漏极电流确定,因此,根据式(3.1),忽略沟道长度调制效应,当栅-源电压 $v_{GS1}=V_{BIAS1}$ 时,这里 $K_n = \mu_n C_{ox} = 110\,\mu A/V^2$,有

$$i_{OUT} = \frac{1}{2}\mu_n C_{ox}\frac{W}{L}(V_{BIAS1}-V_{THN})^2 = \frac{1}{2}\times 110\times 10^{-6}\times\frac{20\times 10^{-6}}{1\times 10^{-6}}\times(V_{BIAS1}-0.7)^2 = 0.1mA$$

由此得到 $V_{BIAS1}\approx 1.0015V$。

M_1 的过驱动电压 V_{OD1} 为

$$V_{OD1} = V_{BIAS1} - V_{THN} = 1.0015 - 0.7 = 0.3015V$$

M_2 处于饱和区,忽略沟道长度调制效应及体效应,则有

$$i_{OUT} = \frac{1}{2}\mu_n C_{ox}\frac{W}{L}(V_{GS2}-V_{THN})^2 = \frac{1}{2}\times 110\times 10^{-6}\times\frac{20\times 10^{-6}}{1\times 10^{-6}}\times(V_{GS2}-0.7)^2 = 0.1mA$$

由此也得到 $V_{GS2}\approx 1.0015V$。

M_2 栅极的偏置电压 V_{BIAS2} 最低应满足

$$V_{BIAS2} \geqslant V_{OD1} + V_{GS2} = 0.3015 + 1.0015 = 1.303V$$

而输出电压 v_{OUT} 的最低值为

$$v_{OUT} \geqslant V_{OD1} + V_{OD2} = V_{OD1} + (V_{GS2} - V_{THN}) = 0.3015 + (1.0015 - 0.7) = 0.603V$$

【例 3.3】 求共源共栅电流源的小信号等效输出电阻。对于图 3-4 所示的共源共栅电流源,所有晶体管都处于饱和区,可获得 0.1mA 的电流输出,共源共栅电流源的小信号输出电阻是多少? 已知 NMOS 的参数为 $V_{THN}=0.7V$,$K_n=110\,\mu A/V^2$,$\lambda=0.04V^{-1}$,假设所有 NMOS 晶体管的尺寸都为 $W=20\,\mu m$,$L=1\,\mu m$。

解: 所有 NMOS 晶体管都处于饱和区,根据式(3.12),为了计算此共源共栅电流源的小信号输出电阻,如果忽略体效应,需要计算出 r_{o1}、r_{o2}、g_{m2}。流经晶体管的电流为 0.1mA,根据式(2.39),有

$$g_{m2} = \sqrt{\left(2K_n\frac{W}{L}\right)I_D} = \sqrt{\left(2\times 110\times 10^{-6}\times\frac{20\times 10^{-6}}{1\times 10^{-6}}\right)\times 0.1\times 10^{-3}} = 663.3\,\mu A/V$$

根据式(2.40),有

$$r_{o1} = r_{o2} = \frac{1}{\lambda I_D} = \frac{1}{0.04\times 0.1\times 10^{-3}} = 250k\Omega$$

由此,根据式(3.12),得

$$r_{\text{out}} \approx (g_{\text{m2}}r_{\text{o2}})r_{\text{o1}} = 663.3 \times 10^{-6} \times 250 \times 10^{3} \times 250 \times 10^{3} \approx 41.456\text{M}\Omega$$

可见此共源共栅电流源具有很大的输出电阻。

3.3 MOS 电流镜

图 3-1 和图 3-2 所示的电流源的输出电流 i_{OUT} 容易受到工艺、温度及电源的影响，i_{OUT} 由栅-源电压 v_{GS} 和阈值电压 V_{TH} 决定，想要获得高精度的电压基准不是一件很容易的事情，而且不同芯片、不同晶圆上的器件阈值电压可能会有 $\pm 10\%$ 左右的变化。即便能够提供精确的偏置电压，而 μ_{n} 和 V_{TH} 受温度的影响，也很难获得准确的电流。因此，需要寻找实现电流源的其他方式。

3.3.1 基本电流镜

为了获得更为精确的电流，电流源的设计常常是基于对电流基准的复制，电流镜就是完成这样的复制功能的电路结构，如图 3-5 所示。M_1 和 M_2 构成一个电流镜，两个工作在饱和区且具有相同栅-源电压的相同晶体管传输相同电流，输出 I_{OUT} 将复制参考电流基准 I_{REF}。至于电流基准如何产生，将在基准源一章中讨论。

电流镜中器件的尺寸也可以不一样。电流镜中两个 MOS 晶体管均处于饱和区，忽略沟道长度调制效应，如果仅考虑直流量，可以写为

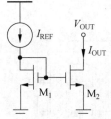

图 3-5 基本 MOS 电流镜

$$I_{\text{REF}} = \frac{1}{2}\mu_{\text{n}}C_{\text{ox}}\left(\frac{W}{L}\right)_1 (V_{\text{GS}} - V_{\text{THN1}})^2 \tag{3.14a}$$

$$I_{\text{OUT}} = \frac{1}{2}\mu_{\text{n}}C_{\text{ox}}\left(\frac{W}{L}\right)_2 (V_{\text{GS}} - V_{\text{THN2}})^2 \tag{3.14b}$$

由于两个 MOS 晶体管在版图设计时可以相距很近，因此失配很小，这样两个 MOS 晶体管的阈值电压及工艺参数 $\mu_{\text{n}}C_{\text{ox}}$ 可以认为是相等的，可得

$$I_{\text{OUT}} = \frac{(W/L)_2}{(W/L)_1}I_{\text{REF}} \tag{3.15}$$

电流镜电路的特点是：I_{OUT} 与 I_{REF} 的比值由器件尺寸的比率决定，不受工艺和温度的影响。设计者可以通过器件的尺寸比来调整输出电流的大小。另外，从式(3.15)也可以看出，电流镜可作为电流放大器来使用。

【例 3.4】 图 3-6 所示的所有晶体管都处于饱和区，忽略沟道长度调制效应，试写出各个输出电流的表达式。

解： 所有晶体管都处于饱和区，并且忽略沟道长度调制效应，那么各个输出电流的表达式为

$$I_{\text{OUT1}} = \frac{(W/L)_{\text{N2}}}{(W/L)_{\text{N1}}}I_{\text{REF}}$$

$$I_{\text{OUT2}} = \frac{(W/L)_{\text{N3}}}{(W/L)_{\text{N1}}}\frac{(W/L)_{\text{P2}}}{(W/L)_{\text{P1}}}I_{\text{REF}}$$

可见利用电流镜，可以非常方便地得到需要的电流值。

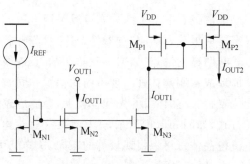

图 3-6 电流镜的电流复制

图 3-5 所示的基本电流镜在不考虑沟道长度调制效应的情况下,输出电压的最小值和图 3-1 所示的电流源一样,需要保证 M_2 处于饱和区,$v_{OUT} \geqslant V_{GS} - V_{THN} = V_{OD}$,即输出节点处电压的最小值为一个过驱动电压。此过驱动电压由流经工作在饱和区 MOS 晶体管上的电流确定,根据工作在饱和区的 MOS 晶体管漏极电流公式(2.12),可得

$$V_{OD} = V_{GS} - V_{THN2} = \sqrt{\frac{2I_{OUT}}{\mu_n C_{ox} \left(\dfrac{L}{W}\right)_2}} = \sqrt{\frac{2I_{REF}}{\mu_n C_{ox} \left(\dfrac{L}{W}\right)_1}} \tag{3.16}$$

在电流镜电路的实际设计中,通常采用叉指 MOS 管,每个"叉指"的沟道长度相等,复制倍数由叉指数决定,减小由于漏源区边缘扩散所产生的误差,以减小因器件的失配造成的电流失配。如图 3-7(a)所示的 4 倍电流的电流镜电路,采用图 3-7(b)所示的叉指结构的版图设计,假设晶体管每个叉指具有相同的失配,若每个叉指的宽度为 $(10 \pm 0.1) \mu m$,则 M_1 和 M_2 实际的宽度为 $W_1 = (10 \pm 0.1) \mu m$、$W_2 = 4(10 \pm 0.1) \mu m$,则 $I_{OUT}/I_{REF} = 4(10 \pm 0.1)/(10 \pm 0.1) = 4$,可见可以得到较好的匹配。若采用如图 3-7(c)所示的版图,则 M_1 和 M_2 的实际的宽度为 $W_1 = (10 \pm 0.1) \mu m$,$W_2 = (40 \pm 0.1) \mu m$,则 $I_{OUT}/I_{REF} = (40 \pm 0.1)/(10 \pm 0.1) \approx 4 \pm 0.03$,就产生了较大的电流失配。

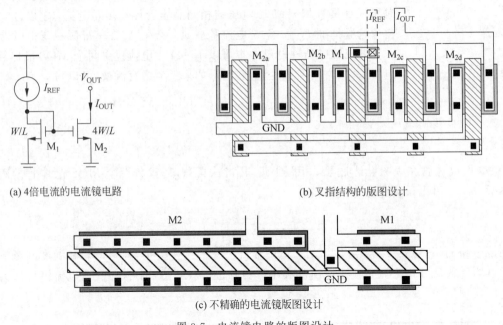

(a) 4倍电流的电流镜电路   (b) 叉指结构的版图设计

(c) 不精确的电流镜版图设计

图 3-7 电流镜电路的版图设计

电流镜在芯片上的分布可以采用电压方式或者电流方式。电压方式的好处是节省布线,包括地线只需要两根线,并且节省器件个数,对节省芯片面积有好处。但电流镜在芯片上的分布采用电压传递的方式有明显的缺点,如图 3-8(a)所示,长连线寄生电阻上的压降会影响电流镜复制晶体管的栅源电压,从而造成复制晶体管出现不同的偏置。同时,由于复制晶体管和被复制侧的晶体管分布在芯片上的不同位置,因此此晶体管的失配也较大,会造成较大电流失配。因此,应尽量采用电流传递、本地电流镜复制的方式,如图 3-8(b)所示,这样连线上寄生电阻的电压降不会影响电流镜对管对电流的复制精度,并且电流镜晶体管可以实现较好的匹配,这样就可以达到减小电流失配的目的。

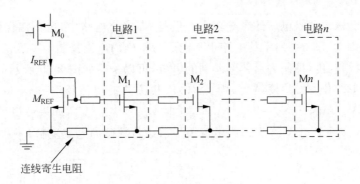

(a) 电压传递方式的电流镜

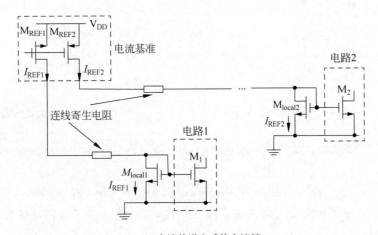

(b) 电流传递方式的电流镜

图 3-8　电流镜在芯片上的分布设计

3.3.2　共源共栅电流镜

在以上基本电流镜的讨论中,忽略了沟道长度调制效应的影响。实际上,这一效应给电流镜带来了很大的误差。考虑沟道长度调制效应,对于图 3-5 所示的基本电流镜,有

$$I_{REF} = \frac{1}{2}\mu_n C_{ox}\left(\frac{W}{L}\right)_1 (V_{GS} - V_{TH})^2 (1 + \lambda V_{DS1}) \qquad (3.17a)$$

$$I_{OUT} = \frac{1}{2}\mu_n C_{ox}\left(\frac{W}{L}\right)_2 (V_{GS} - V_{TH})^2 (1 + \lambda V_{DS2}) \qquad (3.17b)$$

其中两个 NMOS 晶体管具有相等的阈值电压 V_{TH} 和工艺参数 $\mu_n C_{ox}$,则有

$$I_{OUT} = \frac{(W/L)_2 (1 + \lambda V_{DS2})}{(W/L)_1 (1 + \lambda V_{DS1})} I_{REF} \qquad (3.18)$$

当 $V_{DS1} = V_{DS2}$ 时,电路具有良好的电流复制性能,但由于 M_2 受输出端的影响,V_{DS2} 很少能够等于 V_{DS1},这样就造成了电流复制的误差。同时,也应注意到,对于特定的漏-源电压偏差($V_{DS2} - V_{DS1}$),随着沟道长度调制系数 λ 的减小(也就是具有更大输出电阻),电流镜的精度将明显提高。基本电流镜输出节点处的小信号输出电阻等于 $1/(\lambda I_{OUT})$。

从增加小信号输出电阻来提高电流源质量的角度考虑,可以在基本电流镜的基础上,在输出侧采用图 3-4 所示的共源共栅电流源结构,如图 3-9 所示。可见图 3-9 所示的电流源输出部分的小信号输出电

阻比较大,输出电流受输出节点电压的影响较小。但是,在这个电路中,也不能保证 M_2 的 V_{DS2} 电压等于 M_1 的 V_{DS1} 电压,因此,图 3-9 所示的电路也不能进行精确的电流复制。

为了提高电流复制精度,抑制沟道长度调制的影响,可以采用如图 3-10 所示的结构,由于在电流镜的输入侧和输出侧均采用共源共栅结构,因此称为"共源共栅电流镜"(cascode current mirror)。在图 3-10 所示电路中,$V_B = V_{GS0} + V_X = V_{GS0} + V_{GS1}$,同时 $V_B = V_{GS3} + V_Y$,如果使 $(W/L)_3/(W/L)_0 = (W/L)_2/(W/L)_1$,那么 $V_{GS3} = V_{GS0}$,$V_X = V_Y$,则电流镜能够进行精确的电流复制。

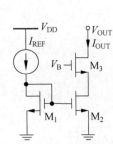

图 3-9　输出侧为共源共栅电流源的基本电流镜

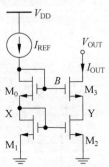

图 3-10　共源共栅电流镜

显而易见,图 3-10 所示的共源共栅电流镜的小信号输出电阻与图 3-9 及图 3-4 所示的共源共栅电流源是一致的,即

$$r_{out,mirror} = r_{o2} + r_{o3} + [(g_{m3} + g_{mb3})r_{o3}]r_{o2} \approx (g_{m3}r_{o3})r_{o2} \qquad (3.19)$$

从式(3.19)可见共源共栅结构增大了电流镜的输出电阻,也就是提高了电流源的性能,使 Y 点电压免受输出电压 V_{OUT} 的影响。

共源共栅电流镜具有很好的电流复制性能,并且也具有很大的输出电阻。但是在图 3-10 所示的共源共栅电流镜结构中,为了能够进行精确复制,要保证 $V_Y = V_X = V_{GS1}$,并且要保证所有 MOS 晶体管处于饱和区,其输出节点处的电压应保证

$$v_{OUT} \geqslant V_{GS1} + (V_{GS3} - V_{THN3}) = (V_{GS1} - V_{THN1}) + (V_{GS3} - V_{THN3}) + V_{THN1} \qquad (3.20)$$

即输出节点处的最小电压为两个过驱动电压(V_{OD})加上一个阈值电压(V_{THN})。对比图 3-4 或图 3-9 所示的共源共栅电流源,要保证所有 MOS 晶体管处于饱和区,输出节点处的最小电压可以等于 $(V_{GS2} - V_{THN2}) + (V_{GS3} - V_{THN3})$,即两个过驱动电压之和。由此可见,共源共栅电流镜额外占用了输出节点的电压裕度。图 3-11 清楚地显示了这点。

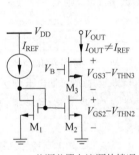

(a) 共源共栅电流源的情况

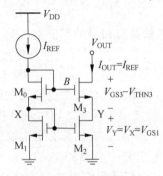

(b) 共源共栅电流镜的情况

图 3-11　共源共栅电流源与共源共栅电流镜对输出电压的要求

【例3.5】　求共源共栅电流镜的输出电压范围。对于图3-10所示的共源共栅电流镜，$I_{REF}=0.1\text{mA}$，输出电压 v_{OUT} 最低应该为多少？已知 NMOS 的参数为 $V_{THN}=0.7\text{V}$，$K_n=110\mu\text{A}/\text{V}^2$，$\lambda=0.04\text{V}^{-1}$。假设所有 NMOS 晶体管的尺寸都为 $W=20\mu\text{m}$，$L=1\mu\text{m}$。

解：图3-10所示的电流镜正常工作时需将所有 NMOS 晶体管偏置在其饱和区，$V_Y=V_X=V_{GS1}$，因此，为了便于计算，忽略沟道长度调制效应，这里 $K_n=\mu_n C_{ox}=110\mu\text{A}/\text{V}^2$，由于所有晶体管尺寸一样，因此，$I_{OUT}=I_{REF}=0.1\text{mA}$。

$$I_{OUT}=\frac{1}{2}\mu_n C_{ox}\frac{W}{L}(V_{GS1}-V_{THN})^2=\frac{1}{2}\times 110\times 10^{-6}\times\frac{20\times 10^{-6}}{1\times 10^{-6}}\times(V_{GS1}-0.7)^2=0.1\text{mA}$$

由此得到 $V_{GS1}\approx 1.0015\text{V}$。

M_1 的过驱动电压 V_{OD1} 为

$$V_{OD1}=V_{GS1}-V_{THN}=1.0015-0.7=0.3015\text{V}$$

对于 M_3，其处于饱和区，并忽略沟道长度调制效应及体效应，则有

$$I_{OUT}=\frac{1}{2}\mu_n C_{ox}\frac{W}{L}V_{OD3}^2=\frac{1}{2}\times 110\times 10^{-6}\times\frac{20\times 10^{-6}}{1\times 10^{-6}}\times V_{OD3}^2=0.1\text{mA}$$

由此也得到 $V_{OD3}\approx 0.3015\text{V}$。

因此，图3-10所示的共源共栅电流源输出电压 v_{OUT} 的最低值为

$$v_{OUT}\geqslant V_{GS1}+(V_{GS3}-V_{THN3})=V_{OD1}+V_{OD3}+V_{THN1}$$
$$=0.3015+0.3015+0.7=1.303\text{V}$$

3.3.3　大摆幅的共源共栅电流镜

共源共栅电流镜的输出侧占用更多电压裕度的根本原因在于：被复制一侧的共源 MOS 晶体管（图3-11所示的 M_1）的漏极连接到了栅极上，这样虽然可以保证 M_1 处于饱和区，但 M_1 的 V_{DS} 必须等于 V_{GS}，并且 M_1 和 M_2 的漏极电位相等，这样就消耗了额外的电压裕度。实际上，处于饱和区的 M_1 的 V_{DS} 电压的最小允许电压应该可以低至 $V_{GS}-V_{THN}$。为了解决这个问题，可以将图3-11改造为图3-12所示的电路结构，复制一侧的共源 MOS 晶体管 M_1 的栅极并不再连接在漏极，而是连接在共栅管 M_0 的漏极，即图3-12所示的 Z 点。这样，M_1 管的漏源就有可能降低到一个过驱动电压值。为了能让电路正常工作，必须考查 V_B 的电压的选择，使 M_1 和 M_0 都处于饱和区。为了使 M_1 处于饱和区，应满足 $V_X\geqslant V_Z-V_{THN1}$，而 $V_X=V_B-V_{GS0}$；为了使 M_0 处于饱和区，应满足 $V_Z\geqslant V_B-V_{THN0}$，而 $V_Z=V_{GS1}$，由此得

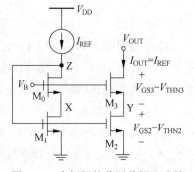

图3-12　大摆幅的共源共栅电流镜

$$V_{GS0}+(V_{GS1}-V_{THN1})\leqslant V_B\leqslant V_{GS1}+V_{THN0} \tag{3.21}$$

即当 $V_{GS0}-V_{THN0}\leqslant V_{THN1}$ 时 V_B 有解，因此，在电路设计时，注意 M_0 的过驱动电压要小于一个 M_1 晶体管的阈值电压。

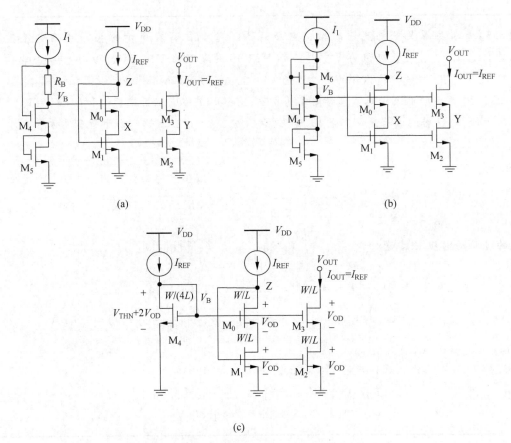

图 3-13　大摆幅共源共栅电流镜共栅电压的产生电路

在图 3-12 中，所有 MOS 晶体管都处于饱和区，当选择 $V_B = V_{GS0} + (V_{GS1} - V_{THN1}) = V_{GS3} + (V_{GS2} - V_{THN2})$ 时，电流镜消耗最小的电压裕度，即其输出节点的最小电压可以降低至

$$v_{OUT,min} = (V_{GS3} - V_{THN3}) + (V_{GS2} - V_{THN2}) \tag{3.22}$$

即输出端最低电压可以为两个过驱动电压，并且也可以精确复制电流。

现在的问题是如何获得 V_B 电压。从电流镜消耗最小电压裕度时的 V_B 电压表达式来看，V_B 的电压要大于或等于一个 V_{GS} 电压加上一个过驱动电压（$V_{OD} = V_{GS} - V_{THN}$），或者也可以是两个过驱动电压加上一个阈值电压，即 $V_{B,min} = 2V_{OD} + V_{THN}$。图 3-13 给出了几种电路的方案。在图 3-13(a) 中，M_5 提供 $V_{GS5} \approx V_{GS0}$，M_4 和 R_B 提供 $V_{DS4} = V_{GS4} - R_B I_1 \approx V_{GS1} - V_{THN1} = V_{OD1}$。但是，这种电路结构有两方面的误差：一是 M_0 存在体效应，而 M_5 不存在体效应，同样，M_4 存在体效应，而 M_1 不存在体效应，这都会造成提供的栅-源电压和过驱动电压与需要的电压不能很好地保证一致；二是电阻 R_B 在集成电路工艺中误差较大，很难精确控制 $R_B I_1$ 使之等于 M_1 管的阈值电压 V_{THN1}。

图 3-13(b) 中采用了一个栅漏连接的 M_6 代替电阻，通过选取很大的 W/L，在电流 I_1 较小的情况下，让 V_{GS6} 逼近其阈值电压 V_{THN6}，因此 $V_{DS4} \approx V_{GS4} - V_{THN6} \approx V_{OD}$，$M_5$ 仍提供 $V_{GS5} \approx V_{GS0}$，得到 $V_B = V_{DS4} + V_{GS5} \approx V_{OD} + V_{GS0}$。此电路不需要电阻，但仍然由于体效应而存在误差。

在图 3-13(c) 电路中，假设 $M_0 \sim M_3$ 采用相同的尺寸（W/L），流经的参考电流为 I_{REF}，可将电流镜中 $M_0 \sim M_3$ 需要的过驱动电压记为 V_{OD}，忽略沟道长度调制效应和体效应，即

$$I_{REF} = \frac{1}{2}\mu_n C_{ox}\frac{W}{L}(V_{GS}-V_{THN})^2 = \frac{1}{2}\mu_n C_{ox}\frac{W}{L}V_{OD}^2 \qquad (3.23)$$

M_4 的栅漏连接在一起,让 M_4 的宽长比(W/L)是 $M_0 \sim M_3$ 宽长比的 $1/4$,并流过相同的参考电流 I_{REF},则有

$$I_{REF} = \frac{1}{2}\mu_n C_{ox}\frac{W}{4L}(V_{GS4}-V_{THN})^2 \qquad (3.24)$$

由式(3.23)和式(3.24),得到 M_4 上的栅-源电压为

$$V_{GS4} = V_{THN} + 2V_{OD} \qquad (3.25)$$

因此有 $V_B = V_{GS4} = V_{THN}+2V_{OD}$。此电路只需一个晶体管便可以产生需要的 V_B 偏置电压。但 M_0 存在体效应,而 M_4 没有体效应。因此,在这几种方案中,在设计时都要留出一定的余量,以便保证 $M_0 \sim M_3$ 始终处于饱和区中。

在图 3-13 所示的电路方案中,需要单独设计一个电路来产生偏置电压 V_B。为了降低功耗,可以去掉这个单独的偏置产生电路,将其与共源共栅电流镜电路结合起来,形成一个称为"自偏置大摆幅共源共栅电流镜"电路,如图 3-14 所示。结合图 3-12 和图 3-13,M_1 的栅极连接到 M_0 的漏极,其电位为 $V_{THN}+V_{OD}$,在参考电流这一侧电路支路增加一个电阻 R,使 $I_{REF}R = V_{OD}$,这样,M_0 和 M_3 栅极的偏置电压就是需要的偏置电压 $V_B = V_{THN}+2V_{OD}$。

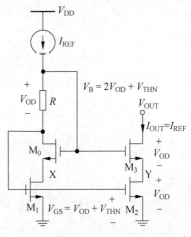

图 3-14　自偏置大摆幅共源共栅电流镜

【例3.6】　求大摆幅共源共栅电流镜的输出电压范围。对于图 3-12 所示的大摆幅共源共栅电流镜,$I_{REF}=0.1\text{mA}$。偏置电压 V_B 最低是多少? 输出电压 v_{OUT} 最低应该为多少? 已知 NMOS 的参数为 $V_{THN}=0.7\text{V}, K_n=110\mu\text{A/V}^2, \lambda=0.04\text{V}^{-1}$。假设所有 NMOS 晶体管的尺寸都为 $W=20\mu\text{m}, L=1\mu\text{m}$。

解:图 3-12 所示的大摆幅电流镜正常工作时需将所有 NMOS 晶体管偏置在其饱和区,为了便于计算,忽略沟道长度调制效应,这里 $K_n=\mu_n C_{ox}=110\mu\text{A/V}^2$,由于所有晶体管尺寸一样,因此,$I_{OUT}=I_{REF}=0.1\text{mA}$。

$$I_{REF} = \frac{1}{2}\mu_n C_{ox}\frac{W}{L}V_{OD1}^2 = \frac{1}{2}\times 110\times 10^{-6}\times\frac{20\times 10^{-6}}{1\times 10^{-6}}\times V_{OD1}^2 = 0.1\text{mA}$$

由此计算出 M_1 的过驱动电压 V_{OD1} 为

$$V_{OD1} = 0.3015\text{V}$$

对于 M_0,其处于饱和区,并忽略沟道长度调制效应及体效应,则有

$$I_{REF} = \frac{1}{2}\mu_n C_{ox}\frac{W}{L}V_{OD0}^2 = \frac{1}{2}\times 110\times 10^{-6}\times\frac{20\times 10^{-6}}{1\times 10^{-6}}\times V_{OD0}^2 = 0.1\text{mA}$$

由此也得到 $V_{OD0}\approx 0.3015\text{V}$。为了能使 M_1 和 M_0 都偏置在饱和区,v_B 最低电压应满足

$$V_{B,min} = V_{OD1}+V_{OD0}+V_{THN} = 0.3015+0.3015+0.7 = 1.303\text{V}$$

由上述分析可知,由于所有处于饱和区的 NMOS 晶体管的尺寸一样,且流经相同电流,如果忽略沟道长度调制效应及体效应,这些晶体管的过驱动电压是一样的,因此,图 3-12 所示的共源共栅电流源输出电压 v_{OUT} 的最低值为

$$v_{OUT,min} = V_{OD3}+V_{OD2} = 0.3015+0.3015 = 0.603\text{V}$$

3.3.4 威尔逊电流镜

还有一种电流镜,如图 3-15(a)所示,是著名的"威尔逊电流镜",采用 NMOS 晶体管形式。威尔逊电流镜采用电流负反馈结构,使其具有很大输出电阻,输出电阻 r_{out} 的小信号等效电路如图 3-15(b)所示。由于 M_2 采用二极管方式连接,其等效小信号输出电阻为 $(r_{o2} \parallel 1/g_{m2})$。由于 r_{o2} 比 $1/g_{m2}$ 大很多,M_2 的输出电阻等效为 $1/g_{m2}$。忽略体效应的影响,有

$$v_{gs3} = \frac{i_x}{g_{m2}} \tag{3.26}$$

$$v_{gs1} + v_{gs3} = -g_{m3}v_{gs3}r_{o3} \tag{3.27}$$

将 v_{gs1} 用 v_{gs3} 表示,则式(3.27)可化简为

$$v_{gs1} = -(1 + g_{m3}r_{o3})v_{gs3} = -\frac{(1 + g_{m3}r_{o3})i_x}{g_{m2}} \tag{3.28}$$

对图 3-15(b)所示的电路采用 KVL 定律,可以得到

$$v_x = (i_x - g_{m1}v_{gs1})r_{o1} + \frac{i_x}{g_{m2}} \tag{3.29}$$

将 v_{gs1} 代入式(3.29)并化简,得到输出电阻 r_{out} 为

$$r_{out} = \frac{v_x}{i_x} = r_{o1} + \frac{1}{g_{m2}} + \frac{g_{m1}}{g_{m2}}r_{o1}(1 + g_{m3}r_{o3})$$

$$\approx r_{o1} + r_{o1}(1 + g_{m3}r_{o3}) \quad \text{当 } g_{m1} = g_{m2} = g_{m3} \text{ 时} \tag{3.30}$$

其中,r_{o1} 和 r_{o3} 分别为 M_1、M_3 的输出电阻。

图 3-15 所示的威尔逊电流镜在输出端的最低输出电压应保证

$$v_{OUT} \geqslant V_{GS2} + (V_{GS1} - V_{THN1}) = (V_{GS1} - V_{THN1}) + (V_{GS2} - V_{THN2}) + V_{THN2} \tag{3.31}$$

和共源共栅电流镜一样,威尔逊电流镜也消耗了额外的电压裕度。

图 3-15(a)所示的电路还存在一个问题:M_2、M_3 的漏极电压 V_{DS2}、V_{DS3} 不相等,因此导致它们的漏极电流 I_{D2}、I_{D3} 不相等。这个问题可以通过添加一个二极管连接的 MOSFET 来解决,如图 3-15(c)所示。这种修改保证了 M_2、M_3 具有相同的漏极电压,从而获得相同的漏极电流。

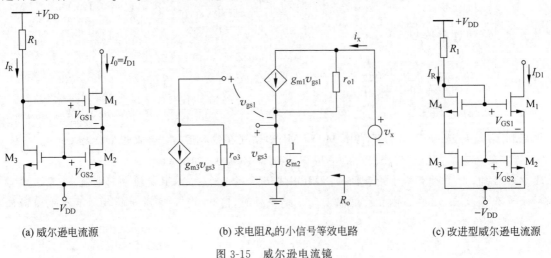

(a) 威尔逊电流源　　　　　(b) 求电阻R_o的小信号等效电路　　　　　(c) 改进型威尔逊电流源

图 3-15　威尔逊电流镜

图 3-15 所示的威尔逊电流镜可以实现和共源共栅同样量级的输出电阻。注意在图 3-15(a)中二极管连接的 M_2 的输出电阻较低,将 M_2 的栅连接到固定偏置上,如图 3-16 所示,M_2 的等效输出电阻变为 r_{o2},这样,可以进一步提高电流镜的输出电阻,忽略体效应影响,即

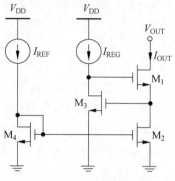

$$r_{out} = r_{o1} + r_{o2}(1 + g_{m1}r_{o1} + g_{m1}r_{o1}g_{m3}r_{o3})$$

$$\approx r_{o2}g_{m1}r_{o1}g_{m3}r_{o3} \tag{3.32}$$

这种新的电流镜结构称为"调节型共源共栅电流镜"(regulated cascode current mirror),其输出电阻可以达到 $g_m^2 r_o^3$ 量级。

图 3-16　调节型共源共栅电流镜

在本节中,上述讨论的电流镜都采用 NMOS 晶体管来实现。实际上,采用 PMOS 晶体管同样可以实现上述电流镜结构,电路的小信号等效电路也与 NMOS 的电流镜是一致的。因此,电路性能的讨论也是一致的,并且在 n 阱的 CMOS 工艺中,由于 PMOS 晶体管可以被做在单独的 n 阱中,因此,可以消除体效应对电路的影响。

3.4　本章小结

电流源是模拟集成电路中重要的一个电路部件,它为放大器提供偏置及负载。电流镜是实现电流源电路的常用电路结构。为了提高电流源的性能,在电流源电路和电流镜电路的设计中,需要考虑其输出电阻和输出节点处的输出摆幅。基本电流源是采用工作在饱和区的 MOS 晶体管形成的,但其输出电阻较小。为了提高输出电阻,可以采用共源共栅的结构。采用复制电流的电流镜结构可以产生受电压、工艺及温度影响较小的电流源。共源共栅电流镜进一步降低了输出电压对复制电流精度的影响。然而,对于低电源电压工作的电路而言,共源共栅电流镜会限制电路的性能,这是由于其消耗了额外的输出电压裕度,因此,需要对其改造形成大摆幅的共源共栅电流镜电路。威尔逊电流镜利用电流反馈可以获得较大的输出电阻,在威尔逊电流镜的基础上,形成的调节型共源共栅电流镜提供了更大量级的输出电阻,在对输出电阻要求高的应用中,可以考虑采用这种结构。

习题

1. 求基本电流源的输出电流,对于图 3-1 所示的 NMOS 基本电流源,如果想要获得 $100\,\mu A$ 的电流输出,输出电压 v_{OUT} 最低应该为多少?已知 NMOS 的参数为 $W = 20\,\mu m$,$L = 1\,\mu m$,$V_{THN} = 0.7V$,$K_n = 110\,\mu A/V^2$,$\lambda = 0.04V^{-1}$。在考虑沟道长度调制效应的情况下,分别计算当 $v_{OUT} = 2V$ 和 $v_{OUT} = 4V$ 时的输出电流。

2. 求基本电流源的小信号输出电阻,对于图 3-1 所示的 NMOS 基本电流源,晶体管处于饱和区,获得 $100\,\mu A$ 的电流输出,求出此 NMOS 电流源的小信号输出电阻是多少?已知 NMOS 的参数为 $W = 20\,\mu m$,$L = 1\,\mu m$,$V_{THN} = 0.7V$,$K_n = 110\,\mu A/V^2$,$\lambda = 0.04V^{-1}$。

3. 对于图 3-2 所示的 PMOS 基本电流源,$V_{DD} = 5V$,如果想要获得 $100\,\mu A$ 的电流输出,在不考虑沟道长度调制效应的情况下,M_1 的输入偏置电压(即栅-源电压)应该是多少?输出电压 v_{OUT} 最高应该为多少?已知 PMOS 晶体管的参数为 $W = 20\,\mu m$,$L = 1\,\mu m$,$V_{THP} = -0.7V$,$K_p = 50\,\mu A/V^2$,$\lambda = 0.05V^{-1}$。在考虑沟道长度调制效应的情况下,分别计算当 $v_{OUT} = 1V$ 和 $v_{OUT} = 3V$ 时的输出电流。

4. 对于图 3-2 所示的 PMOS 基本电流源,晶体管处于饱和区,获得 $100\,\mu A$ 的电流输出,求出此

PMOS 电流源的小信号输出电阻是多少？已知 PMOS 晶体管的参数为 $W=20\,\mu m$，$L=1\,\mu m$，$V_{THP}=-0.7V$，$K_p=50\,\mu A/V^2$，$\lambda=0.05V^{-1}$。

5. 对于图 3-17 所示的 PMOS 共源共栅电流源，$V_{DD}=5V$，如果想要获得 0.1mA 的电流输出，在不考虑沟道长度调制效应的情况下，M_1 的输入偏置电压 V_{BIAS1} 应该是多少？M_2 的栅极偏置电压 V_{BIAS2} 最高应该是多少？输出电压 v_{OUT} 最高应该为多少？已知 PMOS 的参数为 $V_{THP}=-0.7V$，$K_p=50\,\mu A/V^2$，$\lambda=0.05V^{-1}$。假设所有 PMOS 晶体管的尺寸都为 $W=20\,\mu m$，$L=1\,\mu m$。

6. 对于图 3-17 所示的 PMOS 共源共栅电流源，所有晶体管都处于饱和区，获得 0.1mA 的电流输出，共源共栅电流源的小信号输出电阻是多少？已知 PMOS 的参数为 $V_{THP}=-0.7V$，$K_p=50\,\mu A/V^2$，$\lambda=0.05V^{-1}$。假设所有 PMOS 晶体管的尺寸都为 $W=20\,\mu m$，$L=1\,\mu m$。

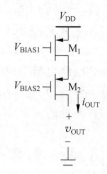

图 3-17　PMOS 共源共栅电流源

7. 对于图 3-10 所示的共源共栅电流镜，$I_{REF}=0.1mA$。如果想要获得 $I_{OUT}=0.2mA$ 的电流输出，如何设计此共源共栅电流镜电路中的器件尺寸？输出电压 v_{OUT} 最低应该为多少？已知 NMOS 的参数为 $V_{THN}=0.7V$，$K_n=110\,\mu A/V^2$，$\lambda=0.04V^{-1}$，NMOS 晶体管 M_0 和 M_1 的尺寸都为 $W=20\,\mu m$，$L=1\,\mu m$。

8. 对于图 3-13(a) 所示的大摆幅共源共栅电流镜，$I_{REF}=0.1mA$。求偏置电压 V_B 最低是多少？输出电压 v_{OUT} 最低应该为多少？如何设计提供 V_B 电压的偏置电路？已知 NMOS 的参数为 $V_{THN}=0.7V$，$K_n=110\,\mu A/V^2$，$\lambda=0.04V^{-1}$，假设所有 NMOS 晶体管的尺寸都为 $W=20\,\mu m$，$L=1\,\mu m$。

9. 对于图 3-16 所示的调节型共源共栅电流镜，所有晶体管都处于饱和区，$I_{REG}=I_{REF}=0.1mA$，可获得 $100\,\mu A$ 的电流输出，试求此调节型共源共栅电流镜的小信号输出电阻。已知 NMOS 的参数为 $W=20\,\mu m$，$L=1\,\mu m$，$V_{THN}=0.7V$，$K_n=110\,\mu A/V^2$，$\lambda=0.04V^{-1}$。

<table>
<tr><td>第 4 章</td><td rowspan="2" style="text-align:center; font-size:2em;">基　准　源</td></tr>
<tr><td>CHAPTER 4</td></tr>
</table>

主要符号	含　义
v_{ds}, V_{DS}, v_{DS}	交流小信号、静态直流和总漏-源电压
v_{gs}, V_{GS}, v_{GS}	交流小信号、静态直流和总栅-源电压
L, W	MOSFET 沟道的长度和宽度
μ_n, μ_p	表面电子、空穴迁移率
C_{ox}	单位面积 MOSFET 栅电容
V_{TH}, V_{THN}, V_{THP}	MOSFET、NMOS 及 PMOS 的阈值电压
K_n, K_p	NMOS 及 PMOS 的工艺常数(或称为"跨导参数")
β, β_n, β_p	MOSFET、NMOS 及 PMOS 的增益常数
V_{BE}	NPN 晶体管的基极-发射极电压
V_{EB}	PNP 晶体管的发射极-基极电压
I_s	双极型晶体管的饱和电流
I_C	双极型晶体管的集电极电流

4.1　引言

在模拟集成电路中需要提供稳定直流电压或直流电流的电路模块,这些稳定的电压或电流称为"基准"(reference)。电压基准源或电流基准源受电源和工艺参数影响较小,并且具有确定温度关系。例如放大器的偏置电流采用电流镜的方式复制电流基准源。而在模数转换器(ADC)或数模转换器(DAC)这样的电路中,需要精确的电压基准来确定量化电压的范围。

理想的电压或电流基准与电源电压和温度无关。因此,设计基准电路的目的是建立一个与电源和工艺无关、具有确定温度特性的直流电压或电流。确定的温度特性通常指与温度成正比或与温度无关。

一般情况下,基准的精度也与所驱动的负载有关,为了提供高性能的基准,通常需要缓冲放大器来隔离基准源与负载。在以下的讨论中,都假设基准会应用一个缓冲放大器,这里主要讨论产生基准的电路。

4.2　电压基准源

本节讨论几种电压基准源:从最简单的分压型电压基准源开始,然后讨论具有更低电源敏感性的有源电压基准源,最后讨论与温度无关的带隙基准电路。

4.2.1 分压型电压基准源

比较简单的一种电压基准是对电源电压进行分压得到的,如图 4-1 所示,可以采用电阻分压,或者采用二极管形式连接的 MOS 管进行分压。

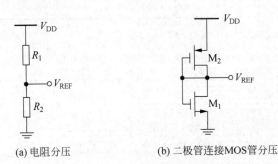

(a) 电阻分压　　　　　(b) 二极管连接MOS管分压

图 4-1　分压型的电压基准

采用图 4-1(a)所示的电阻 R_1 和 R_2 分压得到的基准电压为

$$V_{REF} = \frac{R_2}{R_1 + R_2} V_{DD} \tag{4.1}$$

对于二极管形式连接的 MOS 管分压的情况,M_1 和 M_2 均工作在饱和区,忽略沟道长度调制效应,根据式(2.12),流经 M_1 和 M_2 漏极支路的电流值为

$$I = \frac{1}{2}\mu_n C_{ox}\left(\frac{W}{L}\right)_n (V_{GS1} - V_{THN})^2 = \frac{1}{2}\mu_p C_{ox}\left(\frac{W}{L}\right)_p (|V_{GS2}| - |V_{THP}|)^2 \tag{4.2}$$

M_1 和 M_2 的漏-源电压均等于栅-源电压,因此,$V_{REF} = V_{DS1} = V_{GS1}$,$|V_{DS2}| = |V_{GS2}| = V_{DD} - V_{REF}$,可以得

$$V_{REF} = \frac{V_{THN} + \sqrt{\beta_p/\beta_n}(V_{DD} - |V_{THP}|)}{1 + \sqrt{\beta_p/\beta_n}} \tag{4.3}$$

其中,$\beta_n = \mu_n C_{ox}\left(\frac{W}{L}\right)_n$,$\beta_p = \mu_p C_{ox}\left(\frac{W}{L}\right)_p$,可见采用分压方法得到的基准电压 V_{REF} 直接正比于电源电压 V_{DD}。

4.2.2 有源电压基准源

显而易见,对于电源分压得到的基准,电源的变化会直接呈现在基准的输出上。因此电源波动对这种基准产生的影响较大。为了降低电源上的干扰对输出电压基准的影响,可以采用图 4-2 所示的有源器件的电路形式。

在图 4-2(a)所示的电压基准中,基准电压等于处于饱和区的 MOS 管的栅-源电压。忽略沟道长度调制效应,有

$$I = \frac{1}{2}\mu_n C_{ox} \frac{W}{L}(V_{GS} - V_{TH})^2 = \frac{1}{2}\beta_n (V_{GS} - V_{TH})^2 \tag{4.4}$$

得

$$V_{REF} = V_{GS} = V_{TH} + \sqrt{\frac{2I}{\beta_n}} \tag{4.5}$$

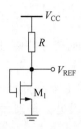

(a) 二极管连接的MOS有源电压基准

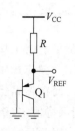

(b) 双极型晶体管PN结电压基准

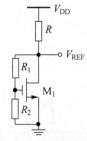

(c) 更高输出的MOS有源电压基准

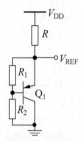

(d) 更高输出的PN结电压基准

图 4-2 有源电压基准

而流经 MOS 晶体管的电流由电阻 R 确定,有

$$I = \frac{V_{DD} - V_{REF}}{R} \tag{4.6}$$

由式(4.5)、式(4.6)解得

$$V_{REF} = V_{TH} - \frac{1}{R\beta_n} + \sqrt{\frac{2(V_{DD} - V_{TH})}{R\beta_n} + \frac{1}{R^2\beta_n^2}} \tag{4.7}$$

可见,相比分压型的电压基准,此基准电压 V_{REF} 与 V_{DD} 的关系是平方根的关系,降低了电源对基准的影响。

在 CMOS 集成电路中,可采用与工艺兼容的 BJT 晶体管来形成基准电路。在图 4-2(b)所示的电压基准中,输出的电压基准就等于晶体管的 PN 结压降。如果电源电压比 V_{EB} 大很多,那么电流 I 可以表达为

$$I = \frac{V_{DD} - V_{EB}}{R} \approx \frac{V_{DD}}{R} \tag{4.8}$$

于是,电压基准表达为

$$V_{REF} = V_{EB} = \frac{kT}{q}\ln(I/I_s) \approx \frac{kT}{q}\ln\left(\frac{V_{DD}}{RI_s}\right) \tag{4.9}$$

其中,I_s 为双极型晶体管的饱和电流;k 是玻耳兹曼常数;T 是开尔文温度;q 是电子电荷。可见,此基准电压 V_{REF} 与电源电压呈对数关系,对电源的敏感性相比图 4-1 和图 4-2(a)所示的基准电路更低。

图 4-2(a)和(b)所示的这两种有源电压基准可以采用图 4-2(c)和(d)所示的方式获得更高电压值的电压基准。在流经电阻上的电流比流经晶体管上的电流小得多的情况下,输出的电压基准可以分别表示为

$$V_{REF\_C} = V_{GS}\left(\frac{R_1 + R_2}{R_2}\right) \tag{4.10}$$

$$V_{REF\_D} = V_{EB}\left(\frac{R_1 + R_2}{R_1}\right) \tag{4.11}$$

在电路中,还有一种常见的电压基准形式,利用 PN 结的反向击穿特性,这类二极管称为"齐纳二极管"(Zener diode,又称稳压二极管),如图 4-3 所示。齐纳二极管是一种直到临界反向击穿电压前都具有很高电阻的半导体器件,而在临界反向击穿电压 V_{BV} 上,反向电阻降低到一个很小的数值,在这个低阻区中电流增加而电压则保持恒定,稳压管主要被作为稳压器或电压基准元件使用。齐纳二极管的反向击穿电压通常为 $5\sim8V$,因此只在高电源电压下使用。

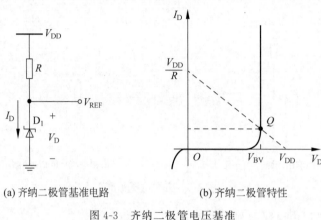

(a) 齐纳二极管基准电路 (b) 齐纳二极管特性

图 4-3 齐纳二极管电压基准

【例 4.1】 对于图 4-2(a)所示的 MOS 电压基准源,$V_{DD} = 3V$,电阻 $R = 20k\Omega$,输出电压基准 V_{REF} 为多少? 已知 NMOS 的参数为 $V_{THN} = 0.7V$,$K_n = 110\mu A/V^2$,$\lambda = 0.04V^{-1}$。假设所有 NMOS 晶体管的尺寸都为 $W = 20\mu m$,$L = 1\mu m$。

解: 基准源正常工作时 NMOS 晶体管偏置在其饱和区,并忽略沟道长度调制效应,这里 $K_n = \mu_n C_{ox} = 110\mu A/V^2$,得

$$\beta_n = K_n(W/L) = 110\mu A/V^2 \times 20 = 2200\mu A/V^2$$

$V_{DD} = 3V$,电阻 $R = 20k\Omega$,根据式(4.7)得

$$V_{REF} = V_{THN} - \frac{1}{R\beta_n} + \sqrt{\frac{2(V_{DD} - V_{TH})}{R\beta_n} + \frac{1}{R^2\beta_n^2}}$$

$$= 0.7 - \frac{1}{20 \times 10^3 \times 2200 \times 10^{-6}} + \sqrt{\frac{2 \times (3 - 0.7)}{20 \times 10^3 \times 2200 \times 10^{-6}} + \frac{1}{(20 \times 10^3 \times 2200 \times 10^{-6})^2}}$$

$$= 0.7 - \frac{1}{44} + \sqrt{\frac{4.6}{44} + \frac{1}{(44)^2}}$$

$$\approx 1.001V$$

4.2.3 带隙基准源

4.2.1 节和 4.2.2 节的电压基准源都是与温度相关的基准,但我们希望获得不受温度影响的电压基准源。带隙基准电压源就是一种与温度无关的基准源,其基本思想是将一个具有正温度系数的电路

的输出电压和具有负温度系数电压进行加权相加,从而得到一个零温度系数的基准,如图4-4所示,晶体管中PN结电压V_{BE}一般具有负温度系数,这样,如果能够寻找到一个与温度成正比的电压量,然后与V_{BE}进行适当的加权相加,就可以得到零温度系数的电压基准。

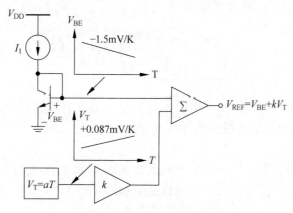

图 4-4 与温度无关的基准源的设计思想

1. 负温度系数电压

双极型器件的基极-发射极(BE)电压,或者通常说,PN结的正向电压,具有负温度系数。对于一个双极型器件,其集电极电流可以写成

$$I_C = I_S \exp(V_{BE}/V_T) \tag{4.12}$$

其中,I_S是饱和电流;$V_T = kT/q$,k为玻耳兹曼常数。饱和电流I_S可以表达为

$$I_S = \frac{qAn_i^2 D_n}{W_B N_B} = Bn_i^2 D_n = B' n_i^2 T \mu_n \tag{4.13}$$

其中,n_i是本征少数载流子浓度;W_B是基区宽度;N_B是基区掺杂浓度;A是结面积;D_n是电子平均扩散常数;q是电子电量;T是绝对温度。D_n与少数载流子迁移率μ_n的关系为$\mu_n = q/(kT)D_n$,B和B'为与温度无关的量,而μ_n和n_i与温度的关系为

$$\mu_n = CT^m, \quad m \approx -3/2 \tag{4.14}$$

$$n_i^2 = DT^3 \exp\left(-\frac{E_g}{kT}\right) \tag{4.15}$$

其中,E_g为硅带隙能量,$E_g \approx 1.12\text{eV}$;$C$和$D$是与温度无关的量。根据式(4.13)、式(4.14)和式(4.15),可以写出

$$I_S = bT^{4+m} \exp\left(-\frac{E_g}{kT}\right) \tag{4.16}$$

其中,b是与温度无关的量,根据式(4.12),有

$$V_{BE} = V_T \ln(I_C/I_S) \tag{4.17}$$

计算V_{BE}的温度系数,为了简化分析,假设I_C保持不变,有

$$\frac{\partial V_{BE}}{\partial T} = \frac{\partial V_T}{\partial T} \ln(I_C/I_S) - \frac{V_T}{I_S} \frac{\partial I_S}{\partial T} \tag{4.18}$$

由式(4.16),有

$$\frac{\partial I_S}{\partial T} = b(4+m)T^{3+m} \exp\left(-\frac{E_g}{kT}\right) + bT^{4+m} \left[\exp\left(-\frac{E_g}{kT}\right)\right]\left(\frac{E_g}{kT^2}\right) \tag{4.19}$$

因此

$$\frac{V_\text{T}}{I_\text{S}}\frac{\partial I_\text{S}}{\partial T}=(4+m)\frac{V_\text{T}}{T}+\frac{E_\text{g}}{\text{k}T^2}V_\text{T} \tag{4.20}$$

由此,得出 BE 结的正向压降 V_BE 的温度系数

$$\frac{\partial V_\text{BE}}{\partial T}=\frac{V_\text{T}}{T}\ln\left(\frac{I_\text{C}}{I_\text{S}}\right)-(4+m)\frac{V_\text{T}}{T}-\frac{E_\text{g}}{\text{k}T^2}V_\text{T}$$

$$=\frac{V_\text{BE}-(4+m)V_\text{T}-E_\text{g}/\text{q}}{T} \tag{4.21}$$

可见,V_BE 的温度系数不是一个常量,而与 V_BE 本身和给定温度有关。当 $V_\text{BE}\approx750\text{mV}$,$T=300\text{K}$ 时,V_BE 的温度系数约为 -1.5mV/K,表现为负温度系数特性。

2. 正温度系数电压

两个相同的双极晶体管工作在不相等的电流密度下,它们的基极-发射极 PN 结正向电压的差值就与绝对温度成正比(Proportional To Absolute Temperature,PTAT),如图 4-5(a)所示。

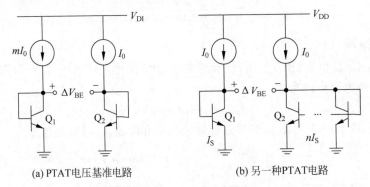

(a) PTAT电压基准电路 (b) 另一种PTAT电路

图 4-5　PTAT 电压基准源

对于图 4-5(a),流经 Q_1 的集电极电流约为 mI_0,而流经 Q_2 的集电极电流约为 I_0,基极电流可以忽略,那么由式(4.17),得

$$\Delta V_\text{BE}=V_\text{BE1}-V_\text{BE2}=V_\text{T}\ln\left(\frac{mI_0}{I_\text{s1}}\right)-V_\text{T}\ln\left(\frac{I_0}{I_\text{s2}}\right) \tag{4.22}$$

两个晶体管相同,即有 $I_\text{s1}=I_\text{s2}$,则

$$\Delta V_\text{BE}=V_\text{T}\ln m \tag{4.23}$$

因此

$$\frac{\partial \Delta V_\text{BE}}{\partial T}=\frac{\text{k}}{\text{q}}\ln m \tag{4.24}$$

可见其表现为正温度系数。

根据图 4-5(a)所示的电路的原理,还可以构建另一种结构的 PTAT 电压基准源,如图 4-5(b)所示。晶体管 Q_2 的发射极尺寸是晶体管 Q_1 的发射极尺寸的 n 倍,即 $I_\text{s2}=nI_\text{s1}$,流经两个晶体管的电流相同,则有

$$\Delta V_\text{BE}=V_\text{BE1}-V_\text{BE2}=V_\text{T}\ln\left(\frac{I_0}{I_\text{s1}}\right)-V_\text{T}\ln\left(\frac{I_0}{nI_\text{s1}}\right)=V_\text{T}\ln(n) \tag{4.25}$$

则有

$$\frac{\partial \Delta V_{BE}}{\partial T} = \frac{k}{q} \ln n \tag{4.26}$$

可见其 ΔV_{BE} 也呈现正温度系数。

在标准 n 阱 CMOS 工艺中,不兼容 NPN 型晶体管,但可以形成 PNP 型晶体管,如图 4-6 所示。因此,采用标准 n 阱 CMOS 工艺设计时,将图 4-5 电路中的 NPN 管更替为 PNP 管,PNP 管的集电极是衬底,必然接到电路中的最负的电位(即地电位,GND),将基极也连到 GND 上,利用发射极-基极的 PN 结来获得正向电压降 V_{EB},如图 4-7 所示,图 4-7 中的 A 表示的是晶体管的发射结面积。

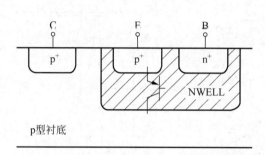

图 4-6　n 阱 CMOS 工艺兼容的 PNP 型晶体管

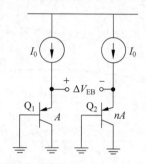

图 4-7　PNP 型晶体管实现的 PTAT 电压基准源

3. 零温度系数电压

利用上面讨论得到的正、负温度系数基准,就可以设计出一个零温度系数的基准。需要得到的电压基准 V_{REF} 可表示为

$$V_{REF} = V_{BE} + \alpha \Delta V_{BE} = V_{BE} + \alpha V_T \ln n \tag{4.27}$$

其中 α 是常数值,那么

$$\frac{\partial V_{REF}}{\partial T} = \frac{\partial V_{BE}}{\partial T} + \frac{V_T}{T} \alpha \ln n \tag{4.28}$$

为了在温度 T_0 处获得零温度系数,将式(4.28)置为 0(零温度系数),有

$$\frac{\partial V_{REF}}{\partial T}\bigg|_{T=T_0} = \frac{\partial V_{BE}}{\partial T}\bigg|_{T=T_0} + \frac{V_{T0}}{T_0} \alpha \ln n = 0 \tag{4.29}$$

其中,$V_{T0} = kT_0/q$,将式(4.21)代入式(4.29),得

$$\frac{V_{T0}}{T_0} \alpha \ln n = -\frac{V_{BE}\big|_{T=T_0} - (4+m)V_{T0} - E_g/q}{T_0} \tag{4.30}$$

在温度 T_0 处,有

$$V_{REF}\big|_{T=T_0} = V_{BE}\big|_{T=T_0} + \alpha V_{T0} \ln n \tag{4.31}$$

因此,由式(4.30)和式(4.31),得

$$V_{REF}\big|_{T=T_0} = \frac{E_g}{q} + (4+m)V_{T0} \tag{4.32}$$

可见此电压基准与带隙电压有关,这也是"带隙基准"的由来。

由于 V_{BE} 的温度系数与温度有关,而 ΔV_{BE} 的温度系数为常数,因此,带隙电压的温度系数只有在某一温度 T_0 下为零。图 4-8 所示的是输出的带隙基准电压 V_{REF} 与温度的关系。在不同 T_0 进行温度补偿来获得零温度系数,最终会表现为不同的 V_{REF} 曲线,每条曲线在不同的 $T=T_0$ 处的斜率为零,在其他温度下,斜率为正值或负值。

图 4-9 所示的是一种完成负温度系数电压和正温度系数电压相加的电路,从而实现带隙基准电压的电路。采用运算放大器构成反馈电路,如果放大器的放大倍数 A_1 足够大,则 X 点和 Y 点电压相等,采用与 n 阱 CMOS 工艺兼容的 PNP 晶体管,则电阻 R_3 上的电压降为 $\Delta V_{EB} = V_T \ln n$,因此,输出电压为

$$V_{OUT} = V_{EB2} + \frac{V_T \ln n}{R_3}(R_2 + R_3) \tag{4.33}$$

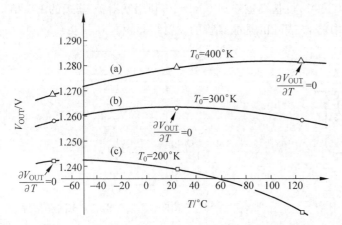

图 4-8 针对不同的 $T = T_0$ 进行补偿得到带隙电压

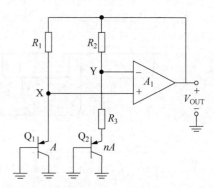

图 4-9 带隙基准的一种电路实现方法

在室温下 $T_0 = 300K$,V_{EB} 的温度系数约为 -1.5mV/K,而 $\partial V_T/\partial T \approx 0.087\text{mV/K}$,为了达到零温度系数,可以计算得到 $\alpha \ln n \approx 17.2$。选择 R_2 和 R_3 的比值,就可以使 $(1 + R_2/R_3)\ln n = 17.2$。另外,还需注意表达式里是两个电阻的比值,在 CMOS 集成电路设计中,电阻的实现精度通常有 20% 左右的偏差,而电阻的比值通常都可以做得很精确,因此,这种实现方法具有较高精度。

这里值得注意的是,图 4-9 所示的带隙电路中存在负反馈回路和正反馈回路,负反馈系数为

$$\beta_- = \frac{1/g_{mQ_2} + R_3}{1/g_{mQ_2} + R_3 + R_2} \tag{4.34}$$

其中 g_{mQ_2} 是晶体管 Q_2 的小信号等效跨导。而其正反馈系数为

$$\beta_+ = \frac{1/g_{mQ_1}}{1/g_{mQ_2} + R_1} \tag{4.35}$$

其中 g_{mQ_1} 和 g_{mQ_2} 分别是晶体管 Q_1 和 Q_2 的小信号等效跨导。为确保电路的稳定,电路的负反馈系数一定要大于正反馈系数,以确保电路总的反馈是负反馈。

下面我们来考虑运算放大器的失调对基准的影响,如图 4-10 所示,由于运算放大器存在失调 V_{OS},X 点和 Y 点的电位不相等,有

$$V_{EB1} - V_{OS} \approx V_{EB2} + R_3 I_{C_2} \tag{4.36}$$

$$V_{OUT} = V_{EB2} + (R_3 + R_2) I_{C_2} \tag{4.37}$$

根据式(4.36)和式(4.37),虽然存在失调电压,我们仍可以假设 $I_{C_1} \approx I_{C_2}$,这样,就有

$$V_{OUT} = V_{EB2} + (R_3 + R_2)\frac{V_{EB1} - V_{EB2} - V_{OS}}{R_3}$$

$$= V_{EB2} + \left(1 + \frac{R_2}{R_3}\right)(V_T \ln n - V_{OS}) \tag{4.38}$$

由此可见,在输出电压中,失调被放大了 $1+R_2/R_3$ 倍,引入了误差。

为了降低 V_{OS} 的影响,可以考虑增加式(4.38)中其他量的值,来降低 V_{OS} 的影响。一种方法是增加 ΔV_{EB},使流经图 4-10 中两个晶体管 Q_1 和 Q_2 的集电极电流的比值为 m,则 $\Delta V_{EB}=V_T\ln(mn)$;另一种方法是级联晶体管的方式,形成 $2V_{EB}$,并且考虑到工艺的兼容性,形成如图 4-11 所示的电路,如果 Q_3、Q_4 上流经的电流是 Q_1、Q_2 上流经的电流的 $1/m$,则有

$$V_{OUT}=V_{EB3}+V_{EB4}+(R_1+R_2)\frac{(V_{EB1}+V_{EB2})-(V_{EB3}+V_{EB4})-V_{OS}}{R_1}$$

$$=2V_{EB}+\left(1+\frac{R_2}{R_1}\right)[2V_T\ln(mn)-V_{OS}] \tag{4.39}$$

可见,采用这种电路结构可以降低失调电压的影响。

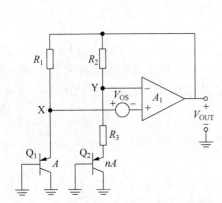

图 4-10 带隙基准中运算放大器失调的影响

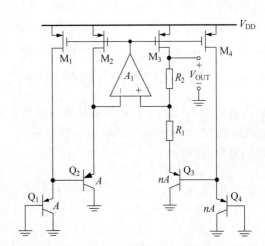

图 4-11 带隙基准中运算放大器失调影响的减小方法

对于带隙基准源,还有一个问题需要考虑,当电源上电时,运算放大器的 X 点和 Y 点有可能均为零,则运算放大器可能关断,因此,电路需要上电启动机制。上电启动电路将在 4.3.2 节进行介绍。

【例 4.2】 对于图 4-9 所示的带隙基准源,采用一种 CMOS 工艺进行实现,进行温度补偿得到零温度系数,当 $V_{EB}\approx670\text{mV}$,在室温下 $T_0=300\text{K}$ 时,其工艺兼容的 PNP 晶体管的 V_{EB} 的温度系数约为 -1.99mV/K,如何进行此带隙基准电路的设计,输出电压基准为多少?

解: 电阻 R_3 上的电压降为 $\Delta V_{EB}=V_T\ln n$,根据式(4.33),输出电压为

$$V_{OUT}=V_{EB2}+\frac{V_T\ln n}{R_3}(R_2+R_3)$$

在室温下 $T_0=300\text{K}$,V_{EB} 的温度系数约为 -1.99mV/K,而 $\partial V_T/\partial T\approx0.087\text{mV/K}$,为了达到零温度系数,可以计算得到 $\alpha\ln n\approx22.87$。这样,通过选择 R_2 和 R_3 的比值,就可以使 $(1+R_2/R_3)\ln n=22.87$。

为了便于版图设计并且具有更好的匹配性,考虑采用 $n=8$ 的设计。而对于电阻值的设计,可以根据 PNP 晶体管的偏置状态及电路的功耗要求来进行,这里假设电阻 $R_2=10\text{k}\Omega$ 可以使 PNP 晶体管中的 PN 结偏置在良好的正向导通区,并且尽量降低功耗(在实际设计中这需要进行仔细的仿真来确定)。这样,

$$(1+10\times10^3/R_3)\ln8=22.87$$

得

$$R_3 \approx 1\text{k}\Omega$$

而带隙基准输出电压为

$$V_{\text{OUT}} = V_{\text{EB2}} + \frac{V_T \ln n}{R_3}(R_2 + R_3) \approx 0.67 + 0.026 \times 22.87 = 1.265\text{V}$$

4.3 电流基准源

本节讨论几种电流基准源的电路实现。实际上,电流基准源可以通过电压基准源获得,比如将电压基准源某一支路电流采用电流镜的方式复制出来,或者将产生的输出电压作用在一个负载电阻上产生基准电流等方式。反之,基于电流基准源产生的电流也可以进一步产生电压基准。

4.3.1 基于电流镜的简单基准源

首先分析图 4-12 所示的简单电流镜形式的电流基准源,M_1 和 R 确定此电流基准源的电流值 I_{REF},然后由 M_1 和 M_2 构成的电流镜将电流进行输出。选择适当的 R 值使 M_1 开启并处于饱和区,并忽略沟道长度调制效应,则

$$I_{\text{REF}} = \frac{1}{2}\mu_n C_{\text{ox}} \left(\frac{W}{L}\right)_1 (V_{\text{GS}} - V_{\text{TH}})^2 = \frac{1}{2}\beta_n(V_{\text{GS}} - V_{\text{TH}})^2 \quad (4.40)$$

得

$$V_{\text{GS}} = V_{\text{TH}} + \sqrt{\frac{2I_{\text{REF}}}{\beta_n}} \quad (4.41)$$

而流经 MOS 晶体管的电流由电阻 R 进行限制而确定,有

$$I_{\text{REF}} = \frac{V_{\text{DD}} - V_{\text{GS}}}{R} \quad (4.42)$$

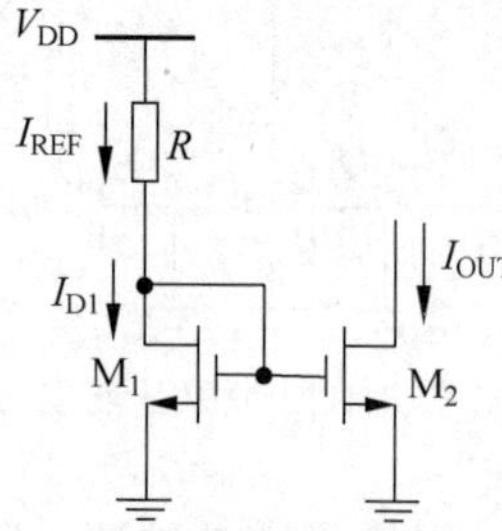

图 4-12　电流镜形式的简单电流基准源

M_1 和 M_2 构成的电流镜将电流 I_{REF} 进行输出,因此有

$$I_{\text{OUT}} = \frac{(W/L)_2}{(W/L)_1}I_{\text{REF}} = \frac{(W/L)_2}{(W/L)_1}\frac{V_{\text{DD}} - V_{\text{GS}}}{R} = \frac{(W/L)_2}{(W/L)_1}\frac{V_{\text{DD}} - V_{\text{TH}} - \sqrt{\frac{2I_{\text{REF}}}{\beta_n}}}{R} \quad (4.43)$$

其中 $\beta_n = \mu_n C_{\text{ox}}\left(\frac{W}{L}\right)_n$。通过式(4.43)我们可以确定输出电流,显而易见,此电路的输出电流敏感于电源 V_{DD}。而且由于与器件参数相关,因此,输出电流也是工艺和温度的函数。

从小信号等效电路的角度,当 V_{DD} 发生变化时,输出电流的变化可以认为是

$$\Delta I_{\text{OUT}} = \frac{(W/L)_2}{(W/L)_1}\frac{1}{R + 1/g_{m_1}}\Delta V_{\text{DD}} \quad (4.44)$$

可见,电源的变化会传递到输出电流上。

4.3.2 与电源无关的电流基准源

那么如何形成与电源无关的电流基准源呢?可以采用图 4-13(a)所示的电流互相复制的思路,

$M_1 \sim M_4$ 形成相互复制的电流镜结构，I_{OUT} 复制 I_{REF}，而 I_{REF} 反过来由 I_{OUT} 复制得到，这样 $I_{OUT} = nI_{REF}$，电路中的电流将不受电源的影响，然而，此时电路中的电流也将是任意的。为此，如图 4-13(b)所示，$M_1 \sim M_4$ 及 R_s 构成基准源的主体。R_s 的存在起到限制 M_2 支路电流的作用，使支路中流过一个确定的电流值，PMOS 具有相同的尺寸，要求 $I_{OUT} = I_{REF}$，R_s 降低了 M_2 的栅源电压，因此可以写出

$$V_{GS1} = V_{GS2} + I_{OUT} R_s \tag{4.45}$$

$M_1 \sim M_4$ 处于饱和区，并忽略沟道长度调制效应，有

$$V_{TH1} + \sqrt{\frac{2I_{OUT}}{\beta_n}} = V_{TH2} + \sqrt{\frac{2I_{OUT}}{n\beta_n}} + I_{OUT} R_s \tag{4.46}$$

其中 $\beta_n = \mu_n C_{ox} \left(\dfrac{W}{L}\right)_n$，$n$ 是 M_2 与 M_1 尺寸比例倍数。忽略体效应，即 $V_{TH1} = V_{TH2}$，可以得

$$I_{OUT} = \frac{2}{\beta_n} \frac{1}{R_s^2} \left(1 - \frac{1}{\sqrt{n}}\right)^2 \tag{4.47}$$

由式(4.47)可见，输出电流与电源电压无关，但是由于表达式包含工艺参数项，因此电流基准源仍与工艺和温度有关。

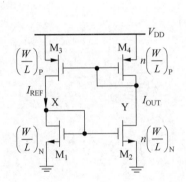

(a) 相互复制的电流镜结构

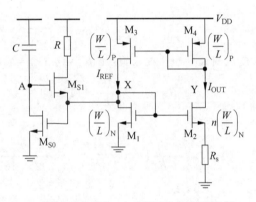

(b) 带启动电路的、与电源无关的电流基准源

图 4-13 与电源无关的一种电流基准源

【例 4.3】 对于图 4-13(b)所示的与电源无关的电流基准源，如果想要获得 0.1mA 的电流输出，在不考虑沟道长度调制效应及体效应的情况下，如果 $n=4$，R_s 取多大值？已知 NMOS 的参数为 $V_{THN} = 0.7V$，$K_n = 110\mu A/V^2$。NMOS 晶体管 M_1 的尺寸为 $W = 20\mu m$，$L = 1\mu m$。

解：图 4-13(b)所示的基准源正常工作时需将所有 NMOS 晶体管偏置在其饱和区，忽略沟道长度调制效应和体效应，这里 $K_n = \mu_n C_{ox} = 110\mu A/V^2$。

$$\beta_n = \mu_n C_{ox} \frac{W}{L} = 110 \times 10^{-6} \times \frac{20 \times 10^{-6}}{1 \times 10^{-6}} = 2.2mA/V^2$$

当 $n=4$ 时，由式(4.47)可得

$$I_{OUT} = \frac{2}{\beta_n} \frac{1}{R_s^2} \left(1 - \frac{1}{\sqrt{n}}\right)^2 = \frac{2}{2.2 \times 10^{-3}} \frac{1}{R_s^2} \left(1 - \frac{1}{\sqrt{4}}\right)^2 = 0.1 \times 10^{-3} A$$

由此得到 $R_s \approx 1.5076k\Omega$。

【例 4.4】 对于图 4-14 所示的与电源无关的电流基准源，M_3 的 W/L 是 M_4 的 m 倍，推导出此电

流基准源电流输出 I_{OUT} 的表达式。如果想要获得 $0.1mA$ 的电流输出,在不考虑沟道长度调制效应及体效应的情况下,当 $m=2,n=4$ 时,R_s 取多大值? 已知 NMOS 的参数为 $V_{THN}=0.7V$,$K_n=110\mu A/V^2$。NMOS 晶体管 M_1 的尺寸为 $W=20\mu m$,$L=1\mu m$。

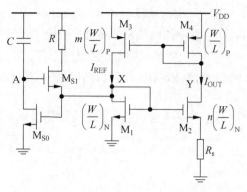

图 4-14　一种与电源无关的电流基准源

解:图 4-14 所示的基准源正常工作时需将所有晶体管偏置在其饱和区,在电流镜结构中 M_3 的 W/L 是 M_4 的 m 倍,则有 $I_{OUT}=I_{REF}/m$,而

$$V_{GS1}=V_{GS2}+I_{OUT}R_s$$

$M_1\sim M_4$ 处于饱和区,并忽略沟道长度调制效应,则有

$$V_{TH1}+\sqrt{\frac{2mI_{OUT}}{\beta_n}}=V_{TH2}+\sqrt{\frac{2I_{OUT}}{n\beta_n}}+I_{OUT}R_s$$

其中 $\beta_n=\mu_n C_{ox}\left(\dfrac{W}{L}\right)_n$,$n$ 是 M_2 与 M_1 尺寸比例倍数。忽略体效应,即 $V_{TH1}=V_{TH2}$,可以得

$$I_{OUT}=\frac{2}{\beta_n}\frac{1}{R_s^2}\left(\sqrt{m}-\frac{1}{\sqrt{n}}\right)^2$$

忽略沟道长度调制效应和体效应,这里 $K_n=\mu_n C_{ox}=110\mu A/V^2$,则

$$\beta_n=\mu_n C_{ox}\frac{W}{L}=110\times10^{-6}\times\frac{20\times10^{-6}}{1\times10^{-6}}=2.2mA/V^2$$

当 $m=2,n=4$ 时,有

$$I_{OUT}=\frac{2}{\beta_n}\frac{1}{R_s^2}\left(\sqrt{m}-\frac{1}{\sqrt{n}}\right)^2=\frac{2}{2.2\times10^{-3}}\frac{1}{R_s^2}\left(\sqrt{2}-\frac{1}{\sqrt{4}}\right)^2=0.1\times10^{-3}A$$

由此得到 $R_s\approx2.7565k\Omega$。

在含有相互复制的电流镜结构电流基准中,$I_{OUT}=0$ 也可以满足式(4.46)的关系式。这种情况发生在电源上电时,相互复制的 MOS 管均处于关断状态,最终造成基准电路中一直保持零电流,因此基准电路含有两个平衡点:一个是零平衡点;另一个是正常偏置的平衡点。在电路上电时,需要增加一个启动电路使电路脱离零平衡点。启动电路的设计基本原则是:在电源上电时为基准源提供一条直流通路以使其脱离零电流状态;当完成启动,基准源提供正常的偏置电流后,启动电路应停止工作以免影响基准源的工作。图 4-13(b)中由 M_{S0}、M_{S1}、C 和 R 构成的电路是一种启动电路。当电源上电时,$M_1\sim M_4$ 处于关断状态,X 点电位为零,M_{s0} 也关断,而电容 C 将 A 点电位上拉跟随 V_{DD},随着 V_{DD} 上升;当 M_{S1} 的栅源电压大于其阈值电压时,M_{S1} 管开启,X 点电位开始上升,$M_1\sim M_4$ 脱离零电流状态,同时使 M_{S0} 导通,电容开始充电,A 点电位将下降,直至 M_{S1} 关断,完成启动过程,启动电路也将不再影响基准源电路的工作。

在图 4-13(b)所示的电路中,M_2 的衬底与源不在同一个电位上,因而具有体效应,而 M_1 没有体效应,这样就造成了误差。为了消除体效应的影响,在 n 阱 CMOS 工艺中,可以将 R_s 连接在电源和 P 管之间,如图 4-15 所示。因为在 n 阱 CMOS 工艺中,p 型器件做在 n 阱中,其衬底可以和源极连接在一起,因而可以消除体效应。另外,为了减小沟道长度调制效应的影响,基准源中电流镜可以采用共源共栅结构。

图 4-16 所示的是另一种与电源无关的电流基准源,它是利用 PN 结压降来确定电流,当 $M_1 \sim M_5$ 都采用相同的晶体管时,输出电流为

$$I_{\mathrm{OUT}} = \frac{V_{\mathrm{EB1}}}{R} \qquad (4.48)$$

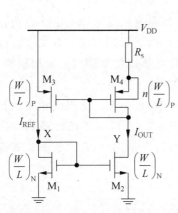

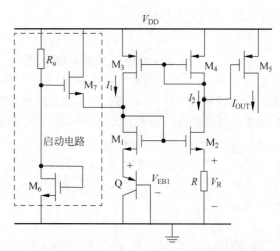

图 4-15　消除体效应的、与电源无关的一种电流基准源　　图 4-16　利用 PN 结压降的、与电源无关的另一种电流基准源

图 4-16 中也显示了另一种启动电路的设计。在上电过程中,当基准电流处于零平衡点时,M_7 将为 M_1 支路提供电流,使电路脱离零电流状态,随着电路逐渐进入正常偏置状态,M_7 的源极电位上升,并最终使 M_7 关闭,完成启动过程,启动电路不再影响基准电路。在电路设计时需要注意,由 R_U 和 M_6 构成的支路在基准电路启动完成后应流过很小的电流,以节省电路功耗。

4.3.3　PTAT 电流基准源

在 4.2.3 节中 PTAT 电压基准电路可以形成 PTAT 电流基准,如图 4-17 所示,为了分析简单,假设 $M_1 \sim M_2$ 及 $M_3 \sim M_4$ 均为相同的 MOS 对管,使两个支路电流相等,X 点和 Y 点也必然相等,因此

$$I_{\mathrm{PTAT}} = I_R = \frac{V_{\mathrm{EB1}} - V_{\mathrm{EB2}}}{R_1} = \frac{V_T \ln n}{R_1} \qquad (4.49)$$

利用 PTAT 电流基准也可以构建带隙基准电压源电路,如图 4-18 所示,M_5 上流经的 PTAT 电流

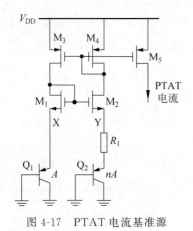

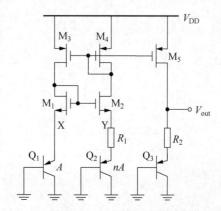

图 4-17　PTAT 电流基准源　　　　　　图 4-18　采用 PTAT 电流基准实现带隙基准

在 R_2 上产生 PTAT 电压,然后加上 Q_3 的 EB 结压降,便可构成带隙基准电压

$$V_{REF} = \frac{V_T \ln n}{R_1} \cdot R_2 + V_{EB3} \tag{4.50}$$

4.4 本章小结

基准源电路提供稳定的电压基准或电流基准。分压型电压基准源直接受电源电压的影响。为了降低电源的影响,可以采用有源电压基准源,其产生的电压基准与电源电压成开方或对数关系。但仍受到电源电压的影响,并且与工艺或温度相关。利用正温度系数电压量与负温度系数电压量加权相加,可以得到与温度无关的电压基准,实现这种基准的电路为带隙基准电路。

同样地,基于电流镜的简单基准电流源容易受到电源电压的影响,也与工艺或温度相关。基于电流互相复制的电流基准源与电源无关,但仍容易受到工艺和温度的影响。而产生正温度系数电压的电路也可以产生与绝对温度成正比(PTAT)的电流基准源。更进一步,可以采用 PTAT 电流源来构成带隙基准电路。

习题

1. 集电极电流可以写成 $I_C = I_S \exp(V_{BE}/V_T)$,其中,$I_S$ 是饱和电流;$V_T = kT/q$,k 为玻耳兹曼常数。推导图 4-19 中电路 ΔV_{BE} 的温度系数表达式。忽略电路中的基极电流。

2. 对于图 4-12 所示的基于电流镜的简单电流基准,其也可以看作采用 MOS 电压基准源构成的电流源,$V_{DD} = 3V$,电阻 $R = 10k\Omega$,输出电压基准 V_{REF} 为多少? 输出电流 I_{OUT} 是多少? 已知 NMOS 的参数为 $V_{THN} = 0.7V$,$K_n = 110\mu A/V^2$,$\lambda = 0.04V^{-1}$。NMOS 晶体管 M_1 的尺寸为 $W = 20\mu m$,$L = 1\mu m$;M_2 的尺寸为 $W = 40\mu m$,$L = 1\mu m$。

3. 对于图 4-15 所示的与电源无关的电流基准源,如果想要获得 0.1mA 的电流输出,在不考虑沟道长度调制效应的情况下,当 $n = 4$ 时,R_s 取多大值? PMOS 的参数为 $V_{THP} = -0.7V$,$K_p = 50\mu A/V^2$。PMOS 晶体管 M_3 的尺寸为 $W = 20\mu m$,$L = 1\mu m$。

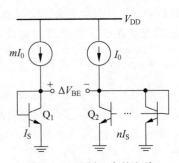

图 4-19 习题 1 中的电路

4. 对于图 4-18 所示的带隙基准源,进行温度补偿得到零温度系数,采用一种 CMOS 工艺进行实现,当 $V_{EB} \leqslant 670mV$,在室温下 $T_0 = 300K$ 时,其工艺兼容的 PNP 晶体管的 V_{EB} 的温度系数约为 $-1.99mV/K$,如何进行此带隙基准电路的设计,输出电压基准为多少?

第 5 章

CMOS 单级放大器

主要符号	含　义
v_s , V_S , v_S	交流小信号、静态直流和总信号源电压
v_{in} , V_{IN} , v_{IN}	交流小信号、静态直流和总输入信号电压
$v_{out} , V_{OUT} , v_{OUT}$	交流小信号、静态直流和总输出信号电压
i_{in} , I_{IN} , i_{IN}	交流小信号、静态直流和总输入信号电流
$i_{out} , I_{OUT} , i_{OUT}$	交流小信号、静态直流和总输出信号电流
A_V , A_v , A_{dc}	电压增益、交流小信号电压增益、直流增益
A_I , A_p	电流增益、功率增益
v_{ds} , V_{DS} , v_{DS}	交流小信号、静态直流和总漏-源电压
v_{gs} , V_{GS} , v_{GS}	交流小信号、静态直流和总栅-源电压
v_{bs} , V_{BS} , v_{BS}	交流小信号、静态直流和总衬底-源电压
i_d , I_D , i_D	交流、静态直流和总漏极电流
L , W	MOSFET 沟道的长度和宽度
V_{OD}	MOSFET 的过驱动电压
$V_{TH} , V_{THN} , V_{THP}$	MOSFET、NMOS 及 PMOS 的阈值电压
K' , K_n , K_p	MOSFET、NMOS 及 PMOS 的工艺常数（或称为"跨导参数"）
μ_n , μ_p	表面电子、空穴迁移率
C_{ox}	单位面积 MOSFET 栅电容
$\lambda , \lambda_n , \lambda_p$	MOSFET、NMOS 及 PMOS 的沟道长度调制系数
γ	MOSFET 的体效应系数
g_m	MOSFET 的跨导
g_{ds} , r_{ds}	MOSFET 的小信号漏源电导和电阻
r_o	晶体管的小信号输出电阻
g_{mb}	MOSFET 体效应引起的跨导
r_{in} , r_{out}	放大器电路的小信号输入电阻和输出电阻

5.1　引言

　　在模拟集成电路中，放大是电路的一个基本功能。放大器将微弱的信号进行放大，以便驱动后级电路，进而能够被后续电路处理。在反馈电路中，有放大器参与时才能完成相关的信号处理。

本章在介绍放大器的基本分析方法后,主要讨论 CMOS 工艺中单级放大器的分析与设计。分析最基本的 CMOS 单级放大器的电路结构和原理,进行电路的大信号特性分析和小信号特性分析,建立一套放大器电路的分析方法。

MOSFET 是一种具有非线性特性的有源器件。因此,需要在 MOSFET 的晶体管模型基础上,进行 CMOS 集成电路的分析和设计。对于每一种放大器,采用简单模型有助于在设计中获得电路元件的近似值,并且在电路评估中获得电路的基本性能,同时避免烦琐的计算。采用简单模型可以使电路分析更容易,但通常也需要在准确性和复杂性之间进行权衡。

5.2 放大器基本分析方法

放大器可以看作由输入端口和输出端口组成的两端口网络。如图 5-1 所示的电路符号图,显示了从输入一侧到输出一侧的信号流方向。通常,输入端口的一端与输出端口的一端具有一个公共参考节点,形成"共模地"(common ground)。输出电压(或电流)与输入电压(或电流)的比值以"增益"(gain)A_0 来进行表示。如果输出信号直接正比于输入信号,则输出信号对输入信号具有 A_0 倍原样放大(即线性放大),这样的放大器称为"线性放大器"(linear amplifier)。如果在输出波形中存在变化,输出信号不是对输入信号的原样放大,则认为存在"失真"(distortion),这是不希望出现的,这样的放大器称为"非线性放大器"(nonlinear amplifier)。放大器的特性由很多的参数来表示,在以下章节将逐步展开分析,进行详细描述。

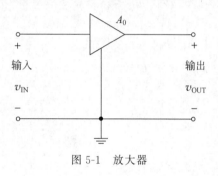

图 5-1 放大器

5.2.1 电压增益

放大器的基本功能就是放大,因此增益是我们关心的首要特性。如果加到线性放大器的输入信号电压是 v_{IN},放大器将输出一个电压信号 v_{OUT},它是输入信号 v_{IN} 原样的放大,图 5-2(a)所示的是一个带阻性负载 R_L 的放大器。放大器的"电压增益"(voltage gain)A_V 定义为

$$A_V = \frac{v_{\text{OUT}}}{v_{\text{IN}}} \text{(单位为 V/V)} \tag{5.1}$$

线性电压放大器的转移特性是一条直线,如图 5-2(b)所示,斜率是 A_V。如果施加一个直流(DC)输入信号 $v_{\text{IN}} = V_{\text{IN}}$,则输出 v_{OUT} 为直流输出电压,$v_{\text{OUT}} = V_{\text{OUT}} = A_V V_{\text{IN}}$,放大器工作在工作点处。直流增益(DC gain)表示为

$$A_{\text{dc}} = A_V = \frac{v_{\text{OUT}}}{v_{\text{IN}}} \bigg|_{\text{在工作点处}} = \frac{V_{\text{OUT}}}{V_{\text{IN}}} \tag{5.2}$$

如果在直流电压 V_{IN} 上附加一个小信号的正弦信号 $v_{\text{in}}(t) = V_{\text{m}}\sin\omega t$,如图 5-3(a)所示,则总的输出电压变为 $v_{\text{OUT}} = V_{\text{OUT}} + v_{\text{out}}$,其中 V_{OUT} 表示直流输出电压,v_{out} 表示叠加在直流 V_{OUT} 上的交流小信号电压。小信号增益(small-signal gain)表达为

$$A_v = \frac{\Delta v_{\text{OUT}}}{\Delta v_{\text{IN}}} \bigg|_{\text{在工作点处}} = \frac{v_{\text{out}}}{v_{\text{in}}} \tag{5.3}$$

这样,小信号输入电压 $v_{\text{in}}(t) = V_{\text{m}}\sin\omega t$ 将产生相应的小信号输出电压 $v_{\text{out}}(t) = A_v V_{\text{m}}\sin\omega t$,即 $v_{\text{OUT}}(t) =$

$A_v V_{IN} + A_v v_{in}(t) = V_{OUT} + A_v V_m \sin\omega t$，如图 5-3(b)所示。因此，存在两种电压增益：直流增益和小信号增益。对于线性系统而言，直流增益和小信号增益是相等的，即 $A_{dc} = A_v$。

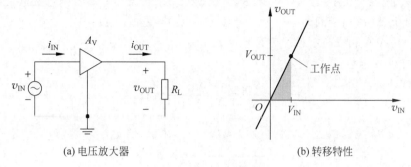

(a) 电压放大器 (b) 转移特性

图 5-2 线性电压放大器

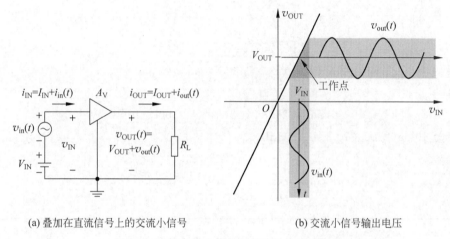

(a) 叠加在直流信号上的交流小信号 (b) 交流小信号输出电压

图 5-3 施加交流小信号时的线性电压放大器

对于放大器，除了考虑其电压增益以外，对于有的放大器还要考虑电流增益或者功率增益。如果 i_{IN} 是信号源为放大器提供的输入信号电流，i_{OUT} 是放大器传递给负载 R_L 的电流，那么放大器的"电流增益"(current gain)A_i 定义为

$$A_i = \frac{i_{OUT}}{i_{IN}} \quad （单位为 A/A） \tag{5.4}$$

放大器为负载提供的功率比其从信号源接收的功率要大很多，因此放大器就有了"功率增益"(power gain)A_p，定义为

$$A_p = \frac{P_L}{P_i} = \frac{v_{OUT} i_{OUT}}{v_{IN} i_{IN}} \quad （单位为 W/W） \tag{5.5}$$

其中 P_L 为负载功率，P_i 为输入功率。将 $A_V = v_{OUT}/v_{IN}$ 和 $A_I = i_{OUT}/i_{IN}$ 带入，式(5.5)可重新写成

$$A_p = A_v A_i \tag{5.6}$$

可见功率增益是电压增益和电流增益的乘积。

本章主要讨论 CMOS 放大器的低频特性。在 CMOS 电路中传递的信号形式主要以电压形式出现，因此本章主要讨论放大器的电压增益。

【例 5.1】 图 5-3(a)所示的线性放大器中,测量到的小信号瞬时值为 $v_{in}(t) = 2\sin400t(\text{mV})$,$i_{in}(t) = 0.1\sin400t(\mu\text{A})$,$v_{out}(t) = 0.5\sin400t(\text{V})$ 及 $R_L = 0.5\text{k}\Omega$。求放大器的小信号增益 A_v、A_i、A_p 及 R_i。

解: 在线性放大器中,测量到的小信号瞬时值为 $v_{in}(t) = 2\sin400t(\text{mV})$,$i_{in}(t) = 0.1\sin400t(\mu\text{A})$,$v_{out}(t) = 0.5\sin400t(\text{V})$,相应的小信号量值可以表示为 $v_{in} = 2\text{mV}$,$v_{out} = 0.5\text{V}$ 及 $i_{in} = 0.1\mu\text{V}$。负载电流的小信号量值可以表示为

$$i_{out} = \frac{v_{out}}{R_L} = \frac{0.5}{0.5 \times 10^3} = 1\text{mA}$$

电压增益为

$$A_v = \frac{v_{out}}{v_{in}} = \frac{0.5}{2 \times 10^{-3}} = 250\text{V/V}$$

采用分贝表示为 $20\log(250) = 47.96\text{dB}$。

电流增益为

$$A_i = \frac{i_{out}}{i_{in}} = \frac{1 \times 10^{-3}}{0.1 \times 10^{-6}} = 10 \times 10^3 \text{A/A}$$

采用分贝表示为 $20\log(10 \times 10^3) = 80\text{dB}$。

功率增益为

$$A_p = A_v A_i = 250 \times 10 \times 10^3 = 2500 \times 10^3 \text{W/W}$$

采用分贝表示为 $10\log(2500 \times 10^3) = 63.98\text{dB}$。

输入电阻为

$$R_i = \frac{v_{in}}{i_{in}} = \frac{2 \times 10^{-3}}{0.1 \times 10^{-6}} = 20\text{k}\Omega$$

5.2.2 放大器的非线性

实际的放大器都会呈现一定的非线性特性,这是由于放大器中包含诸如晶体管这样的非线性器件而造成的。对于图 5-4(a)所示的采用单个直流电源的放大器,其非线性特性如图 5-4(b)所示。一般对于输入信号幅度比较小的情况,在输出电压的中段区域,几乎可以认为增益保持为常数。如果能使放大器工作在这个区域,小的输入信号变化可以引起几乎是线性变化的输出,并且近似认为增益保持为常数。可以将放大器偏置在一个直流电压(或电流)偏置下,此偏置称为放大器的"静态工作点",或简称"工作点",对于图 5-4,放大器的静态工作点指的是直流输入电压 V_{IN} 及与之相应的直流输出电压 V_{OUT}。如果小的瞬时输入电压 $v_{in}(t) = V_m\sin\omega t$,叠加在直流输入电压 V_{IN} 上,如图 5-4(b)所示,则总的瞬时输入电压变成

$$v_{IN}(t) = V_{IN} + v_{in}(t) = V_{IN} + V_m\sin\omega t \tag{5.7}$$

信号可以沿着转移特性围绕静态工作点上下移动。这样将发生相应的时变输出电压

$$v_{OUT}(t) = V_{OUT} + v_{out}(t) \tag{5.8}$$

如果 $v_{in}(t)$ 足够小,那么 $v_{out}(t)$ 直接正比于 $v_{in}(t)$,因此得

$$v_{out}(t) = A_v v_{in}(t) = A_v V_m\sin\omega t \tag{5.9}$$

这里 A_v 是转移特性曲线在静态工作点处的斜率,即

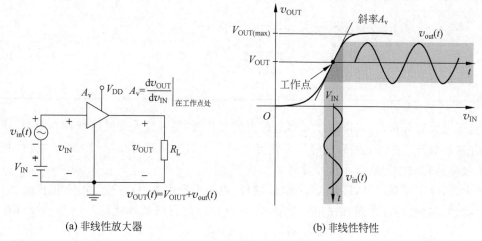

(a) 非线性放大器　　　　　　(b) 非线性特性

图 5-4　放大器的非线性

$$A_v = \frac{\mathrm{d}v_{\mathrm{OUT}}}{\mathrm{d}v_{\mathrm{IN}}}\Bigg|_{\text{在工作点处}} \tag{5.10}$$

因此,只要输入信号能够保证足够小,放大器在工作点处就几乎呈现线性的特性。A_v 即放大器的"小信号增益"。注意不要和"直流增益"混淆。对于非线性系统而言,两种增益是不相等的。一般情况下,人们所关心的放大器增益指的是小信号增益。

针对非线性放大器的分析与设计,可以归纳出两种信号成分:直流成分和交流成分。直流成分确定放大器的工作点,而放大器的特性主要由其对交流小信号输入的响应行为来描述。

提高输入信号的幅度将会由于放大器的非线性而导致输出的失真,甚至会导致输出饱和,因此需要进行大信号分析。从另一个角度来看,如果一个系统的特性曲线的斜率随输入信号发生变化,则这个系统就是非线性的。

【例5.2】　求非线性放大器的限制参数。图 5-4(a)所示的非线性放大器中,测量值为:当 $v_{\mathrm{IN}}=$ 999mV 时 $v_{\mathrm{OUT}}=2.4$V,当 $v_{\mathrm{IN}}=1000$mV 时 $v_{\mathrm{OUT}}=2.5$V,当 $v_{\mathrm{IN}}=1001$mV 时 $v_{\mathrm{OUT}}=2.6$V,直流电源电压 $V_{\mathrm{DD}}=5$V,饱和限制区 $1.5\mathrm{V}\leqslant v_{\mathrm{OUT}}\leqslant 3.5\mathrm{V}$。

(1) 确定小信号电压增益 A_v;

(2) 确定输入电压 v_{IN} 的限制。

解: 此非线性放大器输出饱和限制区为 $1.5\mathrm{V}\leqslant v_{\mathrm{OUT}}\leqslant 3.5\mathrm{V}$,假设在此区域内放大器具有一致的增益,令 $v_{\mathrm{IN}}=1000$mV 时 $v_{\mathrm{OUT}}=2.5$V 为放大器的 Q 点(静态工作点),那么,引起输出电压变化

$$\Delta v_{\mathrm{OUT}} = v_{\mathrm{OUT}}(\text{当 } v_{\mathrm{IN}}=1001\mathrm{mV} \text{ 时}) - v_{\mathrm{OUT}}(\text{当 } v_{\mathrm{IN}}=999\mathrm{mV} \text{ 时}) = 2.6 - 2.4 = 0.2\mathrm{V}$$

输入电压变化为

$$\Delta v_{\mathrm{IN}} = v_{\mathrm{IN}}(\text{在 } v_{\mathrm{OUT}}=2.6\mathrm{V} \text{ 时}) - v_{\mathrm{IN}}(\text{在 } v_{\mathrm{OUT}}=2.4\mathrm{V} \text{ 时}) = 1001\times 10^{-3} - 999\times 10^{-3} = 2\mathrm{mV}$$

(1) 粗略估计,小信号电压增益为

$$A_v = \frac{\Delta v_{\mathrm{O}}}{\Delta v_{\mathrm{IN}}} = \frac{0.2}{2\times 10^{-3}} = 100\mathrm{V/V}(\text{或 } 40\mathrm{dB})$$

（2）输入电压 v_S 的限制是

$$\frac{-(v_{OUT} - v_{OUT(min)})}{A_v} \leqslant v_{IN} - 1000 \times 10^{-3} \leqslant \frac{(v_{OUT(max)} - v_{OUT})}{A_v}$$

即 $-(2.5-1.5)/A_v \leqslant v_{IN} - 1000 \times 10^{-3} \leqslant (3.5-2.5)/A_v$，或 $-10 \times 10^{-3} \leqslant v_{IN} - 1000 \times 10^{-3} \leqslant 10 \times 10^{-3}$，得到 $990\text{mV} \leqslant v_{IN} \leqslant 1010\text{mV}$。

总之，对于放大器分析，首先需对放大器进行人信号分析，得到放大器的诸如摆幅限制、器件工作区域等信息，并确定静态工作点；然后在静态工作点上对放大器电路进行小信号等效；之后，基于线性化的小信号等效电路对放大器进行小信号分析。

对于放大器，除了增益之外，还需关心速度、功耗、电源电压限制、线性度、噪声、温度特性、输入输出阻抗等其他特性。这些特性之间存在相互牵制，需要对它们进行权衡和优化。这些特性将在后续章节逐步讨论。

5.3 共源极放大器

共源极放大器是最常见的增益级电路放大器，主要用于需要高输入阻抗的地方。MOS晶体管的源端连接到共地点，栅极连接到输入，漏极连接到输出。MOS晶体管将输入的栅源电压变化转换为漏极电流变化，漏极电流的变化在负载上产生电压降的变化，从而产生输出电压变化。共源极放大器的负载可以采用电阻负载或有源负载，其中有源负载则更为常用。

5.3.1 采用电阻负载的共源极放大器

以 NMOS 晶体管作为输入管为例，采用电阻 R_D 作为负载的共源极放大器电路结构如图 5-5(a) 所示。

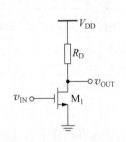
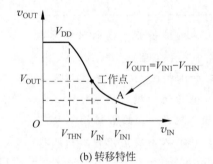

(a) 采用电阻负载的共源极放大器　　　　　　(b) 转移特性

图 5-5　共源极放大器

首先进行大信号分析，分析其转移特性。当输入电压从零开始增加，初始时，M_1 截止，输出 v_{OUT} 为 V_{DD}；当 v_{IN} 接近 M_1 的 V_{THN} 时，M_1 开始导通，v_{OUT} 从 V_{DD} 值开始下降，如图 5-5(b) 所示，V_{DD} 是电路中的最高电压值，因而，此时 M_1 的漏-源电压 v_{DS1} 会大于其过驱动电压 $V_{OD} = V_{GS1} - V_{THN}$，$M_1$ 进入饱和区，忽略晶体管的沟道长度调制效应，则可得

$$v_{OUT} = V_{DD} - R_D \cdot \frac{1}{2}\mu_n C_{ox} \frac{W}{L}(v_{IN} - V_{THN})^2 \tag{5.11}$$

随着 v_{IN} 进一步增大，v_{OUT} 进一步下降，当 $v_{OUT} = v_{IN} - V_{THN}$ 时，见图 5-5(b)中的 A 点，即 M_1 的漏源电压 v_{DS1} 等于其过驱动电压 V_{OD} 时，M_1 将脱离饱和区而进入三极管区，定义此时刚脱离饱和区时的输入 $v_{IN} = V_{IN1}$，则在 A 点 $v_{OUT} = V_{OUT1} = V_{IN1} - V_{THN}$ 满足

$$V_{OUT1} = V_{DD} - R_D \cdot \frac{1}{2}\mu_n C_{ox}\frac{W}{L}(V_{IN1} - V_{THN})^2 = V_{IN1} - V_{THN} \tag{5.12}$$

由此可以计算出 V_{IN1}，进一步可以计算出 V_{OUT1}。当 $v_{IN} > V_{IN1}$ 时，M_1 工作在三极管区，因此有

$$v_{OUT} = V_{DD} - R_D \cdot \mu_n C_{ox}\frac{W}{L}\left[(v_{IN} - V_{THN})v_{OUT} - \frac{1}{2}v_{OUT}^2\right] \tag{5.13}$$

如果 v_{IN} 足够大，$v_{OUT} \ll v_{IN} - V_{THN}$，则 MOS 晶体管 M_1 进入深线性区，此时 MOS 晶体管 M_1 的行为就像受栅源电压控制的可变电阻 R_{on}，有

$$R_{on} = \frac{1}{\mu_n C_{ox}\dfrac{W}{L}(v_{IN} - V_{THN})} \tag{5.14}$$

则 v_{OUT} 为

$$v_{OUT} = V_{DD}\frac{R_{on}}{R_{on} + R_D} = \frac{V_{DD}}{1 + R_D/R_{on}} = \frac{V_{DD}}{1 + R_D\mu_n C_{ox}\dfrac{W}{L}(v_{IN} - V_{THN})} \tag{5.15}$$

在电路的大信号分析中可知：当 MOS 晶体管处于饱和区时，转移特性曲线的斜率绝对值较大，即共源极放大器具有高的增益，而且共源极放大器的转移特性是反相放大。由此，可以确定图 5-5 所示的放大器的输入电平的偏置，即高增益区所对应的范围 $V_{THN} < v_{IN} \leqslant V_{IN1}$。如果想让设计的放大器具有较大增益，则转移特性曲线中的高增益区间的斜率绝对值就应该很大，然而，由于电路的电源电压是有限的，因此，高增益区对应的输入范围就变得很小，给偏置电路的设计带来了难度。举个例子，放大器的电源电压 $V_{DD} = 5V$，如果放大器具有 100 倍增益，假设设计 MOS 晶体管在饱和区和三极管区的分界点处的过驱动电压为 0.2V，则在 MOS 晶体管饱和区和三极管区的分界点处 $V_{OUT1} = V_{IN1} - V_{THN} = V_{OD} = 0.2V$，即输出电压的下限为 0.2V，如果认为放大器的输出上限可达 V_{DD} 电压，那么，高增益区间对应的最大输入范围为 $(5-0.2)/100 = 0.048V$，可见这个范围非常小。

下面来计算放大器的增益。由以上放大器的大信号分析可知，共源极放大器呈现非线性特性，M_1 管偏置设在其饱和区工作，可以得到较大增益，当输入信号在 $V_{THN} < v_{IN} \leqslant V_{IN1}$ 范围内的某一偏置值 V_{IN} 时(此时流经 MOS 晶体管的偏置电流为 I_D)，根据式(5.11)，在工作点处，得到晶体管处于饱和区时电路的增益为

$$A_v = \left.\frac{\partial v_{OUT}}{\partial v_{IN}}\right|_{工作点 v_{IN} = V_{IN}} = -\mu_n C_{ox}\frac{W}{L}(V_{IN} - V_{THN}) \cdot R_D = -g_m R_D \tag{5.16}$$

其中 g_m 是在工作点处晶体管 M_1 处于饱和区时的小信号跨导，负号说明共源极放大器是反相放大器。

式(5.16)是在忽略 MOS 晶体管沟道长度调制效应下得到的结果，这在 R_D 较小的一般情况下是适用的。但当 R_D 比较大时，MOS 晶体管 M_1 的沟道长度调制效应产生的影响就应加以考虑，如果在大信号分析中考虑沟道长度调制效应，则式(5.11)可以重新写为

$$v_{OUT} = V_{DD} - R_D \cdot \frac{1}{2}\mu_n C_{ox}\frac{W}{L}(v_{IN} - V_{THN})^2(1 + \lambda v_{OUT}) \tag{5.17}$$

这样，在工作点处，有

$$A_v = \frac{\partial v_{\mathrm{OUT}}}{\partial v_{\mathrm{IN}}}\bigg|_{\text{工作点}v_{\mathrm{IN}}=V_{\mathrm{IN}}} = -R_D \cdot \mu_n C_{ox}\frac{W}{L}(V_{\mathrm{IN}}-V_{\mathrm{THN}})(1+\lambda V_{\mathrm{OUT}})$$

$$-R_D \cdot \frac{1}{2}\mu_n C_{ox}\frac{W}{L}(V_{\mathrm{IN}}-V_{\mathrm{THN}})^2\lambda\frac{\partial v_{\mathrm{OUT}}}{\partial v_{\mathrm{IN}}} \tag{5.18}$$

在工作点附近，$I_D \approx \frac{1}{2}\mu_n C_{ox}\frac{W}{L}(V_{\mathrm{IN}}-V_{\mathrm{THN}})^2$，因此，对上式重新整理，得

$$A_v = -R_D \cdot g_m - R_D I_D \lambda A_v \tag{5.19}$$

又根据 MOS 晶体管的小信号输出电阻 $r_o = \dfrac{1}{\lambda I_D}$，得

$$A_v = \frac{-g_m R_D}{1+R_D\lambda I_D} = -g_m\frac{R_D r_o}{r_o+R_D} = -g_m(R_D \parallel r_o) \tag{5.20}$$

其中 $R_D \parallel r_o$ 表示 R_D 和 r_o 并联。

以上由放大器电路的大信号分析可以得到 MOS 晶体管 M_1 工作在饱和区时的增益表达式，实际上，在工作点处，对 MOS 晶体管 M_1 进行线性化处理，得到小信号等效电路，这样就能很容易地得到放大器的增益表达式。下面对图 5-5 所示的共源极放大器电路进行小信号分析。首先使晶体管 M_1 工作在饱和区，然后在工作点对其进行小信号等效，则低频小信号等效电路图如图 5-6 所示，图 5-6 中的 D、G、S 节点分别表示 MOS 晶体管小信号等效电路对应的漏极、栅极和源极节点，r_o 表示考虑沟道长度调制时 M_1 的输出电阻。在小信号等效电路中，由于源极是共地端，因此，在小信号等效电路中，源极接在交流地上，小信号输入信号源 v_s 施加到栅极，漏极是电路的输出，负载电阻一端连接到 MOS 晶体管的漏极，而另一端如图 5-5 所示连接到电源上，由于电源电压是固定的直流量，因此，在小信号等效电路中，这一端连接到交流地上。根据小信号等效电路图，在输入端有

$$v_s = v_{gs} \tag{5.21}$$

在输出节点，根据基尔霍夫电流定律(KCL)，有

$$g_m v_{gs} + \frac{v_o}{r_o} + \frac{v_o}{R_D} = 0 \tag{5.22}$$

由式(5.21)和式(5.22)，可以很容易得到电路的增益

$$A_v = \frac{v_o}{v_s} = -g_m(R_D \parallel r_o) \tag{5.23}$$

由此可见，由小信号分析得到的电路增益与由大信号分析得到的增益是一致的。

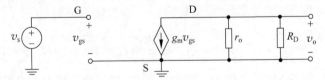

图 5-6 采用电阻负载的共源极放大器的小信号等效电路

显而易见，在低频下，采用电阻负载的共源极放大器的输入电阻可以认为是无穷大的，而输出电阻为 r_o 与负载电阻 R_D 的并联，即

$$r_{\mathrm{out}} = R_D \parallel r_o \tag{5.24}$$

下面考查影响增益 A_v 的因素及与其他性能之间的互相制约关系。一般情况下 $r_o \gg R_D$，因此忽略晶体管输出电阻的影响，将增益表达式重新写成

$$A_v = -g_m(R_D \parallel r_o) \approx -g_m R_D = -\sqrt{2\mu_n C_{ox} \frac{W}{L} I_D} \cdot R_D$$

$$= -\sqrt{2\mu_n C_{ox} \frac{W}{L} I_D} \cdot \frac{V_{R_D}}{I_D} \tag{5.25}$$

其中，I_D 是偏置点(工作点)处流经 MOS 管的漏极电流，也就是放大器的偏置电流；V_{R_D} 是电阻负载上的压降。

根据式(5.25a)，在其他参数为常数的情况下，增大 W/L 值、偏置电流 I_D 或负载电阻 R_D 都可以提高增益 A_v 值。而根据式(5.25b)，在其他参数为常数的情况下，增大 W/L 值、降低偏置电流 I_D 或增大负载电阻压降 V_{R_D} 都可以提高 A_v 值。这里，关于偏置电流 I_D 对增益的影响出现了矛盾。为什么会出现这种情况呢？为此，需要理解等式成立情况及所反映的折中关系。式(5.25)是在 MOS 晶体管处于饱和区时所得到的，即需要满足关系 $I_D \approx (1/2)\mu_n C_{ox}(W/L)(V_{IN} - V_{THN})^2$，因此，对于式(5.25)，增加尺寸 W/L 时，为了保持 I_D 不变，偏置点 V_{IN} 电平必须降低；同样地，增加 I_D 时，如果尺寸不变，偏置点 V_{IN} 电平必须增加。V_{IN} 偏置点发生变化，就会引起 MOS 晶体管过驱动电压的变化，即 $V_{OD} = V_{GS} - V_{THN} = V_{IN} - V_{THN}$ 会发生变化，进而影响输出摆幅。而对于式(5.25)，降低 I_D 使增益上升的前提是必须保证 V_{R_D} 为常数，若减小 I_D，那么设计时 R_D 必须增加。R_D 增加会使输出节点的时间常数变大，影响电路的工作速度。增加 V_{R_D} 也可以提高增益，但这也意味着增加 R_D 或者增加 I_D，并且也会限制输出摆幅。另外，增加器件尺寸 W/L，会使器件寄生电容增加，也会影响放大器的响应速度。增加偏置电流 I_D，则会增加电路功耗。

此外，从式(5.16)可知，共源极放大器的小信号增益 A_v 与输入信号有关。当输入发生变化时，g_m 随输入发生变化，这在输入信号幅度变化比较大时尤为显著，增益不会保持一个固定的常数，因此，当电路工作在大信号状态时，增益对输入信号电平的依赖性就导致了电路转移特性的非线性。

从以上讨论可见，放大器表现出增益、速度、电压摆幅、线性和功耗等方面的折中，体现了在模拟电路设计中需要考虑各个性能之间的关系。

【例 5.3】 对于图 5-5 所示的共源极放大器，电源电压 $V_{DD} = 5\text{V}$，电阻负载 $R_D = 10\text{k}\Omega$，调整输入偏置电压，使流经 M_1 的偏置电流为 0.1mA，求此放大器的增益。NMOS 的参数为 $V_{THN} = 0.7\text{V}$，$K_n = 110$ $\mu\text{A}/\text{V}^2$，$\lambda = 0.04\text{V}^{-1}$。NMOS 晶体管的尺寸为 $W = 20\,\mu\text{m}$，$L = 1\,\mu\text{m}$。

解： 当放大器的输入大于晶体管 M_1 的阈值电压时，M_1 会进入饱和区。当流经 M_1 的电流为 0.1mA 时，我们先假设 M_1 仍处于饱和区中，并忽略沟道长度调制效应，则有

$$I_{D1} = \frac{1}{2}\mu_n C_{ox} \frac{W}{L}(V_{GS1} - V_{THN})^2 = \frac{1}{2} \times 110 \times 10^{-6} \times \frac{20 \times 10^{-6}}{1 \times 10^{-6}} \times (V_{GS1} - 0.7)^2 = 0.1\text{mA}$$

由此得

$$V_{GS1} \approx 1.0015\text{V}$$

以及 M_1 的过驱动电压 V_{OD1} 为

$$V_{OD1} = V_{GS1} - V_{THN} = 1.0015 - 0.7 = 0.3015\text{V}$$

流经 R_D 的电流也为 0.1mA，因此，在工作点处，偏置 M_1 的漏-源电压为

$$V_{DS1} = V_{OUT} = V_{DD} - R_D \cdot I_{D1} = 5 - 10 \times 10^3 \times 0.1 \times 10^{-3} = 4\text{V}$$

可见在工作点处，M_1 的漏-源电压远远大于其过驱动电压，说明 M_1 处于饱和区。NMOS 晶体管处于饱

和区,由此可计算出 g_m、r_o。流经晶体管的电流为 0.1mA,根据式(2.39),得

$$g_m = \sqrt{\left(2K_n \frac{W}{L}\right)I_{D1}} = \sqrt{\left(2 \times 110 \times 10^{-6} \times \frac{20 \times 10^{-6}}{1 \times 10^{-6}}\right) \times 0.1 \times 10^{-3}} = 663.3 \mu\text{A/V}$$

根据式(2.40),得

$$r_o = \frac{1}{\lambda I_D} = \frac{1}{0.04 \times 0.1 \times 10^{-3}} = 250\text{k}\Omega$$

由此,根据式(5.20)或式(5.23)得

$$A_v = -g_m(r_o \parallel R_D) = -663.3 \times 10^{-6} \times (250 \times 10^3 \parallel 10 \times 10^3) \approx -6.378\text{V/V}$$

负号表示反相放大。

5.3.2 二极管连接 MOS 晶体管负载的共源极放大器

在 CMOS 工艺中,阻值大并且精确的电阻是很难获得的,因此,在 CMOS 模拟集成电路设计中,往往采用 MOS 晶体管代替图 5-5 所示的负载电阻 R_D。可以采用二极管连接的 MOS 管作为放大器的负载,如图 5-7(a)和(b)所示,图 5-7(a)采用 NMOS 晶体管,图 5-7(b)采用 PMOS 晶体管,由于它们的栅极与漏极连接在一起,因此,只要 MOS 晶体管导通,其总是工作在饱和区。

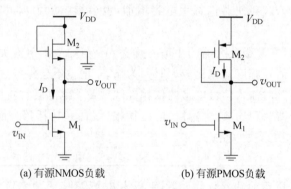

(a) 有源NMOS负载　　　　　　　(b) 有源PMOS负载

图 5-7　采用二极管连接 MOS 负载的共源极放大器

利用小信号等效电路,计算图 5-7(a)中有源负载的等效电阻,如图 5-8 所示,v_t 是计算等效电阻而施加的小信号电压源,考查流入的电流 i_t,可以求出电路的等效电路。由于采用 NMOS 晶体管,在 n 阱 CMOS 工艺的情况下,NMOS 晶体管的衬底连接到地电位,因此,其存在体效应,根据小信号等效电路,有

$$v_{gs2} = -v_t \tag{5.26}$$

$$v_{bs2} = -v_t \tag{5.27}$$

$$-g_{m2}v_{gs2} + \frac{v_t}{r_{o2}} - g_{mb2}v_{bs2} = i_t \tag{5.28}$$

由此得到二极管连接 MOS 晶体管的有源负载等效电阻为

$$\frac{v_t}{i_t} = \frac{1}{g_{m2} + g_{mb2} + r_{o2}^{-1}} = \frac{1}{g_{m2} + g_{mb2}} \parallel r_{o2} \tag{5.29}$$

这样,将二极管连接 MOS 晶体管的有源负载等效电阻与晶体管 M_1 的输出电阻 r_{o1} 并联,得到图 5-7(a)

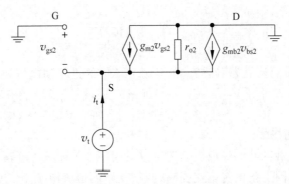

图 5-8 计算二极管连接 MOS 的等效电阻的小信号等效电路

所示的总输出电阻为

$$r_{\text{out,N}} = [1/(g_{\text{m2}} + g_{\text{mb2}})] \parallel r_{\text{o2}} \parallel r_{\text{o1}} \tag{5.30}$$

再根据共源级放大器的增益表达式(5.23)和式(5.24),则图 5-7(a)所示电路的增益为

$$A_{\text{v}} = -g_{\text{m1}} r_{\text{out,N}} = -g_{\text{m1}} [1/(g_{\text{m2}} + g_{\text{mb2}})] \parallel r_{\text{o2}} \parallel r_{\text{o1}} \tag{5.31}$$

由于一般情况下,$1/(g_{\text{m2}} + g_{\text{mb2}})$ 比 r_{o1} 或 r_{o2} 小很多,因此有

$$A_{\text{v}} \approx -\frac{g_{\text{m1}}}{g_{\text{m2}} + g_{\text{mb2}}} = -\frac{g_{\text{m1}}}{g_{\text{m2}}} \frac{1}{1+\eta} = -\sqrt{\frac{2\mu_{\text{n}} C_{\text{ox}} (W/L)_1 I_{\text{D1}}}{2\mu_{\text{n}} C_{\text{ox}} (W/L)_2 I_{\text{D2}}}} \frac{1}{1+\eta} \tag{5.32}$$

其中,$\eta = g_{\text{mb2}}/g_{\text{m2}}$,这里 $I_{\text{D1}} = I_{\text{D2}}$,因此

$$A_{\text{v}} = -\sqrt{\frac{(W/L)_1}{(W/L)_2}} \frac{1}{1+\eta} \tag{5.33}$$

图 5-7(b)所示的有源负载采用二极管连接的 PMOS 晶体管,其衬底连接到 V_{DD} 节点上,即 PMOS 晶体管的源极,可以消除体效应对电路的影响,因此二极管连接的 PMOS 管的等效低频阻抗为 $(1/g_{\text{m2}}) \parallel r_{\text{o2}}$。这样,图 5-7(b)所示电路的总输出电阻为

$$r_{\text{out,P}} = (1/g_{\text{m2}}) \parallel r_{\text{o2}} \parallel r_{\text{o1}} \approx 1/g_{\text{m2}} \tag{5.34}$$

同理,其增益可表示为

$$A_{\text{v}} = -g_{\text{m1}} r_{\text{out,P}} = -\frac{g_{\text{m1}}}{g_{\text{m2}}} = -\sqrt{\frac{2\mu_{\text{n}} C_{\text{ox}} (W/L)_1 I_{\text{D1}}}{2\mu_{\text{p}} C_{\text{ox}} (W/L)_2 \mid I_{\text{D2}} \mid}} = -\sqrt{\frac{\mu_{\text{n}} (W/L)_1}{\mu_{\text{p}} (W/L)_2}} \tag{5.35}$$

这里,$I_{\text{D1}} = \mid I_{\text{D2}} \mid$。可见,无论是 NMOS 晶体管还是 PMOS 晶体管,二极管连接 MOS 管负载的共源极放大器电路具有较小的输出电阻。二极管连接 MOS 管负载的共源极放大器电路中 MOS 器件的沟道长度调制效应是可以忽略的,即便二极管连接的 NMOS 管在电路中具有体效应,二极管连接的 MOS 管的共源极放大器电路的增益也可以认为主要与器件的尺寸有关,与电路的偏置参数无关,因此,其具有较好的线性度。当然电路必须在恰当的工作范围内工作,以保证 MOS 晶体管处于饱和区。

二极管连接的 MOS 管负载的共源极放大器具有较好的线性特性,然而,此种类型的电路想要获得较大增益则比较困难。举个例子,采用图 5-7(b)所示的电路结构,如果想要达到 $A_{\text{v}} = 20$,假设 $\mu_{\text{n}} \approx 2\mu_{\text{p}}$,根据式(5.35),器件尺寸的比值为 $(W/L)_1 \approx 200(W/L)_2$,可见放大晶体管和负载晶体管的尺寸非常不均衡,给版图设计带来很大的困难。同时,这还带来另一个问题,在图 5-7(b)中流经两个晶体管的电流是相等的,在工作点,$I_{\text{D1}} = \mid I_{\text{D2}} \mid$,忽略沟道长度调制效应,有

$$\frac{1}{2} \mu_{\text{n}} C_{\text{ox}} \left(\frac{W}{L}\right)_1 (V_{\text{GS1}} - V_{\text{THN}})^2 = \frac{1}{2} \mu_{\text{p}} C_{\text{ox}} \left(\frac{W}{L}\right)_2 (V_{\text{GS2}} - V_{\text{THP}})^2 \tag{5.36}$$

则有

$$\frac{|V_{GS2}-V_{THP}|}{V_{GS1}-V_{THN}}=\sqrt{\frac{\mu_n(W/L)_1}{\mu_p(W/L)_2}}=|A_v| \tag{5.37}$$

即两个晶体管的过驱动电压的比值为增益值,在本例中,M_2 的过驱动电压要求是 M_1 过驱动电压的 20 倍。如果 M_1 的过驱动电压设计为 $V_{GS1}-V_{THN}=100\mathrm{mV}$,假设 $|V_{THP}|=0.7\mathrm{V}$,则 $|V_{GS2}|=2.7\mathrm{V}$,因此,输出电压允许范围则为 $V_{GS1}-V_{THN}\leqslant v_{OUT}\leqslant V_{DD}-|V_{GS2}|$;如果 $V_{DD}=3\mathrm{V}$,则 $100\mathrm{mV}\leqslant v_{OUT}\leqslant 300\mathrm{mV}$,这样严重限制了输出电压的摆幅。

二极管连接 MOS 管负载的共源极放大器还可以采用图 5-9 所示的电路形式,二极管连接 MOS 管负载 M_2 与放大管 M_1 不在同一条偏置电流支路,两条支路由恒流源 $I_B=2I_D$ 提供偏置电流,每条支路流经的直流偏置电流为 I_D,这样可以使图 5-9 所示的电路与图 5-7(a) 所示的电路处于相同的偏置状态,因而具有一致的小信号等效电路(恒流源在小信号等效时采用非常大的等效电阻进行表示,理想恒流源等效电阻为无穷大),而且 M_1 晶体管和 M_2 晶体管可以采用同样类型的 NMOS 管。M_2 晶体管的衬底和源极处于相同的电位上,这样就消除了 NMOS 管的体效应。同样地,由于恒流源的小信号等效电阻及 MOS 晶体管的小信号输出电阻 r_{o1}、r_{o2} 远远大于 $(1/g_{m2})$,其增益表达式可以写成

$$A_v=-\frac{g_{m1}}{g_{m2}}=-\sqrt{\frac{(W/L)_1}{(W/L)_2}} \tag{5.38}$$

相比较于图 5-7 所示的电路,由于图 5-9 所示的电路采用了相同的晶体管,因此可以实现更高的匹配性,进而实现更高精度的增益和线性度。同时由于在电源端使用了恒流源,图 5-9 的电源抑制比(PSRR)比图 5-7 的高,关于电源抑制比的内容将在第 10 章运算放大器相关章节进行说明。相比较于图 5-7 所示的电路,在获得相同的交流小信号特性的情况下,图 5-9 所示的电路的偏置电流需要增大 1 倍,因此功耗也增加了 1 倍。

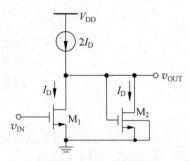

图 5-9　消除体效应的二极管连接 NMOS 负载的共源极放大器

5.3.3　采用电流源负载的共源极放大器

为了提高共源极放大器的增益,其中一个切实可行的方法是用电流源代替负载 R_D,如图 5-10(a) 所示,电流源采用工作在饱和区的 MOS 晶体管来实现,电路如图 5-10(b) 所示,PMOS 晶体管 M_2 的栅极连接到固定的偏置 V_B 上并且工作在饱和区,来充当恒流源 I_0。这样,在小信号等效电路中,如图 5-11 所示,M_2 就等效为输出电阻 r_{o2},则电路总的输出电阻为两个处于饱和区 MOS 管的输出电阻的并联,即 $r_{o1}\parallel r_{o2}$,因此,电流源作为负载的共源极放大器增益为:

$$A_v=-g_{m1}(r_{o1}\parallel r_{o2})=-\sqrt{2\mu_n C_{ox}\frac{W}{L}I_D}\cdot\frac{1}{(\lambda_1+\lambda_2)I_D} \tag{5.39}$$

可见,在给定漏电流(电路偏置)的情况下,可以改变沟道长度来调整其输出电阻,沟道长度调制系数 $\lambda\propto 1/L$,因此,长沟器件可以产生高的输出电阻,获得高的电压增益值,但当器件尺寸增大后,将引入更大的寄生电容,影响频率特性。同时,从式 (5.39) 中可以得知,当器件尺寸确定后,增益值随偏置电流 I_D 的增大而减小。

这里再重新考查一下图 5-5 中电阻负载的共源极放大器及图 5-7 中二极管连接 MOS 管负载的共源极放大器允许的输出摆幅。在电阻负载的共源极放大器中,电阻上的压降强烈地依赖于电阻值。而在二极管连接 MOS 管负载的共源极放大器中,当需要高增益时就会严重限制输出摆幅。而在电流源

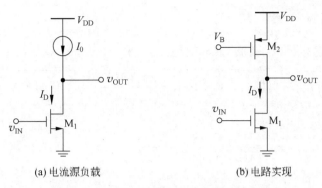

(a) 电流源负载　　　　　　　(b) 电路实现

图 5-10　采用电流源负载的共源极放大器

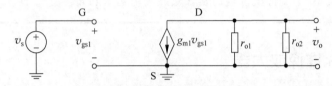

图 5-11　采用电流源负载的共源极放大器的小信号等效电路

负载的共源极放大器中,工作在饱和区的 M_2 的漏源电压(绝对)值只需要大于其过驱动电压 $V_{OD2} = |V_{GS2} - V_{THP}|$,其就可工作在饱和区并提供很大的输出电阻。因此,采用电流源负载的共源极放大器在获得高增益的同时,其允许的输出摆幅也比较大。下面,来确定放大器处于正常放大状态时允许输出电压的范围。为了使 M_1 处于饱和区,有

$$v_{OUT} \geqslant v_{IN} - V_{THN} \tag{5.40}$$

为了使 M_2 处于饱和区,有

$$V_{DD} - v_{OUT} \geqslant V_{DD} - V_B - |V_{THP}| \tag{5.41}$$

则有

$$v_{OUT} \leqslant V_B + |V_{THP}| \tag{5.42}$$

由于采用电流源负载的共源极放大器具有很明显的优点,因此,在 CMOS 模拟集成电路中,采用电流源负载的共源极放大器是常用的共源级放大器结构。

【例 5.4】　对于图 5-10 所示的共源放大器,求电流源负载的电流分别为 0.1mA 和 0.01mA 时放大器的本征增益,即负载为理想电流源的共源极放大器的增益。NMOS 的参数为 $V_{THN} = 0.7\text{V}$, $K_n = 110\mu\text{A/V}^2$, $\lambda = 0.04\text{V}^{-1}$。NMOS 晶体管的尺寸为 $W = 20\mu\text{m}$, $L = 1\mu\text{m}$。

解:NMOS 晶体管处于饱和区,计算出 g_m、r_o,理想电流源的输出电阻为无穷大。当流经晶体管的电流为 0.1mA 时,根据式(2.39),有

$$g_m = \sqrt{\left(2K_n \frac{W}{L}\right) I_{D1}} = \sqrt{\left(2 \times 110 \times 10^{-6} \times \frac{20 \times 10^{-6}}{1 \times 10^{-6}}\right) \times 0.1 \times 10^{-3}} \approx 663.3\mu\text{A/V}$$

根据式(2.40),有

$$r_o = \frac{1}{\lambda I_D} = \frac{1}{0.04 \times 0.1 \times 10^{-3}} = 250\text{k}\Omega$$

由此,根据式(5.39),有

$$A_v = -g_m r_o = -663.3 \times 10^{-6} \times 250 \times 10^3 \approx -165.8 \text{V/V}$$

当流经晶体管的电流为 0.01mA 时,根据式(2.39),有

$$g_m = \sqrt{\left(2K_n \frac{W}{L}\right) I_{D1}} = \sqrt{\left(2 \times 110 \times 10^{-6} \times \frac{20 \times 10^{-6}}{1 \times 10^{-6}}\right) \times 0.01 \times 10^{-3}} \approx 209.76 \mu\text{A/V}$$

根据式(2.40),有

$$r_o = \frac{1}{\lambda I_D} = \frac{1}{0.04 \times 0.01 \times 10^{-3}} = 2500 \text{k}\Omega$$

由此,根据式(5.39),有

$$A_v = -g_m r_o = -209.76 \times 10^{-6} \times 2500 \times 10^3 = -524.4 \text{V/V}$$

可见,随着偏置电流的减小,电流源做负载的共源极放大器的本征增益是增加的。

5.3.4 CMOS 推挽放大器

图 5-10(b)所示的 M_2 栅极也可以连接到输入上,形成 CMOS 推挽放大器(push-pull amplifier),如图 5-12(a)所示。在推挽放大器中,M_1 和 M_2 都为放大晶体管并互为负载。

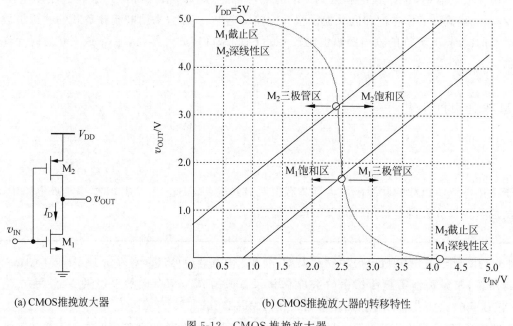

(a) CMOS推挽放大器   (b) CMOS推挽放大器的转移特性

图 5-12 CMOS 推挽放大器

由于 M_2 也连接到输入,图 5-12(a)所示的电路形式与前面讨论的共源极放大器不同。因此,需要对 CMOS 推挽放大器电路进行大信号分析,分析其转移特性,以便确定放大器的各个工作区域。当输入电压从零开始增加,初始时,M_1 截止,M_2 导通并处于三极管区中的深线性区,输出为 V_{DD};当 v_{IN} 增加并等于 M_1 的 V_{THN} 时,M_1 开始导通,v_{OUT} 从 V_{DD} 值开始下降,由于此时 M_1 的漏-源电压 v_{DS1} 大于其过驱动电压,因此 M_1 进入饱和区,而 M_2 仍处于三极管区,直到 v_{OUT} 继续下降使 M_2 的漏-源电压 v_{DS2} 的绝对值大于其过驱动电压的绝对值(由于 M_2 是 PMOS),M_2 进入饱和区,此时放大器具有最高增益;

随着 v_{OUT} 继续下降,M_1 的漏-源电压 v_{DS1} 小于其过驱动电压,M_1 进入三极管区;当 v_{IN} 上升到 $V_{DD} - |V_{THP}|$,则 M_2 关闭,M_1 处于三极管区中的深线性区。

从大信号分析中可以看到,CMOS 推挽放大器输入偏置在中间区域时具有高增益,并且输入偏置的允许范围非常窄。

当 CMOS 推挽放大器中的 MOS 晶体管都处于饱和区时,其低频小信号等效电路如图 5-13 所示,图中的 D1、G1、S1 及 D2、G2、S2 节点分别表示 M_1 和 M_2 小信号等效电路对应的漏极、栅极和源极节点,可见,在 CMOS 推挽放大器的小信号等效电路中,M_1 和 M_2 的漏极、栅极和源极节点正好重叠。g_{m1} 和 r_{o1} 是 M_1 的跨导和输出电阻,g_{m2} 和 r_{o2} 是 M_2 的跨导和输出电阻,v_s 是施加的小信号电压信号源,根据图 5-13 所示的小信号等效电路,有

$$v_s = v_{gs} \tag{5.43}$$

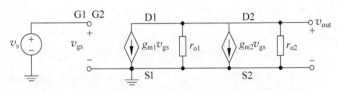

图 5-13 CMOS 推挽放大器的低频小信号等效电路

在输出节点,根据基尔霍夫电流定律(KCL),有

$$g_{m1} v_{gs} + \frac{v_{out}}{r_{o1}} + g_{m2} v_{gs} + \frac{v_{out}}{r_{o2}} = 0 \tag{5.44}$$

我们可以得到放大器的增益为

$$A_v = \frac{v_{out}}{v_s} = -(g_{m1} + g_{m2})(r_{o1} \parallel r_{o2}) \tag{5.45}$$

可见,CMOS 推挽放大器具有很高的增益。其输出电阻为

$$r_{out} = r_{o1} \parallel r_{o2} \tag{5.46}$$

下面,来确定 CMOS 推挽放大器允许输出电压的范围。为了使 M_1 处于饱和区,有

$$v_{OUT} \geqslant v_{IN} - V_{THN} \tag{5.47}$$

为了使 M_2 处于饱和区,有

$$V_{DD} - v_{out} \geqslant V_{DD} - v_{IN} - |V_{THP}| \tag{5.48}$$

即

$$v_{OUT} \leqslant v_{IN} + |V_{THP}| \tag{5.49}$$

这样,CMOS 推挽放大器的最大输出摆幅为

$$v_{OUT,max} - v_{OUT,min} = v_{IN} + |V_{THP}| - (v_{IN} - V_{THN}) = |V_{THP}| + V_{THN} \tag{5.50}$$

即 CMOS 推挽放大器中两个晶体管的阈值电压值的总和。

5.4 共漏极放大器

共漏极放大器也称为"源跟随器",它起到电压缓冲器的作用,经常作为多级放大器的输出级使用。如图 5-14 所示,在共漏极放大器中 MOS 晶体管的漏端连接到输入输出公共参考节点,即交流小信号的"地"(ground),使用 MOS 管的栅极做输入,利用源极驱动负载。当输入 $v_{IN} < V_{THN}$ 时,NMOS 管关闭,

电路中的电流为零(忽略亚阈值导通)，v_{OUT} 等于零，当 v_{IN} 大于 V_{THN} 并进一步增大时，M_1 开始导通并进入饱和区，输出电压跟随输入电压变化。

图 5-14 所示的共漏极放大器中的源极电阻 R_S 也可以采用有源器件代替，如图 5-15 所示电路采用 MOS 电流源的方式，M_2 和 M_3 构成的电流镜复制基准电流 I_{REF} 来提供恒流源负载。图 5-15 中也显示了驱动的后级电路的阻性负载 R_L。

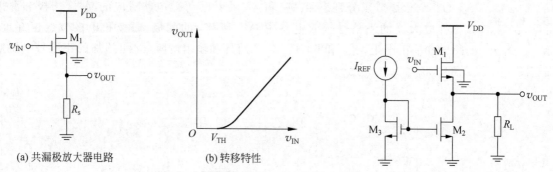

(a) 共漏极放大器电路   (b) 转移特性

图 5-14 共漏极放大器及转移特性   图 5-15 电流源作为负载的共漏极放大器

图 5-15 所示的共漏极放大器的小信号等效电路如图 5-16(a)所示，其中 M_2 等电流源部分在小信号等效电路中为共漏极放大器提供了一个输出电阻 r_{o2}，r_{o1} 为 M_1 的小信号输出电阻，g_{m1} 为 M_1 的跨导，g_{mb1} 为 M_1 的体效应跨导，同样地，R_L 为共漏极放大器驱动的后级电路的阻性负载。从图 5-15(a)中可知，$v_{gs1} = v_{in} - v_{out}$，而且 $v_{bs1} = -v_{out}$，因此图 5-16(a)可以转换为图 5-16(b)。这样，利用基尔霍夫电流定律(KCL)，有

$$-g_{m1}v_{in} + g_{m1}v_{out} + g_{mb1}v_{out} + \frac{v_{out}}{r_{o1} \parallel r_{o2} \parallel R_L} = 0 \tag{5.51}$$

因而可以得到低频下小信号增益为

$$A_v = \frac{v_{out}}{v_{in}} = \frac{g_{m1}}{g_{m1} + g_{mb1} + \dfrac{1}{r_{o1} \parallel r_{o2} \parallel R_L}} \tag{5.52a}$$

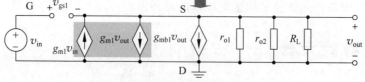

(a) 小信号等效电路

(b) 转换后的小信号等效电路

图 5-16 共漏极放大器的小信号等效电路

将 r_o 写成电导形式表示,即 $g_{ds} = 1/r_o$,有

$$A_v = \frac{v_{out}}{v_{in}} = \frac{g_{m1}}{g_{m1} + g_{mb1} + g_{ds1} + g_{ds2} + \dfrac{1}{R_L}} \tag{5.52b}$$

空载时,即 $R_L = \infty$,增益为

$$A_{vo} = \frac{v_{out}}{v_{in}} = \frac{g_{m1}}{g_{m1} + g_{mb1} + g_{ds1} + g_{ds2}} \tag{5.53}$$

其小信号输出电阻为

$$r_{out} = \frac{1}{g_{m1} + g_{mb1} + g_{ds1} + g_{ds2}} \tag{5.54}$$

由式(5.53)式(5.54)可见,共漏极放大器的小信号电压增益小于1(接近1),而且其小信号输出电阻较低,因此可以驱动较低阻抗的负载。

当空载时,即 $R_L = \infty$,并且忽略沟道长度调制效应的影响,即 $r_o = \infty$,增益表达式变为

$$A_{vo} \approx \frac{g_{m1}}{g_{m1} + g_{mb1}} = \frac{1}{1 + \eta} \tag{5.55}$$

其中 $\eta = g_{mb1}/g_{m1}$。可见,增益取决于 η,根据第2章式(2.41),η 取决于源-衬底电压,对于图5-14和图5-15所示的源跟随器,此源-衬底电压等于输出电压,η 随输出电压的增大而减小。因此,源跟随器的增益与输出电压存在相应关系。这样,MOS晶体管的体效应使转移特性表现出一些非线性,对于大摆幅信号将会引起信号失真。

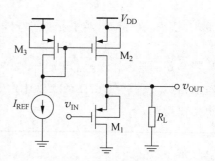

图 5-17 PMOS源跟随器

如果MOS晶体管的源和衬底能够连接在一起,则可消除由体效应带来的非线性。在n阱的CMOS工艺中,允许PMOS单独做在独立的阱中,因此,可以采用PMOS晶体管来实现源跟随器,如图5-17所示。相比于NMOS,PMOS的迁移率低,因而小信号 g_m 也就低,造成采用PMOS晶体管的源跟随器的输出电阻相比较于NMOS要更高些。

此外,源跟随器也会使信号的直流电平产生 V_{GS} 的电平平移,因此会消耗电压裕度,限制输出摆幅。但从另一个角度来看,源跟随器可以作为电平平移电路使用。

【**例5.5**】 在图5-15所示的共漏极放大器中,当空载时,$R_L = \infty$,求基准电流 I_{REF} 分别为 0.1mA 和 0.01mA 时放大器的输出电阻,忽略体效应。NMOS的参数为 $V_{THN} = 0.7\text{V}$,$K_n = 110\mu\text{A/V}^2$,$\lambda = 0.04\text{V}^{-1}$。所有NMOS晶体管的尺寸都为 $W = 20\mu\text{m}$,$L = 1\mu\text{m}$。

解:当放大器处于正确的有源放大的工作区中时,所有NMOS晶体管处于饱和区,并且晶体管尺寸都为 $W = 20\mu\text{m}$,$L = 1\mu\text{m}$,因此,流经NMOS晶体管的电流均等于 I_{REF},计算出 g_m、r_o,当流经晶体管的电流为 0.1mA 时,根据式(2.39),有

$$g_{m1} = \sqrt{\left(2K_n \frac{W}{L}\right) I_{D1}} = \sqrt{\left(2 \times 110 \times 10^{-6} \times \frac{20 \times 10^{-6}}{1 \times 10^{-6}}\right) \times 0.1 \times 10^{-3}} \approx 663.3\mu\text{A/V}$$

根据式(2.40),有

$$r_{o1} = r_{o2} = \frac{1}{\lambda I_D} = \frac{1}{0.04 \times 0.1 \times 10^{-3}} = 250\text{k}\Omega$$

由此,根据式(5.54),其中 $g_{ds} = 1/r_o$,并忽略体效应,有

$$r_{out} = \frac{1}{g_{m1} + g_{mb1} + g_{ds1} + g_{ds2}} = \frac{1}{663.3 \times 10^{-6} + 0 + 1/(250 \times 10^3) + 1/(250 \times 10^3)} \approx 1489.6\Omega$$

可见,共漏极放大器的输出电阻相比较于 $250\text{k}\Omega$ 的晶体管输出电阻小很多。并且在计算中可以得知

$$r_{out} = \frac{1}{g_{m1} + g_{mb1} + g_{ds1} + g_{ds2}} \approx \frac{1}{g_{m1}} = \frac{1}{663.3 \times 10^{-6}} \approx 1507.6\Omega$$

采用 $1/g_{m1}$ 的近似计算与采用式(5.54)的结果很接近。

同样地,当流经晶体管的电流为 0.01mA 时,根据式(2.39)可得

$$g_m = \sqrt{\left(2K_n\frac{W}{L}\right)I_{D1}} = \sqrt{\left(2 \times 110 \times 10^{-6} \times \frac{20 \times 10^{-6}}{1 \times 10^{-6}}\right) \times 0.01 \times 10^{-3}} \approx 209.76\mu\text{A/V}$$

根据式(2.40),有

$$r_{o1} = r_{o2} = \frac{1}{\lambda I_D} = \frac{1}{0.04 \times 0.01 \times 10^{-3}} = 2500\text{k}\Omega$$

由此,根据式(5.54),其中 $g_{ds} = 1/r_o$,并忽略体效应,则

$$r_{out} = \frac{1}{g_{m1} + g_{mb1} + g_{ds1} + g_{ds2}} = \frac{1}{209.76 \times 10^{-6} + 0 + 1/(2500 \times 10^3) + 1/(2500 \times 10^3)} \approx 4749.2\Omega$$

与采用 $(1/g_{m1}) = 4767\Omega$ 的近似计算结果很接近。同时可见,随着偏置电流的减小,共漏极放大器的输出电阻增加。

5.5　共栅极放大器

共栅极放大器中的输入 MOS 晶体管的栅极连接到输入输出公共参考节点,即交流小信号的"地",输入信号从 MOS 管的源端施加,在漏极产生输出。其负载可以采用如电阻、电流源等各种形式。采用电流源负载的共栅极放大器结构如图 5-18(a)所示,M_2 和 M_3 构成电流镜为共栅晶体管 M_1 提供电流源负载。首先进行大信号分析,假设 v_{IN} 从一个较大值开始下降,当 $v_{IN} \geqslant V_{BIAS} - V_{THN}$ 时,M_1 关断,因此 $v_{OUT} = V_{DD}$;当 v_{IN} 进一步下降,M_1 导通并处于饱和区;随着 v_{IN} 减小,v_{OUT} 也减小,最终 M_1 进入三极管区。转移特性如图 5-18(b)所示,可见共栅极放大器具有同相放大功能,当 M_1 处于饱和区时,放大器具有较大增益。

采用电流源负载的共栅极放大器的小信号等效电路如图 5-19 所示,其中 M_2、M_3 等电流源部分在小信号等效电路中为共栅极放大器提供了一个输出电阻 r_{o2},r_{o1} 为 M_1 的小信号输出电阻,g_{m1} 为 M_1 的跨导,g_{mb1} 为 M_1 的体效应跨导,输入信号 v_{in} 从源极施加,需考虑信号源的内阻 R_s,v_s 是信号源的电压信号。

可见,$v_{in} = -v_{gs1} = -v_{bs1}$,在输出 v_{out} 处,根据基尔霍夫电流定律(KCL),有

$$v_{out}g_{ds2} + (v_{out} - v_{in})g_{ds1} - (g_{m1} + g_{mb1})v_{in} = 0 \tag{5.56}$$

这里,g_{ds} 是输出电阻 r_o 的电导表示,即 $g_{ds} = 1/r_o$,整理式(5.56)可得

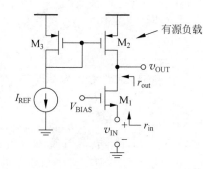
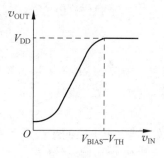

(a) 共栅极放大器电路　　　　(b) 转移特性

图 5-18　共栅极放大器

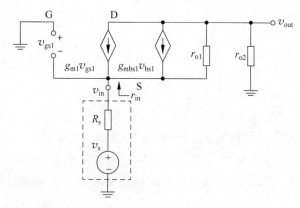

图 5-19　共栅极放大器的小信号等效电路图

$$\frac{v_{\text{out}}}{v_{\text{in}}} = \frac{g_{m1} + g_{mb1} + g_{ds1}}{g_{ds1} + g_{ds2}} \tag{5.57}$$

式(5.57)表示的是 v_{out} 与 v_{in} 之间的关系,此增益可以认为当输入信号源的内阻为零($R_s=0$)时共栅极放大器的增益。可见,由于式(5.57)中 g_{mb1} 的存在,即体效应使共栅极放大器的增益比较于共源极放大器的增益要大些。

当考虑信号源的内阻 R_s 时,R_s 上流经的电流等于 $-v_{\text{out}}g_{ds2}$,根据基尔霍夫电压定律(KVL),有

$$v_{gs1} - v_{\text{out}}g_{ds2}R_s + v_s = 0 \tag{5.58}$$

而流经 r_{o1} 的电流为 $-v_{\text{out}}g_{ds2} - (g_{m1} + g_{mb1})v_{gs1}$,根据基尔霍夫电压定律(KVL),则有

$$r_{o1}[-v_{\text{out}}g_{ds2} - (g_{m1} + g_{mb1})v_{gs1}] - v_{\text{out}}g_{ds2}R_s + v_s - v_{\text{out}} = 0 \tag{5.59}$$

根据式(5.58)和式(5.59)可得

$$A_v = \frac{v_{\text{out}}}{v_s} = \frac{(g_{m1} + g_{mb1})r_{o1} + 1}{r_{o1} + (g_{m1} + g_{mb1})r_{o1}R_s + R_s + r_{o2}}r_{o2} \tag{5.60}$$

同样地,这里 $g_{ds}=1/r_o$。

共栅极放大器的输入信号不是从栅极加入,而是从源极加入,因此,其具有有限的直流或低频输入电阻。如图 5-19 所示,流入输入管 M_1 源级的电流为

$$i_s = -(v_{\text{out}} - v_{\text{in}})g_{ds1} + (g_{m1} + g_{mb1})v_{\text{in}} \tag{5.61}$$

结合式(5.57)可以得到共栅极放大器的输入电阻为

$$r_{\text{in}} = \frac{v_{\text{in}}}{i_s} = \frac{1 + g_{ds1}r_{o2}}{g_{m1} + g_{mb1} + g_{ds1}} = \frac{r_{o1} + r_{o2}}{(g_{m1} + g_{mb1})r_{o1} + 1} \tag{5.62}$$

如果$(g_{m1}+g_{mb1})r_{o1}\gg1$,则式(5.62)变为

$$r_{in}\approx\frac{r_{o2}}{(g_{m1}+g_{mb1})r_{o1}}+\frac{1}{(g_{m1}+g_{mb1})} \tag{5.63}$$

这个结果表明,当在共栅极 MOS 晶体管的源端考查输入阻抗时,漏端节点处相关的电阻要除以$(g_{m1}+g_{mb1})r_{o1}$,由此可见,共栅极放大器具有较低的输入阻抗。而且,当采用 MOS 电流源负载时,通常r_{o1}和r_{o2}的大小近似相等,因此,当忽略体效应时,低频下输入阻抗r_{in}大约为$2/g_{m1}$。

计算共栅极放大器输出电阻的小信号等效电路如图 5-20 所示。首先计算不含负载的共栅极放大器的输出电阻r_{out1},流经R_s的电流等于i_1,因此有$v_{gs1}=-i_1R_s$,$v_{bs1}=-i_1R_s$,R_s上的压降和r_{o1}上的压降之和等于v_{out},有

$$i_1R_s+r_{o1}[i_1-(g_{m1}v_{gs1}+g_{mb1}v_{bs1})]=v_{out} \tag{5.64}$$

整理可得

$$r_{out1}=\frac{v_{out}}{i_1}=R_s+[1+(g_{m1}+g_{mb1})R_s]r_{o1}$$
$$=[1+(g_{m1}+g_{mb1})r_{o1}]R_s+r_{o1} \tag{5.65}$$

再并联负载电阻r_{o2},得到总的输出电阻为

$$r_{out}=\{[1+(g_{m1}+g_{mb1})r_{o1}]R_s+r_{o1}\}\parallel r_{o2} \tag{5.66}$$

从输出电阻表达式的推导中可见,共栅晶体管使R_s在共栅输出端口看到的电阻增加大约$(g_{m1}+g_{mb1})r_{o1}$倍,如果在输出端口发生了电压变化,则由于输出电阻的增加,在共栅管的源端的电压变化很小。因此,共栅管表现了一种"屏蔽"特性。这种特性在共源共栅电流镜及后续章节的共源共栅放大器中得到了应用。

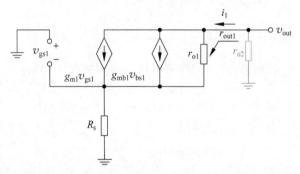

图 5-20　计算共栅极放大器的输出电阻的小信号等效电路

【例 5.6】　在图 5-18 所示的共栅极放大器中,求基准电流I_{REF}分别为 0.1mA 和 0.01mA 时放大器的输入电阻,忽略体效应。NMOS 的参数为$V_{THN}=0.7V$,$K_n=110\mu A/V^2$,$\lambda=0.04V^{-1}$。PMOS 晶体管的参数为$V_{THP}=-0.7V$,$K_p=50\mu A/V^2$,$\lambda=0.05V^{-1}$。所有晶体管的尺寸都为$W=20\mu m$,$L=1\mu m$。

解　当放大器处于正确的有源放大的工作区中时,所有 PMOS 及 NMOS 晶体管处于饱和区,并且晶体管尺寸都为$W=20\mu m$,$L=1\mu m$,因此,流经晶体管的电流均等于I_{REF},当流经晶体管的电流为 0.1mA 时,根据式(2.39),有

$$g_{m1}=\sqrt{\left(2K_n\frac{W}{L}\right)I_{D1}}=\sqrt{\left(2\times110\times10^{-6}\times\frac{20\times10^{-6}}{1\times10^{-6}}\right)\times0.1\times10^{-3}}\approx663.3\mu A/V$$

根据式(2.40)，NMOS 晶体管 M_1 的输出电阻为

$$r_{o1} = \frac{1}{\lambda I_D} = \frac{1}{0.04 \times 0.1 \times 10^{-3}} = 250\text{k}\Omega$$

有源负载 PMOS 晶体管 M_2 的输出电阻为

$$r_{o2} = \frac{1}{\lambda I_D} = \frac{1}{0.05 \times 0.1 \times 10^{-3}} = 200\text{k}\Omega$$

由此，根据式(5.63)并忽略体效应，有

$$r_{in} \approx \frac{r_{o2}}{(g_{m1} + g_{mb1})r_{o1}} + \frac{1}{(g_{m1} + g_{mb1})} = \frac{200 \times 10^3}{(663.3 \times 10^{-6} + 0) \times 250 \times 10^3} + \frac{1}{(663.3 \times 10^{-6} + 0)}$$
$$\approx 2713.7\Omega$$

与采用 $2/g_{m1} \approx 3015.2\Omega$ 的近似计算结果较为接近。

同样地，当流经晶体管的电流为 0.01mA 时，根据式(2.39)，有

$$g_{m1} = \sqrt{\left(2K_n \frac{W}{L}\right)I_{D1}} = \sqrt{\left(2 \times 110 \times 10^{-6} \times \frac{20 \times 10^{-6}}{1 \times 10^{-6}}\right) \times 0.01 \times 10^{-3}} \approx 209.76\,\mu\text{A/V}$$

根据式(2.40)，NMOS 晶体管 M_1 的输出电阻为

$$r_{o1} = \frac{1}{\lambda I_D} = \frac{1}{0.04 \times 0.01 \times 10^{-3}} = 2500\text{k}\Omega$$

有源负载 PMOS 晶体管 M_2 的输出电阻为

$$r_{o2} = \frac{1}{\lambda I_D} = \frac{1}{0.05 \times 0.01 \times 10^{-3}} = 2000\text{k}\Omega$$

由此，根据式(5.63)并忽略体效应，有

$$r_{in} \approx \frac{r_{o2}}{(g_{m1} + g_{mb1})r_{o1}} + \frac{1}{(g_{m1} + g_{mb1})} = \frac{2000 \times 10^3}{(209.76 \times 10^{-6} + 0) \times 2500 \times 10^3} +$$
$$\frac{1}{(209.76 \times 10^{-6} + 0)} \approx 8581.2\Omega$$

与采用 $2/g_{m1} \approx 9534.7\Omega$ 的近似计算结果较为接近。

5.6 共源共栅放大器

将共栅极放大器和共源极放大器这两种结构级联在一起形成一种放大器结构，如图 5-21 所示，称为共源共栅放大器(cascode amplifier)。共源 MOS 晶体管 M_1 将输入电压信号转换为电流信号，电流信号作为共栅 MOS 晶体管 M_2 的输入，经过 M_2 后在电阻 R_D 上转换为电压信号进行输出。在现代集成电路设计中，共源共栅放大器是最常用的一种放大器结构。

首先对共源共栅放大器进行大信号分析，并分析其偏置条件。为了保证 M_1 处于饱和区，应保证 $v_X \geq v_{IN} - V_{THN1}$，这样 V_{BIAS} 应满足 $V_{BIAS} \geq V_{GS2} + v_{IN} - V_{THN1}$；为了保证 M_2 处于饱和区，应有 $v_{OUT} \geq V_{BIAS} - V_{THN2}$，如果选择 V_{BIAS} 使 M_1 刚好处于饱和区，则有 $v_{OUT} \geq v_{IN} - V_{THN1} + V_{GS2} - V_{THN2}$，即输出电平的最小值为两个 MOS 晶体管的过驱动电压之和。

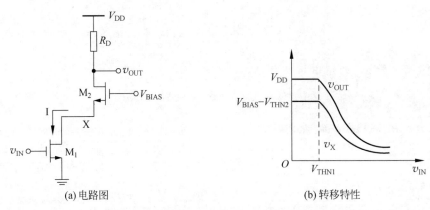

(a) 电路图　　　　　　　　　(b) 转移特性

图 5-21　电阻作为负载的共源共栅放大器

下面分析图 5-21 所示的共源共栅放大器的转移特性。当 $v_{\mathrm{IN}} \leqslant V_{\mathrm{THN1}}$ 时，$\mathrm{M_1}$ 截止，电路支路中几乎不存在电流，$\mathrm{M_2}$ 也截止，$v_{\mathrm{OUT}} = V_{\mathrm{DD}}$，$v_{\mathrm{X}} \approx V_{\mathrm{BIAS}} - V_{\mathrm{THN2}}$[①]；当 $v_{\mathrm{IN}} > V_{\mathrm{THN1}}$ 时，$\mathrm{M_1}$ 开始导通并处于饱和区，$\mathrm{M_2}$ 进而也导通并处于饱和区，由于电流开始增加，v_{OUT} 开始下降，v_{X} 也下降；当 v_{IN} 进一步上升，$\mathrm{M_1}$ 和 $\mathrm{M_2}$ 将陆续进入线性区，究竟哪一个晶体管先进入线性区取决于偏置条件、$\mathrm{M_1}$ 和 $\mathrm{M_2}$ 的尺寸及负载 R_{D} 情况。

共源共栅放大器可以采用同类型的 MOS 晶体管，如图 5-21 所示。也可以采用不同类型的 MOS 晶体管，如图 5-22(a) 所示，共源管 $\mathrm{M_1}$ 和共栅管 $\mathrm{M_2}$ 偏置在两个支路上，而小信号电流"折叠"到共栅通路上，如图 5-22(b) 所示，这种结构也叫作折叠式共源共栅放大器。图 5-22 所示的单端工作的折叠式共源共栅放大器在实际中并不常用，其优点主要体现在差分放大器的应用中，其优缺点将在以后章节中进行讨论。

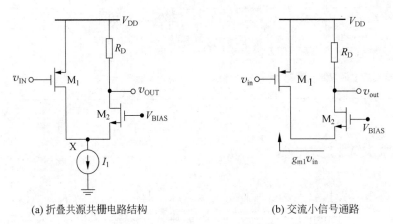

(a) 折叠共源共栅电路结构　　　　　　(b) 交流小信号通路

图 5-22　折叠式共源共栅放大器

不论是以上哪种结构，图 5-21 和图 5-22 所示的共源共栅放大器的小信号等效电路都可以表示为图 5-23 所示的形式(以电阻 R_{D} 做负载，并且忽略沟道长度调制效应，即不考虑 $\mathrm{M_1}$、$\mathrm{M_2}$ 的输出电阻)。

---

① 当 $\mathrm{M_1}$ 和 $\mathrm{M_2}$ 都截止时，v_{X} 电位由它们的工作状态共同决定。实际上，当输入电压小于阈值电压时，电路中由于亚阈值导通效应总还存在微弱电流，因此，v_{X} 作为近似处于临界开始的电位是符合实际情况的。

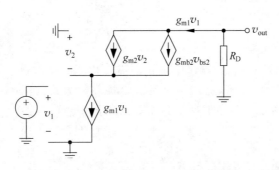

图 5-23 忽略沟道长度调制效应时共源共栅放大器的小信号等效电路

从图 5-23 中可以看出,在不考虑沟道长度调制效应时,M_1 管的小信号漏极电流全部都流经共栅器件,并在负载 R_D 上产生压降转换为输出电压信号,因此,忽略沟道长度调制效应时,图 5-21 和图 5-22 所示的共源共栅放大器的低频电压增益和共源极放大器一样,可以表达为

$$A_v = \frac{v_{out}}{v_{in}} = -g_m R_D \tag{5.67}$$

式(5.67)的共源共栅放大器增益表达式是在不考虑沟道长度调制效应基础上得出的。然而实际上,MOS 晶体管的沟道长度调制效应对放大器的影响是不可忽略的,特别是当采用电流源负载时,由于沟道长度调制效应而产生 MOS 晶体管的有限输出电阻已经与电流源负载的输出电阻相当。下面我们将考虑沟道长度调制效应对共源共栅放大器的影响。图 5-24 所示的是计算共源共栅放大器输出电阻的等效电路,此等效电路与第 3 章中计算共源共栅电流源输出电阻的等效电路是一致的,由于共源管 M_1 晶体管的栅极接交流地,因而其等效为一个输出电阻 r_{o1},在共源共栅放大器的输出端施加小信号激励与 v_t,则考查流入的电流 i_t,流经 r_{o1} 的电流等于 i_t,因此

$$v_2 = -i_t r_{o1} \tag{5.68}$$

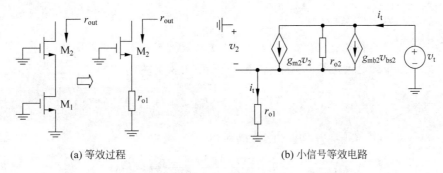

(a) 等效过程　　　　　　　　　(b) 小信号等效电路

图 5-24 计算共源共栅放大器的输出电阻的等效电路

而 $v_{bs2} = v_2$,则

$$r_{o2}[i_t - (g_{m2} + g_{mb2})v_2] + i_t r_{o1} = v_t \tag{5.69}$$

因此,由式(5.68)和式(5.69)可得

$$r_{out} = \frac{v_t}{i_t} = [1 + (g_{m2} + g_{mb2})r_{o2}]r_{o1} + r_{o2} \tag{5.70}$$

若$(g_{m2}+g_{mb2})r_{o2}\gg 1$,则

$$r_{out}\approx(g_{m2}+g_{mb2})r_{o2}r_{o1}+r_{o2} \tag{5.71}$$

可见,由于共栅管 M_2 晶体管的存在,使输出电阻比原本的共源极放大器输出电阻至少大了$(g_{m2}+g_{mb2})r_{o2}$倍,这样可以有效地提高放大器的输出电阻,进而可以有效地增加放大器的电压增益。如果采用理想电流源(输出电阻为无穷大)作为负载,如图 5-25 所示,则共源共栅放大器的增益表达式为

$$A_v\approx-g_{m1}\cdot[(g_{m2}+g_{mb2})r_{o2}r_{o1}] \tag{5.72}$$

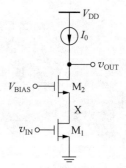

图 5-25 电流源作为负载的共源共栅放大器

【例 5.7】 在图 5-25 所示的共源共栅极放大器中,求电流源电流分别为 0.1mA 和 0.01mA 时放大器的本征增益,即负载采用理想电流源,并且忽略体效应。NMOS 的参数为 $V_{THN}=0.7V,K_n=110\mu A/V^2$,$\lambda=0.04V^{-1}$。所有晶体管的尺寸都为 $W=20\mu m,L=1\mu m$。

解: 当放大器处于正确的有源放大的工作区中时,所有晶体管处于饱和区,并且晶体管尺寸都为 $W=20\mu m,L=1\mu m$,当流经晶体管的电流为 0.1mA 时,根据式(2.39),有

$$g_{m1}=g_{m2}=\sqrt{\left(2K_n\frac{W}{L}\right)I_0}=\sqrt{\left(2\times110\times10^{-6}\times\frac{20\times10^{-6}}{1\times10^{-6}}\right)\times0.1\times10^{-3}}\approx663.3\mu A/V$$

根据式(2.40),NMOS 晶体管 M_1 和 M_2 的输出电阻为

$$r_{o1}=r_{o2}=\frac{1}{\lambda I_0}=\frac{1}{0.04\times0.1\times10^{-3}}=250k\Omega$$

由此,根据式(5.72)并忽略体效应,有

$$A_v\approx-g_{m1}\cdot[(g_{m2}+g_{mb2})r_{o2}r_{o1}]$$
$$=-663.3\times10^{-6}\times[(663.3\times10^{-6}+0)\times250\times10^3\times250\times10^3]$$
$$\approx27\,498$$

对比例 5.4 的结果,共源共栅放大器的本征增益比共源极放大器的本征增益大很多。

同样地,当流经晶体管的电流为 0.01mA 时,根据式(2.39),有

$$g_{m1}=g_{m2}=\sqrt{\left(2K_n\frac{W}{L}\right)I_0}=\sqrt{\left(2\times110\times10^{-6}\times\frac{20\times10^{-6}}{1\times10^{-6}}\right)\times0.01\times10^{-3}}\approx209.76\mu A/V$$

根据式(2.40),NMOS 晶体管 M_1 和 M_2 的输出电阻为

$$r_{o1}=\frac{1}{\lambda I_D}=\frac{1}{0.04\times0.01\times10^{-3}}=2500k\Omega$$

由此,根据式(5.72)并忽略体效应,有

$$A_v\approx-g_{m1}\cdot[(g_{m2}+g_{mb2})r_{o2}r_{o1}]$$
$$=-209.76\times10^{-6}\times[(209.76\times10^{-6}+0)\times2500\times10^3\times2500\times10^3]$$
$$\approx274\,995$$

同样地,与电流源作为负载的共源极放大器一样,随着偏置电流的减小,电流源作为负载的共源共栅极放大器的本征增益是增加的。

在第 3 章,我们已经知道共源共栅电路结构具有很大输出电阻这一特性同样可以运用到电流源电路中。可以采用共源共栅电流源作为共源共栅放大器的负载,如图 5-26 所示,PMOS 晶体管 M_3 和 M_4 构成共源共栅电流源,整个放大器的输出电阻为共源共栅输入级输出电阻与共源共栅电流源的输出电阻的并联,则输出电阻可近似表达为

$$r_{out} \approx (g_{m2} r_{o2} r_{o1}) \parallel (g_{m3} r_{o3} r_{o4}) \qquad (5.73)$$

整个放大器电路的等效跨导仍为 g_{m1},因而其电压增益近似为

$$A_v \approx - g_{m1}[(g_{m2} r_{o2} r_{o1}) \parallel (g_{m3} r_{o3} r_{o4})] \qquad (5.74)$$

可见,图 5-26 所示的共源共栅放大器的增益可达 $g_m^2 r_o^2$ 级别,要远远地大于共源极放大器的增益值 $g_m r_o$ 级别。共源共栅放大器之所以被普及应用是因为其具有很高的输出阻抗,从而具有更高的增益。当然,这种结构将消耗较大的输出电压摆幅裕度,最大的输出电压摆幅是 $V_{DD} - (V_{GS1} - V_{TH1}) - (V_{GS2} - V_{TH2}) - |V_{GS3} - V_{TH3}| - |V_{GS4} - V_{TH4}|$。

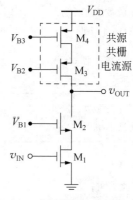

图 5-26　共源共栅电流源作为负载的共源共栅放大器

5.7　本章小结

共源极放大器是最常用的一种增益级电路,其增益可以表达为 $-g_m r_{out}$,即输入管的跨导和输出电阻的乘积,且为反相放大;其负载可以采用不同的结构,二极管连接的 MOS 管作为放大器的负载可以提高电路的线性度,但是要以减小增益为代价;采用电流源作为放大器的负载时,可以提高输出电阻,进而提高增益,并且输出摆幅较电阻负载和 MOS 管负载时的输出摆幅大;将电流源负载的共源极放大器中的电流源晶体管的栅极也连接到输入上,那么就形成了 CMOS 推挽放大器,CMOS 推挽放大器可以提供更高的增益。

共漏极放大器的小信号电压增益小于 1(接近 1),而且其小信号输出电阻较低,因此可以驱动较低阻抗的负载,起到电压缓冲器的作用,经常作为多级放大器的输出级使用。

共栅极放大器为同相放大器,其信号输入端是 MOS 管的源端,因此输入电阻呈现较低的阻值,对于某些需要低输入电阻的应用是很有用的,比如一些需要阻抗匹配的地方,这样的电路可以减小波反射,提供更高的功率增益。

共源共栅电路具有很大的输出电阻,采用共源共栅电路可以增加放大器增益。同时,很大的输出电阻可以使共源共栅电路成为一种高质量的电流源。采用共源共栅电路作为负载的共源共栅放大器具有很高的增益,缺点是这种结构消耗较大的输出电压摆幅裕度。

表 5-1 将 4 种典型结构 CMOS 单级放大器在直流或低频下的特性做了归纳,高频特性在以后的章节进行讨论。

表 5-1　4 种 CMOS 单级放大器的性能对比

类　别		小信号增益	输出电阻	输入电阻	摆幅	线性度
共源极放大器	电阻负载	$-g_m (R_D \parallel r_{o1})$	$R_D \parallel r_{o1}$	∞	较小	—
	PMOS 二极管负载	$-\dfrac{g_{m1}}{g_{m2}} = -\sqrt{\dfrac{\mu_n (W/L)_1}{\mu_p (W/L)_2}}$	$(1/g_{m2}) \parallel r_{o2} \parallel r_{o1} \approx 1/g_{m2}$	∞	小	好
	电流源负载	$-g_{m1}(r_{o1} \parallel r_{o2})$	$r_{o1} \parallel r_{o2}$	∞	中	—
	CMOS 推挽放大器	$-(g_{m1} + g_{m2})(r_{o1} \parallel r_{o2})$	$r_{o1} \parallel r_{o2}$	∞	较小	—

续表

类　别	小信号增益	输出电阻	输入电阻	摆幅	线性度
共漏极放大器（电流源负载，驱动 R_L）	$\dfrac{g_{m1}}{g_{m1}+g_{mb1}+g_{ds1}+g_{ds2}+\dfrac{1}{R_L}}$	$\dfrac{1}{g_{m1}+g_{mb1}+g_{ds1}+g_{ds2}+\dfrac{1}{R_L}}$	∞	较小	差
共栅极放大器（电流源负载）	$\dfrac{g_{m1}+g_{mb1}+g_{ds1}}{g_{ds1}+g_{ds2}}$	$\{[1+(g_{m1}+g_{mbs1})r_{ds1}]R_S+r_{ds1}\}\|r_{ds2}$	$\dfrac{r_{o1}+r_{o2}}{(g_{m1}+g_{mb1})r_{o1}+1}$	—	—
共源共栅放大器（共源共栅电流源负载）	$-g_{m1}[(g_{m2}r_{o2}r_{o1})\|(g_{m3}r_{o3}r_{o4})]$	$(g_{m2}r_{o2}r_{o1})\|(g_{m3}r_{o3}r_{o4})$	∞	小	—

习题

1. 在图 5-3(a)所示的线性放大器中，测量到的信号瞬时值为 $v_{IN}(t)=V_{IN}+v_{in}(t)=2+2\sin400t$ (mV)，$i_{IN}(t)=I_{IN}+i_{in}(t)=0.1+0.1\sin400t$ (μA)，$v_{OUT}(t)=V_{OUT}+v_{out}(t)=0.5+0.5\sin400t$ (V) 及 $R_L=0.5$kΩ。说明放大器的工作点，并求放大器的直流增益 A_{dc} 及小信号增益 A_v、A_i、A_p 和 R_i。

2. 对于图 5-5 所示的共源极放大器，电源电压 $V_{DD}=5$V，电阻负载 $R_D=10$kΩ，调整输入偏置电压使 M_1 的栅-源电压为 1.2V，考查此放大器是否处于有源放大区，并求此放大器的增益。NMOS 的参数为 $V_{THN}=0.7$V，$K_n=110\mu$A/V^2，$\lambda=0.04$V^{-1}。NMOS 晶体管的尺寸为 $W=20\mu$m，$L=1\mu$m。

3. 对于图 5-10 所示的共源极放大器，电源电压为 5V 采用 PMOS 晶体管 M_2 实现电流源，为了使偏置电流为 0.1mA，偏置电压 V_B 应该为多少？并且求此放大器的增益。NMOS 的参数为 $W=20\mu$m，$L=1\mu$m，$V_{THN}=0.7$V，$K_n=110\mu$A/V^2，$\lambda_n=0.04$V^{-1}。PMOS 晶体管的参数为 $W=20\mu$m，$L=1\mu$m，$V_{THP}=-0.7$V，$K_p=50\mu$A/V^2，$\lambda_p=0.05$V^{-1}。

4. 习题 3 中的共源极放大器允许的输出摆幅是多少？

5. 对于图 5-17 所示的源跟随器（共漏极放大器），当空载时，即 $R_L=\infty$，求基准电流 I_{REF} 分别为 0.1mA 和 0.01mA 时放大器的输出电阻。PMOS 晶体管的参数为 $V_{THP}=-0.7$V，$K_p=50\mu$A/V^2，$\lambda=0.05$V^{-1}。所有 PMOS 晶体管的尺寸都为 $W=20\mu$m，$L=1\mu$m。

6. 在图 5-18 所示的共栅极放大器中，求当信号源内阻 $R_s=1$kΩ 基准电流 I_{REF} 分别为 0.1mA 和 0.01mA 时放大器的输出电阻，忽略体效应。NMOS 的参数为 $V_{THN}=0.7$V，$K_n=110\mu$A/V^2，$\lambda=0.04$V^{-1}。PMOS 晶体管的参数为 $V_{THP}=-0.7$V，$K_p=50\mu$A/V^2，$\lambda=0.05$V^{-1}。所有晶体管的尺寸都为 $W=20\mu$m，$L=1\mu$m。

7. 在图 5-18 所示的共栅极放大器中，求当信号源内阻 $R_s=0\Omega$、基准电流 I_{REF} 分别为 0.1mA 和 0.01mA 时放大器的输出电阻，忽略体效应。NMOS 的参数为 $V_{THN}=0.7$V，$K_n=110\mu$A/V^2，$\lambda=0.04$V^{-1}。PMOS 晶体管的参数为 $V_{THP}=-0.7$V，$K_p=50\mu$A/V^2，$\lambda=0.05$V^{-1}。所有晶体管的尺寸都为 $W=20\mu$m，$L=1\mu$m。

8. 在图 5-25 所示的共源共栅极放大器中，负载采用理想电流源，求电流源电流分别为 0.1mA 和 0.01mA 时放大器的输出电阻，忽略体效应。NMOS 的参数为 $V_{THN}=0.7$V，$K_n=110\mu$A/V^2，$\lambda=0.04$V^{-1}。所有晶体管的尺寸都为 $W=20\mu$m，$L=1\mu$m。

9. 在图 5-26 所示的共源共栅电流源作为负载的共源共栅极放大器中,讨论 V_{B1}、V_{B2} 及 V_{B3} 偏置电压的设计,并且讨论放大器的输出摆幅范围。

10. 在图 5-26 所示的共源共栅电流源作为负载的共源共栅极放大器中,求偏置电流分别为 0.1mA 和 0.01mA 时放大器的输出电阻,忽略体效应。NMOS 的参数为 $V_{THN}=0.7V$,$K_n=110\mu A/V^2$,$\lambda=0.04V^{-1}$。PMOS 晶体管的参数为 $V_{THP}=-0.7V$,$K_p=50\mu A/V^2$,$\lambda=0.05V^{-1}$。所有晶体管的尺寸都为 $W=20\mu m$,$L=1\mu m$。

11. 在图 5-26 所示的共源共栅电流源作为负载的共源共栅极放大器中,求偏置电流分别为 0.1mA 和 0.01mA 时放大器的增益,忽略体效应。NMOS 的参数为 $V_{THN}=0.7V$,$K_n=110\mu A/V^2$,$\lambda=0.04V^{-1}$。PMOS 晶体管的参数为 $V_{THP}=-0.7V$,$K_p=50\mu A/V^2$,$\lambda=0.05V^{-1}$。所有晶体管的尺寸都为 $W=20\mu m$,$L=1\mu m$。

第 6 章

CMOS 差分放大器

主要符号	含 义
v_s, V_S, v_S	交流小信号、静态直流和总信号源电压
v_{in}, V_{IN}, v_{IN}	交流小信号、静态直流和总输入信号电压
$v_{out}, V_{OUT}, v_{OUT}$	交流小信号、静态直流和总输出信号电压
$v_{in,cm}, V_{IN,CM}, v_{IN,CM}$	交流小信号、静态直流和共模输入信号电压
v_d, v_D	交流小信号、总差模(差分)输入信号电压
$v_{out,cm}$	交流小信号共模输出信号电压
$v_{out,d}$	交流小信号差模(差分)输出信号电压
A_{vc}	共模电压增益
A_{vd}	差模电压增益
$A_{cm\text{-}dm}$	共模到差模增益
v_{ds}, V_{DS}, v_{DS}	交流小信号、静态直流和总漏-源电压
v_{gs}, V_{GS}, v_{GS}	交流小信号、静态直流和总栅-源电压
i_d, I_D, i_D	交流、静态直流和总漏极电流
L, W	MOSFET 沟道的长度和宽度
V_{OD}	MOSFET 的过驱动电压
V_{TH}, V_{THN}, V_{THP}	MOSFET、NMOS 及 PMOS 的阈值电压
K', K_n, K_p	MOSFET、NMOS 及 PMOS 的工艺常数(或称为"跨导参数")
β, β_n, β_p	MOSFET、NMOS 及 PMOS 的增益常数
μ_n, μ_p	表面电子、空穴迁移率
C_{ox}	单位面积 MOSFET 栅电容
$\lambda, \lambda_n, \lambda_p$	MOSFET、NMOS 及 PMOS 的沟道长度调制系数
g_m	MOSFET 的跨导
g_{ds}, r_{ds}	MOSFET 的小信号漏源电导和电阻
r_o	晶体管的小信号输出电阻
g_{mb}	MOSFET 体效应引起的跨导
r_{in}, r_{out}	放大器电路的小信号输入电阻和输出电阻

6.1 引言

差分放大器是在模拟集成电路中使用非常广泛的一种放大器结构形式。差分放大器具有很多优良特性,例如,可以抑制共模噪声;对偏置要求较低;输出有效摆幅增加;线性度也相应提高。差分放大器在运算放大器中作为输入级得到了广泛应用,成为高性能模拟集成电路和混合信号集成电路的主要选择。

本章主要讨论 CMOS 工艺中差分放大器的分析与设计。首先介绍差分工作方式,然后分析基本 MOS 差分对的电路结构和原理,分析其大信号特性和小信号特性。区别于单级电路,差分电路需要考虑其共模响应,本章对差分对的共模特性展开了相关讨论,并讨论了几种常见的 CMOS 有源负载差分对电路。

6.2 差分工作方式

差分信号定义为两个节点电位之差,且这两个节点的电位相对某一固定电位大小相等,极性相反,两个节点与固定电位节点的阻抗也相等,其中固定电位称为共模电平。

不同于单端工作方式,差分放大器只对两个不同电压的差(即差分信号)进行放大而不管其共模值。因此,与单端工作方式相比,差分工作可对环境中的共模噪声具有更强的抗干扰能力;由于只对差分信号进行放大,差分放大器具有更好的线性度。

具有差分输入和单端输出的差分放大器小信号等效电路如图 6-1(a)所示,v_{in1}、v_{in2} 称为单端信号,其中包含差分信号成分和共模信号成分,差分信号 v_{d} 是两个输入信号之差,而共模信号 $v_{\text{in,cm}}$ 是两个输入信号的平均值,即

$$v_{\text{d}} = v_{\text{in1}} - v_{\text{in2}} \tag{6.1a}$$

$$v_{\text{in,cm}} = \frac{v_{\text{in1}} + v_{\text{in2}}}{2} \tag{6.1b}$$

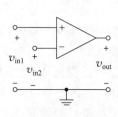
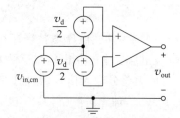

(a) 等效差分放大器   (b) 差分小信号及共模输

图 6-1 具有差分输入和单端输出的差分放大器小信号等效电路

由此也可以给出以 v_{d} 和 $v_{\text{in,cm}}$ 表示的 v_{in1} 和 v_{in2} 的公式为

$$v_{\text{in1}} = v_{\text{in,cm}} + \frac{v_{\text{d}}}{2} \tag{6.2a}$$

$$v_{\text{in2}} = v_{\text{in,cm}} - \frac{v_{\text{d}}}{2} \tag{6.2b}$$

等效电路如图 6-1(b)所示。

因此,差分工作方式可以表示为图 6-1(b)所示的形式。这样输出信号 v_{out} 可以表示为

$$v_{\text{out}} = A_{\text{vd}} v_d \pm A_{\text{vc}} v_{\text{in,cm}} \tag{6.3}$$

其中 A_{vd} 为差模电压增益；A_{vc} 为共模电压增益；±号表示共模电压增益的极性还未知。

具有差分输入和差分输出的差分放大器小信号等效电路如图 6-2(a)所示，这样的放大器也称为"全差分放大器"，输入信号 v_{in1}、v_{in2} 包含差分信号成分和共模信号成分。同样地，输出信号 v_{out1}、v_{out2} 包含差分信号成分和共模信号成分，注意这里表示的放大器是反相放大器。输出差分信号 $v_{out,d}$ 是两个输出信号之差，而输出共模信号 $v_{out,cm}$ 是两个输出信号的平均值，即

$$v_{out,d} = v_{out1} - v_{out2} \tag{6.4a}$$

$$v_{out,cm} = \frac{v_{out1} + v_{out2}}{2} \tag{6.4b}$$

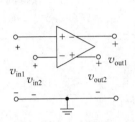
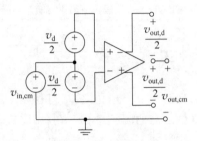

(a) 等效差分放大器　　　　　　　　　(b) 差分小信号及共模输

图 6-2　具有差分输入和差分输出的差分放大器小信号等效电路

同样地，也可以采用 $v_{out,d}$ 和 $v_{out,cm}$ 表示 v_{out1} 和 v_{out2}，等效电路如图 6-2(b)所示，表达式为

$$v_{out1} = v_{out,cm} + \frac{v_{out,d}}{2} \tag{6.5a}$$

$$v_{out2} = v_{out,cm} - \frac{v_{out,d}}{2} \tag{6.5b}$$

此时输出信号可以表示为

$$v_{out,d} = A_{vd} v_d \tag{6.6a}$$

$$v_{out,cm} = A_{vc} v_{in,cm} \tag{6.6b}$$

其中 A_{vd} 为差模电压增益，A_{vc} 为共模电压增益。即在理想的全差分放大器中，输出信号中的差分信号反映差分输入的放大，而输出信号中的共模信号反映对共模输入的放大。

差分放大器的目的是放大差分输入信号，并且抑制共模信号的变化，因此差分放大器的设计目标是尽可能地使 A_{vd} 远远大于 A_{vc}。理想情况下，共模电压增益为零。在差分电路设计中，采用差模增益与共模增益的比值，即共模抑制比(CMRR)来描述电路对共模干扰信号的抑制能力。

$$CMRR = \frac{|A_{vd}|}{|A_{vc}|} \tag{6.7}$$

在实际的全差分放大器中，当电路出现不对称时，共模信号在两个差分支路中产生不同的增益，因此在输出端表现出一定的差分输出，这个差分输出成分会被后续的差分电路当作需要处理的差分信号，对原本的差分输出信号造成干扰，大大降低共模抑制特性。因此，还应考虑共模信号到差模信号的增益 $A_{cm\text{-}dm}$。实际上，多级差分放大器中，第一级放大器的共模信号到差模信号的增益是整体共模抑制能力中需要考虑的一个非常重要的因素[1]。

---

① 因此，在一些教材中，对于全差分电路，CMRR 采用 $CMRR = \frac{|A_{dm}|}{|A_{cm\text{-}dm}|}$ 来定义。

此外,输入共模范围(ICMR)说明在一定的共模范围内,放大器可以对差分信号以相同的增益进行放大。在 CMOS 模拟集成电路设计中,ICMR 的确定通常以电路中的所有 MOSFET 处于饱和区为计算标准。

影响差分放大器性能的另一个参数是失调(offset)。在 CMOS 差分放大器中,最严重的是电压失调,当输入端连接在一起时,出现在差分放大器的输出端的差分输出电压,称为输出失调电压;输出失调电压除以放大器的增益,称为输入失调电压(V_{os})。由于不同的差分放大器的电压增益不同,因此,为了能够衡量失调对信号的影响程度,差分放大器的失调特性通常采用输入失调电压进行表示。

6.3　基本 MOS 差分对

对于差分信号应采用什么样的电路来放大呢?从第 5 章掌握的有关放大器知识中,可以假设采用两个相同的共源级放大器,然后让它们处理差分信号,如图 6-3(a)所示。从前面第 5 章共源极放大器的分析中,可知共源级放大器对偏置点非常敏感,对于图 6-3(a)所示的电路,如果共模电压发生变化,将影响电路中的偏置电流,进而使 MOS 器件的跨导也发生变化,因此,放大器的增益也会发生变化;同时,偏置发生变化也会引起输出共模电平的变化,降低允许的输出摆幅,使输出差模信号出现失真,如果共模电压变化超出共源极放大器输入的允许范围,放大器甚至可能失去其放大功能。例如,图 6-3(a)所示的放大器参数为 $R_{D1}=R_{D2}=10\text{k}\Omega$,MOS 晶体管 M_1 和 M_2 的阈值电压为 0.7V,工艺常数 $K'=110\,\mu\text{A}/\text{V}^2$,沟道长度调制系数 $\lambda=0.04\text{V}^{-1}$,体效应系数 $\gamma=0.4$,MOS 晶体管 M_1 和 M_2 尺寸为 $W/L=5\mu\text{m}/1\mu\text{m}$。对图 6-3(a)所示的放大器进行 SPICE 仿真,仿真结果如图 6-3(b)、(c)和(d)所示。单端的共源极放大器的转移特性如图 6-3(b)所示。当输入信号的共模电压等于 1.5V 时,差分输入输出信号如图 6-3(c)所示,放大器具有正常的放大功能;而当输入信号的共模电压改变到 2.0V 时,差分输入输出信号如图 6-3(d)所示,放大器的输出出现了严重的信号失真,放大器不能进行正常的信号放大。

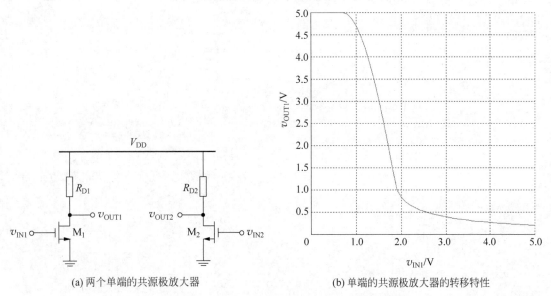

(a) 两个单端的共源极放大器　　　　　　　(b) 单端的共源极放大器的转移特性

图 6-3　采用两个共源级放大器处理差分信号

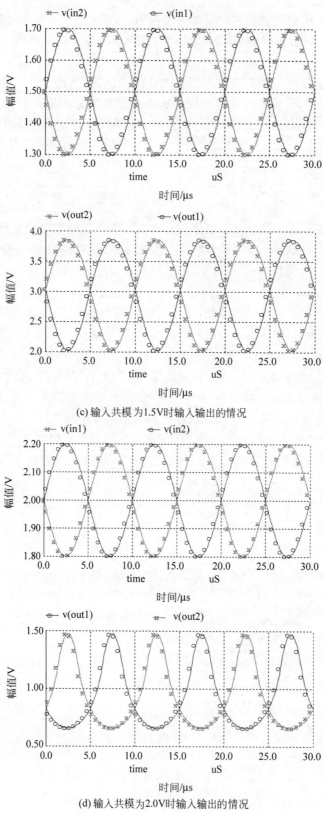

(c) 输入共模为1.5V时输入输出的情况

(d) 输入共模为2.0V时输入输出的情况

图 6-3 （续）

　　因此,希望电路的输入共模电压不要影响放大器的偏置电流。这样,在图 6-3 所示电路的基础上,增加一个电流源偏置,如图 6-4 所示,形成"差分对"(differential pair),其中的电流源 I_{SS},称为"尾电流源"。在差分对电路中,只要放大器处于正常的工作区中,每个支路的电流取决于尾电流源 I_{SS},而不是由输入共模电压确定。当电路完全对称,并且输入只施加共模电压时,每个输入 MOS 晶体管 M_1 和 M_2 支路的偏置电流为 $I_{SS}/2$。这里有一个问题,尾电流源 I_{SS} 的作用是使电路中的 MOS 晶体管的偏置不受输入共模电压的影响。这是否意味输入共模电压可以随意设置呢? 这个问题将在后续进行讨论。

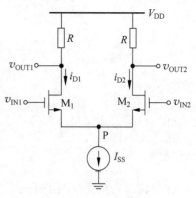

图 6-4　基本差分对

6.3.1　大信号分析

　　考查图 6-4 所示的基本差分对的差模特性。假设差分对已处于适当的共模电平 $V_{IN.CM}$ 之下,允许的输入共模电平范围将在后面的共模特性分析中进行讨论。假设差模信号 $v_D = v_{IN1} - v_{IN2}$ 从足够负的方向变化到足够正的方向。当 v_D 足够负,M_1 管截止,M_2 管导通,$i_{D2} = I_{SS}$,此时,$v_{OUT1} = V_{DD}$,$v_{OUT2} = V_{DD} - Ri_{D2} = V_{DD} - RI_{SS}$。

　　当 v_{IN1} 变化到与 v_{IN2} 接近时,M_1 管导通,出现 i_{D1} 电流,因此 v_{OUT1} 下降,由于 $i_{D1} + i_{D2} = I_{SS}$,i_{D2} 下降,v_{OUT2} 上升;当 $v_D = v_{IN1} - v_{IN2} = 0$ 时,$i_{D1} = i_{D2} = I_{SS}/2$,因而有 $v_{OUT1} = v_{OUT2} = V_{DD} - RI_{SS}/2$。

　　当 v_D 为正时,流经 M_1 管的电流大于流经 M_2 管的电流,v_{OUT1} 将小于 v_{OUT2}。对于足够正的 v_D,所有 I_{SS} 都流经 M_1,此时,$v_{OUT1} = V_{DD} - Ri_{D1} = V_{DD} - RI_{SS}$,而 $v_{OUT2} = V_{DD}$。

　　图 6-5 所示的是归一化的 M_1、M_2 漏电流与归一化差分输入电压的关系曲线。从中我们可以得知,当 $v_{IN1} = v_{IN2}$ 时,即 $v_D = 0$,曲线的斜率值最大,即差分对的等效跨导值最大,增益值也最大。

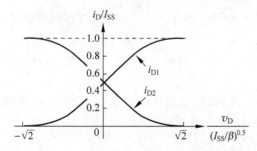

图 6-5　M1、M2 归一化漏电流与归一化差分输入电压的关系

　　假设当 $v_{IN1} = v_{IN2}$ 时,M_1 和 M_2 差分对总处于饱和状态。电路完全对称,根据 MOS 管饱和区公式,忽略沟道长度调制效益,可以列出

$$v_D = v_{IN1} - v_{IN2} = v_{GS1} - v_{GS2} = \sqrt{\frac{2i_{D1}}{\beta}} - \sqrt{\frac{2i_{D2}}{\beta}} \tag{6.8}$$

其中 $\beta = \mu_n C_{ox}(W/L)$,又有

$$I_{SS} = i_{D1} + i_{D2} \tag{6.9}$$

由式(6.9)得出 i_{D2},代入式(6.8),可解得

$$i_{D1} = \frac{I_{SS}}{2} \pm \frac{\beta}{4} v_D \sqrt{\frac{4I_{SS}}{\beta} - v_D^2} \qquad (6.10)$$

由于当 $v_D > 0$ 时，$i_{D1} > I_{SS}/2$，式(6.10)中减号项的表达式不符合实际情况，因此

$$i_{D1} = \frac{I_{SS}}{2} + \frac{\beta}{4} v_D \sqrt{\frac{4I_{SS}}{\beta} - v_D^2} \qquad (6.11)$$

将式(6.11)代入式(6.9)，可得

$$i_{D2} = \frac{I_{SS}}{2} - \frac{\beta}{4} v_D \sqrt{\frac{4I_{SS}}{\beta} - v_D^2} \qquad (6.12)$$

在式(6.11)和式(6.12)中，当 $|v_D| = \sqrt{4I_{SS}/\beta}$ 时，$i_{D1} = i_{D2} = I_{SS}/2$，这不符合电路的实际工作情况。出现这个结果的原因在于：式(6.11)和式(6.12)是在假设 M_1 和 M_2 都处于饱和区得出的。因此，v_D 应限于一定范围以保证 M_1 和 M_2 都处于饱和区，式(6.11)和式(6.12)才有实际意义。然而，实际的情况是，当 v_D 足够负时，M_1 截止，M_2 导通，即 $i_{D1} = 0$，$i_{D2} = I_{SS}$；当 v_D 足够正时，M_1 导通，M_2 截止，即 $i_{D1} = I_{SS}$，$i_{D2} = 0$，将这两个条件代入式(6.8)，可以得出差模电压 v_D 的最大范围

$$|v_D| \leqslant \sqrt{\frac{2I_{SS}}{\beta}} \qquad (6.13)$$

将式(6.13)与平衡态时 M_1 和 M_2 的过驱动电压 V_{OD} 联系起来。当 $v_D = 0$ 时，$i_{D1} = i_{D2} = I_{SS}/2$，式(6.13)可以重新写为

$$|v_D| \leqslant \sqrt{2} \sqrt{\frac{2i_{D1,2}}{\beta}} = \sqrt{2} V_{OD1,2} \qquad (6.14)$$

其中 $i_{D1,2}$ 表示 M_1 或 M_2 的漏极电流 i_{D1} 或 i_{D2}，$V_{OD1,2}$ 表示工作在饱和区的 M_1 或 M_2 的过驱动电压 $V_{OD1,2} = \sqrt{2i_{D1,2}/\beta}$。

从式(6.14)可以看出，最大差模电压 v_D 的范围正比于平衡态($v_{IN1} = v_{IN2}$)时 M_1 和 M_2 晶体管的过驱动电压。过驱动电压是 CMOS 电路设计中的一个重要参数，其不仅影响着差分对的输入范围，还影响包括速度、输出摆幅、线性度等放大器特性。而特定工艺 MOS 晶体管工作在饱和区的过驱动电压由其漏极电流和 W/L 比决定，因此，差分对的最大差模电压范围可以通过调整尾电流源电流和 MOS 器件尺寸来调整。

根据图 6-5 可知，当 $v_{IN1} = v_{IN2}$ 时，假设差分对是完全对称的，即 M_1 和 M_2 完全一样，求($i_{D1} - i_{D2}$)曲线的斜率就可以得到差分对的小信号等效跨导

$$g_m = \frac{\partial(i_{D1} - i_{D2})}{\partial v_D} \bigg|_{v_D = 0} = \sqrt{\beta I_{SS}} = \sqrt{2\mu_n C_{ox} \left(\frac{W}{L}\right) \frac{I_{SS}}{2}} = g_{m1,2} \qquad (6.15)$$

即等效跨导等于 M_1 或 M_2 在差分对平衡态时的小信号跨导 $g_{m1,2}$。

通过以上差分对的大信号分析可以得到，在平衡态时，当采用电阻为 R 的负载时，电路的小信号差分电压增益值为

$$|A_{vd}| = g_m \cdot R = \sqrt{\mu_n C_{ox} \left(\frac{W}{L}\right) I_{SS}} \cdot R = g_{m1,2} \cdot R \qquad (6.16)$$

【例 6.1】 对于图 6-4 所示的基本差分对放大器，尾电流源的电流为 0.2mA，求此差分对放大器可允许的差分电压最大范围。已知 NMOS 的参数为 $V_{THN} = 0.7V$，$K_n = 110\mu A/V^2$，$\lambda = 0.04V^{-1}$。所有

NMOS 晶体管的尺寸都为 $W=20\,\mu\mathrm{m}, L=1\,\mu\mathrm{m}$。

解：当差分对输入处于平衡态时，并且所有晶体管也都处于饱和区，流经差分对 M_1 和 M_2 的电流为 $I_{SS}/2=0.1\mathrm{mA}$ 时，忽略沟道长度调制效应及体效应，则有

$$I_{D1,2}=\frac{1}{2}\mu_n C_{ox}\frac{W}{L}V_{OD1,2}^2=\frac{1}{2}\times 110\times 10^{-6}\times\frac{20\times 10^{-6}}{1\times 10^{-6}}\times V_{OD1,2}^2=0.1\mathrm{mA}$$

其中 $K_n=\mu_n C_{ox}$，由此得到 M_1 和 M_2 的过驱动电压 $V_{OD1,2}$ 为

$$V_{OD1,2}=0.3015\mathrm{V}$$

由式(6.14)可得

$$|v_D|\leqslant\sqrt{2}V_{OD1,2}=\sqrt{2}\times 0.3015\approx 0.4264\mathrm{V}$$

差分电压允许在 $\pm 0.4264\mathrm{V}$ 范围内。

下面考查差分对的共模特性。对于实际的差分对，其尾电流源可以采用工作在饱和区的 MOS 晶体管 M_3 来实现，如图 6-6(a)所示，输入 v_{IN1} 和 v_{IN2} 施加相同的共模信号 $v_{IN,CM}$，$v_{IN,CM}$ 从 0 变化到 V_{DD}。当 $v_{IN,CM}=0$ 时，M_1 和 M_2 截止，$i_{D1}=i_{D2}=0$，因而 $i_{D3}=0$，说明 M_3 处于三极管区中的深线性区，$v_P=0$，电路中不存在偏置电流，因此，放大器不具有信号放大能力。$v_{IN,CM}$ 开始增加，当 $v_{IN,CM}\geqslant V_{THN}$ 时，M_1 和 M_2 开始导通，i_{D1} 和 i_{D2} 开始增加，M_3 仍处于三极管区，v_P 也开始增加，直至 M_3 管的漏-源电压大于一个过驱动电压 $V_{GS3}-V_{THN3}$，M_3 才工作在饱和区，这样，M_1 和 M_2 才能流经恒定的电流 $I_{SS}/2$，M_1 和 M_2 漏极电流及电流源晶体管 M_3 的漏极电压 v_P 随共模输入信号的变化分别如图 6-6(b)、(c)所示。因此，为了保证所有晶体管处于饱和区，输入共模电压的下限要求为：

$$V_{IN,CM(min)}=V_{GS1}+(V_{GS3}-V_{THN3}) \tag{6.17}$$

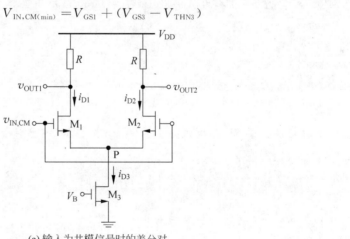

(a) 输入为共模信号时的差分对

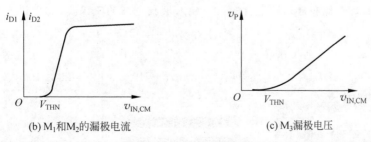

(b) M_1 和 M_2 的漏极电流   (c) M_3 漏极电压

图 6-6 差分对的共模变化

当输入共模电压进一步增加时,如果 $v_{IN,CM} \geqslant V_{DD} - RI_{SS}/2 + V_{THN}$,则 M_1 和 M_2 进入三极管区。因此,输入共模电压的上限要求为:

$$V_{IN,CM(max)} = \min[V_{DD} - RI_{SS}/2 + V_{THN}, V_{DD}] \tag{6.18}$$

这里请注意 $V_{DD} - RI_{SS}/2 + V_{THN}$ 有可能比 V_{DD} 大,因此 $v_{IN,CM}$ 的上限是 $V_{DD} - RI_{SS}/2 + V_{THN}$ 和 V_{DD} 中的较小者。为了使电路中的晶体管都处于饱和区,输入共模(ICMR)的范围为

$$V_{IN,CM(min)} \leqslant v_{IN,CM} \leqslant V_{IN,CM(max)}$$

由此可见,$v_{IN,CM}$ 存在一定的允许范围,并且允许范围比较大。这反映了差分电路相对于单端电路的其中一个优点,差分电路的输入偏置比较容易设定。

采用电阻负载的基本 MOS 差分对的输出电压摆幅受限于输入共模电平。为了使 M_1 和 M_2 工作于饱和区,应满足

$$v_{OUT} \geqslant V_{IN,CM} - V_{THN} \tag{6.19}$$

由此可见,输入共模电平越大,允许的输出摆幅就越小。因此,对于图 6-4 所示的差分对,在电路设计时,应选择尽量小的共模电平。

【例 6.2】 考查基本差分对放大器的共模范围,如图 6-6 所示,尾电流源的电流为 0.2mA,电阻负载 $R = 10k\Omega$,电源电压为 $V_{DD} = 5V$,求此差分对放大器的输入共模范围。NMOS 的参数为 $V_{THN} = 0.7V$,$K_n = 110\mu A/V^2$,$\lambda = 0.04V^{-1}$。所有 NMOS 晶体管的尺寸都为 $W = 20\mu m$,$L = 1\mu m$。

解: 考查基本差分对的共模输入范围,输入为共模信号,流经差分对 M_1 和 M_2 的电流为 $I_{SS}/2 = 0.1mA$,NMOS 晶体管的尺寸都为 $W = 20\mu m$,$L = 1\mu m$,当所有晶体管都处于饱和区时,忽略沟道长度调制效应及体效应,有

$$I_{D1,2} = \frac{1}{2}\mu_n C_{ox}\frac{W}{L}(V_{GS1,2} - V_{THN})^2 = \frac{1}{2} \times 110 \times 10^{-6} \times \frac{20 \times 10^{-6}}{1 \times 10^{-6}} \times (V_{GS1,2} - V_{THN})^2 = 0.1mA$$

其中 $K_n = \mu_n C_{ox}$,由此得到 M_1 和 M_2 的栅-源电压 $V_{GS1,2}$ 为

$$V_{GS1,2} \approx 1.0015V$$

对于尾电流源,流经晶体管 M_3 的电流为 $I_{SS} = 0.2mA$,NMOS 晶体管的尺寸为 $W = 20\mu m$,$L = 1\mu m$,当晶体管处于饱和区时,则有

$$I_{D3} = \frac{1}{2}\mu_n C_{ox}\frac{W}{L}V_{OD3}^2 = \frac{1}{2} \times 110 \times 10^{-6} \times \frac{20 \times 10^{-6}}{1 \times 10^{-6}} \times V_{OD3}^2 = 0.2mA$$

其中 $K_n = \mu_n C_{ox}$,由此得到 M_3 的过驱动电压 V_{OD3} 为

$$V_{OD3} = V_{GS3} - V_{THN} \approx 0.4264V$$

为了使所有晶体管都处于饱和区,根据式(6.17),输入共模电压的下限要求为

$$V_{IN,CM(min)} = V_{GS1,2} + (V_{GS3} - V_{THN3}) = 1.0015 + 0.4264 = 1.4279V$$

根据式(6.18),输入共模电压的上限要求为

$$V_{IN,CM(max)} = \min[V_{DD} - RI_{SS}/2 + V_{THN}, V_{DD}] = \min[5 - 10 \times 10^3 \times 0.2 \times 10^{-3}/2 + 0.7, 5] = 4.7V$$

则输入共模范围(ICMR)为

$$1.4279V \leqslant v_{IN,CM} \leqslant 4.7V$$

6.3.2　小信号分析

下面进行小信号分析。对于图 6-4 所示的电阻作为负载的差分对,当处于平衡态时,两个输入处于一个确定的直流偏置电压值 $V_{\rm IN,CM}$,尾电流源为恒定电流 $I_{\rm SS}$,在两个输入端之间施加差分小信号 $v_{\rm d}$,即 $v_{\rm IN1}=V_{\rm IN,CM}+v_{\rm d}/2$,$v_{\rm IN2}=V_{\rm IN,CM}-v_{\rm d}/2$。忽略体效应,在这样的直流偏置下,其小信号等效电路如图 6-7 所示,$r_{\rm ss}$ 是电流源内阻。在差分输入的情况下,若放大器两边的器件完全匹配,则 M_1 和 M_2 源端的连接点可以认为是交流地电位,图 6-7(a)可以简化为图 6-7(b)。

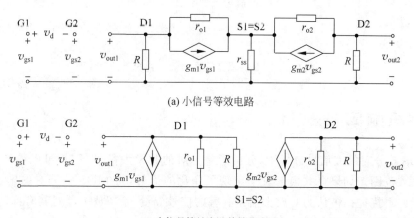

(a) 小信号等效电路

(b) 小信号等效电路的简化电路

图 6-7　差分放大器(图 6-4)的小信号等效电路

由图 6-7(b)所示的小信号等效电路,可得

$$v_{\rm out1}=-g_{\rm m1}(r_{\rm o1}\parallel R)\cdot v_{\rm gs1} \tag{6.20a}$$

$$v_{\rm out2}=-g_{\rm m2}(r_{\rm o2}\parallel R)\cdot v_{\rm gs2} \tag{6.20b}$$

由于 $g_{\rm m1}=g_{\rm m2}=g_{\rm m}$,$r_{\rm o1}=r_{\rm o2}=r_{\rm o}$,因此

$$v_{\rm out}=v_{\rm out1}-v_{\rm out2}=-g_{\rm m}(r_{\rm o}\parallel R)\cdot(v_{\rm gs1}-v_{\rm gs2})=-g_{\rm m}(r_{\rm o}\parallel R)\cdot v_{\rm d} \tag{6.21}$$

根据小信号等效分析,可以得到差分放大器的增益为

$$A_{\rm vd}=\frac{v_{\rm out}}{v_{\rm d}}=-g_{\rm m}(r_{\rm o}\parallel R) \tag{6.22}$$

忽略沟道长度调制效应时,即 $r_{\rm o}=\infty$,有

$$A_{\rm vd}=-g_{\rm m}R \tag{6.23}$$

其中 $g_{\rm m}$ 为每个 MOS 管的跨导,由于 $I_{\rm D}=I_{\rm SS}/2$,则有 $g_{\rm m}=\sqrt{2\mu_{\rm n}C_{\rm ox}\left(\dfrac{W}{L}\right)I_{\rm D}}=\sqrt{\mu_{\rm n}C_{\rm ox}\left(\dfrac{W}{L}\right)I_{\rm ss}}$,对比式(6.16),可见由小信号和大信号分析得到的直流增益的结果是一致的。

在以上对图 6-4 所示的差分对的分析中,忽略了晶体管 M_1 和 M_2 体效应的影响。实际上,由于在普通的 n 阱 CMOS 工艺中,NMOS 晶体管的衬底必须连接到电路中的最低电位,这里连接到地电位上,而 M_1 和 M_2 的源极不在地电位上,因此它们的体效应会影响晶体管的阈值电压。为了避免输入管 M_1 和 M_2 体效应的影响,可以采用 PMOS 晶体管来实现输入管 M_1 和 M_2。如图 6-8 所示,在普通的 n 阱 CMOS 工艺中,PMOS 晶体管是做在 n 阱中的,因此其衬底可以和源极连接在一起。

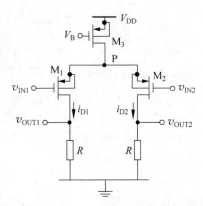

图 6-8　PMOS 晶体管作为输入管的差分对

6.4　共模响应

在基本 MOS 差分对的大信号分析中,分析了差分对的共模大信号行为,可以得知 MOS 差分对具有较大的共模输入范围。如果在共模偏置上出现了变化的信号,对 MOS 差分对的影响又是怎么样的呢?这些共模上的干扰往往被认为对放大器是有害的信号分量,希望放大器对其有抑制作用。因此,差分放大器对共模信号的共模抑制是一个重要的特性。

下面分析差分放大器的共模响应。当尾电流源具有有限阻抗时,图 6-4 所示的差分放大器可以表示为图 6-9(a)所示的等效电路形式,由于电路对称,v_X 等于 v_Y,因此可以将 X 点和 Y 点连接在一起,如图 6-9(b)所示,进而可以等效成如图 6-9(c)所示的形式。组合器件 $M_1 + M_2$ 为两管的并联,其跨导为单管 g_m 的两倍,忽略沟道长度调制效应和体效应,输入为共模信号的差分放大器的小信号等效电路如图 6-9(d)所示,有

$$v_{\mathrm{in,cm}} = v_{\mathrm{gs}} + 2g_{\mathrm{m}}v_{\mathrm{gs}} \cdot r_{\mathrm{ss}} \tag{6.24}$$

$$2g_{\mathrm{m}}v_{\mathrm{gs}} + \frac{v_{\mathrm{out,cm}}}{R/2} = 0 \tag{6.25}$$

由式(6.24)和式(6.25)整理后得到电路的共模增益等于

$$A_{\mathrm{vc}} = \frac{v_{\mathrm{out,cm}}}{v_{\mathrm{in,cm}}} = -\frac{g_{\mathrm{m}}R}{1 + 2g_{\mathrm{m}}r_{\mathrm{ss}}} \tag{6.26}$$

对于双端差分输出,则此共模增益对差分放大器的影响表现为:当输入共模信号有变化时,在差分输出上会出现一个共模扰动。这种扰动会使输出处的偏置点发生变化,从而改变差模小信号增益,并且限制输出电压摆幅。这种扰动越小越好。放大器的共模抑制能力采用共模抑制比(CMRR)来衡量,对于 $r_o \gg R$,由式(6.23)和式(6.26)可以得到 CMRR 为

$$\mathrm{CMRR} = \frac{|A_{\mathrm{vd}}|}{|A_{\mathrm{vc}}|} = 1 + 2g_{\mathrm{m}}r_{\mathrm{ss}} \tag{6.27}$$

由此可见,通过增加尾电流源的输出电阻可以提高 CMRR 特性。当尾电流源是理想电流源的情况下,差分放大器的共模增益为零,即共模抑制为无穷大。

【例 6.3】　考查图 6-4 所示的基本差分对放大器差模增益和共模增益。尾电流源 I_{ss} 采用工作在

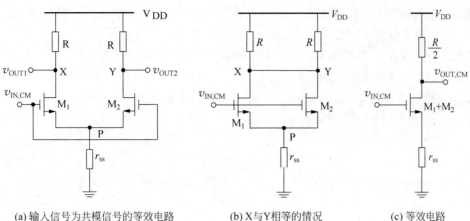

(a) 输入信号为共模信号的等效电路　　　(b) X与Y相等的情况　　　(c) 等效电路

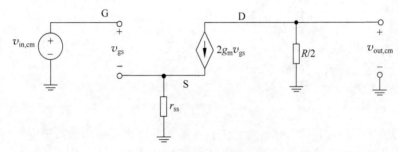

(d) 小信号等效电路

图 6-9　差分放大器的共模响应的等效电路

饱和区的 NMOS 晶体管实现，尾电流源的电流为 $0.2\mathrm{mA}$，电阻负载 $R=10\mathrm{k\Omega}$，电源电压 $V_{DD}=5\mathrm{V}$，求此差分对放大器的差模增益值和共模增益值及 CMRR。NMOS 的参数为 $V_{THN}=0.7\mathrm{V}$，$K_n=110\,\mu\mathrm{A/V}^2$，$\lambda=0.04\mathrm{V}^{-1}$。所有 NMOS 晶体管的尺寸都为 $W=20\,\mu\mathrm{m}$，$L=1\,\mu\mathrm{m}$。

　　解：流经差分对 M_1 和 M_2 的电流为 $I_{SS}/2=0.1\mathrm{mA}$，NMOS 晶体管的尺寸都为 $W=20\,\mu\mathrm{m}$，$L=1\,\mu\mathrm{m}$，当所有晶体管都处于饱和区时，忽略沟道长度调制效应及体效应，有

$$g_m=\sqrt{\left(2K_n\frac{W}{L}\right)I_{D1,2}}=\sqrt{\left(2\times110\times10^{-6}\times\frac{20\times10^{-6}}{1\times10^{-6}}\right)\times0.1\times10^{-3}}\approx663.3\,\mu\mathrm{A/V}$$

流经尾电流源的电流为 $0.2\mathrm{mA}$，尾电流源晶体管 M_3 工作在饱和区，其输出电阻为

$$r_{ss}=\frac{1}{\lambda I_{ss}}=\frac{1}{0.04\times0.2\times10^{-3}}=125\mathrm{k\Omega}$$

由式(6.23)得出，基本差分对的差模增益值为

$$|A_{vd}|=g_mR=663.3\times10^{-6}\times10\times10^3=6.633\qquad 或\ 16.4\mathrm{dB}$$

由式(6.26)得出，基本差分对的共模增益值为

$$|A_{vc}|=\frac{g_mR}{1+2g_mr_{ss}}=\frac{663.3\times10^{-6}\times10\times10^3}{1+2\times663.3\times10^{-6}\times125\times10^3}=0.039\,76\qquad 或\ -28.0\mathrm{dB}$$

由式(6.27)可以得到 CMRR 为

$$\mathrm{CMRR}=\frac{|A_{vd}|}{|A_{vc}|}=1+2g_mr_{ss}=1+2\times663.3\times10^{-6}\times125\times10^3=166.825\qquad 或\ 44.4\mathrm{dB}$$

当电路的尾电流源具有有限阻抗时,电路不对称,共模信号在两个支路中产生不同的增益,则在输出端表现出一定的差分输出。因此,需要考虑共模信号到差模信号的增益 $A_{\text{cm-dm}}$。

我们首先分析当负载失配,并且尾电流源具有有限阻抗时,输入共模信号对电路的影响。如图 6-10 所示,ΔR 表示负载的一个失配,晶体管 M_1 和 M_2 是对称的。当共模输入信号 $v_{\text{IN,CM}}$ 有一个微小增量 $v_{\text{in,cm}}$ 时,$v_{\text{IN,CM}} = V_{\text{IN,CM}} + v_{\text{in,cm}}$,晶体管 M_1 和 M_2 漏极电流的变化量都为 i_d,即 $i_D = I_D + i_d$,根据式(6.26),有

$$i_{\text{d}} = \frac{g_{\text{m}}}{1 + 2g_{\text{m}}r_{\text{ss}}} v_{\text{in,cm}} \tag{6.28}$$

但由于负载失配,v_{OUT1} 和 v_{OUT2} 的变化量(v_{out1} 和 v_{out2})不相等,因此有

$$v_{\text{out1}} = -\frac{g_{\text{m}}R}{1 + 2g_{\text{m}}r_{\text{ss}}} v_{\text{in,cm}} \tag{6.29a}$$

$$v_{\text{out2}} = -\frac{g_{\text{m}}(R + \Delta R)}{1 + 2g_{\text{m}}r_{\text{ss}}} v_{\text{in,cm}} \tag{6.29b}$$

可见,输入共模信号的变化引起输出端产生一个差分成分,在这种情况下,共模信号到差模信号的增益 $A_{\text{cm-dm}}$ 可表达为

$$A_{\text{cm-dm}} = -\frac{g_{\text{m}}\Delta R}{1 + 2g_{\text{m}}r_{\text{ss}}} \tag{6.30}$$

当存在器件的失配时,输入共模信号的变化不仅影响差分放大器输出的共模电平,同时还会产生差分成分,对放大器传递的差分信号产生影响。共模上的干扰将会影响差分放大器的差分信号传递。

下面再考虑晶体管 M_1 和 M_2 存在失配的情况,为了简化分析,首先不考虑电阻的失配,如图 6-11 所示的等效电路,尾电流源具有有限的输出电阻 r_{ss}。由于 M_1 和 M_2 失配,因此其跨导 g_{m1} 和 g_{m2} 不一样,在相同的共模信号变化量 $v_{\text{in,cm}}$ 下,晶体管 M_1 和 M_2 漏极电流的变化量 i_{d1} 和 i_{d2} 也不一样,有

$$i_{\text{d1}} = g_{\text{m1}}(v_{\text{in,cm}} - v_{\text{p}}) \tag{6.31a}$$

$$i_{\text{d2}} = g_{\text{m2}}(v_{\text{in,cm}} - v_{\text{p}}) \tag{6.31b}$$

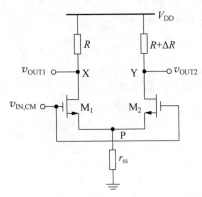

图 6-10　负载失配时差分放大器的共模响应的等效电路

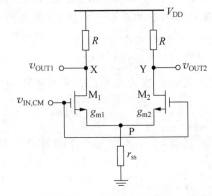

图 6-11　晶体管 M_1 和 M_2 失配时差分放大器的共模响应的等效电路

其中,v_{p} 是 P 点的小信号变化量。这样,r_{ss} 上的小信号电压 v_{p} 为 r_{ss} 上流经的小信号电流与其阻值的乘积,即

$$v_{\text{p}} = (i_{\text{d2}} + i_{\text{d2}})r_{\text{ss}} = (g_{\text{m1}} + g_{\text{m2}})(v_{\text{in,cm}} - v_{\text{p}})r_{\text{ss}} \tag{6.32}$$

整理式(6.32)可得

$$v_p = \frac{(g_{m1} + g_{m2})r_{ss}}{(g_{m1} + g_{m2})r_{ss} + 1} v_{in,cm} \qquad (6.33)$$

从而可得

$$v_{out1} = -g_{m1}(v_{in,cm} - v_p)R = -\frac{g_{m1}R}{(g_{m1} + g_{m2})r_{ss} + 1} v_{in,cm} \qquad (6.34a)$$

$$v_{out2} = -g_{m2}(v_{in,cm} - v_p)R = -\frac{g_{m2}R}{(g_{m1} + g_{m2})r_{ss} + 1} v_{in,cm} \qquad (6.34b)$$

由此得到在这种情况下的共模信号到差模信号的增益 $A_{cm\text{-}dm}$ 为

$$A_{cm\text{-}dm} = -\frac{(g_{m1} - g_{m2})R}{(g_{m1} + g_{m2})r_{ss} + 1} = -\frac{\Delta g_m R}{2g_m r_{ss} + 1} \qquad (6.35)$$

其中,$\Delta g_m = g_{m1} - g_{m2}$,$g_m = (g_{m1} + g_{m2})/2$。

在同时考虑负载和晶体管失配的情况下,并且考虑最坏的情况,即负载的失配与晶体管的失配对电路的影响是相同方向时,利用叠加原理,可以写出共模信号到差模信号的增益 $A_{cm\text{-}dm}$ 为

$$A_{cm\text{-}dm} = -\left(\frac{g_m \Delta R + \Delta g_m R}{2g_m r_{ss} + 1}\right) \qquad (6.36)$$

失配对电路的共模抑制能力影响较大,在电路设计时,需要考虑电路中所有失配,进行精确的仿真,以确定差分放大器的共模抑制特性。

6.5 采用有源负载的差分对

与单端电路一样,差分对的负载也可以采用有源器件,即还可以采用电流源负载、二极管连接 MOS 负载、电流镜负载等有源电路形式作为差分对的负载。

6.5.1 采用电流源负载的差分对

电流源负载能够为放大器提供高的增益,采用电流源负载的差分对如图 6-12 所示,PMOS 晶体管 M_3 和 M_4 在固定偏置下工作在饱和区,它们呈现 r_o 的小信号负载作用,因此,替换式(6.22)的负载 R 就可以得到差分放大器的差分增益为

$$A_{vd} = -g_{m1,2}(r_{o1,2} \| r_{o3,4}) \qquad (6.37)$$

其中 $g_{m1,2}$ 表示 M_1 或 M_2 的跨导;$r_{o1,2}$ 表示 M_1 或 M_2 的输出电阻;$r_{o3,4}$ 表示 M_3 或 M_4 的输出电阻。将 g_m 和 r_o 用晶体管工作点参数来代替,式(6.37)可以写成如下形式

$$|A_{vd}| = \sqrt{2\left(\frac{W}{L}\right)_{1,2} \mu_n C_{ox} \frac{I_{SS}}{2}} \frac{1}{(\lambda_n + \lambda_p)(I_{SS}/2)}$$

$$= \frac{2}{(\lambda_n + \lambda_p)} \sqrt{\left(\frac{W}{L}\right)_{1,2} \frac{\mu_n C_{ox}}{I_{SS}}} \qquad (6.38)$$

在给定尾电流源电流 I_{SS} 的情况下,可以改变沟道长度来调整其输出电阻,沟道长度调制系数 $\propto 1/L$,因此,长沟器件可以产生高的输出电阻,因而获得高的电压增益;当器件尺寸确定后,增益与尾电流源电

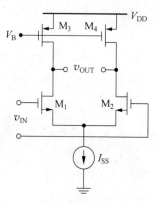

图 6-12 采用电流源负载的差分对

流 $I_{SS}^{1/2}$ 成反比。这些情况与单端形式的采用电流源负载的共源级电路的结果是一致的,所不同的是在差分对中,可以直接通过控制尾电流源 I_{SS} 来设置电路的偏置电流。而在单端的共源级电路中,电路中的偏置电流受输入电平影响。

采用电流源负载的差分对的共模特性与 6.3 节的基本差分对是一致的,只需要将负载采用电流源的输出电阻表示即可,这里不再赘述。

为了进一步提高放大器增益,像单端电路一样,采用共源共栅结构来提高输出电阻,如图 6-13 所示。NMOS 晶体管 $M_1 \sim M_4$ 提供的输出电阻为

$$r_N = [1 + (g_{m3,4} + g_{mb3,4})r_{o3,4}]r_{o1,2} + r_{o3,4} \qquad (6.39)$$

其中 $g_{m3,4}$ 表示 M_3 或 M_4 的跨导;$r_{o1,2}$ 表示 M_1 或 M_2 的输出电阻;$r_{o3,4}$ 表示 M_3 或 M_4 的输出电阻。如果 $g_{m3,4}r_{o3,4} \gg 1$,并且忽略体效应,则式(6.39)可以简化为

$$r_N \approx g_{m3,4}r_{o3,4}r_{o1,2} \qquad (6.40)$$

同样地,PMOS 晶体管 $M_5 \sim M_8$ 提供的输出电阻为

$$r_P = [1 + (g_{m5,6} + g_{mb5,6})r_{o5,6}]r_{o7,8} + r_{o5,6} \qquad (6.41)$$

其中 $g_{m5,6}$ 表示 M_5 或 M_6 的跨导;$r_{o5,6}$ 表示 M_5 或 M_6 的输出电阻;$r_{o7,8}$ 表示 M_7 或 M_8 的输出电阻。如果 $g_{m5,6}r_{o5,6} \gg 1$,并且忽略体效应,则式(6.41)可以简化为

$$r_P \approx g_{m5,6}r_{o5,6}r_{o7,8} \qquad (6.42)$$

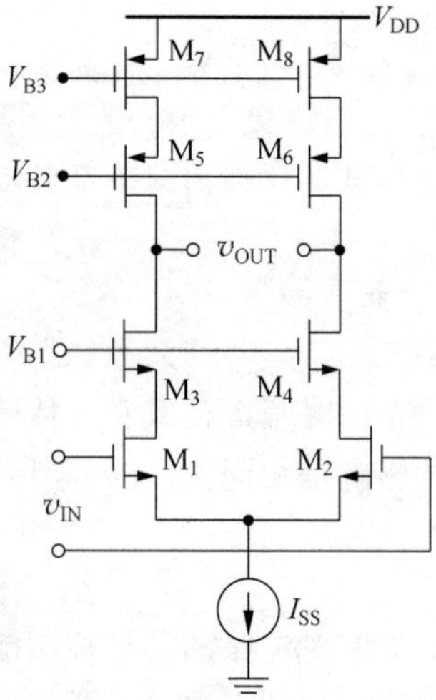

图 6-13　采用共源共栅电流源负载的差分对

因此,采用共源共栅电流源的差分对的差分增益为

$$A_{vd} = -g_{m1,2}(r_N \| r_P) \approx -g_{m1,2}[(g_{m3,4}r_{o3,4}r_{o1,2}) \| (g_{m5,6}r_{o5,6}r_{o7,8})] \qquad (6.43)$$

可见,采用共源共栅电流源的差分对具有很大的差分增益,但代价是消耗了更多的输入和输出电压裕度。

值得一提的是,在采用电流源负载的差分对中,由于存在尾电流源和负载电流源匹配的问题,造成输出的共模电平不能确定,因此,对于这样的全差分放大器的输出共模电平需要共模反馈电路来确定。相关讨论见第 10 章的运算放大器。

【例 6.4】　对于图 6-12 所示的电流源作为负载的差分对放大器,求尾电流源 I_{SS} 的电流分别为 0.2mA 和 0.02mA 时放大器的增益。NMOS 的参数为 $V_{THN} = 0.7V$,$K_n = 110\mu A/V^2$,$\lambda_n = 0.04V^{-1}$。NMOS 晶体管的尺寸都为 $W = 20\mu m$,$L = 1\mu m$。PMOS 晶体管的 $\lambda_p = 0.04V^{-1}$。

解:　当尾电流源的电流为 0.2mA 时,流经差分对 M_1 和 M_2 的电流为 $I_{SS}/2 = 0.1mA$,NMOS 晶体管的尺寸都为 $W = 20\mu m$,$L = 1\mu m$,当所有晶体管都处于饱和区时,忽略体效应,计算出 g_m、r_o。根据式(2.39),有

$$g_{m1,2} = \sqrt{\left(2K_n \frac{W}{L}\right)I_{D1,2}} = \sqrt{\left(2 \times 110 \times 10^{-6} \times \frac{20 \times 10^{-6}}{1 \times 10^{-6}}\right) \times 0.1 \times 10^{-3}} \approx 663.3\mu A/V$$

根据式(2.40)得出 M_1 和 M_2 的输出电阻为

$$r_{o1,2} = \frac{1}{\lambda_n I_{D1,2}} = \frac{1}{0.04 \times 0.1 \times 10^{-3}} = 250k\Omega$$

M_3 和 M_4 的输出电阻为

$$r_{o3,4} = \frac{1}{\lambda_p I_{D3,4}} = \frac{1}{0.04 \times 0.1 \times 10^{-3}} = 250\text{k}\Omega$$

由此，根据式(6.37)，有

$$A_{vd} = -g_{m1,2}(r_{o1,2} \parallel r_{o3,4}) = -663.3 \times 10^{-6} \times (250 \times 10^3 \parallel 250 \times 10^3) \approx -82.9\text{V/V}$$

可见电流源作为负载的差分对比同等情况下电阻作为负载的基本差分对的增益高。

当尾电流源的电流为 0.02mA 时，根据式(2.39)，有

$$g_{m1,2} = \sqrt{\left(2K_n \frac{W}{L}\right)I_{D1,2}} = \sqrt{\left(2 \times 110 \times 10^{-6} \times \frac{20 \times 10^{-6}}{1 \times 10^{-6}}\right) \times 0.01 \times 10^{-3}} \approx 209.76\mu\text{A/V}$$

根据式(2.40)得出 M_1 和 M_2 的输出电阻为

$$r_{o1,2} = \frac{1}{\lambda I_{D1,2}} = \frac{1}{0.04 \times 0.01 \times 10^{-3}} = 2500\text{k}\Omega$$

M_3 和 M_4 的输出电阻为

$$r_{o3,4} = \frac{1}{\lambda I_{D3,4}} = \frac{1}{0.04 \times 0.01 \times 10^{-3}} = 2500\text{k}\Omega$$

由此，根据式(5.39)，有

$$A_{vd} = -g_{m1,2}(r_{o1,2} \parallel r_{o3,4}) = -209.76 \times 10^{-6} \times (2500 \times 10^3 \parallel 2500 \times 10^3) = -262.2\text{V/V}$$

同样地，随着尾电流源电流的减小，电流源作为负载的差分对放大器的增益是增加的。

6.5.2　采用二极管连接的 MOS 负载的差分对

如果采用二极管连接的 MOS 晶体管作为差分对的负载，如图 6-14 所示，二极管连接的 MOS 晶体管的等效小信号输出电阻为 $1/g_{m3,4} \parallel r_{o3,4}$，因此，差分对的差模增益同理可得

$$A_{vd} = -g_{m1,2}\left(\frac{1}{g_{m3,4}} \parallel r_{o3,4} \parallel r_{o1,2}\right) \approx -\frac{g_{m1,2}}{g_{m3,4}} = -\sqrt{\frac{\mu_n(W/L)_{1,2}}{\mu_p(W/L)_{3,4}}} \tag{6.44}$$

因此，采用二极管连接的 MOS 晶体管负载的差分对与单端电路的结果是一致的。这种电路具有更好的线性度，但电压增益很低，同时，二极管连接的负载消耗了更多的电压裕度，因而，需要在输出电压摆幅、电压增益、线性度、输入共模范围之间进行折中。

采用二极管连接的 MOS 晶体管负载的差分对的共模特性与 6.3 节的基本差分对是一致的，只需要将负载更换为二极管连接的 MOS 晶体管的等效输出电阻表示即可，这里就不再赘述。

二极管连接的 MOS 晶体管的差分对的输出共模电平由偏置电流和二极管连接的负载确定，输出共模电平为 $V_{DD} - |V_{GS3,4}|$。

6.5.3　采用 MOS 电流镜负载的差分对

采用 MOS 电流镜负载的差分对电路如图 6-15 所示，PMOS 晶体管 M_3 和 M_4 构成电流镜结构作为差分对的负载，工作在饱和区的 M_5 为尾电流源。与前面讨论的差分对不同，采用 MOS 电流镜负载的差分对是差分输入、单端输出的电路结构，在模拟集成电路中有着广泛的应用。从电路结构上来看，这种差分对并不是完全对称结构，因此其特性与全差分电路不完全一样。下面对这种差分对进行大信号、小信号分析，并讨论其共模特性。

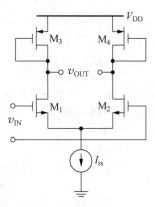

图 6-14　采用二极管连接的 MOS 晶体管负载的差分对

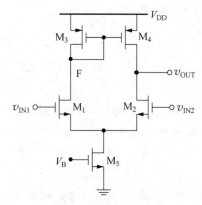

图 6-15　采用 MOS 电流镜负载的差分对

1. 大信号分析

首先考查差分对的差模特性。假设差分对已处于适当的共模电平 $V_{IN,CM}$ 之下,允许的输入共模电平范围将在后面的共模特性分析中进行讨论。假设差模信号 $v_D = v_{IN1} - v_{IN2}$ 从足够负的方向变化到足够正的方向。当 v_D 足够负时,M_1 关断,没有电流流经晶体管 M_1,因此 M_3 关断,M_4 也关断。由于没有电流流经 M_4,M_2 和 M_5 都工作在深线性区,$v_{DS2} \approx 0$,$v_{DS5} \approx 0$,因此,$v_{OUT} \approx 0$。

当 v_{IN1} 变化到与 v_{IN2} 接近时,M_1 管导通,使得尾电流源的电流 I_{D5} 一部分流经 M_3,并且使 M_4 开启,v_{OUT} 开始上升。当 $v_D = 0$ 时,流经 M_1 和 M_2 的电流相等,并且总和等于尾电流源的电流 I_{D5}。流经 M_1 的电流决定流经 M_3 的电流,理想情况下,此电流镜像到 M_4 上。如果 $v_{GS1} = v_{GS2}$,并且 M_1 和 M_2 匹配,那么流经 M_1 和 M_2 的电流也应是相等的。这样,从 M_4 供给 M_2 的电流与 M_2 需要的电流是相等的,则电路处于平衡状态。考虑电路处于平衡状态时,所有晶体管都处于饱和区,并且考虑晶体管的沟道长度调制效应,即存在有限的输出电阻。在平衡状态的基础上,当 v_{IN1} 和 v_{IN2} 之间存在较小的差值时,所有晶体管仍处于饱和区。如果 $v_{GS1} > v_{GS2}$,则由于 $I_{D5} = i_{D1} + i_{D2}$,i_{D1} 稍微增加而 i_{D2} 稍微下降,i_{D1} 增加意味着 $|i_{D3}|$ 将要增加,因而 $|v_{GS3}|$ 会稍微增加,$|v_{GS4}| (= |v_{GS3}|)$ 也会随之增加,然而 i_{D2} 却是下降的,M_4 与 M_2 处于同一支路,因此 $|i_{D4}|$ 也是下降的,$|v_{DS4}|$ 会减小,因此,v_{OUT} 会上升,在考虑 M_2 和 M_4 的沟道长度调制效应时,电流才能平衡;同理,如果 v_{IN1} 和 v_{IN2} 之间存在较小的差值且 $v_{GS1} < v_{GS2}$,v_{OUT} 将会下降。因此,电路的输出电压依赖于 M_4 供给的电流与 M_2 需求的电流的差值。电路处于平衡状态时,将产生一个高增益区。

当 v_D 进一步向正的方向增加时,流经 M_1 管的电流 i_{D1} 进一步增加,$|i_{D3}|$ 进一步增加,因而 $|v_{GS3}|$ 进一步增加,$|v_{GS4}| = |v_{GS3}|$ 也会进一步增加,而 i_{D2} 却要求进一步下降,M_4 与 M_2 处于同一支路,因此 $|i_{D4}|$ 也下降,$|v_{DS4}|$ 进一步减小,最终迫使 M_4 进入三极管区,此时放大器的增益将下降。当 v_D 足够正时,M_2 关断,流经 M_4 的电流为零,因此 M_4 工作在深线性区,即 $|v_{DS4}| \approx 0$,则 $v_{OUT} \approx V_{DD}$。采用 MOS 电流镜负载的差分对的转移特性如图 6-16 所示,在 $v_{IN1} = v_{IN2}$ 平衡态时,所有晶体管都处于饱和区,类似于基本差分对,此时放大器具有最大增益。

下面考查电路的共模特性,以确定电路的输入共模电压的选取。当电路输入施加共模信号时,即 $v_{IN1} = v_{IN2} = v_{IN,CM}$,如果电路中的器件

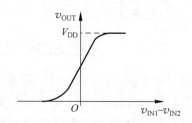

图 6-16　采用 MOS 电流镜负载的差分对的转移特性

是完全对称的,则 F 点的电位与输出节点电压是相同的,为了保证 M_1 和 M_2 及尾电流源晶体管 M_5 处于饱和区,输入共模电压的下限要求为

$$V_{IN,CM(min)} = V_{GS1} + (V_{GS5} - V_{THN5}) = V_{OD1} + V_{THN1} + V_{OD5} \tag{6.45}$$

其中 $V_{OD1} = V_{GS1} - V_{THN1}$,$V_{OD5} = V_{GS5} - V_{THN5}$。由于 M_3 为二极管方式连接,因此,为了保证 M_1 和 M_2 处于饱和区,输入共模电压的上限要求为

$$V_{IN,CM(max)} = V_{DD} - |V_{GS3}| + V_{THN1} \tag{6.46}$$

　　下面来考查输出摆幅范围,为了使 M_2 工作于饱和区,应满足

$$v_{OUT} \geqslant V_{IN,CM} - V_{THN} \tag{6.47}$$

由此可见,输入共模电平越高,允许的输出摆幅就越小。因此,在电路设计时,应选择尽量低的共模电平。为了使 M_4 工作于饱和区,应满足

$$v_{OUT} \leqslant V_{DD} - |V_{GS4}| + |V_{THP}| \tag{6.48}$$

因此,采用电流镜负载的差分对允许的输出摆幅由式(6.47)和式(6.48)确定。

【例 6.5】 考查电流镜作为负载的差分对放大器的共模范围,如图 6-15 所示,尾电流源的电流为 0.2mA,电源电压 $V_{DD} = 5V$,求此差分对放大器的输入共模范围。已知 NMOS 的参数为 $V_{THN} = 0.7V$,$K_n = 110\mu A/V^2$,$\lambda_n = 0.04V^{-1}$。PMOS 晶体管的参数为 $V_{THP} = -0.7V$,$K_p = 50\mu A/V^2$,$\lambda_p = 0.05V^{-1}$。所有 MOS 晶体管的尺寸都为 $W = 20\mu m$,$L = 1\mu m$。

解: 考查基本差分对的共模输入范围,输入为共模信号,流经差分对 M_1 和 M_2 的电流为 $I_{SS}/2 = 0.1mA$,NMOS 晶体管的尺寸都为 $W = 20\mu m$,$L = 1\mu m$,当所有晶体管都处于饱和区时,忽略沟道长度调制效应及体效应,有

$$I_{D1,2} = \frac{1}{2}\mu_n C_{ox}\frac{W}{L}(V_{GS1,2} - V_{THN})^2 = \frac{1}{2}\times 110\times 10^{-6}\times\frac{20\times 10^{-6}}{1\times 10^{-6}}\times(V_{GS1,2} - V_{THN})^2 = 0.1mA$$

其中 $K_n = \mu_n C_{ox}$,由此得到 M_1 和 M_2 的栅-源电压 $V_{GS1,2}$ 为

$$V_{GS1,2} \approx 1.0015V$$

对于电流镜负载,输入为共模信号,流经差分对 M_3 和 M_4 的电流也为 $I_{SS}/2 = 0.1mA$,PMOS 晶体管的尺寸都为 $W = 20\mu m$,$L = 1\mu m$,当所有晶体管都处于饱和区时,忽略沟道长度调制效应及体效应,有

$$|I_{D3,4}| = \frac{1}{2}\mu_p C_{ox}\frac{W}{L}(V_{GS3,4} - V_{THP})^2 = \frac{1}{2}\times 50\times 10^{-6}\times\frac{20\times 10^{-6}}{1\times 10^{-6}}\times(V_{GS3,4} - V_{THP})^2 = 0.1mA$$

其中 $K_p = \mu_p C_{ox}$,由此得到 M_3 和 M_4 的栅-源电压 $V_{GS3,4}$ 的值为

$$|V_{GS3,4}| \approx 1.1472V$$

对于尾电流源,流经晶体管 M_5 的电流为 $I_{SS} = 0.2mA$,NMOS 晶体管的尺寸为 $W = 20\mu m$,$L = 1\mu m$,当晶体管处于饱和区时,则有

$$I_{D5} = \frac{1}{2}\mu_n C_{ox}\frac{W}{L}V_{OD5}^2 = \frac{1}{2}\times 110\times 10^{-6}\times\frac{20\times 10^{-6}}{1\times 10^{-6}}\times V_{OD5}^2 = 0.2mA$$

其中 $K_n = \mu_n C_{ox}$,由此得到 M_5 的过驱动电压 V_{OD5} 为

$$V_{OD5} = V_{GS5} - V_{THN} \approx 0.4264V$$

为了使所有晶体管都处于饱和区,根据式(6.45)得出输入共模电压的下限要求为

$$V_{IN,CM(min)} = V_{GS1} + (V_{GS5} - V_{THN}) = 1.0015 + 0.4264 = 1.4279V$$

根据式(6.46)得出输入共模电压的上限要求为

$$V_{\text{IN,CM(max)}} = V_{\text{DD}} - |V_{\text{GS3}}| + V_{\text{THN}} = 5 - 1.1472 + 0.7 = 4.5528\text{V}$$

则输入共模范围（ICMR）为

$$1.4279\text{V} \leqslant v_{\text{IN,CM}} \leqslant 4.5528\text{V}$$

2. 小信号分析

下面进行小信号分析。对于图 6-15 所示的电流镜作为负载的差分对，当处于平衡态时，两个输入处于一个确定的直流偏置电压值 $V_{\text{IN,CM}}$，尾电流源为恒定电流 I_{SS}，在两个输入端之间施加差分小信号 v_{d}，即 $v_{\text{IN1}} = V_{\text{IN,CM}} + v_{\text{d}}/2$，$v_{\text{IN2}} = V_{\text{IN,CM}} - v_{\text{d}}/2$，忽略体效应，其小信号等效电路如图 6-17(a) 所示，r_{ss} 是尾电流源晶体管 M_5 的输出电阻。在差分输入的情况下，若放大器两边的器件完全匹配，M_1 和 M_2 源端的连接点可以认为是交流地电位，图 6-17(a) 可以简化为图 6-17(b)[①]。

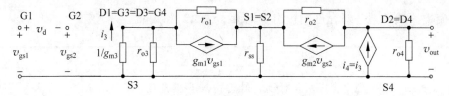

(a) 小信号等效电路

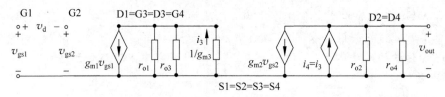

(b) 小信号等效电路的简化电路

图 6-17　电流镜作为负载的差分放大器（图 6-15）的小信号等效电路

i_3 表示流经 M_3 的电流，由图 6-17(b)，采用基尔霍夫电流定律，有

$$g_{\text{m1}}v_{\text{gs1}} - \frac{i_3 \cdot (1/g_{\text{m3}})}{r_{\text{p}}} - i_3 = 0 \tag{6.49}$$

其中 $r_{\text{p}} = r_{\text{o1}} \parallel r_{\text{o3}}$，整理后得

$$i_3 = \frac{g_{\text{m1}}g_{\text{m3}}r_{\text{p}}}{1 + g_{\text{m3}}r_{\text{p}}}v_{\text{gs1}} \approx g_{\text{m1}}v_{\text{gs1}} \tag{6.50}$$

其中 $g_{\text{m3}}r_{\text{p}} \gg 1$。电流 i_3 经过电流镜结构复制到 M_4 一侧，即 $i_4 = i_3$，采用基尔霍夫电流定律，有

$$g_{\text{m2}}v_{\text{gs2}} - i_3 + \frac{v_{\text{out}}}{r_{\text{out}}} = 0 \tag{6.51}$$

其中，$r_{\text{out}} = r_{\text{o2}} \parallel r_{\text{o4}}$。由式(6.50)和式(6.51)，由于 $g_{\text{m1}} = g_{\text{m2}} = g_{\text{m}}$，得

$$v_{\text{out}} = (g_{\text{m1}}v_{\text{gs1}} - g_{\text{m2}}v_{\text{gs2}})r_{\text{out}} = g_{\text{m}}v_{\text{d}}r_{\text{out}} \tag{6.52}$$

因此，根据小信号等效分析，可以得到差分放大器的增益为

---

① 电流镜结构使得 M_1 和 M_2 漏极处的负载并不一致，因此，这种假设存在误差。但我们仍采用这种假设，特别是在尾电流源的输出电阻非常大的情况下，这种误差对结果的影响非常小。

$$A_{vd} = \frac{v_{out}}{v_d} = g_m r_{out} = g_m (r_{o2} \parallel r_{o4}) \tag{6.53}$$

此增益表达式与采用电流源负载的差分对表达式的结果是一致的。

3. 共模响应

下面研究采用电流镜负载的差分对的共模响应。当尾电流源具有有限输出电阻 r_{ss} 时,如图 6-18(a) 所示,输入共模电平 $v_{IN,CM}$ 的变化会引起输出的改变。由于电路对称,对于任何共模输入,v_X 等于 v_Y,因此可以将 X 点和 Y 点连接在一起,如图 6-18(b)所示,进而可以等效成图 6-18(c)所示的形式。组合器件 $M_1 + M_2$ 为两管的并联,其跨导为单管的 2 倍($2g_{m1,2}$),其输出电阻为两个晶体管的并联($r_{o1,2}/2$),M_3 和 M_4 管也是并联,呈现 MOS 二极管连接形式的负载,忽略体效应,与基本差分对模块响应的推导类似,电路的共模增益表示为

$$A_{vc} \approx - \frac{\dfrac{1}{2g_{m3,4}} \parallel \dfrac{r_{o3,4}}{2}}{\dfrac{1}{2g_{m1,2}} + r_{ss}} \approx - \frac{1}{1 + 2g_{m1,2} r_{ss}} \frac{g_{m1,2}}{g_{m3,4}} \tag{6.54}$$

其中,$1/g_{m3,4} \ll r_{o3,4}$,并且忽略了 $r_{o1,2}$ 的影响,可以得到 CMRR 为

$$CMRR = \frac{|A_{vd}|}{|A_{vc}|} = (1 + 2g_{m1,2} r_{ss}) g_{m3,4} (r_{o2} \parallel r_{o4}) \tag{6.55}$$

值得注意的是,对比于全差分电路的 CMRR 的式(6.27)的结构,由式(6.55)得到的采用电流镜负载的差分对的 CMRR 要更大一些。对于这两种电路,虽然采用同样的 CMRR 定义,但实际上,这两个结果所反映的情况是不同的,对于全差分电路,共模信号增益是对差模输出的一个共模扰动,在没有失配的情况下,输出不会因此而出现差模分量,但共模扰动会扰乱偏置点,从而改变小信号增益;而对于采用电流镜负载的差分对,即使电路不存在失配,输入共模的变化也会直接出现在输出分量中,从而成为输入信号分量进入下一级电路,对于原本的信号产生干扰。

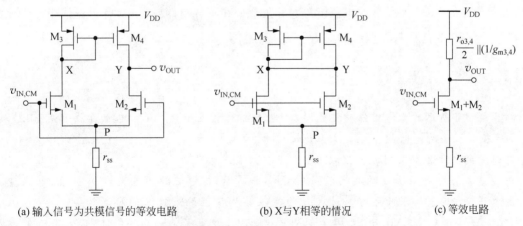

(a) 输入信号为共模信号的等效电路　　　(b) X与Y相等的情况　　　(c) 等效电路

图 6-18　采用电流镜负载的差分放大器的共模响应的等效电路

现在进一步考虑失配时的共模增益。这里需考虑输入晶体管 M_1 和 M_2 的失配。类似于 6.4 节的情况,考查 P 点的电压变化,采用 v_p 表示 P 点的小信号变化量,忽略 r_{o1} 和 r_{o2} 的影响,有

$$v_p = \frac{(g_{m1} + g_{m2}) r_{ss}}{(g_{m1} + g_{m2}) r_{ss} + 1} v_{in,cm} \tag{6.56}$$

忽略体效应，M_1 和 M_2 漏极电流的变化量为

$$i_{d1} = g_{m1}(v_{in,cm} - v_p) = \frac{g_{m1}}{(g_{m1} + g_{m2})r_{ss} + 1} v_{in,cm} \tag{6.57a}$$

$$i_{d2} = g_{m2}(v_{in,cm} - v_p) = \frac{g_{m2}}{(g_{m1} + g_{m2})r_{ss} + 1} v_{in,cm} \tag{6.57b}$$

电流变化 i_{d1} 乘以二极管连接 M_3 晶体管的等效小信号电阻 $(1/g_{m3}) \parallel r_{o3}$ 得到小信号栅-源电压 v_{gs3}，而 $v_{gs4} = v_{gs3}$，这样可得到镜像的小信号电流 $i_{d4} = g_{m4}\{[(1/g_{m3}) \parallel r_{o3}]i_{d1}\}$，此电流与 i_{d2} 的电流差将流经该电路的输出电阻，已经忽略 r_{o1} 和 r_{o2} 的影响，因此，输出电阻为 r_{o4}，得到输出电压的变化为

$$v_{out} = (i_{d4} - i_{d2})r_{o4} = \left[\frac{v_{in,cm}}{(g_{m1} + g_{m2})r_{ss} + 1} \frac{(g_{m1} - g_{m2})r_{o3} - g_{m2}/g_{m3}}{r_{o3} + 1/g_{m3}} \right] r_{o4} \tag{6.58}$$

其中 $g_{m3} = g_{m4}$，$r_{o3} = r_{o4}$，如果 $r_{o3} \gg 1/g_{m3}$，则有

$$A_{vc} \approx \frac{\Delta g_m r_{o3} - g_{m2}/g_{m3}}{1 + 2g_m r_{ss}} \tag{6.59}$$

其中，$\Delta g_m = g_{m1} - g_{m2}$，$g_m = (g_{m1} + g_{m2})/2$。

6.6 本章小结

差分工作方式相对于单端工作方式具有很多优点，是模拟集成电路选用的主要电路工作方式。在差分工作方式下的共源极电路基础上，增加尾电流源形成了差分对结构，由于两个差分支路的共源极电路的偏置电流由尾电流源确定，因而差分对具有较大的输入共模范围。由于采用差分的工作方式，因此差分放大器（差分对）具有共模抑制能力。差分放大器的共模响应受限于尾电流源的输出电阻及电路器件的匹配性。尾电流源的输出电阻越大，差分放大器的共模增益就越小，共模抑制能力就越强。差分放大器器件出现的失配将降低共模抑制能力。差分放大器的负载除了可以采用电阻之外，还可以采用电流源、二极管连接的 MOS 晶体管及电流镜等有源负载。在集成电路工艺中，有源器件相比于无源器件更加容易制造，占用芯片面积更小。

习题

1. 对于图 6-4 所示的基本差分对放大器，尾电流源的电流为 $0.2\,\text{mA}$，电阻负载 $R = 10\,\text{k}\Omega$，求此差分对放大器在输入平衡态时的增益。NMOS 的参数为 $V_{THN} = 0.7\,\text{V}$，$K_n = 110\,\mu\text{A/V}^2$，$\lambda_n = 0.04\,\text{V}^{-1}$。NMOS 晶体管的尺寸为 $W = 20\,\mu\text{m}$，$L = 1\,\mu\text{m}$。

2. 考查基本差分对放大器的共模范围，如图 6-6 所示，尾电流源的电流为 $0.2\,\text{mA}$，电阻负载 $R = 5\,\text{k}\Omega$，电源电压 $V_{DD} = 3\,\text{V}$，求此差分对放大器的输入共模范围。NMOS 的参数为 $V_{THN} = 0.7\,\text{V}$，$K_n = 110\,\mu\text{A/V}^2$，$\lambda_n = 0.04\,\text{V}^{-1}$。$M_1$ 和 M_2 晶体管的尺寸为 $W = 20\,\mu\text{m}$，$L = 1\,\mu\text{m}$；M_3 晶体管的尺寸为 $W = 40\,\mu\text{m}$，$L = 1\,\mu\text{m}$。

3. 考查图 6-8 所示的基本差分对放大器的共模范围，尾电流源的电流为 $0.2\,\text{mA}$，电阻负载 $R = 5\,\text{k}\Omega$，电源电压 $V_{DD} = 5\,\text{V}$，求此差分对放大器的输入共模范围。PMOS 晶体管的参数为 $V_{THP} = -0.7\,\text{V}$，$K_p = 50\,\mu\text{A/V}^2$，$\lambda_p = 0.05\,\text{V}^{-1}$。$M_1$ 和 M_2 晶体管的尺寸为 $W = 20\,\mu\text{m}$，$L = 1\,\mu\text{m}$；M_3 晶体管的尺寸为 $W = 40\,\mu\text{m}$，$L = 1\,\mu\text{m}$。

4. 对于图 6-8 所示的基本差分对放大器,尾电流源的电流为 0.2mA,电阻负载 $R=10\mathrm{k\Omega}$,求此差分对放大器在输入平衡态时的增益。PMOS 晶体管的参数为 $V_{\mathrm{THP}}=-0.7\mathrm{V}$,$K_{\mathrm{p}}=50\mu\mathrm{A/V}^2$,$\lambda_{\mathrm{p}}=0.05\mathrm{V}^{-1}$。PMOS 晶体管的尺寸为 $W=20\ \mu\mathrm{m}$,$L=1\ \mu\mathrm{m}$。

5. 考查当图 6-4 所示的基本差分对放大器存在器件失配时共模到差模的增益。尾电流源 I_{SS} 采用工作在饱和区的 NMOS 晶体管实现,尾电流源的电流为 0.2mA,电阻负载 $R=10\mathrm{k\Omega}$,电源电压 $V_{\mathrm{DD}}=5\mathrm{V}$,考查仅存在电阻负载的失配时,如图 6-10 所示,此差分对放大器的共模到差模的增益 $A_{\mathrm{cm\text{-}dm}}$ 的值。电阻负载失配 $\Delta R=1\mathrm{k\Omega}$,NMOS 的参数为 $V_{\mathrm{THN}}=0.7\mathrm{V}$,$K_{\mathrm{n}}=110\mu\mathrm{A/V}^2$,$\lambda_{\mathrm{n}}=0.04\mathrm{V}^{-1}$。所有 NMOS 晶体管的尺寸都为 $W=20\mu\mathrm{m}$,$L=1\mu\mathrm{m}$。

6. 考查当图 6-4 所示的基本差分对放大器存在器件失配时共模到差模的增益。尾电流源 I_{SS} 采用工作在饱和区的 NMOS 晶体管实现,尾电流源的电流为 0.2mA,电阻负载 $R=10\mathrm{k\Omega}$,电源电压 $V_{\mathrm{DD}}=5\mathrm{V}$,考查仅存在 M_1 和 M_2 失配时,如图 6-10 所示,此差分对放大器的共模到差模的增益 $A_{\mathrm{cm\text{-}dm}}$ 的值。M_1 和 M_2 的宽失配 $\Delta W=1\mu\mathrm{m}$,NMOS 的参数为 $V_{\mathrm{THN}}=0.7\mathrm{V}$,$K_{\mathrm{n}}=110\mu\mathrm{A/V}^2$,$\lambda_{\mathrm{n}}=0.04\mathrm{V}^{-1}$。所有 NMOS 晶体管不存在失配时的尺寸都为 $W=20\mu\mathrm{m}$,$L=1\mu\mathrm{m}$。

7. 考查当图 6-4 所示的基本差分对放大器存在器件失配时共模到差模的增益。尾电流源 I_{SS} 采用工作在饱和区的 NMOS 晶体管实现,尾电流源的电流为 0.2mA,电阻负载 $R=10\mathrm{k\Omega}$,电源电压 $V_{\mathrm{DD}}=5\mathrm{V}$,考查当 M_1 和 M_2 的宽失配和电阻失配同时存在时,此差分对放大器的共模到差模的增益 $A_{\mathrm{cm\text{-}dm}}$ 的值。M_1 和 M_2 的宽失配 $\Delta W=1\mu\mathrm{m}$,电阻负载失配 $\Delta R=1\mathrm{k\Omega}$,NMOS 的参数为 $V_{\mathrm{THN}}=0.7\mathrm{V}$,$K_{\mathrm{n}}=110\mu\mathrm{A/V}^2$,$\lambda_{\mathrm{n}}=0.04\mathrm{V}^{-1}$。所有 NMOS 晶体管不存在失配时的尺寸都为 $W=20\mu\mathrm{m}$,$L=1\mu\mathrm{m}$。

8. 考查图 6-12 所示的电流源作为负载的差分对放大器的共模范围,尾电流源采用工作在饱和区的 MOS 晶体管来实现,尾电流源的电流为 0.2mA,电源电压 $V_{\mathrm{DD}}=3\mathrm{V}$,求此差分对放大器的输入共模范围。NMOS 的参数为 $V_{\mathrm{THN}}=0.7\mathrm{V}$,$K_{\mathrm{n}}=110\mu\mathrm{A/V}^2$,$\lambda_{\mathrm{n}}=0.04\mathrm{V}^{-1}$。PMOS 晶体管的参数为 $V_{\mathrm{THP}}=-0.7\mathrm{V}$,$K_{\mathrm{p}}=50\mu\mathrm{A/V}^2$,$\lambda_{\mathrm{p}}=0.05\mathrm{V}^{-1}$。所有晶体管的尺寸都为 $W=20\mu\mathrm{m}$,$L=1\mu\mathrm{m}$。

9. 对于图 6-13 所示的共源共栅电流源负载的差分对放大器,求尾电流 I_{SS} 的电流分别为 0.2mA 和 0.02mA 时放大器的增益。NMOS 的参数为 $V_{\mathrm{THN}}=0.7\mathrm{V}$,$K_{\mathrm{n}}=110\mu\mathrm{A/V}^2$,$\lambda_{\mathrm{n}}=0.04\mathrm{V}^{-1}$。PMOS 晶体管的参数为 $V_{\mathrm{THP}}=-0.7\mathrm{V}$,$K_{\mathrm{p}}=50\mu\mathrm{A/V}^2$,$\lambda_{\mathrm{p}}=0.05\mathrm{V}^{-1}$。所有晶体管的尺寸都为 $W=20\mu\mathrm{m}$,$L=1\ \mu\mathrm{m}$。

10. 对于图 6-15 所示的电流镜作为负载的差分对放大器,求尾电流 I_{SS} 的电流分别为 0.2mA 和 0.02mA 时放大器的增益。NMOS 的参数为 $V_{\mathrm{THN}}=0.7\mathrm{V}$,$K_{\mathrm{n}}=110\mu\mathrm{A/V}^2$,$\lambda_{\mathrm{n}}=0.04\mathrm{V}^{-1}$。PMOS 晶体管的参数为 $V_{\mathrm{THP}}=-0.7\mathrm{V}$,$K_{\mathrm{p}}=50\mu\mathrm{A/V}^2$,$\lambda_{\mathrm{p}}=0.05\mathrm{V}^{-1}$。所有晶体管的尺寸都为 $W=20\mu\mathrm{m}$,$L=1\ \mu\mathrm{m}$。

第 7 章

CMOS 放大器的频率响应

主要符号	含　义
v_s	交流小信号的信号源电压
$V_s(s)$	s 域的信号源电压
v_i	交流小信号输入信号电压
$V_i(s)$	s 域的输入信号电压
v_o	交流小信号输出信号电压
$V_o(s)$	s 域的输出信号电压
v_{gs}	交流小信号栅-源电压
$V_{gs}(s)$	s 域的栅-源电压
i_d	交流小信号漏极电流
$I_d(s)$	s 域的漏极电流
$A_{vo}, A_v, A_v(s)$	低频交流小信号增益、交流小信号增益、s 域增益
A_{PB}	通带电压增益
$A_{vc}, A_{vc}(s)$	交流小信号共模增益、s 域的共模增益
g_m	MOSFET 的跨导
r_o	晶体管的小信号输出电阻
g_{mb}	MOSFET 体效应引起的跨导
C_{gs}	小信号模型中的栅源电容
C_{gd}	小信号模型中的栅漏电容
C_{db}	小信号模型中的漏极-衬底电容
C_{gb}	小信号模型中的栅极-衬底电容
C_{sb}	小信号模型中的源极-衬底电容
C_{GS}	大信号模型中的栅源电容
C_{GD}	大信号模型中的栅漏电容
C_{DB}	大信号模型中的漏极-衬底电容

7.1　引言

　　到目前为止,忽略了 CMOS 放大器中器件电容和负载电容的影响,放大器的增益在所有频率下保持为常数,一直只是考虑放大器的直流或低频下的行为。然而,实际放大器的增益对频率是有依赖性的,对于不同的工作频率,放大器的增益的幅度和相位都会发生变化,甚至放大器的输入输出阻抗也随频率变化而发生变化。

本章首先介绍放大器频率响应的基本概念,然后讨论频率响应的基本分析方法,进而对集成电路的小信号频率特性进行讨论,之后针对单端放大器和差分放大器,分别进行具体的频率响应特性分析。

7.2 放大器的频率响应

对于实际的放大器,输出正弦信号 $v_o(\omega)$ 对应于输入正弦信号 $v_i(\omega)$ 会有不同的幅度和相位,其中输入信号频率采用以弧度每秒为单位的角频率 ω 表示。相应地,电压增益 $A_v(\omega)=v_o(\omega)/v_i(\omega)$ 对于频率变化会表现为不同的幅度和相位角的变化。如果在放大器的输入施加一定频率的正弦信号,输出也应是同样频率的正弦信号。放大器的频率响应指的是输出正弦信号幅度和相位与输入正弦信号的幅度和相位的关系。

从前面的章节讨论中可知,若想让放大器能够正常工作,必须设置放大器的(静态)工作点。这样信号就可以分为两类:交流信号和直流信号。在电路系统中,放大器的级联通常有两种形式:交流耦合和直流耦合。在PCB这样的板级系统中,PCB上的放大器之间通常采用"耦合电容"(coupling capacitor)进行级联,以两级放大器级联为例,电路框图如图7-1所示,信号源的交流信号能够由前一级传输到后一级,而直流信号是相互隔离的。放大器的直流偏置电压是各自独立的,信号源、前后级或者负载之间不会产生直流偏置影响。这样的级联放大器称为"电容(或交流)耦合放大器"。然而,在集成电路工艺中很难提供大的电容来充当级间耦合电容,因此放大器之间常常采用直接连接的方式进行级联,如图7-2所示,这样的放大器称为"直接(或直流)耦合放大器"。

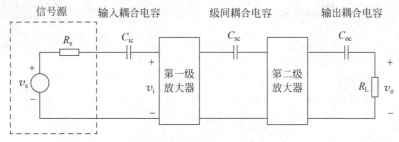

图 7-1 电容耦合放大器

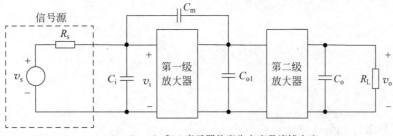

C_i、C_m、C_{o1} 和 C_o 表示器件寄生电容及连线电容

图 7-2 直接耦合放大器

在交流耦合放大器中,耦合电容在低频时产生较高电抗,衰减原来的输入信号;而在高频时,这些电容呈现非常小的电抗,基本上可以被认为是短路的。因此,交流耦合放大器将对低频信号产生衰减,而对高频信号视为短路。

在直流耦合放大器中没有耦合电容。但是,由于放大器器件的内部寄生电容及信号连线与地之间的杂散连线电容的存在,在电路内部不同节点上会呈现 fF 至 pF 量级的小电容,图 7-2 中的 C_i、C_m、C_{o1} 和 C_o 表示电路中器件的寄生电容及连线电容。在低频处这些电容基本可以被认为是开路的;而在高频处会产生较低电抗,影响信号幅度及相位。

放大器耦合类型会影响其频率响应。放大器主要呈现以下 3 种频率特性之一:低通、高通及带通。

7.2.1 低通特性

具有低通特性的放大器小信号等效电路如图 7-3 所示,注意这里的信号量在拉普拉斯域(s 域)进行表示。C_2 并联在负载 R_L 两端之间,可看作放大器的输出电容或者负载电容。C_2 形成了一个信号从放大器流向负载 R_L 的并行通路。输出电压在拉普拉斯域(s 域)表示为

$$V_o(s) = -g_m V_i(s)\left(R_L \parallel \frac{1}{sC_2}\right) = -g_m R_L \frac{1}{1 + sC_2 R_L} V_i(s) \tag{7.1}$$

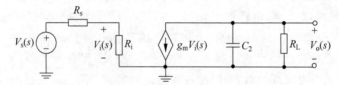

图 7-3 在 s 域表示的具有低通特性的放大器小信号等效电路

输入信号 $V_i(s)$ 与信号源 $V_s(s)$ 的关系为 $V_i(s) = V_s(s) R_i / (R_s + R_i)$,带入式(7.1),得到信号源到放大器输出的电压增益为

$$A_v(s) = \frac{V_o(s)}{V_s(s)} = -\frac{g_m R_L R_i}{(R_s + R_i)(1 + sC_2 R_L)} \tag{7.2}$$

式(7.2)可以写成一般形式

$$A_v(s) = \frac{A_{vo}}{1 + s\tau_2} = \frac{A_{vo}}{1 + s/\omega_H} \tag{7.3}$$

其中,A_{vo} 表示在不考虑频率特性时放大器电路的增益;ω_H 对应放大器传递函数 $A_v(s)$ 中的一个极点频率;τ_2 对应极点频率的时间常数,有

$$A_{vo} = -\frac{g_m R_L R_i}{R_s + R_i} \tag{7.4}$$

$$\tau_2 = C_2 R_L \tag{7.5}$$

$$\omega_H = \frac{1}{\tau_2} = \frac{1}{C_2 R_L} \tag{7.6}$$

在频域,$s = j\omega$,式(7.3)变成

$$A_v(j\omega) = \frac{A_{vo}}{1 + j\omega/\omega_H} \tag{7.7}$$

这样,幅度 $|A_v(j\omega)|$ 可表示为

$$| A_v(j\omega) | = \frac{| A_{vo} |}{[1+(\omega/\omega_H)^2]^{1/2}} \tag{7.8}$$

$A_v(j\omega)$产生的额外相位角 ϕ 为

$$\phi = -\arctan\left(\frac{\omega}{\omega_H}\right) \tag{7.9}$$

式(7.8)和式(7.9)分别描述的是具有低通特性的放大器电路的幅频特性和相频特性。下面考查一下这两个公式所描述的幅频特性和相频特性。对增益 $A_v(j\omega)$ 采用增益 A_{vo} 进行归一化,即

$$A_{v0}(j\omega) = A_v(j\omega)/A_{vo} - \frac{1}{1+j\omega/\omega_H} \tag{7.10}$$

当处于低频时,$\omega \ll \omega_H$,得

$$| A_{v0}(j\omega) | \approx 1 \tag{7.11}$$

以分贝形式表示

$$20\lg | A_{v0}(j\omega) | \approx 0 \tag{7.12a}$$

而相位为

$$\phi = 0 \tag{7.12b}$$

因此,在低频处,$A_{v0}(j\omega)$的幅频特性图近似为0dB处的水平直线,相移为0°。

当频率增长至 $\omega = \omega_H$ 时,根据式(7.8)和式(7.10),得

$$| A_{v0}(j\omega) | = \frac{1}{\sqrt{2}} \tag{7.13}$$

以分贝形式表示

$$20\lg | A_{v0}(j\omega) | = 20\lg\left(\frac{1}{\sqrt{2}}\right) = -3\text{dB} \tag{7.14a}$$

根据式(7.9),得到相位

$$\phi = -\frac{\pi}{4} \tag{7.14b}$$

这表明,在 $\omega = \omega_H$ 处,幅频特性下降3dB,相移为 $-\pi/4$,即 $-45°$。

当频率继续增长,$\omega \gg \omega_H$ 时,$|A_v(j\omega)|$可近似为

$$| A_{v0}(j\omega) | \approx \left(\frac{\omega_H}{\omega}\right) \tag{7.15}$$

以分贝形式表示

$$20\lg | A_{v0}(j\omega) | = 20\lg\left(\frac{\omega_H}{\omega}\right) \tag{7.16a}$$

而相位为

$$\phi \approx -\frac{\pi}{2} \tag{7.16b}$$

因此,在 $\omega \gg \omega_H$ 高频处,$A_{v0}(j\omega)$的相移为 $-\pi/2$,即 $-90°$。下面考查当 ω 高于 ω_H 时高频处 $A_{v0}(j\omega)$ 的幅频特性变化的情况。考虑一个高频 $\omega = \omega_1$,$\omega_1 \gg \omega_H$,在 $\omega = \omega_1$ 处幅度为 $20\lg(\omega_H/\omega_1)$。在 $\omega = 10\omega_1$ 处幅度为 $20\lg(\omega_H/10\omega_1)$,则变化的幅度为

$$20\lg\left(\frac{\omega_H}{10\omega_1}\right) - 20\lg\left(\frac{\omega_H}{\omega_1}\right) = 20\lg\left(\frac{1}{10}\right) = -20\text{dB} \tag{7.17a}$$

如果频率是原来的 2 倍,即 $\omega=2\omega_1$,则变化的幅度为

$$20\lg\left(\frac{\omega_H}{2\omega_1}\right)-20\lg\left(\frac{\omega_H}{\omega_1}\right)=20\lg\left(\frac{1}{2}\right)=-6\mathrm{dB} \qquad (7.17\mathrm{b})$$

频率响应如图 7-4 所示。如果频率双倍增长,那么频率轴的增长模式称为"倍频程"(octave)增长,记为 OCT。如果频率以 10 倍因子增长,则增长模式称为"十倍频程"(decade)增长,记为 DEC。对于频率以十倍频程增长,即每十倍频程幅度变化 $-20\mathrm{dB}$;对于频率以倍频程增长,即每倍频程幅度变化 $-6\mathrm{dB}$。可见,在高频处,幅频特性曲线是一条斜率为 $-20\mathrm{dB/DEC}$(或 $-6\mathrm{dB/OCT}$)的直线。因此,幅频特性曲线由低频处的水平直线和高频处的斜线两条渐近直线确定,并在频率 ω_H 处汇合。频率 ω_H 也称为"拐点频率"。考虑实际的频率 ω_H 处的幅频特性,$|A_{vo}(\mathrm{j}\omega)|=1/\sqrt{2}$,$20\lg(1/\sqrt{2})=-3\mathrm{dB}$,即实际曲线下降到渐近线的 70.7%。一条幅频特性曲线可能有多个拐点频率。增益幅度下降到低频增益的 70.7%($-3\mathrm{dB}$)处的拐点频率也称为"3dB(或截止、半功率)频率"。频率高于 ω_H 后,电压增益随频率上升而下降。当频率 $\omega\ll\omega_H$ 时,电路中的电容近似为开路,增益几乎与频率无关。A_{vo} 是直流或低频增益。放大器的"3dB 带宽"是增益保持在常数增益 A_{vo} 的 3dB 以内的频率范围,即 $\mathrm{BW}=\omega_H$。

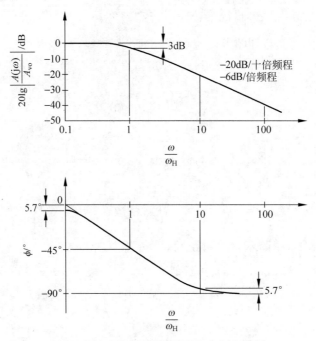

图 7-4 低通放大器的幅频特性和相频特性

【例7.1】 在图 7-3 所示的放大器的小信号等效电路中,$g_m=1\mathrm{mA/V}$,$R_s=2\mathrm{k\Omega}$,$R_i=10\mathrm{M\Omega}$,$R_L=100\mathrm{k\Omega}$,$C_2=1\mathrm{pF}$。求放大器从信号源到输出的低频增益值 $|A_{vo}|$,写出放大器从信号源到输出的 s 域的传递函数,并求高截止频率 ω_H。并且求当频率分别为 $\omega=10\omega_H$ 和 $\omega=20\omega_H$ 时的增益值,以及产生了多少相位角变化。

解:图 7-3 所示的放大器从信号源到输出的低频增益为

$$A_{vo}=-\frac{g_m R_L R_i}{R_s+R_i}=-\frac{1\times10^{-3}\times100\times10^3\times10\times10^6}{2\times10^3+10\times10^6}\approx-100$$

负号表示的是反相。则放大器从信号源到输出的低频增益值为

$$|A_{vo}| \approx 100 \quad 或 \quad 40dB$$

图7-3所示的放大器从信号源到输出的 s 域的传递函数写成一般形式为

$$A_v(s) = \frac{A_{vo}}{1+s\tau_2} = \frac{A_{vo}}{1+s/\omega_H}$$

其中,高截止频率为

$$\omega_H = \frac{1}{C_2 R_L} = \frac{1}{1 \times 10^{-12} \times 100 \times 10^3} = 10 \times 10^6 \, rad/s$$

当频率 $\omega = 10\omega_H$ 时,即 $100 \times 10^6 \, rad/s$ 时,增益 $|A_v(j\omega)|$ 为

$$|A_v(j\omega)| = \frac{|A_{vo}|}{[1+(\omega/\omega_H)^2]^{1/2}} = \frac{100}{[1+(10\omega_H/\omega_H)^2]^{1/2}} \approx 9.95 \quad 或 \approx 20.0dB$$

相位角的变化为

$$\phi = -\arctan\left(\frac{\omega}{\omega_H}\right) = -\arctan\left(\frac{10\omega_H}{\omega_H}\right) = -84.3°$$

当频率 $\omega = 20\omega_H$ 时,即 $200Mrad/s$ 时,增益 $|A_v(j\omega)|$ 为

$$|A_v(j\omega)| = \frac{|A_{vo}|}{[1+(\omega/\omega_H)^2]^{1/2}} = \frac{100}{[1+(20\omega_H/\omega_H)^2]^{1/2}} \approx 4.994 \quad 或 \approx 14.0dB$$

相位角的变化为

$$\phi = -\arctan\left(\frac{\omega}{\omega_H}\right) = -\arctan\left(\frac{20\omega_H}{\omega_H}\right) = -87.1°$$

7.2.2　高通特性

在拉普拉斯域(s 域)表示的具有高通特性的放大器小信号等效电路如图7-5所示。C_1 是信号源与放大器之间的隔直电容。输出电压在拉普拉斯域表示为

$$V_o(s) = -g_m R_L V_i(s) \tag{7.18}$$

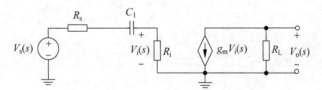

图7-5　在 s 域表示的具有高通特性的放大器小信号等效电路

采用分压定律,我们得到 $V_i(s)$ 与 $V_s(s)$ 的关系为

$$V_i(s) = \frac{R_i}{R_s + R_i + 1/sC_1} V_s(s) = \frac{sC_1 R_i}{1+sC_1(R_s+R_i)} V_s(s) \tag{7.19}$$

将从式(7.19)得出的 $V_i(s)$ 带入式(7.18),得到电压增益为

$$A_v(s) = \frac{V_o(s)}{V_s(s)} = \frac{-g_m R_L R_i}{R_s + R_i} \times \frac{sC_1(R_s+R_i)}{1+sC_1(R_s+R_i)} \tag{7.20}$$

式(7.20)可以写成一般形式

$$A_v(s) = \frac{A_{vo}s\tau_1}{1+s\tau_1} = \frac{A_{vo}s}{s+1/\tau_1} = \frac{A_{vo}s}{s+\omega_L} = \frac{A_{vo}}{1+\omega_L/s} \qquad (7.21)$$

其中 A_{vo} 表示在不考虑频率特性时放大器电路的增益，τ_1 是频率 ω_L 对应的时间常数

$$A_{vo} = -\frac{g_m R_L R_i}{R_s + R_i} \qquad (7.22)$$

$$\tau_1 = C_1(R_s + R_i) \qquad (7.23)$$

$$\omega_L = \frac{1}{\tau_1} = \frac{1}{[C_1(R_s + R_i)]} \qquad (7.24)$$

在频域 $s = j\omega$，式(7.21)变成

$$A_v(j\omega) = \frac{A_{vo}}{1+\omega_L/j\omega} \qquad (7.25)$$

这样，幅度 $|A_v(j\omega)|$ 可得

$$|A_v(j\omega)| = \frac{|A_{vo}|}{[1+\omega_L^2/\omega^2]^{1/2}} \qquad (7.26)$$

$A_v(j\omega)$ 的相位角 ϕ 为

$$\phi = 90° - \arctan(\omega/\omega_L) \qquad (7.27)$$

同样地，对增益 $A_v(j\omega)$ 采用增益 A_{vo} 进行归一化，即

$$A_{v0}(j\omega) = A_v(j\omega)/A_{vo} = \frac{1}{1+\omega_L/j\omega} \qquad (7.28)$$

对于 $\omega \ll \omega_L$，根据式(7.28)式(7.26)，有

$$|A_{v0}(j\omega)| \approx \frac{\omega}{\omega_L}$$

以分贝形式表示

$$20\lg|A_{v0}(j\omega)| = 20\lg\left(\frac{\omega}{\omega_L}\right) \qquad (7.29a)$$

因此，当 $\omega \ll \omega_L$ 时，对于频率十倍频增长，幅度以 $+20\text{dB}$ 变化。$A_v(j\omega)$ 的幅频特性图是一条 $+20\text{dB}/$十倍频程(或 $+6\text{dB}/$倍频程)斜率的直线。根据式(7.27)，得到相位

$$\phi = \frac{\pi}{2} \qquad (7.29b)$$

当 $\omega \ll \omega_L$ 时，$A_{v0}(j\omega)$ 的相位为 $\pi/2$，即 $90°$。

在 $\omega = \omega_L$ 处，有

$$|A_{v0}(j\omega)| = \frac{1}{\sqrt{2}} \qquad (7.30)$$

以分贝形式表示

$$20\lg|A_{v0}(j\omega)| = 20\lg\left(\frac{1}{\sqrt{2}}\right) = -3\text{dB} \qquad (7.31a)$$

同样地，根据式(7.27)，得到相位

$$\phi = \frac{\pi}{4} \qquad (7.31b)$$

在 $\omega = \omega_L$ 处，幅频特性下降 3dB，相位为 $\pi/4$，即 $45°$。

对于 $\omega \gg \omega_L$,有

$$| A_{v0}(j\omega) | = A_{v(mid)} = 1 \qquad (7.32)$$

以分贝形式表示

$$20\lg | A_{v0}(j\omega) | = 0 \qquad (7.33a)$$

因此,在高频处,幅频特性曲线是在0dB处的一条水平直线。而相位为

$$\phi \approx 0 \qquad (7.33b)$$

频率响应如图7-6所示。具有高通特性的放大器电路通过高频信号,在低频处幅度是衰减的。对于 $\omega \ll \omega_L$ 电压增益随频率变化,对于 $\omega \gg \omega_L$ 增益几乎与频率无关。ω_L 称为低"拐点(转角、截止、3dB、半功率)频率"。A_{vo} 是通带增益。注意对于足够高的频率,实际放大器的高通特性会趋于减弱,这是由于放大器件的内部电容会对电路在高频处的性能产生影响。

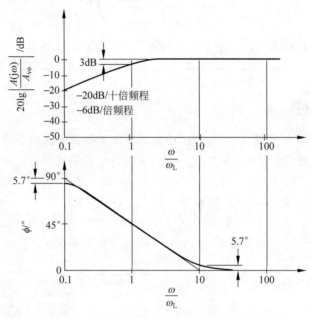

图 7-6　高通放大器的幅频特性和相频特性

【例7.2】　在图7-5所示的放大器的小信号等效电路中,$g_m = 1mA/V$,$R_s = 2k\Omega$,$R_i = 10M\Omega$,$R_L = 100k\Omega$,$C_1 = 1nF$。求放大器从信号源到输出的通带增益值 $|A_{vo}|$,写出放大器从信号源到输出的 s 域的传递函数,并求低截止频率 ω_L。并且求当频率分别为 $\omega = \omega_L/10$ 和 $\omega = \omega_L/20$ 时的增益值,以及产生了多少相位角变化。

解:　图7-5所示的放大器从信号源到输出的通带增益为

$$A_{vo} = -\frac{g_m R_L R_i}{R_s + R_i} = -\frac{1 \times 10^{-3} \times 100 \times 10^3 \times 10 \times 10^6}{2 \times 10^3 + 10 \times 10^6} \approx -100$$

负号表示的是反相。则放大器从信号源到输出的通带增益值为

$$| A_{vo} | \approx 100 \quad 或 \ 40\text{dB}$$

图7-5所示的放大器从信号源到输出的 s 域的传递函数写成一般形式为

$$A_v(s) = \frac{A_{vo}}{1 + \omega_L/s}$$

其中,低截止频率为

$$\omega_L = \frac{1}{[C_1(R_s + R_i)]} = \frac{1}{1 \times 10^{-9} \times (2 \times 10^3 + 10 \times 10^6)} \approx 100\text{rad/s}$$

当频率 $\omega = \omega_L/10$,即 10rad/s 时,增益 $|A_v(j\omega)|$ 为

$$|A_v(j\omega)| = \frac{|A_{vo}|}{[1 + \omega_L^2/\omega^2]^{1/2}} = \frac{100}{[1 + \omega_L^2/(\omega_L^2/10^2)]^{1/2}} \approx 9.95 \quad 或 \approx 20.0\text{dB}$$

相位角的变化为

$$\phi = 90° - \arctan(\omega/\omega_L) = 90° - \arctan(1/10) = 84.3°$$

当频率 $\omega = \omega_L/20$,即 5rad/s 时,增益 $|A_v(j\omega)|$ 为

$$|A_v(j\omega)| = \frac{|A_{v0}|}{[1 + \omega_L^2/\omega^2]^{1/2}} = \frac{100}{[1 + \omega_L^2/(\omega_L^2/20^2)]^{1/2}} \approx 4.994 \quad 或 \approx 14.0\text{dB}$$

相位角的变化为

$$\phi = 90° - \arctan(\omega/\omega_L) = 90° - \arctan(1/20) = 87.1°$$

7.2.3 带通特性

电容耦合放大器中除了具有耦合电容之外,还包括器件电容及连线的杂散电容。在图 7-5 所示的电路中进一步考虑电路中的寄生电容 C_2,如图 7-7 所示,电路将呈现带通特性。将式(7.19)得出的 $V_i(s)$ 带入式(7.1),整理后得到电压增益为

$$A_v(s) = \frac{V_o(s)}{V_s(s)} = \frac{-g_m R_L R_i}{R_s + R_i} \times \frac{sC_1(R_s + R_i)}{1 + sC_1(R_s + R_i)} \times \frac{1}{1 + sC_2 R_L} \tag{7.34}$$

其可以写成一般形式

$$A_v(s) = \frac{A_{vo}}{(1 + \omega_L/s)(1 + s/\omega_H)} \tag{7.35}$$

在频域 $s = j\omega$,式(7.35)变成

$$A_v(j\omega) = \frac{A_{vo}}{(1 + \omega_L/j\omega)(1 + j\omega/\omega_H)} \tag{7.36}$$

这样,幅度 $|A_v(j\omega)|$ 可得

$$|A_v(j\omega)| = \frac{|A_{vo}|}{[1 + \omega_L^2/\omega^2]^{1/2}[1 + (\omega/\omega_H)^2]^{1/2}} \tag{7.37}$$

$A_v(j\omega)$ 的相位角 ϕ 为

$$\phi = 90° - \arctan(\omega/\omega_L) - \arctan(\omega/\omega_H) \tag{7.38}$$

如果 $\omega_L < \omega < \omega_H$,电压增益几乎保持不变。频率响应特性如图 7-8 所示,这是一个带通电路,A_{vo} 是中

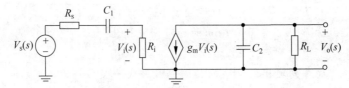

图 7-7 在 s 域表示的具有带通特性的放大器小信号等效电路

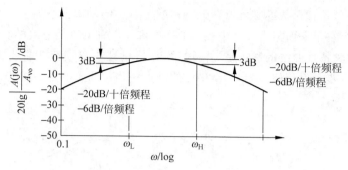

图 7-8　带通放大器的频率响应

频(或通带)增益。带通放大器的"带宽"(BW)是增益保持在常数增益 A_{vo} 的 3dB 内的频率范围。因此,也就是截止频率之间的差值,即 BW＝ω_H－ω_L。

7.2.4　伯德图

任何一个放大器电路都可以通过小信号分析得到一个传递函数 $A(s)$,$A(s)$ 在 s 域的一般表达形式为

$$A(s)=\frac{a_m s^m+\cdots+a_2 s^2+a_1 s+a_0}{b_n s^n+\cdots+b_2 s^2+b_1 s+b_0}\quad(\text{当 } n\geqslant m \text{ 时})\tag{7.39}$$

式(7.39)中的分母和分子是用 s 表示的带有实系数的多项式。若这些多项式被因式分解,则

$$A(s)=\frac{N(s)}{D(s)}=\frac{a_m(s-z_1)(s-z_2)\cdots(s-z_m)}{b_n(s-p_1)(s-p_2)\cdots(s-p_n)}\tag{7.40}$$

$z_1,z_2,\cdots,z_m$ 是传递函数的零点,当 $s=z_m$ 时,$A(s)=0$;$p_1,p_2,\cdots,p_n$ 是传递函数的极点,当 $s=p_n$ 时,$A(s)=\infty$。

正如在 7.2.1 节中,对比式(7.40),可知式(7.3)所描述的传递函数中存在一个极点,$p_1=-1/(C_2 R_L)$。而极点 p_1 对应的频率称为"极点频率",即 $\omega_1=|p_1|$,式(7.3)所描述的低通滤波器的高截止频率等于极点 p_1 对应的极点频率,即 $\omega_H=\omega_1$。传递函数中的极点和零点决定了电路的幅频特性和相频特性。因此,可以利用传递函数中的极点和零点来绘制电路的频率响应特性图。

伯德(Bode)图是描述频率响应的一种图示方法,用来描述幅频特性及相频特性的曲线图。伯德图可以用来分析放大器的频率特性及稳定性。伯德图根据零点和极点的情况表示一个复变函数的幅值和相位的渐进特性。伯德图简化的作图的原则为:

(1) 幅频特性曲线:每遇到一个极点频率,幅频特性曲线的斜率在原来的基础上按−20dB/十倍频程进行变化;每遇到一个零点频率,幅频特性曲线的斜率在原来的基础上按 20dB/十倍频程进行变化。

(2) 相频特性曲线:对于复平面(s 平面)中左半平面的极点和零点,对于极点频率 ω_p,相位在 $0.1\omega_p$ 处开始下降,在 ω_p 处相位角为−45°,在大于 $10\omega_p$ 处相位角达到近似−90°;对于零点频率 ω_z,相位在 $0.1\omega_z$ 处开始上升,在 ω_z 处相位角为＋45°,在大于 $10\omega_z$ 处相位角达到近似＋90°。而对于 s 平面中右半平面的极点和零点,对相位影响的情况正好和上述相反。

举个例子,对于一个在传递函数中具有 3 个 s 平面左半平面极点的放大器,在 s 平面中的零极点如图 7-9(a)所示,其表示幅频特性和相频特性的频率特性的伯德图如图 7-9(b)所示,遇到第一个极点时,幅频特性曲线按 20dB/十倍频程下降,相位就已经产生了−45°相移,遇到第二个极点时,幅频特性曲线在第一个极点作用的基础上,总共将按 40dB/十倍频程下降,而相位加上第一个极点产生的−90°相移,总共将产生−135°相移。第三个极点的情形,以此类推。

如图 7-10(a)所示的传递函数的零极点情形是在图 7-9(a)的基础上增加了一个零点,具有 3 个 s 平面左半平面极点和一个右半平面零点。其中极点的影响和图 7-9 中的是一致的。这里要注意右半平面零点的影响,零点对幅频特性曲线的影响是提高增益,在这里减缓幅频特性曲线的下降,而右半平面零点对相位的影响是进一步延迟相位,这和左半平面的极点对相位的影响是一样的,如图 7-10(b)所示。

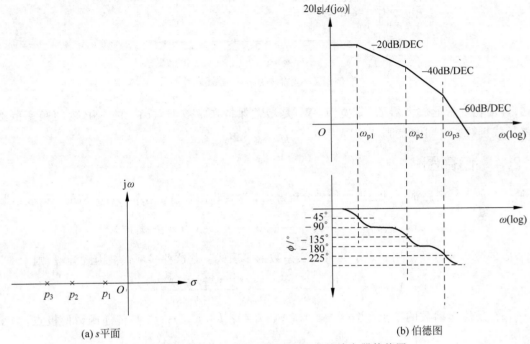

(a) s 平面   (b) 伯德图

图 7-9　具有 3 个 s 平面左半平面极点的放大器伯德图

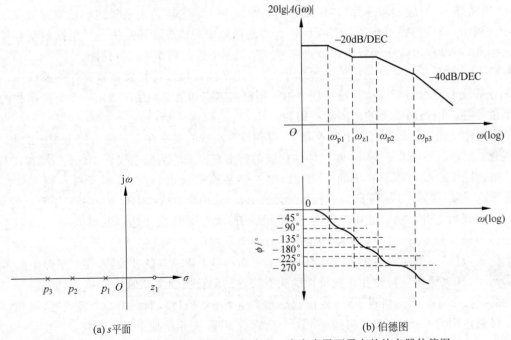

(a) s 平面   (b) 伯德图

图 7-10　具有 3 个 s 平面左半平面极点和一个右半平面零点的放大器伯德图

值得注意的是,前述的伯德图作图原则得到的曲线是幅频特性和相频特性渐近线的近似表示。比如说,对于单极点系统,在幅频特性中,极点频率处幅值已经下降 3dB。

7.3　密勒定理

在放大器的输入与输出间经常存在跨接的阻抗,会出现所谓的"密勒效应"。密勒效应采用密勒定理的形式进行了描述。密勒定理可简化反馈放大器的分析。定理说明:一个阻抗连接在电压放大器的输入侧和输出侧之间,如果此阻抗可以被两个等效阻抗代替——一个连接在输入端的 Z_{im},另一个连接在输出端的 Z_{om},则 $Z_{im} = Z_f/(1-A_{vo})$,$Z_{om} = Z_f/(1-1/A_{vo})$,放大器和它的等效电路如图 7-11 所示。在 7.4.3 节我们将利用密勒定理来求放大器的频率响应。

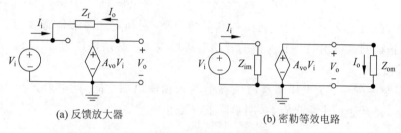

(a) 反馈放大器　　　　(b) 密勒等效电路

图 7-11　密勒定理的电路图

下面对密勒定理进行推导,如果图 7-11(a)可以转换为图 7-11(b),假设 A_{vo} 是放大器的开路电压增益,输出电压 V_o 与输入电压 V_i 的关系为

$$V_o = A_{vo} V_i \tag{7.41}$$

图 7-11(a)所示的放大器的输入电流 I_i 为

$$I_i = \frac{V_i - V_o}{Z_f} \tag{7.42}$$

从式(7.41)得出 V_o 代入式(7.42)得

$$I_i = \frac{V_i - A_{vo} V_i}{Z_f} = V_i \left(\frac{1 - A_{vo}}{Z_f} \right) \tag{7.43}$$

图 7-11(b)所示的电路的输入阻抗 Z_{im} 与图 7-11(a)所示的电路的输入阻抗相同,根据式(7.43)可得图 7-11(b)所示的电路的输入阻抗 Z_{im} 为

$$Z_{im} = \frac{V_i}{I_i} = \frac{Z_f}{1 - A_{vo}} \tag{7.44}$$

图 7-11(a)所示的电路的输出电流 I_o 为

$$I_o = \frac{V_o - V_i}{Z_f} \tag{7.45}$$

从式(7.41)得出 V_i 代入式(7.45)得

$$I_o = \frac{V_o - V_o/A_{vo}}{Z_f} = V_o \left(\frac{1 - 1/A_{vo}}{Z_f} \right) \tag{7.46}$$

图 7-11(b)所示的电路的输出阻抗 Z_{om} 与图 7-11(a)所示的电路的输出阻抗相同,从式(7.46)可得图 7-11(b)所示的电路的输出阻抗 Z_{om} 为

$$Z_{om} = \frac{V_o}{I_o} = \frac{Z_f}{1 - 1/A_{vo}} = \frac{Z_f A_{vo}}{A_{vo} - 1} \qquad (7.47)$$

在运用密勒定理时需要注意以下情况：

（1）式(7.44)和式(7.47)是在假设以下条件下推导出的：放大器是理想放大器而且开路电压增益 A_{vo} 是在没有连接阻抗 Z_f 下得出的增益。即图 7-11(a)所示的放大器的输入阻抗 R_i 非常大，趋近于无穷大，而输出阻抗 R_o 非常小，趋近于零。它们对分析不会产生影响。Z_{im} 和 Z_{om} 称为"密勒阻抗"（Miller impedances）。

（2）在密勒定理中，其中的增益应该在所关心的频率下进行计算，然而，这将使表达式变得非常复杂，因此，一般采用低频的 A_{vo} 来进行计算，便于对电路的特性进行分析。

（3）密勒定理并没有规定这种转换成立的条件。如果输入输出之间只有一条信号通路，则这种转换通常是不成立的。

（4）一般来讲，在阻抗 Z_f 与主信号通路并联的情况下，密勒定理通常是有效的。只要放大器没有独立源，密勒定理被证明是适用的。放大器的开路电压增益 A_{vo} 必须是负的，以便 $(1 - A_{vo})$ 是正值。否则，Z_{im} 将会是负值。

（5）如果电容连接在一个负电压增益放大器的输入和输出端之间，此电容产生密勒效应将引入一个很大的等效电容，将产生一个主极点，并明显降低高截止频率。

7.4　频率响应分析方法

放大器通常从输入一侧接收交流小信号，然后放大信号，将其传输到输出一侧。放大器的内部器件需要直流电源及偏置电路使其能够正常工作。在交流耦合放大器电路中，放大器通过耦合电容连接输入信号源和负载电阻，耦合电容有效地阻隔了低频信号；而在直流耦合放大器电路中，则不存在这样的耦合电容，信号源及放大器之间采用直流连接的方式进行级联。同时，放大器内部的晶体管存在器件寄生电容，限制了放大器的最大可用工作频率范围。

包含耦合电容的典型放大电路结构如图 7-12(a)所示，其中 C_f 是反馈电容，耦合电容 C_1 和 C_2 比电路内部电容具有更高的电容值，用来隔离直流信号，但其串联在信号通路中限制了放大器的低频工作频率范围。假设一般情况下的放大器 A1 可以由输入电阻 r_i、输出电阻 r_o、输入电容 C_i、输出电容 C_o 和跨导 g_m 组成的等效电路来建模，如图 7-12(b)所示。这样的一般放大器电路的典型幅频特性曲线如图 7-12(c)所示，f_L 是主低截止频率，f_H 是主高截止频率，A_{PB} 是通带电压增益。值得一提的是，在某些情况下，例如对于 CMOS 共源极放大器，输入电阻 r_i 可以近似认为是无穷大的。

由于在图 7-12(b)中有五个电容，传递函数 $A(s)$ 的分母将是一个五阶的 s 多项式。要求出精确的截止频率需要多项式五个根的计算。由于对图 7-12(b)所示的电路的电压传递函数 $A(s)$ 的推导是一件十分麻烦的事情，这样的计算分析通常借助于计算机中的 EDA 仿真分析软件来进行。然而，在手工计算过程中，可以简化上述问题，一般通过假设 f_L 和 f_H 分隔距离至少为一个十倍程来简化分析，这也满足一般的实际情况。这样 f_L 与 f_H 之间在计算时互相影响较小，可以分别求出低截止频率和高截止频率。

值得一提的是，在实际的 CMOS 模拟集成电路设计中，可能会选择直流耦合的方式进行放大器、信号源及负载之间的级联，这样，电路中就不存在耦合电容 C_1 和 C_2，传递函数 $A(s)$ 相对会简单些，然而，即便是这样，基于传递函数 $A(s)$ 的频率特性分析仍然是一件非常麻烦的事情。在本节中，将讨论几种

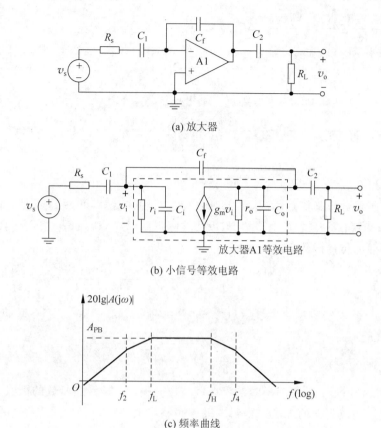

(a) 放大器

(b) 小信号等效电路

(c) 频率曲线

图 7-12　交流耦合情况下的一般放大器电路

不同的电路频率响应分析方法,以便能够避免复杂的公式计算,可快速地找到影响电路频率特性的主要因素,从而对电路设计提供指导。

7.4.1　传递函数的 s 域分析方法——高截止频率

在直接耦合电路中,不存在图 7-12 所示的耦合电容 C_1 和 C_2,电路呈现低通特性,需要考查其高频处的行为。在交流耦合电路中,在高频下,旁路和耦合电容呈现非常小的电抗,基本上可以认为是短路。这样,高频行为只由放大器的内部电容或负载电容决定。确定高截止频率的 s 域的小信号等效电路如图 7-13 所示。因此可以通过 s 域分析方法求出频率响应。

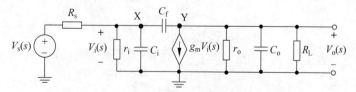

图 7-13　分析高截止频率的小信号等效电路

在 s 拉普拉斯域中,将推导出高截止频率的传递函数。在节点 X 和 Y 处分别应用基尔霍夫电流定律(KCL),得到如下在 s 拉普拉斯域的等式

$$\frac{V_s(s) - V_i(s)}{R_s} = \frac{V_i(s)}{r_i} + V_i(s) \cdot C_i s + [V_i(s) - V_o(s)] \cdot C_f s \tag{7.48}$$

$$g_m V_i(s) + \frac{V_o(s)}{r_o} + \frac{V_o(s)}{R_L} + V_o(s) \cdot C_o s + [V_o(s) - V_i(s)] \cdot C_f s = 0 \tag{7.49}$$

由式(7.48)和式(7.49)可以解出电压传递函数

$$\frac{V_o(s)}{V_s(s)} = \frac{-(g_m - sC_f)R_1 R_2 / R_s}{1 + s[R_1(C_i + C_f) + R_2(C_o + C_f) + g_m C_f R_1 R_2] + s^2 R_1 R_2 (C_i C_o + C_i C_f + C_o C_f)} \tag{7.50}$$

这里 $R_1 = (R_s \parallel r_i)$ 和 $R_2 = (r_o \parallel R_L)$。

考查式(7.50),想要分析其极点情况,需要对分母进行因式分解,可见这不是一件容易的事情。为此,我们来考查式(7.39)和式(7.50)的对应情况,以便能够得到因式分解的表达式。为了便于和式(7.50)对应,我们可以将一般的传递函数(7.39)改写为

$$A(s) = \frac{N(s)}{D(s)} = \frac{a_0 + a_1 s + a_2 s^2 + \ldots + a_m s^m}{1 + b_1' s + b_2' s^2 + \cdots + b_n' s^n} \tag{7.51}$$

其中 $b_k' = b_k / b_0, k = 1, 2, \cdots n$,进一步整理可得

$$A(s) = \frac{K(s - z_1)(s - z_2) \cdots (s - z_m)}{\left(1 - \frac{s}{p_1}\right)\left(1 - \frac{s}{p_2}\right) \cdots \left(1 - \frac{s}{p_n}\right)} \tag{7.52}$$

其中 K 为常数;$z_1, z_2, \cdots, z_m$ 是传递函数的零点;$p_1, p_2, \cdots, p_n$ 是传递函数的极点。

这里,我们采用主极点近似的方法来得到主极点频率(3dB 频率)。从式(7.50)中可以得知电压传递函数中存在两个极点 p_1 和 p_2,根据公式(7.52),则分母可以写成如下形式

$$D(s) = \left(1 - \frac{s}{p_1}\right)\left(1 - \frac{s}{p_1}\right) = 1 - s\left(\frac{1}{p_1} + \frac{1}{p_2}\right) + \frac{s^2}{p_1 p_2} \tag{7.53}$$

如果极点分离得比较远,这符合电路中通常的情况,假定 p_1 是主极点,即 $|p_2| \gg |p_1|$,那么式(7.53)可近似为

$$D(s) \approx 1 - \frac{s}{p_1} + \frac{s^2}{p_1 p_2} \tag{7.54}$$

对照式(7.50)和式(7.54)中 s 项的系数,得到主极点为

$$p_1 \approx -\frac{1}{R_1(C_i + C_f) + R_2(C_o + C_f) + g_m C_f R_1 R_2} \tag{7.55}$$

主极点频率 $\omega_1 = |p_1|$。对照式(7.50)和式(7.54)中 s^2 项的系数,得到第二极点为

$$p_2 \approx -\frac{R_1(C_i + C_f) + R_2(C_o + C_f) + g_m C_f R_1 R_2}{R_1 R_2(C_i C_o + C_i C_f + C_o C_f)} \tag{7.56}$$

第二极点频率 $\omega_2 = |p_2|$。这里 ω_1 和 ω_2 是对应于 p_1 和 p_2 在频域表示的拐点频率。由于 $|p_2| \gg |p_1|$,因此,高(-3dB)截止频率 $\omega_H \approx \omega_1$。

考虑增益项 $g_m R_1 R_2$ 的作用,如果 $g_m C_f R_1 R_2 \gg R_1(C_i + C_f) + R_2(C_o + C_f)$,则式(7.55)和式(7.56)可以进一步简化为

$$\omega_1 \approx \frac{1}{g_m C_f R_1 R_2} \tag{7.57}$$

$$\omega_2 = \frac{g_m C_f}{C_i C_o + C_i C_f + C_o C_f} \tag{7.58}$$

根据(7.50)我们还可以找到一个零点,有

$$z_1 = \frac{g_m}{C_f} \tag{7.59}$$

此零点是一个 s 平面右半平面的零点。此零点对放大器的频率稳定性是有害的,这将在第 11 章进行讨论。

从以上的分析中可以得到以下有用的结论:

(1) 随着 C_f 增加,主极点 $|p_1|$ 将下降,而随着 C_f 增加,第二极点 $|p_2|$ 上升。因此,提高 C_f 可引起极点分裂,极点分裂的效果可以用于放大器的频率补偿,这也将在第 11 章进行讨论。

(2) 如果 $C_f \gg C_i$ 及 $C_f \gg C_o$,式(7.58)可近似为

$$\omega_2 \approx \frac{g_m C_f}{C_f(C_i + C_o)} = \frac{g_m}{C_i + C_o} \tag{7.60}$$

(3) 如果没有反馈电容($C_f = 0$),式(7.50)给出如下极点

$$p_1 = -\frac{1}{C_i R_1} \tag{7.61}$$

$$p_2 = -\frac{1}{C_o R_2} \tag{7.62}$$

则极点频率分别对应于没有反馈电容($C_f = 0$)时 X 和 Y 节点的节点时间常数的倒数。

7.4.2 传递函数的 s 域分析方法——低截止频率

对于图 7-12 所示的电路,在低频下,放大器内部电容典型值在 $10\text{fF} \sim 1\text{pF}$,呈现非常大的电抗,基本上可以认为是开路。这样,电路的低频行为主要由耦合电容决定。求低拐点频率的 s 域的交流耦合放大器等效电路如图 7-14 所示。采用分压定律,可以得到 $V_i(s)$ 和 $V_s(s)$ 的关系为

$$V_i(s) = \frac{r_i V_s(s)}{R_s + r_i + 1/sC_1} = \frac{r_i}{R_s + r_i} \times \frac{s}{s + 1/[C_1(R_s + r_i)]} V_s(s) \tag{7.63}$$

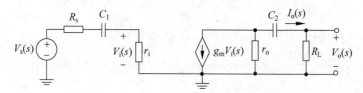

图 7-14 分析低截止频率的小信号等效电路

而输出电压为

$$V_o(s) = R_L I_o(s) = -R_L \frac{r_o g_m V_i(s)}{r_o + R_L + 1/sC_2}$$

$$= -\frac{R_L r_o g_m}{r_o + R_L} \times \frac{s}{s + 1/[C_2(r_o + R_L)]} V_i(s) \tag{7.64}$$

将式(7.63)中的 $V_i(s)$ 代入式(7.64)并整理,我们得到在低频下的电压传递函数,即

$$A(s) = \frac{V_o(s)}{V_s(s)}$$

$$= -\frac{r_i R_L r_o g_m}{(R_s + r_i)(r_o + R_L)} \times \frac{s}{s + 1/[C_1(R_s + r_i)]} \times \frac{s}{s + 1/[C_2(r_o + R_L)]} \qquad (7.65)$$

从式(7.65)中得出低拐点频率和高通增益为

$$\omega_{C_1} = \frac{1}{C_1(R_s + r_i)} \qquad (7.66)$$

$$\omega_{C_2} = \frac{1}{C_2(r_o + R_L)} \qquad (7.67)$$

$$A_{PB} = -\frac{r_i R_L r_o g_m}{(R_s + r_i)(r_o + R_L)} \qquad (7.68)$$

从式(7.66)和式(7.67)中可注意到对于 C_1 和 C_2 的戴维南等效电阻分别为 $R_{C_1} = (R_s + r_i)$ 和 $R_{C_2} = (r_o + R_L)$。相应的时间常数为 $\tau_{C_1} = C_1 R_{C_1}$ 和 $\tau_{C_2} = C_2 R_{C_2}$。$f_{C_1} = \frac{1}{2\pi}\omega_{C_1}$ 或 $f_{C_2} = \frac{1}{2\pi}\omega_{C_2}$ 之一将是低截止(或 3dB)频率 f_L。对于电压放大器,输入电阻 r_i 通常比输出电阻 r_o 高很多,因此 $f_{C_2} > f_{C_1}$,则低截止频率 $f_L \approx f_{C_2}$。

7.4.3 密勒电容方法

图 7-12 所示的电容 C_f 跨接在反向放大器的输入输出之间,从 7.4.1 节的分析中可见,此电容 C_f 会使得传输函数的分析变得困难。为了简化分析,利用密勒定理,将连接在反相高增益放大器输入与输出之间的电容 C_f 用输入侧的并联电容 C_{im} 和输出侧的并联电容 C_{om} 代替,这种变换的等效电路如图 7-15 所示。输出电压 $V_o(s)$ 与输入电压 $V_i(s)$ 的之间的低频增益为

$$A_{vo} = -g_m(r_o \parallel R_L) \qquad (7.69)$$

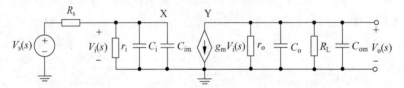

图 7-15 采用密勒等效分析高截止频率的等效电路

这样,在输入端,由电容 C_f 密勒等效产生的等效阻抗为

$$Z_{im} = \frac{Z_f}{1 - A_{vo}} = \frac{1/sC_f}{1 + g_m(r_o \parallel R_L)} = \frac{1}{sC_f[1 + g_m(r_o \parallel R_L)]} \qquad (7.70)$$

由此可见,在输入端,由电容 C_f 产生的等效电容为

$$C_{im} = C_f[1 + g_m(r_o \parallel R_L)] \qquad (7.71)$$

在输出端,由电容 C_f 密勒等效产生的等效阻抗为

$$Z_{om} = \frac{Z_f}{1 - 1/A_{vo}} = \frac{1/sC_f}{1 + 1/g_m(r_o \parallel R_L)} = \frac{1}{sC_f[1 + 1/g_m(r_o \parallel R_L)]} \qquad (7.72)$$

因此,在输出端,由电容 C_f 产生的等效电容为

$$C_{om} = C_f\left[1 + \frac{1}{g_m(r_o \parallel R_L)}\right] \qquad (7.73)$$

可见,从输入一侧看到的等效电容值等于电容 C_f 乘上了一个几乎等于电压增益 $g_m(R_o \parallel R_L)$ 的乘积项,其在电压增益较高的反相放大器的频率响应中占有主要地位。高频极点从下式可得

$$\omega_{H_1} = \frac{1}{(C_i + C_{im})(R_s \parallel r_i)} \tag{7.74}$$

$$\omega_{H_2} = \frac{1}{(C_o + C_{om})(r_o \parallel R_L)} \tag{7.75}$$

从以上讨论中可知,如果电压增益 A_{vo} 是负的,即反相放大,那么 $C_{im} > C_f$。节点 X 和 Y 之间的电容 C_f 在输入一侧产生的有效电容能够由反相电压放大器进行提升。这样,连接在电压放大器输入和输出端之间的小电容 C_f 将在放大器输入端口之间形成一个很大的等效电容 C_{im},其常常被称为"密勒电容"(Miller capacitor)。密勒电容在分析放大器的高频响应特性、频率稳定性补偿及设计有源滤波器的设计中扮演重要的角色。由于式(7.74)中的 ω_{H_1} 包括了密勒电容 C_{im} 的贡献,因此,其比 ω_{H_2} 小很多, ω_{H_1} 即为主极点频率,将确定主高拐点(截止)频率。

采用密勒电容等效可提供一种分析主极点频率的直观方法,避免进行复杂的传递函数分析,然而密勒电容等效的方法得到的第二极点频率的结果却存在着误差,从下面的例子中可以看到这一点。

【例7.3】 对于图 7-13 所示的放大器,$g_m = 50\text{mA/V}$,$R_s = 2\text{k}\Omega$,$r_i = \infty$,$r_o = 15\text{k}\Omega$,$R_L = 10\text{k}\Omega$,$C_i = 5\text{pF}$,以及 $C_o = 1\text{pF}$。计算整个放大器的低频增益,计算反馈电容 C_f 以便确定主极点频率 $f_H = 100\text{kHz}$。然后,采用密勒电容方法分析电路的高拐点频率。

解: 对于图 7-13 所示的放大器,有

$$R_1 = R_s \parallel r_i = 2 \times 10^3 \parallel \infty = 2\text{k}\Omega$$

以及

$$R_2 = r_o \parallel R_L = 15 \times 10^3 \parallel 10 \times 10^3 = 6\text{k}\Omega$$

低频增益为

$$A_{vo} = -g_m(r_o \parallel R_L) = -50 \times 10^{-3} \times 6 \times 10^3 = -300$$

如果根据 s 域分析方法得到的简化表达式(7.57),可以得出贡献主极点的电容 C_f 为

$$C_f \approx \frac{1}{2\pi f_H g_m R_1 R_2} = \frac{1}{2\pi \times 100 \times 10^3 \times 50 \times 10^{-3} \times 2 \times 10^3 \times 6 \times 10^3} \approx 2.65\text{pF}$$

根据式(7.58),得

$$\omega_2 = \frac{g_m C_f}{C_i C_o + C_i C_f + C_o C_f}$$

$$f_{H_2} = \frac{g_m C_f}{2\pi(C_i C_o + C_i C_f + C_o C_f)}$$

$$= \frac{50 \times 10^{-3} \times 2.65 \times 10^{-12}}{2\pi \times (5 \times 10^{-12} \times 1 \times 10^{-12} + 5 \times 10^{-12} \times 2.65 \times 10^{-12} + 1 \times 10^{-12} \times 2.65 \times 10^{-12})}$$

$$\approx 1.01\text{GHz}$$

下面计算密勒电容,根据式(7.71),有

$$C_{im} = C_f[1 + g_m(r_o \parallel R_L)] = (2.65 \times 10^{-12})(1 + 50 \times 10^{-3} \times 6 \times 10^3) = 797.65\text{pF}$$

根据式(7.73),有

$$C_{om} = C\left[1 + \frac{1}{g_m(r_o \parallel R_L)}\right] = (2.65 \times 10^{-12}) \times \left(1 + \frac{1}{300}\right) \approx 2.659\text{pF}$$

根据式(7.74)和(7.75),得

$$f_{H_1} = \frac{1}{2\pi(C_i + C_{im})(R_s \parallel r_i)} = \frac{1}{2\pi \times (5 \times 10^{-12} + 797.65 \times 10^{-12}) \times 2 \times 10^3} \approx 99.14\text{kHz}$$

$$f_{H_2} = \frac{1}{2\pi(C_o + C_{om})(r_o \parallel R_L)} = \frac{1}{2\pi \times (1 \times 10^{-12} + 2.659 \times 10^{-12}) \times 6 \times 10^3} \approx 7.25\text{MHz}$$

可见采用密勒电容等效的方法得到的第二极点频率的结果存在较大误差。

从这个例题中可以看到,用密勒电容方法得出 $f_{H_1} = 99.14\text{kHz}$,与 100kHz 非常接近。采用密勒等效的方法估算主极点频率而得的高截止频率结果还是比较准确的。然而,密勒电容方法得出的 $f_{H_2} = 7.25\text{MHz}$,比较于 s 域分析计算得到的 1.01GHz 相距甚远。这样的误差是由于密勒方法没有考虑极点分裂效应的影响导致的。

7.4.4 零值方法

正如在 7.4.1 节中讨论的,在高频时,可以采用 s 域分析方法直接求得直流耦合放大器的电压传递函数 $A(s)$,进而来确定高截止频率和通带电压增益。可见通过这种方法得到的 $A(s)$ 表达式比较复杂,传递函数中极点的分析也很困难,在存在更多电容的情况下,通过 s 域求电压传递函数的手工分析已变得不可能了。对于复杂电路,高 3dB 截止频率 f_H 的近似值可以通过"零值方法"(或者"零值时间常数法")来求得。

先用比较简单的例子来说明"零值方法"的原理。假设具有低通特性的放大器电压增益有两个高拐点频率。那么,对于带有两个拐点频率的低通特性,类似于式(7.3),并且 $s = j\omega$,得

$$A(j\omega) = \frac{A_{vo}}{(1 + j\omega/\omega_{H_1})(1 + j\omega/\omega_{H_2})} \tag{7.76}$$

这里 A_{vo} 是低频增益,ω_{H_1} 和 ω_{H_2} 是两个高拐点频率。在高 3dB 频率处,式(7.76)的分母使得 $A_{3dB} = |A_{vo}|/\sqrt{2}$,即

$$\left| \left(1 + \frac{j\omega}{\omega_{H_1}}\right)\left(1 + \frac{j\omega}{\omega_{H_2}}\right) \right| = \sqrt{2} \tag{7.77a}$$

或者

$$\left| 1 - \left(\frac{\omega}{\omega_{H_1}}\right)\left(\frac{\omega}{\omega_{H_2}}\right) + j\omega\left(\frac{1}{\omega_{H_1}} + \frac{1}{\omega_{H_2}}\right) \right| = \sqrt{2} \tag{7.77b}$$

如果 $\omega < \sqrt{\omega_{H_1}\omega_{H_2}}$,乘积项可以忽略,当满足以下条件时虚部项为 1,有

$$\frac{1}{\omega_H} = \frac{1}{\omega} = \frac{1}{\omega_{H_1}} + \frac{1}{\omega_{H_2}} = \tau_{C_1} + \tau_{C_2} \tag{7.78}$$

这里 ω_H 是有效高 3dB 频率,等于时间常数 τ_{C_1} 与时间常数 τ_{C_2} 和的倒数。对于存在多个电容的电路,第 j 电容的时间常数 τ_{C_j} 可以通过每次只考虑一个电容而将其他电容设置为 0(即将其开路)的方式求得。这样,高 3dB 频率可以通过所有电容的有效时间常数来确定,即

$$\omega_H = \frac{1}{\sum_{j=1}^{n} \tau_{C_j}} = \frac{1}{\sum_{j=1}^{n} C_j R_{C_j}} \tag{7.79a}$$

或者

$$f_H = \frac{1}{2\pi} \frac{1}{\sum_{j=1}^{n} \tau_{C_j}} = \frac{1}{2\pi} \frac{1}{\sum_{j=1}^{n} C_j R_{C_j}} \tag{7.79b}$$

其中 τ_{C_j} 是仅由第 j 电容产生的时间常数,而 R_{C_j} 是呈现于 C_j 处的戴维南等效电阻。每一个拐点频率

将把高截止频率推向左方,因此影响放大器的有效截止频率。

将这种方法应用于具有低通特性放大器主极点频率的估算,如图 7-13 所示的等效电路。C_f 和 C_o 开路的等效电路如图 7-16(a)所示,C_i 处的电阻为

$$R_{C_i} = (R_s \parallel r_i) \tag{7.80}$$

C_f 和 C_i 开路的等效电路如图 7-16(b)所示,C_o 处的电阻为

$$R_{C_o} = (r_o \parallel R_L) \tag{7.81}$$

C_i 和 C_o 开路的等效电路如图 7-16(c)所示,用电压源 v_x 代替 C_f,如图 7-16(d)所示,其中 $v_i = (R_s \parallel r_i)i_x$,应用基尔霍大电压定律(KVL),得

$$v_x = v_i + (r_o \parallel R_L)(i_x + g_m v_i) = (R_s \parallel r_i)i_x + (r_o \parallel R_L)[i_x + g_m i_x (R_s \parallel r_i)]$$
$$= (r_o \parallel R_L)i_x + (R_s \parallel r_i)[1 + g_m(r_o \parallel R_L)]i_x \tag{7.82}$$

由此得出 C_f 处的戴维南等效电阻为

$$R_{C_c} = \frac{v_x}{i_x} = (r_o \parallel R_L) + (R_s \parallel r_i)[1 + g_m(r_o \parallel R_L)] \tag{7.83}$$

这样,可得出 3dB 频率 f_H 为

$$f_H = \frac{1}{2\pi}\omega_H = \frac{1}{2\pi(R_{C_i}C_i + R_{C_o}C_o + R_{C_c}C_f)} \tag{7.84}$$

f_H 可以用于估算具有低通特性的放大器主极点频率值,结合式(7.83)和式(7.84),可知其中的密勒电容增益项,可以发现采用零点方法得到的主极点频率值与采用 s 域分析方法得到的式(7.55)的结果是一致的。

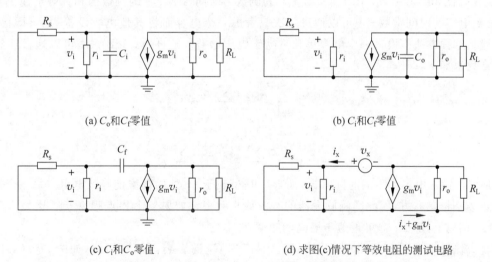

(a) C_o 和 C_f 零值

(b) C_i 和 C_f 零值

(c) C_i 和 C_o 零值

(d) 求图(c)情况下等效电阻的测试电路

图 7-16 零值方法分析直流耦合放大器主极点频率的小信号等效电路

总之,采用零值方法分析频率特性的步骤如下:

(1) 确定每个电容单独起作用而其他电容开路时的戴维南电阻。

(2) 计算每个电容所对应的时间常数。

(3) 将所有时间常数相加,求出有效时间常数:

$$\tau_H = \tau_{H_1} + \tau_{H_2} + \cdots + \tau_{H_i}$$

(4) 根据式(7.79)求出 3dB 频率。

7.4.5　短路方法

同样地,在存在多个电容的情况下,通过采用 s 域分析方法直接求得电压传递函数 $A(s)$,进而来确定低截止频率和通带电压增益的方法就会变得很困难。在这种情况下,低 3dB 截止频率 f_L 的近似值可以通过"短路方法"(或者"短路时间常数法")来求得。

先用比较简单的例子来说明"短路方法"的原理。假设交流耦合放大器电压增益有两个低拐点频率。对于带有两个拐点频率的高通特性,类似于式(7.21),并且 $s = j\omega$,得

$$A(j\omega) = \frac{A_{v(high)}}{(1 + \omega_{L_1}/j\omega)(1 + \omega_{L_2}/j\omega)} \tag{7.85}$$

这里 $A_{v(high)}$ 是高频增益,ω_{L_1} 和 ω_{L_2} 是两个拐点频率。在低 3dB 频率处,式(7.85)的分母使得 $A_{3dB} = A_{v(high)}/\sqrt{2}$,即

$$\left| \left(1 + \frac{\omega_{L_1}}{j\omega}\right)\left(1 + \frac{\omega_{L_2}}{j\omega}\right) \right| = \sqrt{2} \tag{7.86a}$$

或者

$$\left| 1 - j\frac{\omega_{L_1} + \omega_{L_2}}{\omega} - \frac{\omega_{L_1}\omega_{L_2}}{\omega^2} \right| = \sqrt{2} \tag{7.86b}$$

如果 $\omega > \sqrt{\omega_{L_1}\omega_{L_2}}$,乘积项可以忽略,当满足以下条件时虚部项为 1,有

$$\omega_L = \omega = \omega_{L_1} + \omega_{L_2} = \frac{1}{\tau_{C_1}} + \frac{1}{\tau_{C_2}} \tag{7.87}$$

这里 ω_L 是有效低 3dB 频率,等于时间常数 τ_{C_1} 的倒数与时间常数 τ_{C_2} 的倒数的和。对于存在多个电容的电路,第 k 电容的时间常数 τ_{C_k} 可以通过每次只考虑一个电容而将其他电容设置为 ∞(即将其短路)的方式求得。这种方法假设每一个电容单独贡献于电压增益。这样,低 3dB 频率可以通过所有电容的有效时间常数来确定,即

$$\omega_L = \sum_{k=1}^{n} \frac{1}{\tau_{C_k}} = \sum_{k=1}^{n} \frac{1}{C_k R_{C_k}} \tag{7.88a}$$

或者

$$f_L = \sum_{k=1}^{n} f_{C_k} = \frac{1}{2\pi} \sum_{k=1}^{n} \frac{1}{\tau_{C_k}} = \frac{1}{2\pi} \sum_{k=1}^{n} \frac{1}{C_k R_{C_k}} \tag{7.88b}$$

其中 τ_{C_k} 是仅由第 k 电容产生的时间常数,而 R_{C_k} 是呈现于 C_k 处的戴维南等效电阻。每一个拐点频率将把低截止频率推向右方,因此影响放大器的有效截止频率。如果一个拐点频率 f_{C_1} 比另一个拐点频率 f_{C_2} 高 10 倍以上,那么 f_L 可近似于最高的频率 f_{C_1}。

将这种方法应用于图 7-12(b)所示的电路。只考虑 C_1 的影响,而 C_2 短路,如图 7-17(a)所示。呈现于 C_1 处的戴维南等效电阻为

$$R_{C_1} = R_s + r_i \tag{7.89}$$

这样,仅由 C_1 贡献的拐点频率是

$$f_{C_1} = \frac{1}{2\pi R_{C_1} C_1} = \frac{1}{2\pi (R_s + r_i) C_1} \tag{7.90}$$

考虑 C_1 短路的等效电路如图 7-17(b)所示。呈现于 C_2 的戴维南等效电阻为

$$R_{C_2} = r_o + R_L \tag{7.91}$$

这样,仅由 C_2 贡献的拐点频率是

$$f_{C_2} = \frac{1}{2\pi R_{C_2} C_2} = \frac{1}{2\pi (r_o + R_L) C_2} \tag{7.92}$$

因此，可得有效 3dB 频率为

$$f_L = f_{C_1} + f_{C_2} \tag{7.93}$$

通常，将低拐点频率其中的一个频率设置到希望的 3dB 频率 f_L 处，而其他频率设置得更低，一般距离十倍程。即如果欲使 $f_L \approx f_{C_1}$，那么使其他 $f_{C_2} < f_L/10$。

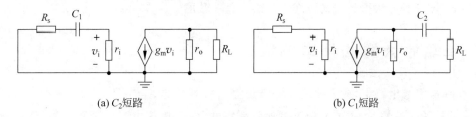

(a) C_2 短路　　　　　　　　　　(b) C_1 短路

图 7-17　短路方法分析交流耦合放大器低 3dB 频率的小信号等效电路

在电路设计时，设置低 3dB 频率的步骤可归纳如下：

(1) 绘制除了一个电容之外其他电容都短路的等效电路。

(2) 对每一个电容找出戴维南等效电阻。

(3) 设置低 3dB 频率 f_L，其电容处对应的电阻最小。这将给出最小的电容值。

(4) 让其他拐点频率比 f_L 足够低，以便减小对其的影响，一般让 f_L 是其他拐点频率的 10 倍以上。即，如果让戴维南等效电阻 R_{C_1} 的 $f_{C_1} = f_L$，设计其他的 $f_{C_k} < f_L/10$。

对比零值方法和短路方法可知：零值方法用于估计放大器几个极点中最小值的极点，此估计的极点频率值近似等于具有低通特性的直流耦合放大器的高 3dB 截止频率，即具有低通特性的放大器的 3dB 带宽，正如 7.4.4 节所讨论的那样。而短路方法用于估计放大器几个极点中最大值的极点，这样，短路方法就可以用于交流耦合放大器的低 3dB 频率。除此之外，对于具有两个极点并且极点值相差比较大的情况下的直流耦合放大器，还可以利用短路方法来进行高频处的非主极点频率的估计。这是因为在高频处，根据短路方法的原理，形成低频极点的电容可以看作是短路的。

将短路方法用于图 7-13 所示的第二极点的估计，由于两个极点值相差比较大，因此，用于估算第二极点频率的时间常数由其中的一组电容和等效电阻来确定，如果 $C_f \gg C_i$ 及 $C_f \gg C_o$，因而，在高频处 C_f 短路，等效电路如图 7-18(a) 所示，$g_m v_i$ 受控电流源两端电压为 v_i，因此可以等效为一个电阻 $1/g_m$，如图 7-18(b) 所示，这样对应的时间常数为

$$\tau_{Cio} = (C_i + C_o)[(R_s \parallel r_i) \parallel (1/g_m) \parallel (r_o \parallel R_L)] \tag{7.94}$$

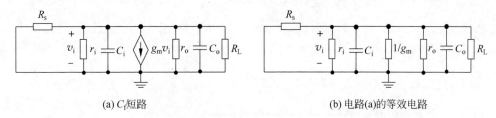

(a) C_f 短路　　　　　　　　　　(b) 电路(a)的等效电路

图 7-18　短路方法分析直流耦合放大器第二极点的小信号等效电路

因此,可以估计处于高频处的第二极点频率为

$$\omega_{p2} = \frac{1}{\tau_{\text{Cio}}} = \frac{1}{(C_i + C_o)[(R_s \| r_i) \| (1/g_m) \| (r_o \| R_L)]} \tag{7.95}$$

如果 $(1/g_m) \ll (R_s \| r_i) \| (r_o \| R_L)$,则符合一般情况,式(7.95)可以简化为

$$\omega_2 \approx \frac{g_m}{(C_i + C_o)} \tag{7.96}$$

可见,这与采用 s 域分析方法得到的式(7.60)的结果是一致的。

7.5　单端放大器的频率响应

在 CMOS 模拟集成电路中,放大器之间的级联主要采用直流耦合方式,因此,在本章讨论单端放大器和差分放大器的频率特性时,主要分析其低通频率特性,即分析放大器在高频处的行为,分析手段主要采用与低通频率特性相关的传递函数 s 域分析方法、密勒电容方法、零值方法。

7.5.1　共源极放大器

共源极放大器在模拟电路中得到了广泛的应用,这里,首先采用传递函数 s 域分析方法得到包括电容的共源极放大器传递函数,进而分析其频率特性,然后分别采用密勒电容和零值方法等近似方法来分析其频率特性,从中可以看到这些方法的效果和区别。

考虑寄生电容的共源极放大器如图 7-19(a)所示,共源极放大器采用一个内阻为 R_s 的信号源进行驱动,采用电阻 R_D 作为共源器件的负载。其小信号高频等效模型如图 7-19(b)所示。MOSFET 的小信号模型中的电容对应于其大信号模型,与其大信号模型的电容值是一致的,为了体现小信号模型,小信号模型的下标采用小写形式,即小信号模型中的 C_{gs}、C_{gd} 及 C_{db} 分别对应于大信号模型中的栅源电容 C_{GS}、栅漏电容 C_{GD} 及漏极-衬底电容 C_{DB}。在共源极放大器中,衬底与源极连接在一起,这里采用简化的 MOSFET 高频等效模型,需要考虑的晶体管 M_1 寄生电容包括栅源电容 C_{gs}、栅漏电容 C_{gd} 及漏极-衬底电容 C_{db}。这里忽略了 C_{gb},是由于在共源极放大器中 C_{gb} 和 C_{gs} 并联,因此,其影响可以包括在 C_{gs} 中,并且 $C_{gb} \ll C_{gs}$,那么 $C'_{gs} = C_{gb} + C_{gs} \approx C_{gs}$。

1. 传递函数的 s 域分析方法

根据图 7-19 所示的共源极放大器的小信号等效电路,采用 s 域高频分析方法得到其确切的传递函数。对比图 7-13,$r_i = \infty$,$C_i = C_{gs}$,$C_f = C_{gd}$,$C_o = C_{db}$,$R_L = R_D$,那么有 $R_1 = R_s \| r_i = R_s$,如果忽略沟道长度调制效应的影响,那么 $R_2 = (r_o \| R_D) \approx R_D$,由式(7.50),得到拉普拉斯 s 域的传递函数为

$$A(s) = \frac{-(g_m - C_{gd}s)R_D}{1 + s[R_sC_{gs} + R_s(1 + g_mR_D)C_{gd} + R_D(C_{db} + C_{gd})] + s^2 R_sR_D(C_{gs}C_{db} + C_{gs}C_{gd} + C_{db}C_{gd})} \tag{7.97}$$

式(7.97)有两个极点,如果两个极点相距比较远,则根据式(7.55)和式(7.56),得

$$p_1 \approx -\frac{1}{R_sC_{gs} + R_s(1 + g_mR_D)C_{gd} + R_D(C_{db} + C_{gd})} \tag{7.98}$$

$$p_2 \approx -\frac{R_sC_{gs} + R_s(1 + g_mR_D)C_{gd} + R_D(C_{db} + C_{gd})}{R_sR_D(C_{gs}C_{db} + C_{gs}C_{gd} + C_{db}C_{gd})} \tag{7.99}$$

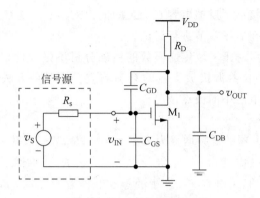

(a) 考虑寄生电容的共源极放大器

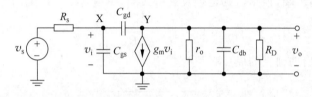

(b) 小信号高频等效电路

图 7-19 分析频率特性的共源极放大器的模型

在 s 平面上表示这个极点如图 7-20 所示,这是位于 s 平面上左半平面的两个极点。相应的极点频率分别为 $\omega_1 = |p_1|$, $\omega_2 = |p_2|$。如果忽略 C_{db},则这两个极点的表达式可写成

$$p_1 \approx -\frac{1}{R_s C_{gs} + R_s(1 + g_m R_D)C_{gd} + R_D C_{gd}} \tag{7.100}$$

$$p_2 \approx -\frac{R_s C_{gs} + R_s(1 + g_m R_D)C_{gd} + R_D C_{gd}}{R_s R_D C_{gs} C_{gd}}$$

$$= -\left(\frac{1}{R_D C_{gd}} + \frac{1}{R_s C_{gs}} + \frac{1}{R_D C_{gs}} + \frac{g_m}{C_{gs}}\right) \tag{7.101}$$

注意在 p_2 的表达式中,$g_m/C_{gs} > g_m/(C_{gs} + C_{gd} + C_{gb}) = \omega_T$,$\omega_T$ 是晶体管的特征频率,由此可见,$\omega_2 = |p_2|$ 处于高频处,$|p_1|$ 值比 $|p_2|$ 值小很多,在 s 平面,共源极放大器的两个极点距离很远。这里需要注意的是,如果放大器的输出节点存在一个较大的负载电容 C_L,此电容与 C_{db} 并联,则不能忽略它们的影响。

根据式(7.50),在式(7.97)传递函数中还可以找到一个零点为

$$z_1 = \frac{g_m}{C_{gd}} \tag{7.102}$$

此零点是因为输入输出通过 C_{gd} 存在一个前馈通路而产生的。由于在高频时,由 C_{gd} 传递的信号与放大器中晶体管传递的信号以相反的极性相加,因此,此零点是一个 s 平面右半平面的零点,在分析共源极放大器的频率特性时,C_{gd} 的值比较小,此零点的影响可以忽略。然而在一些电路结构

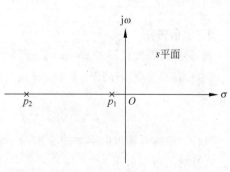

图 7-20 共源极放大器在 s 平面上的极点

中,在输入输出端之间还会连接一个反馈电容 C_f,C_f 的值比 C_{gd}、C_{gs} 及 C_{db} 高很多,其将对反馈放大器的稳定产生影响,相关内容将在后续章节进行讨论。

从以上的分析中可以知道,对于 s 域传递函数的精确分析不是一件很容易的事情。下面分别采用密勒电容方法和零值方法来估算共源极放大器的频率响应。这两种方法可以避免复杂的传递函数计算,从而快速而又直观地分析电路中的极点情况。

2. 密勒电容方法

图 7-19 所示的共源极放大器的低频增益为 $A_{vo} = -g_m(R_D \parallel r_o)$,其中,$g_m$ 是晶体管 M_1 的小信号跨导,如果忽略沟道长度调制效应,即 $r_o = \infty$,那么 $A_{vo} \approx -g_m R_D$。在图 7-19 所示的共源极放大器的输入端,根据密勒定理及式(7.71),由电容 C_{gd} 产生的等效电容为

$$C_{im} = C_{gd}(1 + g_m R_D) \tag{7.103}$$

在共源极放大器的输出端,根据密勒定理及式(7.73),由电容 C_{gd} 产生的等效电容为

$$C_{om} = C_{gd}\left[1 + \frac{1}{g_m R_D}\right] \approx C_{gd} \tag{7.104}$$

因此,由输入处和输出处确定的极点频率为

$$\omega_1 = \frac{1}{[C_{gs} + C_{gd}(1 + g_m R_D)]R_s} \tag{7.105}$$

$$\omega_2 = \frac{1}{(C_{db} + C_{gd})R_D} \tag{7.106}$$

由于在输入处,总电容为 C_{gs} 加上 C_{gd} 的密勒乘积项,因此,$\omega_1 \ll \omega_2$,即 ω_1 为主极点频率,决定放大器的 3dB 频率。对比式(7.105)和式(7.98)的结果,在式(7.98)的分母中多了一项 $R_D(C_{db} + C_{gd})$,在一般情况下,这项比其他项小得多,因此可以忽略。由此可见,采用密勒电容的方法而求得的主极点频率误差比较小,为分析共源极放大器的频率特性提供了一个比较简便且直观的方法,而不必分析复杂的传输函数。

而对于第二极点频率的估计,采用密勒电容方法则出现了一定误差。对应采用传递函数分析得到的结果式(7.99),只有当 $C_{gs} \gg (1 + g_m R_D)C_{gd} + R_D(C_{db} + C_{gd})/R_s$ 时,即在晶体管 M_1 的所有寄生电容中 C_{gs} 占主要成分时,式(7.99)可以近似为

$$\omega_2 \approx \frac{R_s C_{gs}}{R_s R_D(C_{gs}C_{db} + C_{gs}C_{gd})} = \frac{1}{R_D(C_{db} + C_{gd})} \tag{7.107}$$

在这种情况下,采用传递函数分析才和采用密勒电容方法得到的结果一致。密勒方法没有考虑极点分裂效应的影响,从而造成第二极点频率的估算产生了较大误差。同时可知,采用密勒电容方法也会忽略掉零点。

3. 零值方法

对于共源极放大器的高 3dB 截止频率 f_H 的近似值也可以通过零值方法来求得。

将零值方法应用于图 7-19(b)所示的电路。C_{gd} 和 C_{db} 开路的等效电路如图 7-21(a)所示,C_{gs} 处的电阻为

$$R_{C_{gs}} = R_s \tag{7.108}$$

C_{gd} 和 C_{gs} 开路的等效电路如图 7-21(b)所示,由于 MOS 晶体管的小信号输出电阻 r_o 比 R_D 要大很多,C_{db} 处的电阻可以表示为

$$R_{C_{db}} = (r_o \parallel R_D) \approx R_D \tag{7.109}$$

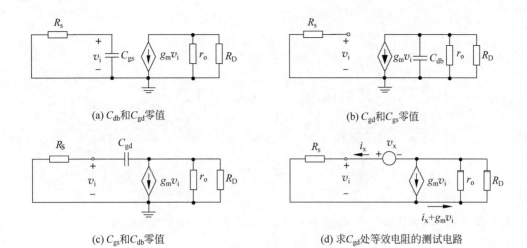

(a) C_{db}和C_{gd}零值

(b) C_{gd}和C_{gs}零值

(c) C_{gs}和C_{db}零值

(d) 求C_{gd}处等效电阻的测试电路

图 7-21 零值方法的小信号等效电路

C_{gs} 和 C_{db} 开路的等效电路如图 7-21(c)所示,让我们用电压源 v_x 代替 C_{gd},如图 7-21(d)所示。那么应用基尔霍夫电压定律(KVL),得

$$v_x = v_i + (r_o \parallel R_D)(i_x + g_m v_i) = R_s i_x + (r_o \parallel R_D)(i_x + g_m i_x R_s)$$
$$= (r_o \parallel R_D) i_x + R_s [1 + g_m (r_o \parallel R_D)] i_x \qquad (7.110)$$

由此得出 C_{gd} 处的戴维南等效电阻为

$$R_{C_{gd}} = \frac{v_x}{i_x} = r_o \parallel R_D + R_s [1 + g_m (r_o \parallel R_D)] \approx R_D + R_s (1 + g_m R_D) \qquad (7.111)$$

其中的近似结果同样忽略了 MOS 晶体管沟道长度调制效应产生的小信号输出电阻 r_o 的影响。

这样,根据式(7.79a),3dB 频率 ω_H(即主极点频率)为

$$\omega_H = \frac{1}{R_{C_{gs}} C_{gs} + R_{C_{db}} C_{db} + R_{C_{gd}} C_{gd}} = \frac{1}{R_s C_{gs} + R_D C_{db} + [R_D + R_s(1 + g_m R_D)] C_{gd}} \qquad (7.112)$$

对比式(7.98),可见和 s 域传递函数方法得到的结果是一致的。

由此可见,对于复杂的电路,不能直观得到零极点的情况,想要分析电路频率特性中的 3dB 截止频率,零值方法是一种比较有效的方法。读者还可以尝试采用短路方法来求得共源极放大器的第二极点频率表达式,并且与采用 s 域传递函数的方法得到结果进行对比。

【例 7.4】 图 7-19 所示的共源极 MOSFET 放大器,电路参数为 $C_{gd} = 20\text{fF}$,$C_{gs} = 100\text{fF}$,$C_{db} = 10\text{fF}$,$g_m = 10\text{mA/V}$,$r_o = 200\text{k}\Omega$,$R_s = 100\text{k}\Omega$,$R_D = 10\text{k}\Omega$。

(1)分析此共源极放大器的极点频率;

(2)采用密勒法检验高频截止频率。

解:(1)由于晶体管的输出电阻 r_o 很大,因此输出处相关的电阻 $(r_o \parallel R_D) \approx R_D = 10\text{k}\Omega$,根据图 7-19(b)所示的小信号等效电路,采用传递函数的 s 域分析方法,根据式(7.98)和式(7.99),有

$$\omega_{P_1} = |p_1| \approx \frac{1}{R_s C_{gs} + R_s(1 + g_m R_D) C_{gd} + R_D (C_{db} + C_{gd})}$$
$$= \frac{1}{100 \times 10^3 \times 100 \times 10^{-15} + 100 \times 10^3 \times (1 + 10 \times 10^{-3} \times 10 \times 10^3) \times 20 \times 10^{-15} +}$$

$$\frac{1}{10 \times 10^3 \times (10 \times 10^{-15} + 20 \times 10^{-15})}$$

$$= 4.71 \times 10^6 \, \text{rad/s}$$

$$\omega_{P_2} = |p_2| \approx \frac{R_s C_{gs} + R_s(1 + g_m R_D)C_{gd} + R_D(C_{db} + C_{gd})}{R_s R_D(C_{gs}C_{db} + C_{gs}C_{gd} + C_{db}C_{gd})}$$

$$= \frac{100 \times 10^3 \times 100 \times 10^{-15} + 100 \times 10^3 \times (1 + 10 \times 10^{-3} \times 10 \times 10^3) \times}{100 \times 10^3 \times 10 \times 10^3 \times (100 \times 10^{-15} \times 10 \times 10^{-15} + 100 \times}$$

$$\frac{20 \times 10^{-15} + 10 \times 10^3 \times (10 \times 10^{-15} + 20 \times 10^{-15})}{10^{-15} \times 20 \times 10^{-15} + 10 \times 10^{-15} \times 20 \times 10^{-15})}$$

$$\approx 66.344 \times 10^9 \, \text{rad/s}$$

（2）高截止频率由主极点频率确定，在输入节点处，得到 C_{gd} 的密勒电容为

$$C_{im} = C_{gd}(1 + g_m R_D)$$

得到栅源端的有效电容为

$$C_{eq} = C_{gs} + C_{gd}(1 + g_m R_D) = 100 \times 10^{-15} + 20 \times 10^{-15} \times (1 + 10 \times 10^{-3} \times 10 \times 10^3) = 2.12 \times 10^{-12} \, \text{F}$$

即栅源端等效电容 C_{eq} 为 2.12pF。C_{eq} 对应的等效电阻为 $R_s = 100\text{k}\Omega$。

$$\omega_1 = \frac{1}{C_{eq}R_s} = \frac{1}{2.12 \times 10^{-12} \times 100 \times 10^3} = 4.717 \times 10^6 \, \text{rad/s}$$

因此高 3dB 截止频率为

$$f_H = \frac{\omega_1}{2\pi} = \frac{4.717 \times 10^6}{2\pi} \approx 0.751 \times 10^6 \, \text{Hz}$$

而采用传递函数的 s 域分析方法得到的高截止频率为 $4.71 \times 10^6/2\pi \approx 0.750 \times 10^6 \, \text{Hz}$，可见采用密勒等效分析高截止频率的结果比较准确，并为带有跨接输入输出电容的放大器频率特性提供了比较简便直观的方法，而不必分析复杂的传输函数。

7.5.2 共漏极放大器

考虑寄生电容的共漏极放大器的小信号等效电路如图 7-22 所示。共漏极放大器采用一个内阻为 R_s 的信号源进行驱动，共漏极放大器驱动的负载统一用 R_L 进行表示。在共漏极放大器中，需要考虑的晶体管 M_1 寄生电容包括栅源电容 C_{gs}、栅漏电容 C_{gd}、栅极-衬底电容 C_{gb}、源极-衬底电容 C_{sb}。

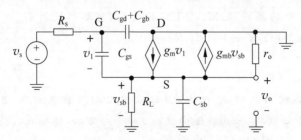

图 7-22　分析频率特性的共漏极放大器的小信号电路

1. 传递函数的 s 域分析方法

忽略 C_{gd}、C_{gb} 和 C_{sb} 的影响，根据图 7-22 所示的共漏极放大器的小信号等效电路，采用 s 域高频分

析方法得到其确切的传递函数。注意,由于 $v_{sb}=v_o$,所以受控电流源的电流 $g_{mb}v_{sb}$ 受控于其两端电压,因此,其可以采用一个值为 $1/g_{mb}$ 的等效电阻连接在 v_o 与地之间来进行代替,此电阻与 R_L 和 r_o 并联,如图 7-23 所示。这样,总的有效负载电阻为 $R'_L=R_L \parallel r_o \parallel (1/g_{mb})$。得到如下在 s 拉普拉斯域的等式

$$V_s(s) = I_i(s)R_s + V_1(s) + V_o(s) \tag{7.113}$$

$$I_i(s) = \frac{V_1(s)}{1/(sC_{gs})} \tag{7.114}$$

$$I_i(s) + g_m V_1(s) = \frac{V_o(s)}{R'_L} \tag{7.115}$$

其中,$R'_L=R_L \parallel r_o \parallel (1/g_{mb})$,根据式(7.114)式(7.115),得

$$V_1(s) \cdot (sC_{gs}) + g_m V_1(s) = \frac{V_o(s)}{R'_L} \tag{7.116}$$

这样

$$V_1(s) = \frac{V_o(s)}{R'_L} \frac{1}{g_m + sC_{gs}} \tag{7.117}$$

将式(7.117)和式(7.114)代入式(7.113)中,得

$$V_s(s) = [(sC_{gs}) \cdot R_s + 1] \frac{V_o(s)}{R'_L} \frac{1}{g_m + sC_{gs}} + V_o(s) \tag{7.118}$$

整理后得

$$A_v(s) = \frac{V_o(s)}{V_s(s)} = \frac{g_m R'_L}{1 + g_m R'_L} \frac{1 - \dfrac{s}{z_1}}{1 - \dfrac{s}{p_1}} \tag{7.119}$$

其中

$$z_1 = -\frac{g_m}{C_{gs}} \tag{7.120}$$

$$p_1 = -\frac{1}{R_1 C_{gs}} \tag{7.121}$$

$$R_1 = \frac{R_s + R'_L}{1 + g_m R'_L} \tag{7.122}$$

从上面的公式中可见,零点 $z_1 = -g_m/C_{gs} \approx -\omega_T$,与器件的特征频率很接近,而极点的值比零点的值小一些,在 s 平面中,零点要比极点更远离原点,如图 7-24 所示。如果 $g_m R'_L \gg 1$ 并且 $R_s \ll R'_L$,那么 $R_1 \approx 1/g_m$,得出 $p_1 \approx -g_m/C_{gs} \approx -\omega_T$,接近零点频率。如果 R_s 可以和 R_L 相比较,或者 $g_m R'_L$ 没有比 1 大,那么极点的值将明显小于 ω_T。

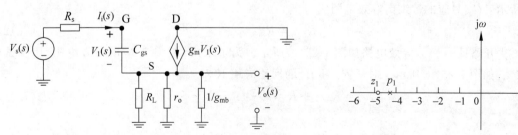

图 7-23　分析频率特性的简化共漏极放大器的 s 域小信号电路

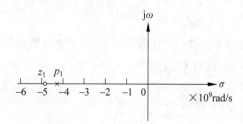

图 7-24　共漏极放大器的零点与极点图

【例7.5】 图 7-22 所示的共漏极 MOSFET 放大器的 s 域等效电路,忽略 C_{gd}、C_{gb} 和 C_{sb} 的影响,并忽略体效应参数影响,电路参数为 $C_{gs}=100fF$,$g_m=10mA/V$,$r_o=200k\Omega$,信号源 $R_s=100k\Omega$,$R_L=200k\Omega$。分析此共漏极放大器的极点频率。

解: 针对图 7-22 所示的共漏极 MOSFET 放大器的 s 域等效电路,忽略体效应参数影响,$g_{mb}=0$,总的有效负载电阻为

$$R'_L = R_L \parallel r_o \parallel (1/g_{mb}) = 200 \times 10^3 \parallel 200 \times 10^3 = 100k\Omega$$

忽略 C_{gd}、C_{gb} 和 C_{sb} 的影响,如图 7-23 所示,那么根据式(7.121)和式(7.122),得

$$R_1 = \frac{R_s + R'_L}{1 + g_m R'_L} = \frac{100 \times 10^3 + 100 \times 10^3}{1 + 10 \times 10^{-3} \times 100 \times 10^3} \approx 199.8$$

$$\omega_{p_1} = |p_1| = \frac{1}{R_1 C_{gs}} = \frac{1}{199.8 \times 100 \times 10^{-15}} \approx 5 \times 10^{10} \, rad/s$$

可见共漏极的主极点频率是很高的。

【例7.6】 图 7-22 所示的共漏极 MOSFET 放大器的 s 域等效电路,忽略 C_{gd}、C_{gb} 和 C_{sb} 的影响,并忽略体效应参数影响,电路参数为 $C_{gs}=100fF$,$g_m=10mA/V$,$r_o=200k\Omega$,信号源 $R_s=100k\Omega$,分析此共漏极放大器驱动较小负载 $R_L=2k\Omega$ 时的极点频率。

解: 针对图 7-22 所示的共漏极 MOSFET 放大器的 s 域等效电路,忽略体效应参数影响,$g_{mb}=0$,总的有效负载电阻为

$$R'_L = R_L \parallel r_o \parallel (1/g_{mb}) = 2 \times 10^3 \parallel 200 \times 10^3 \approx 1.98k\Omega$$

忽略 C_{gd}、C_{gb} 和 C_{sb} 的影响,如图 7-23 所示,那么根据式(7.121)和式(7.122),有

$$R_1 = \frac{R_s + R'_L}{1 + g_m R'_L} = \frac{100 \times 10^3 + 1.98 \times 10^3}{1 + 10 \times 10^{-3} \times 1.98 \times 10^3} \approx 4.903k\Omega$$

$$\omega_{p_1} = |p_1| = \frac{1}{R_1 C_{gs}} = \frac{1}{4.903 \times 10^3 \times 100 \times 10^{-15}} \approx 2.0396 \times 10^9 \, rad/s$$

2. 零值方法

如果考虑 C_{gd}、C_{gb} 和 C_{sb} 的影响,共漏极放大器的 s 域传输函数将变得非常复杂。在这种情况下,可采用零值方法对共漏极放大器的频率响应来进行分析。

将图 7-22 所示的 MOSFET 的 C_{gd} 和 C_{gb} 并联用 $C'_{gd}=C_{gd}+C_{gb}$ 表示,得到高频等效电路,如图 7-25(a)所示,由前面的分析可知 $R'_L = R_L \parallel r_o \parallel (1/g_{mb})$。假设 C_{gs} 和 C_{sb} 开路且 $v_s=0$,等效电路如图 7-25(b)所示。C'_{gd} 对应的戴维南等效电阻为

$$R_{C_{gd}} = R_s \tag{7.123}$$

假设 C'_{gd} 和 C_{sb} 开路且 $v_s=0$,等效电路如图 7-25(c)所示。为了求出 C_{gs} 所对应的等效电阻,用测试电压 v_x 代替 C_{gs},如图 7-25(d)所示。对于 R_s 和 R'_L 的回路应用 KVL,得

$$v_x = R_s i_x + R'_L (i_x - g_m v_x) \tag{7.124}$$

简化后为

$$i_x (R_s + R'_L) = v_x (1 + g_m R'_L) \tag{7.125}$$

这样,C_{gs} 对应的戴维南等效电阻为

$$R_{C_{gs}} = \frac{v_x}{i_x} = \frac{R_s + R_L'}{1 + g_m R_L'} \tag{7.126}$$

假设 C_{gs} 和 C_{gd}' 开路且 $v_s = 0$，等效电路如图 7-25(e) 所示，图中流经 R_s 的电流为零，因此，虚线框中电路的等效电阻为 $1/g_m$，C_{sb} 对应的戴维南等效电阻为 $R_{C_{sb}} = R_L' \| (1/g_m)$，因此，根据式(7.79a)，3dB 频率 ω_H（即主极点频率）为：

$$\begin{aligned}
\omega_H &= \frac{1}{R_{C_{gd}} C_{gd}' + R_{C_{gs}} C_{gs} + R_{C_{sb}} C_{sb}} \\
&= \frac{1}{R_s C_{gd}' + \dfrac{R_s + R_L'}{1 + g_m R_L'} C_{gs} + \left(R_L' \| \dfrac{1}{g_m}\right) C_{sb}}
\end{aligned} \tag{7.127}$$

其中 $C_{gd}' = C_{gd} + C_{gb}$，$R_L' = R_L \| r_o \| (1/g_{mb})$。

如果 R_s 比较小，同时，和 C_{gs} 相比，C_{gd}、C_{gb} 和 C_{sb} 也较小，那么在这种情况下，式(7.120)与式(7.126)的结果是一致的，采取简化分析而产生的误差不大，因此，忽略 C_{gd}、C_{gb} 和 C_{sb} 影响的假设是合理的，这样可以简化问题的分析。

如果忽略体效应和负载电阻，即 $R_L = \infty$，$R_L' = \infty$，式(7.127)可以写成

$$\omega_H \approx \frac{1}{R_s C_{gd}' + \dfrac{C_{gs}}{g_m} + \dfrac{C_{sb}}{g_m}} \tag{7.128}$$

进一步，如果 $R_s = 0$，则

$$\omega_H \approx \frac{g_m}{C_{gs} + C_{sb}} \tag{7.129}$$

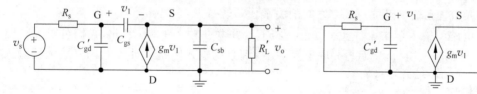

(a) 高频等效电路

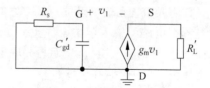

(b) C_{gs} 和 C_{sb} 零值

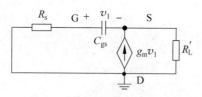

(c) C_{gd}' 和 C_{sb} 零值

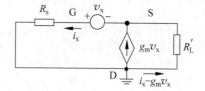

(d) C_{gd}' 和 C_{sb} 零值时的测试电路

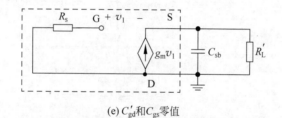

(e) C_{gd}' 和 C_{gs} 零值

图 7-25 采用高频零值法的共漏极 MOSFET 放大器的高频等效电路

【例7.7】 图 7-22 所示的共漏极 MOSFET 放大器的 s 域等效电路,考虑 C_{gd}、C_{gb} 和 C_{sb} 的影响,忽略体效应参数影响,电路参数为 $C_{gs}=100\text{fF}, C_{gd}=10\text{fF}, C_{gb}=1\text{fF}, C_{sb}=1\text{fF}, g_m=10\text{mA/V}, r_o=200\text{k}\Omega$,信号源 $R_s=100\text{k}\Omega, R_L=2\text{k}\Omega$。分析此共漏极放大器的极点频率。

解: 针对图 7-23 所示的共漏极 MOSFET 放大器的 s 域等效电路,忽略体效应参数影响,$g_{mb}=0$,总的有效负载电阻为

$$R'_L=R_L \parallel r_o \parallel (1/g_{mb})=2\times10^3 \parallel 200\times10^3 \approx 1.98\text{k}\Omega$$

考虑 C_{gd}、C_{gb} 和 C_{sb} 的影响,那么根据式(7.127),有

$$\omega_H=\cfrac{1}{R_s(C_{gd}+C_{gb})+\cfrac{R_s+R'_L}{1+g_mR'_L}C_{gs}+\left(R'_L \parallel \cfrac{1}{g_m}\right)C_{sb}}$$

$$=\cfrac{1}{100\times10^3\times(10\times10^{-15}+1\times10^{-15})+\cfrac{100\times10^3+1.98\times10^3}{1+10\times10^{-3}\times1.98\times10^3}\times100\times10^{-15}+}$$

$$\cfrac{1}{\left(1.98\times10^3 \parallel \cfrac{1}{10\times10^{-3}}\right)\times1\times10^{-15}}$$

$$\approx 0.6288\times10^9\text{rad/s}$$

3. 输入阻抗与输出阻抗

由于共漏极放大器具有高的输入阻抗和低的输出阻抗,所以其主要作为电压缓冲器使用。因此,有必要考查其输入阻抗和输出阻抗与频率之间的关系。

首先考查电路的输入阻抗。注意 $C'_{gd}=C_{gd}+C_{gb}$ 并联在输入一侧,因此,我们可以先暂时不考虑 C'_{gd} 来分析放大器的输入阻抗,然后再并联电容 C'_{gd} 得到总的输入阻抗。计算共漏极放大器输入阻抗的测试电路如图 7-26 所示,在 s 域有

$$V_x(s)=V_1(s)+V_o(s) \tag{7.130}$$

$$V_1(s)=\frac{I_X(s)}{sC_{gs}} \tag{7.131}$$

$$V_o(s)=[I_x(s)+g_mV_1(s)]\left(R'_L \parallel \frac{1}{sC_{sb}}\right) \tag{7.132}$$

其中 $R'_L=R_L \parallel r_o \parallel (1/g_{mb})$,求出输入阻抗为

$$Z_{in}=\frac{V_x(s)}{I_x(s)}=\frac{1}{sC_{gs}}+\left(1+\frac{g_m}{sC_{gs}}\right)\left(\frac{1}{g_{mb}+1/(r_o \parallel R_L)+sC_{sb}}\right) \tag{7.133}$$

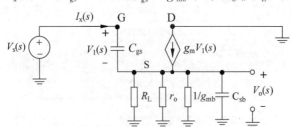

图 7-26 计算共漏极放大器输入阻抗的测试电路

当频率比较低时，$g_{mb}+1/(r_o \parallel R_L) \gg |sC_{sb}|$，式(7.133)可以写成

$$Z_{in} \approx \frac{1}{sC_{gs}}\left(1+\frac{g_m}{g_{mb}+1/(r_o \parallel R_L)}\right)+\frac{1}{g_{mb}+1/(r_o \parallel R_L)} \tag{7.134}$$

由此表明，此时等效输入电容约等于 $C_{gs}\dfrac{g_{mb}+1/(r_o \parallel R_L)}{g_m+g_{mb}+1/(r_o \parallel R_L)}$。有趣的是，此电容可以从密勒等效得到，从输入到输出的低频增益为 $\dfrac{g_m}{g_m+g_{mb}+1/(r_o \parallel R_L)}$，因此，$C_{gs}$ 在输入端所呈现的等效电容为 $C_{gs}\left[1-\dfrac{g_m}{g_m+g_{mb}+1/(r_o \parallel R_L)}\right]$。

当频率比较高时，$g_{mb}+1/r_o \parallel R_L \ll |sC_{sb}|$，$Z_{in}$ 约为

$$Z_{in} \approx \frac{1}{sC_{gs}}+\frac{1}{sC_{sb}}+\frac{g_m}{s^2 C_{gs}C_{sb}} \tag{7.135}$$

对于 $s=j\omega$，输入阻抗是由电容 C_{gs}、C_{sb} 和一个负电阻串联形成的组合，其中负电阻阻抗等于 $-g_m/(\omega^2 C_{gs}C_{sb})$。

下面考查电路的输出阻抗。同样地，由于 $R_L'=R_L \parallel r_o \parallel (1/g_{mb})$ 和 C_{sb} 并联在输出一侧，因此，可以先暂时不考虑 R_L' 和 C_{sb} 来分析输出阻抗的频率特性。再忽略 C_{gd}'，那么在这种情况下计算共漏极放大器输出阻抗的测试电路如图 7-27 所示，在 s 域有：

$$-I_x(s)=sC_{gs}V_1(s)+g_m V_1(s) \tag{7.136}$$

$$-V_x(s)=sC_{gs}V_1(s)R_s+V_1(s) \tag{7.137}$$

得到输出阻抗为

$$Z_{out}=\frac{V_x(s)}{I_x(s)}=\frac{sC_{gs}R_s+1}{sC_{gs}+g_m} \tag{7.138}$$

在不考虑 R_L'、C_{sb} 和 C_{gd}' 的情况下，当工作在低频时，输出阻抗 $Z_{out} \approx 1/g_m$，这也正是所预期的。而在高频的情况下，输出阻抗 $Z_{out} \approx R_s$。由于共漏极放大器通常作为电压缓冲器使用，因此其具有较低的输出阻抗，以便为具有较大输出阻抗的前级电路提供缓冲能力。在共漏极放大器作为缓冲器的一般情况下，$1/g_m < R_s$，共漏极放大器的输出电阻随着频率的升高而增加，阻抗呈现了电感性。采用一个包含电感元件的一阶无源网络来等效 Z_{out}。当 $\omega=0$ 时，$Z_1=R_2$；当 $\omega=\infty$ 时，$Z_1=R_1+R_2$。令 $R_2=1/g_m$，$R_1=R_s-1/g_m$，通过选择适当的 L 使 $Z_1=Z_{out}$。

$$Z_{out}-R_2=\frac{sC_{gs}R_s+1}{sC_{gs}+g_m}-\frac{1}{g_m}=\frac{sC_{gs}(R_s-1/g_m)}{sC_{gs}+g_m}=R_1 \parallel (sL) \tag{7.139}$$

取式(7.139)的倒数，得到导纳的表达式为

$$\frac{sC_{gs}+g_m}{sC_{gs}(R_s-1/g_m)}=\frac{1}{R_s-1/g_m}+\frac{1}{\dfrac{sC_{gs}}{g_m}(R_s-1/g_m)}=\frac{1}{R_1}+\frac{1}{sL} \tag{7.140}$$

由此可见

$$L=\frac{C_{gs}}{g_m}(R_s-1/g_m) \tag{7.141}$$

即存在这样的 L 使图 7-28 所示的等效电路成立。这说明，如果共漏极放大器由一个具有很大输出电阻的驱动级驱动时，则该共漏极放大器的输出阻抗会呈现电感的行为。

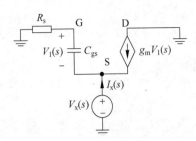

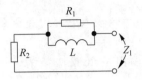

图 7-27　计算共漏极放大器输出阻抗的测试电路　　　图 7-28　共漏极放大器的输出阻抗的等效电路

7.5.3　共栅极放大器

考虑寄生电容的共栅极放大器的小信号等效电路如图 7-29 所示,这里忽略沟道长度调制效应。共栅极放大器采用一个内阻为 R_s 的信号源进行驱动,共栅极放大器的负载用 R_L 表示。在共栅极放大器中,需要考虑的晶体管 M_1 寄生电容可以归为与源极相关的栅源电容 C_{gs} 和源极-衬底电容 C_{sb},以及与漏极相关的栅漏电容 C_{gd} 和漏-衬底电容 C_{db}。由于是共栅极,可知 $v_{bs}=v_1$。

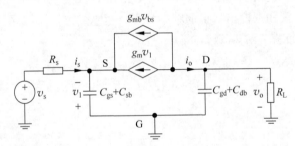

图 7-29　分析频率特性的共栅极放大器的小信号等效电路

1. 传递函数的 s 域分析方法

根据图 7-29 所示的共栅极放大器的小信号等效电路,采用 s 域高频分析方法得到其确切的传递函数。与源极相关的电容采用 $C_s=C_{gs}+C_{sb}$ 表示,与漏极相关的电容采用 $C_d=C_{gd}+C_{db}$ 表示。这样,采用 s 拉普拉斯域的表示形式有

$$V_s(s)=I_s(s)R_s-V_1(s) \tag{7.142}$$

$$I_s(s)+g_mV_1(s)+g_{mb}V_1(s)+V_1(s)\cdot sC_s=0 \tag{7.143}$$

$$I_o(s)=-g_mV_1(s)-g_{mb}V_1(s) \tag{7.144}$$

$$V_o(s)=I_o(s)\left(R_L\parallel\frac{1}{sC_d}\right)\quad\text{或者}\quad I_o(s)=(R_L^{-1}+sC_d)V_o(s) \tag{7.145}$$

整理后,得

$$A(s)=\frac{V_o(s)}{V_s(s)}=\frac{(g_m+g_{mb})R_L}{1+(g_m+g_{mb})R_s}\frac{1}{\left(1+\dfrac{sC_s}{R_s^{-1}+g_m+g_{mb}}\right)(1+sC_dR_L)} \tag{7.146}$$

由此可见传递函数 $A(s)$ 中含有两个极点

$$p_1=-\frac{1}{\left(R_s\parallel\dfrac{1}{g_m+g_{mb}}\right)C_s} \tag{7.147}$$

$$p_2 = -\frac{1}{R_L C_d} \tag{7.148}$$

这两个极点也可以直接从节点相对应的关系得到。p_1 对应的是输入节点,输入节点处"看到的"总电容为 C_s,在输入节点"看到的"总电阻为 $R_s \parallel [1/(g_m + g_{mb})]$。$p_2$ 对应的是输出节点,在输出节点处"看到的"总电容为 C_d,在输出节点"看到的"总电阻为 R_L(在忽略器件的沟道长度调制效应的情况下)。每个极点值为节点所对应的总电容与总电阻乘积的倒数。这种节点与极点之间的对应关系只有在节点之间是"孤立"的情况下才成立。这也提供了一种分析电路频率特性的手段。

【例 7.8】 图 7-29 所示的共栅极 MOSFET 放大器的 s 域等效电路,忽略体效应参数影响,电路参数为 $C_{gs} = 100\text{fF}$,$C_{gd} = 10\text{fF}$,$C_{db} = 1\text{fF}$,$C_{sb} = 1\text{fF}$,$g_m = 10\text{mA/V}$,信号源 $R_s = 100\text{k}\Omega$,$R_L = 2\text{k}\Omega$。分析此共栅极放大器的极点频率。

解: 与源极和漏极相关的电容为

$$C_s = C_{gs} + C_{sb} = 100 \times 10^{-15} + 1 \times 10^{-15} = 101\text{fF}$$

$$C_d = C_{gd} + C_{db} = 10 \times 10^{-15} + 1 \times 10^{-15} = 11\text{fF}$$

图 7-29 所示的共栅极 MOSFET 放大器的 s 域等效电路,忽略体效应参数影响,即 $g_{mb} = 0$,根据式(7.147)和式(7.148),输入和输出处两个极点频率为

$$\omega_{p_1} = |p_1| = \frac{1}{\left(R_s \parallel \dfrac{1}{g_m + g_{mb}}\right) C_s} = \frac{1}{\left(100 \times 10^3 \parallel \dfrac{1}{10 \times 10^{-3}}\right) \times 101 \times 10^{-15}} \approx 99.11 \times 10^9 \text{rad/s}$$

$$\omega_{p_2} = |p_2| = \frac{1}{R_L C_d} = \frac{1}{2 \times 10^3 \times 11 \times 10^{-15}} \approx 45.45 \times 10^9 \text{rad/s}$$

可见共栅极放大器的极点频率很高,因此可以作为宽带放大器使用。

---

2. 零值方法

采用零值方法的共栅极放大器的高频等效电路如图 7-30 所示。C_s 开路的等效电路如图 7-30(a)所示。当 $v_1 = 0$ 时,$g_m v_1$ 和 $g_{mb} v_1$ 如同开路。因此,C_d 对应的戴维南等效电阻为

$$R_{C_d} = R_L \tag{7.149}$$

假设 C_d 开路,则等效电路如图 7-30(b)所示。流经电流源 $(g_m + g_{mb})v_1$ 与 R_L 支路的电流为 $(g_m + g_{mb})v_1$,而这部分电路的总端电压为 v_1,因此这部分电路总的等效电阻为 $1/(g_m + g_{mb})$,与 R_s 并联。由此,可以得到 C_s 对应的戴维南等效电阻为

$$R_{C_s} = R_s \parallel [1/(g_m + g_{mb})] \tag{7.150}$$

因此,高 3dB 截止频率为

$$\omega_H = \frac{1}{R_{C_s} C_s + R_{C_d} C_d}$$

$$= \frac{1}{\{R_s \parallel [1/(g_m + g_{mb})]\} C_s + R_L C_d} \tag{7.151}$$

从以上对共栅极放大器频率特性的分析中,可知共栅极放大器中没有电容的密勒乘积项,因此可以获得更宽的带宽。

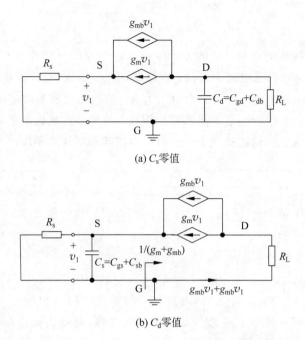

(a) C_s零值

(b) C_d零值

图 7-30 采用零值方法的共栅极放大器的高频等效电路

7.5.4 共源共栅放大器

从前面的第 5 章中可以得知,将共源极电路与共栅极电路级联起来可以提高电路的输出电阻和电压增益,其中共栅极电路起到了屏蔽作用。同样地,在频率响应特性方面,共栅极电路也起到了屏蔽作用,有效地抑制了共源级电路中的密勒效应,可以改善电路的频率特性。

考虑寄生电容的共源共栅极放大器的等效电路如图 7-31 所示,共源共栅极放大器采用一个内阻为 R_s 的信号源进行驱动,其负载用 R_L 表示。在共源共栅极放大器中,在输入节点处,寄生电容包括晶体管 M_1 的 C_{GS1} 和输入节点到 X 节点之间 C_{GD1} 在输入节点处的密勒等效电容;在 X 节点处,寄生电容包括 C_{DB1}、C_{SB2}、C_{GS2} 及输入节点与 X 节点之间 C_{GD1} 在 X 节点处的密勒等效电容;在输出节点处,寄生电容包括 C_{GD2}、C_{DB2} 及负载电容 C_L。

图 7-31 所示的共源共栅放大器的交流等效电路如图 7-32 所示,这里 C_{gs}、C_{gd} 及 C_{db} 分别对应于大信号模型中的栅源电容 C_{GS}、栅漏电容 C_{GD} 及漏极-衬底电容 C_{DB}。C_{gd1} 的密勒效应由输入节点到 X 节点的增益决定。共栅极晶体管 M_2 处于共源级晶体管 M_1 与电路负载之间。在 X 节点处,共源极晶体管 M_1 的负载是共栅极晶体管 M_2 的输入电阻 r_{i2},如图 7-32 所示,由于共栅极晶体管 M_2 的隔离作用,共栅极的输入电阻 r_{i2} 一般比较小。根据第 5.5 节的讨论,共栅极晶体管 M2 的输入电阻为

$$r_{i2} = \frac{r_{o2} + R_L}{(g_{m2} + g_{mb2})r_{o2} + 1} \tag{7.152}$$

可见输入电阻 r_{i2} 比 R_L 要小很多。当 $R_L \ll r_{o2}$ 时

$$r_{i2} \approx \frac{1}{(g_{m2} + g_{mb2})} \tag{7.153}$$

这样,从输入节点到 X 节点的增益约为 $A_{v,x} = -g_{m1}/(g_{m2} + g_{mb2})$,如果 M_1 和 M_2 的尺寸相当,即 $g_{m1} = g_{m2}$,那么在忽略体效应的情况下,C_{gd1} 的密勒乘积项为 $(1 - A_{v,x})C_{gd1} = 2C_{gd1}$。因此,和共源极放大器相

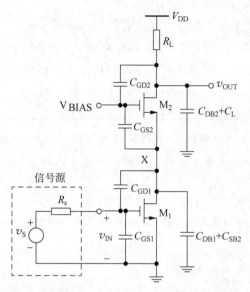

图 7-31　考虑寄生电容的共源共栅放大器等效电路

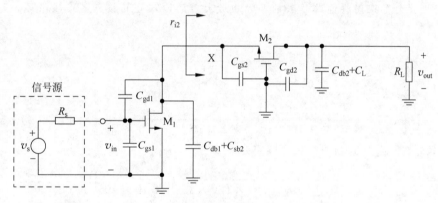

图 7-32　共源共栅放大器的交流等效电路

比,共源共栅放大器中的密勒效应要小得多。与输入节点相关的极点频率为

$$\omega_{\mathrm{p,in}} = \frac{1}{R_{\mathrm{s}}\left[C_{\mathrm{gs1}} + \left(1 + \frac{g_{\mathrm{m1}}}{g_{\mathrm{m2}} + g_{\mathrm{mb2}}}\right)C_{\mathrm{gd1}}\right]} \tag{7.154}$$

与 X 节点相关的极点频率为

$$\omega_{\mathrm{p,x}} = \frac{g_{\mathrm{m2}} + g_{\mathrm{mb2}}}{\left(1 + \frac{g_{\mathrm{m2}} + g_{\mathrm{mb2}}}{g_{\mathrm{m1}}}\right)C_{\mathrm{gd1}} + C_{\mathrm{db1}} + C_{\mathrm{sb2}} + C_{\mathrm{gs2}}} \tag{7.155}$$

与输出节点相关的极点频率为

$$\omega_{\mathrm{p,out}} = \frac{1}{R_{\mathrm{L}}(C_{\mathrm{gd2}} + C_{\mathrm{db2}} + C_{\mathrm{L}})} \tag{7.156}$$

当 R_{L} 和 r_{o2} 相当时,例如 R_{L} 采用由 MOS 晶体管形成的电流源实现,则共栅极晶体管 M_2 的输入电阻可以表示为

$$r_{i2} \approx \frac{R_L}{(g_{m2} + g_{mb2})r_{o2}} + \frac{1}{(g_{m2} + g_{mb2})} \tag{7.157}$$

由式(7.157)可见,此电阻将大于 $1/(g_{m2} + g_{mb2})$。当 $R_L \gg r_{o2}$ 时,从输入节点到 X 节点的增益值 $A_{v,x}$ 将明显大于 1。然而,此增益值 $A_{v,x}$ 仍然比共源放大器从输入到输出的增益值小得多,因此,密勒效应产生的影响也要小得多。

【例 7.9】 图 7-31 所示的共源共栅极 MOSFET 放大器,M_1 和 M_2 的电路参数都为 $C_{gd} = 20\text{fF}$,$C_{gs} = 100\text{fF}$,$C_{db} = 10\text{fF}$,$C_{sb} = 1\text{fF}$,$g_m = 10\text{mA/V}$,$r_o = 200\text{k}\Omega$,信号源 $R_s = 100\text{k}\Omega$,$R_L = 10\text{k}\Omega$。分析此共源共栅极放大器的极点频率。

解:根据图 7-32 所示的交流等效电路,忽略体效应,即 $g_{mb} = 0$,R_L 相比器件的输出电阻还是比较小的,根据式(7.154)、式(7.155)和式(7.156),与输入节点相关的极点频率为

$$\omega_{p,\text{in}} = \frac{1}{R_s \left[C_{gs1} + \left(1 + \frac{g_{m1}}{g_{m2} + g_{mb2}} \right) C_{gd1} \right]} = \frac{1}{100 \times 10^3 \times [100 \times 10^{-15} + (1+1) \times 20 \times 10^{-15}]}$$

$$\approx 71.43 \times 10^6 \text{rad/s}$$

可见,共源共栅极放大器比同样电路参数的共源极放大器的输入处的极点频率高很多。与 X 节点相关的极点频率为

$$\omega_{p,x} = \frac{g_{m2} + g_{mb2}}{\left(1 + \frac{g_{m2} + g_{mb2}}{g_{m1}} \right) C_{gd1} + C_{db1} + C_{sb2} + C_{gs2}}$$

$$= \frac{10 \times 10^{-3}}{(1+1) \times 20 \times 10^{-15} + 10 \times 10^{-15} + 1 \times 10^{-15} + 100 \times 10^{-15}} = 66.225 \times 10^9 \text{rad/s}$$

当输出节点空载时,即 $C_L = 0$,相关的极点频率为

$$\omega_{p,\text{out}} = \frac{1}{R_L(C_{gd2} + C_{db2} + C_L)} = \frac{1}{10 \times 10^3 \times (20 \times 10^{-15} + 10 \times 10^{-15})} \approx 3.333 \times 10^9 \text{rad/s}$$

7.6 差分放大器的频率响应

差分放大器是模拟集成电路中非常重要的一类放大器,因此,它们的频率特性也需要着重进行分析。

7.6.1 全差分放大器

对于全差分放大器,可采用半边等效的方法将差分电路转换为等效的单端电路,然后进行频率响应分析。

1. 差模增益的频率响应

采用电阻作为负载的 MOS 全差分放大器如图 7-33(a)所示,其差模交流半边等效电路及考虑器件寄生电容的小信号等效电路分别如图 7-33(b)、(c)所示。

为了讨论方便,省略输入输出信号的 1/2 因子,这样处理不会影响传递函数的推导。由此可见,全

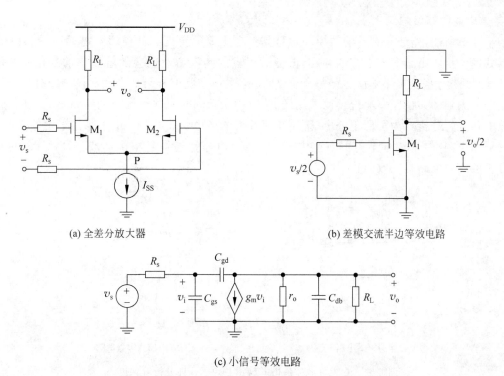

(a) 全差分放大器　　　　　　　　　　(b) 差模交流半边等效电路

(c) 小信号等效电路

图 7-33　全差分放大器的差模增益频率特性分析等效电路

差分放大器的差模频率特性和单端共源极放大器的频率特性是一致的,其中器件寄生电容的情况也是一致的。类似地,可以得到图 7-33 所示的全差分放大器确切的差模传递函数为

$$A(s) = \frac{-(g_m - C_{gd}s)R_L}{1 + s[R_s C_{gs} + R_s(1 + g_m R_L)C_{gd} + R_L(C_{db} + C_{gd})] + s^2 R_s R_L(C_{gs}C_{db} + C_{gs}C_{gd} + C_{db}C_{gd})} \tag{7.158}$$

其中电路的输出电阻 $R_L \parallel r_o \approx R_L$。同样地,如果两个极点相距比较远,可以得到主极点为

$$p_1 \approx -\frac{1}{R_s C_{gs} + R_s(1 + g_m R_L)C_{gd} + R_L(C_{db} + C_{gd})} \tag{7.159}$$

如果采用密勒电容等效的方法,可以比较直观地得到第一极点为

$$p_1 \approx -\frac{1}{(C_{gs} + C_{im})R_s} = -\frac{1}{[(C_{gs} + C_{gd}(1 + g_m R_L)]R_s} \tag{7.160}$$

其中 C_{im} 为等效到输入一侧的密勒电容 $C_{im} = C_{gd}(1 + g_m R_L)$。

类似于共源极放大器,根据式(7.158)和式(7.159)得到第二极点 p_2 为

$$p_2 \approx -\frac{R_s C_{gs} + R_s(1 + g_m R_L)C_{gd} + R_L(C_{db} + C_{gd})}{R_s R_L(C_{gs}C_{db} + C_{gs}C_{gd} + C_{db}C_{gd})} \tag{7.161}$$

如果忽略 C_{db},有

$$p_2 \approx -\left(\frac{1}{R_L C_{gd}} + \frac{1}{R_s C_{gs}} + \frac{1}{R_L C_{gs}} + \frac{g_m}{C_{gs}}\right) \tag{7.162}$$

可见在忽略 C_{db} 的情况下,第二极点在远离 s 平面原点处。这里需要注意的是,如果放大器的输出节点存在一个较大的负载电容 C_L,此电容与 C_{db} 并联,则不能忽略它们的影响。

传递函数还可反映一个在 s 平面中右半平面的零点,$z_1 = g_m/C_{gd}$。

2. 共模增益的频率响应

正如第 6 章所述,差分放大器的共模增益是其一项重要的特性。共模增益需要尽量小以便放大器能够抑制共模干扰。由于寄生电容的存在,差分放大器的共模增益也会随着频率的变化而变化,因此,差分放大器的共模增益的频率响应也是非常重要的一项特性。类似于第 6 章的共模响应分析,图 7-33(a)所示的差分放大器的共模频率响应可以采用图 7-34(a)所示的交流共模等效电路和图 7-34(b)所示的小信号等效电路进行分析。为了便于分析,采用交流共模的半边等效电路。由于采用半边等效的方法,尾电流源的输出电阻 r_{ss} 和对应节点的寄生电容 C_{ss} 在半边等效电路中等效为 $2r_{ss}$ 和 $C_{ss}/2$,可见与第 6 章共模分析的等效电路是一致的。

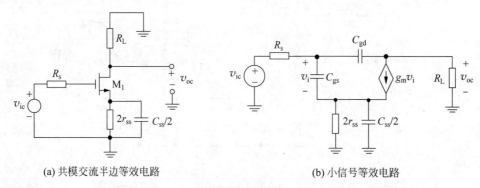

(a) 共模交流半边等效电路   (b) 小信号等效电路

图 7-34　全差分放大器的共模增益频率特性分析等效电路

对于图 7-34(a)所示的电路包含电容的确切小信号分析是比较复杂的,这里,首先忽略晶体管的沟道长度调制效应,如图 7-34(b)所示,采用一些近似来分析共模频率响应的关键部分。由于尾电流源的输出电阻非常大,通常比放大器的输出电阻($\approx R_L$)的量级要大,其至少等于晶体管的输出电阻 r_o。因此,r_{ss} 和 C_{ss} 对于共模频率响应的影响较大。尾电流源处的阻抗为 $2r_{ss}$ 和 $C_{ss}/2$ 的并联,记为 Z_T,即 $Z_T=(2r_{ss})\parallel(C_{ss}/2)$。当频率上升时,阻抗 Z_T 下降。下面来计算 r_{ss} 和 C_{ss} 对于共模频率响应的影响。当 R_s 很小,并且 Z_T 很大时,共模增益可以近似表达为

$$A_{vc}=-\frac{g_mR_L}{1+g_mZ_T}\approx-\frac{R_L}{Z_T} \tag{7.163}$$

其中,Z_T 在 s 域表示为

$$Z_T=\frac{2r_{ss}}{1+sC_{ss}r_{ss}} \tag{7.164}$$

得出在 s 域近似表示的共模增益表达式为

$$A_{vc}(s)\approx-\frac{R_L}{2r_{ss}}(1+sC_{ss}r_{ss}) \tag{7.165}$$

根据式(7.165),共模增益中含有一个零点,当频率高于 $\omega=1/(r_{ss}C_{ss})$ 时,共模增益将以 20dB/DEC(或 6dB/OCT)上升,这是不希望看到的,共模增益需要尽量小以便抑制共模干扰。共模增益也不可能无限上升,这是因为在以上分析中只是针对 r_{ss}、C_{ss} 的影响。实际上,当频率上升到一定值后,图 7-34(b)所示的其他电容开始产生影响,这些电容导致共模增益在更高频率处开始下降,如图 7-35(a)所示。

同时,将差模增益的频率响应也绘制在图 7-35(b)中,主要考虑第一极点的影响,其中 $C_t=C_{gs}+C_{im}$,而 $C_{im}=C_{gd}(1+g_mR_L)$。CMRR 的频率响应如图 7-35(c)所示。当频率高于 $\omega_z=1/(r_{ss}C_{ss})$ 时,$|A_{vc}|$ 开始增加,导致 CMRR 按 20dB/DEC(或 6dB/OCT)下降;当频率进一步增加,到达拐点 $\omega_{p1}=$

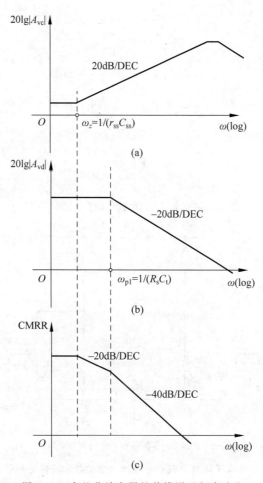

图 7-35 全差分放大器的共模增益频率响应

$1/(R_sC_t)$以后，$|A_{vd}|$开始下降，导致 CMRR 进一步下降，将按 40dB/DEC（或 12dB/OCT）下降。

7.6.2 电流镜作为负载的差分放大器

电流镜作为负载的差分放大器是常用的另一种差分放大器。但它不同于全差分放大器，这种差分放大器是差分输入、单端输出，因此电路结构并不完全对称。那么，电流镜作为负载的差分放大器中极点的情况是否与全差分放大器一致呢？下面考查图 7-36 所示的电流镜作为负载的差分放大器电路。

与全差分差动放大器相比，电流镜作为负载的差分放大器中还含有一个电流镜镜像节点 X，此节点 X 对应的总电容统一采用 C_x 表示，此电容主要由 C_{gs3}、C_{gs4} 及与此节点相关的其他寄生电容组成。考查此电容对放大器频率特性的影响。图 7-36(b) 所示的是求差模增益中等效跨导 $G_m = i_o/v_{id}$ 的简化小信号等效电路，其中节点寄生电容只考虑 C_x，并且忽略所有晶体管的沟道长度调制效应，对于差分输入，节点 P 可以认为是交流地。采用零值方法，C_x 对应的电阻为 $1/g_{m3}$，可以推测这里存在一个极点值为 g_{m3}/C_x。下面来求等效跨导的 s 域的传递函数表达式。根据图 7-36(b) 所示的小信号等效电路，流经 M_1 的小信号漏极电流在 s 域表示为

$$I_{d1}(s) = g_{m1}V_{gs1}(s) = g_{m1}\frac{V_{id}(s)}{2} \tag{7.166}$$

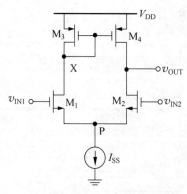

(a) 电流镜作为负载的差分放大器

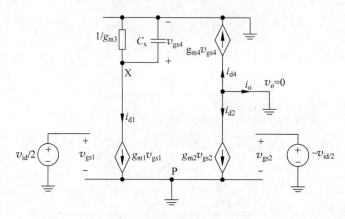

(b) 求等效跨导的简化小信号等效电路

图 7-36　电流镜作为负载的差分放大器的频率特性分析等效电路

$I_{d1}(s)$电流也流经 M_3，M_3 的栅源电压等于 M_4 的栅源电压，因此

$$V_{gs4}(s) = -I_{d1}(s)\left(\frac{1}{g_{m3}} \parallel \frac{1}{sC_x}\right) = -I_{d1}(s)\left(\frac{1}{g_{m3}+sC_x}\right) \tag{7.167}$$

流经 M_4 的小信号漏极电流在 s 域表示为

$$I_{d4}(s) = g_{m4}V_{gs4}(s) = -g_{m4}I_{d1}(s)\left(\frac{1}{g_{m3}+sC_x}\right) \tag{7.168}$$

M_2 的小信号漏极电流在 s 域表示为

$$I_{d2}(s) = g_{m2}V_{gs2}(s) = -g_{m2}\frac{V_{id}(s)}{2} \tag{7.169}$$

总的输出电流 i_o 对应在 s 域表示为

$$I_o(s) = -I_{d2}(s) - I_{d4}(s) = g_{m2}\frac{V_{id}(s)}{2} + g_{m4}g_{m1}\frac{V_{id}(s)}{2}\left(\frac{1}{g_{m3}+sC_x}\right) \tag{7.170}$$

由于 $g_{m1}=g_{m2}=g_{mN}$，$g_{m3}=g_{m4}=g_{mP}$，因此，由以上各式，可以得出等效跨导的 s 域表达式为

$$G_m(s) = \frac{I_o(s)}{V_{id}(s)} = \frac{g_{mN}}{2}\frac{2g_{mP}+sC_x}{g_{mP}+sC_x} \tag{7.171}$$

由式(7.171)可见，传递函数中含有一个极点和一个零点，分别为

$$p = -\frac{g_{mP}}{C_x} \quad (7.172)$$

$$z = -\frac{2g_{mP}}{C_x} \quad (7.173)$$

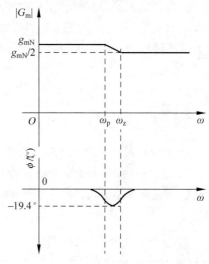

图 7-37　电流镜作为负载的差分放大器的 G_m 受 C_x 影响的频率特性

我们可以发现,零点频率值与极点频率值正好距离一个倍频程。$G_m(s)$ 的幅频特性和相频特性如图 7-37 所示。极点-零点对产生的相移为 $-19.4°\sim0°$。当频率较低时,C_x 相当于开路,M_4 直接镜像流经 M_3 的电流,$|G_m| = g_{mN}$;当频率很高时,即 $\omega \to \infty$,C_x 可以认为是短路,因此 M_4 上流经的小信号电流为 0,$|G_m| = g_{mN}/2$。

以上只是针对节点 C_x 产生的镜像零极点对频率特性影响的分析,除此之外,电流镜作为负载的差分放大器的其他零极点情况则与全差分放大器的情况一致。或者反过来说,电流镜作为负载的差分放大器除了具有和全差分放大器一致的零极点之外,还存在一个镜像极点-零点对。

7.7　本章小结

放大器的频率响应一般表现为低通、高通和带通特性。在 CMOS 集成电路中,放大器一般采用直接耦合进行级联,在放大器内部中的器件存在寄生电容,以及信号连线与地之间存在杂散连线电容。在低频处这些电容基本可以被认为是开路的;在高频处会产生较低电抗,影响信号幅度及相位。可以采用伯德图来近似描绘放大器的频率响应。在分析放大器频率响应时,可以将寄生电容表示在交流小信号等效电路中,然后在 s 域中进行分析,再然后得到放大器的频率响应。然而,基于 s 域的传递函数的频率特性分析仍然是一件非常麻烦的事情。因此,可以采用密勒电容方法、零值方法及短路方法等方法,能够避免复杂的计算,以便快速地找到影响电路频率特性的主要因素,从而对电路设计提供指导。

共源极放大器在输入和输出之间存在 C_{gd} 寄生电容,此寄生电容对放大器的频率特性会产生较大影响。本章分别采用了 s 域传递函数分析方法、密勒电容分析方法和零值方法对共源极放大器进行了频率特性的分析,可见这几种方法在计算的复杂度和准确性及直观性方面各有千秋。采用密勒电容分析方法或零值方法可以很快地得到影响频率特性的主要因素。

在共漏极放大器中,寄生电容、负载和信号源内阻共同影响其频率特性,共漏极放大器中的零点频率与器件的特征频率很接近。如果 $g_m R'_L$ 远远大于 1,其中 $R'_L = R_L \| r_o \| (1/g_{mb})$,并且信号源内阻 R_s 远远小于负载 R_L,那么极点频率也接近特征频率;然而,如果 R_s 可以和 R_L 相比较,或者 $g_m R'_L$ 没有比 1 大,那么极点频率的值将明显小于特征频率;此外,如果共漏极放大器由一个具有很大输出电阻的驱动级驱动时,则该共漏极放大器的输出阻抗会呈现电感的行为。

在共栅极放大器中,每个极点值为节点所对应的总电容与总电阻乘积的倒数。这种节点与极点之间的对应关系只有在节点之间是"孤立"的情况下才成立。而共栅结构提供了这种屏蔽效果。同时可以看到在共栅极放大器中没有电容的密勒乘积项,因此其可以获得更宽的带宽。

在共源共栅放大器的频率响应特性方面,其中的共栅级电路也起到了屏蔽作用,有效地抑制了共源共栅放大器的共源级中存在的密勒效应,可以改善共源共栅放大器的频率特性。

全差分放大器的差模频率特性和单端共源极放大器的频率特性是一致的。寄生电容除了影响差分放大器的差模频率特性,还会影响到差分放大器的共模增益,使 CMRR 也随着频率的变化而变化。而对于电流镜作为负载的差分放大器,除了具有和全差分放大器一致的零极点之外,还存在一个镜像极点-零点对。

习题

1. 图 7-3 所示的放大器小信号等效电路中,$g_m = 1\text{mA/V}$,$R_s = 0\Omega$,$R_i = 100\text{M}\Omega$,$R_L = 100\text{k}\Omega$,$C_2 = 0.1\text{pF}$。求放大器从信号源到输出的低频增益值 $|A_{vo}|$,写出放大器从信号源到输出的 s 域的传递函数,并求高截止频率 ω_H。求当频率分别为 $\omega = \omega_H$ 和 $\omega = 10\omega_H$ 时的增益值,以及产生了多少的相位角变化。

2. 图 7-5 所示的放大器小信号等效电路中,$g_m = 1\text{mA/V}$,$R_s = 0\Omega$,$R_i = 100\text{M}\Omega$,$R_L = 100\text{k}\Omega$,$C_1 = 0.1\text{nF}$。求放大器从信号源到输出的通带增益值 $|A_{vo}|$,写出放大器从信号源到输出的 s 域的传递函数,并求低截止频率 ω_L。求当频率分别为 $\omega = \omega_L$ 和 $\omega = \omega_L/10$ 时的增益值,以及产生了多少的相位角变化。

3. 针对图 5-7(a)所示的二极管连接 MOS 晶体管作为负载的共源极 MOSFET 放大器,假设 M_1 和 M_2 的电路参数都为 $C_{gd} = 20\text{fF}$,$C_{gs} = 100\text{fF}$,$C_{db} = 10\text{fF}$,$C_{sb} = 10\text{fF}$,$g_m = 10\text{mA/V}$,$r_o = 200\text{k}\Omega$,信号源 $R_s = 100\text{k}\Omega$。分析此共源极放大器的极点频率,并采用密勒法检验高频截止频率。

4. 针对图 5-10(b)所示的电流源作为负载的共源极 MOSFET 放大器,假设 M_1 和 M_2 的电路参数都为 $C_{gd} = 20\text{fF}$,$C_{gs} = 100\text{fF}$,$C_{db} = 10\text{fF}$,$g_m = 10\text{mA/V}$,$r_o = 200\text{k}\Omega$,信号源 $R_s = 100\text{k}\Omega$。分析此共源极放大器的极点频率,并采用密勒法检验高频截止频率。

5. 图 7-22 所示的共漏极 MOSFET 放大器的 s 域等效电路,忽略 C_{gd}、C_{gb} 和 C_{sb} 的影响,并忽略体效应参数影响,电路参数为 $C_{gs} = 100\text{fF}$,$g_m = 1\text{mA/V}$,$r_o = 200\text{k}\Omega$,信号源 $R_s = 10\text{k}\Omega$,分析此共漏极放大器分别驱动 $R_L = 2\text{M}\Omega$ 及 $R_L = 200\Omega$ 负载时的极点频率。

6. 图 7-22 所示的共漏极 MOSFET 放大器的 s 域等效电路,忽略 C_{gd}、C_{gb} 和 C_{sb} 的影响,并忽略体效应参数影响,电路参数为 $C_{gs} = 100\text{fF}$,$g_m = 1\text{mA/V}$,$r_o = 200\text{k}\Omega$,信号源 $R_s = 10\Omega$,分析当此共漏极放大器分别驱动 $R_L = 2\text{M}\Omega$ 及 $R_L = 200\Omega$ 负载时的极点频率。

7. 图 7-22 所示的共漏极 MOSFET 放大器的 s 域等效电路,考虑 C_{gd}、C_{gb} 和 C_{sb} 的影响,忽略体效应参数影响,电路参数为 $C_{gs} = 100\text{fF}$,$C_{gd} = 10\text{fF}$,$C_{gb} = 1\text{fF}$,$C_{sb} = 1\text{fF}$,$g_m = 10\text{mA/V}$,$r_o = 200\text{k}\Omega$,信号源 $R_s = 10\text{k}\Omega$,分析当此共漏极放大器分别驱动 $R_L = 2\text{M}\Omega$ 及 $R_L = 200\Omega$ 负载时的极点频率。

8. 图 7-22 所示的共漏极 MOSFET 放大器的 s 域等效电路,考虑 C_{gd}、C_{gb} 和 C_{sb} 的影响,忽略体效应参数影响,电路参数为 $C_{gs} = 100\text{fF}$,$C_{gd} = 10\text{fF}$,$C_{gb} = 1\text{fF}$,$C_{sb} = 1\text{fF}$,$g_m = 10\text{mA/V}$,$r_o = 200\text{k}\Omega$,信号源 $R_s = 10\Omega$,分析当此共漏极放大器分别驱动 $R_L = 2\text{M}\Omega$ 及 $R_L = 200\Omega$ 负载时的极点频率。

9. 图 7-29 所示的共栅极 MOSFET 放大器的 s 域等效电路,忽略体效应参数影响,电路参数为 $C_{gs} = 100\text{fF}$,$C_{gd} = 10\text{fF}$,$C_{db} = 1\text{fF}$,$C_{sb} = 1\text{fF}$,$g_m = 10\text{mA/V}$,信号源 $R_s = 100\Omega$,$R_L = 200\Omega$。分析此共栅极放大器的极点频率。

10. 图 7-31 所示的共源共栅极 MOSFET 放大器,M_1 和 M_2 的电路参数都为 $C_{gd} = 20\text{fF}$,$C_{gs} = 100\text{fF}$,$C_{db} = 10\text{fF}$,$C_{sb} = 1\text{fF}$,$g_m = 10\text{mA/V}$,$r_o = 200\text{k}\Omega$,信号源 $R_s = 100\text{k}\Omega$,采用电流源作为负载 R_L,电流源的输出电阻为 $200\text{k}\Omega$。分析此共源共栅极放大器的极点频率。

第 8 章

噪　　声

主要符号	含　义
P_a	平均功率
V_{rms}	均方根(rms)电压值,即有效电压值
P_{na}	噪声平均功率
$S_x(f)$	功率谱密度(PSD)
$\overline{v_n^2}$	噪声平均功率电压表示
$\overline{v_{n,in}^2}$	等效输入的噪声平均功率电压表示
$\overline{v_{n,out}^2}$	等效输出的噪声平均功率电压表示
v_n	噪声平均功率电压 rms 表示
$\overline{i_n^2}$	噪声平均功率电流表示
$\overline{i_{n,in}^2}$	等效输入的噪声平均功率电流表示
i_n	噪声平均功率电流 rms 表示
g_m	MOSFET 的跨导
r_o	晶体管的小信号输出电阻
L,W	MOSFET 沟道的长度和宽度
C_{ox}	单位面积 MOSFET 的栅电容
v_{gs}	交流小信号栅-源电压
v_{IN}	总输入信号电压
v_{OUT}	总输出信号电压
A_v	交流小信号电压增益

8.1 引言

噪声是决定模拟电路所能正确处理信号最小电平的根本因素,它与电路的功耗、速率及线性度之间存在着相互制约的关系。随着当代各种应用对电路性能所提出的越来越苛刻的要求,噪声已经成为了模拟电路设计者们一个不得不考虑的重要内容。

然而,不同于诸如正弦波形这样的确定性信号,噪声在某一时刻的幅度是难以预测的。因此,不能像分析普通确定信号那样来分析电路的噪声特性。我们需要建立噪声的表示方法来表征噪声的行为。

本章将给出几种集成电路中常见的器件噪声模型,然后讨论在电路中噪声的计算方法。最后,分别讨论共源极、共漏极、共栅极、共源共栅极及差分放大器中的噪声特性。

8.2 噪声的表示

对于确定性的周期信号,信号在某一时刻的幅值是可以预测的,即确定信号是可以通过一定数学表达式刻画的,例如对于一个正弦波形 $v_s(t) = V_m \sin\omega t$,其中 $\omega = 2\pi f$,f 为输入电压信号的频率,在 $t = t_1$ 时其幅值为 $V_m \sin\omega t_1$。

不同于确定性信号,噪声的产生是一个随机过程,因此其在某一时刻的幅值是无法被预测的。在时域噪声的幅值是不能预测的,那么如何在电路中分析噪声? 可以通过长时间观测噪声,并利用结果建立噪声随机过程的统计模型来进行分析。在电路中,虽然噪声的幅值是不可预测的,但在很多情况下,我们可以计算出噪声的平均功率。我们知道,若一个周期性电压 $v(t)$ 加在一个负载电阻 R 上,则其消耗的平均功率是

$$P_a = \frac{1}{T} \int_{-T/2}^{T/2} \frac{v^2(t)}{R} dt \tag{8.1}$$

例如对于正弦信号 $v(t) = V_m \sin\omega t$,则有

$$P_a = \frac{1}{T} \int_{-T/2}^{T/2} \frac{v^2(t)}{R} dt = \frac{1}{2\pi} \int_{-\pi}^{\pi} \frac{V_m^2 \sin^2(\omega t)}{R} d(\omega t) \tag{8.2}$$

对于单位电阻,其消耗的平均功率为

$$P_a \mid_{R=1} = \frac{1}{2\pi} \int_{-\pi}^{\pi} V_m^2 \sin^2(\omega t) d(\omega t) = \frac{V_m^2}{2} \tag{8.3}$$

由此,也可以得到正弦信号的均方根(rms)电压值,即有效电压值为

$$V_{rms} = \sqrt{P_a \mid_{R=1}} = \frac{V_m}{\sqrt{2}} \tag{8.4}$$

对噪声这一随机信号可以采用相似的研究方法,只不过因为噪声是非周期的信号,因此计算其平均功率需要在较长时间里进行,一个极端的例子是在无穷的时间中进行计算。所以,可以将上面的式子改为

$$P_a = \lim_{T \to \infty} \frac{1}{T} \int_{-T/2}^{T/2} \frac{v^2(t)}{R} dt \tag{8.5}$$

而为了让所定义的这个噪声功率与电阻具体值无关,即单位电阻上的功率,一般可以写作

$$P_{na} = \lim_{T \to \infty} \frac{1}{T} \int_{-T/2}^{T/2} v^2(t) dt \tag{8.6}$$

需要注意的是,此时 P_{na} 的单位不是 W 而是 V^2,表示的是单位电阻上的功率。类似于确定信号,这里也可以定义一个噪声的均方根电压 $\sqrt{P_{na}}$,即噪声的有效电压值,单位为 V,同样指的是单位电阻上的噪声功率所表现的有效电压值。这样,方便与确定信号的均方根值进行比较。

为将上述平均功率概念和信号频率联系起来,引入了功率谱密度(PSD)。功率谱密度表示的是在每个频率上信号所具有的功率大小,记为 $S_x(f)$,对于电压形式,其单位是 V^2/Hz。这样,带宽为 Δf 的噪声功率及电流形式表示为

$$\overline{v_n^2} = S_v(f) \Delta f \tag{8.7a}$$

$$\overline{i_n^2} = S_i(f)\Delta f \tag{8.7b}$$

采用均方值进行表示,带宽 Δf 是为了强调 $S_x(f)$ 为单位频率上的噪声功率。通常对其也取平方根,得到均方根(rms)值及电流形式为

$$v_n = \sqrt{S_v(f)\Delta f} \tag{8.8a}$$

$$i_n = \sqrt{S_i(f)\Delta f} \tag{8.8b}$$

PSD 的一个典型例子是"白噪声谱",若某种噪声的 PSD 在整个频率范围内都是定值,则称其为"白噪声",因为其类似于白光的光谱。当然在现实世界中是不存在严格意义上的白噪声的,否则其在所有频率上的总功率将为无穷大。但是,如果某种噪声在所关心的频率范围内表现出白噪声的特性,则也称它的 PSD 为白噪声谱。

如果把功率谱密度为 $S_x(f)$ 的噪声加到线性时不变系统 $H(s)$ 上,则输出谱可以由 $S_o(f) = S_x(f) |H(f)|^2$ 给出,$H(s)$ 是线性时不变系统的传递函数,$H(f) = H(s = 2\pi \mathrm{j} f)$。其讨论参见文献[2]。

8.3 噪声类型及噪声模型

一般来说,影响集成电路特性的噪声有器件电子噪声和外部噪声(或称环境噪声)。外部噪声来自外部噪声源(如连线间的信号串扰、衬底耦合过来的信号干扰等);器件电子噪声由电子元器件本身产生。

8.3.1 噪声类型

这里主要讨论 CMOS 模拟集成电路中常见的器件噪声,包括热噪声、散粒噪声和闪烁噪声等。

1. 热噪声

由于半导体材料内部载流子的热运动,导致载流子运动的起伏而产生的噪声称为热噪声。半导体中的载流子由于其具有的热能而不停地运动。由于不停地和其他粒子碰撞,载流子的运动途径是随机和曲折的,呈现布朗运动。所有载流子运动的总结果形成流过导体的电流。而各个载流子热运动所产生的电流的方向是随机的,所以总体产生的热运动电流的平均值为零。但是,载流子的这种随机热运动还会产生一个交流电流成分,这个交流成分就是热噪声。热噪声正比于绝对温度 T,当绝对温度 T 趋近于零时,热噪声也趋近于零。

对于电阻 R,其热噪声可以用一个串联的电压源来表示,如图 8-1(a)所示,其功率谱密度为

$$S_v(f) = 4kTR \tag{8.9}$$

其中 $k = 1.38 \times 10^{-23}$ J/K 为玻耳兹曼常数。由式(8.9)可知,热噪声的功率谱密度独立于频率,是一种白噪声。实际上,热噪声的功率谱密度在高达 10^{13} Hz 时都是平坦的,在更高的频率处下降。对于热噪声,白噪声近似已经足够精确。该噪声电压均方值的计算公式可以表示为

$$\overline{v_n^2} = S_v(f)\Delta f = 4kTR\Delta f \tag{8.10}$$

采用诺顿等效,$\overline{i_n^2} = \overline{v_n^2}/R^2$,电阻的热噪声也可以采用与电阻并联的电流源来表示,如图 8-1(b)所示,即

$$\overline{i_n^2} = \frac{4kT}{R}\Delta f \tag{8.11}$$

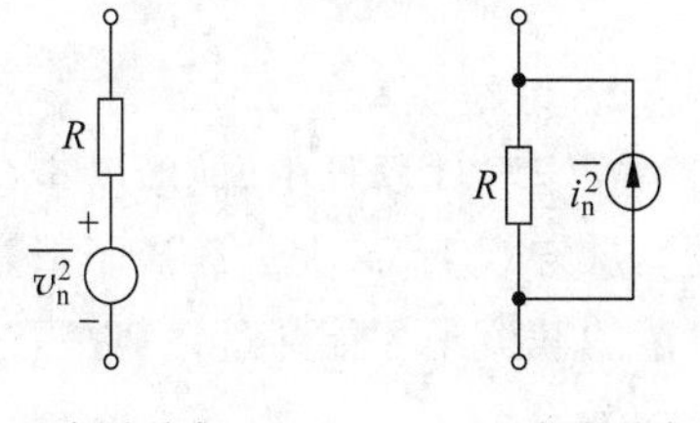

(a) 电压形式　　　(b) 电流形式

图 8-1　电阻热噪声的表示

关于热噪声,我们可以记住一些有用的数值,对于 1kΩ 电阻,在室温 $T = 300\mathrm{K}$ 时,$\overline{v_n^2}/\Delta f = 16.56 \times 10^{-18}\mathrm{V}^2/\mathrm{Hz}$,采用 rms 形式表示为 $v_{\mathrm{rms}} \approx 4\mathrm{nV}/\sqrt{\mathrm{Hz}}$,其中 $\mathrm{nV}/\sqrt{\mathrm{Hz}}$ 的形式表示的是 rms 噪声电压随平方根带宽变化。

【例 8.1】 考查图 8-2 所示的 RC 电路,写出输出的噪声功率谱密度,并计算总的噪声功率。

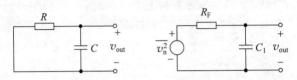

图 8-2 RC 电路及噪声表示

解:电阻 R 的热噪声用一个串联的电压源来表示,其噪声电压均方值为 $\overline{v_n^2}$,其功率谱密度为

$$S_v(f) = 4\mathrm{k}TR$$

从此电压源到输出 s 域的传递函数可以写为

$$H(s) = \frac{1}{1 + RCs}$$

因此,输出的噪声功率谱密度为

$$S_o(f) = S_v(f) \mid H(f) \mid^2$$
$$= 4\mathrm{k}TR \frac{1}{1 + (2\pi RCf)^2}$$

输出的总噪声功率为

$$P_{n,\mathrm{out}} = \int_0^\infty \frac{4\mathrm{k}TR}{1 + (2\pi RCf)^2}\mathrm{d}f$$

由于

$$\int \frac{1}{1 + x^2}\mathrm{d}x = \arctan x$$

所以,得

$$P_{n,\mathrm{out}} = \frac{2\mathrm{k}T}{\pi C}\arctan x \Big|_{x=0}^{x=\infty} = \frac{\mathrm{k}T}{C}$$

可见,RC 电路输出的总噪声功率是与 C 有关的,而与 R 值无关。对此的理解是,R 增大后,噪声功率谱密度增加了,即每单位带宽的噪声增加了,但电路总的带宽减小了,因此总的噪声功率不受 R 值的影响。为了降低 RC 电路的总噪声功率,应该增加电容 C 的值。

---

2. 散粒噪声

在半导体器件中,散粒噪声(shot noise)的产生源于其体内载流子通过 PN 结势垒时的离散量子性质。从宏观上看,大量载流子形成的电流是稳定地流过 PN 结势垒的;但是从微观上看,只有具有一定能量的载流子才能穿过该势垒,这是一个和概率有关的随机事件。该噪声电流均方值的计算公式可以表示为

$$\overline{i_n^2} = S_i(f)\Delta f = 2qI_D\Delta f \tag{8.12}$$

其中,q是电子电荷;I_D是正向结电流;Δf是所关心的噪声带宽。散粒噪声与频率无关,也是一种白噪声。直到频率与$1/\tau$可比拟之前,式(8.12)一直是成立的,τ是载流子通过耗尽区时的渡越时间。对于大多数实际的器件,τ都比较小,式(8.12)在GHz范围内都是精确的。50μA直流电流下的散粒噪声电流与室温下1kΩ电阻产生的热噪声电流相当。

【例8.2】 当流经PN结的电流为0.1mA时,计算工作带宽限制在10MHz的散粒噪声。

解:采用式(8.12),噪声电流均方值为

$$\overline{i_n^2} = S_i(f)\Delta f = 2qI_D\Delta f$$
$$= 2 \times 1.6 \times 10^{-19} \times 0.1 \times 10^{-3} \times 10 \times 10^6 = 3.2 \times 10^{-16}\,\text{A}^2$$

或者采用均方根形式,即

$$i_n = \sqrt{\overline{i_n^2}} \approx 1.79 \times 10^{-8}\,\text{A}_{\text{rms}}$$

---

3. 闪烁噪声

闪烁噪声又称$1/f$噪声,是所有有源器件所固有的噪声,在一些分立无源器件中也含有$1/f$噪声,例如碳电阻。其特点是噪声幅度和频率成反比。其通常是频率低于200Hz时的主要噪声源。闪烁噪声产生的原因很复杂,现在并没有统一的结论,但通常认为是由于沾污或晶格缺陷造成的陷阱而产生的。闪烁噪声通常与直流电流有关,其一般的表达式为

$$\overline{i_n^2} = K_1 \frac{I^a}{f^b}\Delta f \tag{8.13}$$

其中,Δf为频率f处很小的带宽;I为直流电流;K_1为与特定器件有关的常数;a为0.5~2的常数;b为约为1的常数。

如果$b=1$,闪烁噪声的大小和频率成反比,这也是$1/f$噪声这一名称的由来。

从本小节前面的内容中可知,热噪声和散粒噪声可以明确地采用电流、电阻、温度及已知的物理常量进行表达。而闪烁噪声的均方值公式中含有未知的常数(式(8.13)中的K_1),对于不同类型的器件,此常数有几个量级的变化,而且对于同一工艺的不同晶体管或集成电路,此常数也有比较大的差异。这主要是由于闪烁噪声是与沾污和晶格缺陷有关,而这些缺陷又可能由于不同的器件而随机变化,即使是在相同的硅晶圆上也存在随机变化。然而,实验表明:通过对一定工艺中的某种器件进行大量的测试,从而可以得到K_1常数的典型值,这个典型值可以用于这种工艺的集成电路中此种器件的闪烁噪声平均值或典型值的估算。

以上三种噪声类型是集成电路中比较常见的噪声。除此之外,在电路器件中还可能遇到突发噪声(Burst Noise)、雪崩噪声(Avalanche Noise)等噪声,但这两种噪声在CMOS模拟集成电路中并不常见,突发噪声主要是与重金属离子沾污相关而产生的低频噪声,金掺杂器件表现很高的突发噪声;而雪崩噪声主要在齐纳二极管或PN结发生雪崩击穿时出现。有兴趣的读者可查阅文献[1]和[4]。

8.3.2 集成电路器件的噪声模型

上面描述了电子器件中的物理噪声源类型。本节再从集成电路中器件的角度,考虑这些噪声源,说明一下常用到的二极管、MOS晶体管的包括噪声模型的小信号等效电路。

1. 二极管

正向偏置的二极管主要考虑 PN 结散粒噪声。在基本的小信号等效电路中增加器件噪声形成完整的带有噪声的小信号等效电路,如图 8-3 所示,r_d 表现的是二极管的小信号电阻,$r_d = kT/(qI_D)$,其中,q 是电子电荷,I_D 是正向 PN 结电流,k 是玻耳兹曼常数。散粒噪声的噪声电流与 r_d 并联。同时考虑二极管串联电阻 r_s 产生的热噪声。则二极管的噪声模型包括以下两部分

$$\overline{v_{ns}^2} = 4kTr_s\Delta f \tag{8.14}$$

$$\overline{i_n^2} = 2qI_D\Delta f \tag{8.15}$$

如果再考虑闪烁噪声,则闪烁噪声的噪声电流与散粒噪声电流并联在一起构成一个电流源,式(8.15)变成

$$\overline{i_n^2} = 2qI_D\Delta f + K_1\frac{I_D^a}{f}\Delta f \tag{8.16}$$

其中 K_1 为与二极管器件有关的常数;I_D 为流经二极管的电流;a 为 $0.5\sim2$ 的常数。

2. MOS 晶体管

由于 MOS 晶体管的沟道、源漏区也有电阻,所以 MOS 管和纯电阻一样也有热噪声。一般地,沟道产生的热噪声是主要的。计算沟道热噪声的公式为

$$\overline{i_{n,d}^2} = 4kT\beta g_m\Delta f \tag{8.17}$$

其中,β 是一个和工艺甚至源漏极电压都有关的系数。在长沟器件中它一般等于 2/3;但在短沟道器件中这个系数会变得更大,甚至变为长沟情况下的两倍还要多。

除了热噪声以外,MOS 晶体管还要考虑闪烁噪声(1/f 噪声),其计算式为

$$\overline{i_{n,f}^2} = K\frac{I_D^a}{f}\Delta f \tag{8.18}$$

其中,Δf 为频率 f 处很小的带宽;I_D 为流经 MOS 晶体管的漏极电流;K 为与器件有关的常数;a 为 $0.5\sim2$ 的常数。

包括噪声源的 MOSFET 小信号等效电路如图 8-4 所示,闪烁噪声和热噪声合并为一个噪声电流源,即

$$\overline{i_d^2} = \overline{i_{n,d}^2} + \overline{i_{n,f}^2} = 4kT\beta g_m\Delta f + K\frac{I_D^a}{f}\Delta f \tag{8.19}$$

MOSFET 中还有一种噪声是来自栅极泄漏电流而产生的散粒噪声,如图 8-4 所示的 $\overline{i_g^2}$,此噪声表示为

$$\overline{i_g^2} = 2qI_G\Delta f \tag{8.20}$$

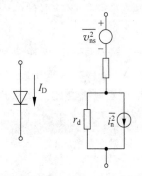

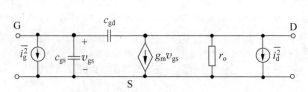

图 8-3　带有噪声的二极管小信号等效电路　　　　图 8-4　包括噪声源的 MOSFET 小信号等效电路

由于此栅极泄漏电流非常小,因此,通常情况下,此噪声电流可以忽略。因此,在 MOS 晶体管的噪声分析中,主要关注热噪声和闪烁噪声。

在 MOS 模拟集成电路中,除了以上典型的有源器件以外,还有诸如电阻、电容等无源器件。电阻中呈现的热噪声由式(8.10)或式(8.11)确定。如 8.3.1 节提到的,在一些分立碳电阻中也含有闪烁噪声。如果在集成电路芯片外部使用这样的分立碳电阻,则需要考虑闪烁噪声。而对于集成电路芯片中的薄膜电阻,只需考虑热噪声。理想的电容和电感不产生噪声。实际的电容或电感会含有寄生电阻,这种寄生电阻呈现热噪声。在集成电路中的电容,考虑串联的很小的寄生电阻;而电感中的寄生电阻通常以串联和/或并联的方式进行建模。

8.4 电路中噪声的计算

8.3 节讨论了噪声类型及器件的噪声模型。这些器件的噪声模型可以用于电路中噪声的分析。基于这些带有噪声源的器件,我们需要确立电路的噪声计算方法和表示方法,以便衡量电路的噪声水平。

8.4.1 相关噪声源和非相关噪声源

正如 8.2 节中介绍的,带宽为 Δf 的噪声可以采用均方根(rms)电压源或电流源表示。这样在进行电路分析时,可以将这些噪声采用一个噪声信号源来等效,进而采用类似正弦波信号作为输入的电路分析手段进行计算。所不同的是,实际电路中包含很多噪声源。每一种噪声采用一种噪声信号源进行表示。分别计算每一个噪声信号源对于输出的贡献,带宽 Δf 内总的输出噪声是电路中所有噪声信号源的影响总和。对于确定的电压和电流信号,可以直接应用叠加原理将两个信号进行叠加。而对于噪声这样的随机信号则不同,关注的是噪声的平均功率。假设有两个噪声源 $v_1(t)$ 和 $v_2(t)$,则两个噪声源相加得到的平均功率为:

$$
\begin{aligned}
P_{na} &= \lim_{T \to \infty} \frac{1}{T} \int_{-T/2}^{T/2} [v_1(t) + v_2(t)]^2 \, dt \\
&= \lim_{T \to \infty} \frac{1}{T} \int_{-T/2}^{T/2} v_1^2(t) \, dt + \lim_{T \to \infty} \frac{1}{T} \int_{-T/2}^{T/2} v_2^2(t) \, dt + \lim_{T \to \infty} \frac{1}{T} \int_{-T/2}^{T/2} 2 v_1(t) v_2(t) \, dt \\
&= P_{na1} + P_{na2} + \lim_{T \to \infty} \frac{1}{T} \int_{-T/2}^{T/2} 2 v_1(t) v_2(t) \, dt
\end{aligned}
\tag{8.21}
$$

其中 P_{na1} 和 P_{na2} 分别表示 $v_1(t)$ 和 $v_2(t)$ 的平均功率。式中第三项表示两个噪声的相关程度。如果 $v_1(t)$ 和 $v_2(t)$ 是不相关器件产生的噪声波形,则它们的乘积的平均值将为零。这样,总的噪声为

$$
P_{na} = P_{na1} + P_{na2}
\tag{8.22}
$$

即,非相关噪声源功率是可以直接相加的。集成电路中不同的器件产生的噪声是非相关的,因此,式(8.22)通常是成立的。

举个例子,考虑串联的两个电阻 R_1 和 R_2,如图 8-5 所示,两个电阻具有的噪声源分别表示为

$$
\overline{v_1^2} = 4kTR_1\Delta f
$$

$$
\overline{v_2^2} = 4kTR_2\Delta f
\tag{8.23}
$$

由于两个电阻之间是独立的,因此,总的噪声为

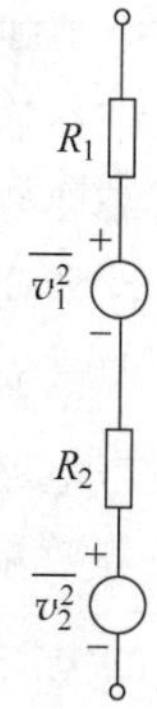

图 8-5 由两个串联电阻产生的总噪声的计算

$$\overline{v_T^2} = \overline{v_1^2} + \overline{v_2^2} \tag{8.24}$$

得

$$\overline{v_T^2} = 4kT(R_1 + R_2)\Delta f \tag{8.25}$$

这和电阻值为$(R_1 + R_2)$的电阻产生的热噪声的结果是一致的,符合直观的结果。这个例子是两个非相关的噪声电压源串联的情况,同样地,对于两个非相关的噪声电流源并联的情况,可以进行相似的计算,总的噪声的均方值是每个噪声源均方值相加的总和。

【例 8.3】 在室温 $T = 300\text{K}$ 时,图 8-5 所示的两个电阻串联,电阻 $R_1 = 10\text{k}\Omega$,$R_2 = 20\text{k}\Omega$,分别计算出每一个电阻的噪声功率表示和 rms 表示,以及两个电阻串联的总噪声功率表示和 rms 表示。

解: 电阻 R 的热噪声用一个串联的电压源来表示,其噪声电压均方值为 $\overline{v_n^2}$,在室温 $T = 300\text{K}$ 时,对于电阻 $R_1 = 10\text{k}\Omega$ 的单位频率噪声功率为

$$\overline{v_n^2}/\Delta f = 4kTR_1 = 4 \times 1.38 \times 10^{-23} \times 300 \times 10 \times 10^3 = 16.56 \times 10^{-17}\,\text{V}^2/\text{Hz}$$

表示成 rms 形式为

$$v_n/\sqrt{\Delta f} = \sqrt{\overline{v_n^2}/\Delta f} = \sqrt{16.56 \times 10^{-17}}\,\text{V}/\sqrt{\text{Hz}} = 12.87\text{nV}/\sqrt{\text{Hz}}$$

对于电阻 $R_2 = 20\text{k}\Omega$ 的单位频率噪声功率为

$$\overline{v_n^2}/\Delta f = 4kTR_2 = 4 \times 1.38 \times 10^{-23} \times 300 \times 20 \times 10^3 = 33.12 \times 10^{-17}\,\text{V}^2/\text{Hz}$$

表示成 rms 形式为

$$v_n/\sqrt{\Delta f} = \sqrt{\overline{v_n^2}/\Delta f} = \sqrt{33.12 \times 10^{-17}}\,\text{V}/\sqrt{\text{Hz}} = 18.20\text{nV}/\sqrt{\text{Hz}}$$

电阻 R_1 和 R_2 串联时的单位频率噪声功率为

$$\overline{v_n^2}/\Delta f = 4kT(R_1 + R_2) = 4 \times 1.38 \times 10^{-23} \times 300 \times 30 \times 10^3 = 49.68 \times 10^{-17}\,\text{V}^2/\text{Hz}$$

表示成 rms 形式为

$$v_n/\sqrt{\Delta f} = \sqrt{\overline{v_n^2}/\Delta f} = \sqrt{49.68 \times 10^{-17}}\,\text{V}/\sqrt{\text{Hz}} = 22.30\text{nV}/\sqrt{\text{Hz}}$$

8.4.2 等效输入噪声

对于一个普通的二端口电路,测量电路产生的噪声的一般方法是将输入置为零,然后计算电路中每个器件的噪声在输出产生的总噪声。由于每个电路的增益不一样,输出噪声不能体现不同电路的噪声性能。我们需要知道在被电路中的噪声所损坏的情况下,电路所能处理的最小输入信号是多少,因此,电路的噪声性能通常采用"等效输入噪声"来表示。如图 8-6 所示,在无噪声的电路的输入端口用一个等效的信号源来表示电路中所有噪声源的影响,使图 8-6(b)无噪声的等效电路输出噪声等于图 8-6(a)原来含有噪声电路的输出噪声。如果电路电压增益为 A_v,则有 $\overline{v_{n,out}^2} = A_v^2 \overline{v_{n,in}^2}$。

电路的等效输入噪声源的计算与电路输入信号的性质有关,与电路输入信号源的阻抗 R_s 有关。图 8-6 所示的电路的输入为电压类型,因此,可以采用一个串联的电压源 $\overline{v_{n,in}^2}$ 来建模。如果电路输入信号源是电流源类型,理想情况下的信号源阻抗为无穷大,则噪声电压源 $\overline{v_{n,in}^2}$ 在输出处产生的噪声等于零,这显然是不完善的。对于任意二端口电路,更一般的情况是采用两种等效输入噪声源表示,如图 8-7

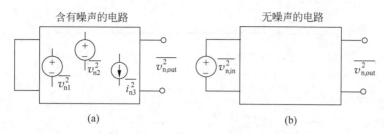

图 8-6 电路中的等效输入噪声源的表示

所示,电路中的噪声采用连接在输入的噪声电压源 $\overline{v_{n,in}^2}$ 和噪声电流源 $\overline{i_{n,in}^2}$ 表示,R_s 表示电路原始输入信号源的阻抗。由于噪声电压源 $\overline{v_{n,in}^2}$ 和噪声电流源 $\overline{i_{n,in}^2}$ 依赖于电路中相同的噪声来源,所以图 8-7 所示的噪声电压源和噪声电流源是相关的。因此,对于任意信号源阻抗,只要噪声电压源和噪声电流源之间存在相应的相关系数,这种表示就是有效的。

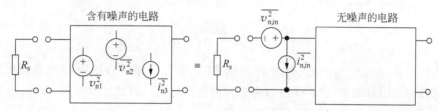

图 8-7 采用等效输入电压源和等效输入电流源表示的二端口电路的噪声

在图 8-7 所示的一般表示中需要考虑噪声电压源和噪声电流源之间的相关性,增加了噪声计算的复杂性。在大量的实际电路中,这种相关性比较小甚至可以忽略。另外,电路输入处的信号源通常以电压型或电流型中的一种为主,即等效输入噪声源以电压源 $\overline{v_{n,in}^2}$ 或电流源 $\overline{i_{n,in}^2}$ 中的一种为主,可以忽略相关性。

如何计算等效输入噪声电压源 $\overline{v_{n,in}^2}$ 和电流源 $\overline{i_{n,in}^2}$ 呢?考虑两种极限情况:信号源 R_s 等于零及无穷大的情况。当 $R_s=0$ 时,图 8-7 所示的 $\overline{i_{n,in}^2}$ 被短路,在这种情况下,得到输出噪声,采用一个等效输入噪声电压 $\overline{v_{n,in}^2}$ 来表示电路的噪声。同样,当 $R_s=\infty$ 时,即开路,图 8-7 所示的 $\overline{v_{n,in}^2}$ 将不能在电路的输出产生噪声,而由 $\overline{i_{n,in}^2}$ 来表示电路的噪声特性。对于有限 R_s,$\overline{v_{n,in}^2}$ 和 $\overline{i_{n,in}^2}$ 共同表示电路的等效输入噪声。总结一下,首先,将电路的输入短路,得到输出噪声,除以电路增益 A_v^2 计算得到 $\overline{v_{n,in}^2}$,以便与原始电路的输出噪声相等;然后,将电路的输入开路,得到输出噪声,除以电路增益 A_i^2 计算得到 $\overline{i_{n,in}^2}$,以便与原始电路的输出噪声相等。

8.4.3 MOS 晶体管中的等效输入噪声源

根据图 8-4 所示的 MOS 场效应晶体管的噪声模型,其中 $\overline{i_d^2}$ 是总的漏极噪声电流。由于栅极泄漏电流非常小,因此,通常情况下,可忽略栅极泄漏电流产生的散粒噪声 $\overline{i_g^2}$。这样,等效输入噪声源采用图 8-8 所示的电路来进行计算,图 8-8(b)等效于图 8-8(a),将输出部分的噪声表示折算到输入。

如果输入短路,即信号源 R_s 等于零,图 8-8(a)与图 8-8(b)的输出噪声电流相等,则有

$$\overline{v_i^2}\,g_m^2 = \overline{i_d^2}$$

$$(8.26)$$

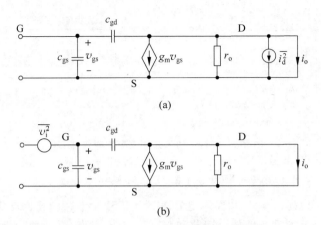

(a)

(b)

图 8-8   MOSFET 的等效输入噪声源的计算

再根据式(8.19),得到噪声电压源的等效形式为

$$\overline{v_i^2} = \frac{\overline{i_d^2}}{g_m^2} = 4kT\beta \frac{1}{g_m}\Delta f + K \frac{I_D^a}{g_m^2 f}\Delta f \tag{8.27}$$

其中,对于长沟器件 β 一般等于 2/3。典型的 MOSFET 的等效输入噪声电压功率谱密度如图 8-9 所示,可以观察到典型的闪烁噪声(1/f 噪声),注意这里横坐标采用的是对数坐标。

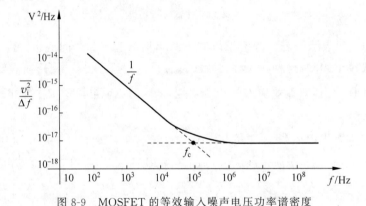

图 8-9   MOSFET 的等效输入噪声电压功率谱密度

  MOSFET 中的闪烁噪声得到了广泛的研究,通常认为其与 MOSFET 的栅氧化层与硅衬底界面中的悬挂键有关。在大多数情况下,低于 1～10kHz 的低频段,其比热噪声要大很多。因此,MOSFET 中的闪烁噪声的精确表达式对于模拟集成电路设计变得非常重要,MOSFET 栅输入处的闪烁噪声还可以表示为:

$$\overline{v_{n,f}^2} = \frac{K_f}{WLC_{ox}} \frac{1}{f}\Delta f \tag{8.28}$$

其中,K_f 是与工艺有关的参数,典型值为 $10^{-25}\sim10^{-24}\,\mathrm{V^2F}$ 数量级。从式(8.28)可见,MOSFET 的闪烁噪声大小和器件的面积成反比,因此在低噪声应用的时候,增大器件面积就成为了一个必要的措施。

  这样,对于长沟 MOSFET,其等效输入电压噪声源可以写成:

$$\overline{v_i^2} = 4kT \frac{2}{3} \frac{1}{g_m}\Delta f + \frac{K_f}{WLC_{ox}f}\Delta f \tag{8.29}$$

对于闪烁噪声($1/f$噪声)会有这样一个疑虑,当频率接近直流时,其噪声功率会趋近于无穷大。实际上,可理解为,如果观察特别慢的噪声成分,意味着其要经历很长的时间才能发生变化,例如0.001Hz的噪声成分需要1000s才发生显著的变化,这种变化基本和电压的失调(或者偏移)相类似。另外,噪声功耗是一个长时间观测的平均效果,如果对于特别慢的噪声成分,需要相当长的时间进行观测,特别慢变化的噪声成分随机地呈现大的功率水平,这样慢的速率,已经区分不出噪声和热漂移或者器件老化所引起的性能变化了。此外,观察图8-9所示的闪烁噪声($1/f$噪声)等效输入噪声电压功率谱密度,也会造成闪烁噪声($1/f$噪声)占整个噪声功率比重很大的错觉。图8-9所示的噪声电压功率密度曲线图的横坐标是对数坐标,实际上在计算点的噪声功率时是对工作带宽内噪声成分进行线性积分。考查如下例子。

【例8.4】 如果包括热噪声和闪烁噪声的图8-9所示的 MOSFET 的等效输入噪声电压功率谱密度表示为

$$s_i(f) = \left(1 + \frac{10^5}{f}\right) \times 10^{-17} \, \text{V}^2/\text{Hz}$$

那么,求

(1) 从 $f_1 = 100$Hz 到 $f_2 = 10$MHz 带宽内的噪声功率;

(2) 从 $f_1 = 0.001$Hz 到 $f_2 = 10$MHz 带宽内的噪声功率。

解: 在下限频率为 f_1 和上限频率为 f_2 的带宽内的总噪声功率为

$$\overline{v_{iT}^2} = \int_{f_1}^{f_2} s_i(f)\,\mathrm{d}f$$

$$= \int_{f_1}^{f_2} \left(1 + \frac{10^5}{f}\right) \times 10^{-17}\,\mathrm{d}f$$

$$= 10^{-17} \times (f + 10^5 \ln f)\Big|_{f_1}^{f_2}$$

$$= 10^{-17} \times \left[(f_2 - f_1) + 10^5 \ln \frac{f_2}{f_1}\right]$$

(1) 从 $f_1 = 100$Hz 到 $f_2 = 10$MHz 带宽内的噪声功率为

$$\overline{v_{iT}^2} = 10^{-17} \times \left[(f_2 - f_1) + 10^5 \times \ln \frac{f_2}{f_1}\right]$$

$$= 10^{-17} \times \left[(10^7 - 100) + 10^5 \times \ln \frac{10^7}{100}\right]$$

$$\approx 111.511\,925 \times 10^{-12} \, \text{V}^2$$

或者表示成 rms 值

$$v_{iT} \approx 10.56 \times 10^{-6} \, \text{V}_{\text{rms}}$$

(2) 从 $f_1 = 0.001$Hz 到 $f_2 = 10$MHz 带宽内的噪声功率为

$$\overline{v_{iT}^2} = 10^{-17} \times \left[(f_2 - f_1) + 10^5 \times \ln \frac{f_2}{f_1}\right]$$

$$= 10^{-17} \times \left[(10^7 - 0.001) + 10^5 \times \ln \frac{10^7}{0.001}\right]$$

$$\approx 123.025\,85 \times 10^{-12} \, \text{V}^2$$

或者表示成 rms 值

$$v_{iT}^2 \approx 11.09 \times 10^{-6} \, V_{rms}$$

可见随着下限频率 f_1 的变化,总噪声电压的变化是很小的,也就是说闪烁噪声占总噪声的比重不是很大。读者可以考查即便下限频率下降至每天变化一次时,总的噪声电压变化也不会太大。

热噪声和闪烁噪声谱密度交界处的 f_c 为闪烁噪声的转角频率,如图 8-9 所示,其大小可以由两者相等而计算求得

$$4kT \frac{2}{3} \frac{1}{g_m} = \frac{K_f}{WLC_{ox}f_c} \tag{8.30}$$

所以:

$$f_c = \frac{K_f}{WLC_{ox}} \frac{3}{8kT} g_m \tag{8.31}$$

转角频率 f_c 可以作为衡量闪烁噪声的一项设计参考量。

【例8.5】 对于一个工艺的 MOS 器件,其电路参数为 $g_m = 1mA/V$,$W = 100\,\mu m$,$L = 1\,\mu m$,在室温 300K 下,测得闪烁噪声的转角频率为 $100kHz$,假定 $C_{ox} = 2.47fF/\mu m^2$,此工艺的 K_f 是多少?

解:根据式(8.31)可得

$$
\begin{aligned}
K_f &= \frac{8kT}{3} f_c WLC_{ox} \frac{1}{g_m} \\
&= \frac{8 \times 1.38 \times 10^{-23} \times 300}{3} \times 100 \times 10^3 \times 100 \times 1 \times 2.47 \times 10^{-15} \times \frac{1}{1 \times 10^{-3}} \\
&\approx 2.727 \times 10^{-25} \, V^2/F
\end{aligned}
$$

8.4.4 噪声带宽

为了比较具有相同的低频噪声但是高频传输函数不同的电路之间噪声的大小,引入了噪声带宽的概念。如图 8-10 所示,噪声带宽 B_n 的大小为

$$B_n = \frac{\int_0^\infty V_{n,out}^2 \, df}{V_0^2} \tag{8.32}$$

可证明在一个单极点系统中噪声带宽 B_n 的大小为该极点频率的 $\pi/2$ 倍。

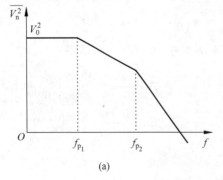
(a)

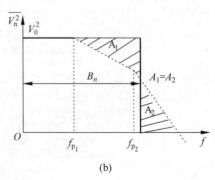
(b)

图 8-10 电路输出噪声谱

8.5 基本放大器中的噪声

利用以上讨论的器件噪声模型和电路噪声计算方法,接下来讨论基本放大器在低频时的噪声特性。

8.5.1 共源极放大器

共源极放大器和计算噪声的等效电路如图 8-11 所示。图 8-11(a)所示的是含有噪声的共源极放大器,其中包括 MOS 晶体管 M1 的噪声及电阻的热噪声。注意这里的噪声源符号的箭头方向不具有实际意义,这是由于对于噪声的分析总是针对噪声功率(或 rms 值)进行的,不相关的噪声功率是可以直接相加的。

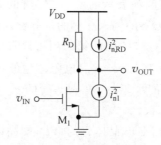

(a) 含有噪声的共源极放大器

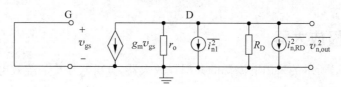

(b) 计算共源极放大器的小信号等效电路

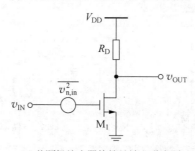

(c) 共源极放大器的等效输入噪声源

图 8-11 共源极放大器及计算噪声的等效电路

这里,由于电路的输入阻抗非常大,计算共源极放大器的等效输入噪声电压,而忽略等效输入噪声电流的影响。将输入短路到地,计算总的输出噪声,如图 8-11(b)所示,在输出一侧,MOS 晶体管 M_1 的热噪声和闪烁噪声采用并联电流源等效,M_1 包含的总噪声为

$$\overline{i_{n1}^2} = \overline{i_{n,d}^2} + \overline{i_{n,f}^2} = 4kT\left(\frac{2}{3}g_m\right)\Delta f + \frac{K_f g_m^2}{WLC_{ox}}\frac{1}{f}\Delta f \tag{8.33}$$

R_D 的热噪声为

$$\overline{i_{n,RD}^2} = \frac{4kT}{R_D}\Delta f \tag{8.34}$$

而输出一侧的输出电阻约等于 R_D，这样，输出端的等效噪声电压为

$$\overline{v_{n,out}^2} = (\overline{i_{n1}^2} + \overline{i_{n,RD}^2})R_D^2 = \left(4kT\frac{2}{3}g_m + \frac{K_f g_m^2}{WLC_{ox}}\frac{1}{f} + \frac{4kT}{R_D}\right)R_D^2\Delta f \tag{8.35}$$

图 8-11 所示的共源极放大器的增益为 $|A_v| = g_m R_D$，这样，将输出噪声折算到输入得

$$\overline{v_{n,in}^2} = \frac{\overline{v_{n,out}^2}}{A_v^2} = \left(4kT\frac{2}{3}g_m + \frac{K_f g_m^2}{WLC_{ox}}\frac{1}{f} + \frac{4kT}{R_D}\right)R_D^2\frac{1}{g_m^2 R_D^2}\Delta f$$

$$= \left(4kT\frac{2}{3g_m} + \frac{K_f}{WLC_{ox}}\frac{1}{f} + \frac{4kT}{g_m^2 R_D}\right)\Delta f \tag{8.36}$$

与式(8.29)进行对照，发现式(8.36)前两项表示的就是 M_1 管的等效输入噪声电压。而第三项是负载电阻在输出表现的噪声折算到整个放大器的输入一侧的等效输入噪声电压。

观察式(8.36)中的热噪声部分，式(8.36)中的第一项可以看成等于 $2/(3g_m)$ 的与放大器输入串联的电阻的热噪声，而第三项等效于阻值为 $1/(g_m^2 R_D)$ 电阻产生的噪声，这些等效电阻称为"等效热噪声电阻"。可见，从等效输入噪声电压的角度，增加 M_1 晶体管的 g_m 和负载 R_D，将会降低电路的等效输入噪声电压。

对于闪烁噪声，主要的方法是增加 MOS 晶体管的 WL，即晶体管的面积。如果增加晶体管的面积而保持 W/L 不变，那么在相同偏置电流下，器件的 g_m 不变，则其热噪声不会变，但器件的寄生电容增加了，会影响其频率特性。

8.5.2 共漏极放大器

这里考查图 8-12(a)所示的采用电流源的共漏极放大器，分析其噪声的等效电路如图 8-11(b)所示。M_2 是共漏极放大器的偏置电流源。

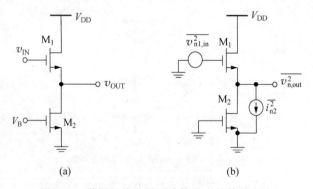

图 8-12 共漏极放大器及计算噪声的等效电路

同样，由于电路的输入阻抗非常大，需要计算共漏极放大器的等效输入噪声电压源。将输入短路到地，计算输出噪声。$\overline{v_{n1,in}^2}$ 是晶体管 M_1 的等效输入电压源。利用共源极放大器的噪声分析结论，根据 8.4.3 节和 8.5.1 节的讨论，由式(8.36)得出，M_1 晶体管对于整个共漏极放大器等效输入噪声贡献的分量为

$$\overline{v_{n1,in}^2} = \left(4kT\frac{2}{3g_{m1}} + \frac{K_f}{W_1 L_1 C_{ox}}\frac{1}{f}\right)\Delta f \tag{8.37}$$

这里,需要计算 M_2 晶体管的噪声对电路的影响。在输出一侧,M_2 的噪声电流为

$$\overline{i_{n2}^2} = \overline{i_{n2,d}^2} + \overline{i_{n2,f}^2} = 4kT\left(\frac{2}{3}g_{m2}\right)\Delta f + \frac{K_f g_{m2}^2}{W_2 L_2 C_{ox}}\frac{1}{f}\Delta f \tag{8.38}$$

则 M_2 产生的输出噪声电压为

$$\overline{v_{n,out}^2}\,|_{M_2} = \overline{i_{n2}^2}\,r_{out}^2 \tag{8.39}$$

由第 5 章可知,此共漏极放大器的输出电阻为

$$r_{out} = \frac{1}{g_{m1} + g_{mb1} + g_{ds1} + g_{ds2}} \tag{8.40}$$

共漏极放大器的增益为

$$A_v = \frac{g_{m1}}{g_{m1} + g_{mb1} + g_{ds1} + g_{ds2}} \tag{8.41}$$

由式(8.38)~式(8.41)可得出,M_2 折算到输入的等效输入噪声电压为

$$\overline{v_{n2,in}^2} = \frac{\overline{v_{n,out}^2}\,|_{M_2}}{A_v^2} = 4kT\,\frac{2}{3}\left(\frac{g_{m2}}{g_{m1}^2}\right)\Delta f + \frac{K_f g_{m2}^2}{C_{ox}W_2 L_2 g_{m1}^2}\frac{1}{f}\Delta f \tag{8.42}$$

这样,再算上 M_1 产生的等效输入噪声电压,图 8-12 所示的共漏极放大器中总的等效输入噪声电压为

$$\overline{v_{n,in}^2} = \overline{v_{n1,in}^2} + \overline{v_{n2,in}^2} = 4kT\,\frac{2}{3}\left(\frac{1}{g_{m1}} + \frac{g_{m2}}{g_{m1}^2}\right)\Delta f + \frac{K_f}{C_{ox}}\frac{1}{f}\left(\frac{1}{W_1 L_1} + \frac{g_{m2}^2}{W_2 L_2 g_{m1}^2}\right)\Delta f \tag{8.43}$$

式(8.43)中第一部分是晶体管产生的热噪声对电路的影响,第二部分是晶体管产生的闪烁噪声对电路的影响。从中可见,为了降低噪声,应提高 g_{m1},降低电流源中晶体管的 g_{m2}。一般说来,如果晶体管作为一个电流源,为了降低电路噪声,那么应选择较小的晶体管跨导。

8.5.3　共栅极放大器

这里考查如图 8-13(a)所示的共栅极放大器,其含有噪声源的等效电路如图 8-13(b)所示。

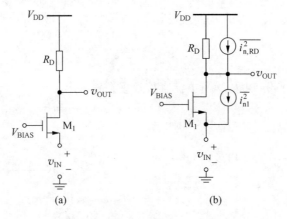

图 8-13　共栅极放大器及含有噪声源的等效电路

由于共栅极放大器的输入电阻较低,因此,在计算等效输入噪声时,需要计算等效输入噪声电压和等效输入噪声电流。首先计算等效输入噪声电压。将输入短接到地,计算输出噪声电压,如图 8-14(a)所示,输出噪声电压为

$$\overline{v_{n,out}^2} = \left(4kT\,\frac{2}{3}g_m + \frac{4kT}{R_D} + \frac{K_f g_m^2}{WLC_{ox}}\frac{1}{f} \right)R_D^2 \Delta f \tag{8.44}$$

这里,电阻作为负载的共栅极放大器的输出电阻约等于R_D,然后使图8-14(b)与图8-14(a)的输出噪声相等,折算到输入得出等效输入噪声电压。

$$\overline{v_{n,in}^2} = \frac{\overline{v_{n,out}^2}}{A_v^2} = \frac{\overline{v_{n,out}^2}}{(g_m + g_{mb})^2 R_D^2}$$

$$= \frac{4kT(2g_m/3 + 1/R_D)}{(g_m + g_{mb})^2}\Delta f + \frac{K_f}{WLC_{ox}}\frac{g_m^2}{(g_m + g_{mb})^2}\frac{1}{f}\Delta f \tag{8.45}$$

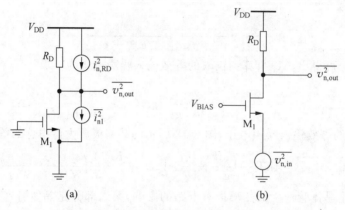

图 8-14 共栅极放大器的等效输入噪声电压计算

下面来计算等效输入噪声电流,将输入开路,如图8-15所示。由于开路的原因,如图8-15(a)所示,$\overline{i_{n1}^2}$ 对输出噪声 $\overline{v_{n,out}^2}$ 不产生影响,因此,只有 R_D 对输出噪声产生影响,即 $\overline{v_{n,out}^2} = 4kTR_D$,从而根据图8-15(b)有

$$\overline{v_{n,out}^2} = \overline{i_{n,in}^2}R_D^2 \tag{8.46}$$

即

$$\overline{i_{n,in}^2} = \frac{4kT}{R_D} \tag{8.47}$$

可见,对于共栅极放大器,负载产生的噪声电流直接表现在输入上。

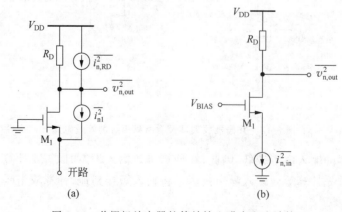

图 8-15 共栅极放大器的等效输入噪声电流计算

8.5.4 共源共栅放大器

考虑如图 8-16 所示的电阻作为负载的共源共栅极放大器，M_1 管和 R_D 上的噪声电流会流经 R_D，从而形成输出噪声电压。这点和共源极放大器的情形是一样的。那么，共栅管 M_2 对电路噪声性能的影响是怎么样的呢？为了考虑这个问题，考查图 8-16(b)或(c)所示的含有 M_2 噪声的等效电路。可以采用两种方式来理解 M_2 噪声的影响：第一种，在图 8-16(b)所示的电路中，忽略 M_1 管的沟道长度调制效应，即输出电阻为无穷大，X 点向 M_1 管方向"看"可以认为是开路，这样，和共栅极放大器的计算噪声电流时的情形一致，$\overline{i_{n2}^2}$ 对输出噪声 $\overline{v_{n,out}^2}$ 不产生影响。即使考虑 M_1 管的沟道长度调制效应，但其输出电阻也非常大，$\overline{i_{n2}^2}$ 对输出噪声 $\overline{v_{n,out}^2}$ 产生影响也非常小；第二种，如图 8-16(c)所示，如果考虑 M_1 管的沟道长度调制效应，那么从 X 点向 M_1 管方向"看"到的电阻(阻抗)也很大，这样，M_2 管栅极等效输入噪声电压 $\overline{v_{n2}^2}$ 到 $\overline{v_{n,out}^2}$ 的增益也非常小，然后再等效到共源共栅输入端，可见共栅管 M_2 对整个放大器电路的等效输入噪声影响非常小，因此可忽略共栅管 M_2 对共源共栅放大器噪声性能的影响。采用电阻作为负载的共源共栅放大器的增益值近似为 $|A_v| \approx g_m R_D$，因此，共源共栅放大器的等效输入噪声电压近似为

$$\overline{v_{n,in}^2} \approx \overline{v_{n,in}^2}\big|_{M_1,R_D} = \left(4kT\frac{2}{3g_{m1}} + \frac{K_f}{W_1 L_1 C_{ox}}\frac{1}{f} + \frac{4kT}{g_{m1}^2 R_D}\right)\Delta f \tag{8.48}$$

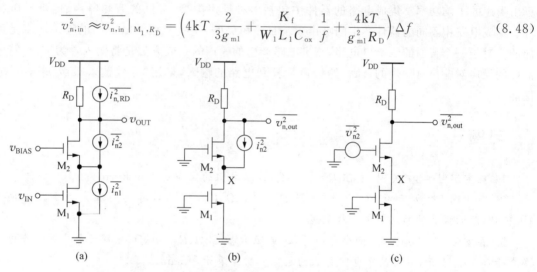

图 8-16 共源共栅极放大器的噪声及共栅管 M_2 噪声的影响

8.6 差分放大器中的噪声

差分放大器及其计算噪声的等效电路如图 8-17 所示。类似于共源极放大器，其输出阻抗非常大，因此，需考查其等效输入噪声电压。由于 M_1、M_2 及负载 R_D 产生的噪声之间是非相关的。因此，对于差分放大器，这些器件产生的噪声呈现差分信号。M_1 和 M_2 的噪声采用与差分放大器输入串联的噪声电压源进行等效，而负载电阻 R_D 产生表现在输出的噪声除以放大器的增益，从而等效到放大器的输入。这样，对于完全对称的差分放大器，总的等效输入噪声电压为

$$\overline{v_{n,in}^2} = \overline{v_{in1}^2} + \overline{v_{in2}^2} + \frac{\overline{v_{n,RD}^2}}{g_m^2 R_D^2} + \frac{\overline{v_{n,RD}^2}}{g_m^2 R_D^2} = 8kT\left(\frac{2}{3g_m} + \frac{1}{g_m^2 R_D}\right)\Delta f + \frac{2K_f}{WLC_{ox}}\frac{1}{f}\Delta f \tag{8.49}$$

从中可见,对于相同的 g_m 和负载,差分放大器的等效输入噪声电压功率是共源极放大器的 2 倍。

差分放大器尾电流源中的噪声对电路噪声性能的影响是怎么样的呢?如果差分输入信号是零,并且电路是完全对称的,那么尾电流源产生的噪声将在 M_1 和 M_2 支路平均分配,因此可看作一个共模信号,只在输出产生一个共模噪声电压。本质上,尾电流源噪声会引起偏置电流的变化,其调制了每一个器件的跨导,由于此噪声电流远远小于尾电流源偏置电流,因此,这个影响是可以忽略的。

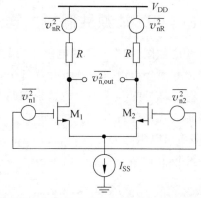

图 8-17　差分放大器及计算噪声的等效电路

8.7　本章小结

在集成电路设计中,噪声是非常重要的性能指标,它决定了电路所能处理的最小信号水平。不同于确定的信号,噪声在幅度上表现为不可预测的、杂乱无章的随机产生过程。然而,在很多情况下,可以计算出噪声的平均功率。集成电路的器件中包括多种噪声类型,常见的有热噪声、闪烁噪声和散粒噪声等。集成电路中不同的器件产生的噪声通常是非相关的,这些非相关噪声源的噪声功率是可以直接相加的。对于一个普通的二端口电路,测量电路产生的噪声的一般方法是将输入置为零,计算电路中每个器件的噪声对输出总噪声的贡献,然后再折算到电路的输入,采用"等效输入噪声"来表示电路的噪声性能。

习题

1. 在室温 $T=300\mathrm{K}$ 时,电阻 $R=100\mathrm{k}\Omega$,计算电阻的噪声功率值和 rms 值。

2. 对于图 8-2 所示的 RC 电路,如果 $R=100\mathrm{k}\Omega$、$C=1\mathrm{pF}$,计算总的噪声功率。当 $R=1\mathrm{k}\Omega$、$C=10\mathrm{pF}$ 时,总的噪声功率又是怎么样的呢?

3. 在室温 $T=300\mathrm{K}$ 时,两个电阻并联,电阻 $R_1=2\mathrm{k}\Omega$、$R_2=6\mathrm{k}\Omega$,分别计算出每一个电阻的噪声功率表示和 rms 表示,以及两个电阻并联的总噪声功率表示和 rms 表示。

4. 如果包括热噪声和闪烁噪声的如图 8-11(c)所示的等效输入噪声电压功率谱密度表示为

$$s_i(f) = \left(1 + \frac{10^4}{f}\right) \times 10^{-16} \mathrm{V^2/Hz}$$

那么,求

(1) 从 $f_1=1\mathrm{Hz}$ 到 $f_2=100\mathrm{kHz}$ 带宽内的噪声功率;

(2) 从 $f_1=0.0001\mathrm{Hz}$ 到 $f_2=100\mathrm{kHz}$ 带宽内的噪声功率。

5. 对于一个工艺的 MOS 器件,其电路参数为 $g_m=2\mathrm{mA/V}$,$W=100\mu\mathrm{m}$,$L=1\mu\mathrm{m}$,在室温 $T=300\mathrm{K}$ 下,测得闪烁噪声的转角频率为 $200\mathrm{kHz}$,假定 $t_{ox}=100\text{Å}$,此工艺的 K_f 是多少?

第 9 章　反　馈

主要符号	含　义
v_s	反馈系统的信号源电压
v_f	反馈系统的反馈电压
v_o	反馈系统的输出电压
v_e	反馈系统的误差电压
i_s	反馈系统的信号源电流
i_f	反馈系统的反馈电流
i_o	反馈系统的输出电流
i_e	反馈系统的误差电流
A	前馈增益(或开环增益)
β	反馈系数
A_f	反馈系统的闭环增益
$A_f(s)$	s 域的反馈系统的闭环增益
G_L	环路增益
GBW	增益带宽积
BW	带宽
r_{in}, r_{out}	放大器电路的小信号输入电阻和输出电阻
R_{if}	带反馈的电路输入电阻
R_{of}	带反馈的电路输出电阻

9.1　引言

反馈是模拟电路中广泛采用的一种非常有效的技术。在反馈中,一个和放大器电路输出成比例关系的反馈信号与电路原本输入或一个参考信号进行比较之后产生的信号再输入给放大器。输入和反馈信号的差值被称为"误差信号",此差值由放大器进行放大。有两种类型的反馈:正反馈和负反馈。在负反馈中,输出信号(或其一部分)反馈到输入一侧,与输入信号相减得到误差信号,然后误差信号由放大器进行放大调整来产生希望的输出信号;在正反馈中,输出信号(或其一部分)反馈到输入一侧,与输入信号相加得到更大的信号,相加后的信号被进一步放大产生更大的输出,直至输出饱和。在本书中,如果没有特别说明,所提及的"反馈"均指负反馈。

在放大器结构中采用负反馈有4个主要的好处：(1)由于放大器的增益容易受到工艺、电压及温度的影响，采用负反馈结构可以稳定放大器的整体增益；(2)根据输入输出信号的需要，可以提高或降低输入输出阻抗；(3)降低失真及非线性效应；(4)提高带宽。负反馈电路也存在两个缺点：(1)整体增益下降，这与其稳定放大器整体增益是直接相关的，经常需要通过多级放大级来达到增益的要求；(2)电路存在振荡的可能性，因此需要进行仔细的电路设计或者进行频率补偿来克服这个问题。负反馈也被称为"退化反馈"(degenerative feedback)，这是由于其退化(或降低)输出信号。以上这些优缺点在本章后续内容中将进一步展开讨论。

在正反馈中，反馈信号与输入信号同相。这样，误差信号是输入信号和反馈信号的代数和，然后被放大器进一步放大。这样，输出会持续增长，导致进入不稳定的状态，电路会在放大器的谐振频率下振荡在电源轨的电平限制之间。正反馈经常被称为"再生反馈"(regenerative feedback)，这是由于其让输出信号增加。正反馈通常用于振荡器电路。注意正反馈不一定意味着振荡。事实上，在一些应用中正反馈是非常有用的，例如比较器。

9.2 理想反馈

首先来看一个例子。考虑图 9-1(a)所示的同相运算放大器。电压 v_s、v_f、v_e 的关系为

$$v_e = v_s - v_f \tag{9.1}$$

$$v_o = A v_e \tag{9.2}$$

$$v_f = \frac{R_1}{R_1 + R_F} v_o = \beta v_o \tag{9.3}$$

其中 $\beta = \dfrac{R_1}{R_1 + R_F}$ 为反馈系数，利用这些关系式，得到整体闭环电路的最终增益为

$$A_f = \frac{v_o}{v_s} = \frac{A}{1 + \dfrac{R_1}{R_1 + R_F} \cdot A} = \frac{A}{1 + \beta \cdot A} \tag{9.4}$$

这些关系可由图 9-1(b)所示的结构框图表示。电压 v_e 是 v_s 和 v_f 之间的差值，进行了电压增益 A 的放大。反馈信号 v_f 正比于输出电压，反馈到反相输入一侧产生反馈电压 v_f，并进行电压相减。电压 v_s、v_f 和 v_e 在输入一侧形成了串联电路，如图 9-1(a)所示，而 v_o 直接施加在反馈网络上。即同相运算放大器采用串联-并联结构，在输出一侧检测电压信号进行反馈，并且在输入一侧对电压信号进行相减(比较)，这样反馈结构也被称为"电压检测/电压比较反馈"，简称"电压-电压"反馈，注意，第一个电压指的是输出端的信号形式，而第二个电压指的是输入端的信号形式。

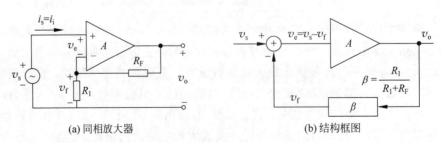

(a) 同相放大器　　　　　　　　　　(b) 结构框图

图 9-1　同相运算放大器的反馈示意图

在图 9-1 所示的同相放大器中,输出电压反馈回输入一侧,并同输入一侧采用电压形式进行比较。反馈系统采用图 9-2 所示的一般形式结构来表示,由于信号可能是电压量,也可能是电流量,所以这里采用 s_i、s_f、s_e 及 s_o 来表示其中的信号。可见整个反馈结构存在四种电路成分:前馈放大器电路 A;输出检测方式;反馈网络 β;产生误差的方式。这里 A 是前馈电路的传递函数,对放大器而言,一般分析中是放大器增益,反馈网络具有传递函数 β,β 一般采用线性无源器件实现,也称为"反馈系数"。根据输入和输出信号的表示方式,A 的单位可以是 V/V、A/V、A/A 或 V/A,β 的单位是 A 的倒数。对于图 9-1 所示的同相放大器 A 的单位是 V/V,β 的单位是 V/V。

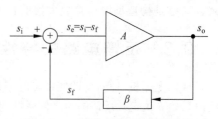

图 9-2　一般形式的理想反馈系统

在图 9-2 所示的理想反馈系统中,各信号的关系可以表示为

$$s_o = As_e \tag{9.5}$$

$$s_e = s_i - s_f \tag{9.6}$$

$$s_f = \beta s_o \tag{9.7}$$

其中 A 是放大器增益,常称为"开环增益"(open-loop gain);β 为反馈系数;s_i 为输入信号;s_f 表示反馈信号;s_e 表示误差信号;s_o 为输出信号。将式(9.6)中的 s_e 代入式(9.5)得

$$s_o = As_e = As_i - As_f \tag{9.8}$$

将式(9.7)中的 s_f 代入式(9.8)得

$$s_o = As_i - \beta As_o \tag{9.9}$$

由此得出整个负反馈系统的最终增益 A_f 为

$$A_f = \frac{s_o}{s_i} = \frac{A}{1 + \beta A} \tag{9.10}$$

A_f 常被称为"闭环增益"(closed-loop gain)。βA 是环绕反馈环的增益,称为"环路增益"(loop gain),是反馈系统中非常重要的量,定义 $G_L = \beta A$。如果 $G_L \gg 1$,式(9.10)变成

$$A_f \approx \frac{1}{\beta} \tag{9.11}$$

当环路增益 G_L 很大时,闭环增益 A_f 对于开环增益 A 的依赖关系变得非常弱,而是主要由反馈系数 β 决定,一般将 β 设计成常数,就可以获得非常准确的闭环增益。

将式(9.10)得出的 s_o 代入式(9.7)中,再将式(9.7)得出的 s_f 带入式(9.6),得到误差信号 s_e 为

$$s_e = s_i - s_f = s_i - \beta s_o = s_i - \beta \frac{As_i}{1 + \beta A} \tag{9.12}$$

由此可得

$$\frac{s_e}{s_i} = \frac{1}{1 + \beta A} = \frac{1}{1 + G_L} \tag{9.13}$$

G_L 远远大于 1,说明 s_e 变得比 s_i 小很多,并且可以认为其近似于零,则放大器 A 的输入处可以近似认为是"虚短"(一般为"虚地")。将由式(9.10)得到的 s_o 代入式(9.7)得

$$s_f = \frac{\beta A}{1 + \beta A}s_i = \frac{G_L}{1 + G_L}s_i \tag{9.14}$$

由于 $G_L \gg 1$,s_f 近似等于 s_i,而 $s_f = \beta s_o$,因此,只要 $\beta < 1$,输出信号 s_o 是输入信号 s_i 的精确比例的放

大。这也是构造反馈运算放大器的目的。

9.3 反馈电路的特性

从以上分析可知,反馈使系统的增益发生了明显的变化,只要环路增益足够大,反馈系统的增益只由反馈系数 β 决定。反馈的引入使系统的一些特性发生了变化。下面讨论说明反馈对于系统特性的影响。

9.3.1 增益灵敏度的降低

在大多数实际的放大器中,开环增益 A 会随晶体管器件参数、温度和有源器件的工作环境等条件发生变化。而反馈放大器会降低闭环增益随放大器 A 变化而产生的变化。采用增益灵敏度来衡量开环增益 A 变化对整个反馈系统闭环增益 A_f 的影响。将式(9.10)中的 A_f 关于 A 进行微分得

$$\frac{\mathrm{d}A_f}{\mathrm{d}A} = \frac{(1+\beta A) - \beta A}{(1+\beta A)^2} = \frac{1}{(1+\beta A)^2} \tag{9.15}$$

如果 A 改变 δA,那么 A_f 改变 δA_f。这样,由式(9.15)可得

$$\delta A_f = \frac{\delta A}{(1+\beta A)^2} \tag{9.16}$$

由式(9.16)可以得出对于 δA 微小变化下 δA_f 的近似值,得

$$\frac{\delta A_f}{A_f} = \frac{\delta A}{(1+\beta A)^2} \frac{1+\beta A}{A} = \frac{\delta A/A}{1+\beta A} \tag{9.17}$$

式(9.17)显示 A 微小相对变化 $(\delta A/A)$ 导致 A_f 微小相对变化 $(\delta A_f/A_f)$,这样,定义闭环增益 A_f 对开环增益 A 的灵敏度为

$$S_A^{A_f} = \frac{\delta A_f/A_f}{\delta A/A} = \frac{1}{1+\beta A} = \frac{1}{1+G_L} \tag{9.18}$$

闭环增益的变化相对于开环增益变化的程度降低为 $1/(1+G_L)$。如果环路增益 $G_L \gg 1$,这符合绝大多数情况,那么 A_f 对开环增益 A 的灵敏度就非常小。也就是说,较大的 A 变化将只引起很小的 A_f 改变。举个例子,如果 $\delta A/A$ 为 10%,$G_L = 100$,那么 A_f 变化仅为

$$\frac{\delta A_f}{A_f} = \frac{10\%}{1+100} \approx 0.1\%$$

可见,反馈系统的闭环增益变化只有 0.1%。

【例 9.1】 如果一个放大器的开环增益 $A = 1000$,反馈系统中的反馈系数 $\beta = 0.5$。

(1) 确定闭环增益 $A_f = s_o/s_i$;

(2) 如果开环增益 A 变化为 20%,确定闭环增益 A_f 变化的百分比。

解: $A = 1000$,$\beta = 0.5$,那么 $G_L = \beta A = 1000 \times 0.5 = 500$。

(1) 根据式(9.10)得

$$A_f = \frac{1000}{1+500} \approx 1.996$$

(2) $\delta A/A = 20\%$,根据式(9.18)得

$$\frac{\delta A_f}{A_f} = \frac{20\%}{1+500} \approx 0.04\%$$

9.3.2 输入输出阻抗的变化

反馈会改变输入和输出阻抗。以串联-并联反馈(也就是电压-电压反馈)电路为例,考虑如图 9-3 所示的反馈对电路的输入阻抗和输出阻抗的影响。

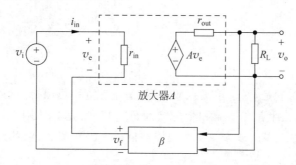

图 9-3 串联-并联反馈电路的输入输出阻抗

在图 9-3 所示的输入一侧,r_{in} 是开环放大器原有的输入阻抗。在反馈系统中,前馈放大器原有的输入阻抗只承担了一部分输入电压,而另一部分被反馈网络所承受,在反馈结构中通过 r_{in} 的电流要比原来开环时的电流小,说明输入端的反馈网络增加了串联-并联反馈电路的输入阻抗。

在图 9-3 所示的输出一侧,r_{out} 是开环放大器原有的输出阻抗。R_L 是闭环系统驱动的负载。前面提到过,反馈可以使输出是输入信号的精确复制(放大)。如果负载 R_L 发生变化,v_{out} 也始终是 v_{in} 的精确复制(放大),即只要环路增益 $G_L \gg 1$,则 $v_o/v_i \approx 1/\beta$,受负载 R_L 影响较小。这说明从反馈系统的输出来看,其可以等效为一个良好的电压源,即具有很低的输出电阻。说明串联-并联反馈降低了系统的输出阻抗。其实这也与反馈系统的增益灵敏度降低直接相关。

以上是针对串联-并联类型反馈对输入电阻、输出电阻所做的定性分析。不同类型的反馈对电路输入输出阻抗有不同的影响,具体的定量分析在后续的反馈结构中将进一步讨论。

9.3.3 频率响应的变化

负反馈能改变放大器的带宽。为了说明这点,考虑一个简单的单极点放大器,其开环增益依赖于频率,表示在拉普拉斯域为

$$A(s) = \frac{A_o}{1 + s/\omega_o} \tag{9.19}$$

其中 A_o 是开环低频增益,ω_o 是放大器的开环 3dB 截止频率。根据式(9.10),总的增益为

$$A_f(s) = \frac{A(s)}{1 + \beta A(s)} \tag{9.20}$$

这里反馈系数 β 独立于频率。将式(9.19)中的 $A(s)$ 代入式(9.20)得

$$A_f(s) = \frac{A_o/[1 + s/\omega_o]}{1 + \beta A_o/[1 + s/\omega_o]} = \frac{A_o}{1 + \beta A_o} \frac{1}{1 + s/[\omega_o(1 + \beta A_o)]} \tag{9.21}$$

从中得知低频闭环增益 A_{of} 为

$$A_{of} = \frac{A_o}{1 + \beta A_o} = \frac{A_o}{1 + G_{L_o}} \tag{9.22}$$

其中 $G_{L_o} = \beta A_o$,称为"低频环路增益"。从式(9.21)中可知,带反馈时的 3dB 截止频率 ω_{0f} 变为

$$\omega_{\mathrm{of}} = \omega_0 (1 + \beta A_0) \tag{9.23}$$

没有反馈时,放大器的低频增益为 A_0,带宽 BW 为 ω_0,以频率表示的带宽为 $f_0 = \omega_0/2\pi$,而增益带宽积表示为

$$\mathrm{GBW} = A_0 f_0 \tag{9.24}$$

有反馈时,低频增益 $A_{\mathrm{of}} = \dfrac{A_0}{1 + \beta A_0}$,带宽 $\mathrm{BW}_f = f_0(1 + \beta A_0)$,增益带宽积表示为

$$\mathrm{GBW}_f = A_{\mathrm{of}} \mathrm{BW}_f = A_0 f_0 \tag{9.25}$$

从式(9.22)和式(9.23)中可以看出:反馈使低频增益降低为开环时的 $1/(1 + \beta A_0)$,3dB 带宽却是开环时的 $(1 + \beta A_0)$ 倍。值得注意的是,对于单极点放大器,增益带宽积仍保持在恒定的 $A_0 f_0$。这是一个非常重要的性质,负反馈允许设计者在增益和带宽之间进行权衡,是一种用于设计宽带放大器的有效方法。而减小的增益通常采用更多的放大级来实现增益指标。闭环增益 A_f 和开环增益 A 的幅频特性曲线如图 9-4 所示。

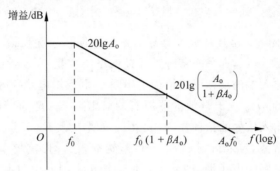

图 9-4　开环增益与闭环增益的幅频特性曲线

【例 9.2】　考查反馈对放大器频率特性的影响。闭环放大器的反馈系数 $\beta = 0.5$。开环增益表示为

$$A(s) = \frac{1000}{1 + s/(2\pi \times 200)}$$

求(1)闭环低频增益 A_{of};(2)闭环带宽 BW_f;(3)增益带宽积 GBW。

　　解:由开环增益表达式可知 $A_0 = 1000$,$\beta = 0.5$,以及 $f_0 = 200\mathrm{Hz}$。

　　(1)根据式(9.22)得

$$A_{\mathrm{of}} = \frac{1000}{(1 + 1000 \times 0.5)} \approx 1.996$$

　　(2)根据式(9.23)得

$$\mathrm{BW}_f = 200 \times (1 + 1000 \times 0.5) = 100.2\mathrm{kHz}$$

　　(3)根据式(9.24)得

$$增益带宽积\ \mathrm{GBW} = A_0 f_0 = 1000 \times 200 = 200 \times 10^3\mathrm{Hz}$$

9.3.4　线性度的提高

　　放大器包含诸如晶体管这样的非线性器件。放大器的输入输出特性曲线将不再是线性的。放大器的输出信号将会出现失真。放大器中失真的影响会减小开环传递函数的增益。从前面的分析中可知,

开环放大器增益 A 发生变化,负反馈使闭环增益 A_f 几乎为常数,正如式(9.11)所示。负反馈能够降低开环传递函数斜率变化的影响,所以负反馈可以降低失真。

考虑一个典型的非线性放大器输入输出转移特性,如图 9-5 所示,采用分段线性等效,除了饱和区域 A_4 外,存在 3 个常数增益区域 A_1、A_2 和 A_3。如果反馈系数为 β 的负反馈应用到此放大器上,采用式(9.10)来计算相应的 3 个增益区的闭环增益:

$$A_{f1} = \frac{A_1}{1+\beta A_1} \approx \frac{1}{\beta} \qquad \text{如果} \ \beta A_1 \gg 1$$

$$A_{f2} = \frac{A_2}{1+\beta A_2} \approx \frac{1}{\beta} \qquad \text{如果} \ \beta A_2 \gg 1$$

$$A_{f3} = \frac{A_3}{1+\beta A_3} \approx \frac{1}{\beta} \qquad \text{如果} \ \beta A_3 \gg 1$$

因此,应用反馈后,3 个增益区的转移特性斜率几乎是一样的,转移特性如图 9-6 所示。相比于原始不带负反馈的放大器,带负反馈的放大器转移特性非线性要小非常多,非线性误差取决于环路增益 $G_L = \beta A$ 的大小。在饱和区域 $A_4 = 0$,由于 $\beta A = 0$,转移特性仍旧饱和。

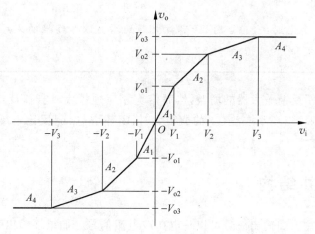

图 9-5 不带负反馈的转移特性

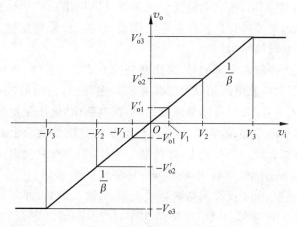

图 9-6 带负反馈的转移特性

【例 9.3】 不带反馈的放大器的转移特性近似表示为下列给定输入电压 v_i 范围的开环增益值：

$$A = \begin{cases} 2000 & \text{对于 } 0 < v_i \leqslant 0.2\text{mV} \\ 1000 & \text{对于 } 0.2\text{mV} < v_i \leqslant 0.4\text{mV} \\ 500 & \text{对于 } 0.4\text{mV} < v_i \leqslant 0.8\text{mV} \\ 0 & \text{对于 } v_i > 0.8\text{mV} \end{cases}$$

如果反馈系数 $\beta = 0.25$，确定转移特性的闭环增益。

解： 根据式(9.10)，闭环增益变为

$$A = \begin{cases} \dfrac{2000}{1+0.25 \times 2000} \approx 3.992 & \text{对于 } 0 < v_i \leqslant 0.2\text{mV} \\ \dfrac{1000}{1+0.25 \times 1000} \approx 3.984 & \text{对于 } 0.2\text{mV} < v_i \leqslant 0.4\text{mV} \\ \dfrac{500}{1+0.25 \times 500} \approx 3.968 & \text{对于 } 0.4\text{mV} < v_i \leqslant 0.8\text{mV} \\ 0 & \text{对于 } v_i > 0.8\text{mV} \end{cases}$$

可见，当输入电压 v_i 从 0 变化到 0.8mV 时，开环放大器的增益以非线性的方式从 2000 变化到 500。而闭环增益 A_f 几乎保持恒定，约为 $1/\beta = 4$。

综上所述，反馈降低了反馈放大器的增益，然而带宽相应地扩大，同时，反馈也减小了放大器失真、非线性和参数变化的影响。当环路增益 G_L 的值很大时，闭环增益 A_f 反比于反馈系数 β，即 A_f 对反馈网络参数 β 的变化敏感。

9.4 反馈拓扑结构

在实际的放大器中，输入和输出信号可以是电压或电流信号。如果在输出采用电压形式进行反馈，然后经过反馈网络反馈到放大器的输入，它既可以和输入电压比较产生电压误差信号，也可以和输入电流比较产生电流误差信号。类似地，输出电流既可以通过反馈网络反馈回输入端与输入电压比较产生电压误差信号，也可以与输入电流进行比较产生电流误差信号。如果根据输入输出信号是电压量还是电流量进行分类，则存在 4 种反馈结构。

在反馈结构中，对于放大器输出电压信号，采用并联的方式进行检测，而对于电流信号的检测，则采用串联的方式。如同用电压表检测电量需要将其并联到电路中，而用电流表检测电流需要将其串联到电路中。在放大器的输入处，需要对反馈量进行加减，在电路中，电压量相加需要串联结构，电流量相加需要并联结构。因此，对于电压相减，需要将输入和反馈信号施加到两个不同的节点，即串联；而对于电流相减，需要将它们施加在同一个节点上，即并联。这样，如果按照反馈输入输出串并联的方式，可以将反馈结构归为四种：串联-并联、串联-串联、并联-并联及并联-串联。

在图 9-7(a)所示的反馈中，由于反馈网络 β 与放大器 A 输入串联，而与放大器 A 输出并联，因此，称为"串联-并联"反馈结构。在"串联-并联"反馈结构中，输出电压 v_o 是反馈网络 β 的输入，反馈电压 v_f 正比于输出电压 v_o。按照输出输入信号的类型，这种反馈结构属于"电压检测/电压比较"类型，简称

"电压-电压"反馈[①]。反馈网络与输入电压 v_i 形成一个串联电路，$v_i - v_f = v_e$，与输出电压 v_o 形成一个并联电路。采用运算放大器串联-并联的实现如图9-7(b)所示，反馈框图如图9-7(c)所示。

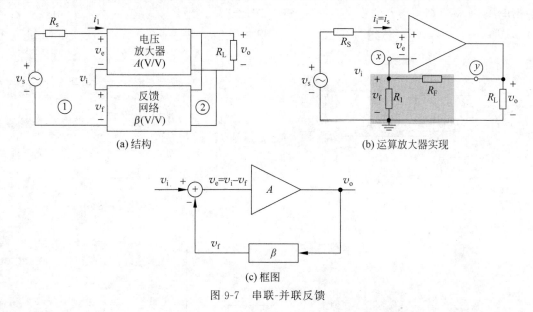

(a) 结构

(b) 运算放大器实现

(c) 框图

图 9-7 串联-并联反馈

在图9-8(a)所示的反馈中，反馈网络 β 与放大器 A 输入串联，与放大器 A 输出也串联，因此，称为"串联-串联"反馈结构。按照输出输入信号的类型，这种反馈属于"电流检测/电压比较"，简称"电流-电压"反馈。输出电流 i_o 是反馈网络的输入，反馈电压 v_f 正比于输出电流 i_o。反馈网络与输入电压形成一个串联的电路，$v_i - v_f = v_e$。采用运算放大器串联-串联的实现如图9-8(b)所示，反馈框图如图9-8(c)所示。

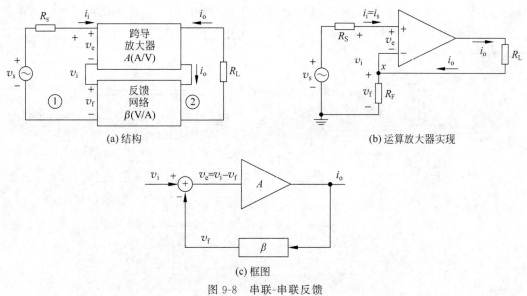

(a) 结构

(b) 运算放大器实现

(c) 框图

图 9-8 串联-串联反馈

---

① 可见，反馈结构的另外一种名称是按"检测方式/返回方式"进行命名，因此，如果按整个反馈系统的"输出-输入"进行命名，注意与串联、并联连接方式命名针对的端口不同。

在图 9-9(a)所示的反馈中,反馈网络 β 与放大器 A 输入并联,与放大器 A 输出也并联,称为"并联-并联"反馈结构。按照输出输入信号的类型,这种反馈属于"电压检测/电流比较",简称"电压-电流"反馈。输出电压 v_o 是反馈网络 β 的输入,反馈电流 i_f 正比于输出电压 v_o。输入电流 i_i 由放大器及反馈网络分享,即 $i_i - i_f = i_e$。采用运算放大器并联-并联的实现如图 9-9(b)所示,反馈框图如图 9-9(c)所示。

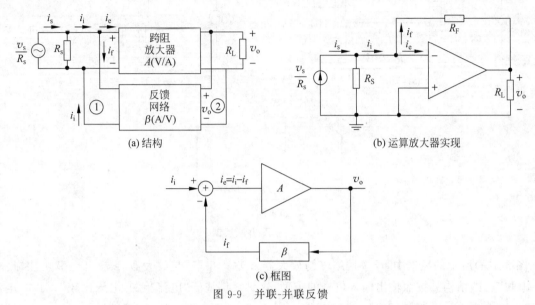

(a) 结构   (b) 运算放大器实现

(c) 框图

图 9-9   并联-并联反馈

如图 9-10(a)所示的反馈中,反馈网络 β 与放大器 A 输入并联,而与放大器 A 输出串联,称为"并联-串联"反馈结构。按照输出输入信号的类型,这种反馈属于"电流检测/电流比较",简称"电流-电流"反馈。输出电流 i_o 是反馈网络 β 的输入,反馈电流 i_f 正比于输出电流 i_o。反馈网络与输出电流串联。输入电流 i_i 由放大器及反馈网络分享,即 $i_i - i_f = i_e$。采用运算放大器并联-并联的实现如图 9-10(b)所示,反馈框图如图 9-10(c)所示。

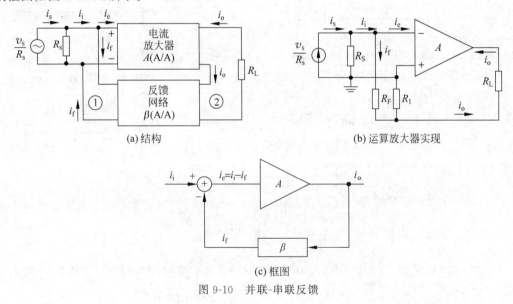

(a) 结构   (b) 运算放大器实现

(c) 框图

图 9-10   并联-串联反馈

9.5 反馈结构

上一节针对放大器输入输出信号形式、反馈电路的检测及返回机制,给出了反馈电路的四种拓扑结构,下面对这4种反馈网络结构进行讨论分析。

9.5.1 串联-并联反馈

串联-并联反馈通常用于电压放大器。将图 9-7(a)
所示的放大器用一个输入电阻为 r_{in}、输出电阻为 r_{out}、
开环增益为 A(单位为 V/V)的电压放大器等效,如
图 9-11 所示。反馈电压 v_f 正比于输出电压 v_o,与放
大器输入串联。反馈网络 β 可以认为是一个二端口网
络,可以用一个电压增益电路建模,如图 9-11 所示,其
输入电阻为 R_y、输出电阻为 R_x、电压增益为 β。

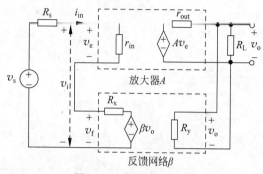

图 9-11 串联-并联结构

确定模型参数需要分离反馈网络 β,并采用一个二
端口网络代表。确定反馈网络参数的测试条件如
图 9-12 所示。反馈网络 β 的输出电阻可以通过在 v_f 侧施加测试电压 v_f 并短路 v_o 一侧获得,表示为

$$R_x = \frac{v_f}{i_f}\bigg|_{v_o=0} \tag{9.26}$$

反馈网络 β 的输入电阻可以通过在 v_o 侧施加测试电压 v_o 并开路 v_f 一侧获得,表示为

$$R_y = \frac{v_o}{i_y}\bigg|_{i_f=0} \tag{9.27}$$

反馈网络 β 的电压增益可以通过在 v_o 侧施加测试电压 v_o 并开路 v_f 一侧获得,表示为

$$\beta = \frac{v_f}{v_o}\bigg|_{i_f=0} \tag{9.28}$$

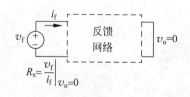
(a) 反馈网络的输出电阻

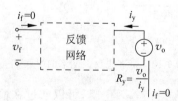
(b) 反馈网络的输入电阻

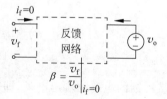
(c) 反馈网络的电压增益

图 9-12 确定串联-并联中的反馈网络参数的测试条件

注意在进行反馈网络 R_x 和 R_y 的测试中,以下一般规则有助于记忆:并联反馈短路端口;串联反馈开路端口。

下面,我们首先针对理想的反馈网络来分析串联-并联反馈。假设理想反馈网络并忽略信号源的输出电阻(即内阻)R_s 和负载 R_L 的影响来进行简化,即 $R_x=0$,$R_y=\infty$,$R_s=0$,$R_L=\infty$。采用理想反馈网络的串联-并联反馈电路如图 9-13(a)所示,整个反馈电路系统可以由图 9-13(b)所示中的等效电路表示。反馈系数 β 的单位为 V/V。

$$v_o = Av_e \tag{9.29}$$

$$v_f = \beta v_o \tag{9.30}$$

以及

$$v_e = v_s - v_f \tag{9.31}$$

根据式(9.29)、式(9.30)和式(9.31)，得到串联-并联反馈的闭环电压增益 A_f 为

$$A_f = \frac{A}{1 + \beta A} \tag{9.32}$$

其类似于式(9.10)，这与一般形式反馈的总体闭环增益结果一致。下面我们来考查输入电阻和输出电阻的情况。根据式(9.31)，$v_s = v_e + v_f$，将式(9.29)中的 v_o 代入式(9.30)，再将式(9.30)中的 v_f 带入式(9.31)，得

$$v_s = v_e + \beta v_o = v_e + \beta A v_e = v_e(1 + \beta A) \tag{9.33}$$

输入电流 i_{in} 为

$$i_{in} = \frac{v_e}{r_{in}} \tag{9.34}$$

采用式(9.33)和式(9.34)，得到串联-并联反馈的电路输入电阻 R_{if} 为

$$R_{if} = \frac{v_s}{i_{in}} = \frac{v_e(1 + \beta A)}{v_e/r_{in}} = (1 + \beta A)r_{in} \tag{9.35}$$

在输入侧是串联反馈的情况下，输入电阻 R_{if} 总是增长到原来开环放大器输入电阻的 $(1 + \beta A)$ 倍。反馈使电路更加接近于理想的电压放大器输入电阻的特性。

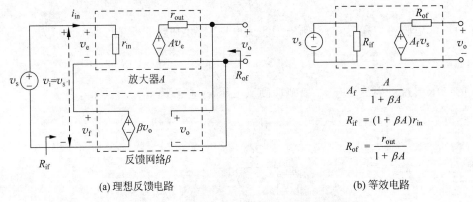

(a) 理想反馈电路　　　　　　　　　　　　(b) 等效电路

图 9-13　带理想反馈网络的串联-并联结构

带反馈的电路的输出电阻，即戴维南等效电阻，可以通过在输出一侧施加测试电压 v_x 并短路输入源，测量电流 i_x 而获得。确定输出电阻的等效电路如图 9-14 所示，有

$$v_e + v_f = v_e + \beta v_x = 0 \tag{9.36}$$

即

$$v_e = -\beta v_x \tag{9.37}$$

而

$$i_x = \frac{v_x - Av_e}{r_{out}} \tag{9.38}$$

将式(9.37)中的 v_e 代入式(9.38)得

$$i_x = \frac{v_x - A(-\beta v_x)}{r_{out}} = \frac{(1 + \beta A)v_x}{r_{out}} \tag{9.39}$$

从式(9.39)得出串联-并联反馈的电路输出电阻 R_{of} 为

$$R_{of} = \frac{v_x}{i_x} = \frac{r_{out}}{1+\beta A} \tag{9.40}$$

在电路输出一侧的输出电阻由原来的 r_{out} 减小到 $r_{out}/(1+\beta A)$。并联反馈使输出一侧的输出电阻总是降低为原来的 $1/(1+\beta A)$，这样使电路更加接近于理想的电压源。

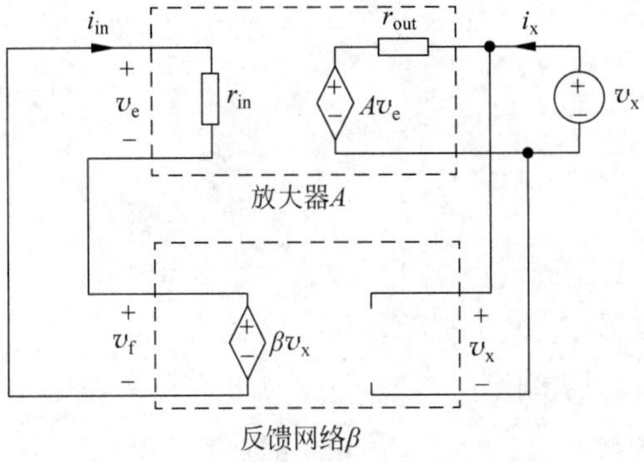

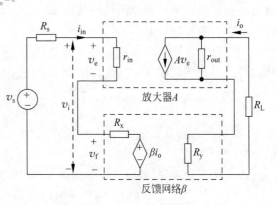

图 9-14　确定输出电阻的等效电路

串联-并联反馈使电路的输入电阻提高为原来的 $(1+\beta A)$ 倍，而输出电阻降低为原来的 $1/(1+\beta A)$。这种类型的反馈通常用于电压放大器。输入阻抗、输出阻抗及总电压增益以一般形式化的方式在拉普拉斯 s 域写成

$$Z_{if}(s) = [1 + \beta A(s)]Z_i(s) \tag{9.41}$$

$$Z_{of}(s) = \frac{Z_o(s)}{1 + \beta A(s)} \tag{9.42}$$

$$A_f(s) = \frac{A(s)}{1 + \beta A(s)} \tag{9.43}$$

这里，请注意，A 是放大器的开环电压增益，单位为 V/V；β 是反馈网络的电压增益，一般小于或等于 1V/V；$G_L = \beta A$ 是环路增益，无量纲。如果信号源具有阻抗，那么总电压增益将下降。放大器的有效输入电压为

$$v_i = \frac{Z_i}{Z_s + Z_i} v_s \tag{9.44}$$

其中 Z_s 是信号源阻抗；Z_i 是放大器的输入阻抗；v_s 是信号源电压。

9.5.2　串联-串联反馈

串联-串联反馈通常用于跨导放大器。串联-串联反馈结构中的运算放大器采用跨导模型进行表示，如图 9-15 所示。A 是运算放大器的开环跨导增益，单位为 A/V。反馈电压 v_f 正比于负载电流 i_o。反馈网络采用跨阻进行建模，其输入电阻为 R_y，输出电阻为 R_x，跨阻增益是以 V/A 为单位的 β。

确定反馈网络参数的测试条件如图 9-16 所示。反馈网络 β 的输出电阻可以通过在 1 侧施加测试电压 v_f 同时开路 2 侧获得，测得电流 i_f，表示为

$$R_x = \frac{v_f}{i_f}\bigg|_{i_o=0} \tag{9.45}$$

反馈网络 β 的输入电阻可以通过在 2 侧施加测试电压 v_y 同时开路 1 侧获得，测得电流 i_o，表示为

$$R_y = \frac{v_y}{i_o}\bigg|_{i_f=0} \tag{9.46}$$

反馈网络 β 的跨阻增益可以通过在 2 侧施加测试电压 v_y 同时开路 1 侧获得，测得电流 i_o，表示为

$$\beta = \frac{v_f}{i_o}\bigg|_{i_f=0} \tag{9.47}$$

同样地，首先针对理想的反馈网络来分析串联-串联反馈。假设一个理想的串联-串联反馈网络并忽略 R_s 和 R_L 的影响，即 $R_x = 0$、$R_y = 0$、$R_s = 0$、$R_L = 0$。

图 9-15　串联-串联结构

图 9-15 所示的反馈放大器可以简化为图 9-17(a)所示的电路,并可以用图 9-17(b)所示的等效电路表示。对于此电路

$$i_o = A v_e \tag{9.48}$$

$$v_f = \beta i_o \tag{9.49}$$

$$v_s = v_e + v_f = \frac{i_o}{A} + \beta i_o = \frac{1 + \beta A}{A} i_o \tag{9.50}$$

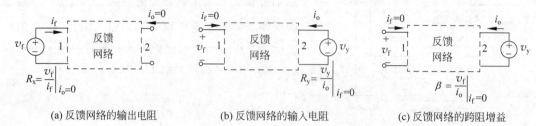

(a) 反馈网络的输出电阻　　　　(b) 反馈网络的输入电阻　　　　(c) 反馈网络的跨阻增益

图 9-16　确定串联-串联反馈网络参数的测试条件

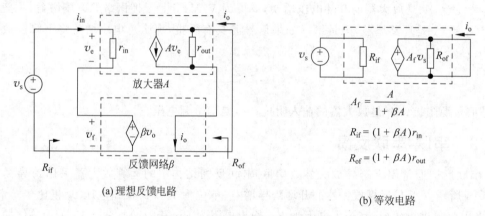

(a) 理想反馈电路

$$A_f = \frac{A}{1 + \beta A}$$

$$R_{if} = (1 + \beta A) r_{in}$$

$$R_{of} = (1 + \beta A) r_{out}$$

(b) 等效电路

图 9-17　理想串联-串联反馈结构

由此可以给出串联-串联反馈的闭环跨导增益 A_f 为

$$A_f = \frac{i_o}{v_s} = \frac{A}{1 + \beta A} \tag{9.51}$$

这与一般形式反馈的总体闭环增益结果一致。下面考查输入电阻和输出电阻的情况。在输入一侧采用 KVL,得

$$v_s = r_{in} i_{in} + v_f = r_{in} i_{in} + \beta i_o = r_{in} i_{in} + \beta A v_e = r_{in} i_{in} + \beta A r_{in} i_{in} \tag{9.52}$$

从式(9.52)得到串联-串联反馈的输入电阻 R_{if} 为

$$R_{if} = \frac{v_s}{i_{in}} = r_{in}(1 + \beta A) \tag{9.53}$$

可见,输入侧采用电压信号,在串联反馈的情况下,输入电阻 R_{if} 总是增长到原来开环放大器输入电阻 r_{in} 的 $(1 + \beta A)$ 倍。

为了确定带反馈的输出电阻,如图 9-18 所示,在电路的输出端施加测试电压 v_x,有

$$v_x = r_{out}(i_x - A v_e) = r_{out}(i_x + A \beta i_x) = r_{out}(1 + \beta A) i_x \tag{9.54}$$

从式(9.54)得出串联-串联反馈的输出电阻 R_{of} 为

$$R_{of} = \frac{v_x}{i_x} = r_{out}(1+\beta A) \tag{9.55}$$

可见,当整个反馈电路的输出电阻提高为原始开环放大器 r_{out} 的 $(1+\beta A)$ 倍时,从输出一侧看,更加趋近于一个理想的电流源。

这里请注意,A 是放大器的开环跨导,单位为 A/V;β 是反馈网络的跨阻,单位为 V/A;$G_L = \beta A$ 是环路增益,无量纲。

9.5.3 并联-并联反馈

在并联-并联反馈中,反馈网络与放大器并联,放大器输入侧的信号为电流,而输出侧的信号为电压,因此,可以采用跨阻形式表示放大器来进行分析。如图 9-19 所示,放大器的输入电阻为 r_{in},输出电阻为 r_{out},开环跨阻增益为 A(单位为 V/A)。反馈电流 i_f 正比于输出电压 v_o。反馈网络可以用一个跨导形式建模,其输入电阻为 R_y、输出电阻为 R_x、跨导增益为 β。

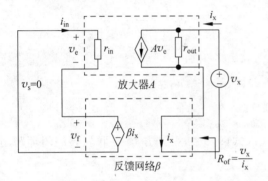

图 9-18 确定输出电阻 R_{of} 的测试电路

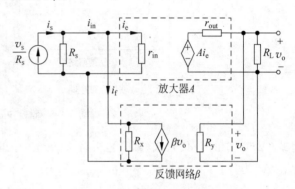

图 9-19 并联-并联反馈

确定反馈网络参数的测试条件如图 9-20 所示。反馈网络 β 的输出电阻可以通过在 1 侧施加测试电压 v_f 并短路 2 侧获得,表示为

$$R_x = \frac{v_f}{i_f}\bigg|_{v_o=0} \tag{9.56}$$

反馈网络 β 的输入电阻可以通过在 2 侧施加测试电压 v_o 并短路 1 侧获得,表示为

$$R_y = \frac{v_o}{i_y}\bigg|_{v_f=0} \tag{9.57}$$

反馈网络 β 的跨导增益可以通过在 2 侧施加测试电压 v_o 并短路 1 侧获得,表示为

$$\beta = \frac{i_f}{v_o}\bigg|_{v_f=0} \tag{9.58}$$

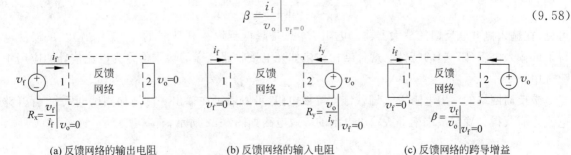

(a) 反馈网络的输出电阻　　(b) 反馈网络的输入电阻　　(c) 反馈网络的跨导增益

图 9-20 确定并联-并联反馈网络参数的测试条件

首先针对理想的反馈网络来分析并联-并联反馈,假设理想的并联-并联反馈网络并忽略 R_s 和 R_L 的影响,即 $R_s = \infty$、$R_x = \infty$、$R_y = \infty$、$R_L = \infty$。图 9-19 所示的反馈放大器可以简化为图 9-21(a)所示的电路,其可以用图 9-21(b)所示的等效电路表示。输出电压 v_o 变成

$$v_o = A i_e \tag{9.59}$$

反馈电流 i_f 正比于输出电压 v_o,即

$$i_f = \beta v_o \tag{9.60}$$

以及

$$i_e = i_s - i_f \tag{9.61}$$

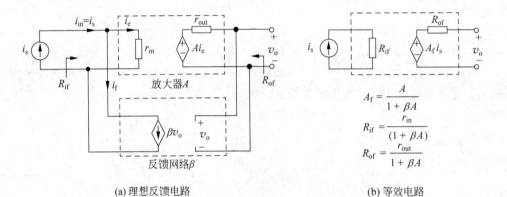

(a) 理想反馈电路   (b) 等效电路

图 9-21 理想并联-并联反馈结构

将式(9.60)中的 i_f 代入式(9.61),再将式(9.61)中的 i_e 代入式(9.59),得到并联-并联反馈的闭环跨阻增益 A_f 为

$$A_f = \frac{v_o}{i_s} = \frac{A}{1 + \beta A} \tag{9.62}$$

这与一般形式反馈的总体闭环增益结果一致。下面考查输入电阻和输出电阻的情况。根据式(9.61),有

$$i_s = i_e + i_f \tag{9.63}$$

将式(9.59)中的 v_o 代入式(9.60),再将式(9.60)得出的 i_f 代入式(9.63),得

$$i_s = i_e + \beta v_o = i_e + \beta A i_e = i_e (1 + \beta A) \tag{9.64}$$

误差电流 i_e 和 v_i 的关系为

$$v_i = r_{in} i_e \tag{9.65}$$

采用式(9.64)中的 i_s 和式(9.65)中的 v_i,可得并联-并联反馈的输入电阻 R_{if} 为

$$R_{if} = \frac{v_i}{i_s} = \frac{i_e r_{in}}{i_e (1 + \beta A)} = \frac{r_{in}}{(1 + \beta A)} \tag{9.66}$$

可见,在输入侧并联反馈的放大器输入电阻 R_{if} 总是降低到原来开环时的 $1/(1+\beta A)$。反馈使电路获得了低输入电阻(阻抗)的特性。这种结构在诸如光电接收器这样的输入信号为电流信号的应用中被广泛采用。

带反馈网络的输出电阻 R_{of},即戴维南等效电阻,可以通过在输出一侧施加测试电压 v_x 并开路输入电流源而获得。确定戴维南等效输出电阻的等效电路如图 9-22 所示,有

$$i_e = -i_f = -\beta v_x \tag{9.67}$$

以及

$$i_x = \frac{v_x - Ai_e}{r_{out}} \tag{9.68}$$

将式(9.67)中的 i_e 代入式(9.68)得

$$i_x = \frac{v_x + \beta A v_x}{r_{out}} = \frac{(1 + \beta A) v_x}{r_{out}} \tag{9.69}$$

从式(9.69)可得出并联-并联反馈的输出电阻 R_{of} 为

$$R_{of} = \frac{r_{out}}{1 + \beta A} \tag{9.70}$$

在输出一侧并联反馈总是使输出电阻降低到原来的 $1/(1 + \beta A)$。

输入阻抗、输出阻抗及最终增益以一般形式化的方式在拉普拉斯 s 域写为

$$Z_{if}(s) = \frac{Z_i(s)}{1 + \beta A(s)} \tag{9.71}$$

$$Z_{of}(s) = \frac{Z_o(s)}{1 + \beta A(s)} \tag{9.72}$$

$$A_f(s) = \frac{A(s)}{1 + \beta A(s)} \tag{9.73}$$

注意 A 是放大器的开环跨阻增益,单位为 V/A;β 是反馈网络的跨导,单位为 A/V;$G_L = \beta A$ 是环路增益,无量纲。

9.5.4 并联-串联反馈

在并联-串联反馈中,反馈网络在输入一侧与放大器并联,而在输出一侧与放大器串联。放大器采用电流放大器的形式来表示,如图 9-23 所示,放大器的输入电阻为 r_{in},输出电阻为 r_{out},开环电流增益为 A(单位为 A/A)。反馈电流 i_f 正比于输出电流 i_o。反馈网络也采用电流增益形式建模,其输入电阻为 R_y,输出电阻为 R_x,电流增益为 β。

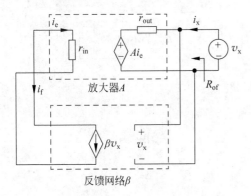

图 9-22 确定输出电阻的等效电路

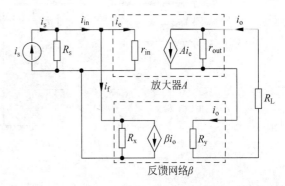

图 9-23 并联-串联反馈结构

确定反馈网络参数的测试条件如图 9-24 所示。反馈网络 β 的输出电阻可以通过在 1 侧施加测试电压 v_f 并开路 2 侧获得,表示为

$$R_x = \frac{v_f}{i_f} \bigg|_{i_y = 0} \tag{9.74}$$

反馈网络 β 的输入电阻可以通过在 2 侧施加测试电压 v_o 并短路 1 侧获得,表示为

$$R_y = \frac{v_o}{i_y}\bigg|_{v_f=0} \tag{9.75}$$

反馈网络 β 的电流增益可以通过在 2 侧施加测试电压 v_o 并短路 1 侧获得,表示为

$$\beta = \frac{i_f}{i_y}\bigg|_{v_f=0} \tag{9.76}$$

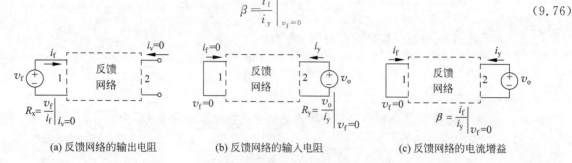

(a) 反馈网络的输出电阻　　　　　(b) 反馈网络的输入电阻　　　　　(c) 反馈网络的电流增益

图 9-24　确定并联-串联反馈网络参数的测试条件

同样地,首先针对理想的反馈网络来进行分析,假设理想反馈网络并忽略 R_s 和 R_L 的影响,即 $R_s=\infty$、$R_x=\infty$、$R_y=0$、$R_L=0$。图 9-23 所示的反馈放大器可以简化为图 9-25 所示的电路,反馈系数 β 单位为 A/A。可以得到并联-串联反馈中输入电阻、输出电阻和闭环增益分别为

$$R_{if} = \frac{v_i}{i_s} = \frac{r_{in}}{(1+\beta A)} \tag{9.77}$$

$$R_{of} = r_{out}(1+\beta A) \tag{9.78}$$

$$A_f = \frac{i_o}{i_s} = \frac{A}{1+\beta A} \tag{9.79}$$

这里请注意到,A 是放大器的开环电流增益,单位为 A/A;β 是反馈网络的电流增益,单位为 A/A;$G_L=\beta A$ 是环路增益,无量纲。

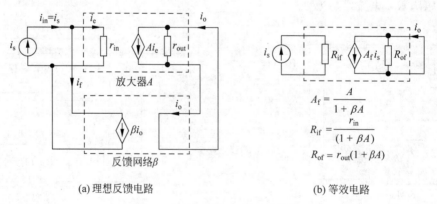

(a) 理想反馈电路　　　　　　　　　(b) 等效电路

图 9-25　理想并联-串联反馈结构

9.6　实际反馈结构和负载的影响

在前面的章节分析中,没有考虑反馈网络 β 的输入电阻和输出电阻所产生的负载效应的影响。下面来分析实际反馈结构及负载的影响。

9.6.1　实际串联-并联反馈

在实际的串联-并联反馈电路中,如图 9-11 所示,反馈网络 β 的输入电阻 R_y 和输出电阻 R_x 以及信号源电阻 R_s 和电路负载 R_L 都会对原放大器的增益造成影响。这些负载效应可以通过将 R_s、R_x、R_y 及 R_L 包括在原放大器 A 电路中来进行考虑,如图 9-26(a)所示。这样可以相应地修改开环参数来进行等效,如图 9-26(b)所示。可以将理想反馈公式中的相应参数进行修改,进而来表达实际反馈的情况。

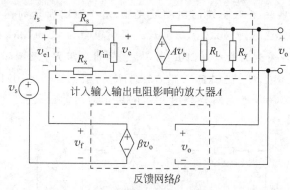

(a) 分析实际电路的电路图

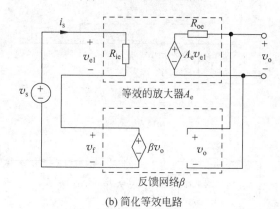

(b) 简化等效电路

图 9-26　实际串联-并联反馈

等效输入电阻 R_{ie} 为

$$R_{ie} = r_{in} + R_x + R_s \tag{9.80}$$

其中 R_s 是信号源电阻;R_x 是反馈网络的输出电阻;r_{in} 是原放大器的输入电阻。等效输出电阻 R_{oe} 为

$$R_{oe} = r_{out} \parallel R_y \parallel R_L \tag{9.81}$$

其中 R_L 是负载电阻;R_y 是反馈网络的输入电阻;r_{out} 是原放大器的输出电阻。如图 9-26(a)所示,采用分压定律,可得出输出电压 v_o 为

$$v_o = \frac{R_y \parallel R_L}{(R_y \parallel R_L) + r_{out}} A v_e \tag{9.82}$$

其中 v_e 是原来放大器的输入电阻 r_{in} 两端的电压,而不是等效输入电阻 R_{ie} 两端的电压,所以需要求出 r_{in} 两端的电压。采用分压定律,得出 v_e 为

$$v_e = \frac{r_{in}}{r_{in} + R_x + R_s} v_{e1} \tag{9.83}$$

将式(9.83)的 v_e 代入式(9.82)得出修改后的等效开环增益 A_e 为

$$A_e = \frac{v_o}{v_{e1}} = \frac{R_y \| R_L}{(R_y \| R_L) + r_{out}} \times \frac{r_{in}}{r_{in} + R_x + R_s} A \tag{9.84}$$

这样,采用 R_{ie}、R_{oe} 和 A_e 分别代替理想反馈时放大器的 r_{in}、r_{out} 和 A,然后采用式(9.29)~式(9.40)来计算闭环参数 R_{if}、R_{of} 和 A_f。

【例9.4】 对于实际的串联-并联反馈的同相放大器,图 9-7(b)所示的同相放大器具有 $R_L = 20\text{k}\Omega$,$R_s = 10\text{k}\Omega$。反馈电阻 $R_1 = 10\text{k}\Omega$,$R_F = 90\text{k}\Omega$。运算放大器的参数为 $r_{in} = 10\text{M}\Omega$,$r_{out} = 50\Omega$,开环电压增益为 $A = 1 \times 10^5$。分析从信号源看到的输入电阻 $R_{if} = v_s/i_s$、输出电阻 R_{of} 及闭环电压增益 $A_f = v_o/v_s$。

解: 电路参数为 $R_L = 20\text{k}\Omega$,$R_s = 10\text{k}\Omega$,$R_1 = 10\text{k}\Omega$,$R_F = 90\text{k}\Omega$,$r_{in} = 10\text{M}\Omega$,$r_{out} = 50\Omega$,$A = 1 \times 10^5$,采用图 9-27(a)所示的放大器的等效电路代替图 9-7(b)所示的运算放大器。

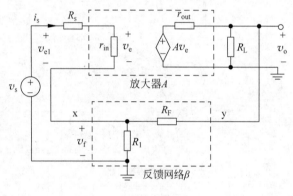

(a) 放大器

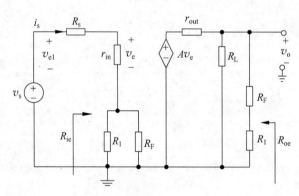

(b) 计入反馈网络影响的等效 A 电路

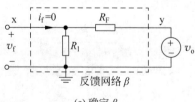

(c) 确定 β

图 9-27 带串联-并联反馈的同相放大器

考查由 R_1 和 R_F 组成的反馈网络 β 的输入电阻 R_y 和输出电阻 R_x,以及信号源电阻 R_s 和电路负载 R_L 对原放大器增益造成的影响。反馈网络中的 R_1 和 R_F 如图 9-27(a)所示,产生反馈电压 v_f 正比于反馈放大器的输出电压 v_o。

放大器采用串联-并联反馈,因此,整个反馈放大器的输出输入量是电压-电压量。根据9.5.1节的讨论,反馈网络在整个反馈放大器输入一侧的影响,即 R_x,通过将输出一侧的并联反馈进行短路来进行考虑;同样地,在整个反馈放大器输出一侧的影响,即 R_y,通过断开输入一侧的串联反馈来进行考虑。计入 R_x 和 R_y 影响的放大器等效电路修改为如图 9-27(b)所示,这里有

$$R_x = R_1 \| R_F = 10 \times 10^3 \| 90 \times 10^3 = 9\text{k}\Omega$$

$$R_y = R_1 + R_F = 10 \times 10^3 + 90 \times 10^3 = 100\text{k}\Omega$$

这些负载效应可以通过将 R_s、R_x、R_y 及 R_L 包括在原放大器 A 电路中来进行考虑,如果采用如图 9-27(b)所示的等效电压放大器,等效输入电阻是

$$R_{ie} = R_s + r_{in} + R_x = 10 \times 10^3 + 10 \times 10^6 + 9 \times 10^3 = 10019\text{k}\Omega$$

等效输出电阻是

$$R_{oe} = r_{out} \| R_y \| R_L = 50 \| 100 \times 10^3 \| 10 \times 10^3 \approx 49.73\Omega$$

根据式(9.84),修改后的开环增益 A_e 为

$$
\begin{aligned}
A_e &= \frac{R_y \| R_L}{(R_y \| R_L) + r_{out}} \times \frac{r_{in}}{r_{in} + R_x + R_s} A \\
&= \frac{100 \times 10^3 \| 20 \times 10^3}{(100 \times 10^3 \| 20 \times 10^3) + 50} \times \frac{10 \times 10^6}{10 \times 10^6 + 9 \times 10^3 + 10 \times 10^3} \times 10^5 \\
&\approx 0.995 \times 10^5
\end{aligned}
$$

如图 9-27(c)所示,反馈网络的输入是整个反馈放大器的输出,即 v_o,而反馈网络的输出 v_f 连接到整个放大器的输入上,反馈系数 β 为

$$\beta = \frac{v_f}{v_o}\bigg|_{i_f = 0} = \frac{R_1}{R_1 + R_F} = \frac{10 \times 10^3}{10 \times 10^3 + 90 \times 10^3} = 0.1\text{V/V}$$

这样,带反馈的反馈放大器的输入电阻(从信号源看到的)为

$$R_{if} = \frac{v_s}{i_s} = R_{ie}(1 + \beta A_e) = 10019 \times 10^3 \times (1 + 0.1 \times 0.995 \times 10^5) \approx 99.69\text{G}\Omega$$

带反馈的输出电阻为

$$R_{of} = \frac{R_{oe}}{1 + \beta A_e} = \frac{49.73}{1 + 0.1 \times 0.995 \times 10^5} \approx 4.998\text{m}\Omega$$

闭环电压增益 A_f 为

$$A_f = \frac{v_o}{v_s} = \frac{A_e}{1 + \beta A_e} = \frac{0.995 \times 10^5}{1 + 0.1 \times 0.995 \times 10^5} \approx 9.999\text{V/V}$$

可见,这个结果非常接近于理想情况下得到的闭环增益为

$$A_f = 1 + \frac{R_F}{R_1} = 1 + \frac{90 \times 10^3}{10 \times 10^3} = 10$$

【**例 9.5**】 对于例 9.4 中的实际串联-并联反馈的同相放大器,如果运算放大器的参数为 $r_{in} = 1\text{M}\Omega$,$r_{out} = 100\text{k}\Omega$,开环电压增益为 $A = 1 \times 10^3$,可见此放大器的电路参数更加不理想。其他电路参数与例 9.4 是一样的,即图 9-7(b)所示的同相放大器具有 $R_L = 20\text{k}\Omega$,$R_s = 10\text{k}\Omega$。反馈电阻 $R_1 = 10\text{k}\Omega$,

$R_F=90\text{k}\Omega$。分析从信号源看到的输入电阻 $R_{if}=v_s/i_s$、输出电阻 R_{of} 及闭环电压增益 $A_f=v_o/v_s$。

解：电路参数为 $R_L=20\text{k}\Omega$，$R_s=10\text{k}\Omega$，$R_1=10\text{k}\Omega$，$R_F=90\text{k}\Omega$，$r_{in}=1\text{M}\Omega$，$r_{out}=100\text{k}\Omega$，$A=1\times10^3$，采用图 9-27(a)所示的放大器的等效电路代替图 9-7(b)所示的运算放大器。这样，计入 R_x 和 R_y 影响的放大器等效电路修改为如图 9-27(b)所示，有

$$R_x=R_1\parallel R_F=10\times10^3\parallel90\times10^3=9\text{k}\Omega$$

$$R_y=R_1+R_F=10\times10^3+90\times10^3=100\text{k}\Omega$$

这些负载效应可以通过将 R_s、R_x、R_y 及 R_L 包括在原放大器 A 电路中来进行考虑，如果采用如图 9-27(b)所示的等效电压放大器，等效输入电阻是

$$R_{ie}=R_s+r_{in}+R_x=10\times10^3+1\times10^6+9\times10^3=1019\text{k}\Omega$$

等效输出电阻是

$$R_{oe}=r_{out}\parallel R_y\parallel R_L=100\times10^3\parallel100\times10^3\parallel10\times10^3\approx8.333\text{k}\Omega$$

可见反馈网络及负载对放大器的等效输出电阻产生了明显的影响。根据式(9.84)，修改后的开环增益 A_e 为

$$
\begin{aligned}
A_e&=\frac{R_y\parallel R_L}{(R_y\parallel R_L)+r_{out}}\times\frac{r_{in}}{r_{in}+R_x+R_s}A\\
&=\frac{100\times10^3\parallel20\times10^3}{(100\times10^3\parallel20\times10^3)+100\times10^3}\times\frac{1\times10^6}{1\times10^6+9\times10^3+10\times10^3}\times10^3\\
&\approx0.14\times10^3
\end{aligned}
$$

如图 9-27(c)所示，反馈网络的输入是整个反馈放大器的输出，即 v_o，而反馈网络的输出 v_f 连接到整个放大器的输入上，反馈系数 β 为

$$\beta=\frac{v_f}{v_o}\bigg|_{i_f=0}=\frac{R_1}{R_1+R_F}=\frac{10\times10^3}{10\times10^3+90\times10^3}=0.1\text{V/V}$$

这样，带反馈的反馈放大器的输入电阻(从信号源看到的)为

$$R_{if}=\frac{v_s}{i_s}=R_{ie}(1+\beta A_e)=1019\times10^3\times(1+0.1\times0.14\times10^3)=15.285\text{M}\Omega$$

带反馈的输出电阻为

$$R_{of}=\frac{R_{oe}}{1+\beta A_e}=\frac{8.333\times10^3}{1+0.1\times0.14\times10^3}\approx555.5\Omega$$

闭环电压增益 A_f 为

$$A_f=\frac{v_o}{v_s}=\frac{A_e}{1+\beta A_e}=\frac{0.14\times10^3}{1+0.1\times0.14\times10^3}\approx9.333\text{V/V}$$

这个结果距离理想情况下得到的闭环增益 $A_f=10$ 的误差就比较大了。可见，开环放大器越不理想，反馈网络、负载及输入信号源内阻对反馈放大器性能的影响越大。

9.6.2　实际串联-串联反馈

下面来分析考虑反馈网络负载影响的实际串联-串联反馈电路。考虑包括由 R_s、R_x、R_y 及 R_L 而产生的负载影响，对图 9-28(a)所示的放大器开环参数进行修改，产生等效反馈网络，如图 9-28(b)所示。等效电路的参数为

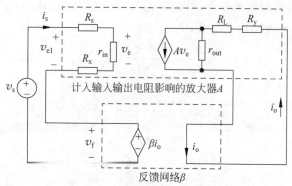

(a) 分析实际电路的电路图

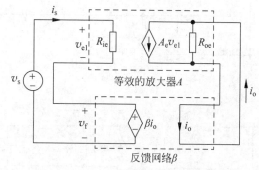

(b) 简化等效电路

图 9-28 实际串联-串联反馈放大器

$$R_{ie} = R_s + r_{in} + R_x \tag{9.85}$$

$$R_{oe} = r_{out} + R_y + R_L \tag{9.86}$$

$$i_o = \frac{r_{out}}{r_{out} + R_L + R_y} A v_e \tag{9.87}$$

$$v_e = \frac{r_{in}}{r_{in} + R_x + R_s} v_{e1} \tag{9.88}$$

将式(9.88)中的 v_e 代入式(9.87)得出等效后的开环跨导增益 A_e 为

$$A_e = \frac{i_o}{v_{e1}} = \frac{r_{out} r_{in}}{(r_{out} + R_L + R_y)(R_s + r_{in} + R_x)} A \tag{9.89}$$

这样,采用 R_{ie}、R_{oe} 和 A_e 分别代替原来放大器的 r_{in}、r_{out} 和 A,然后采用式(9.51)~式(9.55)来计算闭环参数 R_{if}、R_{of} 和 A_f。

【例9.6】 对于带串联-串联反馈的同相放大器,图 9-8(b)所示的同相放大器具有 $R_L = 10\Omega$,$R_s = 5\text{k}\Omega$。反馈电阻 $R_F = 10\Omega$。运算放大器的参数为 $r_{in} = 10\text{M}\Omega$,$r_{out} = 1\text{k}\Omega$,开环电压增益为 $A_v = 1 \times 10^5$,因此电流/电压(跨导)增益 A 为 A_v / r_{out},确定从信号源看到的输入电阻 $R_{if} = v_s / i_s$,输出电阻 R_{of},以及闭环跨导增益 $A_f = i_o / v_s$。

解: 采用图 9-29(a)所示的放大器的等效电路代替图 9-8(b)所示的运算放大器。$R_L = 10\Omega$,$R_s = 5\text{k}\Omega$,$R_F = 10\Omega$,$r_{in} = 10\text{M}\Omega$,$r_{out} = 1\text{k}\Omega$,$A_v = 1 \times 10^5$,其中原来的放大器采用的是具有电压增益的运算

放大器,在串联-串联反馈的同相放大器中,前馈放大器的电流/电压(跨导)增益 A 必须以 A/V 为单位,因此,将开环电压增益转换为开环跨导增益,为

$$A = \frac{A_v}{r_{out}} = \frac{1 \times 10^5}{1000} = 100 \text{A/V}$$

输出电阻与电流源并联,这样就把电压放大器转换为了跨导放大器。

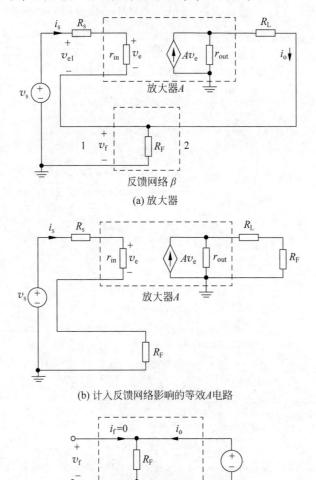

(a) 放大器

(b) 计入反馈网络影响的等效A电路

(c) 确定β

图 9-29　带串联-串联反馈的同相放大器

这里考查由反馈网络 β 的输入电阻 R_y 和输出电阻 R_x,以及信号源电阻 R_s 和电路负载 R_L 对原放大器增益造成的影响。反馈网络中的 R_F 产生反馈电压 v_f 正比于输出电流 i_o。放大器采用串联-串联反馈。反馈网络的输入是放大器的输出,为电流量,而反馈网络的输出是放大器的输入,为电压量。根据 9.5.2 节的讨论,将 R_F 在 1 侧从运算放大器上断开考查 R_y,以及在 2 侧从 R_L 上断开考查 R_x 来考虑反馈网络的影响。修改如图 9-29(b)所示,那么

$$R_x = R_F = 10\Omega$$

$$R_y = R_F = 10\Omega$$

这些负载效应可以通过将 R_s、R_x、R_y 及 R_L 包括在原放大器 A 电路中来进行考虑,由于图 9-29(b)所示

的放大器是跨导放大器,因此,等效输入电阻是

$$R_{ie} = R_s + r_{in} + R_x = 5 \times 10^3 + 10 \times 10^6 + 10 \approx 10\,005\text{k}\Omega$$

等效输出电阻是

$$R_{oe} = r_{out} + R_L + R_y = 1000 + 10 + 10 = 1020\Omega$$

注意在分析等效输出电阻时,首先将输出端采用电压源的形式进行考查,然后再转换为电流源形式,输出电阻是这几个电阻的串联。根据式(9.89),求得修改后的开环跨导增益 A_e 为

$$\begin{aligned}
A_e = \frac{i_o}{v_{el}} &= \frac{r_{out} r_{in}}{(r_{out} + R_L + R_y)(R_s + r_{in} + R_x)}A \\
&= \frac{1 \times 10^3 \times 10 \times 10^6}{(1 \times 10^3 + 10 + 10)(5 \times 10^3 + 10 \times 10^6 + 10)} \times 100 \\
&= 97.99\text{A/V}
\end{aligned}$$

如图 9-29(c)所示,由式(9.47),反馈系数 β 为

$$\beta = \frac{v_f}{i_o}\bigg|_{i_f = 0} = R_F = 10\Omega$$

这样,带反馈的输入电阻(从信号源看到的)为

$$R_{if} = \frac{v_s}{i_s} = R_{ie}(1 + \beta A_e) = 10\,005 \times 10^3 \times (1 + 10 \times 97.99) = 9.814\text{G}\Omega$$

带反馈的输出电阻为

$$R_{of} = R_{oe}(1 + \beta A_e) = 1020 \times (1 + 10 \times 97.99) = 1.001\text{M}\Omega$$

闭环跨导增益 A_f 为

$$A_f = \frac{i_o}{v_s} = \frac{A_e}{1 + \beta A_e} = \frac{97.99}{1 + 10 \times 97.99} = 99.9\text{mA/V}$$

9.6.3 实际并联-并联反馈

在实际并联-并联反馈电路中,考虑由 R_s、R_x、R_y 及 R_L 而产生的负载影响,对图 9-30(a)所示的放大器开环参数进行修改,产生等效反馈电路,如图 9-30(b)所示。等效的参数为

$$R_{ie} = R_s \parallel r_{in} \parallel R_x \tag{9.90}$$

$$R_{oe} = r_{out} \parallel R_y \parallel R_L \tag{9.91}$$

以及

$$v_o = \frac{R_y \parallel R_L}{(R_y \parallel R_L) + r_{out}}A i_e \tag{9.92}$$

其中 i_e 是仅流经 r_{in} 的电流,而不是流经 r_{in} 和 $R_s \parallel R_x$ 的电流。这样,采用分流定律,得出 i_e 为

$$i_e = \frac{R_s \parallel R_x}{R_s \parallel R_x + r_{in}}i_{el} \tag{9.93}$$

将式(9.93)中的 i_e 代入式(9.92)得出修改后的开环跨阻增益 A_e 为

$$A_e = \frac{v_o}{i_{el}} = \frac{R_y \parallel R_L}{R_y \parallel R_L + r_{out}} \times \frac{R_s \parallel R_x}{R_s \parallel R_x + r_{in}}A \tag{9.94}$$

采用 R_{ie}、R_{oe} 和 A_e 这些值代替原来理想放大器的 r_{in}、r_{out} 和 A,可以采用前面 9.5.3 节中的公式来计算闭环参数 R_{if}、R_{of} 和 A_f。

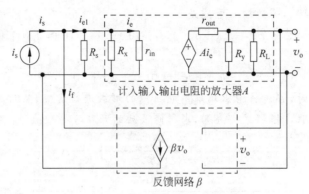

(a) 分析实际电路的电路图

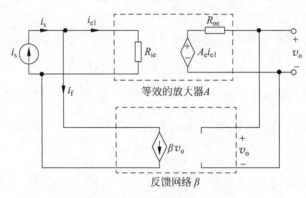

(b) 简化等效电路

图 9-30　实际并联-并联反馈放大器

【例 9.7】　对于实际的带并联-并联反馈的反相放大器,图 9-9(b)所示的反相放大器具有 $R_s=200\text{k}\Omega,R_L=50\Omega$,以及 $R_F=6\text{k}\Omega$。运算放大器的参数为 $r_{in}=2\text{k}\Omega,r_{out}=50\Omega$,开环电压增益为 $A_v=1\times10^5$。考查从信号源看到的输入电阻 $R_{if}=v_i/i_s$,输出电阻 R_{of},闭环跨阻增益 $A_f=v_o/i_s$。

解:$R_s=200\text{k}\Omega,R_L=50\Omega,R_F=6\text{k}\Omega,r_{in}=2\text{k}\Omega,r_{out}=50\Omega,A_v=1\times10^5$,采用图 9-31(a)所示的放大器的等效电路代替图 9-9(b)所示的运算放大器。放大器采用并联-并联反馈。A 必须以 V/A 为单位。将电压控制电压源转换为电流控制电压源,得

$$v_o=-A_v v_e=-A_v r_{in} i_e=A i_e$$

由此给出开环跨阻增益 A 为

$$A=-A_v r_{in}=-1\times10^5\times2\times10^3=-2\times10^8\text{V/A}$$

考查由反馈网络 β 的输入电阻 R_y 和输出电阻 R_x,以及信号源电阻 R_s 和电路负载 R_L 对原放大器增益造成的影响。反馈网络中的 R_F 产生反馈电流 i_f 正比于输出电压 v_o。

根据 9.5.3 节的讨论,通过在 1 侧将 R_F 短接到地来考查 R_y,以及在 2 侧将 R_F 短接到地来考查 R_x,这样来考虑反馈网络的影响。这个结构如图 9-31(b)所示,那么

$$R_x=R_F=6\text{k}\Omega$$

$$R_y=R_F=6\text{k}\Omega$$

这些负载效应可以通过将 R_s、R_x、R_y 及 R_L 包括在原放大器 A 电路中来进行考虑,采用等效跨阻放大

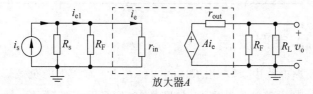

(a) 放大器

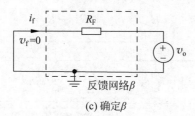

(b) 计入反馈网络影响的等效A电路

(c) 确定β

图 9-31 反相运算放大器

器表示图 9-31(a)所示的放大器,如图 9-31(b)所示,有

$$R_{ie} = R_s \parallel r_{in} \parallel R_F = 200 \times 10^3 \parallel 2 \times 10^3 \parallel 6 \times 10^3 \approx 1.5\mathrm{k}\Omega$$

以及

$$R_{oe} = r_{out} \parallel R_F \parallel R_L = 50 \parallel 6 \times 10^3 \parallel 50 \approx 24.9\Omega$$

根据式(9.94),求得修改后的开环跨阻增益 A_e 为

$$A_e = \frac{v_o}{i_{e1}} = \frac{R_y \parallel R_L}{R_y \parallel R_L + r_{out}} \times \frac{R_s \parallel R_x}{R_s \parallel R_x + r_{in}} A$$

$$= \frac{6 \times 10^3 \parallel 50}{6 \times 10^3 \parallel 50 + 50} \times \frac{200 \times 10^3 \parallel 6 \times 10^3}{200 \times 10^3 \parallel 6 \times 10^3 + 2 \times 10^3} \times (-2 \times 10^8)$$

$$= -74\mathrm{M}\Omega$$

如图 9-31(c)所示,反馈系数 β 为

$$\beta = \left. \frac{i_f}{v_o} \right|_{v_f=0} = -\frac{1}{R_F} \approx -166.667\mu\mathrm{S}$$

环路增益为

$$G_L = \beta A_e = 166.667 \times 10^{-6} \times 74 \times 10^6 \approx 12\,333$$

运算放大器输入一侧的输入电阻为

$$R_{if} = \frac{R_{ie}}{1 + \beta A_e} = \frac{R_{ie}}{1 + G_L} = \frac{1.5 \times 10^3}{1 + 12\ 333} \approx 121.6\text{m}\Omega$$

带反馈的输出电阻为

$$R_{of} = \frac{R_{oe}}{1 + \beta A_e} = \frac{R_{oe}}{1 + G_L} = \frac{24.9}{1 + 12\ 333} \approx 2.02\text{m}\Omega$$

闭环跨阻增益 A_f 为

$$A_f = \frac{v_o}{i_s} = \frac{A_e}{1 + \beta A_e} = \frac{A_e}{1 + G_L}$$

$$= \frac{-74 \times 10^6}{1 + 12\ 333} \approx -6.0\text{k}\Omega$$

9.6.4 实际并联-串联反馈

在实际的并联-串联反馈电路中，考虑由 R_s、R_x、R_y 及 R_L 而产生的负载影响，对图 9-32(a)所示的放大器开环参数进行修改，产生等效反馈电路，如图 9-32(b)所示。等效的参数为

$$R_{ie} = r_{in} \parallel R_x \tag{9.95}$$

以及

$$R_{oe} = r_{out} + R_y + R_L \tag{9.96}$$

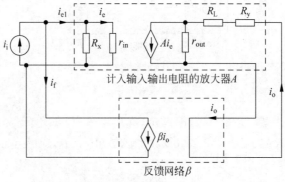

(a) 分析实际电路的电路图

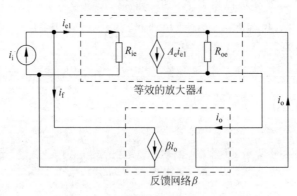

(b) 简化等效电路

图 9-32　实际并联-串联反馈放大器

对于输出电流

$$i_{\text{o}} = \frac{r_{\text{out}}}{R_{\text{y}} + r_{\text{out}} + R_{\text{L}}} A i_{\text{e}} \tag{9.97}$$

$$i_{\text{e}} = \frac{R_{\text{x}}}{r_{\text{in}} + R_{\text{x}}} i_{\text{e1}} \tag{9.98}$$

根据式(9.97)和式(9.98),得出修改后的开环电流增益 A_{e} 为

$$A_{\text{e}} = \frac{i_{\text{o}}}{i_{\text{e1}}} = \frac{r_{\text{out}} R_{\text{x}}}{(R_{\text{y}} + R_{\text{L}} + r_{\text{out}})(r_{\text{in}} + R_{\text{x}})} A \tag{9.99}$$

采用 R_{ie}、R_{oe} 和 A_{e} 分别代替 r_{in}、r_{out} 和 A,可以采用式(9.77)~式(9.79)来计算闭环参数 R_{if}、R_{of} 和 A_{f}。

【例9.8】 对于带并联-串联反馈的反相放大器,图9-10(b)所示的并联-串联反馈放大器具有 $R_{\text{L}} = 10\Omega$,$R_{\text{s}} = 200\text{k}\Omega$,$R_{\text{F}} = 90\Omega$,以及 $R_1 = 10\Omega$。运算放大器的参数为 $r_{\text{in}} = 2\text{k}\Omega$,$r_{\text{out}} = 1\text{k}\Omega$,以及开环电压增益 $A_{\text{v}} = 1 \times 10^5$。确定从信号源看到的输入处的输入电阻 $R_{\text{if}} = v_{\text{i}}/i_{\text{i}}$,输出电阻 R_{of},闭环电流增益 $A_{\text{f}} = i_{\text{o}}/i_{\text{i}}$。

解: $R_{\text{L}} = 10\Omega$,$R_{\text{s}} = 200\text{k}\Omega$,$R_{\text{F}} = 90\Omega$,$R_1 = 10\Omega$,$r_{\text{in}} = 2\text{k}\Omega$,$r_{\text{out}} = 1\text{k}\Omega$,$A = 1 \times 10^5$,采用图9-33所示的放大器的等效电路代替运算放大器。将电压控制电压源转换为电流控制电流源,得

$$i_{\text{o}} = \frac{A_{\text{v}} v_{\text{i}}}{r_{\text{out}}} = \frac{A_{\text{v}} r_{\text{in}} i_{\text{e}}}{r_{\text{out}}} = A i_{\text{e}}$$

由此可得

$$A = \frac{A_{\text{v}} r_{\text{in}}}{r_{\text{out}}} = \frac{1 \times 10^5 \times 2 \times 10^3}{1 \times 10^3} = 2 \times 10^5 \text{A/A}$$

考查由反馈网络 β 的输入电阻 R_{y} 和输出电阻 R_{x},以及信号源电阻 R_{s} 和电路负载 R_{L} 对原放大器增益造成的影响。

根据9.5.4节的讨论,通过在2侧将 R_1 从负载断开考查 R_{x},而在1侧将 R_{F} 短接到地来考查 R_{y},这样来考查反馈网络的影响。如图9-33(b)所示,那么

$$R_{\text{x}} = R_{\text{F}} + R_1 = 90 + 10 = 100\Omega$$

$$R_{\text{y}} = R_{\text{F}} \parallel R_1 = 90 \parallel 10 = 9\Omega$$

这些负载效应可以通过将 R_{s}、R_{x}、R_{y} 及 R_{L} 包括在原放大器 A 电路中来进行考虑,有

$$R_{\text{ie}} = r_{\text{in}} \parallel R_{\text{x}} = 2 \times 10^3 \parallel 100 \approx 95.24\Omega$$

$$R_{\text{oe}} = r_{\text{out}} + R_{\text{y}} + R_{\text{L}} = 1000 + 9 + 10 = 1019\Omega$$

由式(9.76)得出反馈系数 β 为

$$\beta = \frac{i_{\text{f}}}{i_{\text{y}}}\bigg|_{v_{\text{f}} = 0} = \frac{R_1}{R_{\text{F}} + R_1} = \frac{10}{90 + 10} = 0.1 \text{A/A}$$

根据式(9.99),求得修改后的开环电流增益 A_{e} 为

$$A_{\text{e}} = \frac{r_{\text{out}} R_{\text{x}}}{(R_{\text{y}} + R_{\text{L}} + r_{\text{out}})(r_{\text{in}} + R_{\text{x}})} A$$

$$= \frac{1 \times 10^3 \times 100}{(9 + 10 + 1 \times 10^3)(2 \times 10^3 + 100)} \times 2 \times 10^5$$

$$\approx 9.35 \times 10^3$$

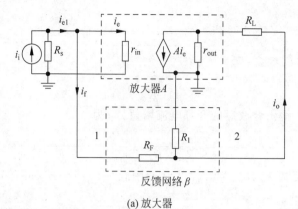

(a) 放大器

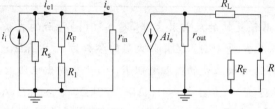

(b) 计入反馈网络影响的等效A电路

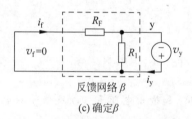

(c) 确定β

图 9-33　带并联-串联反馈的运算放大器

环路增益为

$$G_L = \beta A_e = 0.1 \times 9.35 \times 10^3 = 935$$

电阻为

$$R_{if} = \frac{R_{ie}}{1 + G_L} = \frac{95.24}{1 + 935} = 101.8 \text{m}\Omega$$

$$R_{of} = R_{oe} \times (1 + G_L) = 1019 \times (1 + 935) = 953.784 \text{k}\Omega$$

那么

$$A_f = \frac{9.35 \times 10^3}{1 + 935} \approx 9.99$$

9.7　反馈对噪声的影响

我们先考虑如图 9-34(a)所示的反馈网络的情形。放大器 A 具有 v_n 等效输入噪声源来表示其噪声特性,假设反馈网络没有噪声,将得

$$(v_i - \beta v_o + v_n)A = v_o. \tag{9.100}$$

整理可得

$$v_o = (v_i + v_n)\frac{A}{1+\beta A} \tag{9.101}$$

此式说明等效电路可转换为如图 9-34(b) 所示,放大器的等效输入噪声源可以不变地移到反馈环路外,这意味着整个反馈电路的等效输入噪声仍然为 v_n。说明在不考虑反馈网络噪声的情况下,反馈对于电路噪声性能没有影响。对于其他类型的反馈,也可以得到相同的结论。

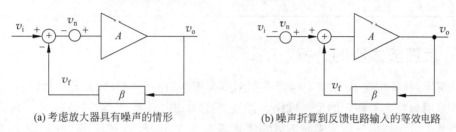

(a) 考虑放大器具有噪声的情形　　　　　(b) 噪声折算到反馈电路输入的等效电路

图 9-34　反馈对电路噪声的影响

实际上,反馈网络也可能会存在噪声,例如采用电阻或 MOS 晶体管构成反馈网络,整体电路的噪声会变得更大。

9.8　反馈电路的分析与设计

前面章节讨论了各种反馈结构及反馈对电路性能的影响。在实际的反馈电路中,反馈网络往往不能像前面的章节中那样明显地从电路中划分出来,需要采用一定的分析处理方法,本节将对实际反馈电路的分析方法和反馈放大器的设计进行总结和讨论。

9.8.1　反馈关系

首先,总结一下各种反馈电路的输入输出之间的关系。

反馈放大器由放大器电路(A 电路)和反馈网络(β 电路)组成。有效增益总是降低到原开环放大器 A 的 $1/(1+\beta A)$ 倍。在串联类型结构中,放大器 A 电路和反馈网络 β 电路串联连接,等效电阻上升到原来的 $(1+\beta A)$ 倍;在并联类型结构中,放大器 A 电路和反馈网络 β 电路并联连接,等效电阻下降到原来的 $1/(1+\beta A)$。表 9-1 中总结了不同类型反馈的效果。

表 9-1　反馈关系

	增益	输入电阻	输出电阻
不带反馈	A	R_i	R_o
串联-并联 $A(V/V)$ $\beta(V/V)$	$A_f = \dfrac{A}{1+\beta A}$	$R_{if} = R_i(1+\beta A)$	$R_{of} = \dfrac{R_o}{1+\beta A}$
串联-串联 $A(A/V$ 或 S$)$ $\beta(V/A$ 或 $\Omega)$	$A_f = \dfrac{A}{1+\beta A}$	$R_{if} = R_i(1+\beta A)$	$R_{of} = R_o(1+\beta A)$

续表

	增益	输入电阻	输出电阻
并联-并联 A(V/A 或 Ω) β(A/V 或 S)	$A_f = \dfrac{A}{1+\beta A}$	$R_{if} = \dfrac{R_i}{1+\beta A}$	$R_{of} = \dfrac{R_o}{1+\beta A}$
并联-串联 A(A/A) β(A/A)	$A_f = \dfrac{A}{1+\beta A}$	$R_{if} = \dfrac{R_i}{1+\beta A}$	$R_{of} = R_o(1+\beta A)$

9.8.2 反馈放大器的分析

在理想情况下,开环增益 A 独立于反馈系数 β,即反馈网络不影响放大器开环增益 A。分析反馈放大器的第一步是明确放大器和它的反馈网络。然而,在 MOSFET 放大器中,反馈在其内部实现,反馈网络或许不能从主放大器中分离出来而不影响到开环增益 A,因此,反馈网络会影响开环增益 A,从而增加了分析反馈放大器的难度。在 9.6 节对实际反馈结构的分析中采用了一些简化分析方法,这里,对实际反馈放大器的简化分析方法进行一个归纳总结:

(1) 明确反馈网络。明确输入输出信号的类型,并考查反馈类型,是并联结构还是串联结构。

(2) 通过以下方式修改电路,以便考查反馈网络对放大器开环增益的影响:

a. 将并联反馈一侧短路到地,以便没有电压信号施加到反馈网络。例如,图 9-7(b)所示的输出是并联结构的,将 R_F 的 y 端从原节点处断开并且连接到地使 R_1 并联到 R_F 上,从而考查反馈网络对放大器的影响。

b. 断开串联反馈一侧,以便没有电流施加到反馈网络上。例如,图 9-7(b)所示的输入一侧是串联结构的,针对运算放大器的反相端口 x,将其断开以便没有电流流经反馈网络,并且使 R_1 串联 R_F,从而考查反馈网络对放大器的影响。

(3) 采用以下等效放大器拓扑结构之一,采用等效的输入电阻、输出电阻和放大器增益重新表示修改过的第二步中的放大器:

a. 对于串联-并联反馈,采用电压放大器。

b. 对于串联-串联反馈,采用跨导放大器。

c. 对于并联-并联反馈,采用跨阻放大器。

d. 对于并联-串联反馈,采用电流放大器。

并且计算放大器的等效输入电阻 R_{ie}、等效输出电阻 R_{oe} 及等效开环增益 A_e 值。

(4) 放大器的输出是反馈网络的输入。根据反馈形式,选择以下反馈网络的二端口进行表示,找出反馈系数 β:

a. 对于串联-并联反馈,采用电压增益(V/V)表示反馈网络。

b. 对于串联-串联反馈,采用跨阻(V/A)表示反馈网络。

c. 对于并联-并联反馈,采用跨导(A/V)表示反馈网络。

d. 对于并联-串联反馈,采用电流增益(A/A)表示网络。

(5) 根据反馈形式,选择下列公式计算带反馈的输入电阻:

对于串联-串联和串联-并联反馈 $\qquad R_{if} = R_{ie}(1+\beta A_e)$ $\qquad\qquad$ (9.102)

对于并联-串联和并联-并联反馈
$$R_{if} = \frac{R_{ie}}{1 + \beta A_e}$$
(9.103)

(6) 根据反馈形式,选择下列公式计算带反馈的输出电阻:

对于并联-串联和串联-串联反馈
$$R_{of} = R_{oe}(1 + \beta A_e)$$
(9.104)

对于串联-并联和并联-并联反馈
$$R_{of} = \frac{R_{oe}}{1 + \beta A_e}$$
(9.105)

(7) 采用下列公式计算闭环增益 A_f 为

$$A_f = \frac{A_e}{1 + \beta A_e}$$
(9.106)

对于不同类型的反馈,放大器和它的反馈网络的 V-I 表示如表 9-2 所示。特别需要注意的是在每种类型中 A 和 β 的单位是不同的。

表 9-2   放大器和反馈网络的 V-I 表示

反馈类型	放大器	A 的单位	反馈网络	β 的单位
串联-并联	V-V	V/V	V-V	V/V
并联-串联	I-I	A/A	I-I	A/A
串联-串联	V-I	S	I-V	Ω
并联-并联	I-V	Ω	V-I	S

9.8.3 反馈放大器的设计

前馈放大器的特性和反馈系数 β 是反馈放大器设计的关键参数。如果假设放大器开环增益 A 独立于反馈网络,相应类型的放大器趋近于理想,那么,设计反馈放大器主要就是设计反馈网络,根据输入电阻 R_{if} 和输出电阻 R_{of} 的要求,确定反馈类型,设计反馈系数 β 值以便达到需要的 A_f、R_{if}、R_{of} 或带宽 BW 指标。在大多数实际情况下,反馈网络 β 会影响放大器开环增益 A,设计过程就变得麻烦。可以采用以下的迭代方法来简化设计过程:

(1) 确定满足设计规范的反馈类型。采用表 9-1 作为指导原则。

(2) 断开反馈连接,即确保没有反馈。求出放大器的近似开环参数 A、r_{in} 和 r_{out}。

(3) 求出反馈系数 β 的值,以及满足闭环要求的反馈电阻。采用表 9-1 的关系。

(4) 将反馈网络包括进来,重新计算等效的开环参数 A_e、R_{ie} 和 R_{oe}。

(5) 根据等效的开环参数,求出闭环参数 A_f、R_{if}、R_{of}。

(6) 重复步骤 3～5,直到得到满足设计规范要求的闭环结果。通常,这个过程需要多次迭代。

进行反馈放大器的设计时,首先需要根据输入输出信号的性质确定反馈类型和反馈网络,再求得反馈网络的元器件值。通常在假设理想的反馈网络的情况下,首先求得反馈系数 β,由反馈系数确定希望的闭环增益、带宽和输入输出等效电阻等特性。一旦有了元器件的初始估计值,就可以按照注入 9.6 节分析实际反馈的情况进行常规分析来验证闭环增益、带宽等特性,通常需要多次迭代来得到最终解决方案。

本章小结

在模拟集成电路中通常采用两种类型的反馈:负反馈和正反馈。在放大器电路中通常采用负反馈。根据反馈的电路实现方式,反馈可以归为以下四种类型:串联-并联、并联-串联、串联-串联、并联-

串联。并联连接使输入(或输出)的阻抗降低到原来开环时的 $1/(1+\beta A)$,而串联连接使输入(或输出)的阻抗增加到原来开环时的 $(1+\beta A)$ 倍。闭环增益总是降低到原来开环增益的 $1/(1+\beta A)$。如果环路增益 $\beta A \gg 1$,整体(或闭环)增益反比于反馈系数 β。反馈放大器的增益带宽积保持为常数。如果由于负反馈而使增益下降,那么负反馈使带宽增加同样的量值。

因此,负反馈具有很多优点,稳定整体电路的增益、减小失真、减小非线性效应及增加带宽,并且反馈使电路的输入阻抗和输出阻抗向着需要的方向变大或变小。然而,这些优点的获得是以减小增益为代价的。

习题

1. 如果一个放大器的开环增益 $A=10\,000$,反馈系统中的反馈系数 $\beta=0.25$。

(1) 确定闭环增益 $A_f=s_o/s_i$;

(2) 如果开环增益 A 变化 $+10\%$,确定闭环增益 A_f 变化的百分比。

2. 考查反馈对放大器频率特性的影响。闭环放大器的反馈系数 $\beta=0.25$。开环增益表示为

$$A(s)=\frac{2000}{1+s/(2\pi\times 500)}$$

确定(1)闭环低频增益 A_{of};(2)闭环带宽 BW_f;(3)增益带宽积 GBW。

3. 不带反馈的放大器的转移特性近似表示为下列给定输入电压 v_i 范围的开环增益值

$$A=\begin{cases}1000 & \text{对于} 0<v_i\leqslant 0.1\text{mV}\\400 & \text{对于} 0.1\text{mV}<v_i\leqslant 0.2\text{mV}\\200 & \text{对于} 0.2\text{mV}<v_i\leqslant 0.4\text{mV}\\0 & \text{对于} v_i>0.4\text{mV}\end{cases}$$

如果反馈系数 $\beta=0.8$,确定转移特性的闭环增益。

4. 忽略反馈网络和信号源的输出电阻(即内阻)R_s 和负载 R_L 对放大器的影响,即 $R_x=0$,$R_y=\infty$,$R_s=0$,$R_L=\infty$。图 9-7(b)所示的同相放大器,反馈电阻 $R_1=10\text{k}\Omega$,$R_F=90\text{k}\Omega$。运算放大器的参数为 $r_{in}=10\text{M}\Omega$,$r_{out}=50\Omega$,开环电压增益为 $A=1\times 10^5$。分析从信号源看到的输入电阻 $R_{if}=v_s/i_s$、输出电阻 R_{of} 及闭环电压增益 $A_f=v_o/v_s$。

5. 对于实际的串联-并联反馈的同相放大器,图 9-7(b)所示的同相放大器具有 $R_L=100\text{k}\Omega$,$R_s=50\Omega$。反馈电阻 $R_1=10\text{k}\Omega$,$R_F=90\text{k}\Omega$。运算放大器的参数为 $r_{in}=10\text{M}\Omega$,$r_{out}=50\Omega$,开环电压增益为 $A=1\times 10^5$。分析从信号源看到的输入电阻 $R_{if}=v_s/i_s$、输出电阻 R_{of} 及闭环电压增益 $A_f=v_o/v_s$。

6. 对于带串联-串联反馈的同相放大器,忽略反馈网络和信号源的输出电阻(即内阻)R_s 和负载 R_L 对放大器的影响,即 $R_x=0$、$R_y=0$、$R_s=0$、$R_L=0$。图 9-8(b)所示的同相放大器,反馈电阻 $R_F=100\Omega$。运算放大器的参数为 $r_{in}=10\text{k}\Omega$,$r_{out}=10\text{k}\Omega$,开环电压增益为 $A_v=1\times 10^5$,因此电流/电压(跨导)增益 A 为 A_v/r_{out},确定从信号源看到的输入电阻 $R_{if}=v_s/i_s$、输出电阻 R_{of},以及闭环跨导增益 $A_f=i_o/v_s$。

7. 对于实际的带串联-串联反馈的同相放大器,图 9-8(b)所示的同相放大器具有 $R_L=100\Omega$,$R_s=50\Omega$。反馈电阻 $R_F=100\Omega$。运算放大器的参数为 $r_{in}=10\text{k}\Omega$,$r_{out}=10\text{k}\Omega$,开环电压增益为 $A_v=1\times 10^5$,因此电流/电压(跨导)增益 A 为 A_v/r_{out},确定从信号源看到的输入电阻 $R_{if}=v_s/i_s$、输出电阻 R_{of},以及闭环跨导增益 $A_f=i_o/v_s$。

8. 对于带并联-并联反馈的反相放大器,忽略反馈网络和信号源的输出电阻(即内阻)R_s 和负载 R_L

对放大器的影响,即 $R_s = \infty$、$R_x = \infty$、$R_y = \infty$、$R_L = \infty$。图 9-9(b)所示的反相放大器具有 $R_F = 5\text{k}\Omega$。运算放大器的参数为 $r_{in} = 200\Omega$,$r_{out} = 50\Omega$,开环电压增益为 $A_v = 1 \times 10^3$。考查从信号源看到的输入电阻 $R_{if} = v_i/i_s$、输出电阻 R_{of},以及闭环跨阻增益 $A_f = v_o/i_s$。

9. 对于实际的带并联-并联反馈的反相放大器,图 9-9(b)所示的反相放大器具有 $R_s = 20\text{k}\Omega$,$R_L = 20\text{k}\Omega$,以及 $R_F = 5\text{k}\Omega$。运算放大器的参数为 $r_{in} = 200\Omega$,$r_{out} = 50\Omega$,开环电压增益为 $A_v = 1 \times 10^3$。考查从信号源看到的输入电阻 $R_{if} = v_i/i_s$、输出电阻 R_{of},以及闭环跨阻增益 $A_f = v_o/i_s$。

10. 对于带并联-串联反馈的反相放大器,忽略反馈网络和信号源的输出电阻(即内阻)R_s 和负载 R_L 对放大器的影响,即 $R_s = \infty$、$R_x = \infty$、$R_y = 0$、$R_L = 0$。图 9-10(b)所示的并联-串联反馈放大器具有 $R_F = 90\Omega$,以及 $R_1 = 10\Omega$。运算放大器的参数为 $r_{in} = 200\Omega$,$r_{out} = 100\text{k}\Omega$,以及开环电压增益 $A_v = 1 \times 10^5$。确定从信号源看到的输入处的输入电阻 $R_{if} = v_i/i_i$、输出电阻 R_{of},以及闭环电流增益 $A_f = i_o/i_i$。

11. 对于带并联-串联反馈的反相放大器,图 9-10(b)所示的并联-串联反馈放大器具有 $R_L = 10\Omega$,$R_s = 200\text{k}\Omega$,$R_F = 90\Omega$,以及 $R_1 = 10\Omega$。运算放大器的参数为 $r_{in} = 200\Omega$,$r_{out} = 100\text{k}\Omega$,以及开环电压增益 $A_v = 1 \times 10^5$。确定从信号源看到的输入处的输入电阻 $R_{if} = v_i/i_i$、输出电阻 R_{of},以及闭环电流增益 $A_f = i_o/i_i$。

第 10 章

CMOS 运算放大器

主要符号	含　义
GBW	增益带宽积
A_o	低频交流小信号增益
f_0	3dB 带宽
β	反馈系数
V_{os}	失调电压
V_{ios}	输入失调电压
V_{oos}	输出失调电压
A_{vo}	低频交流小信号电压增益
A_{vc}	共模电压增益
A_{vd}	差模电压增益
A_{vdd}, A_{vss}	从电源 V_{DD} 和 V_{SS} 到输出的小信号增益
g_m	MOSFET 的跨导
r_o	晶体管的小信号输出电阻
i_d, I_D, i_D	交流、静态直流和总漏极电流
L, W	MOSFET 沟道的长度和宽度
V_{OD}	MOSFET 的过驱动电压
V_{TH}, V_{THN}, V_{THP}	MOSFET、NMOS 及 PMOS 的阈值电压
K', K_n, K_p	MOSFET、NMOS 及 PMOS 的工艺常数（或称为"跨导参数"）
μ_n, μ_p	表面电子、空穴迁移率
C_{ox}	单位面积 MOSFET 栅电容
$\lambda, \lambda_n, \lambda_p$	MOSFET、NMOS 及 PMOS 的沟道长度调制系数
v_{in}, V_{IN}, v_{IN}	交流小信号、静态直流和总输入信号电压
$v_{out}, V_{OUT}, v_{OUT}$	交流小信号、静态直流和总输出信号电压
v_{ds}, V_{DS}, v_{DS}	交流小信号、静态直流和总漏-源电压
v_{gs}, V_{GS}, v_{GS}	交流小信号、静态直流和总栅-源电压
v_{sg}, V_{SG}, v_{SG}	交流小信号、静态直流和总源-栅电压
v_{bs}, V_{BS}, v_{BS}	交流小信号、静态直流和总衬底-源电压
v_{sb}, V_{SB}, v_{SB}	交流小信号、静态直流和总源-衬底电压
η	功率效率

10.1　引言

运算放大器工作时在两个输入端之间输入一个差分电压,具有很高的电压增益。运算放大器通常被称为线性(或模拟)集成电路,它是很多电子电路中的基本模块,是一种常见且用途广泛的集成电路。在大多数应用中,只需了解运算放大器的端口特性就能设计一个基于运算放大器的信号处理电路。

多年以前,运算放大器被设计成一种通用的器件,为了适应多种应用需要,将运算放大器设计成一种高增益、直接耦合的多级放大器,包括提供高输入阻抗并具有一定电压增益的输入级、高电压增益的中间级、低输出电阻的输出级,但需以牺牲其他如速度、功耗等特性为代价。这种通用的运算放大器目前仍然有广泛的应用。

随着模拟集成电路的进步,当今的运算放大器设计需要折中考虑运算放大器的各个参数。根据运算放大器的应用需要来使每个参数满足适当的值。特别是,当运算放大器作为一个模块而集成到芯片内部时,缓解了以前分立的运算放大器所必需的特性要求,例如,在 CMOS 工艺中,芯片内部的运算放大器不需要驱动阻性负载,可以放宽运算放大器的输出电阻的要求,从而不必像通用运算放大器那样设计输出缓冲级电路,进而降低功耗和噪声。

10.2　运算放大器性能参数

图 10-1 所示的是 CMOS 运算放大器的符号,图 10-1(a) 所示的是差分输入单端输出的运算放大器的符号及简化符号,对于 CMOS 运算放大器而言,正负电源分别为 V_{DD} 和 V_{SS},其中 V_{SS} 也可以是 GND (地),即可以采用单电源 V_{DD} 方案,但要注意运算放大器共模电平的设置。运算放大器还可采用全差分的工作方式。图 10-1(b) 所示的是差分输入差分输出的全差分运算放大器符号及简化符号。

运算放大器的性能参数有很多,主要包括增益、输入输出电阻(阻抗)、带宽、共模抑制比(CMRR)、电源抑制比(PSRR)、共模输入范围、输出摆幅、压摆率、噪声等。理想的运算放大器具有无穷大增益、无穷大输入电阻、零输出电阻、无穷大带宽、无穷大CMRR 和 PSRR、无穷大转换速率(压摆率)、零噪声,以及不受限的输入共模范围和输出摆幅,而实际运算放大器的性能参数明显偏离理想的运算放大器性能参数。

如果运算放大器是理想的,则基于理想运算放大器可以简化电路的分析和设计,获得电路各元件的近似值,以满足一些设计规范。尽管实际运算放大器的特性达不到理想特性,但是采用理想条件进行推导得到的结果在大多数应用中是可以接受的。在要求精确结果的设计中,将采用更加贴近实际的运算放大器模型,例如考虑输入输出电阻、有限增益、有限带宽等,来进行分析和计算。

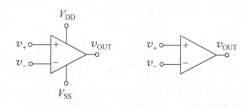

(a) 差分输入单端输出的运算放大器符号及简化符号

(b) 差分输入差分输出的全差分运算放大器符号及简化符号

图 10-1　运算放大器的符号

10.2.1 增益

运算放大器最基本的特性是具有高增益。在反馈系统中,运算放大器的开环增益决定了反馈系统的精度。根据不同的应用需求和电路结构,实际的运算放大器的增益可能在 20～100dB。对于尺寸较大的 CMOS 工艺,在一般情况下,单级运算放大器的增益可以达到 60dB,而二级运算放大器的增益可以超过 80dB。随着 CMOS 工艺特征尺寸降低,模拟及混合信号集成电路也逐步采用小尺寸工艺来实现,由于器件的特征频率得到了提高,模拟集成电路的工作速度也得到了提高。然而,由于小尺寸 MOS 晶体管的小信号跨导 g_m 降低,采用这样的器件,特别是 100nm 级以下的器件,设计高增益的运算放大器变得越来越困难。

10.2.2 频率特性

由于实际的运算放大器中存在寄生电容,当频率增加时,其电压增益会下降。此外,对于工作在反馈中的运算放大器,为了能够稳定工作以避免发生振荡(关于运算放大器的稳定性将在第 11 章中进行讨论),必须控制运算放大器频率特性,这或许需要增加额外的补偿电容才可以做到。运算放大器这方面的特性采用带宽来进行描述。一般采用以下三种带宽参数描述运算放大器的频率特性。

(1) 3dB 带宽:运算放大器增益幅度下降到直流(低频)增益的 3dB 处的频率,如图 10-2 所示的 f_0。3dB 带宽对应运算放大器的主极点频率。

(2) 单位增益带宽:运算放大器增益幅度下降到单位增益时的频率,如图 10-2 所示的 f_u。在一般的应用中,运算放大器的单位增益带宽在几兆赫兹到几百兆赫兹范围内,在一些高速电路中,这个参数可以超过吉赫兹。

(3) 增益带宽积:运算放大器的直流增益与 3dB 带宽的乘积定义为"增益带宽积",即

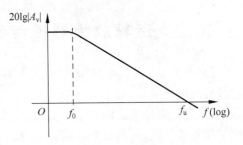

图 10-2 运算放大器的频率特性

$$GBW = A_0 f_0 \tag{10.1}$$

其中 A_0 是直流(低频)增益,f_0 是 3dB 带宽。根据第 9 章反馈的讨论,对于单极点运算放大器及反馈系数为 β 的反馈系统,反馈使低频增益降为原来的 $1/(1+\beta A_0)$,3dB 带宽却是开环时的 $(1+\beta A_0)$ 倍,反馈系统的增益带宽积保持在恒定的 $A_0 f_0$。显而易见,具有单极点的运算放大器的增益带宽积与单位增益带宽在数值上是相等的。

一方面,运算放大器的频率特性限制了运算放大器在小信号情况下的工作速度;限制运算放大器工作速度的另一方面因素是其工作在大信号下的状态。在这种情况下,电路的非线性使对电路工作速度的描述变得非常困难,很难采用如图 10-2 所示的小信号特性进行表征。此速度限制来源于电路在大信号工作时对负载电容和补偿电容能够提供的有限电流。转换速率(slew rate)也被称为"压摆率"或"摆率",用来描述在这种情况下的最大速率,在"转换速率"一节将集中讨论。

10.2.3 输入电阻和输出电阻

对于一般通用运算放大器,需要具有很大的输入电阻和很小的输出电阻。由此可见,通用运算放大器是电压类型放大器。一般输入电阻在兆欧姆以上,输出电阻在几十欧姆到几百欧姆。

MOS 运算放大器的输入电阻非常大,原则上可以近似认为是无穷大的。而对于双极型运算放大

器,输入电阻在 $100\mathrm{k}\Omega\sim1\mathrm{M}\Omega$。在输入电阻方面,MOS 运算放大器更加趋近于理想运算放大器。在 MOS 运算放大器中,如果考虑实际芯片输入引脚上的 ESD 保护电路,输入将会由于 ESD 保护电路的泄漏电流而具有有限输入电阻,此泄漏电流在皮安培(pA)量级,由此而造成的有限输入电阻比较于双极型运算放大器也要大很多。而且,芯片上的电路只在输入输出端口需要 ESD 保护电路,对于内部的运算放大器的端口不需要保护电路,因而,内部的运算放大器可以实现相当高的输入电阻。

在 CMOS 工艺中,一般情况下,内部运算放大器不需要驱动阻性负载,因此 MOS 运算放大器一般不需要使用缓冲驱动级。所以,实际的 MOS 运算放大器的输出电阻比双极型运算放大器的输出电阻大很多。在这种情况下,输出电阻不会太影响采用此运算放大器的电路闭环性能。这样的 CMOS 运算放大器具有非常高的输入电阻及很高的输出电阻,这种运算放大器也常称为“运算跨导放大器”(OTA)。如果由于存在大的电容负载而影响闭环稳定性,或者需要驱动阻性负载,则运算放大器需要设计输出缓冲级以便提供小的输出电阻。

10.2.4　输入失调电压

对于输入输出的共模电压均为地的情况时,如果运算放大器的输入端短接在一起并接地,如图 10-3(a)所示,则输出存在某一直流电压。这个电压称作“输出失调电压”(output offset voltage)V_{oos}。由于不同的运算放大器增益参数是不同的,因此,在输出端考查输出失调电压的大小是很难衡量运算放大器失调的。类似于讨论放大器噪声的分析方法,在运算放大器的输入端来衡量其失调,输入失调电压(input offset voltage)是将实际运算放大器的失调折算到运算放大器的输入上,采用一个输入失调电压施加到理想运算放大器差分输入上,而产生与实际运算放大器相同的输出失调电压,如图 10-3(b)所示。换句话说,它也可以认为是施加到实际运算放大器的差分输入端口间迫使输出(差分)电压为零的输入电压。如果 V_{oos} 除以运算放大器的电压增益 A_{o},其结果就是输入失调电压 V_{ios}。在没有特别说明的情况下,运算放大器的失调电压 V_{os} 通常指的是输入失调电压。当输出电压不饱和时,V_{ios} 可以决定于

$$V_{\mathrm{ios}}=\frac{V_{\mathrm{oos}}}{A_{\mathrm{o}}}\quad\text{当}\,|V_{\mathrm{oos}}|\leqslant|V_{\mathrm{sat}}|\,\text{时}\tag{10.2}$$

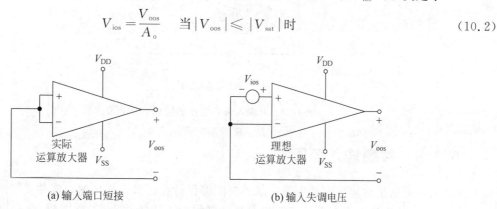

(a) 输入端口短接　　　　　　　　(b) 输入失调电压

图 10-3　输入失调电压

输出失调电压由放大器内部失配所引起。一个简单差分对,输入端口间任何差分信号都被放大并且产生输出电压 V_{oos}。实际上,两个晶体管的特性不会完全一样。即使没有任何输入电压,也可能会有一个差分输出电压,其在后级被放大并且可能因为更多的失配而恶化。

对于图 10-4 所示的反相和同相放大器,下面确定其失调电压的影响。对于这两种结构,因为没有其他输入信号,可以认为失调电压 V_{ios} 为同相端输入,可得出输出失调电压为

$$V_{oos} = \left(1 + \frac{R_F}{R_1}\right) V_{ios} \tag{10.3}$$

例如,如果 $R_1 = 9\text{k}\Omega$、$R_F = 90\text{k}\Omega$ 及 $V_{ios} = \pm 12\text{mV}$,那么

$$V_{oos} = \pm \left(1 + \frac{90 \times 10^3}{9 \times 10^3}\right) \times 12 \times 10^{-3} = \pm 132\text{mV}$$

也就是说,没有任何外部输入信号 v_s 时输出电压 V_{oos} 可以为 $\pm 132\text{mV}$(直流)。

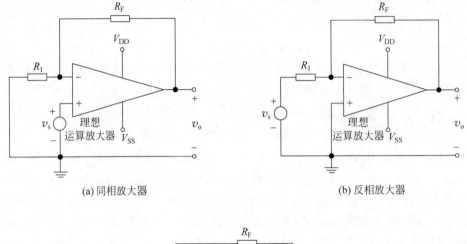

(a) 同相放大器　　　　　　　　　　(b) 反相放大器

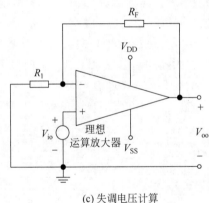

(c) 失调电压计算

图 10-4　有输入失调电压的同相和反相放大器

10.2.5　共模输入范围

共模输入范围是运算放大器中各个晶体管能够保持在正常工作区的直流共模输入电压范围。多年以前,采用相等的正负电源来设计运算放大器。例如 741 运算放大器,其工作在 $\pm 15\text{V}$ 的电源电压下,相应的共模输入范围大致是 $\pm 13\text{V}$。而现在的运算放大器,常常采用单电源供电,并且电源电压逐步得到了下降,可采用 3V 或更小的电源供电。为了使运算放大器中各个晶体管保持正常的工作状态,共模输入范围就成为一项重要的设计参数。对于一些应用,需要运算放大器具有轨到轨(rail-to-rail)的输入共模范围。

10.2.6　共模抑制比

在前面第 6 章的差分放大器的分析中,小信号输出信号 v_{out} 可以表示为 $v_{out}=A_{vd}v_d+A_{vc}v_{in,cm}$,其中 A_{vd} 为差模电压增益,A_{vc} 为共模电压增益。我们讨论过共模抑制比(CMRR),其定义为差模电压增益与共模电压增益之比,即 $CMRR=\dfrac{|A_{vd}|}{|A_{vc}|}$。

从应用的角度,CMRR 可以衡量每个单位共模电压变化而引起的输入失调电压的变化程度。令 $v_{in,cm}=0$ 并且加上 v_d 使输出电压到零。因此此时的 v_d 应该等于输入失调电压 V_{ios}。保持 v_d 为常量而以 Δv_{ic} 来增加 $v_{in,cm}$,输出电压的变化量为

$$\Delta v_o=A_{vc}\Delta v_{ic} \tag{10.4}$$

为了使输出电压重新变为零,我们不得不以 Δv_{id} 改变差分信号 v_d,其中

$$\Delta v_{id}=\frac{\Delta v_o}{A_{vd}}=\frac{A_{vc}\Delta v_{ic}}{A_{vd}}=\Delta V_{ios} \tag{10.5}$$

式(10.5)表明任何 $v_{in,cm}$ 的变化导致 V_{ios} 一个相应的变化。由式(10.5)可得

$$CMRR=\frac{A_{vd}}{A_{vc}}=\frac{\Delta v_{ic}}{\Delta v_{id}}\bigg|_{v_o=0}=\frac{\Delta v_{ic}}{\Delta V_{ios}}=\frac{\delta v_{ic}}{\delta V_{ios}}\bigg|_{v_o=0} \tag{10.6}$$

其表明输入失调电压取决于 CMRR 及共模信号。当 $CMRR=10^5$(或 100dB)时,共模信号变化 $\Delta v_{ic}=$ 3V,输入失调电压的变化为 $\Delta V_{ios}=30\mu V$。

10.2.7　电源抑制比

到目前为止一直假设直流电源电压 V_{DD} 和 V_{SS} 对输出电压没有影响。而实际上,电源电压变化将引起内部晶体管的直流偏置电流变化,最终导致输出发生变化。图 10-5 所示的是具有电源电压变化的运算放大器框图,电源电压的变化分别采用小信号量 v_{dd} 和 v_{ss} 表示,则运算放大器的小信号输出电压为

$$v_{out}=A_{vd}v_d+A_{vdd}v_{dd}+A_{vss}v_{ss} \tag{10.7}$$

其中,采用 A_{vdd} 和 A_{vss} 分别表示从电源 V_{DD} 和 V_{SS} 到输出的小信号增益。式(10.7)可以重新写成

$$v_{out}=A_{vd}\left(v_d+\frac{A_{vdd}}{A_{vd}}v_{dd}+\frac{A_{vss}}{A_{vd}}v_{ss}\right)$$
$$=A_{vd}\left(v_d+\frac{v_{dd}}{PSRR^+}+\frac{v_{ss}}{PSRR^-}\right) \tag{10.8}$$

其中,

$$PSRR^+=\frac{A_{vd}}{A_{vdd}} \tag{10.9}$$

和

$$PSRR^-=\frac{A_{vd}}{A_{vss}} \tag{10.10}$$

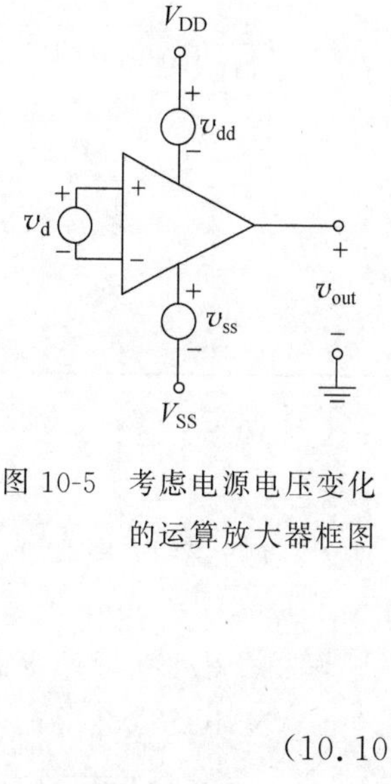

图 10-5　考虑电源电压变化的运算放大器框图

由此可见,电源抑制比 PSRR 表示电源电压变化程度影响差分信号的放大,或者对电源噪声电压的抑制程度。

10.3 单级 CMOS 运算放大器

单级运算放大器具有一个差分增益级,在需要的情况下,可能还会增加一个输出缓冲级。正如之前所述,在 CMOS 工艺中,后级的放大器的输入电阻都很高,内部运算放大器一般不需要驱动阻性负载。因此,前面第 6 章所讨论的 MOS 差分放大器可以作为 MOS 运算放大器来使用。一级运算放大器一般结构简单,具有较快的速度和较高的增益,功耗也较小。

10.3.1 基本的单级运算放大器

基本的单级运算放大器电路结构如图 10-6 所示。图 10-6(a)所示的是电流镜作为负载的双端输入、单端输出运算放大器;图 10-6(b)所示的是电流源作为负载的双端输入、双端输出形式的全差分运算放大器,其中 M$_1$ 和 M$_2$ 为输入差分晶体管,提供 g_m 增益,M$_3$ 和 M$_4$ 为放大器的有源负载,C_L 是运算放大器驱动的后级容性负载。它们的开环低频增益都为:

$$|A_o| = g_{m1,2}(r_{o2} \parallel r_{o4}) \tag{10.11}$$

其中 $g_{m1,2}$ 是 M$_1$ 或 M$_2$ 的跨导,r_{o2}、r_{o4} 是 M$_2$ 和 M$_4$ 的输出阻抗。当然对于差分结构来说,每侧支路上对应位置的器件宽和长都是相同的,在理想情况下,$g_{m1} = g_{m2}$,$r_{o1} = r_{o2}$,$r_{o3} = r_{o4}$。同时要注意全差分结构和单端输出结构输出信号位置的区别。这两种最简单的运算放大器的增益一般为 40dB 左右。

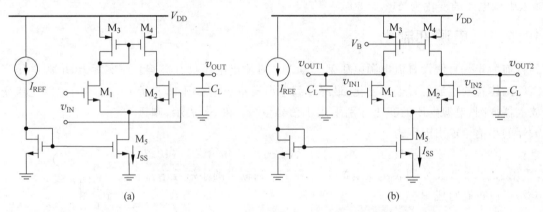

图 10-6 两种简单运算放大器结构

【例 10.1】 考查图 10-6(a)所示的运算放大器的增益值。尾电流源的电流为 0.2mA,电源电压 $V_{DD} = 5V$,求此差分对放大器的增益。NMOS 的参数为 $V_{THN} = 0.7V$,$K_n = 110\mu A/V^2$,$\lambda_n = 0.04V^{-1}$。PMOS 晶体管的参数为 $V_{THP} = -0.7V$,$K_p = 50\mu A/V^2$,$\lambda_p = 0.05V^{-1}$。所有 MOS 晶体管的尺寸都为 $W = 20\mu m$,$L = 1\mu m$。

解:当尾电流源的电流为 0.2mA,输入处于平衡状态时,流经差分对 M$_1$ 和 M$_2$ 的电流为 $I_{SS}/2 = 0.1mA$,NMOS 晶体管的尺寸都为 $W = 20\mu m$,$L = 1\mu m$,当所有晶体管都处于饱和区时,忽略体效应,得

$$g_{m1,2} = \sqrt{\left(2K_n \frac{W}{L}\right)I_{D1,2}} = \sqrt{\left(2 \times 110 \times 10^{-6} \times \frac{20 \times 10^{-6}}{1 \times 10^{-6}}\right) \times 0.1 \times 10^{-3}} \approx 663.3\mu A/V$$

根据式(2.40),M$_2$(或 M$_1$)的输出电阻为

$$r_{o2} = \frac{1}{\lambda_n I_{D1.2}} = \frac{1}{0.04 \times 0.1 \times 10^{-3}} = 250\text{k}\Omega$$

M_4（或 M_3）的输出电阻为

$$r_{o4} = \frac{1}{\lambda_p I_{D3.4}} = \frac{1}{0.05 \times 0.1 \times 10^{-3}} = 200\text{k}\Omega$$

由此，根据式(10.11)，有

$$|A_o| = g_{m1,2}(r_{o2} \| r_{o4}) = 663.3 \times 10^{-6} \times (250 \times 10^3 \| 200 \times 10^3) \approx 73.7\text{V/V}$$

或者$|A_o| \approx 37.35\text{dB}$。

10.3.2　套筒式共源共栅运算放大器

基本的单级运算放大器提供的增益较低，如果需要更高增益的运算放大器，则可以采用共源共栅结构。图 10-7 所示的是两种采用共源共栅结构的运算放大器结构，也叫"套筒式"共源共栅运算放大器。与图 10-6 所示的基本单级运算放大器比较可知，其变化仅在于将前者的输入管和负载管变为了共源共栅结构。共源共栅结构的运算放大器增益通常都可以达到 60dB 水平，但是，因为其层叠的器件较多，因此输入共模范围和输出摆幅变小了，而且因为极点的增多速度也变慢了。该结构增益表达式为

$$|A_o| \approx g_{m1,2}[(r_{o2}g_{m4}r_{o4}) \| (r_{o8}g_{m6}r_{o6})] \qquad (10.12)$$

其中 $g_{m1,2}$ 是 M_1 或 M_2 的跨导；r_{o2}、r_{o4} 是 M_2 和 M_4 的输出阻抗；g_{m4} 是 M_4 的跨导；r_{o6}、r_{o8} 是 M_6 和 M_8 的输出阻抗；g_{m6} 是 M_6 的跨导。同样地，对于差分结构来说，每侧支路上对应位置的器件宽和长都是相同的，在理想情况下，$g_{m1} = g_{m2}$，$r_{o1} = r_{o2}$，$r_{o3} = r_{o4}$，$g_{m3} = g_{m4}$，$r_{o5} = r_{o6}$，$r_{o7} = r_{o8}$，$g_{m5} = g_{m6}$。

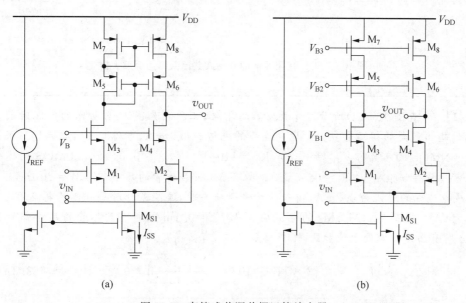

(a) (b)

图 10-7　套筒式共源共栅运算放大器

套筒式共源共栅运算放大器的输入共模范围和输出摆幅受限还表现在其输入和输出很难短接。而运算放大器经常需要工作在闭环的反馈结构中。考查如图 10-8 所示的反馈放大器的情形，为了保证 M_2 和 M_4 晶体管都处于饱和区，应使

$$v_{\text{OUT}} \leqslant V_X + V_{\text{TH2}} \tag{10.13}$$

$$v_{\text{OUT}} \geqslant V_B - V_{\text{TH4}} \tag{10.14}$$

而 $v_X = V_B - V_{\text{GS4}}$,则有输出 v_{OUT} 的范围为

$$V_B - V_{\text{TH4}} \leqslant v_{\text{OUT}} \leqslant V_B - V_{\text{GS4}} + V_{\text{TH2}} \tag{10.15}$$

这样,输出 v_{OUT} 的最大摆幅为

$$V_{\text{OUT,max}} - V_{\text{OUT,min}} = V_{\text{TH2}} - (V_{\text{GS4}} - V_{\text{TH4}}) \tag{10.16}$$

即在输入和输出短接的反馈放大器中 v_{OUT} 的范围为一个晶体管的阈值电压减去一个晶体管的过驱动电压。举个例子,如果 NMOS 管 M_2 的阈值电压为 0.7V,而 M_4 的过驱动电压设计为 0.2V,这样放大器的输出摆幅最大为 0.5V。可见,采用套筒式共源共栅结构限制了反馈放大器的输出摆幅。

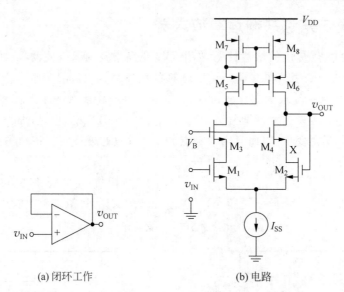

(a) 闭环工作　　　　　　　　　　　(b) 电路

图 10-8　工作在闭环下的套筒式共源共栅运算放大器

【例 10.2】　考查图 10-7(a)所示运算放大器的增益,工作在如图 10-8 所示的闭环时的套筒式共源共栅放大器的输出最大的摆幅是多少?尾电流源的电流为 0.2mA,电源电压 $V_{\text{DD}} = 5\text{V}$,求此差分对放大器的增益。NMOS 的参数为 $V_{\text{THN}} = 0.7\text{V}$,$K_n = 110\mu\text{A/V}^2$,$\lambda_n = 0.04\text{V}^{-1}$。PMOS 晶体管的参数为 $V_{\text{THP}} = -0.7\text{V}$,$K_p = 50\mu\text{A/V}^2$,$\lambda_p = 0.05\text{V}^{-1}$。所有 MOS 晶体管的尺寸都为 $W = 20\mu\text{m}$,$L = 1\mu\text{m}$。

解: 当尾电流源的电流为 0.2mA,输入处于平衡状态时,流经差分对每一侧的电流均为尾电流源的一半,即 M_1 和 M_2,以及 M_4、M_6、M_8 的电流均为 $I_{\text{SS}}/2 = 0.1\text{mA}$,所有晶体管的尺寸都为 $W = 20\mu\text{m}$,$L = 1\mu\text{m}$,当所有晶体管都处于饱和区时,忽略体效应,有

$$g_{\text{m1,2}} = \sqrt{\left(2K_n \frac{W}{L}\right) I_{\text{D1,2}}} = \sqrt{\left(2 \times 110 \times 10^{-6} \times \frac{20 \times 10^{-6}}{1 \times 10^{-6}}\right) \times 0.1 \times 10^{-3}} \approx 663.3\mu\text{A/V}$$

$$g_{\text{m4}} = \sqrt{\left(2K_n \frac{W}{L}\right) I_{\text{D4}}} = \sqrt{\left(2 \times 110 \times 10^{-6} \times \frac{20 \times 10^{-6}}{1 \times 10^{-6}}\right) \times 0.1 \times 10^{-3}} \approx 663.3\mu\text{A/V}$$

以及

$$g_{\text{m6}} = \sqrt{\left(2K_p \frac{W}{L}\right) I_{\text{D6}}} = \sqrt{\left(2 \times 50 \times 10^{-6} \times \frac{20 \times 10^{-6}}{1 \times 10^{-6}}\right) \times 0.1 \times 10^{-3}} \approx 447.2\mu\text{A/V}$$

根据式(2.40)，M_2(或 M_1)的输出电阻为

$$r_{o2} = \frac{1}{\lambda_n I_{D1.2}} = \frac{1}{0.04 \times 0.1 \times 10^{-3}} = 250\text{k}\Omega$$

M_4(或 M_3)的输出电阻为

$$r_{o4} = \frac{1}{\lambda_n I_{D3.4}} = \frac{1}{0.04 \times 0.1 \times 10^{-3}} = 250\text{k}\Omega$$

M_6 和 M_8 的输出电阻为

$$r_{o6} = \frac{1}{\lambda_p I_{D6}} = \frac{1}{0.05 \times 0.1 \times 10^{-3}} = 200\text{k}\Omega$$

$$r_{o8} = \frac{1}{\lambda_p I_{D8}} = \frac{1}{0.05 \times 0.1 \times 10^{-3}} = 200\text{k}\Omega$$

由此，根据式(10.12)，有

$$|A_o| \approx g_{m1.2}[(r_{o2}g_{m4}r_{o4}) \| (r_{o8}g_{m6}r_{o6})]$$
$$= 663.3 \times 10^{-6} \times [(250 \times 10^3 \times 663.3 \times 10^{-6} \times 250 \times 10^3) \|$$
$$(200 \times 10^3 \times 447.2 \times 10^{-6} \times 200 \times 10^3)]$$
$$\approx 8288.6\text{V/V}$$

或者$|A_o| \approx 78.4\text{dB}$。

下面考查工作在闭环时的套筒式共源共栅放大器的输出范围，流经 M_4 的电流为 $I_{SS}/2 = 0.1\text{mA}$，那么

$$I_{D4} = \frac{1}{2}K_n\frac{W}{L}V_{OD4}^2 = \frac{1}{2} \times 110 \times 10^{-6} \times \frac{20 \times 10^{-6}}{1 \times 10^{-6}} \times V_{OD4}^2 = 0.1\text{mA}$$

M_4 的过驱动电压 V_{OD4} 为

$$V_{OD4} = V_{GS4} - V_{TH4} \approx 0.3015\text{V}$$

忽略体效应，根据式(10.16)，输出 v_{OUT} 的最大摆幅为

$$V_{OUT,max} - V_{OUT,min} = V_{TH2} - (V_{GS4} - V_{TH4}) = 0.7 - 0.3015 = 0.3985\text{V}$$

10.3.3 折叠式共源共栅运算放大器

为了在增加运算放大器增益的同时，又尽可能保证信号的输出摆幅，可以采用折叠共源共栅结构。图 10-9 所示的是采用 PMOS 管作为输入的一种折叠共源共栅运算放大器。其基本原理就是将一般共源共栅结构的输入对管和电流源 I_{SS}"折叠"到信号输出通路之外，这样输入对管的偏置电路和共源共栅负载不在同一支路上，从输入范围来看，其输入上限为

$$V_{in,max} = V_{DD} - |V_{OD,SS}| - |V_{OD1.2} + V_{THP}| \tag{10.17}$$

其中 $V_{OD,SS}$ 表示电流源的过驱动电压；$V_{OD1.2}$ 表示 M_1 管或 M_2 管的过驱动电压；V_{THP} 表示 M_1 管或 M_2 管的阈值电压，即 V_{DD} 减去两个过驱动电压值及一个阈值电压值，而其输入下限为

$$V_{in,min} = \max\{V_{OD5.6} - |V_{TH1.2}|, 0\} \tag{10.18}$$

$V_{OD5.6}$ 表示 M_5 管或 M_6 管的过驱动电压，此下限甚至可以低至 GND，可见折叠式共源共栅运算放大器具有很大的输入共模范围。在设计折叠共源共栅运算放大器时，就可以很容易地设置其偏置电压。

对于交流小信号等效电路，折叠式共源共栅放大器与套筒式共源共栅放大器是一致的，只是多了

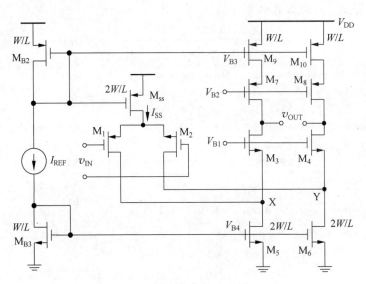

图 10-9 折叠共源共栅结构放大器

M_5（或 M_6）的输出电阻，该结构增益表达式为

$$| A_o | \approx g_{m1,2}\{[g_{m3}r_{o3}(r_{o1} \parallel r_{o5})] \parallel (g_{m7}r_{o7}r_{o9})\} \tag{10.19}$$

由于采用折叠结构，需要增加 M_5（和 M_6）电流源晶体管，因而，在增益表达式中出现了输入晶体管与 M_5（或 M_6）晶体管输出电阻的并联项，折叠式共源共栅运算放大器的增益比套筒式共源共栅运算放大器的增益要小一些。由于 M_5（和 M_6）寄生电容的存在，放大器的极点更加接近原点，即速度也会更慢一些。

图 10-10 所示的是采用 NMOS 管作输入的一种折叠共源共栅运算放大器，其输入范围的下限受限，下限的量级为两个过驱动电压加上一个阈值电压，而其上限甚至可以达到电源电压 V_{DD}。由于采用 NMOS 输入管，图 10-10 所示的结构可以得到比图 10-9 所示结构大一些的增益。但是其速度有所下降，这是因为图 10-10 的 M_5（或 M_6）采用 PMOS 晶体管，因而折叠点的电容比图 10-9 的要大，故相应的极点频率值要小。

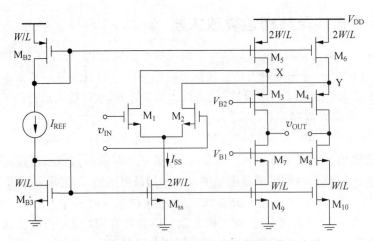

图 10-10 NMOS 管输入的折叠共源共栅运算放大器

【例10.3】 考查图 10-9 所示的运算放大器的增益和共模输入范围,基准电流源的电流 $I_{REF}=0.1\text{mA}$,电源电压 $V_{DD}=5\text{V}$。NMOS 的参数为 $V_{THN}=0.7\text{V}$,$K_n=110\,\mu\text{A/V}^2$,$\lambda_n=0.04\text{V}^{-1}$。PMOS 晶体管的参数为 $V_{THP}=-0.7\text{V}$,$K_p=50\,\mu\text{A/V}^2$,$\lambda_p=0.05\text{V}^{-1}$。除了尾电流源晶体管 M_{ss} 和折叠电流源晶体管 M_5、M_6 的尺寸为 $2W/L$,其他所有 MOS 晶体管的尺寸都为 W/L,其中 $W=20\,\mu\text{m}$,$L=1\,\mu\text{m}$。

解:除了尾电流源晶体管 M_{ss} 和折叠电流源晶体管 M_5、M_6 的尺寸为 $2W/L$,其他所有 MOS 晶体管的尺寸都为 W/L,其中 $W=20\,\mu\text{m}$,$L=1\,\mu\text{m}$。基准电流源的电流 $I_{REF}=0.1\text{mA}$,当输入处于平衡状态时,流经 M_1 和 M_2 及 M_3,M_4,M_7,M_0,M_9,M_{10} 的电流均等于 $I_{REF}=0.1\text{mA}$,而流经尾电流源晶体管 M_{ss} 和折叠电流源晶体管 M_5 和 M_6 的电流为 $2I_{REF}=0.2\text{mA}$,当所有晶体管都处于饱和区时,忽略体效应,有

$$g_{m1,2}=\sqrt{\left(2K_p\frac{W}{L}\right)I_{D1,2}}=\sqrt{\left(2\times50\times10^{-6}\times\frac{20\times10^{-6}}{1\times10^{-6}}\right)\times0.1\times10^{-3}}\approx447.2\,\mu\text{A/V}$$

$$g_{m3}=\sqrt{\left(2K_n\frac{W}{L}\right)I_{D3}}=\sqrt{\left(2\times110\times10^{-6}\times\frac{20\times10^{-6}}{1\times10^{-6}}\right)\times0.1\times10^{-3}}\approx663.3\,\mu\text{A/V}$$

以及

$$g_{m7}=\sqrt{\left(2K_p\frac{W}{L}\right)I_{D7}}=\sqrt{\left(2\times50\times10^{-6}\times\frac{20\times10^{-6}}{1\times10^{-6}}\right)\times0.1\times10^{-3}}\approx447.2\,\mu\text{A/V}$$

根据式(2.40),M_1(或 M_2)的输出电阻为

$$r_{o1}=\frac{1}{\lambda_p I_{D1,2}}=\frac{1}{0.05\times0.1\times10^{-3}}=200\text{k}\Omega$$

M_3(或 M_4)的输出电阻为

$$r_{o3}=\frac{1}{\lambda_n I_{D3,4}}=\frac{1}{0.04\times0.1\times10^{-3}}=250\text{k}\Omega$$

M_5(或 M_6)的输出电阻为

$$r_{o5}=\frac{1}{\lambda_n I_{D5,6}}=\frac{1}{0.04\times0.2\times10^{-3}}=125\text{k}\Omega$$

M_7 和 M_9 的输出电阻为

$$r_{o7}=\frac{1}{\lambda_p I_{D7}}=\frac{1}{0.05\times0.1\times10^{-3}}=200\text{k}\Omega$$

$$r_{o9}=\frac{1}{\lambda_p I_{D9}}=\frac{1}{0.05\times0.1\times10^{-3}}=200\text{k}\Omega$$

由此,根据式(10.19),有

$$|A_o|\approx g_{m1,2}\{[g_{m3}r_{o3}(r_{o1}\parallel r_{o5})]\parallel(g_{m7}r_{o7}r_{o9})\}$$
$$=447.2\times10^{-6}\times\{[663.3\times10^{-6}\times250\times10^3\times(200\times10^3\parallel125\times10^3)]\parallel$$
$$(447.2\times10^{-6}\times200\times10^3\times200\times10^3)]$$
$$\approx3329.9\text{V/V}$$

或者 $|A_o|\approx70.4\text{dB}$。

下面考查工作折叠式共源共栅放大器的输入共模范围,流经 M_1 和 M_2 及 M_3、M_4、M_7、M_8、M_9、M_{10} 的电流均等于 $I_{REF}=0.1\text{mA}$,那么

$$I_{D1,2} = \frac{1}{2} K_P \frac{W}{L} V_{OD1,2}^2 = \frac{1}{2} \times 50 \times 10^{-6} \times \frac{20 \times 10^{-6}}{1 \times 10^{-6}} \times V_{OD1,2}^2 = 0.1 \text{mA}$$

M_1 和 M_2 的过驱动电压 $V_{OD1,2}$ 为

$$|V_{OD1,2}| = |V_{GS1,2} - V_{THP}| \approx 0.4472\text{V}$$

而流经尾电流源晶体管 M_{ss} 和折叠电流源晶体管 M_5、M_6 的电流为 $2I_{REF} = 0.2\text{mA}$，有

$$I_{D,SS} = \frac{1}{2} K_P \left(\frac{W}{L}\right)_{ss} V_{OD,SS}^2 = \frac{1}{2} \times 50 \times 10^{-6} \times \frac{2 \times 20 \times 10^{-6}}{1 \times 10^{-6}} \times V_{OD,SS}^2 = 0.2\text{mA}$$

则 $V_{OD,ss}$ 为

$$|V_{OD,ss}| \approx 0.4472\text{V}$$

而

$$I_{D5,6} = \frac{1}{2} K_n \left(\frac{W}{L}\right)_{5,6} V_{OD5,6}^2 = \frac{1}{2} \times 110 \times 10^{-6} \times \frac{2 \times 20 \times 10^{-6}}{1 \times 10^{-6}} \times V_{OD5,6}^2 = 0.2\text{mA}$$

则 $V_{OD5,6}$ 为

$$V_{OD5,6} \approx 0.3015\text{V}$$

忽略体效应，根据式(10.17)和式(10.18)，从输入范围来看，其输入上限为

$$V_{in,max} = V_{DD} - |V_{OD,SS}| - (|V_{OD1,2}| + |V_{THP}|)$$
$$= 5 - 0.4472 - (0.4472 + 0.7)$$
$$= 3.4056\text{V}$$

输入下限为

$$V_{in,min} = \max\{V_{OD5,6} - |V_{TH1,2}|, 0\}$$
$$= 0\text{V}$$

10.4　二级 CMOS 运算放大器

为了进一步提高运算放大器的增益，可以采用多级结构，比较常见的多级结构为二级结构。二级运算放大器是在一级运算放大器的基础上再级联一个输出增益级，提供一定增益并提供大的输出摆幅。在需要的情况下，可能还会增加一个输出缓冲级。

10.4.1　基本的二级运算放大器

带有一个差分级和一个增益级的基本二级运算放大器如图 10-11 所示。NMOS 晶体管 M_6、M_7 和 M_8 用来形成偏置电流源。NMOS 晶体管 M_1、M_2 及 PMOS 晶体管 M_3、M_4 构成差分级。PMOS 晶体管 M_5 和 NMOS 晶体管 M_6 构成电流源作为负载的共源极放大器。引入密勒电容 C_C 可进行频率补偿，这将在第 11 章的稳定性及频率补偿中进行讨论。CMOS 放大器设计中的主要任务是确定 NMOS 和 PMOS 的宽长比(W/L)。通常，M_3、M_4 和 M_8 的 W/L 是其他 MOSFET 的一半。差分级是运算放大器的"心脏"，也可以采用共源共栅 MOSFET 构成以产生高增益和低的 CMRR。

可知图 10-11 所示的差分级的电压增益为

$$A_1 = -g_{m1,2}(r_{o2} \| r_{o4}) \tag{10.20}$$

其中 $g_{m1,2}$ 是 M_1 或 M_2 的跨导，r_{o2}、r_{o4} 是 M_2 和 M_4 的输出阻抗。而采用共源极放大器的第二级增益

级的电压增益为

$$A_2 = -g_{m5}(r_{o5} \parallel r_{o6}) \tag{10.21}$$

其中 g_{m5} 是 M_5 的跨导，r_{o5}、r_{o6} 是 M_5 和 M_6 的输出阻抗。因此，二级运算放大器总的低频电压增益为

$$A_o = A_1 A_2 = g_{m1,2}(r_{o2} \parallel r_{o4}) g_{m5}(r_{o5} \parallel r_{o6}) \tag{10.22}$$

基本的二级运算放大器的增益通常可以达到60dB的水平，具有较大的输出摆幅。由于具有两个接近的极点，因此需要进行频率补偿。

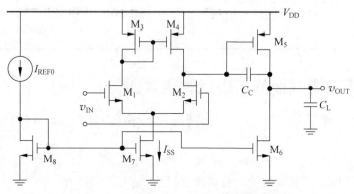

图 10-11　基本的二级 CMOS 运算放大器

【例 10.4】 考查图 10-11 所示的运算放大器的增益值。基准电流源的电流 $I_{REF0} = 0.1\text{mA}$，电源电压 $V_{DD} = 5\text{V}$，求此差分对放大器的增益。NMOS 的参数为 $V_{THN} = 0.7\text{V}$，$K_n = 110\mu\text{A/V}^2$，$\lambda_n = 0.04\text{V}^{-1}$。PMOS 晶体管的参数为 $V_{THP} = -0.7\text{V}$，$K_p = 50\mu\text{A/V}^2$，$\lambda_p = 0.05\text{V}^{-1}$。除了尾电流源晶体管 M_7 的尺寸为 $2W/L$，其他所有 MOS 晶体管的尺寸都为 W/L，其中 $W = 20\mu\text{m}$，$L = 1\mu\text{m}$。

解： 除了尾电流源晶体管 M_7 的尺寸为 $2W/L$，其他 MOS 晶体管的尺寸为 W/L，其中 $W = 20\mu\text{m}$，$L = 1\mu\text{m}$。基准电流源的电流 $I_{REF0} = 0.1\text{mA}$，当输入处于平衡状态时，流经 M_1 和 M_2 及 M_3、M_4、M_5、M_6 的电流均等于 $I_{REF} = 0.1\text{mA}$，而流经尾电流源晶体管 M_7 的电流为 $2I_{REF} = 0.2\text{mA}$，当所有晶体管都处于饱和区时，忽略体效应，有

$$g_{m1,2} = \sqrt{\left(2K_n \frac{W}{L}\right) I_{D1,2}} = \sqrt{\left(2 \times 110 \times 10^{-6} \times \frac{20 \times 10^{-6}}{1 \times 10^{-6}}\right) \times 0.1 \times 10^{-3}} \approx 663.3\mu\text{A/V}$$

$$g_{m5} = \sqrt{\left(2K_p \frac{W}{L}\right) I_{D5}} = \sqrt{\left(2 \times 50 \times 10^{-6} \times \frac{20 \times 10^{-6}}{1 \times 10^{-6}}\right) \times 0.1 \times 10^{-3}} \approx 447.2\mu\text{A/V}$$

根据式 (2.40)，M_2（或 M_1）的输出电阻为

$$r_{o2} = \frac{1}{\lambda_n I_{D1,2}} = \frac{1}{0.04 \times 0.1 \times 10^{-3}} = 250\text{k}\Omega$$

M_4 的输出电阻为

$$r_{o4} = \frac{1}{\lambda_p I_{D3,4}} = \frac{1}{0.05 \times 0.1 \times 10^{-3}} = 200\text{k}\Omega$$

M_5 的输出电阻为

$$r_{o5} = \frac{1}{\lambda_p I_{D5}} = \frac{1}{0.05 \times 0.1 \times 10^{-3}} = 200\text{k}\Omega$$

M_6 的输出电阻为

$$r_{o6} = \frac{1}{\lambda_n I_{D6}} = \frac{1}{0.04 \times 0.1 \times 10^{-3}} = 250\text{k}\Omega$$

由此,根据式(10.22),有

$$A_o = A_1 A_2 = g_{m1,2}(r_{o2} \parallel r_{o4}) g_{m5}(r_{o5} \parallel r_{o6})$$
$$= 663.3 \times 10^{-6} \times (250 \times 10^3 \parallel 200 \times 10^3) \times 447.2 \times 10^{-6} \times (200 \times 10^3 \parallel 250 \times 10^3)$$
$$\approx 3662.1\text{V/V}$$

或者 $|A_o| \approx 71.3\text{dB}$。

10.4.2 采用共源共栅的二级运算放大器

同样地,为了提高整体增益,第一级可以采用共源共栅结构,如图 10-12 所示。总的增益可以表示为

$$A_o = A_1 A_2 \approx g_{m1,2}[(g_{m3,4} r_{o3,4} r_{o1,2}) \parallel (g_{m5,6} r_{o5,6} r_{o7,8})] g_{m9,10}(r_{o9,10} \parallel r_{o11,12}) \quad (10.23)$$

采用共源共栅结构的二级运算放大器的增益通常可以达到 80dB 的水平,由于具有两个接近的极点,因此需要进行频率补偿。对于如图 10-12 所示的全差分放大器还有稳定共模偏置的问题,共模反馈的内容将在 10.6 节中进行讨论。

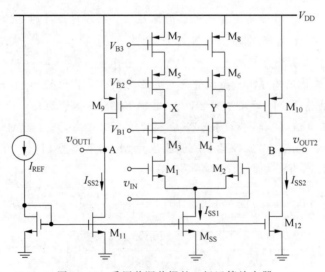

图 10-12 采用共源共栅的二级运算放大器

10.5 CMOS 运算放大器输出级

如果存在大的电容负载而影响闭环稳定性,或者需要驱动阻性负载,那么要考虑设计运算放大器的输出级。输出级的主要目的是将输出信号有效地驱动到输出负载中,为前级电路提供缓冲,起到隔离后级负载的作用。输出负载由电阻或者电容组成,或者二者兼而有之。输出电阻将很小,通常在 50～1000Ω;输出电容比较大,在 5～1000pF。输出级需要向这些类型的负载提供足够强的输出信号(电压、

电流或功率)。

10.5.1 输出级电路结构分类

在运算放大器中,用于输出级的放大器结构主要有 A 类、B 类和 AB 类。此外,用于功率放大器的还有 C 类、D 类和 E 类。C 类主要用于射频应用中的功率驱动,而 D 类和 E 类属于开关型功率驱动放大器,这些类型的放大器不在本书的讨论范围内。这里,基于 MOSFET 的漏极电流 i_D 对正弦输入信号响应的波形形状进行分类。在模拟放大器中,根据放大器件的输入信号,向负载输出电流,此电流与输入信号成正比例关系。A 类、B 类和 AB 类放大器的漏极电流波形和输出电流如图 10-13 所示。表 10-1 显示了模拟电路输入信号的导通角和占空比。

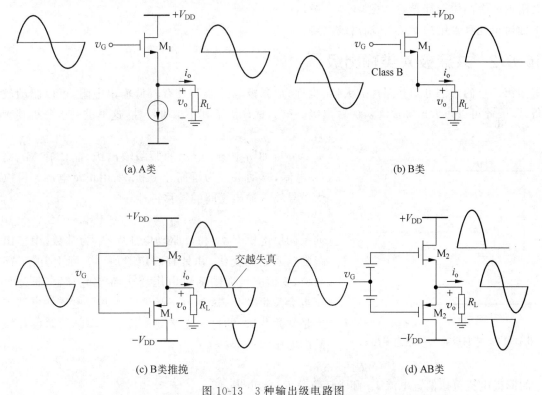

(a) A类   (b) B类

(c) B类推挽   (d) AB类

图 10-13　3 种输出级电路图

表 10-1　功率晶体管的导通角和占空比

	A 类	AB 类	B 类
导通角 α	$\alpha = 2\pi$ 或 360°	$\pi < \alpha < 2\pi$ 或 180°到 359°	$\alpha = \pi$ 或 180°
占空比 k	$k = 100\%$	$50\% < k < 100\%$	$k = 50\%$

在 A 类放大器中,晶体管的直流偏置漏极电流 I_D 高于交流输出电流的峰值 I_p。这样,在 A 类放大器中的晶体管在输入信号的整个周期内都是导通的,导通角为 $\theta = 2\pi = 360°$。即晶体管的漏极电流为 $i_D = I_D + I_p \sin\omega t$ 并且 $I_D > I_p$。I_p 是漏极电流的正弦分量的峰值。工作在 A 类的漏极电流波形如图 10-13(a) 所示。

在 B 类放大器中,晶体管偏置在 0 直流电流,仅仅在输入信号的半个周期导通,导通角为 $\theta = 180°$,

即 $i_D = I_p \sin\omega t$。B类放大器的漏极电流波形如图 10-13(b)所示。正弦波形的负半周期可以由另一个也工作在 B 类模式的晶体管提供,并在另一半周期导通,这种工作方式称为"推挽"(push-pull),如图 10-13(c)所示。由于两个处于推挽工作方式的晶体管具有开启电压,在输入信号幅度较小时,存在两个晶体管同时关闭的现象,即死区,造成输出产生"交越失真"。

为了克服交越失真问题,可以采用 AB 类工作方式,在 AB 类放大器中,晶体管偏置在非零直流电流,此电流要比交流输出电流的峰值小很多。晶体管在输入信号比半周期稍微多一点的时间内导通。导通角大于 $180°$,但比 $360°$ 小很多,即 $180° < \theta \ll 360°$。这样 $i_D = I_D + I_p \sin\omega t$ 并且 $I_D \ll I_p$。AB 类放大器的漏极电流波形如图 10-13(d)所示。正弦波形的负半周期由另一个也工作在 AB 类模式的晶体管提供,并在稍微多于负半周期间隔内导通。流经两个晶体管的电流合并形成负载电流。在输入信号的零交叉附近两个晶体管都导通,以避免产生死区。

下面讨论几种常用的 CMOS 输出级电路。

10.5.2　共漏极 A 类输出级

根据第 5 章的讨论可知共漏极放大器(也称为"源极跟随器")具有较低输出电阻,可以驱动较低阻抗的负载,因此可以作为运算放大器的输出级。第 5 章分析了其小信号特性,这里进一步分析其大信号特性。

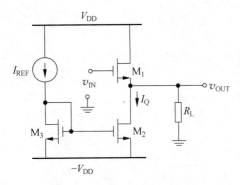

图 10-14　共漏极放大器作为输出级

分析如图 10-14 所示的共漏输出级,晶体管 M_1 偏置在 I_Q 电流,驱动 R_L,为了简化分析,采用正负电源。可以得到大信号输入输出之间的转移特性

$$v_{IN} = v_{OUT} + v_{GS1} = v_{OUT} + V_{TH1} + V_{OD1} \quad (10.24)$$

如果阈值电压 V_{TH1} 和过驱动电压 V_{OD1} 为常数,则输出电压跟随输入电压变化,并具有一定差值。实际上,由于存在体效应,阈值电压会随输出电压变化而发生变化,而过驱动电压也会发生变化,这是由于晶体管的漏极电流在电路工作时不是常数。M_1 的衬底连接到 $-V_{DD}$ 上,M_1 的源极和衬底之间的电压为

$$v_{SB1} = v_{OUT} - (-V_{DD}) = v_{OUT} + V_{DD} \quad (10.25)$$

而 M_1 的漏极电流包括偏置电流 I_Q 和驱动负载 R_L 的电流,即

$$i_{D1} = I_Q + v_{OUT}/R_L \quad (10.26)$$

再根据体效应公式(2.22),有

$$v_{IN} = v_{OUT} + V_{TH0} + \gamma(\sqrt{2 \mid \phi_{Fp} \mid + v_{OUT} + V_{DD}} - \sqrt{2 \mid \phi_{Fp} \mid}) + \sqrt{\frac{2(I_Q + v_{OUT}/R_L)}{\mu_n C_{ox}(W/L)_1}}$$

$$(10.27)$$

只要保证 M_1 和 M_2 都处于饱和区,忽略沟道长度调制效应,这个公式就是有效的。共漏输出级的转移特性如图 10-15 所示,从中可见,输出和输入之间存在一个偏移电压,在 x 轴上,当输入等于 V_{GS1} 时,电路的输出等于零,此 V_{GS1} 满足

$$V_{GS1} = v_{IN} \mid_{v_{OUT}=0} = V_{TH0} + \gamma(\sqrt{2 \mid \phi_{Fp} \mid + V_{DD}} - \sqrt{2 \mid \phi_{Fp} \mid}) + \sqrt{\frac{2I_Q}{\mu_n C_{ox}(W/L)_1}} \quad (10.28)$$

当输出电压上升至距离正电源电压 V_{DD} 接近一个过驱动电压时,M_1 进入三极管区,曲线的斜率发

生很大变化,转移特性曲线进入非线性区。此临界值可通过总的漏极电流进行计算,对于有限的R_L,此电流将超过I_Q。确切地说,此临界电压值依赖于R_L,这点在图10-15中没有显示。在实际中,输入电压必须比V_{DD}至少大于一个阈值电压才能将M_1偏置进三极管区。如果输入电压限制于V_{DD}范围,则M_1不会进入三极管区。

对于负输入,输出电压的最小值取决于R_L。如果$I_Q R_L > V_{DD}$,输出电压随着输入电压向负电源方向逐步增加,即变得更负,转移特性曲线的斜率仍将近似为常数,直到M_2进入三极管区时发生临界情况,最小输出电压为

$$V_{OUT} = -V_{DD} + V_{OD2} = -V_{DD} + \sqrt{\frac{2I_Q}{\mu_n C_{ox}(W/L)_2}} \tag{10.29}$$

此时的输入电压为$V_{IN} = -V_{DD} + V_{OD2} + v_{GS1}$,这种情况在图10-15中标记为$R_{L1}$。如果$I_Q R_L < V_{DD}$,则输出电压随着输入电压变得更负,转移特性曲线的斜率仍将近似为常数直到M_1截止时发生临界情况,最小输出电压为

$$V_{OUT} = -I_Q R_L \tag{10.30}$$

这种情况在图10-15中标记为R_{L2}。在实际设计中,一般选择$I_Q R_L > V_{DD}$,因此,满足图10-15中$R_L = R_{L1}$的情况。在这种情况下,输出电压几乎可以摆到正负电源电压。

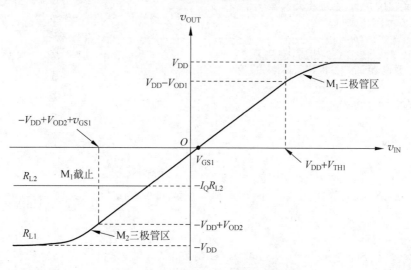

图10-15 共漏输出级的电压转移特性

下面计算共漏极输出级功率效率,输出级功率效率定义为

$$\eta = \frac{负载功率 P_L}{电源功率 P_S} \tag{10.31}$$

假设输出信号是正弦波,峰值为V_p,平均负载功率将是

$$P_L = \frac{V_p^2}{2R_L} \tag{10.32}$$

由于工作在A类,由M_1抽取的平均电流将是I_Q,这样从正电源抽取的平均功率将是$V_{DD} I_Q$。由于流经M_2的电流保持恒定的I_Q,从负电源抽取的功率也将是$V_{DD} I_Q$。总的平均电源功率将是

$$P_S = 2V_{DD} I_Q \tag{10.33}$$

根据式(10.32)和式(10.33),得到功率效率为

$$\eta = \frac{V_p^2}{4R_L V_{DD} I_Q} = \frac{1}{4}\left(\frac{V_p}{R_L I_Q}\right)\left(\frac{V_p}{V_{DD}}\right) \tag{10.34}$$

当满足式(10.35)的条件时

$$V_p = V_{DD} = R_L I_Q \tag{10.35}$$

从中可以得到最大效率,即$\eta_{max} = 25\%$,这是相当低的效率。实际上,为了避免晶体管脱离饱和区并出现相应的非线性失真,峰值输出电压限制为小于V_{DD}。实际的效率在$10\%\sim20\%$。共漏极放大器通常用作线性放大器或者功率较低(通常$\leqslant 1W$)的高频放大器的输出级。

【例 10.5】 考查图 10-14 所示的共漏极放大器的输出级,采用双电源,$V_{DD}=5V$,基准电流源的电流 $I_{REF}=1mA$,驱动 $R_L=6k\Omega$,求此输出级能够获得的最大效率是多少,如果为了避免晶体管脱离饱和区,输出限制的范围是多少?此时输出级的效率是多少?NMOS 的参数为 $V_{THN}=0.7V$,$K_n=110\mu A/V^2$,$\lambda_n=0.04V^{-1}$。所有 MOS 晶体管的尺寸都为 $W=20\mu m$,$L=1\mu m$。

解: 在图 10-14 中,所有 MOS 晶体管的尺寸都为 $W=20\mu m$,$L=1\mu m$。M_1 的漏极电流包括偏置电流 $I_Q=I_{REF}=1mA$。驱动 $R_L=6k\Omega$,因而 $I_Q R_L > V_{DD}$,电路的正弦波输出信号的峰值 V_p 可以达到 V_{DD},那么,根据式(10.34),得到最大效率为

$$\eta = \frac{V_p^2}{4R_L V_{DD} I_Q} = \frac{5^2}{4 \times 6 \times 10^3 \times 5 \times 1 \times 10^{-6}} = 20.8\%$$

如果晶体管都处于饱和区,对于 M_1 晶体管,有

$$I_Q = \frac{1}{2}K_n\frac{W}{L}V_{OD1}^2 = \frac{1}{2} \times 110 \times 10^{-6} \times \frac{20 \times 10^{-6}}{1 \times 10^{-6}} \times V_{OD1}^2 = 1mA$$

则 V_{OD1} 为

$$V_{OD1} \approx 0.9535V$$

对于 M_2 晶体管,有

$$I_Q = \frac{1}{2}K_n\frac{W}{L}V_{OD2}^2 = \frac{1}{2} \times 110 \times 10^{-6} \times \frac{20 \times 10^{-6}}{1 \times 10^{-6}} \times V_{OD2}^2 = 1mA$$

则 V_{OD2} 为

$$V_{OD2} \approx 0.9535V$$

当所有晶体管都处于饱和区时,电路的输出信号控制在

$$-V_{DD} + V_{OD2} \leqslant v_{OUT} \leqslant V_{DD} - V_{OD1}$$

即峰值 V_p 可以达到 $5 - 0.9535 = 4.0465V$,根据式(10.34),此时电路的效率为

$$\eta = \frac{V_p^2}{4R_L V_{DD} I_Q} = \frac{4.0465^2}{4 \times 6 \times 10^3 \times 5 \times 1 \times 10^{-6}} = 13.6\%$$

10.5.3 AB 类推挽输出级

在 A 类放大器中,晶体管在输入信号的整个周期内都是导通的,因此,A 类放大器的功率效率较低。在 B 类和 AB 类放大器中,晶体管偏置在零或接近零直流电流,其功率效率较高。B 类放大器存在交越失真,因此,在 CMOS 运算放大器中常采用 AB 类放大器作为输出级。

1. 共漏极结构

共漏极 AB 类推挽输出级电路结构如图 10-16 所示。根据 KVL，有

$$V_{SG5} + V_{GS4} = v_{GS1} + v_{SG2} \tag{10.36}$$

忽略体效应，如果流经 M_3 的偏置电流是常数，则 $V_{SG5} + V_{GS4}$ 为常数。在这些条件下，提高 v_{GS1} 则降低 v_{SG2}，反之亦然。

为了简化分析，首先假设 M_4 的漏极和 M_5 的漏极短接，则 $V_{SG5} + V_{GS4} = 0$，以及 $v_{GS1} = v_{GS2}$。对于 M_1 要导通非零漏极电流，则要求 $v_{GS1} > V_{TH1}$。同样地，需要 $v_{GS2} < V_{TH2}$ 则 M_2 导通非零漏极电流。对于标准 CMOS 工艺中的 MOS 器件，$V_{TH1} > 0$ 和 $V_{TH2} < 0$。在这些条件下，M_1 和 M_2 不可能同时导通。这符合 B 类输出级的特性。当 $v_{OUT} > 0$ 时，M_1 工作在源跟随器（共漏极）模式，而 M_2 关闭；同样地，当 $v_{OUT} < 0$ 时，M_2 工作在源跟随器（共漏极）模式，而 M_1 关闭。

然而，对于图 10-16 所示的电路，$V_{SG5} + V_{GS4} > 0$，当 $v_{OUT} = 0$ 时，M_1 和 M_2 都流经一定的偏置漏极电流。这符合 AB 类输出级的特性。如果 $V_{TH1} = V_{TH4}$ 和 $V_{TH2} = V_{TH5}$，并且流经 M_5 的漏极电流 I_{D5} 与流经 M_4 的电流 I_{D4} 数值相等，采用饱和区漏极电流公式(2.12)，有

$$\sqrt{\frac{2I_{D4}}{\mu_p C_{ox}(W/L)_5}} + \sqrt{\frac{2I_{D4}}{\mu_n C_{ox}(W/L)_4}} = \sqrt{\frac{2i_{D1}}{\mu_n C_{ox}(W/L)_1}} + \sqrt{\frac{2|i_{D2}|}{\mu_p C_{ox}(W/L)_2}} \tag{10.37}$$

如果 $v_{OUT} = 0$，那么 $|i_{D2}| = i_{D1}$，式(10.37)变为

$$I_{D1} = I_{D4} \frac{\left(\sqrt{\dfrac{1}{\mu_p C_{ox}(W/L)_5}} + \sqrt{\dfrac{1}{\mu_n C_{ox}(W/L)_4}}\right)^2}{\left(\sqrt{\dfrac{1}{\mu_n C_{ox}(W/L)_1}} + \sqrt{\dfrac{1}{\mu_p C_{ox}(W/L)_2}}\right)^2} \tag{10.38}$$

其中，当 $v_{OUT} = 0$ 时，$I_{D1} = i_{D1}$。此式的关键点是输出晶体管的静态电流可以由二极管连接的晶体管中的电流很好地进行控制。

下面来考查此电路的输出摆幅。对于 $v_{OUT} > 0$，$v_{GS1} > V_{TH1}$，M_1 作为源跟随器，因此

$$v_{OUT} = V_{DD} - v_{SD3} - v_{GS1} \tag{10.39}$$

M_3 作为电流源要求 v_{SD3} 的最小值为 $|V_{OD3}| = |V_{GS3} - V_{TH3}|$，因此输出电压的最大值为

$$v_{OUT,max} = V_{DD} - |V_{OD3}| - v_{GS1} \tag{10.40}$$

输出的最小值也可以采用相同的方法求得，可以得到 $v_{OUT,min} = -V_{SS} + V_{OD6} + v_{SG2}$。在实际设计中，可以增加输出晶体管的 W/L 比值来降低过驱动电压，进而提高输出摆幅。但是大尺寸的晶体管的寄生电容也会随之增加，从而限制电路的高频性能。

下面考查电路的功率效率。在 AB 类放大器中晶体管偏置在非零直流电流，此电流要比交流输出电流的峰值小很多。晶体管在输入信号比半周期稍微多一点的时间内导通，其功率效率比 B 类放大器的稍微小一些。根据 B 类放大器的功率效率来评估 AB 类放大器的功率效率。假设图 10-16 所示的电路工作在 B 类模式，并且令 $V_{SS} = V_{DD}$，假设漏极电流满足正弦变化 $i_{D1} = I_p \sin\omega t$，晶体管的平均漏极电流为

$$I_{D1} = \frac{1}{2\pi}\int_0^\pi i_{D1} \, dt = \frac{1}{2\pi}\int_0^\pi I_p \sin(\omega t)\, d(\omega t) = \frac{I_p}{\pi} \tag{10.41}$$

由 M_1 和 M_2 从直流电源抽取的平均电流为

$$I_{dc} = 2I_{D1} = \frac{2I_p}{\pi} \tag{10.42}$$

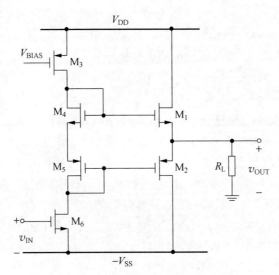

图 10-16 共漏极 AB 类推挽输出级

这样,从直流电源提供的平均输入功率为

$$P_S = I_{dc} V_{DD} = \frac{2I_p V_{DD}}{\pi} \tag{10.43}$$

而负载上的输出功率为

$$P_L = \frac{I_p^2 R_L}{2} = \frac{V_p^2}{2R_L} = \frac{I_p V_p}{2}$$

这样,功率效率为

$$\eta = \frac{P_L}{P_S} = \frac{I_p V_p / 2}{2I_p V_{DD}/\pi} = \frac{\pi}{4}\left(\frac{V_p}{V_{DD}}\right) \tag{10.44}$$

当 $V_p = 2V_{DD}/\pi$ 时得到 $\eta = 50\%$,当 $V_p = V_{DD}$ 时得到 $\eta = 78.5\%$,最大输出功率为

$$P_{L(max)} = \frac{I_p^2 R_L}{2} = \frac{I_p V_p}{2} = \frac{I_p V_{DD}}{2} = \frac{V_{DD}^2}{2R_L} \tag{10.45}$$

这样,最大功率效率为

$$\eta_{max} = \frac{P_{L(max)}}{P_S} = \frac{I_p V_{DD}/2}{2I_p V_{DD}/\pi} = \frac{\pi}{4} = 78.5\% \tag{10.46}$$

这里假设输出可以摆到 V_{DD} 和 $-V_{SS}$ 之间的情况下得到最大功率效率,实际情况下要小一些。但不管怎样,互补推挽 B 类放大器的最大效率还是比 A 类放大器高很多。

在 AB 类放大器中的功率关系式,除了 AB 类电路每个晶体管消耗很小的静态功率 $I_{DQ}V_{DD}$ 之外,与在 B 类放大器中的那些关系式基本上是一致的。根据式(10.43),可以得到从直流电源而来的平均功率为

$$P_S = \frac{2I_p V_{DD}}{\pi} + 2I_{DQ}V_{DD} = V_{DD}\left(2I_{DQ} + \frac{2I_p}{\pi}\right) \tag{10.47}$$

因此,AB 类放大器的功率效率比 B 类放大器的功率效率稍微小一些,但仍然比 A 类放大器的功率效率大很多。

【**例 10.6**】　考查图 10-16 所示的共漏极 AB 类推挽输出级，采用双电源，$V_{DD}=V_{SS}=2.5V$，驱动 $R_L=50\Omega$，为了产生 1.5V 的输出电压最大值，求此 M_1 的尺寸 W/L，NMOS 的参数为 $V_{THN}=0.7V$，$K_n=110\,\mu A/V^2$，$\lambda_n=0.04V^{-1}$。假设 $|V_{OD3}|=0.1V$，并且忽略体效应。

解： 根据式(10.40)得

$$v_{GS1}=V_{DD}-|V_{OD3}|-v_{OUT,max}=2.5-0.1-1.5=0.9V$$

那么

$$V_{OD1}=v_{GS1}-V_{THN}=0.9-0.7-0.2V$$

当 $v_{OUT,max}=1.5V$ 时，流经负载的电流为 $1.5/50=30mA$，此时这些电流全部由 M_1 提供，即 $I_{D1}=30mA$，而 $I_{D2}=0$，这样

$$I_{D1}=\frac{1}{2}K_n\frac{W}{L}V_{OD1}^2=\frac{1}{2}\times110\times10^{-6}\times\frac{W}{L}\times0.2^2=30mA$$

得

$$W/L\approx13\,636$$

可见这是一个尺寸很大的晶体管。

2. 具有误差放大器的共源极结构

采用带有误差放大器的共源极结构来代替图 10-16 所示的输出源跟随器，原理图如图 10-17 所示。组合共源极放大器和误差放大器可以实现源跟随器的功能，同时获得更高的跨导。误差放大器的作用是通过负反馈使输出级的输入和输出尽量相等。这里采用负反馈可以降低输出电阻。

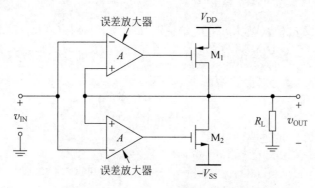

图 10-17　采用带有误差放大器的共源极结构的 AB 类推挽输出级

为了求出电路的输出电阻，考虑图 10-18 所示的小信号等效电路。v_t 是为了求输出电阻而施加的测试电压，那么电流 i_t 为

$$i_t=\frac{v_t}{r_{o1}}+\frac{v_t}{r_{o2}}+g_{m1}Av_t+g_{m2}Av_t \tag{10.48}$$

整理可得

$$R_o=\frac{v_t}{i_t}=\frac{1}{(g_{m1}+g_{m2})A}\parallel r_{o1}\parallel r_{o2} \tag{10.49}$$

可见，提高误差放大器的增益可以降低输出级总的输出电阻 R_o。

为了讨论电路的转移特性，考查图 10-19 所示的输出级直流模型，其中包括了误差放大器的输入失

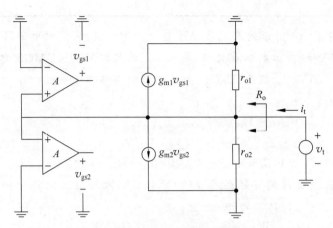

图 10-18　求图 10-17 所示的电路的输出电阻的小信号等效电路

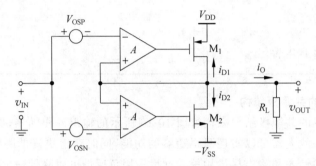

图 10-19　图 10-17 所示的电路的输出级直流模型

调电压 V_{OSP} 和 V_{OSN}。假设 $\mu_p C_{ox}(W/L)_1 = \mu_n C_{ox}(W/L)_2 = K'(W/L)$ 及 $-V_{TH1} = V_{TH2} = V_{TH}$，首先假设设计误差放大器使当 $v_{IN} = 0$、$V_{OSP} = 0$ 和 $V_{OSN} = 0$ 时 $-I_{D1} = I_{D2} = I_Q$，在这些条件下，有

$$v_{OUT} = 0 \tag{10.50}$$

$$v_{GS1} = -V_{TH} - V_{OD} \tag{10.51}$$

$$v_{GS2} = V_{TH} + V_{OD} \tag{10.52}$$

其中 V_{OD} 是晶体管 M_1 和 M_2 的过驱动电压

$$V_{OD} = \sqrt{\frac{2I_Q}{K'(W/L)}} \tag{10.53}$$

对于非零输入和失调，输出也不等于零。上面的误差放大器的差分输入从零可变化到 $v_{OUT} - (v_{IN} - V_{OSP})$。同样地，下面的误差放大器的差分输入从零可变化到 $v_{OUT} - (v_{IN} - V_{OSN})$。每一个放大器的输出变化是其输入变化的 A 倍，则

$$v_{GS1} = -V_{TH} - V_{OD} + A[v_{OUT} - (v_{IN} - V_{OSP})] \tag{10.54}$$

$$v_{GS2} = V_{TH} + V_{OD} + A[v_{OUT} - (v_{IN} - V_{OSN})] \tag{10.55}$$

如果 M_1 和 M_2 工作在饱和区，并且令 $\mu_p C_{ox}(W/L)_1 = \mu_n C_{ox}(W/L)_2 = K'(W/L)$，得

$$i_{D1} = -\frac{1}{2}\mu_p C_{ox}(W/L)_1(v_{GS1} - V_{TH1})^2 = -\frac{1}{2}K'(W/L)(v_{GS1} - V_{TH})^2 \tag{10.56}$$

$$i_{D2} = \frac{1}{2}\mu_n C_{ox}(W/L)_2(v_{GS2} - V_{TH2})^2 = \frac{1}{2}K'(W/L)(v_{GS2} - V_{TH})^2 \tag{10.57}$$

这里,PMOS 晶体管的漏极电流 i_{D1} 的参考方向为从其漏端看进去的方向。同时,也有

$$i_O = v_{OUT}/R_L \tag{10.58}$$

根据 KCL,有

$$i_O + i_{D1} + i_{D2} = 0 \tag{10.59}$$

整理后,得

$$v_{OUT} = \frac{v_{IN} - \dfrac{V_{OSP} + V_{OSN}}{2}}{1 + \dfrac{1}{K'(W/L)A[2V_{OD} - A(V_{OSP} - V_{OSN})]R_L}} \tag{10.60}$$

如果 $V_{OSP} = V_{OSN} = 0$,则有

$$v_{OUT} = \frac{v_{IN}}{1 + \dfrac{1}{K'(W/L)A \cdot 2V_{OD}R_L}} = \frac{v_{IN}}{1 + \dfrac{1}{2Ag_mR_L}} \approx v_{IN}\left(1 - \frac{1}{2Ag_mR_L}\right) \tag{10.61}$$

其中 $g_m = K'(W/L)V_{OD}$。项 $(2Ag_mR_L)$ 是环绕反馈环路的增益,即环路增益,一般选择足够大的环路增益,以便转移特性的斜率趋近于 1,并处于可允许的增益误差范围内。增益误差近似为 $1/(2Ag_mR_L)$。

对于非零失调,式(10.60)表明电路也呈现失调误差。如果 $A(V_{OSP} - V_{OSN}) \ll 2V_{OD}$ 并且 $2Ag_mR_L \gg 1$,则

$$v_{OUT} \approx \frac{v_{IN} - \dfrac{V_{OSP} + V_{OSN}}{2}}{1 + \dfrac{1}{K'(W/L)A \cdot 2V_{OD}R_L}} = \frac{v_{IN} - \dfrac{V_{OSP} + V_{OSN}}{2}}{1 + \dfrac{1}{2Ag_mR_L}} \approx v_{IN} - \frac{V_{OSP} + V_{OSN}}{2} \tag{10.62}$$

因此,电路的输入失调电压约为 $-(V_{OSP} + V_{OSN})/2$。

只要 M_1 和 M_2 处于饱和区,式(10.60)就保持成立。如果输出电压的幅度足够大,两个晶体管中就会有晶体管截止。例如,当 v_{IN} 增加时,v_{OUT} 也增加但增益稍小于单位 1。结果,误差放大器的差分输入下降,从而造成 v_{GS1} 和 v_{GS2} 下降。这些变化使 $|i_{D1}|$ 上升,而 i_{D2} 下降,对于足够大的 v_{IN},M_2 将截止。

采用这种结构的好处是可以提高输出摆幅。如果输出晶体管必须处于饱和区,则输出摆幅可以达到电源电压之内一个过驱动电压。对比式(10.40),这个结果要比共漏极 AB 类推挽输出级的输出摆幅特性好。尽管这种结构的输出摆幅特性好,但有两方面的问题:首先,误差放大器必须具有足够大的带宽以避免在高频输入信号时的交越失真。然而,提高误差放大器的带宽可能会恶化电路稳定性,特别是驱动大电容负载的时候;其次,误差放大器存在的失调改变了流经输出晶体管的静态电流。从设计的角度,要选择一个合适的、足够大的静态电流,以保证交越失真达到一个可以接受的水平。尽管进一步提高静态电流可以减少交越失真,然而却增加了功耗并降低了输出摆幅。具有零失调的静态电流的选择是一个关键的设计因素。这里介绍一种控制静态电流的方法。采用设计一个具有低增益的误差放大器来限制静态电流的变化。静态电流由输出晶体管的栅源电压控制,而其又被误差放大器的输出控制。降低误差放大器增益,以便减小在一定的失调电压变化范围时的栅源电压变化及静态电流变化。

下面进行定量分析。当 $v_{IN} = 0$ 时,定义输出器件中的静态电流从 V_{DD} 流到 $-V_{SS}$ 电流的共模成分,则有

$$I_Q = \frac{I_{D2} - I_{D1}}{2} \tag{10.63}$$

利用式(10.54)~式(10.57),得

$$I_Q = \frac{1}{4}K'(W/L)\left\{\left[V_{OD} + A(v_{OUT} + V_{OSN})\right]^2 + \left[-V_{OD} + A(v_{OUT} + V_{OSP})\right]^2\right\} \tag{10.64}$$

由于当 $V_{OSP} = V_{OSN} = 0$ 时 $v_{OUT} = 0$,因此由式(10.64)可知

$$I_Q\big|_{v_{OSP} = v_{OSN} = 0} = \frac{1}{4}K'(W/L)\left\{(V_{OD})^2 + (-V_{OD})^2\right\} = \frac{1}{2}k'(W/L)(V_{OD})^2 \tag{10.65}$$

根据式(10.62),当 $v_{IN} - 0$ 时,有

$$v_{OUT} + V_{OSP} \approx \frac{V_{OSP} - V_{OSN}}{2} \tag{10.66}$$

$$v_{OUT} + V_{OSN} \approx -\frac{V_{OSP} - V_{OSN}}{2} \tag{10.67}$$

将式(10.66)和(10.67)带入式(10.64),有

$$I_Q = \frac{1}{2}K'(W/L)\left[V_{OD} - A\left(\frac{V_{OSP} - V_{OSN}}{2}\right)\right]^2 \tag{10.68}$$

定义 ΔI_Q 为 I_Q 由于失调所引起的变化,即

$$\Delta I_Q = I_Q\big|_{v_{OSP} = v_{OSN} = 0} - I_Q \tag{10.69}$$

得

$$\Delta I_Q = \frac{1}{2}K'(W/L)A(V_{OSP} - V_{OSN})\left[V_{OD} - A\left(\frac{V_{OSP} - V_{OSN}}{4}\right)\right] \tag{10.70}$$

然后将式(10.70)的电流变化采用零失调时的静态电流进行归一化,得

$$\frac{\Delta I_Q}{I_Q\big|_{v_{OSP} = v_{OSN} = 0}} = A\left(\frac{V_{OSP} - V_{OSN}}{V_{OD}}\right)\left[1 - A\left(\frac{V_{OSP} - V_{OSN}}{4V_{OD}}\right)\right] \tag{10.71}$$

如果 $A(V_{OSP} - V_{OSN}) \ll 4V_{OD}$,则上式变为

$$\frac{\Delta I_Q}{I_Q\big|_{v_{OSP} = v_{OSN} = 0}} \approx A\left(\frac{V_{OSP} - V_{OSN}}{V_{OD}}\right) \tag{10.72}$$

由此可见,为了降低由于失调而引起的静态电流变化,需要选择较小的误差放大器增益及较大的过驱动电压。为了使静态电流的变化控制在一定范围内,误差放大器的最大增益为

$$A < \left(\frac{V_{OD}}{V_{OSP} - V_{OSN}}\right)\frac{\Delta I_Q}{I_Q\big|_{v_{OSP} = v_{OSN} = 0}} \tag{10.73}$$

例如,选择过驱动电压 $V_{OD} = 200\text{mV}$,如果 $V_{OSP} - V_{OSN} = 1\text{mV}$,若允许 10% 的静态电流变化,则误差放大器的增益应小于 20。

3. 共漏极结构和共源极结构的组合

采用共源极结构输出级的优点是可以提供比共漏极结构输出级更大的输出摆幅。共源极结构的输出级相比较而言可能会具有更高的谐波失真,特别是在高频输入时失真更加严重。原因主要有两个,其一是为了避免稳定性问题,误差放大器的带宽通常是受限的;其二是为了控制适合的静态输出电流,误差放大器的增益也是受限的。

为了克服这些问题,可以考虑结合图 10-16 所示的共漏极结构和图 10-17 所示的共源极结构,如图 10-20 所示。共漏极输出级和共源极输出级的输出连接在一起,共漏极输出级(M_1 和 M_2)工作在 AB 类模式,而共源极输出级(M_{11}、M_{12} 和误差放大器 A)工作在 B 类模式。当达到最大输出摆幅时,共源极输出级起主要作用,而在零输出时共源极输出级关闭。而共漏极输出级控制静态输出电流,并提高频率

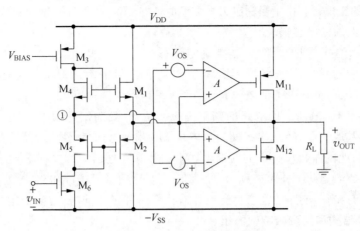

图 10-20　共漏极和共源极结构组合的输出级

响应。

根据 KVL，图 10-20 中①节点处的电压 v_1 与总输出信号电压 v_{OUT} 之间的关系为

$$v_{OUT} = v_1 + v_{GS4} - v_{GS1} \tag{10.74}$$

如果 $V_{TH1} = V_{TH4}$，此式可重写为

$$v_{OUT} = v_1 + V_{OD4} - V_{OD1} \tag{10.75}$$

因此，调整 v_{IN} 让 $v_1 = 0$，并设计 $M_1 \sim M_5$，如果能够满足 $V_{OD4} = V_{OD1}$，则可以使 $v_{OUT} = 0$。如果满足条件

$$\frac{I_{D1}}{(W/L)_1} = \frac{I_{D4}}{(W/L)_4} \tag{10.76}$$

可以使 $V_{OD4} = V_{OD1}$。进一步地，根据式(10.36)、式(10.37)和式(10.38)，如果满足

$$\frac{(W/L)_2}{(W/L)_1} = \frac{(W/L)_5}{(W/L)_4} \tag{10.77}$$

能得到 $V_{OD4} = V_{OD1}$，$V_{OD5} = V_{OD2}$。假设保持这些条件以便保证在 $v_1 = 0$ 时 $v_{OUT} = 0$。在这种情况下，将 M_{11} 和 M_{12} 设计成截止态，并将误差放大器设计成具有一个小的失调电压 V_{OS}。可以有意地将误差放大器的输入差分对管设计成不匹配来获得此失调电压 V_{OS}，即 $v_1 = v_{OUT} = 0, V_{OS} > 0$。这样设计误差放大器使 $v_{GS11} > V_{TH11}$ 和 $v_{GS12} > V_{TH12}$，以便 M_{11} 和 M_{12} 截止。这样，静态输出电流由共漏极电路控制。

若 v_{IN} 从 $v_1 = 0$ 时的值开始下降，则 v_1 上升，v_{OUT} 也跟着上升，但如果驱动有限负载 R_L，则增益小于单位1。因此 $v_1 - v_{OUT}$ 上升，v_{GS11} 和 v_{GS12} 下降，最后会导通 M_{11} 并仍使 M_{12} 截止。在 M_{11} 导通后，随着 v_{OUT} 上升，i_{D1} 和 $|i_{D11}|$ 也都上升，直到 $v_{GS1} - V_{TH1}$ 达到其最大值。当 v_{OUT} 超过此点后，$|i_{D11}|$ 上升，i_{D1} 下降，共源极输出级成为主导。

共漏极输出级的输出摆幅受限于 v_{GS1}，其中包含阈值电压项。而共源极输出级的输出摆幅限制不包括阈值电压项，因此，此电路的摆幅可以达到电源电压以内一个过驱动电压。我们期望共源极输出级比共漏极输出级具有更大的输出摆幅。然而，当两种电路如图 10-20 所示进行组合时，输出摆幅却受限于产生 v_1 的驱动级。定义 v_1 最大值 V_1^+，M_3 工作在饱和区，有

$$V_1^+ = V_{DD} - |V_{OD3}| - v_{GS4} \tag{10.78}$$

由于 v_1 也输入到共源极输出级，因此最大输出 V_1^+ 可以设计为

$$V_{OUT}^+ \approx V_1^+ = V_{DD} - |V_{OD3}| - v_{GS4} \tag{10.79}$$

由此可见，只要当 $v_{OUT} = V_{OUT}^+$ 时 $v_{GS4} < v_{GS1}$，图 10-20 所示的组合输出级的正摆幅就可以超过图 10-16

所示的共漏极输出级的正摆幅。由于当输出为最大值时,$i_{D4} \ll i_{D1}$,此条件通常能够满足。可以将图 10-20 所示的电路设计成更大的输出摆幅。

由于图 10-20 所示的共源极输出级不需要确定静态输出电流,因此,图 10-20 所示的误差放大器的增益不必受限。实际中,此放大器通常采用增益为 $g_m r_o$ 的一级放大器即可。这提高了增益,减少了输入与输出之间的误差,因而也减少了谐波失真。

下面定性地讨论图 10-20 所示的电路的频率响应。从 v_1 到输出有两条路径。由于存在为了保证稳定而带宽受限的误差放大器,经过共源极的晶体管 M_{11} 和 M_{12} 的路径比较慢。而经过共漏极的晶体管 M_1 和 M_2 是相对高速的路径。负载上的输出电流由共源极输出级和共漏极输出级共同组成,因此,高速路径决定了高频特性。此项技术被称为"前馈"。电路利用源跟随器的高频处的特性,减少了由较慢的误差放大器引入的相移,电路的稳定性也就相对比较好保证。同时,也降低了电路的高频失真。

4. 大摆幅共源极结构和共漏极结构的组合

虽然图 10-20 所示的共源极输出级和共漏极输出组合的结构相比于单纯的共漏极输出级的输出摆幅能够设计得高一些,但其输出摆幅还可以进一步提高。如式(10.76)所示,图 10-20 所示的电路的正摆幅主要受限于 v_{GS4} 项,此项包含阈值电压,由于体效应的原因,会随着 v_1 和 v_{OUT} 的上升而上升。同样地,负摆幅主要受限于 v_{GS5} 项,此项包含阈值电压,由于体效应的原因,其值会随着 v_1 和 v_{OUT} 的下降而上升。实际中,这些项会减少 $1.5 \sim 2V$ 的输出摆幅。

图 10-21 所示的电路可以克服这个问题,在图 10-20 所示的电路的基础上,增加了额外一条支路。新的支路由 M_7 和 M_8 组成,它们与 $M_3 \sim M_6$ 支路并行工作来产生电压 v_1。这样,新的支路可以使 v_1 达到电源电压的一个过驱动电压以内,而 M_7 和 M_8 仍工作在饱和区。此电路的输出摆幅受限于 v_1 的摆幅,提高 v_1 的摆幅就可以提高输出摆幅。

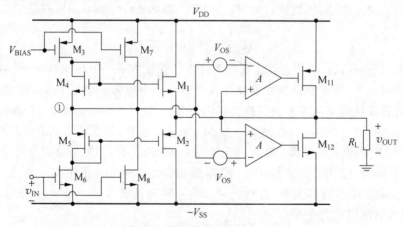

图 10-21　大摆幅的共漏极和共源极结构组合的输出级

10.6　全差分运算放大器与共模反馈

运算放大器可以采用差分输入、单端输出的形式,如图 10-6(a)、图 10-7(a)、图 10-11 所示;也可以采用差分输入、差分输出的形式,如图 10-6(b)、图 10-7(b)、图 10-9、图 10-10、图 10-12 所示。后者常常称为"全差分运算放大器"。全差分运算放大器广泛地用于现代集成电路中,它可以提供比单端输出形式更为优良的特性。全差分运算放大器可以提供更大的输出信号摆幅,并且可以抑制共模噪声。在理想的差分输出中不会出现偶次非线性项。而全差分运算放大器的缺点是在反馈结构中需要两套匹配的反馈网络,并且为了稳定全差分运算放大器的共模,需要共模反馈(CMFB)电路来控制运算放大器偏置点及共模。

10.6.1　全差分放大器的特性

全差分结构的单级及二级运算放大器的电路结构形式不同于单端输出的运算放大器,如图 10-22 所示的反相放大器,图 10-22(a)所示的是采用全差分运算放大器构成的反馈放大器,而图 10-22(b)所示的是采用单端输出放大器构成的负反馈放大器。图 10-23 给出了一个典型的、简单的全差分运算放大器的电路结构,为了获得高增益,差分放大器的负载为具有很大输出电阻的电流源,此电流源采用工作在饱和区的晶体管 M_3、M_4 实现。全差分运算放大器提供比单端输出运算放大器更大的输出摆幅。这一点在当今低电源电压工作的电路中更为重要。假设每个运算放大器的输出 v_{OUT1}、v_{OUT2} 或 v_{OUT} 的摆幅范围从 V_{min} 到 V_{max},对于单端输出运算放大器,峰峰输出电压为 $V_{max}-V_{min}$,如图 10-22(d)所示,而对于全差分运算放大器,v_{OD} 峰峰差分输出为 $2(V_{max}-V_{min})$,如图 10-22(c)所示。

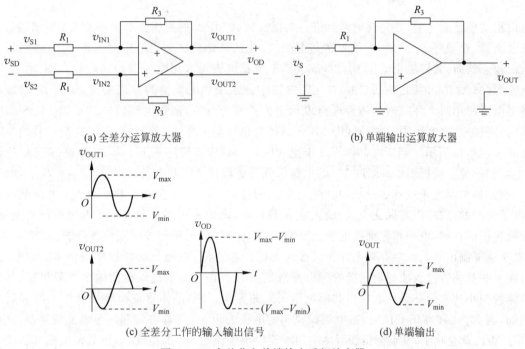

(a) 全差分运算放大器　　　　　　　　　　　(b) 单端输出运算放大器

(c) 全差分工作的输入输出信号　　　　　(d) 单端输出

图 10-22　全差分和单端输出反相放大器

全差分放大器更大的输出摆幅可以获得更好的信噪比特性。根据第 8 章可知,差分放大器的噪声功率是单端电路的噪声功率的 2 倍。由于全差分运算放大器的峰峰差分输出是单端形式的 2 倍,因而最大输出信号功率是单端的 4 倍。因此,全差分运算放大器可以获得的 SNR 是单端输出运算放大器的2 倍。

全差分运算放大器比单端输出运算放大器具有更好的共模噪声抑制特性。正如第 6 章的讨论,如果运算放大器差分对不存在失配且具有零共模增益,则共模干扰不会影响共模输出电压。如果运算放大器不存在失配而具有非零的、很小的共模增益,会引起很小的输出共模变化,但这不会影响差分输出信号。对于单端输出运算放大器,此共模变化直接叠加在输出上。

全差分运算放大器的线性度特性也比单端的好。全差分放大器的输入输出特性呈现奇函数特性。当施加差分输入时,偶次失真或许会存在于每一个输出 v_{OUT1} 或 v_{OUT2} 上,但每个输出上的失真是一致的,在差分输出 v_{OD} 中相减等于零,因而在差分输出中仅有奇次失真,在差分输出中不存在偶次非线性项。

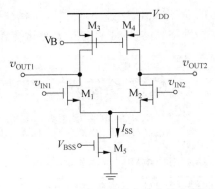

图 10-23   一个简单的全差分放大器

在全差分运算放大器中,正如第 6 章所讨论的,如果不存在失配,运算放大器的小信号差分输出电压正比于小信号差分输入电压,与共模输入电压无关。同样地,小信号共模输出电压正比于小信号共模输入电压,而与差分输入电压无关。在实际的全差分运算放大器中,如图 10-23 所示,由于存在负载电流源(M_3 和 M_4)和尾电流源(M_5)之间匹配的问题,运算放大器的共模不能确定。差分信号的负反馈不能确定运算放大器的共模分量。因而需要共模反馈电路来稳定全差分运算放大器的共模电压。

10.6.2   共模反馈

在讨论共模反馈之前,首先讨论需要进行共模反馈(CMFB)的原因。对于图 10-23 所示的简单全差分运算放大器,希望将 $M_1 \sim M_5$ 都偏置在其饱和区,并且设计共模输出电压直流值 V_{OC},能够最大化输出电压摆幅。然而,共模输出电压 V_{OC} 非常敏感于负载电流源和尾电流源的匹配性。图 10-23 所示的负载电流源(M_3、M_4)和尾电流源(M_5)在实际电路中通常采用电流镜的方式实现,如图 10-24(a)所示,这里将尾电流源用两个并联的晶体管进行表示。为了便于分析,假设电流镜中的 n 型 MOS 晶体管都是一样的,同样地,电流镜中的中的 p 型 MOS 晶体管也都是一样的,即 1:1 电流复制。共模半边等效电路如图 10-24(b)所示。当所有晶体管处于饱和区时,M_3 应该流过等于 I_{REF1} 的电流,而 M_8 应该流过等于 I_{REF2} 的电流。根据 KCL,流过 M_3 的电流必须等于流经 M_8 的电流。如果 $I_{REF1} = I_{REF2}$,能够满足 KCL,所有晶体管都处于饱和区。从设计的角度,令 $I_{REF1} = I_{REF2}$,让它们来源于同一个电流基准源。实际上,由于失配的存在,很难保证 I_{REF1} 能正好等于 I_{REF2},即便采用同一个电流基准源进行电流复制,由于电流镜失配的存在,也很难保证按电流镜复制的、流经 M_3 的电流与按电流镜复制的、流经 M_8 的电流相等,电流镜复制出的电流会存在差异。而按照 KCL,流过 M_3 的电流必须等于流经 M_8 的电流,这样就会迫使一些晶体管进入或邻近三极管区以便满足 KCL。由于每个电流镜的输出电阻很高,基准电流源或晶体管很小的失配都会引起输出共模电压很大的变化,一些晶体管也很容易就进入或邻近三极管区。例如,当 M_3 工作在饱和区时,按电流镜复制的电流大于 M_8 工作在饱和区按电流镜复制的电流,那么 M_3 的 $|V_{DS}|$ 就会减小,从而降低流经 M_3 的电流以等于流经 M_8 的电流,输出共模电压就会上升。如果输出共模电压上升到使 M_3 的 $|V_{DS}|$ 值小于一个过驱动电压值,则 M_3 就会进入三极管区。这样会影响输出共模电压,并且使一些晶体管不能正确地工作在饱和区,影响了电路中晶体管的工作状态,造成放大器不能正确工作。

上述全差分运算放大器的共模问题可以通过采用共模反馈电路来进行解决。知道了共模问题产生的原因,就可以利用共模反馈电路调整图 10-24(a)所示的 M_3 和 M_4 中的电流,使其等于 M_7 和 M_8 中的电流,或者反之,调整 M_7 和 M_8 中的电流使其等于 M_3 和 M_4 中的电流,同时使输出共模电压处于需要的电平上,保证电路中的所有 MOS 晶体管处于饱和区。

同一般反馈电路一样,共模反馈电路也包含相同的要素:检测共模电平,然后同一个参考量(如希望的共模电平 V_{CM})进行比较;而后将误差返回放大器偏置电路调整偏置电路的电流,以便保证负载电

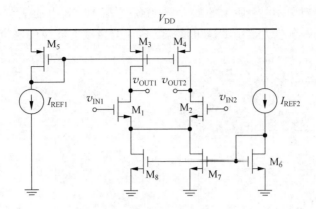

(a) 简单的全差分放大器的电流镜偏置

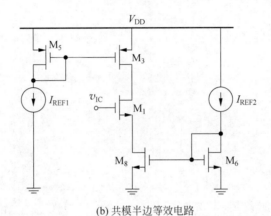

(b) 共模半边等效电路

图 10-24 分析简单的全差分放大器电流源失配的等效电路

流源和尾电流源的电流匹配,共模反馈电路的原理图如图 10-25 所示。

1. 采用电阻的共模反馈电路

为了检测出输出共模电平,知道放大器输出的共模分量 $v_{OC} = (v_{OUT1} + v_{OUT2})/2$,其中 v_{OUT1} 和 v_{OUT2} 分别是全差分放大器的输出。完成这个功能最直接的方法是采用电阻分压网络,如图 10-26 所示,可以写出

$$\frac{v_{OUT1} - v_{OC}}{R_1} = \frac{v_{OC} - v_{OUT2}}{R_2} \tag{10.80}$$

整理可得

$$v_{OC} = \frac{v_{OUT1} R_2 + v_{OUT2} R_1}{R_1 + R_2} \tag{10.81}$$

如果 $R_1 = R_2$,则 $v_{OC} = (v_{OUT1} + v_{OUT2})/2$。

采用放大器将检测到的输出共模电平减去希望的共模电平 V_{CM},然后将误差反馈至偏置电路,如图 10-27 所示。共模反馈放大器可以采用图 10-28 所示的二极管连接的 MOS 负载的放大器结构。此放大器的输出,施加到全差分放大器的共模反馈端的输入为

$$v_{CMFB} = A_{cms}(v_{OC} - V_{CM}) + V_{BSS0} \tag{10.82}$$

其中 A_{cms} 是共模反馈放大器的增益,而 V_{BSS0} 是 M_5 在放大器不存在失配时的偏置电压值。当 $v_{OC} =$

V_{CM} 时,$v_{CMFB} = V_{BSS0}$。针对图 10-27 所示的放大器电路,当图 10-28 中的 $I_{D23} = I_{D25}/2$ 时,$V_{BSS} = V_{GS23}$。在设计时,选择 I_{D23} 使全差分放大器中的尾电流源的电流与负载电流源的电流当 $v_{OC} = V_{CM}$ 时相等,即图 10-23 所示的电路中 $I_{D5} = |I_{D3}| + |I_{D4}|$。

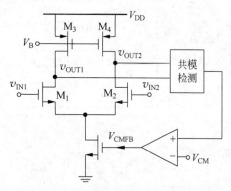

图 10-25　共模反馈电路的结构原理图

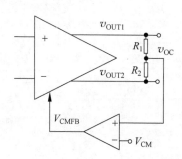

图 10-26　采用电阻检测放大器的输出共模电平

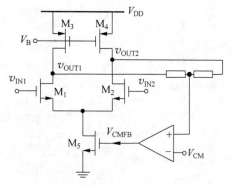

图 10-27　采用电阻的共模反馈电路

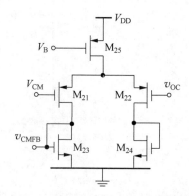

图 10-28　采用电阻的共模反馈电路中的共模反馈放大器

如果图 10-27 所示的全差分放大器由于负载电流与尾电流源电流出现失配,则共模电平 v_{OC} 将偏离 V_{CM},假设负载电流大于尾电流源电流,根据之前的分析,v_{OC} 会上升,放大器中的晶体管将不能正确地偏置。上升的 v_{OC} 经过共模反馈放大器与 V_{CM} 比较后,v_{CMFB} 也上升,提高了尾电流源的电流,最终使负载电流与尾电流源电流相匹配。反之亦然。

采用电阻的共模反馈电路应用到全差分折叠共源共栅运算放大器的电路如图 10-29 所示,其中图 10-29(a) 所示的共模反馈端反馈到了共源共栅电流源。在折叠共源共栅运算放大器中,CMFB 也可以反馈到差分对的尾电流源上,如图 10-29(b) 所示。

采用电阻的共模反馈电路有一个明显的缺点。共模反馈电路中的电阻 R_1 或 R_2 成为放大器的差分输出负载,此电阻负载会降低放大器的差分增益,除非电阻值比放大器的差分输出电阻大很多。一般需要几个 MΩ 以上,这么大的电阻将占用非常大的芯片面积,不便于在芯片上实现。为了避免产生阻性负载,可以在输出端和电阻分压网络之间增加源跟随器。图 10-30 所示的是采用源跟随器的一个共模反馈例子。在这种电路中检测出来的电平与实际的共模电平偏差一个 V_{GS}。这个问题可以通过在 V_{CM} 上也平移一个相同的 V_{GS} 电压来进行解决,如图 10-31 所示,在 V_{CM} 电压上也加入一个相同的源跟随器以便产生相同的平移电压。

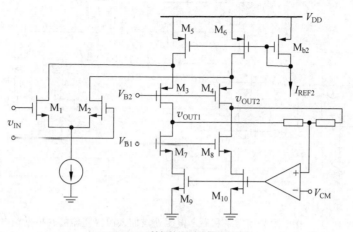

(a) CMFB反馈到共源共栅电流源

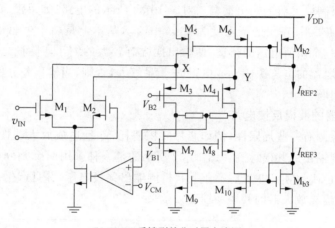

(b) CMFB反馈到差分对尾电流源

图 10-29   采用电阻的共模反馈电路中的共源共栅运算放大器

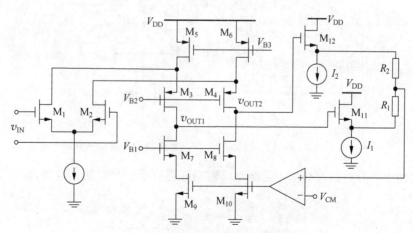

图 10-30   采用电阻和源跟随器的共模反馈电路

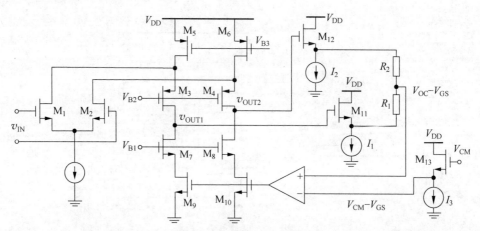

图 10-31   在电阻分压网络和参考电压处均加入源跟随器的共模反馈电路

加入源跟随器会限制放大器的输出摆幅。对图 10-30 所示的电路,如果没有 CMFB,输出的下限是 $V_{OD7}+V_{OD9}$,加入源跟随器后,输出的下限变为 $V_{GS11}+V_{OD}$,基本上是两个过驱动电压加上一个阈值电压。因此,额外占用了一个阈值电压的裕度,使输出摆幅有较大的缩小。除此之外,如果采用源跟随器的设计,需要保证源跟随器的电流源 $I_{1,2}$ 或电阻 $R_{1,2}$ 足够大,否则,当输出差分信号很大时,M_{11} 或 M_{12} 可能出现电流缺乏的问题。

2. 采用差分加法器的共模反馈电路

采用电阻作共模检测有一些局限性,例如芯片面积消耗,并且造成放大器性能损失,所以我们希望仅仅采用晶体管来实现输出的共模检测。图 10-32 所示的是一种采用两个差分对形成加法器来实现共模检测的电路。差分对 M_{21}、M_{22} 和 M_{23}、M_{24} 一起检测输出共模电压,并且产生一个与 v_{OC} 与 V_{CM} 差异成正比的输出,反馈到运算放大器的共模反馈输入端口。

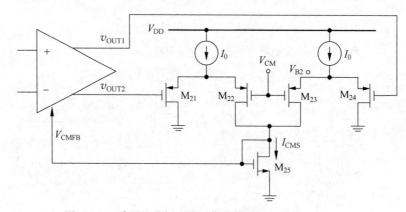

图 10-32   采用差分加法器对作共模检测的共模反馈电路

首先假设这两个差分对的差分输入足够小以便能够进行小信号分析。这样,流经 M_{22} 和 M_{23} 上的漏极电流分别为

$$i_{D22}=-\frac{I_0}{2}-g_{m22}\frac{(v_{OUT2}-V_{CM})}{2} \tag{10.83}$$

$$i_{D23}=-\frac{I_0}{2}-g_{m23}\frac{(v_{OUT1}-V_{CM})}{2} \tag{10.84}$$

这两个电流的和流经二极管连接的 MOS 晶体管 M_{25}，使 $g_{m22} = g_{m23} = g_m$，则共模检测输出电流为

$$i_{CMS} = i_{D25} = -i_{D22} - i_{D23} = I_0 + g_m \left(\frac{v_{OUT1} + v_{OUT2}}{2} - V_{CM} \right)$$

$$= I_0 + g_m (v_{OC} - V_{CM}) \tag{10.85}$$

可见，i_{CMS} 中包含了一个偏置电流 I_0 及正比于 $(v_{OC} - V_{CM})$ 的分量。二极管连接的 MOS 晶体管 M_{25} 可以与放大器的尾电流源构成电流镜结构，如图 10-23 所示的 M_5，产生一个可以控制输出共模的尾电流源。下面讨论当 $v_{OC} = V_{CM}$ 时电路的直流偏置。如果 $v_{OC} = V_{CM}$，M_{25} 的漏极电流为

$$I_{D25} = |I_{D22}| + |I_{D23}| = \frac{I_0}{2} + \frac{I_0}{2} = I_0 \tag{10.86}$$

对于图 10-23 所示的放大器，可以选择 $I_0 = |I_{D3}| + |I_{D4}|$ 和 $(W/L)_{25} = (W/L)_5$。设置一个合理的电路偏置，使放大器能够正确地工作。

上述分析假设 $M_{21} \sim M_{24}$ 都工作在饱和区，电压 $(v_{O1} - V_{CM})$ 和 $(v_{O2} - V_{CM})$ 可以看作小信号输入。即使输出比较大，只要 $M_{21} \sim M_{24}$ 保持开启导通，CMFB 环路就能够工作。只有当输出足够大时 $M_{21} \sim M_{24}$ 中有晶体管关闭，CMFB 环路将不能正确地工作，才会限制运算放大器的输出摆幅。采用这样的两个差分对的共模检测电路对于运算放大器而言产生容性负载，不会产生阻性负载，因而不会影响其直流增益，但会影响放大器的频率特性。

3. 开关电容共模反馈电路

为了克服由上述共模检测电路对于诸如输出摆幅的限制，并且避免对运算放大器产生阻性负载，可以采用电容来检测输出共模电压。如果将图 10-26 所示的电阻替换为电容，则会消除放大器的阻性负载。但是这些电容在直流时是开路的，不能为放大器提供偏置。采用开关电容 CMFB 可以解决这个问题。开关电容 CMFB 常常用于开关电容放大器。关于开关电容放大器的原理及实现将在第 13 章进行讨论。

开关电容 CMFB 电路图如图 10-33 所示，由于开关 $S_{11} \sim S_{13}$、$S_{21} \sim S_{23}$ 和电容 C_1、C_2 组成的网络检测输出共模电平，并且将其与希望的共模电压进行相减。电压 V_{CSBIAS} 是直流偏置电压。这些开关由两个两相不交叠的时钟 ϕ_1 和 ϕ_2 控制，当 ϕ_1 和 ϕ_2 为高电平时开关导通，否则断开。这里假设都是理想开关。实际开关的实现将在第 13 章进行讨论。C_1 与开关形成共模检测的开关电容电路部分，而 C_2 与放大器一起形成积分器结构。当 ϕ_1 为高时，C_1 充电至 $V_{CM} - V_{CSBIAS}$；当 ϕ_2 为高时，C_1 连接在 v_{OC} 和 v_{CMFB} 之间，v_{OC} 为输出的共模分量 $v_{OC} = (v_{OUT1} + v_{OUT2})/2$。由于 V_{CM} 和 V_{CSBIAS} 均是直流量，并且由于 CMFB 的负反馈作用，稳态时的 v_{OC} 不会变化。在 v_{OC} 稳定后，当 ϕ_2 为高时 C_1 不向 C_2 传递电荷。ϕ_1 为高时电容上的电荷与 ϕ_2 为高时电容上的电荷相等，为

$$Q(\phi_1) = C_1(V_{CM} - V_{CSBIAS}) = Q(\phi_2) = C_1(v_{OC} - v_{CMFB}) \tag{10.87}$$

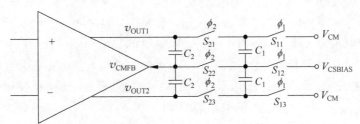

图 10-33　开关电容共模反馈电路

由此可得

$$v_{CMFB} = V_{CSBIAS} + (v_{OC} - V_{CM}) \tag{10.88}$$

在 CMFB 负反馈的作用下，当 $v_{OC} = V_{CM}$ 时，$v_{CMFB} = V_{CSBIAS}$。v_{CMFB} 取决于实际共模电平与期望的共模电压 V_{CM} 的差异。

由于开关电容 CMFB 的共模检测由电容和开关组成，不会影响放大器的输出摆幅。然而，实际的开关采用 MOS 晶体管来实现。为了降低开关的导通电阻，MOS 开关的 W/L 就必须增大，因此增加了 MOS 的寄生电容，MOS 开关就会向 C_1 注入额外的电荷。假设采用 ΔQ 表示在一个时钟周期向 C_1 传输的电荷，则式(10.87)变成

$$C_1(V_{CM} - V_{CSBIAS}) = C_1(v_{OC} - v_{CMFB}) + \Delta Q \tag{10.89}$$

即

$$V_{CM} - V_{CSBIAS} = v_{OC} - v_{CMFB} + \frac{\Delta Q}{C_1} \tag{10.90}$$

这样，就会存在一个额外的偏移量 $\Delta Q/C_1$。此偏移量降低了运算放大器的输出摆幅。我们可以通过降低 MOS 开关的 W 来降低 ΔQ，但这样会增加开关的导通电阻，需要权衡设计寄生电容和导通电阻。此外，增加 C_1 也可降低 ΔQ 的影响，但这样会增加放大器的容性负载。

10.7 转换速率

前面章节讨论的关于反馈中的运算放大器速度，关心的是其小信号特性。当输入信号经历大信号（阶跃或正弦信号）变化时，实际的运算放大器就会出现"转换"的现象。下面讨论在反馈中的运算放大器在大信号下的特性。考查图 10-34(a)所示的单位增益反馈放大器，假设电路具有单极点。在输入施加幅度为 V_0 的阶跃信号，如图 10-34(b)所示，如果反馈放大器在整个工作过程中都处于线性工作状态，输出为

$$v_{OUT} = V_0[1 - \exp(-t/\tau)] \tag{10.91}$$

其中 $\tau = 1/(2\pi f_0)$ 是对应极点频率 f_0 的时间常数。输出波形应该如图 10-34(c)所示，其斜率为

$$\frac{\mathrm{d}v_{OUT}}{\mathrm{d}t} = \frac{V_0}{\tau}\exp(-t/\tau) \tag{10.92}$$

可见，对于工作在线性状态的反馈放大器，阶跃响应的输出斜率正比于输入的幅度。如果施加更大的阶跃信号，则输出以更快的速率上升。但实际情况并非如此，当输入阶跃信号足够大时，运算放大器呈现完全不同的响应，输出电压几乎以固定斜率的斜坡上升，如图 10-34(d)所示。很明显，小信号线性分析将不再适用于大信号的这种情况。以固定斜率上升的区域的输出电压的变化速率 $\mathrm{d}v_{OUT}/\mathrm{d}t$ 被称为"转换速率"，或者称为"压摆率"或"摆率"，记为 SR。

为什么在大信号输入下负反馈放大器会出现这种转换现象？考查图 10-35 所示的负反馈放大器电路，在时刻 $t=0$ 时在同相输入端施加阶跃大信号，例如 $+2V$，而输出不能马上产生响应，即 $t=0$ 时输出初始没有发生变化。运算放大器的差分输入 $v_d = 2V$，大的差分输入使运算放大器脱离了其线性工作区域，所有的尾电流源电流 I_{SS} 全部流经 M_1，而 M_2 关断。负载电容 C_L 通过电流镜结构以 $I_x = I_{SS}$ 电流进行充电。差分对的 v_{id} 与 I_x 电流之间的关系如图 10-36 所示，对负载 C_L 的最大充电电流为放大器输入差分对的尾电流源电流 I_{SS}。根据第 6 章的分析，对于 MOS 差分对，如果 $|v_D| > \sqrt{2}V_{OD1,2}$，$V_{OD1,2}$ 是差分对晶体管 M_1 或 M_2 的过驱动电压，则 $|I_x| = I_{SS}$。放大器就会工作在非线性区，线性分析将不再有效。

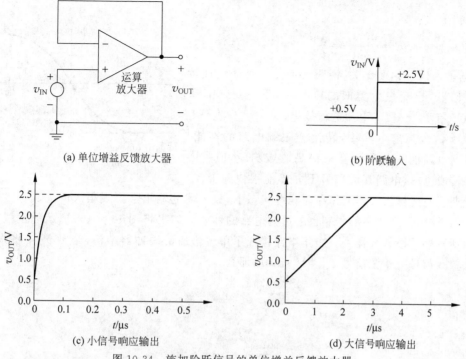

(a) 单位增益反馈放大器　　　　　　　　(b) 阶跃输入

(c) 小信号响应输出　　　　　　　　　(d) 大信号响应输出

图 10-34　施加阶跃信号的单位增益反馈放大器

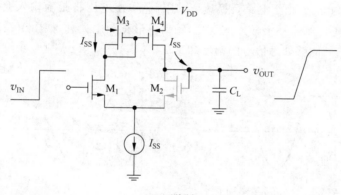

(a) 正阶跃

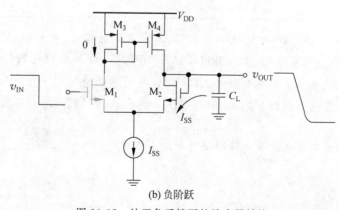

(b) 负阶跃

图 10-35　处于负反馈下的放大器转换

输出上升的斜率为

$$SR = \frac{\mathrm{d}v_{\mathrm{OUT}}}{\mathrm{d}t} = \frac{I_{\mathrm{SS}}}{C_{\mathrm{L}}} \qquad (10.93)$$

可见,斜率与输入信号幅度无关,说明转换是一种非线性特性。对于负阶跃,也会发生类似的情况,如图 10-35(b) 所示,此时对 C_{L} 有 $I_{\mathrm{x}} = -I_{\mathrm{SS}}$ 电流进行放电。

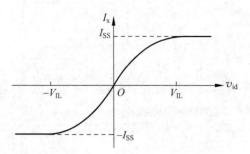

图 10-36　输入差分对的大信号特性

在处理大信号高速电路中,转换会限制电路的性能。尽管可以提高电路的小信号带宽来提高时域响应,但受限于大信号的转换速率,电路在大信号下并不能很快地工作。由于在转换期间的运算放大器工作在非线性状态下,放大器的输出会出现很大的失真。当处理高频大信号的正弦信号时,转换速率的限制也会影响电路的性能。如果将图 10-37(a) 所示的正弦信号施加到图 10-34(a) 所示的反馈放大器上。由于电路构成了单位增益的缓冲器结构,输出 v_{OUT} 将跟随输入 v_{IN} 变化。如果输入信号为正弦信号 $v_{\mathrm{IN}} = V_0 \sin\omega t$,那么

$$\frac{\mathrm{d}v_{\mathrm{IN}}}{\mathrm{d}t} = \omega V_0 \cos\omega t \qquad (10.94)$$

以及

$$\left. \frac{\mathrm{d}v_{\mathrm{IN}}}{\mathrm{d}t} \right|_{\max} = \omega V_0 \qquad (10.95)$$

只要式(10.95)的 $\mathrm{d}v_{\mathrm{IN}}/\mathrm{d}t |_{\max}$ 小于电路转换速率的限制,输出电压将跟随输入变化。如果 ωV_0 大于转换速率限制,那么输出电压则跟不上输入的变化,输出波形将产生失真,如图 10-37(b) 所示。由此可见,电路的转换速率限制了其能够处理信号的幅度和速度。

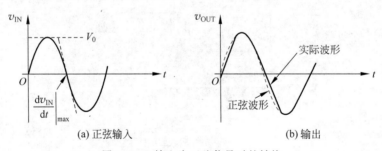

(a) 正弦输入　　　　　　　(b) 输出

图 10-37　输入为正弦信号时的转换

【**例 10.7**】　设计图 10-6(a) 所示的运算放大器,其中负载电容 $C_{\mathrm{L}} = 5\mathrm{pF}$。运算放大器需满足如下要求:$A_{\mathrm{vo}} > 200\mathrm{V/V}, V_{\mathrm{DD}} = 5\mathrm{V}, BW_{3\mathrm{dB}} > 50\mathrm{kHz}, SR > 10\mathrm{V/\mu s}$,输入共模范围(ICMR)为 $1.5 \sim 4.5\mathrm{V}$,$P_{\mathrm{diss}} \leqslant 1\mathrm{mW}$(不包括电流基准电路部分的电流)。NMOS 的参数为 $V_{\mathrm{THN}} = 0.7\mathrm{V}, K_{\mathrm{n}} = 110\mu\mathrm{A/V}^2, \lambda_{\mathrm{n}} = 0.04\mathrm{V}^{-1}$。PMOS 晶体管的参数为 $V_{\mathrm{THP}} = -0.7\mathrm{V}, K_{\mathrm{p}} = 50\mu\mathrm{A/V}^2, \lambda_{\mathrm{p}} = 0.05\mathrm{V}^{-1}$。

解:设计过程如下:

(1) 放大器的设计首先要确定放大器的偏置电流。根据式(10.93),转换速率为

$$SR = \frac{I_5}{C_{\mathrm{L}}}$$

为满足转换速率的要求,需要尽量大的偏置电流,有

$$I_5 \geqslant C_L SR = 5 \times 10^{-12} \times 10 \times 10^6 = 50\,\mu A$$

而对于功耗的要求,偏置电流应该尽量小,不包括电流基准电路部分的电流,有

$$I_5 < P_{diss}/V_{DD} = 1 \times 10^{-3}/5 = 200\,\mu A$$

(2) 根据−3dB 带宽的要求,有

$$\omega_{-3dB} = 1/R_{out}C_L$$

为了满足−3dB 的要求,输出电阻应该尽量小

$$R_{out} \leqslant 1/(2\pi f_{3dB}C_L) = 1/(2 \times \pi \times 50 \times 10^3 \times 5 \times 10^{-12}) \approx 636.6\,k\Omega$$

而

$$R_{out} = \frac{1}{(\lambda_n + \lambda_p)I_{1,3}} = \frac{2}{(\lambda_n + \lambda_p)I_5}$$

这样,得

$$I_5 \geqslant \frac{2}{(\lambda_n + \lambda_p)R_{out}} = \frac{2}{(0.04 + 0.05) \times 636.6 \times 10^3} \approx 35\,\mu A$$

因此,根据以上条件,偏置电流 I_5 可以选择的范围为 $50\,\mu A \leqslant I_5 < 200\,\mu A$,这里选取 $I_5 = 100\,\mu A$。

(3) 用计算得到的电流偏置值,设计 W_3/L_3(W_4/L_4)满足上 $ICMR_+$ 的要求,

$$ICMR_+ = V_{DD} - |V_{GS3}| + V_{TH1}$$

则有

$$I_5/2 = |I_{3(4)}| = \frac{1}{2}\mu_p C_{ox}\frac{W}{L}(V_{DD} - ICMR_+ + V_{TH1} - |V_{TH3}|)^2$$

得

$$\frac{W}{L} > \frac{I_5}{\mu_p C_{ox}(V_{DD} - ICMR_+ + V_{TH1} - |V_{TH3}|)^2} = \frac{100 \times 10^{-6}}{50 \times 10^{-6} \times (5 - 4.5 + 0.7 - 0.7)^2} = 8$$

取 $(W/L)_{3,4} = 8$。

(4) 根据增益的要求,有

$$|A_{vo}| = g_{m1}R_{out} = g_{m1}(r_{O2} \parallel r_{O4}) = \frac{\sqrt{2 \times 110 \times 10^{-6} \times (W_1/L_1) \times 50 \times 10^{-6}}}{(0.04 + 0.05) \times 50 \times 10^{-6}}$$

得到 $(W/L)_{1,2} = 73.6$,取 $(W/L)_{1,2} = 74$。

(5) 设计 W_5/L_5 满足下 $ICMR_-$(或输出摆幅)的要求

$$ICMR_- = V_{inCM,min} = V_{OD5} + V_{GS1} = V_{OD5} + V_{OD1} + V_{THN1}$$

即

$$1.5 = V_{OD5} + \sqrt{\frac{2 \times 50 \times 10^{-6}}{110 \times 10^{-6} \times 74}} + 0.7$$

又根据

$$I_5 = \frac{1}{2}\mu_n C_{ox}\frac{W_5}{L_5}V_{OD5}^2$$

得到 $W_5/L_5 = 3.83$,取 $W_5/L_5 = 4$。

(6) 如果不能满足设计要求,则调整设计参数,重复以上过程,例如调整偏置电流或各个晶体管的过驱动电压。

本章小结

从对电压信号处理的角度来看,理想的运算放大器具有无穷大增益、无穷大输入电阻、零输出电阻、无穷大带宽、无穷大 CMRR 和 PSRR、无穷大转换速率(压摆率)、零噪声,以及不受限的输入共模范围和输出摆幅。而受限于集成电路具体实现的限制,实际运算放大器的性能参数与理想运算放大器的性能参数有差距。针对集成电路中内部的运算放大器,可以根据前后级电路的需要放宽对运算放大器某些方面性能的要求,不必像通用运算放大器那样所有性能都趋近于理想运算放大器的性能,有利于集成电路在另外一些方面实现更高的性能。运算放大器一般可以采用一级或二级增益结构。在需要小的输出电阻或者提供负载驱动能力的情况下,要在运算放大器增益级后面增加运算放大器的输出级。对于全差分结构的运算放大器,为了在出现失配的情况下仍能够保证正确的共模偏置,需要设计运算放大器的共模反馈电路。在使用运算放大器的时候,除了考虑其线性小信号的工作,还需要考虑其在大信号下的工作,运算放大器的转换速率限制了运算放大器在大信号情况下的工作速率。

习题

1. 考查图 10-6(b)所示的运算放大器的增益值。尾电流源的电流为 0.2mA,电源电压为 $V_{DD}=5\text{V}$,求此差分对放大器的增益。已知 NMOS 的参数为 $V_{THN}=0.7\text{V}$,$K_n=110\mu\text{A}/\text{V}^2$,$\lambda_n=0.04\text{V}^{-1}$。已知 PMOS 晶体管的参数为 $V_{THP}=-0.7\text{V}$,$K_p=50\mu\text{A}/\text{V}^2$,$\lambda_p=0.05\text{V}^{-1}$。所有 MOS 晶体管的尺寸都为 $W=20\mu\text{m}$,$L=1\mu\text{m}$。

2. 考查图 10-7(b)所示的运算放大器的增益,如果单纯考查运算放大器开环工作状态,此运算放大器的输入共模范围是多少?输出范围是多少?当此运算放大器工作在闭环时,则允许的最大输出摆幅是多少?尾电流源的电流为 0.2mA,电源电压 $V_{DD}=5\text{V}$,求此差分对放大器的增益。已知 NMOS 的参数为 $V_{THN}=0.7\text{V}$,$K_n=110\mu\text{A}/\text{V}^2$,$\lambda_n=0.04\text{V}^{-1}$。已知 PMOS 晶体管的参数为 $V_{THP}=-0.7\text{V}$,$K_p=50\mu\text{A}/\text{V}^2$,$\lambda_p=0.05\text{V}^{-1}$。所有 MOS 晶体管的尺寸都为 $W=20\mu\text{m}$,$L=1\mu\text{m}$。

3. 考查图 10-10 所示的运算放大器的增益和共模输入范围,基准电流源的电流 $I_{REF}=0.1\text{mA}$,电源电压 $V_{DD}=5\text{V}$。已知 NMOS 的参数为 $V_{THN}=0.7\text{V}$,$K_n=110\mu\text{A}/\text{V}^2$,$\lambda_n=0.04\text{V}^{-1}$。已知 PMOS 晶体管的参数为 $V_{THP}=-0.7\text{V}$,$K_p=50\mu\text{A}/\text{V}^2$,$\lambda_p=0.05\text{V}^{-1}$。除了尾电流源晶体管 M_{ss} 和折叠电流源晶体管 M_5、M_6 的尺寸为 $2W/L$,其他所有 MOS 晶体管的尺寸都为 W/L,其中 $W=20\mu\text{m}$,$L=1\mu\text{m}$。

4. 考查图 10-11 所示的运算放大器的增益值。基准电流源的电流 $I_{REF}=0.1\text{mA}$,电源电压 $V_{DD}=5\text{V}$,求此差分对放大器的增益。已知 NMOS 的参数为 $V_{THN}=0.7\text{V}$,$K_n=110\mu\text{A}/\text{V}^2$,$\lambda_n=0.04\text{V}^{-1}$。已知 PMOS 晶体管的参数为 $V_{THP}=-0.7\text{V}$,$K_p=50\mu\text{A}/\text{V}^2$,$\lambda_p=0.05\text{V}^{-1}$。除了尾电流源晶体管 M_7 及第二级放大器中的 M_5、M_6 晶体管的尺寸为 $2W/L$,其他所有 MOS 晶体管的尺寸都为 W/L,其中 $W=20\mu\text{m}$,$L=1\mu\text{m}$。

5. 考查图 10-12 所示的运算放大器的增益值。基准电流源的电流 $I_{REF}=0.1\text{mA}$,电源电压 $V_{DD}=5\text{V}$,求此差分对放大器的增益。已知 NMOS 的参数为 $V_{THN}=0.7\text{V}$,$K_n=110\mu\text{A}/\text{V}^2$,$\lambda_n=0.04\text{V}^{-1}$。已知 PMOS 晶体管的参数为 $V_{THP}=-0.7\text{V}$,$K_p=50\mu\text{A}/\text{V}^2$,$\lambda_p=0.05\text{V}^{-1}$。除了尾电流源晶体管 M_{SS} 的尺寸为 $2W/L$,其他所有 MOS 晶体管的尺寸都为 W/L,其中 $W=20\mu\text{m}$,$L=1\mu\text{m}$。

6. 考查图 10-14 所示的共漏极放大器的输出级,采用双电源,$V_{DD}=5V$,驱动 $R_L=10\mathrm{k}\Omega$,当偏置电流源的电流 I_Q 设置在多大时,此输出级可以获得最大效率,如果为了避免晶体管脱离饱和区,输出限制的范围是多少?此时输出级的效率是多少?已知 NMOS 的参数为 $V_{THN}=0.7V$,$K_n=110\mu A/V^2$,$\lambda_n=0.04V^{-1}$。所有 MOS 晶体管的尺寸都为 $W=20\mu m$,$L=1\mu m$。

7. 考查图 10-16 所示的共漏极 AB 类推挽输出级,采用双电源,$V_{DD}=V_{SS}=5V$,驱动 $R_L=100\Omega$,为了产生 4V 的输出电压最大值,求此 M_1 的尺寸 W/L,已知 NMOS 的参数为 $V_{THN}=0.7V$,$K_n=110\mu A/V^2$,$\lambda_n=0.04V^{-1}$。假设 $|V_{OD3}|=0.1V$,并且忽略体效应。

8. 设计图 10-6(h) 所示的运算放大器,其中负载电容 $C_L=5\mathrm{pF}$。运算放大器需满足如下要求:$A_{vo}>200V/V$,$V_{DD}=5V$,$BW_{3dB}>50\mathrm{kHz}$,$SR>10V/\mu s$,输入共模范围(ICMR)为 $1.5\sim4.5V$,$P_{diss}\leqslant1\mathrm{mW}$(不包括电流基准电路部分的电流)。已知 NMOS 的参数为 $V_{THN}=0.7V$,$K_n=110\mu A/V^2$,$\lambda_n=0.04V^{-1}$。已知 PMOS 晶体管的参数为 $V_{THP}=-0.7V$,$K_p=50\mu A/V^2$,$\lambda_p=0.05V^{-1}$。

第 11 章

稳定性与频率补偿

主要符号	含　义
A_f	反馈系统的闭环增益
$A_f(s)$	s 域的反馈系统的闭环增益
$A(s)$	s 域的前馈增益（或开环增益）
A_o	低频交流小信号增益
A_{vo}	低频交流小信号电压增益
β	反馈系数
$\beta(s)$	s 域的反馈系数
G_L	环路增益
GM	增益裕度
PM	相位裕度
g_m	MOSFET 的跨导
r_o	晶体管的小信号输出电阻
i_d, I_D, i_D	交流、静态直流和总漏极电流
L, W	MOSFET 沟道的长度和宽度
V_{OD}	MOSFET 的过驱动电压
V_{TH}, V_{THN}, V_{THP}	MOSFET、NMOS 及 PMOS 的阈值电压
K', K_n, K_p	MOSFET、NMOS 及 PMOS 的工艺常数（或称为"跨导参数"）
μ_n, μ_p	表面电子、空穴迁移率
C_{ox}	单位面积 MOSFET 栅电容
$\lambda, \lambda_n, \lambda_p$	MOSFET、NMOS 及 PMOS 的沟道长度调制系数

11.1　引言

放大器常常置于负反馈结构使其降低对器件参数的敏感性。然而，由于放大器中的寄生参数使得其特性会随着工作频率而发生改变，放大器的增益和相位都会随着频率的变化而变化。在不同的工作频率下，反馈系统中放大器与反馈网络使反馈的性质发生变化，在一定的频率下，原来的负反馈就有可能变成正反馈，使系统变得不稳定。因此需要考查在不同工作频率下反馈系统的稳定性，分析什么样的反馈系统是不稳定的，以及什么样的反馈系统是稳定的。对于不满足稳定性条件的系统，需要对其进行频率补偿,以确保在所有频率下,系统都可以稳定地工作而不会发生振荡。本章将在稳定性分析的基础上,讨论几种频率补偿的方法。

11.2 稳定性分析

负反馈改变放大器的增益、输入电阻及输出电阻,同时也提高放大器的性能参数。例如,负反馈降低增益对放大器参数变化的敏感性,同时也降低由于非线性引起的失真。然而,在一定条件下,负反馈可能变成正反馈,会导致振荡和不稳定性。什么条件会让负反馈变成正反馈,并且使电路产生并维持振荡呢?考查图11-1所示的负反馈电路,其闭环传递函数在拉普拉斯 s 域表示为

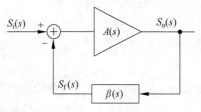

图 11-1 s 域表示的反馈系统结构

$$A_f(s) = \frac{S_o(s)}{S_i(s)} = \frac{A(s)}{1 + A(s)\beta(s)} \tag{11.1}$$

11.2.1 稳定性问题

开环增益 $A(s)$ 和反馈系数 $\beta(s)$ 依赖于频率。对于物理系统,$s = j\omega$,式(11.1)可写成频率域的表达形式,为

$$A_f(j\omega) = \frac{A(j\omega)}{1 + A(j\omega)\beta(j\omega)} \tag{11.2}$$

环路增益 $G_L(j\omega) = A(j\omega)\beta(j\omega)$ 是复数,可以由其幅度和相位表示为

$$G_L(j\omega) = A(j\omega)\beta(j\omega) = |A(j\omega)\beta(j\omega)| e^{j\phi(\omega)} = |G_L(j\omega)| \angle \phi \tag{11.3}$$

反馈放大器是否稳定取决于环路增益 $G_L(j\omega)$ 的幅度和相位。注意当某个频率 ω_{180} 下 $G_L(j\omega_{180}) = -1$ 时,负反馈系统的增益变得无穷大,电路发生振荡。此条件可以解释为:(1)当在相位角 $\phi(\omega) = \pm 180°$ 的 ω_{180} 频率处,反馈由负反馈变成正反馈;(2)并且 $|G_L(j\omega_{180})| = 1$,说明环路增益等于(或大于)1以便建立并维持振荡。对于 $|G_L(j\omega_{180})| > 1$ 的情况的理解,可以这样考虑:放大器开始振荡,并且振荡振幅一直增长,直到电路达到饱和,其非线性降低了环路增益 $|G_L(j\omega_{180})|$ 值并最终达到单位1。在实际的放大器中,总会存在非线性及诸如输出摆幅、电源电压等限制。振荡将会建立并且维持下去。在振荡器电路的设计中,采用这种类型的反馈条件:振荡器采用环路增益大于单位1的正反馈来起振;最终非线性降低环路增益到单位1并维持振荡。在放大器的设计中,要防止这种情况出现,以保证反馈放大器的稳定。

由此可见振荡可以发生在负反馈放大器中,并且依赖于频率,在一定的频率下,相位变化使负反馈变为正反馈,环路增益足够大使振荡能够建立。反馈放大器的稳定性表现为它对输入或干扰的响应。如果在一个小干扰后输出能完全稳定下来,则称放大器是"稳定的"。如果一个小的干扰导致输出建立(即持续地增长),并且一直达到放大器的饱和限制,则称放大器是"不稳定的"。

11.2.2 闭环极点和稳定性

1. 闭环极点

通过以上的分析可知,式(11.1)的分母对于反馈放大器的响应特性起着关键作用。如果满足式(11.4)的条件,放大器的闭环增益 $A_f(s)$ 将变得无穷大。

$$1 + A(s)\beta(s) = 0 \tag{11.4}$$

式(11.4)的根决定了反馈放大器的响应。例如,如果

$$1 + A(s)\beta(s) = s^2 + 2s + 5$$

那么 $s^2 + 2s + 5 = 0$ 的根是 $s = -1 \pm j2$,方程的根就是闭环系统的极点。

2. 瞬态响应和稳定性

考虑一个极点对为 $s = \sigma_o \pm j\omega_n$ 的闭环反馈放大器。如果存在任何干扰(例如直流电源开关的关闭),瞬态响应方程(从拉普拉斯 s 域转换到时域后)将含有

$$v_o(t) = e^{\sigma_o t}[e^{+j\omega_n t} + e^{-j\omega_n t}] = 2e^{\sigma_o t}\cos(\omega_n t) \tag{11.5}$$

这是一个以 $\exp(\sigma_o t)$ 为包络的余弦输出。分析闭环反馈放大器的极点与稳定性之间的关系:

(1) 如果闭环反馈放大器的极点在 s 平面的左半平面,如图 11-2(a)所示,分母是 $(s - \sigma_o + j\omega_n)(s - \sigma_o - j\omega_n)$ 的形式,方程(11.4)的所有根将有负实数部,σ_o 将是负的。这样,由于初始条件或干扰的原因产生的响应将以指数方式降低,随着时间趋于无穷而降低到零。响应曲线如图 11-2(a)所示。这样的系统将是"稳定的"。

(2) 如果闭环反馈放大器的极点在 s 平面的右半平面,如图 11-2(b)所示,分母是 $(s + \sigma_o + j\omega_n)(s + \sigma_o - j\omega_n)$ 的形式,方程(11.4)的所有根将有正实数部,σ_o 将是正的。响应在幅度上将随着时间以指数方式增长,直到放大器饱和,才会限制其继续增长。这样的响应曲线如图 11-2(b)所示。这样的放大器将是"不稳定的"。

(3) 如果极点在 $j\omega$ 轴上,如图 11-2(c)所示,分母是 $(s + j\omega_n)(s - j\omega_n)$ 的形式,方程(11.4)将没有实数部的根,σ_o 将等于0。这样,响应将维持等幅振荡,如图 11-2(c)所示。对一个初始条件或干扰的响应,输出将是正弦(余弦)波形。对于反馈放大器,这意味着不稳定。对于一个振荡器电路,需要满足这些条件来进行振荡输出。

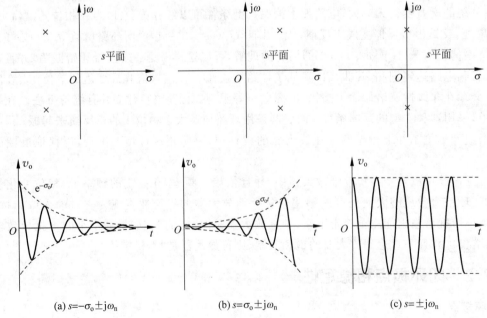

(a) $s = -\sigma_o \pm j\omega_n$　　　　　(b) $s = \sigma_o \pm j\omega_n$　　　　　(c) $s = \pm j\omega_n$

图 11-2　极点位置和瞬态响应的关系

【例11.1】 求阶跃输入的稳定性。一个放大器的开环增益为

$$A(s) = \frac{s}{s+1}$$

确定阶跃输入信号闭环响应的稳定性。假设反馈系数 $\beta(s)=1$。

解：根据式(11.1)，当反馈系数 $\beta(s)=1$ 时，闭环增益为

$$A_f(s) = \frac{s/(s+1)}{1+s/(s+1)} = \frac{s}{2s+1}$$

对于阶跃输入，$S_i(s)=1/s$，输出响应为

$$S_o(s) = A_f(s)S_i(s) = \frac{A_f(s)}{s} = \frac{1}{2s+1} = \frac{1}{2}\left(\frac{1}{s+1/2}\right)$$

这样，在时域，阶跃输入的输出响应变为

$$s_o(t) = \frac{1}{2}e^{-0.5t}$$

因此，当 $t=\infty$ 时，$s_o(t)=0$，放大器是稳定的。

3. 根轨迹

闭环系统极点在复数平面的位置决定系统的瞬态响应。如果极点位于左半平面，所有时域指数项衰减到零。如果极点位于右半平面，系统可能振荡，这是由于它的时域响应将呈指数增长。在复平面上闭环系统的极点随环路增益变化的曲线，称为"根轨迹"(root locus)，它表明一个系统多大程度接近系统振荡。考查一个具有一个极点的放大器，其开环增益关系式为

$$A(s) = \frac{A_o}{1+s/\omega_o} \tag{11.6}$$

闭环增益为

$$A_f(s) = \frac{A(s)}{1+\beta A(s)} = \frac{A_o/(1+\beta A_o)}{1+s/[\omega_o(1+\beta A_o)]} \tag{11.7}$$

由此给出闭环极点为 $s_1 = -\omega_o(1+\beta A_o)$，这是在左半平面的一个实数值极点。极点图如图11-3(a)所示，当环路增益 βA_o 增加时，极点向远离原点的方向移动。可见，根轨迹始终在 s 平面的左半平面，因此，具有一个极点的放大器在构成闭环反馈放大器后是稳定的。

考虑具有两个极点的开环增益，其开环增益关系式为

$$A(s) = \frac{A_o}{(1+s/\omega_{p1})(1+s/\omega_{p2})} \tag{11.8}$$

由此给出闭环增益为

$$A_f(s) = \frac{A(s)}{1+\beta A(s)} = \frac{A_o}{(1+s/\omega_{p1})(1+s/\omega_{p2})+\beta A_o}$$

$$= \frac{A_o\omega_{p1}\omega_{p2}}{s^2+(\omega_{p1}+\omega_{p2})s+(1+\beta A_o)\omega_{p1}\omega_{p2}} \tag{11.9}$$

可以解出闭环的两极点为

$$s_1, s_2 = \frac{-(\omega_{p1}+\omega_{p2})\pm\sqrt{(\omega_{p1}+\omega_{p2})^2-4(1+\beta A_o)\omega_{p1}\omega_{p2}}}{2} \tag{11.10}$$

当 $\beta=0$ 时，$s_1=-\omega_{p1}$ 和 $s_2=-\omega_{p2}$；当 β 增加时，平方根内的项减小，极点相向移动，平方根项取零时，有

$$\beta_1=\frac{(\omega_{p1}-\omega_{p2})^2}{4A_o\omega_{p1}\omega_{p2}} \tag{11.11}$$

如图 11-3 所示，两个极点在 $\beta=\beta_1$ 处变为相等。当 $\beta>\beta_1$ 时，极点变成复数，并且根轨迹平行于虚轴。极点图如图 11-3(b)所示。可见，根轨迹始终也在 s 平面的左半平面，具有两个极点的放大器在构成闭环反馈放大器后也是稳定的，但裕度不大，这在后面的章节会进行讨论。

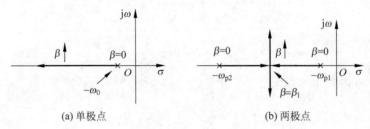

(a) 单极点   (b) 两极点

图 11-3　闭环极点图

考虑具有 3 个极点的开环增益，其开环增益关系式为

$$A(s)=\frac{A_o}{(1+s/\omega_{p1})(1+s/\omega_{p2})(1+s/\omega_{p3})} \tag{11.12}$$

求具有 3 个极点的开环增益的放大器构成闭环反馈放大器后的闭环系统根轨迹是比较难解的问题。这里考查一种特殊情况：3 个极点频率值都相等，即

$$A(s)=\frac{A_o}{(1+s/\omega_{p1})^3} \tag{11.13}$$

由此给出闭环增益为

$$A_f(s)=\frac{A(s)}{1+\beta A(s)}=\frac{\dfrac{A_o}{(1+s/\omega_{p1})^3}}{1+\dfrac{\beta A_o}{(1+s/\omega_{p1})^3}}=\frac{A_o}{(1+s/\omega_{p1})^3+\beta A_o}=\frac{A_o}{(1+s/\omega_{p1})^3+G_{L_o}} \tag{11.14}$$

其中 $G_{L_o}=\beta A_o$，可以解出闭环的 3 个极点为

$$s_1=-\omega_{p1}(1+\sqrt[3]{\beta A_o})$$
$$s_2=-\omega_{p1}(1-\sqrt[3]{\beta A_o}\,e^{j60°}) \tag{11.15}$$
$$s_3=-\omega_{p1}(1-\sqrt[3]{\beta A_o}\,e^{-j60°})$$

当 $\beta=0$ 时，$s_1=s_2=s_3=-\omega_{p1}$；当 β 增加时，其中一个极点沿着实轴负方向移动，而另外两个极点以 60° 角向右半平面移动，根轨迹图如图 11-4 所示。当这两个极点进入右半平面后，反馈放大器就会发生振荡。根据式(11.15)，当这两个极点的实部等于零时，有

$$1-\text{Re}(\sqrt[3]{\beta A_o}\,e^{\pm j60°})=0 \tag{11.16}$$

由此可得

$$G_{L_o}=\beta A_o=8 \tag{11.17}$$

当低频环路增益大于 8 时，具有 3 个一样极点的反馈放大器是不稳定的。振荡频率为

$$\omega_0=\omega_{p1}\tan 60° \tag{11.18}$$

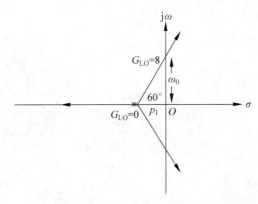

图 11-4　具有 3 个一样极点环路增益的反馈放大器的根轨迹图

对于一般的 3 个极点或者更多极点的情况,需要求解三阶或更高阶多项式方程,这很困难。参考文献[1]介绍了一种不用求解方程而刻画根轨迹的方法,请有兴趣的读者研读。总之,具有 3 个极点的放大器在构成闭环反馈放大器后可能发生振荡,是不稳定的。关于 3 个极点的放大器构成的闭环反馈放大器的稳定性分析在后面的章节还将采用其他方法进行分析。

11.2.3　环路增益和奈奎斯特稳定准则

系统的稳定性可以通过闭环系统的极点在 s 平面的位置来考查,虽然这种方法给出了闭环反馈放大器极点运动随环路增益变化的更多细节信息,但这需要更多的计算。

还有另外一种方法来分析反馈放大器的稳定性。如 11.2.1 节所讨论的,反馈放大器是否稳定决定于环路增益 $G_L(j\omega)$ 的幅度和相位。将相关关系式再次列出以便讨论的,如果式(11.3)中的环路增益 $G_L(j\omega)=A(j\omega)\beta(j\omega)$ 变为 -1,闭环增益将趋于无穷大,反馈放大器将不稳定,即

$$G_L(j\omega)=A(j\omega)\beta(j\omega)=-1 \tag{11.19}$$

其含义是

$$|G_L(j\omega)|=1 \tag{11.20}$$

$$\phi=\angle G_L(j\omega)=\pm 180° \tag{11.21}$$

如果随着频率的变化,环路增益 $G_L(j\omega)$ 提供 $\pm 180°$ 的相移,同时其增益还等于(或者大于)单位 1,则放大器将不稳定。

考查放大器的稳定性需要确定频率响应的幅频特性及相频特性。频率响应可以采用在不同频率下的一系列相量(相位复数矢量)来表示。连接这些相量的末端(即幅度点)得到频率轨迹,如图 11-5 所示,此图是幅度和相位在极坐标中的关系图,频率 ω 从 0 变化到 $\pm\infty$。此图就是"奈奎斯特图"(Nyquist plot)。负频率的 $G_L(j\omega)$ 图是正频率图关于实数轴的镜像。奈奎斯特图在频率 ω_{180} 处与负实数轴交叉,即此时的相移为 $\pm 180°$。如果交叉发生在点 $(-1,0)$ 的左侧,说明在这个频率下环路的相移达到 $\pm 180°$,而增益的幅度大于单位 1,则放大器将是不稳定的。反之,如果交叉发生在点 $(-1,0)$ 的右侧,说明在这个频率下环路的相移达到 $\pm 180°$,但增益的幅度小于单位 1,放大器是稳定的。在轨迹上相位为 $-180°$,处的点称为"相位交点频率" $\omega_p(=\omega_{180})$;在轨迹上增益为单位 1 处的点称为"增益交点频率" ω_g。

系统的稳定性可以通过奈奎斯特准则来确定:如果奈奎斯特曲线包围点 $(-1,0)$,放大器是不稳定的。图 11-6 所示的是 3 种不同环路增益特性的放大器奈奎斯特图。对于曲线 A,在相位达到 $\pm 180°$ 时

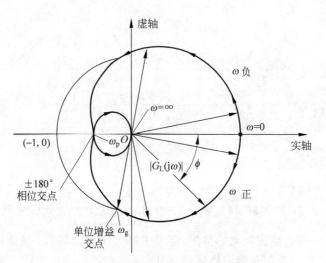

图 11-5　典型的奈奎斯特图（极坐标图）

环路增益小于单位 1。在闭环时振荡不会建立,放大器是稳定的;对于穿过(−1,0)的曲线 B,环路增益为单位 1,极点在虚轴上,在闭环时放大器是临界稳定的;对于曲线 C,曲线包围了点(−1,0),在相位达到±180°时环路增益大于单位 1,在闭环时放大器将是不稳定的。

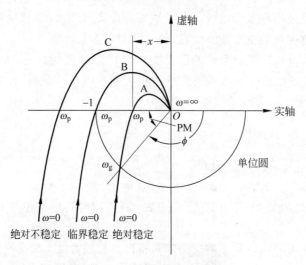

图 11-6　3 种情况的奈奎斯特图

将环路增益的频率响应绘制在增益相位与频率之间的幅频特性及相频特性关系图中,如图 11-7 所示。对应于奈奎斯特图,随着频率增加,图 11-5 所示的环路增益的幅值下降到单位 1,此点即为"增益交点";相位等于−180°的频率点即为"相位交点"。如果增益交点发生在相位交点之前,说明达到−180°时增益已经不足单位 1,则系统是稳定的,如图 11-7(a)所示;如果反之,相位交点发生在增益交点之前,则说明达到−180°时还有增益余量,因此,系统是不稳定的,如图 11-7(b)所示。图 11-7 所示的幅度频率和相位频率的关系图可以采用伯德图来表示,采用伯德图来分析环路稳定性的方法在 11.2.8 节还将进一步地论述。

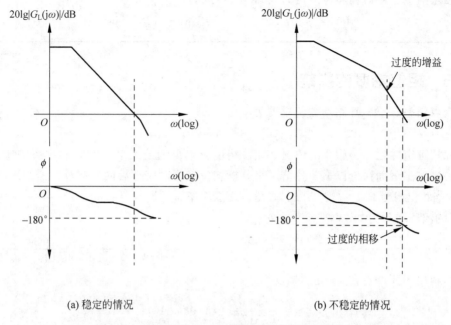

图 11-7　环路增益 $G_L(j\omega)$ 的幅频特性及相频特性图

11.2.4　增益裕度和相位裕度

以上讨论了系统的稳定性。系统稳定或不稳定到了什么程度,究竟相位交点离开增益交点多远是适合的?"相对稳定性"(relative stability)是稳定程度的一种度量,它说明频率轨迹与实轴的交点在右侧距离点(−1,0)有多远,如图 11-6 所示。对于好的相对稳定性,在相位交点频率处的幅度应小于单位 1,在增益交点频率处的相位角不应在 ±180° 附近,如图 11-6 或者图 11-7 所示。

增益裕度和相位裕度通常用来度量相对稳定性。增益裕度(Gain Margin,GM)定义为:当相位角为 180° 时,环路增益的幅度 x 不足于单位增益 1 的分贝数,即

$$\text{GM} = 20\lg 1 - 20\lg x = 20\log\left(\frac{1}{x}\right) \tag{11.22}$$

相位裕度(Phase Margin,PM)定义为:当增益幅度为单位 1 时,环路增益的相位角 ϕ 不足 ±180°,即

$$\text{PM} = \phi_m = 180° - |\phi| \tag{11.23}$$

一般地,为了保证足够的余量,增益裕度和相位裕度分别应大于 10dB 和 45°。

【例 11.2】　一个反馈放大器在相位交点处的环路增益为 0.1,在增益交点处的相移为 −120°,求反馈放大器的相位裕度和增益裕度,并判断此反馈放大器是否稳定。

解:当反馈放大器处于相位交点处时,即产生了 180° 相移,环路增益 $x=0.1$,即 $x<1$。频率轨迹将不会包围(−1,0),说明达到 −180° 时增益已经不足单位 1,则闭环放大器将是稳定的。根据式(11.22),得出增益裕度为

$$\text{GM} = 20\lg\left(\frac{1}{x}\right) = 20\lg\left(\frac{1}{0.1}\right) = 20\text{dB}$$

反馈放大器在增益交点处的相移为$-120°$,根据式(11.23)得出相位裕度为

$$\text{PM} = \phi_m = 180° - |\phi| = 180° - 120° = 60°$$

11.2.5 相位裕度的影响

在增益交点频率ω_g处,环路增益的幅度为单位1,即

$$|G_L(j\omega_g)| = |A(j\omega_g)|\beta = 1 \tag{11.24}$$

这里考虑β保持恒定并独立于频率的情况。相位裕度影响反馈放大器的瞬态和频率响应,其闭环特性可由式(11.2)确定。下面讨论以下4种情况来分析相位裕度对闭环后的反馈放大器的影响。

情况1 当相位裕度$\text{PM} = \phi_m = 30°$时,在增益交点频率ω_g处,$|\phi| = 180° - 30° = 150°$,根据式(11.2),得到在$\omega_g$处的闭环增益为

$$A_f(j\omega_g) = \frac{A(j\omega_g)}{1 + 1\angle\phi} = \frac{A(j\omega_g)}{1 + e^{j\phi}} = \frac{A(j\omega_g)}{1 + e^{-j150°}} \approx \frac{A(j\omega_g)}{1 - 0.866 - j0.5} = \frac{A(j\omega_g)}{0.134 - j0.5} \tag{11.25}$$

由式(11.24),得出闭环增益在ω_g处的幅度为

$$|A_f(j\omega_g)| \approx \frac{|A(j\omega_g)|}{0.517} = 1.93|A(j\omega_g)| = \frac{1.93}{\beta} \tag{11.26}$$

在低频下,闭环增益约为$1/\beta$。这样,闭环增益在ω_g处会存在一个是低频增益1.93倍的尖峰。

情况2 当相位裕度$\text{PM} = \phi_m = 45°$时,$|\phi| = 180° - 45° = 135°$,在$\omega_g$处的闭环增益及幅度为

$$A_f(j\omega_g) = \frac{A(j\omega_g)}{1 + e^{-j135°}} \approx \frac{A(j\omega_g)}{1 - 0.707 - j0.707} = \frac{A(j\omega_g)}{0.293 - j0.707} \tag{11.27}$$

及

$$|A_f(j\omega_g)| \approx \frac{|A(j\omega_g)|}{0.765} = 1.307|A(j\omega_g)| = \frac{1.307}{\beta} \tag{11.28}$$

在这种情况下,闭环增益在ω_g处会存在一个是低频增益$1/\beta$ 1.306倍的尖峰。

情况3 当相位裕度$\text{PM} = \phi_m = 60°$时,$|\phi| = 180° - 60° = 120°$,在$\omega_g$处的闭环增益及幅度为

$$A_f(j\omega_g) = \frac{A(j\omega_g)}{1 + e^{-j120°}} \approx \frac{A(j\omega_g)}{1 - 0.5 - j0.866} = \frac{A(j\omega_g)}{0.5 - j0.866} \tag{11.29}$$

及

$$|A_f(j\omega_g)| \approx |A(j\omega_g)| = \frac{1}{\beta} \tag{11.30}$$

在这种情况下,不存在高于低频增益$1/\beta$的峰值。

情况4 当相位裕度$\text{PM} = \phi_m = 90°$时,$|\phi| = 180° - 90° = 90°$,在$\omega_g$处的闭环增益及幅度为

$$A_f(j\omega_g) = \frac{A(j\omega_g)}{1 + e^{-j90°}} = \frac{A(j\omega_g)}{1 - j1.0} \tag{11.31}$$

及

$$|A_f(j\omega_g)| = \frac{|A(j\omega_g)|}{\sqrt{2}} \approx 0.707|A(j\omega_g)| = \frac{0.707}{\beta} \tag{11.32}$$

在这种情况下,增益降低到低频增益$1/\beta$之下。

由此可见,在设计电路时,$60°$的相位裕度是一个比较好的选择。

对于各种不同的相位裕度,单极点传递函数和双极点传递函数的频率响应如图 11-8 所示。对于 90°相位裕度,传递函数只有一个极点。在双极点系统中,随着相位裕度减少,增益尖峰增加一直到增益趋近于无穷大,当相位裕度 $\phi_m = 0$ 时发生振荡。在增益尖峰(处于归一化频率 $f/f_g = 1$ 处)之后,增益以 -40dB/十倍频程衰减,这是由于传递函数中存在两个极点。

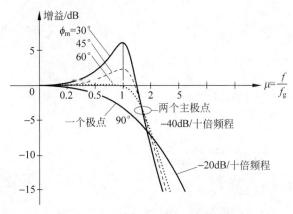

图 11-8 相位裕度对频率响应的影响

11.2.6 采用伯德图的稳定性分析

除了采用闭环增益的根轨迹方法及环路增益的奈奎斯特图之外,还可以采用一种称为"伯德图"(Bode plot)的方法进行稳定性分析。伯德图根据零点和极点的情况表示一个复变函数的幅值和相位的渐进特性,可以用来表示放大器的幅频特性和相频特性,也是确定放大器稳定性非常方便的一种方法。环路增益以分贝形式表示,频率采用对数坐标。考虑单极点频率的环路增益

$$G_L(\text{j}\omega) = A(\text{j}\omega)\beta(\text{j}\omega) = \frac{A_o}{1 + \text{j}\omega/\omega_{p1}} = \frac{A_o}{1 + \text{j}f/f_{p1}} \tag{11.33}$$

其中 $\omega = 2\pi f$。其相位角为 $\phi = \angle G_L(\text{j}\omega) = \angle G_L(\text{j}2\pi f) = -\arctan(f/f_{p1})$。典型的伯德图如图 11-9 所示。环路增益幅度为 $20\lg |G_L(\text{j}\omega)|$,直到 $f = f_{p1}$ 处环路增益开始以 20dB/十倍频程下降,相位角 $\phi = -45°$。对应 11.2.6 节的定义,相位裕度和增益裕度可以从伯德图中读取,相位裕度是 180° 与增益为 0dB 时相位角的差值,增益裕度是当相位角为 180° 时,环路增益的幅度不足于单位增益 1 的分贝数。对单极点放大器,最大贡献 $-90°$ 相移,相位裕度 $\phi_m = 180 - |\phi| > 90°$。没有相位交点,增益裕度为无穷大。单极点的负反馈放大器总是稳定的。

考虑具有两个极点频率的环路增益

$$G_L(\text{j}\omega) = A(\text{j}\omega)\beta(\text{j}\omega) = \frac{A_o}{(1 + \text{j}\omega/\omega_{p1})(1 + \text{j}\omega/\omega_{p2})} = \frac{A_o}{(1 + \text{j}f/f_{p1})(1 + \text{j}f/f_{p2})} \tag{11.34}$$

其相位角可以求得

$$\phi = \angle G_L(\text{j}\omega) = \angle G_L(\text{j}2\pi f) = -\arctan\left(\frac{f}{f_{p1}}\right) - \arctan\left(\frac{f}{f_{p2}}\right) \tag{11.35}$$

典型的伯德图如图 11-10 所示。假设各个极点间距离很远(即以分贝形式表示:$f_{p2} \geqslant 10 f_{p1}$),在第一个极点频率 f_{p1} 处相位角 ϕ 约为 $-45°$,在第二个极点频率 f_{p2} 处相位角约为 $(-90° - 45°) = -135°$。两个极点最大贡献 $-180°$ 相移,即在频率无穷远处的相位角为 $(-90° - 90°) = -180°$,因此反馈放大器也是稳定的,但相位裕度不大。同样没有相位交点。

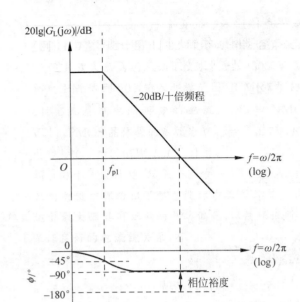

图 11-9　具有单极点的环路增益的伯德图

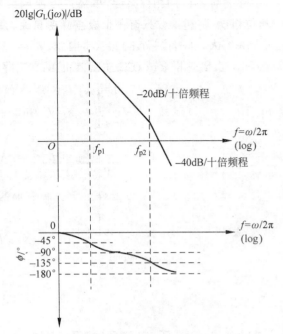

图 11-10　具有两个极点的环路增益的伯德图

再考虑具有 3 个极点频率的环路增益

$$G_{\mathrm{L}}(\mathrm{j}\omega) = A(\mathrm{j}\omega)\beta(\mathrm{j}\omega) = A(\mathrm{j}2\pi f)\beta(\mathrm{j}2\pi f) = \frac{A_{\mathrm{o}}}{(1 + \mathrm{j}f/f_{\mathrm{p1}})(1 + \mathrm{j}f/f_{\mathrm{p2}})(1 + \mathrm{j}f/f_{\mathrm{p3}})} \qquad (11.36)$$

其相位角可以求得

$$\phi = \angle G_{\mathrm{L}}(\mathrm{j}\omega) = \angle G_{\mathrm{L}}(\mathrm{j}2\pi f) = -\arctan\left(\frac{f}{f_{\mathrm{p1}}}\right) - \arctan\left(\frac{f}{f_{\mathrm{p2}}}\right) - \arctan\left(\frac{f}{f_{\mathrm{p3}}}\right) \qquad (11.37)$$

典型的伯德图如图 11-11 所示。同样假设各个极点间距离很远(即以分贝形式表示：$f_{\mathrm{p3}} \geqslant 10\, f_{\mathrm{p2}} \geqslant$ $100 f_{\mathrm{p1}}$)，在第一个极点频率 f_{p1} 处相位角 ϕ 约为$-45°$，在第二个极点频率 f_{p2} 处相位角约为$(-90°-45°)$ $=-135°$，在第 3 个极点频率 f_{p3} 处相位角约为$(-180°-45°)=-225°$，3 个极点最大贡献$-270°$相移。因此可能存在这样的情形：在增益还没有下降到单位 1(即 0dB)时相移的大小就超过了 180°，在这种情况下，相位交点发生在增益交点之前，相位裕度将是负值，即没有相位裕度，放大器将不稳定。当 $\omega =$ $\omega_{\mathrm{p}} = \omega_{180}$ 时，环路增益是正的，根据式(11.22)，增益裕度为负值，即不存在增益裕度。

前面只是考虑了极点的情形，环路增益的零点也会影响幅频特性和相频特性，伯德图的一般近似作图方法在 7.2.3 节曾经给出过，这里再说明一下，结合式(11.33)～式(11.37)，可以更好地理解作图方法的原理。

(1) 幅频特性曲线：每遇到一个极点频率，幅频特性曲线的斜率在原来的基础上按$-20\mathrm{dB}/$十倍频程进行变化；每遇到一个零点频率，幅频特性曲线的斜率在原来的基础上按 $20\mathrm{dB}/$十倍频程进行变化。

(2) 相频特性曲线：对于 s 平面中左半平面的极点和零点，对于极点频率 ω_{p}，相位在 $0.1\omega_{\mathrm{p}}$ 处开始下降，在 ω_{p} 处相位角为$-45°$，在大于 $10\omega_{\mathrm{p}}$ 处相位角达到近似$-90°$；对于零点频率 ω_{z}，相位在 $0.1\omega_{\mathrm{z}}$ 处开始上升，在 ω_{z} 处相位角为$+45°$，在大于 $10\omega_{\mathrm{z}}$ 处相位角达到近似$+90°$。而对于 s 平面中右半平面的极点和零点，情况正好和上述相反。

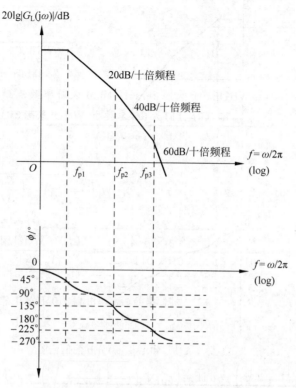

图 11-11　具有三极点的环路增益的伯德图

前面采用直接绘制环路增益 $20\lg|G_L(j\omega)|$ 的曲线,评估环路增益及相位的关系。我们还可以分别绘制 $20\lg|A(j\omega)|$ 和 $20\lg|1/\beta(j\omega)|$ 的曲线。这种方法如图 11-12 所示,图中给出了两个阻性的 β。$20\lg|A(j\omega)|$ 和 $20\lg|1/\beta(j\omega)|$ 曲线的差为

$$20\lg|A(j\omega)|-20\lg\left|\frac{1}{\beta}(j\omega)\right|=20\lg|A(j\omega)|+20\lg|\beta(j\omega)|$$

$$=20\lg|G_L(j\omega)| \tag{11.38}$$

两个相位角的和为

$$\angle A(j\omega)-\angle\frac{1}{\beta}(j\omega)=\phi \tag{11.39}$$

这种方法有一个优点,允许通过画出 $20\lg|1/\beta(j\omega)|$ 线,很简单地来考查不同反馈网络的放大器稳定性。对于零增益裕度,有

$$20\lg|A(j\omega)|-20\lg\left|\frac{1}{\beta}(j\omega)\right|=0 \tag{11.40}$$

$20\lg|1/\beta(j\omega)|$ 线与 $20\lg|A(j\omega)|$ 线交叉点给出了 β 的临界值。

由图 11-12 可以看到 $-180°$ 相位发生在伯德图的 $-40dB/$十倍频程段。为了保证反馈放大器稳定并且留出足够的余量,$20\lg|1/\beta(j\omega)|$ 应与 $20\lg|A(j\omega)|$ 交叉在 $-20dB/$十倍频程段中的点。通常,在交叉点处斜率的差值不应超过 $20dB/$十倍频程。

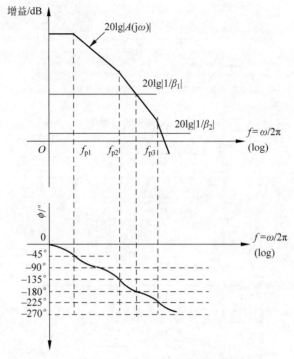

图 11-12 $A(j\omega)$ 和 $1/\beta(j\omega)$ 分开的伯德图

【例 11.3】 一个放大器的开环增益的拐点频率为 $f_{p1}=1\text{kHz}, f_{p2}=10\text{kHz}$ 及 $f_{p3}=1\text{MHz}$。低频（或直流）增益为 $A_0=1\times10^5$。计算当 $\beta=1$、0.01 及 0.001，频率 $f=200\text{kHz}$ 时的环路增益值及环路相位角。

解：开环增益幅度为

$$A(j\omega)=\frac{1\times10^5}{(1+jf/10^3)(1+jf/10^4)(1+jf/10^6)}$$

当 $\beta=1$，频率 $f=200\text{kHz}$ 时的环路增益值为

$$|G_L(j\omega)|=\beta|A(j\omega)|=\frac{1\times10^5}{[1+(f/10^3)^2]^{1/2}[1+(f/10^4)^2]^{1/2}[1+(f/10^6)^2]^{1/2}}$$

$$=\frac{1\times10^5}{[1+(200\times10^3/10^3)^2]^{1/2}[1+(200\times10^3/10^4)^2]^{1/2}[1+(200\times10^3/10^6)^2]^{1/2}}$$

$$\approx24.5$$

根据式（11.37），相位角为

$$\phi=-\arctan\left(\frac{f}{10^3}\right)-\arctan\left(\frac{f}{10^4}\right)-\arctan\left(\frac{f}{10^6}\right)$$

$$=-\arctan\left(\frac{200\times10^3}{10^3}\right)-\arctan\left(\frac{200\times10^3}{10^4}\right)-\arctan\left(\frac{200\times10^3}{10^6}\right)$$

$$\approx-188°$$

当 $\beta=0.01$，频率 $f=200\text{kHz}$ 时的环路增益值为

$$| G_{L}(j\omega) | = \beta | A(j\omega) | = \frac{0.01 \times 1 \times 10^{5}}{[1+(f/10^{3})^{2}]^{1/2}[1+(f/10^{4})^{2}]^{1/2}[1+(f/10^{6})^{2}]^{1/2}}$$

$$= \frac{0.01 \times 1 \times 10^{5}}{[1+(200 \times 10^{3}/10^{3})^{2}]^{1/2}[1+(200 \times 10^{3}/10^{4})^{2}]^{1/2}[1+(200 \times 10^{3}/10^{6})^{2}]^{1/2}}$$

$$\approx 0.245$$

根据式(11.37),相位角仍为

$$\phi = -\arctan\left(\frac{f}{10^{3}}\right) - \arctan\left(\frac{f}{10^{4}}\right) - \arctan\left(\frac{f}{10^{6}}\right)$$

$$= -\arctan\left(\frac{200 \times 10^{3}}{10^{3}}\right) - \arctan\left(\frac{200 \times 10^{3}}{10^{4}}\right) - \arctan\left(\frac{200 \times 10^{3}}{10^{6}}\right)$$

$$\approx -188°$$

当 $\beta=0.001$,频率 $f=200\text{kHz}$ 时的环路增益值为

$$| G_{L}(j\omega) | = \beta | A(j\omega) | = \frac{0.001 \times 1 \times 10^{5}}{[1+(f/10^{3})^{2}]^{1/2}[1+(f/10^{4})^{2}]^{1/2}[1+(f/10^{6})^{2}]^{1/2}}$$

$$= \frac{0.001 \times 1 \times 10^{5}}{[1+(200 \times 10^{3}/10^{3})^{2}]^{1/2}[1+(200 \times 10^{3}/10^{4})^{2}]^{1/2}[1+(200 \times 10^{3}/10^{6})^{2}]^{1/2}}$$

$$\approx 0.0245$$

根据式(11.37),相位角仍为

$$\phi \approx -188°$$

【例 11.4】 求一个反馈放大器的的相位交点频率和稳定性,一个放大器的开环增益的拐点频率为 $f_{p1}=1\text{kHz}, f_{p2}=10\text{kHz}$ 及 $f_{p3}=1\text{MHz}$。低频(或直流)增益为 $A_{o}=1 \times 10^{5}$。计算当 $\beta=1$ 时,相位交点频率 f_{p}。并且分析当 $\beta=1$、0.01 及 0.001 时反馈放大器的稳定性。

解:开环增益幅度为

$$A(j\omega) = \frac{1 \times 10^{5}}{(1+jf/10^{3})(1+jf/10^{4})(1+jf/10^{6})}$$

当 $\beta=1$ 时,环路增益 $G_{L}(j\omega) = \beta A(j\omega) = A(j\omega)$,有

$$| G_{L}(j\omega) | = \beta | A(j\omega) | = \frac{1 \times 10^{5}}{[1+(f/10^{3})^{2}]^{1/2}[1+(f/10^{4})^{2}]^{1/2}[1+(f/10^{6})^{2}]^{1/2}}$$

由 $\phi = -180°$ 的频率的精确结果可以计算得出相位角,根据式(11.37),相位角为

$$\phi = -\arctan\left(\frac{f}{10^{3}}\right) - \arctan\left(\frac{f}{10^{4}}\right) - \arctan\left(\frac{f}{10^{6}}\right)$$

要求出精确结果,需要进行多次的迭代才能够得到。采用伯德图近似的方法进行分析,对于极点 ω_{p},相位在 $0.1\omega_{p}$ 处开始下降,在 ω_{p} 处相位角为 $-45°$,在大于 $10\omega_{p}$ 处相位角达到近似 $-90°$。可以得到在 $f=10\text{kHz}$ 处,$\phi \approx -90°-45°=-135°$;在 $f=100\text{kHz}$ 处,$\phi \approx -90°-90°=-180°$。因此,相位交点频率约为 $f=100\text{kHz}$。采用式(11.37)验算一下

$$\phi = -\arctan\left(\frac{f}{10^{3}}\right) - \arctan\left(\frac{f}{10^{4}}\right) - \arctan\left(\frac{f}{10^{6}}\right)$$

$$= -\arctan\left(\frac{100 \times 10^{3}}{10^{3}}\right) - \arctan\left(\frac{100 \times 10^{3}}{10^{4}}\right) - \arctan\left(\frac{100 \times 10^{3}}{10^{6}}\right)$$

$$\approx -179°$$

可见采用伯德图近似的方法得到的结果与精确计算结果非常接近。

下面分析反馈放大器的稳定性,当 $\beta=1$ 时,在相位交点频率约为 $f=100\text{kHz}$ 处,有

$$|G_L(j\omega)|=\beta|A(j\omega)|=\frac{1\times10^5}{[1+(f/10^3)^2]^{1/2}[1+(f/10^4)^2]^{1/2}[1+(f/10^6)^2]^{1/2}}$$

$$=\frac{1\times10^5}{[1+(100\times10^3/10^3)^2]^{1/2}[1+(100\times10^3/10^4)^2]^{1/2}[1+(100\times10^3/10^6)^2]^{1/2}}$$

$$\approx99$$

增益裕度为

$$\text{GM}=20\lg\left(\frac{1}{99}\right)\approx-39.9\text{dB}$$

在相位交点频率处,环路增益值仍然大于1,没有增益裕度,说明在这种情况下,反馈放大器不稳定。

同样地,当 $\beta=0.01$ 时,在相位交点频率约为 $f=100\text{kHz}$ 处

$$|G_L(j\omega)|=\beta|A(j\omega)|=\frac{0.01\times1\times10^5}{[1+(f/10^3)^2]^{1/2}[1+(f/10^4)^2]^{1/2}[1+(f/10^6)^2]^{1/2}}$$

$$=\frac{0.01\times1\times10^5}{[1+(100\times10^3/10^3)^2]^{1/2}[1+(100\times10^3/10^4)^2]^{1/2}[1+(100\times10^3/10^6)^2]^{1/2}}$$

$$\approx0.99$$

增益裕度为

$$\text{GM}=20\lg\left(\frac{1}{0.99}\right)\approx0.087\text{dB}$$

在相位交点频率处,环路增益值略小于1,说明在这种情况下,反馈放大器处于临界稳定状态。当 $\beta=0.001$ 时,在相位交点频率约为 $f=100\text{kHz}$ 处

$$|G_L(j\omega)|=\beta|A(j\omega)|=\frac{0.001\times1\times10^5}{[1+(f/10^3)^2]^{1/2}[1+(f/10^4)^2]^{1/2}[1+(f/10^6)^2]^{1/2}}$$

$$=\frac{0.001\times1\times10^5}{[1+(100\times10^3/10^3)^2]^{1/2}[1+(100\times10^3/10^4)^2]^{1/2}[1+(100\times10^3/10^6)^2]^{1/2}}$$

$$\approx0.099$$

增益裕度为

$$\text{GM}=20\lg\left(\frac{1}{0.099}\right)\approx20.1\text{dB}$$

在相位交点频率处,环路增益值明显小于1,增益裕度约为20.1dB,说明在这种情况下,反馈放大器处于稳定状态。

由此可以看到,反馈放大器是否稳定也依赖于 β 的值。

11.3　补偿技术

如果放大器传递函数中超过两个极点,当超过一定频率时环路增益的相位角将可能超过$-180°$。负反馈的放大器会不稳定,稳定性取决于放大器零极点和反馈系数 β。不稳定反馈放大器的稳定化过

程称为"补偿"。反馈电路中的前馈放大器应设计成尽可能少的级数,这是由于每一级增益级使传递函数增加更多极点,使补偿问题变得更困难。

从前面的稳定性分析中可知,对于反馈放大器的环路增益,增益交点发生在相位交点之前,并且如果增益交点比相位交点更加靠近原点,则系统就更加稳定。放大器可通过增加主极点、改变主极点、密勒补偿等方法来实现这种效果,进而稳定反馈放大器。

11.3.1 增加主极点

在放大器的传递函数中可以引入一个主极点,使环路增益为单位 1 时的相移少于 $180°$。考虑一个具有如下环路增益的反馈放大器

$$G_L(j\omega) = A(j\omega)\beta = \frac{A_o}{(1+j\omega/\omega_{p1})(1+j\omega/\omega_{p2})(1+j\omega/\omega_{p3})} \tag{11.41}$$

其中 $\omega_{p1} = 2\pi f_{p1}$,$\omega_{p2} = 2\pi f_{p2}$,$\omega_{p3} = 2\pi f_{p3}$。伯德图如图 11-13(a)所示。为了补偿这个放大器,需引入一个新的主极点 $\omega_D = 2\pi f_D$,使 $\omega_D < \omega_{p1} < \omega_{p2} < \omega_{p3}$,环路增益变为

$$G_L(j\omega) = A(j\omega)\beta = \frac{A_o}{(1+j\omega/\omega_D)(1+j\omega/\omega_{p1})(1+j\omega/\omega_{p2})(1+j\omega/\omega_{p3})} \tag{11.42}$$

修改后的环路增益的伯德图如图 11-13(a)中的粗线所示。此主极点的引入使环路增益以 20dB/十倍频程下降,一直到频率 f_{p1} 处。如果选择主极点的频率 f_D 使在频率 f_{p1} 处的环路增益为单位 1,那么在频率 f_{p1} 处,由主极点 f_D 贡献的相移为 $-90°$,由第一极点 f_{p1} 贡献的相移为 $-45°$。在 $f = f_{p1}$ 处,总相移约为 $(-90°-45°) = -135°$,相位裕度约为 $\phi_m = 180° - |\phi| = 180° - 135° = 45°$,意味着放大器将是稳定的。这种补偿以减小带宽为代价。未补偿的单位增益带宽 f_{p1} 比补偿后的 3dB 带宽 f_D 高很多。这种补偿方法牺牲了放大器的频率性能,常常用于"窄带"应用。

主极点可以采用增加电容 C_x 来实现,它为基本放大器增加了一个拐点频率。在电路中两种增加额外电容 C_x 可能的位置如图 11-13(b)所示,分别在放大器的输入节点或输出节点处,此 f_D 为

$$f_D = \frac{1}{2\pi RC_x} \tag{11.43}$$

这里 R 是从电容 C_x"看到的"等效电阻,在输入节点补偿时 $R = R_s$,在输出节点补偿时 $R = R_L$。

在以上确定 f_D 时假设极点距离都比较远,近似认为拐点频率 f_{p2} 不影响相移。在一些情况下,例如 f_{p2} 和 f_{p1} 比较接近,将贡献比较大的相移。增益交点频率处相移将超过 $-135°$,这小于预期的 $45°$ 的相位裕度。这种补偿方法给出了一个主极点频率的近似值,有必要进行精细调整以获得期望的相位裕度。

【例 11.5】 增加一个主极点稳定例 11.4 中当 $\beta = 1$ 时的反馈放大器,使相位裕度为 $45°$。

解:由于增益带宽积必须保持为常数,低频环路增益应以 20dB/十倍频程的斜率,从在 f_D 处的 $A_o\beta$(或者 $1 \times 10^5 \times 1 = 1 \times 10^5$)下降到 $f_{p1}(=1\text{kHz})$ 处的单位增益。这显示直接的正比关系。即 $f_D \times A_o\beta = f_{p1} \times 1$,由此给出

$$f_D = \frac{f_{p1}}{A_o\beta} = \frac{1 \times 10^3}{1 \times 10^5} = 0.01\text{Hz}$$

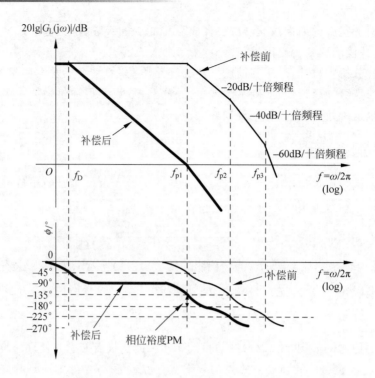

(a) 幅频和相频曲线

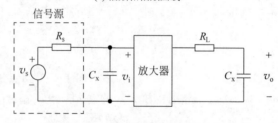

(b) 极点增加的实现方法

图 11-13 增加主极点的补偿方法

修改后的环路增益为

$$G_L(j\omega) = A(j\omega)\beta = \frac{1 \times 10^5}{(1 + jf/f_D)(1 + jf/f_{p1})(1 + jf/f_{p2})(1 + jf/f_{p3})}$$

验算一下在增益交点处的增益与相位,即频率 $f = 1\text{kHz}$ 时的环路增益值为

$$|G_L(j\omega)| = \beta|A(j\omega)| = \frac{1 \times 10^5}{[1 + (f/10^{-2})^2]^{1/2}[1 + (f/10^3)^2]^{1/2}[1 + (f/10^4)^2]^{1/2}[1 + (f/10^6)^2]^{1/2}}$$

$$= \frac{1 \times 10^5}{[1 + (1 \times 10^3/10^{-2})^2]^{1/2}[1 + (1 \times 10^3/10^3)^2]^{1/2}[1 + (1 \times 10^3/10^4)^2]^{1/2}[1 + (1 \times 10^3/10^6)^2]^{1/2}}$$

$$\approx 0.707$$

或者表示为 $|G_L(j\omega)| \approx -3\text{dB}$,由于在极点频率处,增益会下降 3dB,而不是估算的 0dB。根据式(11.37),相位角为

$$\phi = -\arctan\left(\frac{f}{10^{-2}}\right) - \arctan\left(\frac{f}{10^3}\right) - \arctan\left(\frac{f}{10^4}\right) - \arctan\left(\frac{f}{10^6}\right)$$

$$= -\arctan\left(\frac{1\times10^3}{10^{-2}}\right) - \arctan\left(\frac{1\times10^3}{10^3}\right) - \arctan\left(\frac{1\times10^3}{10^4}\right) - \arctan\left(\frac{1\times10^3}{10^6}\right)$$

$$\approx -140.8°$$

相位裕度约为 $\text{PM}=\phi_m=180°-|\phi|=180°-140.8°=39.2°$。在确定 f_D 时，假设拐点频率 f_{p1} 不影响相移。在这个例子中，f_{p2} 和 f_{p1} 较接近，将贡献一定相移，造成相位裕度不能达到 45°。

11.3.2 改变主极点

在 11.3.1 节刚刚讨论的第一种补偿方法中，增加了一个主极点到放大器，并假设原来放大器的极点不受影响。这种方法很大程度上降低了带宽，我们还可以考虑不增加极点的补偿方法。第二种补偿方法是改变原来的主极点，增加原来放大器对应于主极点的电容的电容值，以便使原来的主极点频率 f_{p1} 降低，达到补偿的功能。即原来的极点 f_{p1} 向左侧移动，使 $f_D=f_{p1}$。调整方法如图 11-14 所示。对于反馈放大器中 45°相位裕度，f_D 必须使增益在第二极点频率 f_{p2} 处降低到单位 1。f_{p2} 成为单位增益带宽。可见这种方法对于带宽的降低程度要比增加额外主极点的方法效果好。

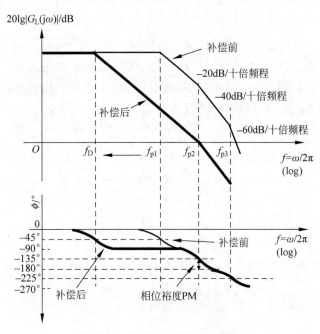

图 11-14　改变主极点的补偿方法

对于一般的放大器，首先确定放大器的主极点，然后在相应节点上增加电容，从而调整主极点的大小。

11.3.3 密勒补偿和极点分裂

很多运算放大器采用二级增益结构，如图 11-15(a)所示，由于存在两个接近的极点，通常二级运算放大器需要进行频率补偿。第三种补偿方法是采用电容的密勒倍乘效应实现。在多级放大器中，例如二级运算放大器，在第二增益级的输入和输出之间连接一个小电容(例如 C_x)，如图 11-15(b)所示。可以采用一个中等电容引入一个低频极点，节省芯片上实现电容的面积。

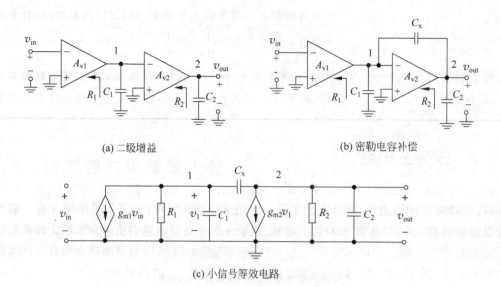

(a) 二级增益　　　　　　　　　　　　(b) 密勒电容补偿

(c) 小信号等效电路

图 11-15　二级运算放大器中的密勒电容补偿

1. 密勒补偿原理

在分析时,第一级放大器可以采用诺顿等效或戴维南等效,这里采用诺顿等效,简化的等效电路如图 11-15(c)所示,g_{m2} 是第二级的跨导,R_1 和 C_1 分别代表节点 1 和地之间的总电阻和总电容,对于 CMOS 放大器,R_1 表示前级(第一级)放大器的输出电阻,C_1 包含第二级放大器的输入电容及前级的输出电容。R_2 和 C_2 分别代表节点 2 和地之间的总电阻和总电容。对于 CMOS 放大器,R_2 表示第二级放大器的输出电阻,C_2 包括第二级放大器的输出等效电容和负载电容。在没有补偿电容(当 $C_x = 0$)时,两个极点频率将是

$$\omega_{p1} = \frac{1}{C_1 R_1} \quad 或 \quad f_{p1} = \frac{1}{2\pi C_1 R_1} \tag{11.44}$$

以及

$$\omega_{p2} = \frac{1}{C_2 R_2} \quad 或 \quad f_{p2} = \frac{1}{2\pi C_2 R_2} \tag{11.45}$$

当 $C_x \neq 0$ 时,图 11-15(c)的分析类似于图 7-13。采用式(7.57)和式(7.58),得到新的极点频率

$$\omega'_{p1} \approx \frac{1}{g_{m2} C_x R_1 R_2} \tag{11.46}$$

$$\omega'_{p2} \approx \frac{g_{m2} C_x}{C_1 C_2 + C_x C_1 + C_x C_2} \tag{11.47}$$

由式(11.46)和式(11.47)可知随着 C_x 增加,ω'_{p1} 降低,ω'_{p2} 上升。这种极点的分离称为"极点分裂"(plot splitting),如图 11-16 所示的 s 平面中的表示。第二极点 ω'_{p2} 上升对于保持大的带宽更为有利。在式(11.46)中,C_x 乘以了 $g_{m2} R_2$ 因子,有效电容为 $g_{m2} R_2 C_x$,非常大。C_x 电容值可以采用比增加极点或改变极点的补偿方法中更小的电容值。

如果 $C_2 > C_x > C_1$,这符合一般情况,式(11.47)可近似为

$$\omega'_{p2} \approx \frac{g_{m2}}{C_2} \tag{11.48}$$

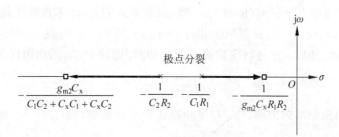

图 11-16 密勒补偿的极点分裂

【例 11.6】 采用极点分裂的补偿电容方法对放大器进行补偿。一个放大器的开环增益为 1×10^5，拐点频率 $f_{p1} = 10\text{kHz}$，$f_{p2} = 100\text{kHz}$ 和 $f_{p3} = 1\text{MHz}$。放大器的增益级等效电路如图 11-15(c) 所示，其中第二增益级的参数 $g_{m2} = 10\text{mA/V}$，$C_1 = 10\text{pF}$ 和 $C_2 = 50\text{pF}$。确定补偿电容 C_x 的值，使闭环相位裕度为 $45°$，阻性反馈 $\beta = 1$。

解： 已知 $g_{m2} = 10\text{mA/V}$，$C_1 = 10\text{pF}$，$C_2 = 50\text{pF}$，$f_{p1} = 10\text{kHz}$，$f_{p2} = 100\text{kHz}$ 和 $f_{p3} = 1\text{MHz}$。可以求得 R_1 和 R_2 的值为

$$R_1 = \frac{1}{2\pi f_{p1} C_1} = \frac{1}{2\pi \times 10 \times 10^3 \times 10 \times 10^{-12}} \approx 1.59\text{M}\Omega$$

$$R_2 = \frac{1}{2\pi f_{p2} C_2} = \frac{1}{2\pi \times 100 \times 10^3 \times 50 \times 10^{-12}} \approx 31.8\text{k}\Omega$$

先估算密勒补偿后的 f'_{p2} 值，根据式 (11.47)，有

$$f'_{p2} \approx \frac{g_{m2} C_x}{2\pi(C_1 C_2 + C_x C_1 + C_x C_2)} \approx \frac{g_{m2}}{2\pi(C_1 + C_2)} = \frac{10 \times 10^{-6}}{2\pi \times (10 \times 10^{-12} + 50 \times 10^{-12})} \approx 26.53\text{MHz}$$

f'_{p2} 大于 $f_{p3}(=1\text{MHz})$。假定 f_{p3} 为第二个极点频率并找到补偿电容 C_x 来设定 $45°$ 相位裕度，在 $f_{p3} = 1\text{MHz}$ 处为单位增益。即 $f_D \times A_o \beta = f_{p3} \times 1$，由此给出修改后的主极点频率为

$$f'_{p1} \approx f_D = \frac{f_{p3}}{A_o \beta} = \frac{1 \times 10^6}{1 \times 10^5 \times 1} = 10\text{Hz}$$

根据式 (11.46)，得到第一主极点 f'_{p1} 的电容 C_x 为

$$C_x \approx \frac{1}{2\pi f'_{p1} g_{m2} R_1 R_2} = \frac{1}{2\pi \times 10 \times 10 \times 10^{-6} \times 1.59 \times 10^6 \times 31.8 \times 10^3} \approx 31.5\text{pF}$$

再根据式 (11.47) 来验证修改后的 f'_{p2} 值，即

$$f'_{p2} \approx \frac{g_{m2} C_x}{2\pi(C_1 C_2 + C_x C_1 + C_x C_2)}$$

$$= \frac{10 \times 10^{-6}}{2\pi(10 \times 10^{-12} \times 50 \times 10^{-12} + 31.5 \times 10^{-12} \times 10 \times 10^{-12} + 31.5 \times 10^{-12} \times 50 \times 10^{-12})}$$

$$\approx 20.98\text{MHz}$$

可见 f'_{p2} 和估计值差距不大，而且大于 $f_{p3}(=1\text{MHz})$，由于密勒补偿的极点分裂，其中一个极点推到了比较高的频率处。假定密勒补偿后 f_{p3} 作为第二个极点频率是合理的。

2. 密勒补偿中的 RHP 零点的处理

在采用密勒补偿的方法中，到目前为止忽略了传递函数中零点的影响。从第 7 章的分析可知，密勒

电容还产生一个在 s 平面中右半平面(RHP)的零点 $z_1 = g_{m2}/C_x$。此零点对于幅频特性及相频特性的影响为:减缓增益下降,同时进一步提供更大相移,如图 11-17 所示。这使得增益交点外推,而相位交点内推,对稳定性更为不利。因此,在进行密勒补偿时,必须考虑这个零点的影响。

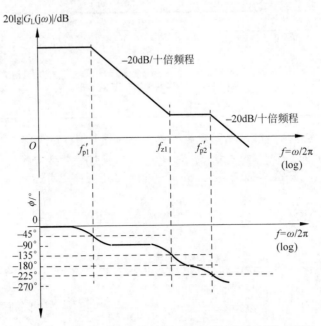

图 11-17　包含右半平面零点的密勒补偿二级运算放大器

考虑 RHP 零点的第一种方法是令此零点远离单位增益带宽频率,例如至少保证 $\omega_z = 10\omega_u$,其中 $\omega_u = 2\pi f_u$ 为单位增益带宽,如图 11-18 所示。假设补偿后的相位裕度的目标是 PM$\geqslant$60°,可以近似认为 $\omega_u \approx$ GBW。而

$$\text{GBW} = |A_{vo}| \, \omega'_{p1} = |A_{vo1}| \|A_{vo2}| \frac{1}{g_{m2}C_xR_iR_o} = g_{m1}R_1 g_{m2}R_2 \frac{1}{g_{m2}C_xR_1R_2} = \frac{g_{m1}}{C_x} \quad (11.49)$$

其中 $|A_{vo1}| = g_{m1}R_1$ 是第一级放大器的增益值。在增益交点(即单位增益带宽)处,为了保证 PM=60°,有

$$|\phi| = \arctan\left(\frac{\text{GBW}}{\omega'_{p1}}\right) + \arctan\left(\frac{\text{GBW}}{\omega'_{p2}}\right) + \arctan\left(\frac{\text{GBW}}{\omega_z}\right) = 180° - \text{PM} \quad (11.50)$$

对于下限值 $\omega_z = 10\omega_u \approx 10\text{GBW}$,则有

$$\arctan(|A_{vo}|) + \arctan\left(\frac{\text{GBW}}{\omega_{p2}}\right) + \arctan(0.1) = 180° - 60° \quad (11.51)$$

由此可得

$$\omega_{p2} \approx 2.2\text{GBW} \quad (11.52)$$

对于 PM=60°,根据 $\omega_z = 10\text{GBW}$ 和式(11.49),即 $g_{m2}/C_x = 10g_{m1}/C_x$,有 $g_{m2} = 10g_{m1}$,并且由式(11.48)、式(11.49)和式(11.52),有 $C_x \approx 0.22C_2$。以上均考虑的是临界值,并且只考虑二级运算放大器中两个主要极点和密勒电容补偿。而在实际电路中,还可能存在其他离原点较远的次要极点或零点。当只采用密勒电容对二级运算放大器进行补偿时,要保证 PM 能够达到 60°,一般的设计考虑 $\omega_z \geqslant 10\text{GBW}$、$\omega_{p2} \geqslant 2.2\text{GBW}$,以及 $g_{m2} \geqslant 10g_{m1}$ 和 $C_x \geqslant 0.22C_2$。

对于 RHP 这个零点的出现,还可以从反馈和前馈的角度进行理解和分析。密勒电容除了提供放

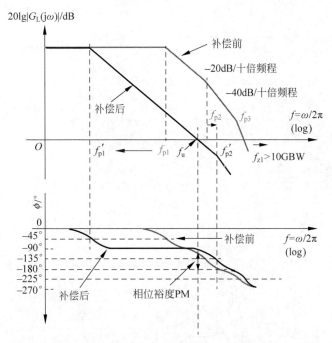

图 11-18　考虑 RHP 零点的密勒补偿(PM＝60°)的二级运算放大器

大器输出端到输入端的反馈路径,还提供了输入端到输出端的前馈路径,因此在图 11-15 中,流经 C_x 的电流为

$$i_{cx} \approx sC_x(v_{out} - v_1) \tag{11.53}$$

此电流可以分为两个部分:反馈电流 $i_{fb} \approx sC_x v_{out}$ 和前馈电流 $|i_{ff}| \approx sC_x v_1$。前馈电流与 v_1 有关,在第二级放大器路径从输入到输出和 v_1 相关的电流为 $g_m v_1$,在输出节点,有

$$i_{vi} \approx (g_{m2} - sC_x)v_1 \tag{11.54}$$

在传递函数中就会出现一个零点 $z_1 = g_{m2}/C_x$。

如果能够去掉这个前馈路径,就可以消除这个 RHP 零点。考虑密勒补偿的 RHP 零点的另一大类方法就是考虑消除这个 RHP 零点,或者将此零点移动到左半平面(LHP)上并抵消极点。可以采用单位增益缓冲器来隔断前馈路径,而保留反馈路径,如图 11-19 所示,其中采用一个理想的单位增益缓冲器和密勒电容串联来代替原来的密勒电容。在推导传递函数的过程中,除了在输出处,不存在流经 C_x 到输出节点的前馈电流之外,其他推导都是一致的。在输出处,有

$$g_{m2}v_1 + \frac{v_{out}}{R_2} + v_{out}C_2 s = 0 \tag{11.55}$$

由此得到传递函数为

$$\frac{v_{out}(s)}{v_{in}(s)} = \frac{g_{m1}R_1 g_{m2}R_2}{1 + s[R_1(C_1 + C_x) + R_2 C_2 + g_{m2}C_x R_1 R_2] + s^2 R_1 R_2 C_2 (C_1 + C_x)} \tag{11.56}$$

可见,零点被消除了。可以得到主极点频率和第二极点频率,当 $g_{m2}R_1 \gg 1$、$g_{m2}R_2 \gg 1$ 时,一般情况下 $C_2 > C_x > C_1$,则有

$$\omega'_{p1} \approx \frac{1}{g_{m2}C_x R_1 R_2} \tag{11.57}$$

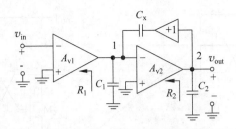

(a) 单位增益缓冲器隔断前馈路径

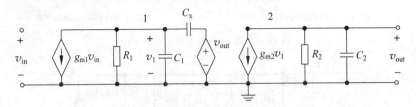

(b) 小信号等效电路

图 11-19　消除密勒补偿中 RHP 零点

$$\omega'_{p2} \approx \frac{g_{m2}C_x}{C_1C_2 + C_xC_2} \approx \frac{g_{m2}}{C_2} \tag{11.58}$$

主极点和第二极点基本和密勒补偿时的一致,同时消除了 RHP 零点。

图 11-19 所示的单位增益缓冲器采用源跟随器实现,如图 11-20(a)所示,实际的源跟随器具有一定的输出电阻 R_o,源跟随器采用诺顿等效,交流小信号等效电路如图 11-20(b)所示。传递函数的推导类似图 7-13 和图 11-19 的推导步骤,读者可以推导传递函数,从中可知消除了密勒补偿的 RHP 零点,但出现了一个新的左半平面的零点为

$$z_2 = -\frac{1}{R_oC_x} \tag{11.59}$$

此左半平面零点可以用于抵消第二极点。

也可以直接在密勒电容上串联一个电阻来进行频率补偿,如图 11-21(a)所示,此电阻称为"消零"电阻。这里,没有切断前馈路径,电阻的加入可以使 RHP 零点移到无穷远处。当 ω 趋近于无穷时,密勒电容 C_x 短路,因此前馈电流为

$$i_{ff}(\omega \to \infty) \approx -\frac{v_1}{R_z} \tag{11.60}$$

再加上放大器的 g_{m2} 形成的电流,则在输出节点和 v_1 相关的总电流为

$$i_{vi} = \left(g_{m2} - \frac{1}{R_z}\right)v_1 \tag{11.61}$$

当 ω 趋近于无穷时,如果 $R_z = 1/g_{m2}$,则可消除此项,零点就处于无穷远处。

完整的传递函数推导类似于图 7-13 和图 11-19 的推导步骤。这里只考虑和密勒补偿有关的路径,第一级增益级采用诺顿等效,如图 11-21 所示,给出

$$\frac{v_{out}(s)}{i_s(s)} = \frac{g_{m2}R_1R_2\left[1 - sC_x\left(\frac{1}{g_{m2}} - R_z\right)\right]}{1 + bs + cs^2 + ds^3} \tag{11.62}$$

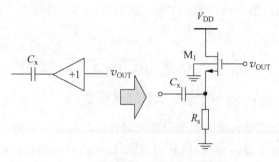

(a) 单位增益缓冲器采用源跟随器实现

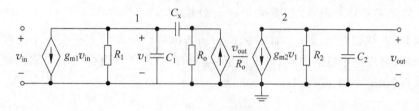

(b) 小信号等效电路

图 11-20　采用源跟随器消除密勒补偿中的 RHP 零点

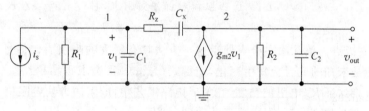

(a) 小信号等效电路

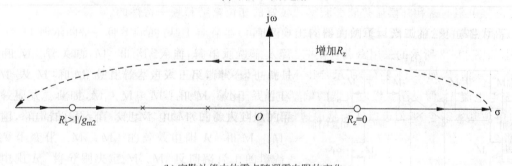

(b) 密勒补偿中的零点随调零电阻的变化

图 11-21　采用消零电阻的密勒补偿

其中

$$b = R_1(C_1 + C_x) + R_2(C_2 + C_x) + R_z C_x + g_{m2} C_x R_1 R_2$$
$$c = R_1 R_2(C_1 C_2 + C_1 C_x + C_2 C_x) + R_z C_x (R_1 C_1 + R_2 C_2) \qquad (11.63)$$
$$d = R_1 R_2 R_z C_1 C_2 C_x$$

当 $g_{m2} R_1 \gg 1$、$g_{m2} R_2 \gg 1$ 时，一般情况下 $C_2 > C_x > C_1$，则有

$$\omega'_{p1} \approx \frac{1}{g_{m2}C_xR_1R_2} \tag{11.64}$$

$$\omega'_{p2} \approx \frac{g_{m2}C_x}{C_1C_2+C_xC_1+C_xC_2} \approx \frac{g_{m2}}{C_2} \tag{11.65}$$

$$\omega'_{p3} \approx \frac{1}{R_zC_1} \tag{11.66}$$

可见,主极点频率和次主极点频率与单纯使用密勒电容补偿时的是一致的。而对于第三个极点频率,典型情况下 $C_2 > C_1$,并且 R_z 与 $1/g_{m2}$ 相当,因此,其处于比较高的频率处。电路中的零点为

$$z = \frac{1}{\left(\frac{1}{g_{m2}}-R_z\right)C_x} \tag{11.67}$$

当 $R_z = 1/g_{m2}$ 时,零点移到无穷远处。如果 $R_z > 1/g_{m2}$,则可以使此零点由右半平面移动到左半平面,如图 11-21(b)所示,可以用于抵消极点,以提供更好的相位裕度特性及运算放大器的频率特性。例如,让此零点等于左半平面的次主极点,有

$$\frac{1}{\left(\frac{1}{g_{m2}}-R_z\right)C_x} = -\frac{g_{m2}}{C_2} \tag{11.68}$$

由此得到

$$R_z = \frac{C_2+C_x}{g_{m2}C_x} \tag{11.69}$$

则此零点抵消了次主极点。消除次主极点使得这一方法具有很大的吸引力。但是由于 C_2 中包含负载电容,负载电容可能是未知的或者会发生变化,使得式(11.69)很难求得精确结果。另外在具体集成电路工艺实现上,也很难保证 R_z 电阻的精度,在集成电路工艺中,电阻的方块电阻值有很大的波动。无论怎样,只要把零点移到非常高的频率处,或者移动到 s 平面的左半平面(LHP),通过仔细分析和电路仿真,采用消零电阻的密勒补偿还是能够获得比较好的相位裕度和频率特性的。

3. 采用密勒补偿的二级运算放大器的转换速率

考虑如图 11-22 所示的采用密勒补偿的二级运算放大器,当输入经历非常大的输入信号变化时,例如很大的阶跃信号,如图 11-22(a)所示,M_1、M_3、M_4 均关断,第一级放大器为密勒电容 C_x 提供了一个恒定的充电电流 I_5,假设第二级放大器的偏置电流 I_6 比第一级的偏置电流 I_5 大很多,这满足一般的情况,X 点电位基本不变,近似可以认为是虚地,第二级放大器和密勒电容组成一个积分器电路,输入电流为 I_5,那么

$$v_{OUT} = \frac{1}{C_x}\int I_5\,\mathrm{d}t \tag{11.70}$$

这样

$$SR^+ = \frac{\mathrm{d}V_o}{\mathrm{d}t} = \frac{I_5}{C_x} \tag{11.71}$$

这是正的转换速率。如果考虑到输出端的负载电容 C_L,其也会限制输出电压的转换,正转换速率应该是 $SR^+ = \min[I_5/C_x, (I_6-I_5-I_7)/C_L]$,一般情况下 $I_5/C_x < (I_6-I_5-I_7)/C_L$。例如,对于图 11-22 所示的电路,如其所述,若要求 PM$\geqslant$60°,应该选择 $C_x \geqslant 0.22C_2$,忽略器件的寄生电容,则 $C_2 \approx C_L$,即 $C_x \geqslant 0.22C_L$。同时,应要求 RHP 零点至少大于 10 倍 GBW,有 $g_{m6} \geqslant 10g_{m1}$,即 $\sqrt{2\mu_p C_{ox}(W/L)_6 I_6} \geqslant$

$10\sqrt{2\mu_n C_{ox}(W/L)_1(I_5/2)}$，整理有 $I_6 \geqslant 50 \times \dfrac{\mu_n}{\mu_p}\dfrac{(W/L)_1}{(W/L)_6} I_5$。为了具有较好的相位裕度，并留有余量，密勒电容要选择得比 $0.22C_L$ 大一些，而 RHP 零点远远大于 10 倍 GBW。由此可见，在一般的设计中，第二级要提供足够大的驱动电流，即使 M_6 的尺寸比 M_1 的尺寸大，I_6 也要远远大于 I_5。正转换速率主要由 I_5/C_x 来决定。如果 M_6 不能提供足够大的电流，则不能维持 $I_5 + I_7 + I_{CL}$，X 点电平就会发生很大变化，会使 M_2、M_5 进入三极管区，并且由于 C_L 的作用，转换可能会更慢。因此，设计电路时应避免这种情况。

同理，对于负转换速率，如图 11-22(b) 所示，输入施加很大的反向阶跃信号，M_2 关断，M_1 导通，I_5 电流全部流过 M_3，通过 M_3-M_4 电流镜对 C_x 提供如图 11-22(b) 电流方向的电流，大小等于 I_5，负转换速率为

$$|SR^-| = \frac{I_5}{C_x} \tag{11.72}$$

同样地，I_7 应该能够支持 I_5、I_6 及负载电容 C_L 的放电电流 I_{CL}。例如，如果 $I_7 = I_5$，在负转换期间，则 V_x 将上升，使 M_6 关断。如果 $I_7 < I_5$，则使 M_4 进入线性区，转换速率将更加受限。

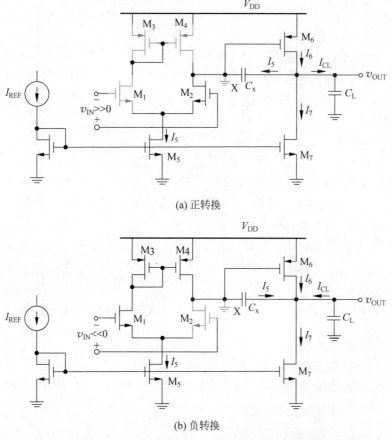

(a) 正转换

(b) 负转换

图 11-22 采用密勒补偿的二级运算放大器的转换速率

【例 11.7】 设计图 11-22 所示的二级运算放大器,采用密勒电容进行补偿。其中负载电容 $C_L=$ 10pF。运算放大器需满足如下要求:$A_{vo}>3000V/V$,$V_{DD}=5V$,增益带宽积 GBW $\geqslant$5MHz ,$SR>10V/\mu s$, 相位裕度 PM 达到 $60°$,输入共模范围(ICMR)为 $1.5\sim4.5V$,输出摆幅范围为 $0.5\sim4.5V$,$P_{diss}\leqslant2mW$ (不包括电流基准电路部分的电流)。已知 NMOS 的参数为 $V_{THN}=0.7V$,$K_n=110\mu A/V^2$,$\lambda_n=$ $0.04V^{-1}$。PMOS 晶体管的参数为 $V_{THP}=-0.7V$,$K_p=50\mu A/V^2$,$\lambda_p=0.05V^{-1}$。假定 $C_{ox}=0.4fF/\mu m^2$, 栅源电容按 $C_{gs3}=0.67W_3L_3C_{ox}$ 计算。

解: 由于是设计题,结果并不唯一,数值舍入的处理也不一样,任何合理的计算都是一种解决方案, 下面只对关键步骤给出了参考设计步骤和计算。在进行电路参数计算前,首先应保证图 11-22 所示的 二级运算放大器具有正确的电路偏置,以便保证所有晶体管都处于饱和区中。可以选取这样的偏置方 案:保证良好的电流镜关系,有

$$V_{SG4}=V_{SG6}$$

这样

$$I_6=\frac{(W/L)_6}{(W/L)_4}I_4$$

以及

$$I_7=\frac{(W/L)_7}{(W/L)_5}I_5=\frac{(W/L)_7}{(W/L)_5}(2I_4)$$

而 $I_6=I_7$,则有

$$\frac{(W/L)_6}{(W/L)_4}=\frac{2(W/L)_7}{(W/L)_5}$$

下面进行电路参数的计算:

(1) 此二级运算放大器采用密勒电容补偿,并且考虑密勒电容引入零点的影响,根据需要的 PM= $60°$,求出密勒补偿电容 C_x(假定 $\omega_z\geqslant10GBW$)为

$$C_x\geqslant0.22C_L$$

则得到 $C_x\geqslant2.2pF$,这里留出余量,取 $C_x=3pF$。

(2) 由已知的 C_x 并根据转换速率的要求选择 $I_{SS}(I_5)$ 的范围,有

$$I_5\geqslant SR\cdot C_x=10\times10^6\times3\times10^{-12}=30\mu A$$

取 $I_5=30\mu A$。

(3) 由计算得到的电流偏置值,设计 $W_3/L_3(W_4/L_4)$ 满足上 ICMR 的要求,有

$$ICMR_+=V_{DD}-|V_{GS3}|+V_{THN}$$

则有

$$\frac{I_5}{2}=|I_{3,4}|=\frac{1}{2}K_p\left(\frac{W}{L}\right)_{3,4}(V_{DD}-ICMR_++V_{THN}-|V_{THP}|)^2$$

得

$$\left(\frac{W}{L}\right)_{3,4}=\frac{I_5}{K_p(V_{DD}-ICMR_++V_{THN}-|V_{THP}|)^2}=\frac{30\times10^{-6}}{50\times10^{-6}\times(5-4.5+0.7-0.7)^2}=2.4$$

这里取 $(W/L)_{3,4}=3$。

(4) 图 11-22 所示的放大器具有一个镜像极点,验证 M_3 处镜像极点是否大于 $10GBW$,根据式(7.172),

镜像极点处的电容近似为 $C_{gs3}+C_{gs4}$，此极点频率为

$$\frac{g_{m3}}{C_{gs3}+C_{gs4}}=\frac{g_{m3}}{2C_{gs3}}=\frac{\sqrt{2K_p\dfrac{W_3}{L_3}I_3}}{2\times0.67W_3L_3C_{ox}}=\frac{\sqrt{2\times50\times10^{-6}\times3\times15\times10^{-6}}}{2\times0.67\times3\times10^{-6}\times1\times10^{-6}\times0.4\times10^{-15}\times10^{-12}}$$

$$\approx41.7\times10^9\,\text{rad/s}$$

其中栅长 $L=1\mu\text{m}$，此镜像极点频率值为 6.64GHz，远远大于 $10\text{GBW}=10\times5\times10^6=50\text{MHz}$。

(5) 设计 $W_1/L_1(W_2/L_2)$ 满足 GBW 的要求，由式(11.49)，有

$$\text{GBW}=g_{m1,2}/C_x$$

得

$$g_{m1,2}=\sqrt{2K_n\left(\frac{W}{L}\right)_{1,2}I_{1,2}}=\text{GBW}\cdot C_x=2\pi\times5\times10^6\times3\times10^{-12}\approx94.25\mu\text{S}$$

有

$$\left(\frac{W}{L}\right)_{1,2}=\frac{(\text{GBW}\cdot C_x)^2}{2K_nI_{1,2}}=\frac{(2\pi\times5\times10^6\times3\times10^{-12})^2}{2\times110\times10^{-6}\times15\times10^{-6}}\approx2.7\approx3$$

取 $(W/L)_{1,2}=3$。

(6) 设计 W_5/L_5 满足下 ICMR(或输出摆幅)的要求

$$\text{ICMR}_-=V_{OD5}+V_{GS1}=V_{OD5}+V_{OD1}+V_{THN}$$

得

$$V_{OD5}=\text{ICMR}_--V_{GS1}=\text{ICMR}_-\left(\sqrt{\frac{2I_1}{K_n(W/L)_1}}+V_{THN}\right)=1.5-\left(\sqrt{\frac{2\times15\times10^{-6}}{110\times10^{-6}\times3}}+0.7\right)\approx0.5\text{V}$$

再根据

$$I_5=\frac{1}{2}\mu_nC_{ox}(W/L)_5V_{OD}^2$$

得

$$(W/L)_5=\frac{2I_5}{\mu_nC_{ox}V_{OD}^2}=\frac{2\times30}{110\times0.5^2}\approx2.18$$

取 $(W/L)_5=3$。

(7) 根据 PM=60° 的要求，$\omega_z\geqslant10\text{GBW}$，即 $g_{m6}/C_x\geqslant10g_{m1}/C_x$，有

$$g_{m6}\geqslant10g_{m1}=942.5\mu\text{S}$$

并且根据偏置条件 $V_{SG4}=V_{SG6}$ 计算得到 M_6 的尺寸，得到 $\left(\dfrac{W}{L}\right)_6=\dfrac{g_{m6}}{g_{m4}}\left(\dfrac{W}{L}\right)_4$，而 $g_{m4}=\sqrt{2K_p(W/L)_4I_4}=$
$\sqrt{2\times50\times10^{-6}\times3\times15\times10^{-6}}\approx67\mu\text{S}$，得到 $(W/L)_6=42$。

(8) 根据偏置条件 $V_{SG4}=V_{SG6}$，且 M_6 处于饱和区，$I_6=I_4\times(W/L)_6/(W/L)_4$，或根据 $g_{m6}=$
$\sqrt{2K_p(W/L)_6I_6}$ 计算得到 $I_6=210\mu\text{A}$。并验证 $V_{out,max}$ 是否满足要求。

$$V_{out,max}=V_{DD}-V_{OD6}=V_{DD}-\sqrt{\frac{2I_6}{K_p(W/L)_6}}=5-\sqrt{\frac{2\times210\times10^{-6}}{50\times10^{-6}\times42}}\approx4.55\text{V}，满足要求。$$

(9) 计算 M_7 的尺寸，并验证 $V_{out,min}$ 是否满足要求，M_7 的尺寸为

$$\left(\frac{W}{L}\right)_7=\left(\frac{I_6}{I_5}\right)\left(\frac{W}{L}\right)_5=\left(\frac{210}{30}\right)\times3=21$$

$$V_{out,min} = V_{OD7} = \sqrt{\frac{2I_7}{K_n(W/L)_7}} = \sqrt{\frac{2 \times 210 \times 10^{-6}}{110 \times 10^{-6} \times 21}} \approx 0.426V, 满足要求。$$

（10）验证增益和功耗

$$A_v = \frac{g_{m1,2}g_{m6}}{I_5/2(\lambda_2 + \lambda_4)I_6(\lambda_6 + \lambda_7)} = \frac{2 \times 94.25 \times 10^{-6} \times 942.5 \times 10^{-6}}{30 \times 10^{-6} \times (0.04 + 0.05) \times 210 \times 10^{-6} \times (0.04 + 0.05)} \approx 3481.5$$

满足要求。

功耗 $P_{diss} = 5 \times (30 \times 10^{-6} + 210 \times 10^{-6}) = 1.2mW$，满足要求。

（11）若增益不满足要求，可采用降低 I_5 和 I_6 或提高 M_1/M_2、M_6 的尺寸等措施，并需要重复以上步骤进行验证。

本章小结

负反馈放大器可能是稳定的也可能是不稳定的，取决于放大器零极点分布和反馈系数 β。如果相位角已经达到 $\phi = \pm 180°$，并且环路增益 $|G_L(j\omega)| \geqslant 1$，放大器将不稳定。

奈奎斯特图和伯德图可以用来确定反馈放大器的稳定性。稳定性的程度通常采用增益裕度和相位裕度来度量。一般情况下认为 $60°$ 的相位裕度是适当的，可以兼顾稳定性和响应速度。也可以选择 $45°$ 的相位裕度，闭环后的增益尖峰不超过低频增益的 30%。

当构成反馈结构后放大器不稳定时，需要对其进行频率补偿。反馈放大器的第一种补偿方法是采用在基本放大器上连接外部电容以便增加一个主极点，这种方法对放大器的带宽影响很大；第二种补偿方法是改变原来主极点，增加原来放大器对应于主极点的电容的电容值，以使原来的主极点频率降低，达到补偿的目的。还可以采用密勒补偿的方法，由于密勒补偿具有分裂极点的效果，对于保持大的带宽更为有利。在运算放大器中采用密勒补偿技术更为常见。

习题

1. 求阶跃输入的稳定性，一个放大器的开环增益为

$$A(s) = \frac{s}{s^2 - 2}$$

确定阶跃输入信号闭环响应的稳定性。假设反馈系数 $\beta(s) = 1$。

2. 一个反馈放大器在相位交点处的环路增益为 2，在增益交点处的相移为 $-190°$，判断此反馈放大器是否稳定。

3. 一个反馈放大器的环路增益具有 2 个左半复平面极点和 1 个右半复平面零点，并且这些极点频率和零点频率均处于增益交点以内，绘制其伯德图（包括幅频特性和相频特性），并讨论由此构成的闭环系统的稳定性。

4. 一个放大器的开环增益的拐点频率为 $f_{p1} = 100Hz$，$f_{p2} = 1kHz$ 及 $f_{p3} = 100kHz$。低频（或直流）增益为 $A_0 = 1 \times 10^4$。计算当 $\beta = 1$、0.1 及 0.01，频率 $f = 20kHz$ 时的环路增益值及环路相位角。

5. 求一个反馈放大器的的相位交点频率和稳定性，一个放大器开环增益的拐点频率为 $f_{p1} =$

$100Hz, f_{p2}=1kHz$ 及 $f_{p3}=100kHz$。低频(或直流)增益为 $A_o=1\times10^4$。计算当 $\beta=1$ 时,相位交点频率 f_p。并且分析当 $\beta=1$、0.1 及 0.01 时,反馈放大器增益裕度及稳定性。

6. 求一个反馈放大器的的相位交点频率和相位裕度,一个放大器开环增益的拐点频率为 $f_{p1}=1kHz, f_{p2}=10kHz$ 及 $f_{p3}=1MHz$。低频(或直流)增益为 $A_o=1\times10^5$。计算当 $\beta=1$ 时,相位交点频率 f_p。并且分析当 $\beta=1$、0.01 及 0.001 时,反馈放大器的相位裕度及稳定性。

7. 如何通过增加一个主极点稳定习题11.5中当 $\beta=1$ 时的反馈放大器,使相位裕度为 $45°$?

8. 一个放大器的开环增益为 1×10^5,拐点频率为 $f_{p1}=100kHz, f_{p2}=1MHz$ 和 $f_{p3}=10MHz$。放大器的增益级等效电路如图11-15(c)所示,其中参数 $g_{m2}=100mA/V, C_1=50pF$ 和 $C_2=10pF$。确定补偿电容 C_x 的值,使闭环相位裕度为 $45°$,阻性反馈 $\beta=1$。

9. 设计图11-22所示的二级运算放大器,采用密勒电容进行补偿。其中负载电容 $C_L=5pF$。运算放大器需满足如下要求: $A_{vo}>2000V/V, V_{DD}=5V$,增益带宽积 $GBW\geqslant5MHz$,$SR>5V/\mu s$,相位裕度 PM 达到 $60°$,输入共模范围(ICMR)为 $1.5\sim4.5V$,输出摆幅范围为 $0.5\sim4.5V$,$P_{diss}\leqslant2mW$(不包括电流基准电路部分的电流)。已知 NMOS 的参数为 $V_{THN}=0.7V, K_n=110\mu A/V^2$。PMOS 晶体管的参数为 $V_{THP}=-0.7V, K_p=50\mu A/V^2$。其中沟道长度调制效应系数:当有效沟道长度为 $1\mu m$ 时,$\lambda_n=0.04V^{-1}, \lambda_p=0.05V^{-1}$;当有效沟道长度为 $2\mu m$ 时,$\lambda_n=0.01V^{-1}, \lambda_p=0.01V^{-1}$,假定 $C_{ox}=0.4fF/\mu m^2$,栅源电容按 $C_{gs3}=0.67W_3L_3C_{ox}$ 计算。

10. 对于习题9设计得到的放大器,如果想要使增益至少提高为原来的2倍,而其他要求不变,如何修改电路参数?

第 12 章

比 较 器

主要符号	含　义
V_{REF}	参考电压
V_{OH}	输出高电平
V_{OL}	输出低电平
V_{IH}	输入高电平
V_{IL}	输入低电平
t_p	传输延迟
A_v	交流小信号电压增益
A_{vo}	低频交流小信号或直流电压增益
$A_v(s)$	s 域的前馈电压增益（或开环电压增益）
$V_i(s)$	s 域的输入信号电压
$V_o(s)$	s 域的输出信号电压
A_f	反馈系统的闭环增益
β	反馈系数
V_{os}	失调电压
g_m	MOSFET 的跨导
L, W	MOSFET 沟道的长度和宽度
i_d, I_D, i_D	交流、静态直流和总漏极电流
V_{OD}	MOSFET 的过驱动电压
V_{TH}, V_{THN}, V_{THP}	MOSFET、NMOS 及 PMOS 的阈值电压
K', K_n, K_p	MOSFET、NMOS 及 PMOS 的工艺常数（或称为"跨导参数"）
μ_n, μ_p	表面电子、空穴迁移率
C_{ox}	单位面积 MOSFET 栅电容
$\lambda, \lambda_n, \lambda_p$	MOSFET、NMOS 及 PMOS 的沟道长度调制系数

12.1 引言

随着集成电路技术的进步，数字电路具有越来越高的性能，越来越多信号处理领域的应用采用数字电路的形式来实现。然而自然界的信号是模拟的，在信号能够被数字电路处理之前，必须将其进行数字化。模拟信号到数字信号的转换电路就变得越发的重要。比较器是模拟信号转换为数字信号的重要电路模块,其性能直接决定了信号转换的质量。一个比较器可以看作 1 位模数转换器(ADC),而各种结构的 ADC 也基于各种各样的比较器进行设计。在信号处理的模拟电路中也需要比较器对信号进行判决及处理,其结果对系统的状态具有非常重要的影响,因此,对比较器的性能,例如精度、速度及抗干扰等都有较高要求。

12.2 比较器的特性

比较器将一个模拟信号 v_S 与一个已知电压进行比较,该已知电压被称为"参考电压"(reference voltage)V_{REF},此电压值也称为比较器的"阈值"。比较器的符号与运算放大器类似,如图 12-1(a)所示。比较器的结果是一个数字输出电压 v_{OUT}。如果输入电压 v_S 高于参考电平 V_{REF},比较器产生数字 1 输出电平($v_{OUT} = V_{OH}$);如果输入电压 v_S 下降至低于参考电平 V_{REF},则产生数字 0 输出电平($v_{OUT} = V_{OL}$),表达为

$$v_{OUT} = \begin{cases} V_{OH} & \text{当 } v_S > V_{REF} \\ V_{OL} & \text{当 } v_S < V_{REF} \end{cases} \tag{12.1}$$

理想比较器的转移特性如图 12-1(b)所示。输出可能是对称的,也可能是不对称的。在理想比较器 V_{OL} 和 V_{OH} 之间的过渡区中,输入区间趋于零,这意味着比较器的增益为无穷大,有

$$A_V = \lim_{\Delta V \to 0} \frac{V_{OH} - V_{OL}}{\Delta V} \to \infty \tag{12.2}$$

其中 ΔV 是输入信号电压变化。实际的比较器的电压增益是有限的,如图 12-1(c)所示,在中间过渡区,比较器的增益为

$$A_V = \frac{V_{OH} - V_{OL}}{V_{IH} - V_{IL}} \tag{12.3}$$

其中,V_{IH} 和 V_{IL} 分别是输出达到高电平和低电平时的输入高低电平值。此增益范围一般在 $60 \sim 100$dB 量级。在这种情况下的比较器可以表示为

$$v_{OUT} = \begin{cases} V_{OH} & \text{当 } v_S - V_{REF} > V_{IH} \\ A_V(v_S - V_{REF}) & \text{当 } V_{IL} \leqslant v_S - V_{REF} \leqslant V_{IH} \\ V_{OL} & \text{当 } v_S - V_{REF} < V_{IL} \end{cases} \tag{12.4}$$

以上比较器的输入输出表现的是同相的关系,但也可以是反相的关系,如图 12-1(d)所示。

对于比较器,还有另一个非理想特性需要关注,那就是"失调"。比较器的失调与放大器的失调的含义是类似的。当输入差值为零时,输出不为零,对比较器而言,只有当输入差值达到某一个值时,输出的电平才会发生改变。此差值就是比较器的失调电压 V_{OS}。失调来源于电路的失配,电路的失配由电路的结构、工艺失配决定,并且也会受温度变化等工作环境条件的影响而变化。因此,具有相同设计的不同芯片个体之间的失调电压是随机的。将失调包括在内,比较器的模型可以表示为图 12-1(e)所示的形式,其中

$$v_{OUT} = f(v'_S - V_{REF}) = \begin{cases} V_{OH} & \text{当 } v'_S - V_{REF} > V_{IH} \\ A_V(v'_S - V_{REF}) & \text{当 } V_{IL} \leqslant v'_S - V_{REF} \leqslant V_{IH} \\ V_{OL} & \text{当 } v'_S - V_{REF} < V_{IL} \end{cases} \tag{12.5}$$

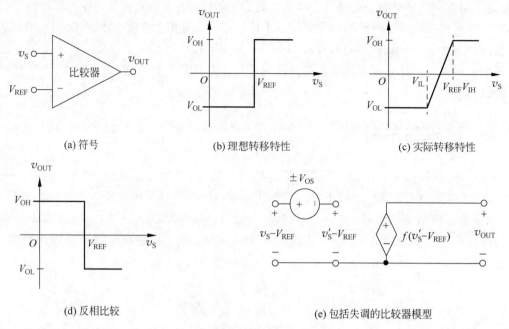

(a) 符号   (b) 理想转移特性   (c) 实际转移特性

(d) 反相比较   (e) 包括失调的比较器模型

图 12-1   比较器的符号和转移特性

而$(v_S - V_{REF}) = (v_S' - V_{REF}) \pm V_{OS}$,$\pm$表示失调电压的极性是随机的。

    除了以上特性外,比较器的共模输入范围(ICMR)、差模输入电阻及共模输入电阻也需要关注,这些特性与放大器的特性是一致的。噪声特性对比较器的影响也很重要。噪声会造成比较器转移特性中过渡区变得模糊,导致比较器所处的电路系统产生抖动或相位噪声。

    比较器的瞬态响应特性,即比较器的速度也需要关注。一个实际的比较器需要一个有限的时间从一个电平转移到另一个电平(例如从V_{OL}到V_{OH})。在输入激励与输出响应之间存在一个时间延迟,此时间延迟为比较器的传输延迟。采用类似于数字电路中的延迟定义,如图 12-2 所示,即当输入激励变化到输入摆幅的 50% 开始算起到输出响应变化为输出摆幅的 50% 所经历的时间。

    当输入是小信号,比较器工作在线性状态时,瞬态响应取决于比较器的频率响应。可以用比较器的小信号线性模型进行分析。假设一个单极点的比较器的 s 域传递函数为

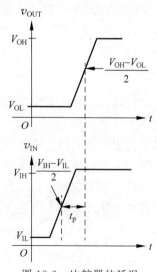

$$A_V(s) = \frac{A_{vo}}{\dfrac{s}{\omega_1} + 1} = \frac{A_{vo}}{s\tau_1 + 1} \tag{12.6}$$

其中A_{vo}是比较器的低频或直流增益;ω_1是比较器传递函数的极点频率;τ_1是对应的时间常数。对于幅度为V_0的阶跃输入,其输出响应为

$$v_{OUT}(t) = A_{vo}[1 - e^{-t/\tau_1}]V_0 \tag{12.7}$$

根据比较器的传输延迟定义,当输出上升到$(V_{OH} - V_{OL})/2$时,有

$$\frac{V_{OH} - V_{OL}}{2} = A_{vo}[1 - e^{-t_p/\tau_1}]V_0 \tag{12.8}$$

图 12-2   比较器的延迟

传输延迟为

$$t_{\mathrm{p}} = \tau_1 \ln\left(\cfrac{1}{1 - \cfrac{V_{\mathrm{OH}} - V_{\mathrm{OL}}}{2 A_{\mathrm{vo}} V_0}}\right) \tag{12.9}$$

定义比较器的精度，即比较器能够分辨的最小输入电压为

$$V_{\min} = \frac{V_{\mathrm{OH}} - V_{\mathrm{OL}}}{A_{\mathrm{vo}}} \tag{12.10}$$

可以得到

$$t_{\mathrm{p}} = \tau_1 \ln\left(\cfrac{1}{1 - \cfrac{V_{\min}}{2 V_0}}\right) \tag{12.11}$$

定义 $k = V_0 / V_{\min}$ 为驱动强度，则式(12.11)变为

$$t_{\mathrm{p}} = \tau_1 \ln\left(\frac{2k}{2k-1}\right) \tag{12.12}$$

可见，输入信号越强，比较器的传输延迟就越小。如果 $k=1$，即当输入是比较器能够分辨的最小电压时：

$$t_{\mathrm{p}} = \tau_1 \ln(2) \approx 0.693 \tau_1 \tag{12.13}$$

随着比较器的输入幅度增大，比较器进入大信号工作模式，出现"转换"现象，比较器的传输延迟将受限于转换速率（压摆率）。转换速率表示为 $SR = \Delta V / \Delta T$，在这种情况下的传输延迟为

$$t_{\mathrm{p}} = \Delta T = \frac{\Delta V}{SR} = \frac{V_{\mathrm{OH}} - V_{\mathrm{OL}}}{2 \cdot SR} \tag{12.14}$$

比较器的传输延迟最终由比较器的小信号特性和大信号特性共同决定，取决于放大器在不同输入下相应的工作状态。

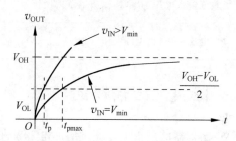

图 12-3　线性工作下比较器的阶跃响应

【例 12.1】　一个比较器在线性工作状态时的主极点频率为 $10^3 \mathrm{rad/s}$，比较器的低频增益 $A_{\mathrm{vo}} = 10^4$，转换速率(slew rate)为 $1\mathrm{V/\mu s}$，输出摆幅为 $1\mathrm{V}$，假设施加到输入的信号为 $10\mathrm{mV}$，请计算此比较器的传输延迟。

解：首先考虑小信号特性限制。此比较器的传递函数在 s 域可以表示为

$$A_{\mathrm{v}}(s) = \frac{A_{\mathrm{vo}}}{\dfrac{s}{\omega_1} + 1} = \frac{A_{\mathrm{vo}}}{s\tau_1 + 1} = \frac{10^4}{\dfrac{s}{10^3} + 1} = \frac{10^4}{10^{-3}s + 1}$$

则时间常数 $\tau_1 = 10^{-3}\mathrm{s}$。根据式(12.10)，此比较器能够分辨的最小输入电压为

$$V_{\min} = \frac{V_{\mathrm{OH}} - V_{\mathrm{OL}}}{A_{\mathrm{v}}(0)} = \frac{1}{10^4} = 0.1\mathrm{mV}$$

则输入驱动强度 $k = V_0 / V_{\min} = 10 \times 10^{-3} / 0.1 \times 10^{-3} = 100$，根据式(12.12)，有

$$t_{\mathrm{p}} = \tau_1 \ln\left(\frac{2k}{2k-1}\right) = 10^{-3} \times \ln\left(\frac{2 \times 100}{2 \times 100 - 1}\right) \approx 5.01\mathrm{\mu s}$$

考虑大信号特性,根据式(12.14),受限于大信号特性的传输延迟为

$$t_{\mathrm{p}} = \frac{V_{\mathrm{OH}} - V_{\mathrm{OL}}}{2 \cdot SR} = \frac{1}{2 \times 1 \times 10^{6}} = 0.5\,\mu\mathrm{s}$$

比较器的传输延迟最终由比较器的小信号特性和大信号特性共同决定,可见此比较器的传输延迟主要由小信号特性限制。

12.3 比较器与运算放大器

比较器一般工作在开环下;运算放大器经常作为一个线性放大器,工作在闭环条件下。除此以外,比较器与运算放大器非常相似。像运算放大器一样,比较器也要关注增益、失调、频率响应及转换等特性。比较器和运算放大器的特性如表12-1所示。

表 12-1　比较器与运算放大器的对比

运 算 放 大 器	比 　 较 　 器
工作在闭环模式下。为了避免不稳定,常牺牲部分带宽、上升时间和转换速率	工作在开环模式下。不需要牺牲频率特性,可以获得非常快的响应时间
当差分输入电压为零时,输出电压被设计为零	输出电压工作在两个固定的输出电平上:V_{L}(低电平)和V_{H}(高电平)
输出电压离正、负电源电压大约1V或2V处饱和	低电平和高电平输出电平在与数字逻辑电路的接口中可以容易地被改变

12.4 比较器的阈值

比较器的阈值可以通过增加电阻来进行调节,如图12-4(a)所示为同相比较器。

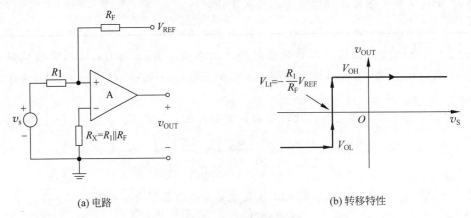

(a) 电路　　　　　　　　　　　　　(b) 转移特性

图 12-4　同相阈值比较器

由叠加定理,给出同相端的电压 V_{+} 为

$$V_{+} = \frac{R_1}{R_1 + R_{\mathrm{F}}}V_{\mathrm{REF}} + \frac{R_{\mathrm{F}}}{R_1 + R_{\mathrm{F}}}v_{\mathrm{S}} \tag{12.15}$$

理想条件下,转移特性曲线将在 $V_+ = 0$ 时发生变化,即

$$R_1 V_{\mathrm{REF}} + R_{\mathrm{F}} v_{\mathrm{S}} = 0 \tag{12.16}$$

由此给出了比较器的低阈值电压 $V_{\mathrm{Lt}} = v_{\mathrm{S}}$(从低电平变为高电平)为

$$V_{\mathrm{Lt}} = -\frac{R_1}{R_{\mathrm{F}}} V_{\mathrm{REF}} \tag{12.17}$$

因此,当 $V_+ > 0$(也就是 $v_{\mathrm{S}} > V_{\mathrm{Lt}}$)时,输出电压变为高电平($V_{\mathrm{OH}}$),即比较器输出的正饱和电压。转移特性如图 12-4(b)所示。

如果输入信号 v_{S} 接在反相端口,如图 12-5(a)所示,输出将从高电平(V_{OH})变为低电平(V_{OL})。比较器的高阈值电压 $V_{\mathrm{Ht}} = v_{\mathrm{S}}$(从高电平变为低电平)为

$$V_{\mathrm{Ht}} = \frac{R_1}{R_1 + R_{\mathrm{F}}} V_{\mathrm{REF}} \tag{12.18}$$

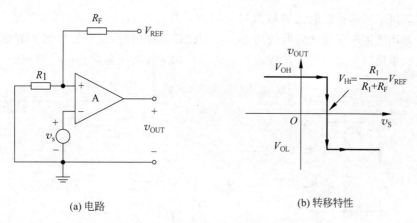

(a) 电路 (b) 转移特性

图 12-5 同相阈值比较器的反相接法

因此,当 $v_{\mathrm{S}} > V_+$(也就是 $v_{\mathrm{S}} > V_{\mathrm{Ht}}$)时,输出电压变为低电平($V_{\mathrm{OL}}$),即比较器输出的负饱和电压。转移特性如图 12-5(b)所示。

如果输入信号 v_{S} 和参考信号 V_{REF} 都接在反相输入端,如图 12-6(a)所示,则输出为图 12-4(b)中输出的反相。换言之,当输入是 $v_{\mathrm{S}} = V_{\mathrm{Lt}}$ 时,输出将从高电平(V_{H})变为低电平(V_{L})。转移特性如图 12-6(b)所示。

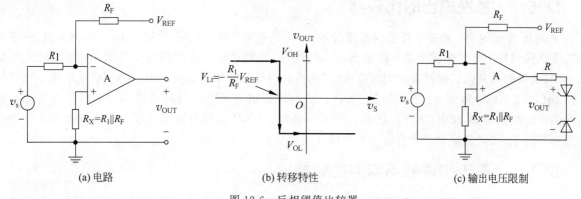

(a) 电路 (b) 转移特性 (c) 输出电压限制

图 12-6 反相阈值比较器

无论是反相还是同相接法,输出电压都限制到比较器的饱和电压。我们也可通过外部的限幅器,例如图 12-4(a)、12-5(a)及 12-6(a)所示的输出端跨接齐纳二极管,将输出电压限制在一个特定的值。这种方法如图 12-6(c)所示,其中所连接的电阻 R 限制流经齐纳二极管的电流。

12.5　比较器结构

由于比较器与运算放大器具有相似性,也常采用非补偿运算放大器构成开环比较器。除此之外,还可以采用具有正反馈结构的锁存器比较器,以及放大器与锁存比较器混合的级联比较器。从工作方式来看,有连续时间比较器和离散时间比较器两种类型。

12.5.1　采用运算放大器的比较器

本节将讲解如何采用非补偿的运算放大器来构成开环比较器。图 12-7 所示的电路分别将单级和二级运算放大器开环使用来实现比较器的功能。在做比较器使用时,运算放大器不需要频率补偿,可以达到最大的带宽和很快的瞬态响应。比较器增益的计算和运算放大器增益的计算相似。

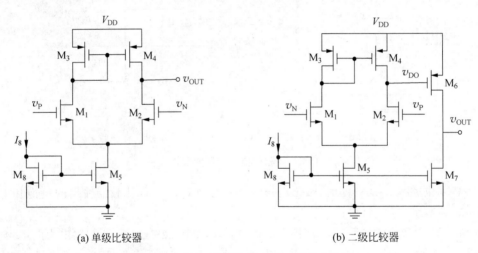

(a) 单级比较器　　　　　　　　　　(b) 二级比较器

图 12-7　采用运算放大器开环工作的比较器

12.5.2　推挽输出的比较器

图 12-8 所示的是一种箝位推挽输出比较器,第一级采用二极管接法的 MOSFET 作为负载,使第一级的负载箝位在 $1/g_m$,降低了第一级输出的信号摆幅,避免了第一级的压摆率的限制;输出级采用推挽结构,能够对负载电容提供大的充放电流,对电容具有很好的驱动能力。由于第一级采用了二极管接法的 MOSFET 作为负载,比较器的增益下降。这种结构增益下降的问题可以通过采用具有共源共栅结构的输出级来解决,如图 12-8(b)所示。图 12-8(b)所示的比较器的缺点是增加了输出电阻而导致主极点频率降低,在同等驱动强度的情况下小信号响应变慢。

12.5.3　基于锁存器结构的比较器

基于锁存结构的比较器,是一种双稳态电路,其工作原理是利用正反馈来实现对两个输入信号的比较,这种比较器也被称为"可再生比较器"或双稳态比较器"。图 12-9 所示的是由两个简单增益级交叉

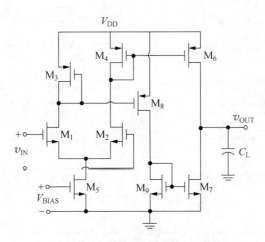

(a) 箝位推挽输出比较器的一般结构

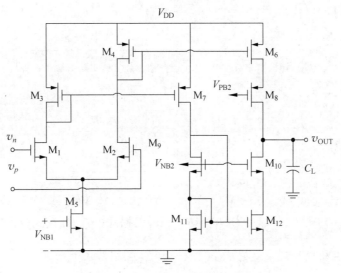

(b) 具有共源共栅输出级的箝位推挽比较器

图 12-8 箝位推挽输出比较器

耦合形成的锁存器电路图。图 12-9(a)采用 NMOS 管做增益管,而图 12-9(b)采用 PMOS 管做增益管, I_1 和 I_2 是交叉耦合级的偏置电流。一般情况下,锁存器有两种工作模式,第一种工作模式正反馈不工作(电流源 I_1 和 I_2 从电路上断开),输入信号直接加到 v_{O1} 和 v_{O2} 上,由于存在节点的寄生电容,此时节点保存初始电压,记为 v'_{O1} 和 v'_{O2};第二种工作模式电路在锁存结构下工作,根据节点寄生电容上的初始电压值的大小,在正反馈的作用下,使一侧输出变高而另一侧变低。

假设 v_{O1} 和 v_{O2} 的初始电压 v'_{O1} 和 v'_{O2} 已经确定,比较器处于锁存器模式,图 12-10 所示的是用于分析图 12-9 锁存模式的 s 域小信号等效电路图,其中 R_1、C_1 和 R_2、C_2 分别是 M_1 增益级和 M_2 增益级输出节点的输出电阻和输出电容,可以列出 s 域表达式为

$$g_{m1}V_{o2}(s) + \frac{V_{o1}(s)}{R_1} + sC_1\left(V_{o1}(s) - \frac{V'_{o1}(s)}{s}\right) = 0 \tag{12.19a}$$

$$g_{m2}V_{o1}(s) + \frac{V_{o2}(s)}{R_2} + sC_2\left(V_{o2}(s) - \frac{V'_{o2}(s)}{s}\right) = 0 \tag{12.19b}$$

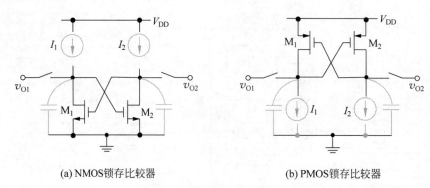

(a) NMOS锁存比较器　　　　　　(b) PMOS锁存比较器

图 12-9　基于锁存结构的比较器

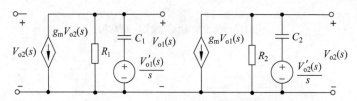

图 12-10　用于分析图 12-9 锁存模式的 s 域小信号等效电路

解方程,得

$$V_{o1}(s) = \frac{R_1 C_1}{s R_1 C_1 + 1} V'_{o1}(s) - \frac{g_{m1} R_1}{s R_1 C_1 + 1} V_{o2}(s) \tag{12.20a}$$

$$V_{o2}(s) = \frac{R_2 C_2}{s R_2 C_2 + 1} V'_{o2}(s) - \frac{g_{m2} R_2}{s R_2 C_2 + 1} V_{o1}(s) \tag{12.20b}$$

定义比较器的输出为 $\Delta V_o(s) = V_{o2}(s) - V_{o1}(s)$,输入为 $\Delta V_i(s) = V'_{o2}(s) - V'_{o1}(s)$,假设所有增益级是完全相同的,即 $g_{m1} = g_{m2} = g_m$,$C_1 = C_2 = C$,$R_1 = R_2 = R$,根据式(12.20a)、式(12.20b),有

$$\Delta V_o(s) = V_{o2}(s) - V_{o1}(s) = \frac{\tau}{s\tau + 1} \Delta V_i(s) + \frac{g_m R}{s\tau + 1} \Delta V_o(s) \tag{12.21}$$

其中 $\tau = RC$,整理后得

$$\Delta V_o(s) = \frac{\tau}{s\tau + (1 - g_m R)} \Delta V_i(s) = \frac{\dfrac{\tau}{(1 - g_m R)}}{\dfrac{s\tau}{(1 - g_m R)} + 1} \Delta V_i(s) = \frac{\tau'}{s\tau' + 1} \Delta V_i(s) \tag{12.22}$$

其中 $\tau' = \dfrac{\tau}{(1 - g_m R)}$,进行拉普拉斯反变换,如果 $g_m R \gg 1$,得

$$\Delta v_o(t) = \Delta v_i \mathrm{e}^{-t/\tau'} = \Delta v_i \mathrm{e}^{-t(1 - g_m R)/\tau} \approx \Delta v_i \mathrm{e}^{t(g_m R)/\tau} \tag{12.23}$$

定义锁存器的时间常数为 $\tau_L = \tau'$,并且由 $\tau = RC$,有

$$\tau_L = \tau' \approx \frac{\tau}{g_m R} = \frac{C}{g_m} \tag{12.24}$$

则

$$\Delta v_o(t) = \Delta v_i \mathrm{e}^{t/\tau_L} \tag{12.25}$$

可见,锁存器的小信号瞬态响应满足正指数规律。这一点与基于放大器的瞬态响应不同,放大器的小信

号瞬态响应满足负指数规律。由式(12.25),采用 $V_{OH}-V_{OL}$ 进行归一化,可以写出

$$\frac{\Delta v_o(t)}{V_{OH}-V_{OL}}=\frac{\Delta v_i}{V_{OH}-V_{OL}}e^{t/\tau_L} \tag{12.26}$$

根据比较器的传输延迟定义,当输出 $\Delta v_o(t)$ 上升到 $(V_{OH}-V_{OL})/2$ 时,得

$$t_p=\tau_L\ln\left(\frac{V_{OH}-V_{OL}}{2\Delta v_i}\right) \tag{12.27}$$

【例 12.2】 图 12-9(a)所示的基于锁存结构的比较器,锁存器的偏置电流为 0.1mA。输出摆幅为 $V_{OH}-V_{OL}=1V$,求当输入分别为 $\Delta v_i=1mV$ 和 $\Delta v_i=10mV$ 时,此比较器的传输延迟。已知 NMOS 的参数都为 $V_{THN}=0.7V$,$K_n=110\mu A/V^2$,$\lambda_n=0.04V^{-1}$。所有 MOS 晶体管的尺寸都为 $W=20\mu m$,$L=1\mu m$。假设输出节点的寄生电容 $C=50fF$。

解: 锁存器的偏置电流为 0.1mA,锁存器中晶体管的跨导为

$$g_m=\sqrt{\left(2K_n\frac{W}{L}\right)I_D}=\sqrt{\left(2\times110\times10^{-6}\times\frac{20\times10^{-6}}{1\times10^{-6}}\right)\times0.1\times10^{-3}}\approx663.3\mu A/V$$

节点的寄生电容 $C=50fF$,根据式(12.24)得

$$\tau_L=\frac{C}{g_m}=\frac{50\times10^{-15}}{663.3\times10^{-6}}\approx0.075ns$$

由式(12.27),当输入为 $\Delta v_i=1mV$ 时,此比较器的传输延迟为

$$t_p=\tau_L\ln\left(\frac{V_{OH}-V_{OL}}{2\Delta v_i}\right)=0.075\times\ln\left(\frac{1}{2\times1\times10^{-3}}\right)\approx0.466ns$$

当输入为 $\Delta v_i=10mV$ 时,此比较器的传输延迟为

$$t_p=\tau_L\ln\left(\frac{V_{OH}-V_{OL}}{2\Delta v_i}\right)=0.075\times\ln\left(\frac{1}{2\times10\times10^{-3}}\right)\approx0.293ns$$

图 12-11 所示的是一种实际的、基于锁存器(可再生)比较器的例子。当锁存/复位端为高($\phi_1=1$)时,M_9 和 M_{10} 管关断,M_5 和 M_6 导通,输出通过输入管 M_3 和 M_4 及 M_7 和 M_8 使比较器进入正反馈状态,也就是再生比较模式。此时,M_{1p}、M_{2p}、M_{2n} 和 M_{1n} 处于线性区充当电阻。电路的输入值将使 M_3 和 M_4 的源极到地的等效电阻发生变化。M_{1p}、M_{2p} 的等效电阻 R_1 和 M_{2n}、M_{1n} 的等效电阻 R_2 将分别决定 M_3、M_4 反馈路径上的增益。当正负输入电压与各自的参考电压进行比较并改变 R_1 和 R_2 的阻值的时候,两侧支路增益发生变化,同时使两个输出端电压发生相反的变化从而得到正确的比较结果。

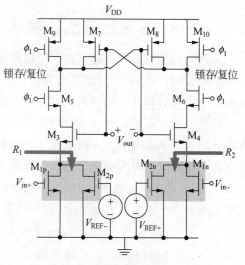

图 12-11 内建阈值的可再生比较器

12.5.4 级联比较器

设计一个高速比较器需要尽可能地降低其传输延迟。高速比较器设计的基本原则是采用前置放大器(预放)将输入的变化放大到足够大,并将其加到锁存器上。这就集

合了两种类型电路各自的优点：具有负指数响应的前置放大器电路和具有正指数相应的锁存器电路，整体的响应时间将减少，如图 12-12 所示。

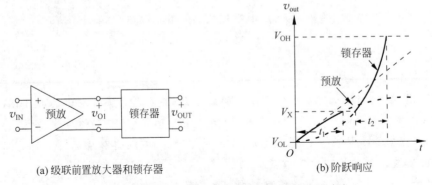

(a) 级联前置放大器和锁存器   (b) 阶跃响应

图 12-12　级联前置放大器和锁存器以及其阶跃响应

对于前置放大器，为了保证高速，其带宽必须大，这需要与增益进行权衡。可以考虑如图 12-13 所示的级联比较器模型，假设其中每个比较器的增益都为 A_0，且都只有一个单极点。

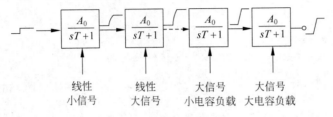

图 12-13　级联比较器

当输入变化稍大于 $V_{in(min)}$ 时，要求每级比较器应该在尽可能小的传输延迟下放大信号。对于前几级比较器来说，它们的信号摆幅较小，提高其带宽可以减小时延；对于后几级比较器来说，因为信号摆幅较大则必须考虑摆率的限制，应该将其设计成高摆率的放大器。可见，该比较器链路中各个部分比较器的设计并不是相同的。

12.5.5　离散时间比较器

离散时间比较器和上述直接采用运算放大器结构的比较器不同，它们在时钟控制下只工作在其中的一个时钟相位，具有较低的功耗和较快的速度。具有代表性的结构有开关电容比较器。图 12-11 所示的基于锁存结构的比较器也是一种离散时间比较器。

开关电容比较器由开关、电容和开环比较器构成，如图 12-14 所示。该类型比较器可以对内部开环比较器的直流失调电压 V_{OS} 自动校零，对内部开环比较器的精度要求不高，一般一个简单的单级放大器就可以满足要求。在时钟 ϕ_1 阶段，信号输入端开关的导通电阻和电容 C 产生的时间常数，以及在时钟 ϕ_2 阶段简单开环比较器的延迟时间的总和决定了整个开关电容比较器的最大工作速度。C_p 表示比较器输入端的寄生电容。在时钟 ϕ_1 期间结束，C 和 C_p 上的电压分别为

$$v_C(\phi_1) = v_1 - V_{OS} \quad 和 \quad v_{C_p}(\phi_1) = V_{OS} \tag{12.28}$$

在时钟 ϕ_2 期间的初始阶段，等效电路如图 12-14(b) 所示，电容上的电压采用阶跃电压源来表示。A_{vo} 表示放大器的低频或直流电压增益。采用叠加原理，有

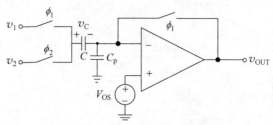

(a) 一种开关电容比较器的电路图

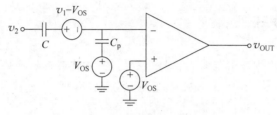

(b) 当ϕ_2合上时的等效电路

图 12-14 开关电容比较器

$$v_{OUT}(\phi_2) = -A_{vo}\left[\frac{v_2 C}{C + C_p} - \frac{(v_1 - V_{OS})C}{C + C_p} + \frac{V_{OS}C_p}{C + C_p}\right] + A_{vo}V_{OS}$$

$$= -A_{vo}\left[(v_2 - v_1)\frac{C}{C + C_p} + V_{OS}\left(\frac{C}{C + C_p} + \frac{C_p}{C + C_p}\right)\right] + A_{vo}V_{OS}$$

$$= -A_{vo}(v_2 - v_1)\frac{C}{C + C_p} \tag{12.29}$$

由式(12.29)可见,V_{OS} 的影响可以抵消掉。一般情况下 $C \gg C_p$,则有

$$v_{OUT}(\phi_2) \approx -A_{vo}(v_2 - v_1) \tag{12.30}$$

v_1 和 v_2 的差值经过放大器放大,从而得出比较结果。

【例 12.3】 采用图 12-14 所示的开关电容比较器,放大器的增益 $A_v = 10^3$,$V_{OS} = 1\text{mV}$,输出摆幅要求达到 $V_{OH} - V_{OL} = 3\text{V}$,采样电容 $C = 1\text{pF}$,输入端寄生电容 $C_p = 10\text{fF}$,计算忽略寄生电容和考虑寄生电容情况下比较器的精度,即比较器能够分辨的最小输入电压。

解: 图 12-14 所示的开关电容比较器可以抵消放大器的失调,根据式(12.29),有

$$v_{OUT}(\phi_2) = -A_v(v_2 - v_1)\frac{C}{C + C_p}$$

根据比较器精度的定义式(12.10),比较器能够分辨的最小输入电压为

$$V_{min} = \frac{V_{OH} - V_{OL}}{|A_v(0)|} = \frac{V_{OH} - V_{OL}}{A_{vo}\dfrac{C}{C + C_p}}$$

输出摆幅要求达到 $V_{OH} - V_{OL} = 3\text{V}$,采样电容 $C = 1\text{pF}$,寄生电容 $C_p = 10\text{fF}$,在忽略寄生电容情况下,比较器的精度为

$$V_{min} = \frac{V_{OH} - V_{OL}}{|A_v(0)|} = \frac{V_{OH} - V_{OL}}{A_{vo}\dfrac{C}{C + C_p}} \approx \frac{V_{OH} - V_{OL}}{A_{vo}} = \frac{3}{10^3} = 3\text{mV}$$

输出摆幅要求达到 $V_{OH} - V_{OL} = 3V$,采样电容 $C = 1pF$,寄生电容 $C_p = 10fF$,在考虑寄生电容情况下,比较器的精度为

$$V_{min} = \frac{V_{OH} - V_{OL}}{|A_v(0)|} = \frac{V_{OH} - V_{OL}}{A_{vo}\dfrac{C}{C + C_p}} = \frac{3}{10^3 \times \dfrac{1 \times 10^{-12}}{1 \times 10^{-12} + 10 \times 10^{-15}}} = 3.03mV$$

也就是说,寄生电容带来了 $(3.03 - 3)/3 = 1\%$ 精度的损失。

12.6 迟滞比较器

迟滞比较器将规则或不规则波形与参考信号进行比较,并将波形转换成方波或者脉冲波形,这种电路也被称为"施密特触发器"(Schmitt trigger)。它有两个比较阈值。迟滞比较器可以根据使用的运算放大器接法类型分为两种——反相或同相。

12.6.1 反相迟滞比较器

在反向迟滞比较器中,输入信号加在比较器的反向端。图 12-5(a)所示的反相阈值比较器,当电阻 R_F 连接在输出一侧时可以作为反向迟滞比较器工作,这种结构如图 12-15(a)所示。R_1 和 R_F 组成的分压器将输出电压以反馈系数 $\beta = R_1/(R_1 + R_F)$ 反馈到比较器的正输入端。如果 A 是比较器的开环增益,考虑增益区中的小信号情况,闭环电压增益 A_f 为

$$A_f = \frac{v_{out}}{v_S} = \frac{-A}{1 - \beta A} \tag{12.31}$$

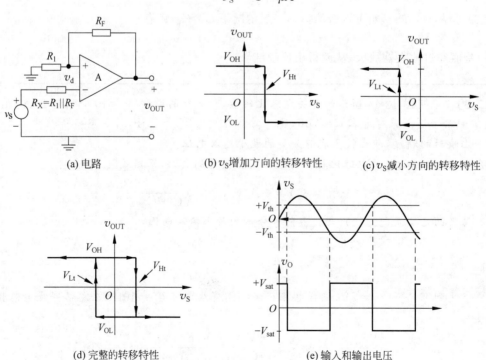

图 12-15 迟滞比较器

如果 $\beta A > 1$,符合一般情况,反馈信号 $v_+ = \beta v_{\text{OUT}} = \beta A_f v_S$ 将大于它原来的值。对于 v_S 的任何变化,输出 v_{OUT} 将持续向输出饱和电压方向增加。

1. 转移特性

首先,假设 v_S 为负且输出为正饱和电压,$V_H = +V_{\text{sat}}$。如果 v_S 从 0 增加,直到 v_S 达到值 $v_S = V_+ = \beta V_{\text{sat}}$ 时,输出才会发生变化。如果 v_S 开始超过 $V_{Ht} = \beta V_{\text{sat}}$,差分电压 v_d 将变为负值,并且比较器将此电压放大电压增益 A 倍,即 v_{OUT} 将为负值,V_+ 也为负值。这将导致差分电压 v_d 幅值增大,且 v_{OUT} 将变得更负。这个重复过程将一直持续,直到最终使比较器饱和,此时输出电压等于负饱和电压,$v_{\text{OUT}} = V_L = -V_{\text{sat}}$,且 $V_+ = -\beta V_{\text{sat}}$。在 v_S 增加到大于 $v_S - \beta V_{\text{sat}}$ 之后,其将不再影响输出电压的状态。v_S 增加方向的转移特性如图 12-15(b)所示。

当输出为低电平时,如果进一步降低 v_S,直到 v_S 变为负值 $v_S = V_+ = -\beta V_{\text{sat}}$ 时,输出才会改变。如果 v_S 开始超过 $V_{Lt} = -\beta V_{\text{sat}}$,差分电压 v_d 将为正值,并且将由于比较器的增益而被放大,即 V_+ 将为正值。这将导致差分电压 v_d 增加,且 v_{OUT} 将变得更正。这一重复过程将一直持续,直到最终比较器饱和,它的输出电压等于正饱和电压,$v_{\text{OUT}} = V_H = +V_{\text{sat}}$,且 $V_+ = \beta V_{\text{sat}}$。进一步降低 $v_S (v_S \leqslant -\beta V_{\text{sat}})$ 不会对输出电压的状态产生影响。v_S 减小方向的转移特性如图 12-15(c)所示。

完整的转移特性如图 12-15(d)所示。迟滞比较器呈现一种"迟滞"(hysteresis)特性。即当迟滞比较器的输入由低向高增加超过 $V_{Ht} = +V_{\text{th}}$ 时,它的输出从 $+V_{\text{sat}}$ 转变为 $-V_{\text{sat}}$,而当输入由高向低减小到低于 $V_{Lt} = -V_{\text{th}}$ 时,输出返回其原状态 $+V_{\text{sat}}$。

每当输入电压 v_S 超过一定电平时,输出电压 v_{OUT} 的状态就会改变。这个电平被称为"正阈值电压"或"高阈值电压" $+V_{\text{th}}$,以及"负阈值电压"或"低阈值电压" $-V_{\text{th}}$。如果输入信号为正弦波,则输出将为方波,如图 12-15(e)所示。$+V_{\text{th}}$ 和 $-V_{\text{th}}$ 为

$$+V_{\text{th}} = V_{Ht} = \frac{R_1}{R_1 + R_F}(+V_{\text{sat}}) \tag{12.32}$$

$$-V_{\text{th}} = V_{Lt} = \frac{R_1}{R_1 + R_F}(-V_{\text{sat}}) \tag{12.33}$$

其中 $V_{\text{sat}} = |+V_{\text{sat}}| = |-V_{\text{sat}}|$,以及 $V_{\text{th}} = |+V_{\text{th}}| = |-V_{\text{th}}|$。

2. 正反馈的影响

R_F 提供正反馈。当输出电压开始改变时,正反馈使差分输入电压 v_d 增加,这反过来进一步改变了输出电压。一旦输入信号 v_S 的变化使转换开始,正反馈将促使比较器迅速完成从一个状态到另一个状态的转换,并使比较器工作在饱和状态——正饱和或负饱和。正反馈导致输出的快速转换。由于振荡通常发生在有源区,因而持续时间很短,所以振荡是可避免的。

【例 12.4】 如图 12-15(a)所示,设计一个迟滞比较器使 $V_{\text{th}} = |+V_{\text{th}}| = |-V_{\text{th}}| = 2\text{V}$。假设 $V_{\text{sat}} = |-V_{\text{sat}}| = 5\text{V}$。

解: 设计此迟滞比较器,找出 R_1 和 R_F 的值。由式(12.32),有

$$1 + \frac{R_F}{R_1} = \frac{V_{\text{sat}}}{V_{\text{th}}} = \frac{5}{2} = 2.5$$

所以 $R_F/R_1 = 2.5 - 1 = 1.5$。令 $R_1 = 10\text{k}\Omega$,则

$$R_F = 1.5 \times R_1 = 15\text{k}\Omega$$

选择失调最小化电阻 R_x 的值为

$$R_x = R_1 \parallel R_F = 10 \times 10^3 \parallel 15 \times 10^3 = 6\text{k}\Omega$$

12.6.2　同相迟滞比较器

　　在同相迟滞比较器中,输入信号施加到比较器的同相端,转移特性反转。图 12-4(a)所示的同相阈值比较器,当电阻 R_F 连接在输出一侧时可以作为一个同相迟滞比较器工作。这种结构如图 12-16(a)所示。电阻 R_F 将一个电流信号反馈到比较器的正端,提供了正的并联-并联反馈,反馈的大小是输出电压的分量 $\beta = 1/R_F$。当输出电压开始改变时,正的并联-并联反馈使反馈电流 i_f 增大,这反过来使差分电压 v_d 增大,因而进一步改变了输出电压。一旦输入信号 v_S 的改变使转换开始,正反馈将促使比较器快速完成从一个到另一个状态的转换,且工作在饱和状态——正饱和或负饱和。

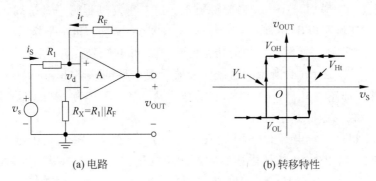

(a) 电路　　　　　　　　　　　　(b) 转移特性

图 12-16　同相迟滞比较器

　　首先,假设 v_S 是负的并且输出为负饱和电压,$V_L = -V_{sat}$。如果 v_S 从一个相对大的负值开始增加,直到 v_S 达到值 $v_S = V_{Lt} = -V_{sat} R_1/R_F$ 时输出才会发生改变。如果 v_S 开始超过 V_{Lt},差分电压 v_d 将为正,并且比较器将此电压放大 A 倍。即,v_{OUT} 将为正,使 v_+ 也为正。其结果是差分电压 v_d 幅值增加,v_{OUT} 将变得更正。这种重复过程将一直持续,直到最终比较器饱和,它的输出电压等于正饱和电压,$V_H = +V_{sat}$。进一步增大 v_S($v_S \geqslant V_{Lt}$)将不再对输出电压的状态产生影响。

　　当输出为高电平时,如果 v_S 下降,输出将不会发生改变,直到 v_S 降至值 $v_S = V_{Ht} = +V_{sat} R_1/R_F$。如果 v_S 下降到 V_{Ht} 以下,差分电压 v_d 将为负,并且比较器将此电压进行放大。v_{OUT} 将变得更负。这种重复过程将一直持续,直到最终比较器饱和,它的输出电压等于负饱和电压 $-V_{sat}$。进一步降低 v_S($v_S \leqslant V_{Ht}$)将不再对输出电压的状态产生影响。完整的转移特性如图 12-16(b)所示。

12.6.3　带参考电压的迟滞比较器

　　迟滞比较器电路的"转换电压"定义为 V_{Lt} 和 V_{Ht} 的平均值。对于图 12-15(a)和 12-16(a)所示的电路,$V_{Lt} = -V_{Ht}$,因此转换电压 $V_{st} = (V_{Lt} + V_{Ht})/2 = 0$。然而,一些应用需要沿 v_S 轴正向或反向位移转换电压。反相迟滞比较器可以通过在图 12-15(a)所示的电路中增加参考电压 V_{REF} 来完成,如图 12-17(a)所示。完整的转移特性如图 12-17(b)所示。假设 V_{Lt} 和 V_{Ht} 关于零轴对称,转换电压为

$$V_{st} = \frac{R_F}{R_1 + R_F} V_{REF} \tag{12.34}$$

因此,向上和向下交叉电压变为

$$V_{Ht} = V_{st} + \frac{R_1}{R_1 + R_F}(+V_{sat}) \tag{12.35}$$

$$V_{Lt} = V_{st} + \frac{R_1}{R_1 + R_F}(-V_{sat}) \tag{12.36}$$

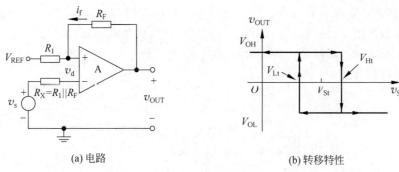

(a) 电路   (b) 转移特性

图 12-17 带参考电压的反相迟滞比较器

在图 12-16(a)所示的电路中施加一个参考电压 V_{REF},可以将图 12-17(b)所示的迟滞环的方向反转。这种结构如图 12-18(a)所示,与之对应的转移特性如图 12-18(b)所示。

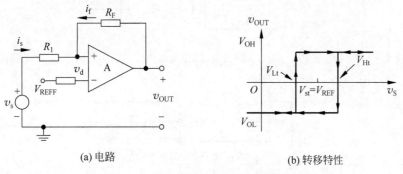

(a) 电路   (b) 转移特性

图 12-18 带参考电压的同相迟滞比较器

【例 12.5】 图 12-17(a)所示的带参考电压的迟滞比较器,设计此迟滞比较器使 $V_{Ht} = 3V$ 且 $V_{Lt} = 2V$。假设 $V_{sat} = |-V_{sat}| = 5V$。确定 R_1、R_F 和 V_{REF} 的值。

解:设计此迟滞比较器,找出 R_1 和 R_F 的值。由式(12.35)和式(12.36),可以找出迟滞环(HB)的输入宽度为

$$HB = V_{Ht} - V_{Lt} = \frac{2R_1}{R_1 + R_F}V_{sat}$$

由此给出

$$1 + \frac{R_F}{R_1} = \frac{2V_{sat}}{V_{Ht} - V_{Lt}} = \frac{2 \times 5}{3 - 2} = 10$$

令 $R_1 = 10k\Omega$,则 $R_F = (10-1) \times R_1 = 90k\Omega$。然后,确定参考电压 V_{REF} 的值。

$$V_{st} = \frac{R_F}{R_1 + R_F}V_{REF} = \frac{V_{Ht} + V_{Lt}}{2} = \frac{3+2}{2} = 2.5V$$

由此得到 $V_{REF} \approx 2.78V$。

12.6.4 迟滞对输出电压的影响

为了理解"迟滞"(hysteresis)的影响,考虑将一个叠加了噪声信号的正弦信号施加到反相比较器上,如图 12-19(a)所示。如果不存在迟滞,当输入信号 v_S 越过零点时,输出电压将改变至它的饱和限制,如图 12-19(b)所示。如果存在迟滞,当输入信号超过特定电压限制 V_{Ht} 和 V_{Lt} 时输出才发生改变,则输出电压转换次数将更少,如图 12-19(c)所示。干扰信号(例如噪声)将很少去改变输出。同样,死区可以用来在系统中减少触点弹跳的次数,例如在一个温度控制系统中,当温度低于或高于设定值时,其中的加热元器件才打开或关闭。

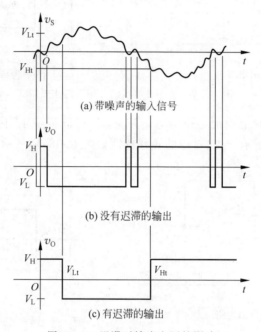

(a) 带噪声的输入信号

(b) 没有迟滞的输出

(c) 有迟滞的输出

图 12-19 迟滞对输出电压的影响

12.7 失调消除

比较器的失调电压对其特性影响比较大。在一些高精度应用中,例如高精度 ADC,必须降低比较器的失调电压。下面介绍几种失调消除技术。值得一提的是,由于比较器的失调与放大器的失调的含义是一致的,这些技术同样可以应用到运算放大器中。在此节的后续讨论中,对于失调消除技术,不区分比较器和放大器。

12.7.1 输出失调消除

考虑如图 12-20(a)所示的带有输入直流失调的实际比较器或放大器,其中放大器的失调采用输入失调电压 V_{os} 表示,注意在图中 V_{os} 是有方向的,但在实际中,V_{os} 的方向在不同的放大器中是随机的,标注特定方向是为了便于分析问题,且不会影响分析的正确性。当输入短接时,如图 12-20(b)所示,放大器的输出呈现输出失调电压 $v_{out}=A_v V_{os}$,此时,输出再串联电容 C_1 和 C_2,并且在这一阶段,将 C_1 和 C_2 的右侧也连接在一起,$A_v V_{os}$ 电压就存储在 C_1 和 C_2 上,从整体上看,在输入短接的情况下,C_1 和

C_2 右侧的电压差也为零。当 S_1 和 S_2 断开后,由放大器、电容和开关组成的电路呈现零失调电压,整体电路只对输入电压进行放大,实际的电路如图 12-20(c)所示。需要注意的是,在实际电路中,在存储阶段,输入和输出短接到共模电压上。在图 12-20(c)所示的电路中,由时钟 ϕ_1、ϕ_2(一般来讲,ϕ_2 是 ϕ_1 的反相不交叠时钟)控制以上过程。总的来说,这个过程分为两个阶段:第一个阶段是失调存储阶段,放大器的失调存储在电容上,在这个阶段,输入从放大器上断开;第二个阶段,输入施加到放大器上,同时从输出结果中减去存储在电容上的失调电压。图 12-20 所示的电路中,失调电压存储在输出位置上,称为"输出失调存储"技术。失调存储技术也被称为"自调零"技术,失调存储电容也被称为"自调零电容"。采用输出失调消除技术时,如果 A_v 很大,则 $A_v V_{OS}$ 或许会使输出饱和。输出失调消除只能用于小增益的放大器中。此外,如果 S_3 和 S_4 存在电荷注入的失调,将因此而引入相应的残余失调。假设注入到 C_1 或 C_2 上的失调电荷量为 q_{inj},则残余的等效输入参考失调电压为 $q_{in}/(A_v C)$,这里 $C_1 = C_2 = C$。

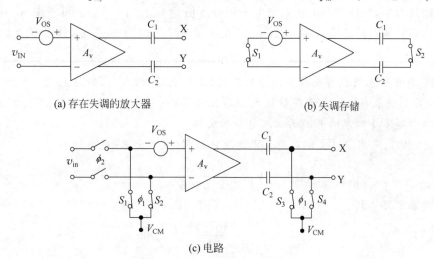

(a) 存在失调的放大器   (b) 失调存储

(c) 电路

图 12-20 输出失调存储技术

12.7.2 输入失调消除

如果比较器或者运算放大器需要设计成具有很大增益的放大器,可以考虑采用如图 12-21(a)所示的"输入失调存储"技术。在这种技术中,两个失调存储电容位于放大器的输入端。在失调存储阶段,输入短接,放大器连接成单位增益负反馈形式,如图 12-21(b)所示,得

$$v_{XY} = v_{OUT} \tag{12.37}$$

以及

$$(v_{XY} - V_{OS})(-A_v) = v_{OUT} \tag{12.38}$$

由此可得

$$v_{XY} = \frac{A_v}{1 + A_v} V_{OS} \tag{12.39}$$

此电压存储在输入失调存储电容中,然后在下一个阶段,当施加输入信号时,减去此失调电压,实现失调消除的目的。

$$V_{OS,tot} = V_{OS} - \frac{A_v}{1 + A_v} V_{OS} = \frac{V_{OS}}{1 + A_v} \tag{12.40}$$

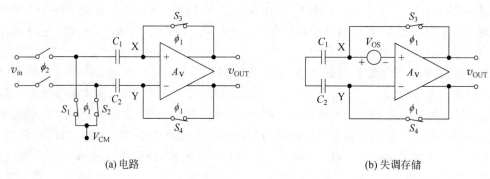

(a) 电路   (b) 失调存储

图 12-21　输入失调存储技术

在输入失调存储技术中,整体电路的输入参考失调电压值为 $V_{OS}/(1+A_v)$。再考虑 S_3 和 S_4 存在的失调注入电荷 q_{inj},则整体电路的输入参考失调电压值为 $V_{OS}/(1+A_v)+q_{inj}/C$,这里 $C_1=C_2=C$。

【例 12.6】 采用输入失调存储技术消除比较器(或放大器)的失调,如图 12-21 所示,放大器的失调 $V_{OS}=10\text{mV}$,如果希望采用输入失调存储技术以后比较器(或放大器)的失调达到 0.01mV 量级,则放大器的增益需要达到多少?忽略开关的注入电荷的失调。

解:由式(12.40),采用输入失调存储技术消除比较器(或放大器)的失调为

$$V_{OS,tot}=\frac{V_{OS}}{1+A_v}$$

那么放大器的增益需要达到

$$A_v=\frac{10\times10^{-3}}{0.01\times10^{-3}}-1=999$$

12.7.3　辅助放大器失调消除

无论是输出失调消除技术,还是输入失调消除技术,在信号路径上都存在额外的失调存储电容。这或许会影响放大器或比较器的相位裕度或稳定时间。为解决这个问题,可以考虑将失调存储路径和信号路径分开的方案,如图 12-22(a)所示,辅助放大器将存储在 C_1 和 C_2 上的失调电压进行放大,然后在 A_1 的输出上相减,进而消除失调。如果 $A_1V_{OS1}=A_{aux}v_1$,则对于 $v_{in}=0,v_{OUT}=0$。如何将失调电压存储在与信号不在同一个路径上的 C_1 和 C_2 上呢?可以采用负反馈结构来将失调存储在失调存储电容 C_1 和 C_2 上,如图 12-22(b)所示,这是在失调存储阶段完成,增加 A_2 以便检测失调结果。首先只考虑放大器 A_1 的失调,忽略其他级的失调。当 S_1 和 S_2 闭合时,A_1 的输出为 $V_{OS}A_1$;当 S_3 和 S_4 闭合时,A_2 和 A_{aux} 构成负反馈结构,根据负反馈增益公式,由 A_2 和 A_{aux} 构成负反馈结构的增益值为 $A_2/(1+A_2A_{aux})$,此时输出 v_{out} 值存储在 C_1 和 C_2 上;当 $A_2A_{aux}\gg1$ 时,此电压就是图 12-22(a)中需要的 v_1 电压

$$v_1=A_1V_{OS1}\frac{A_2}{1+A_2A_{aux}}\approx\frac{A_1V_{OS1}}{A_{aux}} \tag{12.41}$$

当 S_3 和 S_4 断开后,此电压保存在 C_1 和 C_2 上,使得 $A_{aux}v_1=A_1V_{OS1}$。

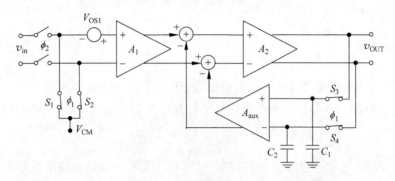

(a) 辅助放大器失调存储的概念

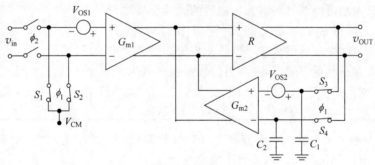

(b) 辅助放大器失调存储的电路图

(c) 采用G_m和R级的辅助放大器失调存储

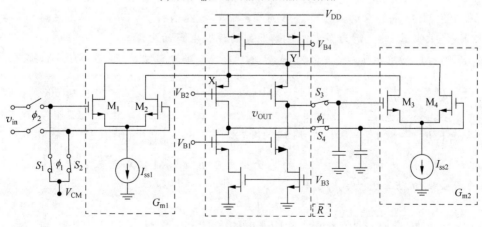

(d) 实际的电路图

图 12-22　辅助放大器失调存储技术

在实际电路中,电压相加不是很容易的事情,而电流相加相对就比较容易实现。另外,对比 CMOS 放大器电路实现,增益级可以采用 G_m 级,而输出级采用 R 级,如图 12-22(c)所示。同时也需考虑 G_{m2} 的失调,这里考虑最差情况,有

$$[G_{m1}V_{OS1} - G_{m2}(v_1 - V_{OS2})]R = v_1 \tag{12.42}$$

整理可得

$$v_1 = \frac{G_{m1}RV_{OS1} + G_{m2}RV_{OS2}}{1 + G_{m2}R} \tag{12.43}$$

当 S_3 和 S_4 断开后,此电压保存在 C_1 和 C_2 上,得到残留的失调为

$$V_{OS,tot} = \frac{v_{OUT}}{G_{m1}R} = \frac{[G_{m1}V_{OS1} - G_{m2}(v_1 - V_{OS2})]R}{G_{m1}R} = \frac{V_{OS1}}{1 + G_{m2}R} + \frac{G_{m2}V_{OS2}}{G_{m1}(1 + G_{m2}R)} \tag{12.44}$$

如果 $G_{m2}R \gg 1$,则

$$V_{OS,tot} \approx \frac{V_{OS1}}{G_{m2}R} + \frac{V_{OS2}}{G_{m1}R} \tag{12.45}$$

可见,最终的参量失调都除以了增益级的放大倍数,通常会比较小。如果再考虑 S_3 和 S_4 引起的失调注入电荷 q_{inj},则额外由此引入的输入参考失调电压值为

$$V_{OS,inj} = \frac{G_{m2}}{G_{m1}} \frac{q_{inj}}{C} \tag{12.46}$$

这里 $C_1 = C_2 = C$。因此,通常选择 G_{m2} 为 G_{m1} 的 1/10 这个量级。具体电路实现可如图 12-22(d)所示。

本节讨论的 3 种失调消除技术都需要增加一个失调存储的周期,因此,不能连续地对输入信号进行处理。这个失调存储周期可以和开关电容比较器的时钟相位结合起来工作。对于需要具有低失调同时要求进行连续信号工作的放大器或比较器,可以采用乒乓(Ping-pong)结构或者失调稳定(offset-stabilized)结构的放大器,关于这些内容可以进一步阅读参考文献[14]。

由于失调可以看作一种低频噪声,失调消除技术也可以用来消除诸如 $1/f$ 噪声这样的电路中的低频噪声。此外,失调或低频噪声也可以采用斩波技术进行消除,相关内容也可以参阅参考文献[14]。

【例 12.7】 采用辅助放大器失调存储技术消除比较器(或放大器)的失调,如图 12-22(d)所示,放大器的失调 $V_{OS1} = 10\text{mV}$,$V_{OS2} = 1\text{mV}$,尾电流源的电流 $I_{SS1} = 0.2\text{mA}$,$I_{SS2} = 0.002\text{mA}$。共源共栅级的总输出电阻 $R = 10\text{M}\Omega$。NMOS 的参数为 $V_{THN} = 0.7\text{V}$,$K_n = 110\mu\text{A}/\text{V}^2$,$\lambda_n = 0.04\text{V}^{-1}$。除了尾电流源晶体管,其他所有 MOS 晶体管的尺寸都为 W/L,其中 $W = 20\mu\text{m}$,$L = 1\mu\text{m}$。那么采用输入失调存储技术以后比较器(或放大器)的失调为多少?忽略开关的注入电荷的失调。

解: 流经 M_1、M_2 的电流 $I_{SS1}/2 = 0.1\text{mA}$,流经 M_3、M_4 的电流 $I_{SS2}/2 = 0.001\text{mA}$,那么

$$g_{m1,2} = \sqrt{\left(2K_n\frac{W}{L}\right)I_{D1,2}} = \sqrt{\left(2 \times 110 \times 10^{-6} \times \frac{20 \times 10^{-6}}{1 \times 10^{-6}}\right) \times 0.1 \times 10^{-3}} \approx 663.3\mu\text{A}/\text{V}$$

$$g_{m3,4} = \sqrt{\left(2K_n\frac{W}{L}\right)I_{D3,4}} = \sqrt{\left(2 \times 110 \times 10^{-6} \times \frac{20 \times 10^{-6}}{1 \times 10^{-6}}\right) \times 0.001 \times 10^{-3}} \approx 66.33\mu\text{A}/\text{V}$$

忽略开关的注入电荷的失调,共源共栅级的总输出电阻 $R = 10\text{M}\Omega$,那么如果对于 M_1、M_2 增益级和 M_3、M_4 辅助增益级,$g_mR \gg 1$,由式(12.45)可得

$$V_{OS,tot} \approx \frac{V_{OS1}}{g_{m3,4}R} + \frac{V_{OS2}}{g_{m1,2}R} = \frac{10 \times 10^{-3}}{66.33 \times 10^{-6} \times 10 \times 10^{6}} + \frac{1 \times 10^{-3}}{663.3 \times 10^{-6} \times 10 \times 10^{6}} \approx 15\mu\text{V}$$

12.8 本章小结

比较器是模拟及数模混合信号集成电路中非常重要的一个电路模块,是模拟世界与数字信号处理之间的桥梁。比较器与运算放大器之间既有联系,又存在区别。运算放大器通常工作在闭环结构中,比较器通常工作在开环模式下。比较器关注的是比较精度及工作速度等特性,这与其诸如增益、带宽、失调、频率响应及转换等特性有关,和放大器一样。也可采用放大器来作为比较器工作。由于比较器是开环工作的,因此,用作比较器的放大器不需要进行频率补偿。除了采用放大器结构之外,另一种常见的用于实现比较器的电路结构是基于再生的锁存器电路。放大器的小信号阶跃响应满足负指数规律,基于锁存器的比较器的小信号阶跃响应满足正指数规律。一些高性能的比较器采用放大器与锁存器级联的结构以提高工作速度。从时域的角度,比较器可分为连续信号比较器和离散时间比较器。在一些具有较多干扰的场合,可以采用迟滞比较器来消除干扰和噪声的影响。为了进一步消除或减小失调,一些高性能比较器采用了失调消除技术。

习题

1. 一个比较器在线性工作状态时的主极点频率为 $10^4\,\text{rad/s}$,直流增益 $A_{\text{vo}}=10^4$,转换速率(slew rate)为 $0.1\text{V}/\mu\text{s}$,输出摆幅为 1V,假设施加到输入的信号为 100mV,请计算此比较器的传输延迟。

2. 对于图 12-4 所示的同相阈值比较器,参考电压 $V_{\text{REF}}=3\text{V}$,$R_1=10\text{k}\Omega$,$R_{\text{F}}=20\text{k}\Omega$,求此比较器的低阈值电压 V_{Lt}。

3. 对于图 12-5 所示的同相阈值比较器的反相接法,参考电压 $V_{\text{REF}}=3\text{V}$,$R_1=10\text{k}\Omega$,$R_{\text{F}}=20\text{k}\Omega$,求此比较器的高阈值电压 V_{Ht}。

4. 图 12-9(b)所示的基于锁存结构的比较器,锁存器的偏置电流为 0.1mA。输出摆幅为 $V_{\text{OH}}-V_{\text{OL}}=1\text{V}$,求当输入分别为 $\Delta V_i=10\text{mV}$ 和 $\Delta V_i=100\text{mV}$ 时此比较器的传输延迟。PMOS 晶体管的参数为 $V_{\text{THP}}=-0.7\text{V}$,$K_p=50\mu\text{A/V}^2$,$\lambda_p=0.05\text{V}^{-1}$。所有 MOS 晶体管的尺寸都为 $W=20\mu\text{m}$,$L=1\mu\text{m}$。假设输出节点的寄生电容 $C=50\text{fF}$。

5. 采用图 12-14 所示的开关电容比较器,放大器的增益 $A_v=10^3$,$V_{\text{OS}}=1\text{mV}$,输出摆幅要求达到 $V_{\text{OH}}-V_{\text{OL}}=5\text{V}$,采样电容 $C=2\text{pF}$,输入端寄生电容 $C_p=10\text{fF}$,计算在忽略寄生电容和考虑寄生电容的情况下,比较器的精度,即比较器能够分辨的最小输入电压。

6. 采用图 12-14 所示的开关电容比较器,$V_{\text{OS}}=1\text{mV}$,输出摆幅要求达到 $V_{\text{OH}}-V_{\text{OL}}=3\text{V}$,输入端寄生电容 $C_p=10\text{fF}$,如果希望获得 0.3mV 的比较器精度,并且误差不超过 0.5%,则放大器的增益和采样电容需要达到多少?

7. 如图 12-16(a)所示,设计一个迟滞比较器使 $V_{\text{th}}=|+V_{\text{th}}|=|-V_{\text{th}}|=2.5\text{V}$。假设 $V_{\text{sat}}=|-V_{\text{sat}}|=5\text{V}$。

8. 如图 12-17(a)所示的带参考电压的迟滞比较器,设计此迟滞比较器使 $V_{\text{Ht}}=3.5\text{V}$ 且 $V_{\text{Lt}}=1.5\text{V}$。假设 $V_{\text{sat}}=|-V_{\text{sat}}|=5\text{V}$。确定 R_1、R_{F} 和 V_{REF} 的值。

9. 采用输入失调存储技术消除比较器(或放大器)的失调,如图 12-21 所示,放大器的增益 $A_v=10^4$,放大器的失调 $V_{\text{OS}}=10\text{mV}$,那么采用输入失调存储技术以后比较器(或放大器)的失调为多少?忽略开关的注入电荷的失调。

10. 采用辅助放大器失调存储技术消除比较器（或放大器）的失调，如图 12-22(d)所示，放大器的失调 $V_{OS1}=20\text{mV}$，$V_{OS1}=5\text{mV}$，尾电流源的电流 $I_{SS1}=0.2\text{mA}$，$I_{SS2}=0.02\text{mA}$。共源共栅级的总输出电阻 $R=5\text{M}\Omega$。NMOS 的参数为 $V_{THN}=0.7\text{V}$，$K_n=110\mu\text{A/V}^2$，$\lambda_n=0.04\text{V}^{-1}$。除了尾电流源晶体管，其他所有 MOS 晶体管的尺寸都为 W/L，其中 $W=20\mu\text{m}$，$L=1\mu\text{m}$。那么采用输入失调存储技术以后比较器（或放大器）的失调为多少？忽略开关的注入电荷的失调。

11. 针对例 12.7 采用辅助放大器的失调存储技术，如果想要进一步降低放大器的失调电压，应该如何调整电路参数？

开关电容电路

主要符号	含 义
R_{eff}	开关电容电路等效电阻
v_{in}	交流小信号输入信号电压
$V_{\mathrm{in}}(s)$	s 域的输入信号电压
$V_{\mathrm{in}}(z)$	z 域的输入信号电压
v_{out}	交流小信号输出信号电压
$V_{\mathrm{out}}(s)$	s 域的输出信号电压
$V_{\mathrm{out}}(z)$	z 域的输出信号电压
r_{DS}	开关的导通电阻
L, W	MOSFET 沟道的长度和宽度
$V_{\mathrm{TH}}, V_{\mathrm{THN}}, V_{\mathrm{THP}}$	MOSFET、NMOS 及 PMOS 的阈值电压
$K', K_{\mathrm{n}}, K_{\mathrm{p}}$	MOSFET、NMOS 及 PMOS 的工艺常数(或称为"跨导参数")
$\mu_{\mathrm{n}}, \mu_{\mathrm{p}}$	表面电子、空穴迁移率
C_{ox}	单位面积 MOSFET 栅电容
$\lambda, \lambda_{\mathrm{n}}, \lambda_{\mathrm{p}}$	MOSFET、NMOS 及 PMOS 的沟道长度调制系数

13.1 引言

开关电容电路通常是由运算放大器、MOSFET 开关和电容构成的一种很常见的基本电路形式,它的应用范围很广泛,比如其在滤波器的设计中就有着非常重要的地位。在处理声音或者是生物医学等低频应用领域,滤波器需要有很大的时间常数,也就是说需要大电容或者是大电阻,这在集成电路工艺中实现起来是比较困难的。开关电容电路可以形成类似于电阻的特性,也很容易实现大阻值的等效电阻,这就使滤波器可以方便地和其他电路模块相集成。另外,离散时间系统的频率响应精度是由电容比值决定的开关电容滤波器系数得到,在集成电路工艺中,电容比值的精度高于一般集成电阻、电容的精度。

与普通放大器等处理连续信号电路不同的是,开关电容电路处理的是离散时间信号的电路系统,是对采样的信号进行处理。对于信号而言,从时间的角度来看,可以分为连续信号和离散信号。连续信号在所有时间范围内是连续的,而离散信号仅体现在特定的时间点上,这些特定时间点上的信号为采样信号。从幅值的角度来看,信号也可分为连续的和离散的,模拟信号是幅值连续的,即在一定范围内可以取任意值,其经过模数转换后形成数字信号就成为幅值离散的信号,即具有离散的量化值。对于开关电容电路来说,其处理的信号在幅值上仍是连续的,而时间上是离散的。

本章首先介绍开关电容中电荷转移的基本概念,进而分析采用开关电容来模拟电阻的方法;然后在此基础上,讨论开关电容电路的基本组成,分析几种典型的开关电容电路。

13.2　基本开关电容

采用开关电容模拟电阻的概念图如图 13-1 所示,这是一个基本而又非常简单的开关电容电路。该开关电容电路在频率为 f_c(要求 f_c 要远高于输入信号的频率)的时钟驱动下工作,该时钟有两个不交叠的相位 ϕ_1 和 ϕ_2。在 ϕ_1 相位时钟控制下,电容左侧开关导通,对输入信号 v_1 进行采样,将电容充电到输入电压 v_1,此时 ϕ_2 控制下的右侧开关处于断开状态;在时钟处于 ϕ_2 相位时,左侧开关断开,右侧开关导通将电容上的电荷放电,使其电压降至输出电压 v_2。在整个信号传递的周期 T(即 $1/f_c$)时间段中,电荷总的转移量 ΔQ 为 $C(v_1 - v_2)$,这些电荷量的变化形成的电流等效成一个在整个周期内平均值为 i_{av} 的电流,即有

$$i_{av} = \frac{\Delta Q}{T} = \frac{C(v_1 - v_2)}{T} = \frac{v_1 - v_2}{T/C} \tag{13.1}$$

可见,该开关电容的工作就等效成了一个电阻,阻值为

$$R_{eff} = \frac{T}{C} = \frac{1}{f_c C} \tag{13.2}$$

在实际电路中,当输入信号频率与时钟频率相比很低时,这个近似是合理的。

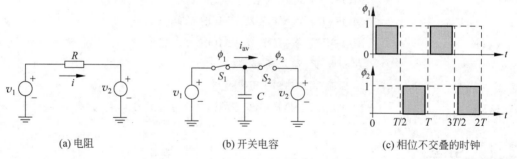

(a) 电阻　　　　　　　(b) 开关电容　　　　　(c) 相位不交叠的时钟

图 13-1　基本开关电容电路模拟电阻的方法

表 13-1 列出了不同开关电容结构的等效阻值,读者可以自行推导。无论哪种结构,开关电容的等效阻值都是与电容值成反比,与时钟频率成反比,利用 CMOS 工艺实现开关和电容的优势,可以获得比采用电阻的连续信号电路更加精确的结果。实际上,如果更进一步考查,可以得知在采用开关电容电路构成实际电路功能模块时,电路的精度往往不是由其中电容的绝对精度决定的,而是由其相对精度确定的。考查图 13-2 所示的实现简单一阶低通的 RC 电路。电路在拉普拉斯 s 域的传递函数表示为

$$H(s) = \frac{V_2(s)}{V_1(s)} = \frac{1/sC_2}{R_1 + 1/sC_2} = \frac{1}{sC_2R_1 + 1} \tag{13.3}$$

当 $s = j\omega$ 时,在频域表示的电压传递函数为

$$H(j\omega) = \frac{1}{j\omega R_1 C_2 + 1} = \frac{1}{j\omega \tau_1 + 1} \tag{13.4}$$

表 13-1 不同开关电容结构的等效阻值

开关电容等效电阻结构	电路	等效电阻(时钟频率为 f_c)
并行		$\dfrac{1}{f_c C}$
串行		$\dfrac{1}{f_c C}$
串并行		$\dfrac{1}{f_c (C_1 + C_2)}$
双线性		$\dfrac{1}{4 f_c C}$

其中 $\tau_1 = R_1 C_2$ 为电路的时间常数。可见,连续电路的时间常数的精度取决于电路中的电阻和电容的绝对精度。在一般的模拟 CMOS 集成电路工艺中,电阻的绝对精度在 20% 这个量级上,这对于绝大部分的信号处理应用是远远不够的。下面考虑图 13-2(b)所示的开关电容 RC 电路,采用开关电容模拟 R_1,等效的时间常数为

$$\tau_D = \left(\frac{T}{C_1}\right) C_2 = T \left(\frac{C_2}{C_1}\right) = \frac{1}{f_c} \left(\frac{C_2}{C_1}\right) \tag{13.5}$$

可见,开关电容 RC 电路的精度取决于时钟的精度和电容的相对精度。依赖于器件的尺寸,CMOS 工艺下的电容相对精度可以达到 $0.1\% \sim 1\%$ 量级,尺寸越大的电容,其相对精度就越高。时钟的相对精度一般要高于电容的相对精度,这样,开关电容 RC 电路的时间常数精度可以达到很高的水平,能够满足大多数高精度信号处理的应用要求。

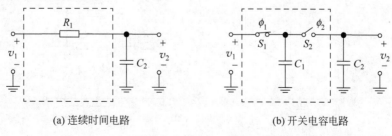

(a) 连续时间电路   (b) 开关电容电路

图 13-2 实现 RC 电路的连续时间电路和开关电容电路的对比

【例 13.1】 如图 13-2 所示,在 100kHz 采样频率下,$C_1 = 2\text{pF}$ 采样电容的开关电容电路的等效电阻是多少? 如果 $C_2 = 0.2\text{pF}$,那么图 13-2 中的时间常数是多少?

解: 采用开关电容电路等效 R_1,采样频率为 $f_c = 100\text{kHz}$,采样电容 $C_1 = 2\text{pF}$,根据式(13.2),此等效 R_1 的开关电容电路等效电阻为

$$R_{\text{eff}} = \frac{1}{f_c C_1} = \frac{1}{100 \times 10^3 \times 2 \times 10^{-12}} = 5\text{M}\Omega$$

可见,很容易得到很大电阻值的等效电阻。在 CMOS 集成电路工艺中实现这么大的电阻将占用非常大的芯片面积。采用开关电容电路实现,只需要很小的电阻及晶体管做开关就可以实现很大的等效电阻,而不需要占用很大的芯片面积。如果 $C_2 = 0.2\text{pF}$,根据式(13.5),采用此开关电容电路实现的 RC 电路的时间常数为

$$\tau_{\text{D}} = \frac{1}{f_c} \left(\frac{C_2}{C_1} \right) = \frac{1}{100 \times 10^3} \times \left(\frac{0.2 \times 10^{-12}}{2 \times 10^{-12}} \right) = 1\,\mu\text{s}$$

13.3 开关电容电路拓扑结构

由开关和电容组成的基本开关电容电路模拟了电阻功能,要完成信号的运算和处理,实际的开关电容电路需由电容、开关、运算放大器及非交叠时钟电路来实现。

先来考查连续信号反馈放大器,图 13-3 所示的是所熟悉的采用电阻和运算放大器组成的反相反馈放大器。需要注意的是,图 13-3(a)所示的是处理信号的电路框图,因此按线性电路进行分析,实际上,为了让运算放大器能够正常工作,运算放大器应该偏置在正确的输入输出范围内。采用图 13-3(b)所示的等效电路,运算放大器的直流增益为 A_v,并且考虑其输出电阻为 R_{out},写出

$$v_{\text{out}} = -A_v v_{\text{x}} - \frac{v_{\text{out}} - v_{\text{in}}}{R_1 + R_2} R_{\text{out}} \tag{13.6}$$

$$v_{\text{x}} = \frac{v_{\text{out}} - v_{\text{in}}}{R_1 + R_2} R_1 + v_{\text{in}} \tag{13.7}$$

由此得到

$$\frac{v_{\text{out}}}{v_{\text{in}}} = -\left(\frac{R_2}{R_1} \right) \cdot \frac{A_v - R_{\text{out}}/R_2}{1 + R_{\text{out}}/R_1 + A_v + R_2/R_1} \tag{13.8}$$

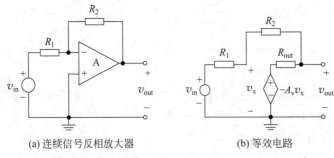

(a) 连续信号反相放大器　　　　　(b) 等效电路

图 13-3　采用反馈电阻的连续信号反相放大器

当 $R_{out}=0$ 及 $A_v=\infty$ 时,$v_{out}/v_{in}=-R_2/R_1$,可见,运算放大器放大器的输出电阻和有限增益影响了反相放大器结果的准确性。采用 CMOS 工艺实现运算放大器,在单级运算放大器结构中,为了提高其增益,运算放大器的输出电阻也比较高,反馈电阻会影响运算放大器的增益,因而降低电路的精度。

【例 13.2】 如图 13-3 所示的反相放大器,$R_2=100\text{k}\Omega$,$R_1=10\text{k}\Omega$,实际上采用有限增益和输出电阻的放大器,增益 $A_v=10^4$,输出电阻 $R_{out}=200\text{k}\Omega$,求实际反相放大器的增益。

解: 希望得到的反相放大器的增益为 $R_2/R_1=10$,而实际上采用有限增益和输出电阻的放大器,增益 $A_v=10^4$,输出电阻 $R_{out}=200\text{k}\Omega$,根据式(13.8),实际反相放大器的增益为

$$\frac{v_{out}}{v_{in}}=-\left(\frac{R_2}{R_1}\right)\cdot\frac{A_v-R_{out}/R_2}{1+R_{out}/R_1+A_v+R_2/R_1}$$

$$=-\left(\frac{100\times10^3}{10\times10^3}\right)\cdot\frac{10^4-200\times10^3/100\times10^3}{1+200\times10^3/10\times10^3+10^4+100\times10^3/10\times10^3}$$

$$\approx9.967$$

可见放大器的有限增益和输出电阻给反相放大器带来了误差。

为了避免反馈电阻对放大器增益的影响,可以采用电容作为反馈元件来构成反馈放大器,如图 13-4 所示。这里存在一个问题,放大器的输入输出偏置如何来确定?一种方法是采用一个大的反馈电阻 R_F 并联在 C_2 上,以便通过反馈电流路径为放大器提供偏置,这样,在 s 域

$$\frac{V_{out}(s)}{V_{in}(s)}\approx-\frac{R_F\parallel\left(\dfrac{1}{C_2 s}\right)}{\left(\dfrac{1}{C_1 s}\right)}=-\frac{R_F C_1 s}{R_F C_2 s+1}\tag{13.9}$$

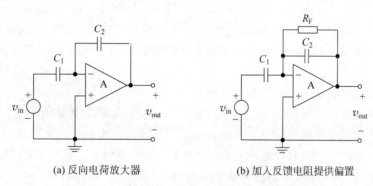

(a) 反向电荷放大器   (b) 加入反馈电阻提供偏置

图 13-4 采用反馈电容的连续信号反相电荷放大器

只有当 $\omega\gg1/(R_F C_2)$ 时,电容反馈的放大器的增益才近似为 C_1/C_2。这种方法适用于高频应用,并且要求 R_F 要尽量大。

另一种方法是采用刷新确定电容反馈放大器的输入偏置点。联系基本开关电容电路,将图 13-3 所示的电阻采用开关电容来替换,如图 13-5(a)所示。在这种结构中,任何一个时钟相位运算放大器环路都没有建立反馈,因此放大器的偏置也是不确定的。可以采用表 13-1 中的双线性开关电容代替电阻 R_2,但需要更多的开关,不利于实现。因此,这里做了一些改动,如图 13-5(b)所示,C_2 上的 ϕ_2 开关在

整个时钟周期内都导通,即不需要 ϕ_2 开关。可见,与连续信号处理方式不同,开关电容电路的工作阶段分为两个:采样、运算。在 ϕ_1 采样阶段,C_1 被充电到 v_{in0},C_1 上的电荷为 $C_1 v_{in0}$,而 C_2 被放电,同时通过反馈也确定了运算放大器的工作点;当进入 ϕ_2 运算阶段后,电路建立新的反馈,稳定后,运算放大器输入虚短,即 C_1 两端的电压差为 0,C_1 上原来的电荷 $C_1 v_{in0}$ 输送到 C_2 上,则输出 $v_{out} = -(C_1 v_{in0})/C_2$,电路增益为 $-C_1/C_2$。关于开关电容放大器电路在随后的章节中还将做进一步的讨论。

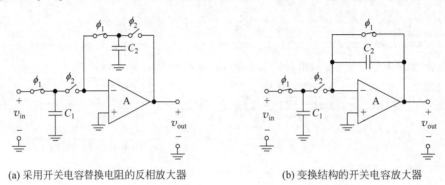

(a) 采用开关电容替换电阻的反相放大器　　　　(b) 变换结构的开关电容放大器

图 13-5　采用开关电容的反相放大器

13.4　基本单元

下面讨论开关电容电路中电容、开关、运算放大器及非交叠时钟电路的实现,同时考虑在 CMOS 工艺中开关及电容的非理想问题。

13.4.1　运算放大器

由于电路中的实际运算放大器存在非理想特性,比如有限的开环直流增益、有限的单位增益带宽和相位裕度、转换速率(压摆率)限制及直流电压失调等,影响了开关电容电路的特性。但要注意的是,在 CMOS 工艺中运算放大器的输入端通常都是 MOS 管的栅极,因此低频下输入阻抗很大,通常可以认为是理想的。

运算放大器的直流增益会影响开关电容电路对信号传输的精度,在这一点上与用于连续时间电路中的运算放大器是一致的。CMOS 工艺中实现的运算放大器直流增益典型值为 40~80dB。

运算放大器的单位增益带宽和相位裕度则决定了运算放大器小信号建立时间的长短。通常运算放大器单位增益带宽应至少是采样时钟频率的 5 倍,相位裕度则要超过 60°。目前,信号处理对电路高速高精度的要求日益苛刻,单级高增益的运算放大器得到了广泛的应用。该类型的运算放大器输出电阻很大(可达 100kΩ 量级或者更大),对 CMOS 电路来说后级负载又通常都是容性的,因此该类型运算放大器并不需要输出缓冲级。单级运算放大器结构简单、极点较少,其单位增益带宽通常可以做得很大,在其输出节点上具有大的输出阻抗,所以负载电容对主极点的位置有很大的影响。负载电容的大小直接决定了单位增益带宽和相位裕度:负载电容越大,单位增益带宽越小,相位裕度也越大。

运算放大器在大信号下的有限转换速率(压摆率)也会限制开关电容电路工作的最高时钟频率。转换速率影响了开关电容电路中电容上的电荷从一个电容转移到另一个电容上的速度。在设计开关电容电路时,尽量不要让运算放大器的转换速率成为限制电路速度的主要因素,即选择转换速率足够大的运算放大器。

运算放大器的失调会导致高的输出直流失调,影响电路的正常工作。采用相关双采样技术可以显著降低运算放大器的直流电压失调,同时该技术还能减小运算放大器的低频输入噪声(例如 $1/f$ 噪声)。

13.4.2 电容

在现代的集成电路工艺中,可形成电容的方法有很多,比如利用金属夹氧化层、金属和重掺杂区域夹氧化层等。其中又以如图 13-6 所示的两层多晶夹一层薄氧所形成的电容最为常见,常常称为 PIP 电容,这种结构具有很高的线性度。

要注意的是,正是因为在集成电路中可形成电容的方法有很多,除了设计需要形成的电容以外,难免会产生很多寄生电容,寄生电容的影响也会成为一个很重要的因素。从图 13-6(a)可见,C_1 是设计所需要形成的电容,C_{p1} 是上极板金属和衬底之间的寄生电容,其大小为 C_1 的 $1\%\sim5\%$;C_{p2} 是下极板和衬底之间的寄生电容,下极板距离衬底比较近,因此 C_{p2} 的电容值比较大,甚至可达 C_1 的 20%。在电路中使用这种双层多晶形成的电容时,要注意上下极板对电路节点的影响是不同的。比如在采样保持电路中采样电容使用这种结构时,寄生电容小的电容上极板应该连接于运算放大器的输入端,寄生电容大的下极板应该连接于信号的输入端。这也就是现在广泛使用的所谓的"下极板采样技术"。

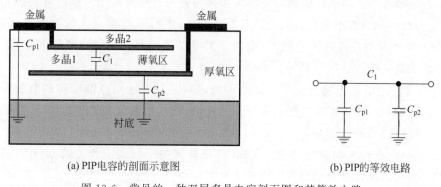

(a) PIP电容的剖面示意图　　　　(b) PIP的等效电路

图 13-6　常见的一种双层多晶电容剖面图和其等效电路

13.4.3 开关

理想开关应该具有无穷小的导通电阻和无穷大的关断电阻,电流可以双向传递,开关对所传递的信号电压无影响。MOSFET 比 BJT 更具有接近理想开关的特性。MOSFET 作为开关使用时工作于线性区,其沟道电阻根据宽长比的不同可以低至 100Ω 量级以下,关断状态下的电阻则可以高至吉欧姆量级。MOSFET 源漏区根据电流方向的不同可以互换,因此是双向的。信号通过 MOSFET 开关不会有直流偏移,故被称为"零失调"开关。

MOSFET 开关也有其缺点。首先是其所传递信号的大小范围限制。考虑到阈值电压的存在,无论单独使用 NMOS 还是 PMOS 都存在一个信号传递的"盲区"。因为当 MOSFET 作为开关使用时,其栅极上通常都会加上控制电压 0 或者电源电压 V_{DD}(通常就是时钟信号)。若 MOSFET 的阈值电压为 $|V_{TH}|$,则可知开关可传递的信号范围为 $0\sim V_{DD}-|V_{TH}|$(对 NMOS 而言)或者 $|V_{TH}|\sim V_{DD}$(对 PMOS 而言)。这个缺点可以使用如图 13-7(a)所示的结构,将 NMOS 和 PMOS 并联的 CMOS 互补开关来克服,该类型开关具有从 0 到 V_{DD} 的全范围信号通过能力。当然,该互补开关需要使用一对互补的反向控制信号来驱动栅极。

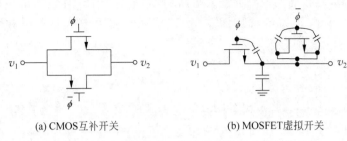

(a) CMOS互补开关　　　　　　　(b) MOSFET虚拟开关

图 13-7　减小沟道电荷注入效应和时钟馈通效应的开关

其次,因为 MOSFET 开关存在沟道电荷注入和时钟馈通效应,会给信号采样引入误差,导致精度降低。

所谓沟道电荷注入是指当 MOSFET 关断时,栅下面导电沟道中原本积累的反型层载流子(NMOS 的是电子,PMOS 的是空穴)将会分别向源、漏端泄放,给开关源或漏端连接的采样电容带来电压误差,造成信号精度下降。减小沟道电荷注入通常可采用 3 种方法。

第一种减小沟道电荷注入的方法是使用和开关管同一类型的 MOSFET 作为虚拟开关(dummy switch),如图 13-7(b)所示。虚拟开关源端和漏端短接与开关一起连接于采样电容同一侧极板上,虚拟开关的沟道长度与要消除沟道电荷注入效应的开关沟道长度一致,虚拟开关的沟道宽度取开关沟道长度的 1/2。在与开关相反的互补时钟控制下,虚拟开关可以将开关关断时泄放的电荷吸收用来形成自己的沟道,减小沟道注入效应。

需要注意的是,上述结论是建立在开关沟道中的电荷是相等地向源漏端两侧泄放得到的假设上。尽管在实际情况中,这种平均分配电荷的情况不太可能会发生,然而这种使用虚拟开关的方法仍可以很大程度上消除电荷注入效应。

第二种减小沟道电荷注入的方法是使用 CMOS 互补开关。组成该开关的 NMOS 和 PMOS 工作时形成的沟道类型相反,因此合理地设置两个开关的尺寸保证 $W_n L_n C_{oxn}(V_{GS} - v_{IN} - V_{THN}) = W_p L_p C_{oxp}(v_{IN} - |V_{THP}|)$,也就是使两种类型开关形成导电沟道时所积累的沟道电荷相等,可以使两个开关相互注入沟道电荷,有效地降低沟道电荷注入给采样电容上电压带来的影响。

第三种减小沟道电荷注入的方法是采用差分电路。沟道电荷注入带来的电压上的误差在差分电路中可以看成共模干扰,因此可以被差分电路所消除。

时钟馈通效应是指开关栅上的时钟可以通过栅源、栅漏交叠电容耦合到源漏端,使采样信号上叠加了时钟引入的干扰。这个干扰电压大小为交叠电容和采样电容串联的分压得到。消除电荷注入效应的虚拟开关同时可以很好地抑制时钟馈通效应。CMOS 互补开关则因为两种类型 MOSFET 的交叠电容并不相等,因此无法完全消除时钟馈通。

影响开关电容电路精度的因素还有开关电容电路的噪声。在开关电容电路中,开关导通时呈现一定的导通电阻 R_{on},此电阻会产生热噪声,此热噪声会随同输入信号一同保存在采样电容上。可以证明,采样电容为 C 的开关电容电路的输出等效噪声功率为 kT/C,其中 T 是以开尔文为单位的温度,k 是玻耳兹曼常数。为了获得低噪声性能,必须采用较大的电容。然而,大的电容会降低开关电容电路的工作速度。

【**例 13.3**】 如图 13-7(b)所示的 NMOS 开关，采样电容 $C=2\text{pF}$，时钟信号的电压为 $\phi=V_{\text{DD}}=5\text{V}$，请分别计算当 $v_1=1\text{V}$ 和 $v_1=2\text{V}$ 时 NMOS 开关的导通电阻，并且求在室温 $T=300\text{K}$ 时此开关电容电路的总输出等效噪声功率。NMOS 的参数为 $V_{\text{THN}}=0.7\text{V}$，$K_n=110\mu\text{A}/\text{V}^2$，$\lambda_n=0.04\text{V}^{-1}$。NMOS 晶体管的尺寸为 $W=20\mu\text{m}$，$L=1\mu\text{m}$。

解：晶体管的栅压为 $\phi=V_{\text{DD}}=5\text{V}$，那么，当 $v_1=1\text{V}$ 和 $v_1=2\text{V}$ 时，输出稳定以后晶体管的源极电压和漏极电压几乎相等且都小于栅压，由于 $V_{\text{DS}}\ll V_{\text{GS}}-V_{\text{TH}}$，晶体管处于深线性区，忽略体效应，根据式(2.5)，NMOS 开关的导通电阻为

$$r_{\text{DS}}=\frac{1}{\mu_n C_{\text{ox}}\dfrac{W}{L}(V_{\text{DD}}-v_1-V_{\text{TH}})}$$

其中 $\mu_n C_{\text{ox}}=K_n=110\mu\text{A}/\text{V}^2$，当 $v_1=1\text{V}$ 时，有

$$r_{\text{DS}}=\frac{1}{110\times10^{-6}\times20\times(5-1-0.7)}\approx137.7\Omega$$

当 $v_1=2\text{V}$ 时，有

$$r_{\text{DS}}=\frac{1}{110\times10^{-6}\times20\times(5-2-0.7)}\approx197.6\Omega$$

图 13-7 所示的开关电容电路等效一个 RC 电路，无论导通电阻为多少，在室温 $T=300\text{K}$ 时，总输出等效噪声功率为

$$P_{\text{n,out}}=\frac{kT}{C}=\frac{1.38\times10^{-23}\times300}{2\times10^{-12}}=2.07\text{nV}^2$$

表示成 rms 形式为 $45.5\mu\text{V}$。

13.4.4 不交叠时钟

不交叠时钟是指周期相同但高电平在任何时候都不会交叠的一组时钟，如图 13-8(a)所示。开关电容电路工作时通常都需要至少一对不交叠时钟。开关电容电路是处于离散工作状态的一种电路，为了避免电容上的电荷被泄放掉，电容两侧的开关不能同时导通。不交叠时钟控制下的开关就可以实现这一要求。可以产生两相不交叠时钟的简单电路如图 13-8(b)所示。

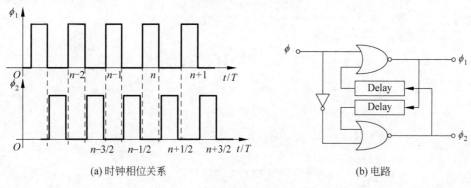

(a) 时钟相位关系　　　(b) 电路

图 13-8　不交叠时钟及产生电路

13.5　开关电容放大器

　　图 13-5(b)所示的开关电容反相放大器是一种典型的开关电容放大器。利用图 13-8(a)所示的时钟相位(ϕ_1 期间或 ϕ_2 期间)在时域进行分析,将时间点与每个时钟相位联系起来,可以选择时钟相位的开始点或时钟相位的结束点作为时域分析的时间点。这里选择时钟相位的结束点作为时间点,选择时钟相位的开始点的效果也是一致的,重要的是,在一个分析中要保持一致。这里采用 $v_{in}(t)$ 和 $v_{out}(t)$ 分别表示在时刻 t 时的输入电压和输出电压。

　　在 ϕ_1 采样阶段,C_1 对输入信号进行采样,C_2 被清零,如图 13-9(a)所示,在时刻 $nT-T$ 之后,ϕ_1 开关断开,C_1 上的采样电压为 $v_{in}(nT-T)$;随后 ϕ_2 开关闭合,等效电路图如图 13-9(b)所示,在运算放大器反馈电路的作用下,C_1 的上极板虚地,C_1 上的电荷传输到 C_2 上。注意,在图 13-5(b)所示的开关电容结构中,正输入电压会导致 C_2 上出现负电压,在 ϕ_2 相位结束时,即在 $nT-T/2$ 时刻,可以写出

$$C_2 v_{out}(nT-T/2) = -C_1 v_{in}(nT-T) \tag{13.10}$$

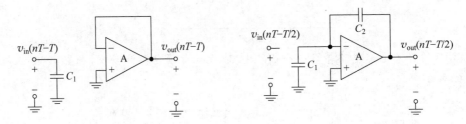

(a) ϕ_1期间的等效电路　　　　　　　　(b) ϕ_2期间的等效电路

图 13-9　在 ϕ_1 和 ϕ_2 期间,图 13-5 所示的开关电容反相放大器等效电路

写成 z 域表达式为

$$z^{-1/2} V_{out}(z) = -\left(\frac{C_1}{C_2}\right) z^{-1} V_{in}(z) \tag{13.11}$$

因此,z 域的传递函数为

$$H(z) = \frac{V_{out}(z)}{V_{in}(z)} = -\left(\frac{C_1}{C_2}\right) z^{-1/2} \tag{13.12}$$

假设输入信号在 $nT-3T/2$ 到 $nT-T$ 期间内不发生变化,则

$$v_{in}(nT-T) = v_{in}\left(nT - \frac{3}{2}T\right) \tag{13.13}$$

代入式(13.10)得到

$$C_2 v_{out}(nT-T/2) = -C_1 v_{in}\left(nT - \frac{3}{2}T\right) \tag{13.14}$$

由此,可以得到最终的 z 域表达式为

$$H(z) = \frac{V_{out}(z)}{V_{in}(z)} = -\left(\frac{C_1}{C_2}\right) z^{-1} \tag{13.15}$$

【例13.4】 推导如图13-10所示的开关电容电路的 z 域传递函数,并说明功能。

解:在 ϕ_1 采样阶段,在运算放大器反馈电路的作用下,C_1 和 C_2 的上极板虚地,C_1 和 C_2 并联对输入信号进行采样,如图13-11(a)所示。在时刻 $nT-T$ 之后,ϕ_1 开关断开,C_1 和 C_2 上的采样电压为 $v_{in}(nT-T)$;随后 ϕ_2 开关闭合,等效电路如图13-11(b)所示。在运算放火器反馈电路的作用下,C_1 和 C_2 的上极板虚地,C_2 上的采样阶段的电荷仍保存在 C_2 上,而 C_1 上的电荷传输到 C_2 上。在 ϕ_2 相位结束时,即在 $nT-T/2$ 时刻,可以写出

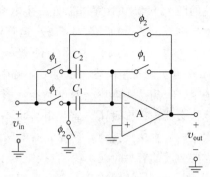

图13-10 例13.4中的开关电容电路

$$C_2 v_{out}(nT-T/2) = (C_1 + C_2) v_{in}(nT-T)$$

写成 z 域表达式为

$$z^{-1/2} V_{out}(z) = \left(\frac{C_1 + C_2}{C_2}\right) z^{-1} V_{in}(z)$$

因此,z 域的传递函数为

$$H(z) = \frac{V_{out}(z)}{V_{in}(z)} = \left(\frac{C_1 + C_2}{C_2}\right) z^{-1/2}$$

假设输入信号在 $nT-3T/2$ 到 $nT-T$ 期间内不发生变化,有

$$v_{in}(nT-T) = v_{in}\left(nT - \frac{3}{2}T\right)$$

得

$$C_2 v_{out}(nT-T/2) = (C_1 + C_2) v_{in}\left(nT - \frac{3}{2}T\right)$$

由此可得

$$H(z) = \frac{V_{out}(z)}{V_{in}(z)} = \left(\frac{C_1 + C_2}{C_2}\right) z^{-1}$$

这样可以形成增益为 $(1+C_1/C_2)$ 的放大器。如果 $C_1 = C_2 = C$,就可以做成精确2倍的开关电容电路。

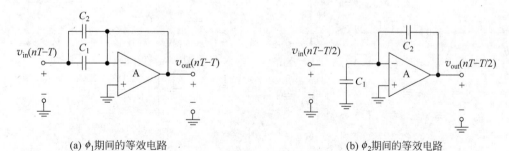

(a) ϕ_1 期间的等效电路　　　　　　　　(b) ϕ_2 期间的等效电路

图13-11 在 ϕ_1 和 ϕ_2 期间,图13-10所示的开关电容电路的等效电路

在实际电路实现中,图13-5(b)所示的开关电容反相放大器会受到寄生电容的影响,如图13-6所示的寄生电容;同时也会受到电容两端相关 MOS 开关的非线性寄生电容的影响。如图13-12所示,开关

采用 NMOS 实现,其中,C_{p1} 表示 C_1 上极板的寄生电容及相关的两个 MOS 开关的非线性寄生电容;C_{p2} 表示 C_1 下极板的寄生电容;C_{p3} 表示 C_2 上极板、运算放大器输入及相关 MOS 开关的寄生电容;C_{p4} 表示 C_2 下极板、运算放大器输出及相关 MOS 开关的寄生电容。由于 C_{p2} 寄生电容的两端始终连接到地上,C_{p2} 寄生电容不会对电路造成影响。同样地,由于反馈运算放大器输入虚短,C_{p3} 寄生电容也不会影响电路的工作。C_{p4} 寄生电容直接连接到运算放大器的输出,仅仅成为运算放大器需要驱动的容性负载。C_{p1} 直接影响了采样 C_1 电容的大小,因此,图 13-5(b)所示的开关电容反相放大器对寄生参数敏感,包括了寄生电容影响的 z 域离散时间传递函数变为

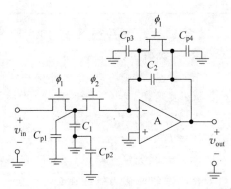

图 13-12   图 13-5 所示的开关电容反相放大器中的寄生电容

$$H(z) = -\left(\frac{C_1 + C_{p1}}{C_2}\right)z^{-1} \tag{13.16}$$

由于 C_{p1} 是 C_1 上极板的寄生电容及相关的两个 MOS 开关的非线性寄生电容,在设计时,很难控制这个寄生参数。

通过对与 C_1 相关的开关电容电路的结构进行修改,我们可以实现对寄生参数不敏感的开关电容电路,如图 13-13 所示。同样地,与 C_2 相关的寄生电容 C_{p3} 和 C_{p4} 对开关电容电路没有影响。考虑与 C_1 相关的寄生电容,在图 13-13(a)中,在 ϕ_1 期间,C_{p2} 的两端被短接到地上,不会对电路造成影响,C_{p1} 连接到输入信号源上被其充电;在 ϕ_2 期间,C_{p1} 会被短接到地上,从而不会影响 C_1 上的电荷。在 ϕ_2 期间,C_{p2} 连接到运算放大器的输入上,通过处于反馈环路中运算放大器输入的虚短,此电容也短接到地上,不会影响到电路。同样地,对于图 13-13(b)所示的电路,C_{p1} 和 C_{p2} 不是在 ϕ_1 期间短接到地上,就是在 ϕ_2 期间连接到信号源上或者运算放大器输入处的虚地上,即使连接到信号源上也会在随后的 ϕ_1 期间内被短接到地上,不会对 C_1 上的电荷造成影响。

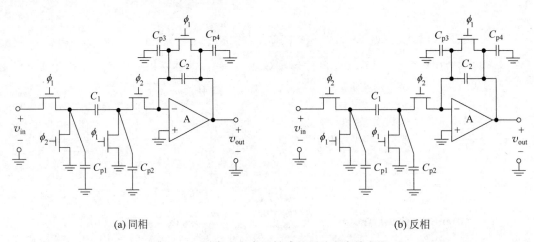

(a) 同相   (b) 反相

图 13-13   对寄生电容不敏感的开关电容放大器

下面讨论对寄生电容不敏感的开关电容放大器的工作原理。在图 13-13(a)中,开关电容电路在 ϕ_1 期间或 ϕ_2 期间的等效电路与图 13-9 所示的是一致的,唯一不同的是 C_1 在 ϕ_2 期间连接到反馈中的极性是不同的,如图 13-14 所示。类似于式(13.10)~式(13.15)的推导,在 ϕ_1 期间

$$v_{C_1}(nT - T) = v_{in}(nT - T) \tag{13.17}$$

和

$$v_{C_2}(nT - T) = v_{out}(nT - T) = 0 \tag{13.18}$$

在 ϕ_2 相位结束时,即在 $nT - T/2$ 时刻,可以写出

$$C_2 v_{out}(nT - T/2) = C_1 v_{C_1}(nT - T) \tag{13.19}$$

因此,z 域的传递函数为

$$H(z) = \frac{V_{out}(z)}{V_{in}(z)} = \left(\frac{C_1}{C_2}\right) z^{-1/2} \tag{13.20}$$

同样地,假设输入信号在之前的半个周期内不发生变化,可以得到

$$H(z) = \frac{V_{out}(z)}{V_{in}(z)} = \left(\frac{C_1}{C_2}\right) z^{-1} \tag{13.21}$$

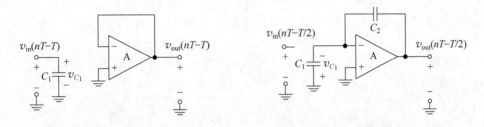

(a) ϕ_1期间的等效电路　　　　　　　(b) ϕ_2期间的等效电路

图 13-14　对寄生电容不敏感的同相开关电容放大器在 ϕ_1 和 ϕ_2 期间的等效电路

　　下面分析图 13-13(b)所示的反相开关电容放大器。在 ϕ_1 期间,C_1 和 C_2 都被清零,因此,在 ϕ_1 期间和 ϕ_2 期间没有电荷的传递;在 ϕ_2 期间,图 13-13(b)所示的电路类似于图 13-4(a)所示的采用反馈电容的连续信号反相电荷放大器,因此在 ϕ_2 结束时,即在时刻 $nT - T/2$ 时,可以写成

$$v_{out}(nT - T/2) = -\left(\frac{C_1}{C_2}\right) v_{in}(nT - T/2) \tag{13.22}$$

在 z 域的表达式为

$$V_{out}(z) = -\left(\frac{C_1}{C_2}\right) V_{in}(z) \tag{13.23}$$

注意在这种对于寄生电容不敏感的反向开关电容放大器中,输出电压与输入电压之间没有延迟。

13.6　开关电容积分器

　　在讨论开关电容积分器之前,先分析一下连续时间积分器电路,图 13-15 所示的是反相积分器电路,s 域的表达式为

$$H(s) = \frac{V_{out}(s)}{V_{in}(s)} = -\frac{1/sC_2}{R_1} = -\frac{1}{sC_2 R_1} \tag{13.24}$$

令 $s = j\omega$,在频域表示的电压传递函数为

$$H(j\omega) = \frac{V_{out}(j\omega)}{V_{in}(j\omega)} = -\frac{1}{j\omega R_1 C_2} = -\frac{\omega_1}{j\omega} \tag{13.25}$$

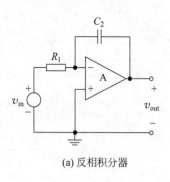
(a) 反相积分器

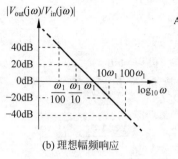
(b) 理想幅频响应

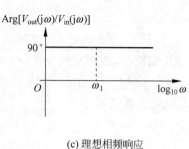
(c) 理想相频响应

图 13-15　连续时间反相积分器

其中 $\omega_1 = 1/(R_1 C_2)$ 为积分频率。反相积分器的理想幅频响应和相频响应如图 13-15(b) 和 (c) 所示。

开关电容积分器的实现可以建立在本章前面讨论的基础上，像开关电容放大器一样，采用开关电容来代替电阻 R_1 就可以构成开关电容积分器，或者直接将图 13-5(b) 和图 13-13 中与 C_2 并联的 ϕ_1 反馈开关去掉就可以形成开关电容积分器电路。这里，直接讨论与寄生电容不敏感的开关电容积分器，如图 13-16 所示，这种结构对电容相应节点的寄生电容不敏感，这与图 13-13 所示的开关电容放大器的情形是一致的。

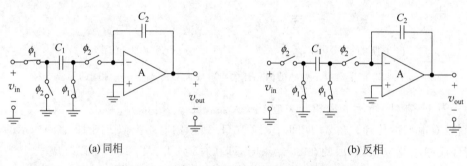
(a) 同相 　　　　　　　　　　　　　　(b) 反相

图 13-16　对寄生电容不敏感的开关电容积分器

首先分析图 13-16(a) 所示的同相开关电容电路，其在 ϕ_1 和 ϕ_2 期间的等效电路如图 13-17 所示。在 ϕ_1 采样阶段，C_1 对输入信号进行采样，C_2 保持电荷，假设积分器的输出初始电压为 $v_{\text{out}}(nT - T)$，如图 13-17(a) 所示，在时刻 $nT - T$，ϕ_1 开关断开，C_1 上的采样电压为 $v_{\text{in}}(nT - T)$，即

$$v_{C_1}(nT - T) = v_{\text{in}}(nT - T) \tag{13.26}$$

和

$$v_{C_2}(nT - T) = v_{\text{out}}(nT - T) \tag{13.27}$$

随后 ϕ_2 开关闭合，等效电路如图 13-17(b) 所示，在运算放大器反馈电路的作用下，C_1 的上极板虚地，C_1 上的电荷传输到 C_2 上，在 ϕ_2 结束时，即在 $nT - T/2$ 时刻，可以写出

$$C_2 v_{\text{out}}(nT - T/2) = C_2 v_{\text{out}}(nT - T) + C_1 v_{\text{in}}(nT - T) \tag{13.28}$$

注意 C_1 上电荷的极性，加号反映的是同相积分。

注意 ϕ_2 开关断开后，在下一个 ϕ_1 期间，C_2 上的电荷保持不变，直到下一个 ϕ_2 周期才进行下一次的积分。因此，在下一个 ϕ_1 相位结束时的 nT 时刻，电容 C_2 上的电荷等于 $nT - T/2$ 时刻 C_2 上的电荷，即

$$C_2 v_{\text{out}}(nT) = C_2 v_{\text{out}}(nT - T/2) \tag{13.29}$$

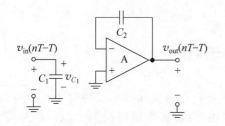

(a) ϕ_1 期间的等效电路

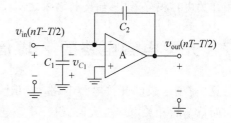

(b) ϕ_2 期间的等效电路

图 13-17　对寄生电容不敏感的同相开关电容积分器在 ϕ_1 和 ϕ_2 期间的等效电路

因此,有

$$C_2 v_{\text{out}}(nT) = C_2 v_{\text{out}}(nT - T) + C_1 v_{\text{in}}(nT - T) \tag{13.30}$$

整理可得

$$v_{\text{out}}(nT) = v_{\text{out}}(nT - T) + \frac{C_1}{C_2} v_{\text{in}}(nT - T) \tag{13.31}$$

可见在每个时钟周期,输出结果是在前次基础上根据输入进行了累积,每次增量为 $\dfrac{C_1}{C_2} v_{\text{in}}$,呈现了积分性质。写成 z 域表达式为

$$V_{\text{out}}(z) = z^{-1} V_{\text{out}}(z) + \left(\frac{C_1}{C_2}\right) z^{-1} V_{\text{in}}(z) \tag{13.32}$$

由此得到 z 域传递函数为

$$H(z) = \frac{V_{\text{out}}(z)}{V_{\text{in}}(z)} = \left(\frac{C_1}{C_2}\right) \frac{z^{-1}}{1 - z^{-1}} = \left(\frac{C_1}{C_2}\right) \frac{1}{z - 1} \tag{13.33}$$

注意在同相开关电容积分器中,输出与输入之间具有一个单位的延迟。

下面分析图 13-16(b)所示的反相开关电容放大器。在 ϕ_1 期间,C_1 被清零,C_2 维持上一次积分的电荷,因此在 ϕ_1 结束时,有

$$C_2 v_{C_2}(nT - T) = C_2 v_{\text{out}}\left(nT - \frac{3}{2}T\right) \tag{13.34}$$

在 ϕ_2 期间,电路类似于图 13-4(a)所示的采用反馈电容的连续信号反相电荷放大器,注意在此次 ϕ_2 期间运算之前,C_2 上保存了上次积分的电荷,因此在 ϕ_2 结束时,即在时刻 $nT - T/2$,可以写成

$$C_2 v_{\text{out}}(nT - T/2) = C_2 v_{C_2}(nT - T) - C_1 v_{\text{in}}(nT - T/2) \tag{13.35}$$

将式(13.34)代入式(13.35),得

$$C_2 v_{\text{out}}(nT - T/2) = C_2 v_{\text{out}}\left(nT - \frac{3}{2}T\right) - C_1 v_{\text{in}}(nT - T/2) \tag{13.36}$$

表示在 z 域,并整理得出

$$V_{\text{out}}(z) = z^{-1} V_{\text{out}}(z) - \frac{C_1}{C_2} V_{\text{in}}(z) \tag{13.37}$$

由此得到 z 域传递函数为

$$H(z) = \frac{V_{\text{out}}(z)}{V_{\text{in}}(z)} = -\left(\frac{C_1}{C_2}\right) \frac{1}{1 - z^{-1}} = -\left(\frac{C_1}{C_2}\right) \frac{z}{z - 1} \tag{13.38}$$

注意在反相开关电容积分器中,输出与输入之间没有延迟。

13.7 开关电容电路的 z 域信号流图

显而易见,对于复杂的开关电容电路,采用上面章节的电荷传递公式进行分析将是非常烦琐的事情。基于前面章节的开关电容放大器、积分器等电路结构,可以将电路转换为 z 域的信号流图表示,得出其 z 域的传递函数。考虑图 13-18(a)所示的电路,三路输入分别对应反相电荷放大器、同相开关电容积分器和反相开关电容积分器,三路共用一个运算放大器及反馈电容。三路的输入输出在 z 域表达的关系分别为

$$\frac{V_{out}(z)}{V_{in1}(z)} = -\left(\frac{C_1}{C_A}\right) \tag{13.39}$$

$$\frac{V_{out}(z)}{V_{in2}(z)} = \left(\frac{C_2}{C_A}\right) \frac{z^{-1}}{1 - z^{-1}} \tag{13.40}$$

$$\frac{V_{out}(z)}{V_{in3}(z)} = -\left(\frac{C_3}{C_A}\right) \frac{1}{1 - z^{-1}} \tag{13.41}$$

应用叠加原理,得

$$V_{out}(z) = -\left(\frac{C_1}{C_A}\right) V_{in1}(z) + \left(\frac{C_2}{C_A}\right) \frac{z^{-1}}{1 - z^{-1}} V_{in2}(z) - \left(\frac{C_3}{C_A}\right) \frac{1}{1 - z^{-1}} V_{in3}(z) \tag{13.42}$$

这种开关电容电路的关系可以采用图 13-18(b)所示的信号流图表示,采用 $\left(\frac{1}{C_A}\right) \frac{1}{1 - z^{-1}}$ 表示运算放大器及与其并联的积分电容,非开关的电容采用 $-C_1(1 - z^{-1})$ 表示,其中负号表示运算为反相电荷放大。具有延迟的同相开关电容输入级采用 $C_2 z^{-1}$ 表示,对于没有延迟的反相开关电容输入级采用 $-C_3$ 表示。对于复杂的开关电容电路就可以采用 z 域信号流图简化后进行分析。

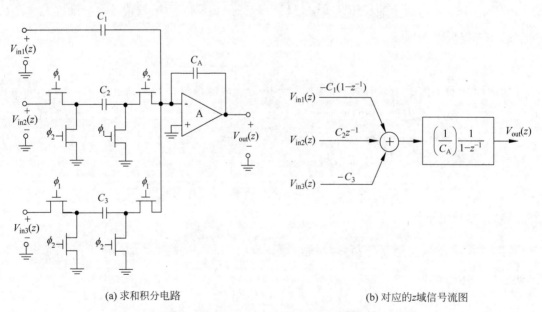

(a) 求和积分电路   (b) 对应的z域信号流图

图 13-18 求和积分开关电容电路及 z 域信号流图表示方法

13.8 开关电容滤波器

开关电容滤波器的设计始于连续时间有源 RC 滤波器,然后采用开关电容来代替其中的电阻。得到的开关电容滤波器在工作频率远低于时钟频率时的频率响应是非常接近于有源 RC 滤波器原型的。对于信号频率接近时钟频率的情况,可以采用 z 域信号流图的方法进一步分析开关电容滤波器的行为。

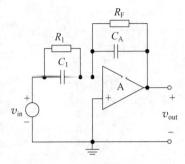

图 13-19 一阶有源 RC 滤波器

图 13-19 所示的是一般的一阶有源 RC 滤波器电路结构。将图 13-19 中的电阻采用开关电容代替,电阻的实现可以采用具有延迟的同相开关电容结构,也可以采用没有延迟的反相开关电容结构。这里采用没有延迟的反相开关电容结构,这更加类似于电阻在反馈电路中的反相行为,如图 13-20(a)所示。图 13-20(b)所示的是相应的 z 域信号流图,由此可以写出

$$V_{out}(z) = \left(\frac{1}{C_A}\right)\frac{1}{1-z^{-1}}\left[-C_3 V_{out}(z) - C_2 V_{in}(z) - C_1(1-z^{-1})V_{in}(z)\right] \qquad (13.43)$$

整理后得

$$H(z) = \frac{V_{out}(z)}{V_{in}(z)} = -\frac{C_2 + C_1(1-z^{-1})}{C_A(1-z^{-1}) + C_3} = -\frac{\left(\frac{C_1+C_2}{C_A}\right)z - \frac{C_1}{C_A}}{\left(1+\frac{C_3}{C_A}\right)z - 1} \qquad (13.44)$$

从传递函数中,可知极点和零点分别为

$$z_p = \frac{C_A}{C_A + C_3} \qquad (13.45)$$

$$z_z = \frac{C_1}{C_1 + C_2} \qquad (13.46)$$

由式(13.45)和式(13.46)可知,对于正的电容值,极点始终限于 0～1 的实轴上,即在单位圆内,电路总是稳定的。同时可知,传递函数中的参数只与电容的比值有关,这样可以获得很高的精度。在实际设计中,通常让 C_1、C_2、C_3 与 C_A 成一定比例倍数,令 $C_1 = \alpha_1 C_A$,$C_2 = \alpha_2 C_A$ 及 $C_3 = \alpha_3 C_A$,则式(13.44)变为

$$H(z) = -\frac{(\alpha_1 + \alpha_2)z - \alpha_1}{(1+\alpha_3)z - 1} \qquad (13.47)$$

讨论两个特例,去掉图 13-19 中与输入连接的电容,对应图 13-20(a)中的 C_1,即 $C_1 = 0$,则形成一种低通滤波器,如图 13-20(c)所示,式(13.44)的传递函数变为

$$H(z) = -\frac{C_2}{C_A(1-z^{-1}) + C_3} = -\frac{\left(\frac{C_2}{C_A}\right)z}{\left(1+\frac{C_3}{C_A}\right)z - 1} = -\frac{\alpha_2 z}{(1+\alpha_3)z - 1} \qquad (13.48)$$

如果去掉图 13-19 中与输入连接的电阻,对应图 13-20(a)中与 C_2 相关的开关电容电路,即 $C_2 = 0$,则形成一种高通滤波器,如图 13-20(d)所示,式(13.44)的传递函数变为

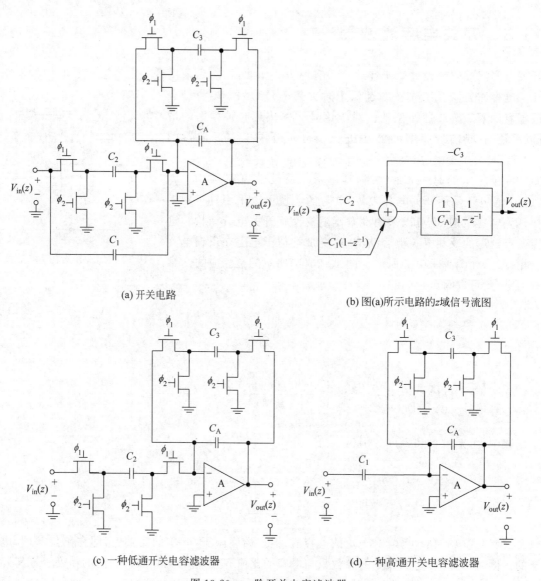

(a) 开关电路

(b) 图(a)所示电路的z域信号流图

(c) 一种低通开关电容滤波器

(d) 一种高通开关电容滤波器

图 13-20　一阶开关电容滤波器

$$H(z) = -\frac{C_1(1-z^{-1})}{C_A(1-z^{-1})+C_3} = -\frac{\left(\dfrac{C_1}{C_A}\right)z - \dfrac{C_1}{C_A}}{\left(1+\dfrac{C_3}{C_A}\right)z - 1} = -\frac{\alpha_1 z - \alpha_1}{(1+\alpha_3)z - 1} \tag{13.49}$$

13.9　本章小结

开关电容电路不同于连续信号的模拟电路,开关电容电路处理的是时间离散的信号。采用开关电容可以模拟电阻的电学行为。开关电容电路的精度取决于时钟的精度和电容的相对精度。CMOS工艺下的电容相对精度可以达到很高的量级。时钟的相对精度一般要高于电容的相对精度,因此,开关电容电路的精度可以达到很高的水平,成为实现高精度信号处理应用的选择。

开关电容电路的工作状态分为两个模式:采样模式和运算(放大)模式。开关电容电路由运算放大器、电容和开关基本成分组成。电路的非理想性会给电路的性能带来影响,特别是开关的沟道电荷注入效应和时钟馈通效应需要进行消除或减小。

可以基于连续信号的放大器、积分器电路,采用开关电容代替电阻的方式来构造开关电容放大器、积分器等电路结构。在时域采用电荷传递公式进行电路分析,是非常烦琐的事情。基于开关电容放大器、积分器等电路结构,可以将电路转换为 z 域的信号流图进行表示,然后得出其 z 域传递函数,这样可以分析和设计更为复杂的开关电容电路。

习题

1. 如图 13-2 所示,在 1MHz 采样频率下,$C_1 = 1$pF 采样电容的开关电容电路的等效电阻是多少? 如果 $C_2 = 0.1$pF,那么时间常数是多少? 如果在一种 CMOS 工艺中,电阻实现的绝对精度为 $\pm 20\%$,电容实现的绝对精度为 $\pm 15\%$,而电容实现的相对精度为 $\pm 0.1\%$,评估如图 13-2 所示的连续信号和开关电容实现 RC 电路的精度。

2. 如图 13-3 所示的反相放大器,$R_2 = 10\text{k}\Omega$,$R_1 = 1\text{k}\Omega$,实际上采用有限增益和输出电阻的放大器,增益 $A_v = 10^4$,输出电阻 $R_{out} = 200\text{k}\Omega$,求实际反相放大器的增益。

3. 如图 13-7(b)所示的 NMOS 开关,采样电容 $C = 5$pF,时钟信号的电压为 $\phi = V_{DD} = 5$V,请分别计算当 $v_1 = 1.5$V 和 $v_1 = 2.5$V 时 NMOS 开关的导通电阻,并且求在室温 $T = 300$K 时此开关电容电路的总输出等效噪声功率。已知 NMOS 的参数为 $V_{THN} = 0.7$V,$K_n = 110\mu\text{A/V}^2$,$\lambda_n = 0.04\text{V}^{-1}$。NMOS 晶体管的尺寸为 $W = 20\mu\text{m}$,$L = 1\mu\text{m}$。

4. 如图 13-7(a)所示的 CMOS 开关,时钟信号的电压为 $\phi = V_{DD} = 5$V,$\bar{\phi} = 0$V,请分别计算当 $v_1 = 1.5$V 和 $v_1 = 2.5$V 时 CMOS 开关的导通电阻。已知 NMOS 的参数为 $V_{THN} = 0.7$V,$K_n = 110\mu\text{A/V}^2$,$\lambda_n = 0.04\text{V}^{-1}$。PMOS 晶体管的参数为 $V_{THP} = -0.7$V,$K_p = 50\mu\text{A/V}^2$,$\lambda_p = 0.05\text{V}^{-1}$。所有 MOS 晶体管的尺寸都为 $W = 20\mu\text{m}$,$L = 1\mu\text{m}$。

5. 推导如图 13-21 所示的开关电容电路的 z 域传递函数,并说明功能。

6. 推导如图 13-22 所示的开关电容电路的 z 域传递函数,并说明功能。

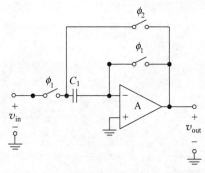

图 13-21 习题 5 中的开关电容电路

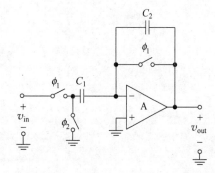

图 13-22 习题 6 中的开关电容电路

7. 讨论图 13-22 所示的开关电容电路与图 13-5 及图 13-13 所示的开关电容放大器的区别。

8. 推导如图 13-23 所示的开关电容电路的 z 域传递函数,并说明功能。

9. 讨论图 13-23 所示的开关电容电路与图 13-16 所示的开关电容积分器的区别。

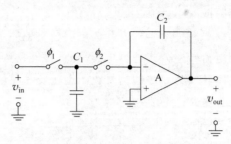

图 13-23　习题 8 中的开关电容电路

第 14 章

DAC 和 ADC 电路概论

主要符号	含　义
v_{OUT}	总输出信号电压
V_{REF}	参考基准电压
MSB	最高有效位
LSB	最低有效位
V_{LSB}	最低有效位电压
DR	动态范围
FS	满量程
FSR	满量程范围
SNR	信噪比
ENOB	有效位数
DNL	微分非线性
INL	积分非线性

14.1　引言

作为现实的模拟信号世界和数字信号世界的桥梁,数模转换器(DAC)和模数转换器(ADC)是最重要的电路系统之一,它们担负着将数字信号和模拟信号相互转换的任务。随着当今数字信号处理技术的日益强大,对高速、高分辨率数据转换电路的需求也正变得越来越迫切。低功耗、易于集成的数据转换电路在系统级芯片(SoC)中也是一个很重要的发展方向。

14.2　数模转换器(DAC)

数模转换器电路的作用是利用基准电压(或基准电流),将数字信号处理系统的数字码输出转换为等价的模拟信号。该模拟信号经放大、滤波之后可以应用于后面的模拟系统中。经过转换的模拟信号的输出形式可以是电压也可以是电流。尽管电压输出更常见一些,然而在高速的数模转换应用中,采用电流输出直接叠加的电流舵型数模转换器(Current-Steering DAC)可以同时具有高速和高分辨率的特点。

14.2.1 DAC 的基本特性

对于一个 N 位的电压输出 DAC,其输出电压和数字码的关系可以表示为

$$v_{OUT} = KV_{REF}\left(\frac{b_0}{2^1} + \frac{b_1}{2^2} + \frac{b_2}{2^3} + \cdots + \frac{b_{N-1}}{2^N}\right) \tag{14.1}$$

其中,V_{REF} 是参考基准电压;b_0 称为"最高有效位 MSB",b_{N-1} 称为"最低有效位 LSB",它们取 0 或者 1;K 是比例因子,是 DAC 的增益。实际上,DAC 中的 LSB 更通常的含义是 DAC 所能表示的最小电平 V_{LSB},其大小为 $V_{REF}/2^N$。

【例 14.1】 一个 8 位 DAC,其参考基准电压 $V_{REF}=3\text{V}$,则一个 LSB 电压是多少? $B_{in}=11001100$ 的输入,DAC 的输出电压为多少?

解: 此 8 位 DAC,其参考基准电压 $V_{REF}=3\text{V}$,则一个 LSB 电压为

$$V_{LSB} = V_{REF}/2^N = 3/2^8 = 11.718\,75\text{mV}$$

假设此 DAC 的增益 $K=1$,则根据式(14.1)得出:

$$\begin{aligned}
v_{OUT} &= KV_{REF}\left(\frac{b_0}{2^1} + \frac{b_1}{2^2} + \frac{b_2}{2^3} + \cdots + \frac{b_{N-1}}{2^N}\right) \\
&= 3 \times \left(\frac{1}{2^1} + \frac{1}{2^2} + 0 + 0 + \frac{1}{2^5} + \frac{1}{2^6} + 0 + 0\right) \\
&= 2.390\,625\text{V}
\end{aligned}$$

图 14-1 所示的是一个 3 位 DAC 的理想输入输出特性,纵轴是用参考电压 V_{REF} 归一化的电压输出,每一个数字码都对应着一个特定的模拟电压输出值,因此对于 DAC 来讲,其输入输出特性实际上是一些离散的点,图 14-1 所示的折线是用这些点的连线表示的。图 14-1 所示的斜线是分辨率(位数)为无穷的 DAC 的输入输出特性。实折线和虚折线都表示的是 3 位 DAC 在理想情况下的输入输出特性,但是区别在于各自电压的基准起点不同。实折线数字码 000 对应的是归一化参考电压,是 $1/2^3$ 的一半,即 0.0625;而虚折线的 000 对应的是归一化参考电压 0。

DAC 的基本特性一般包括分辨率、满量程范围、量化噪声、静态转换误差、速度等。下面分别予以介绍。

(1) 分辨率(Resolution):DAC 的数字码的位数。图 14-1 所示的 DAC 的分辨率就是 3 位。

(2) 满量程(The full scale,FS):最大数字码(以图 14-1 为例该值为 111)和最小数字码(以图 14-1 为例该值为 000)各自对应的模拟输出量之差。对于任意一个 DAC,该满刻度可以表示为:

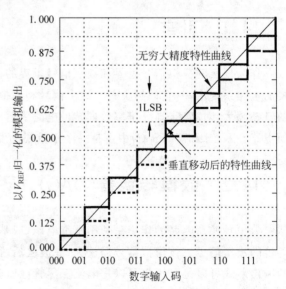

图 14-1 一个 3 位 DAC 的输入输出特性

$$FS = V_{\text{REF}} - \text{LSB} = V_{\text{REF}}\left(1 - \frac{1}{2^N}\right) \tag{14.2}$$

FS 的大小只和 DAC 的参考电压大小和位数有关,与 DAC 输入输出特性折线基准起点的位置是无关的。这一结论也可以从图 14-1 直接看出。

(3) 满量程范围(The full scale range,FSR):当 DAC 的位数趋近于无穷大时满刻度值 FS 的大小。根据式(14.2)可知 FSR 数值上就等于参考电压 V_{REF}。

(4) 量化噪声(Quantization noise):DAC 在数模转换过程中的固有误差,这个误差是因为 DAC 的有限分辨率造成的。以 3 位分辨率的 DAC 为例,根据图 14-1 分别对应每一个数字码的理想输入输出特性和无限分辨率 DAC 的输入输出特性差值,可以做出其量化噪声的误差分布图,如图 14-2 所示。实线对应的是采用图 14-1 中实折线输入输出特性的量化噪声结果;虚线对应的是采用图 14-1 中虚折线输入输出特性的量化噪声结果。可见,实线的量化噪声平均值为零,而虚线则不是,因此实线的这种量化方式在 DAC 中应用更普遍一些。量化噪声是位数固定的 DAC 数模转换分辨率的下限,所有想进一步减小噪声的努力都是徒劳的。只有提高 DAC 的位数才可以进一步减小量化噪声。

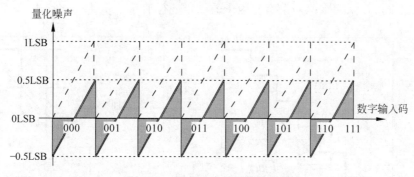

图 14-2　量化噪声的误差分布图

(5) 动态范围(Dynamic range,DR):满刻度范围 FSR 和 DAC 所能转换的最小电压 LSB 的比。即

$$\text{DR} = \frac{\text{FSR}}{\text{FSR}/2^N} = 2^N \quad \text{或} \quad \text{DR(dB)} = 20\lg(2^N) = 6.02N\,\text{dB} \tag{14.3}$$

(6) 信噪比(Signal-to-Noise ratio,SNR):在 DAC 中定义为满刻度值的均方根值(rms)和量化噪声均方根值之比。若信号是一个正弦波,则其最大可能幅值的均方根值应该是 $(\text{FSR}/2)/\sqrt{2}$。而对于图 14-2 所示的实锯齿线表示的量化噪声的均方根值,有

$$\text{rms(量化噪声)} = \sqrt{\frac{1}{T}\int_0^T \text{LSB}^2\left(\frac{t}{T} - 0.5\right)^2 \mathrm{d}t} = \frac{\text{LSB}}{\sqrt{12}} = \frac{\text{FSR}}{2^N\sqrt{12}} \tag{14.4}$$

所以,DAC 中可能的最大信噪比值为

$$\text{SNR}_{\max} = \frac{\text{FSR}/2\sqrt{2}}{\text{FSR}/(2^N\sqrt{12})} = \frac{2^N\sqrt{6}}{2} \tag{14.5}$$

用分贝可以表示为

$$\text{SNR}_{\max}(\text{dB}) = 20\lg\left(\frac{2^N\sqrt{6}}{2}\right) = 6.02N + 1.76\,\text{dB} \tag{14.6}$$

此 $\text{SNR}_{\max}$ 是 N 位 DAC 所能达到的理想的 SNR,实际 DAC 受限于噪声、非线性等非理想特性要小于此值。

（7）有效位数（Effective number of bits，ENOB）：表示的是 DAC 实际的分辨率大小，该值总是小于 DAC 的位数。其值可以由式（14.7）得到。此处的 $\text{SNR}_{\text{actual}}$ 表示的是实际电路中测出的 DAC 信噪比。

$$\text{ENOB} = \frac{\text{SNR}_{\text{actual}} - 1.76}{6.02} \tag{14.7}$$

静态转换误差通常包括失调误差、增益误差、积分非线性误差、微分非线性误差及单调性。

（8）失调误差（Offset error）：如图 14-3（a）所示，其表现为一个平行于理想特性但沿纵轴方向上（输出电压）发生移动的输入输出特性。因为该误差对于每一个数字码都是固定的，所以可以利用特性曲线的平移来消除。在校正电路中可以采用加减一个偏差的操作进行消除。

（9）增益误差（Gain error）：如图 14-3（b）所示，是实际的输入输出特性和理想的输入输出特性在最右侧所测得的在纵轴方向上（输出电压）的偏差。如果将实际的输入输出特性和理想的输入输出特性中的每个数字码所对应的电压值用直线连接起来，则可以发现这两条直线斜率不同，而原点却是相同的，如图 14-4 所示。DAC 的增益误差的含义就是实际输入输出特性的增益与理想特性之间的增益（斜率）偏差。在校正电路中可以采用乘除一个增益因子的操作进行消除。

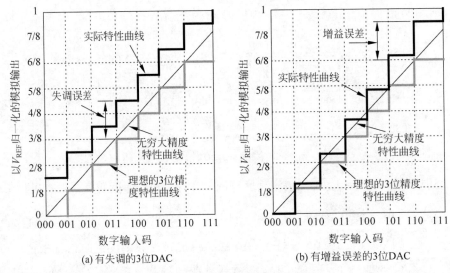

图 14-3　失调误差和增益误差

（10）非线性衡量 DAC 输入输出特性的线性度。一般在去除失调误差和增益误差后进行表示，包括积分非线性和微分非线性。

微分非线性误差（Differential nonlinearity，DNL）：如图 14-5 所示，表示的是在纵轴方向上相邻两个电平差偏离理想电压台阶的大小，其值可正可负。大小通常也可以用偏差和理想值的百分比或者 LSB 表示。微分非线性的含义是在单个位上变化值与理想值的偏差。

积分非线性误差（Integral nonlinearity，INL）：如图 14-5 所示，是指实际的有限分辨率输入输出特性和理想的有限输入输出特性在纵轴方向上的最大差值，其值可正可负。通常可以用满刻度范围的百分比或者 LSB 来表示。要注意的是其和增益误差的含义并不一样。图 14-5 中每个数字码所对应的电压值不在一条直线上，其偏离理想有限分辨率特性的纵向距离大小也是随机的。积分非线性的含义是非线性造成的实际输入输出特性与理想值偏差在每位上的累积偏差。

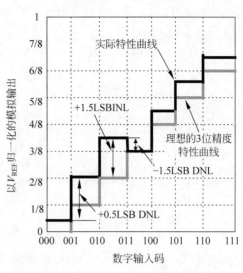

图 14-5　DNL 和 INL

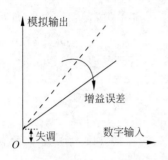

图 14-4　失调误差和增益误差的另外一种图示

（11）转换速率（Conversion speed）：如图 14-6 所示，显示了当 DAC 的某个数字码变化时，输出电压的变化。虚线表示是理想情况下的电压输出，实线表示的是实际情况下可能出现的结果。首先，因为运算放大器转换速率（或称压摆率）的限制，实际输出电压会有一个上升时间；其次，因为运算放大器相位裕度的问题，输出电压可能会发生过冲现象，产生所谓的"尖峰"（glitch）。这个尖峰的能量（尖峰电压部分在时间轴上的积分）应该小于 1LSB 对应的能量。当输出稳定在一定精度，如 0.1% 之内时，这段时间称为"建立时间"；再有，若是 DAC 中的时钟馈通到了输出端，也会在输出上产生毛刺。

转换速率衡量的是数字码变化时模拟输出到达预定输出的快慢。这个快慢可以用上面提到的建立时间来度量。从前面对输出电压波形变化的分析可见，转换速率受电路中寄生电容、运算放大器的单位增益带宽和运算放大器自身压摆率等因素的影响很大。

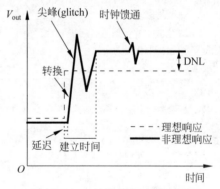

图 14-6　转换速率示意图

【例 14.2】　一个 10 位 DAC 的参考基准电压 $V_{REF}=3V$，当输入施加振幅为 150mV 的正弦输入时，则此时数字输出的 SNR 是多少？

解：由于此 10 位 DAC 的 $V_{REF}=3V$，当 DAC 的输入达到满量程范围的 1.5V 正弦输入振幅时，根据式（14.6），达到最大 SNR 为

$$SNR_{max} = 6.02N + 1.76 = 6.02 \times 10 + 1.76 = 61.96dB$$

而当输入施加振幅为 150mV 的正弦输入时，其低于满量程范围的输入 20dB，因此，此时 SNR 为

$$SNR = SNR_{max} - 20 = 61.96 - 20 = 41.96dB$$

【例 14.3】　10 位 DAC 的最大动态范围（DR）为多少 dB，如果此 DAC 的实际最大 SNR 为 58dB，则此 DAC 的 ENOB 为多少？

解：根据式(14.3),10 位 DAC 的最大动态范围(DR)为

$$DR = 2^N = 2^{10} = 1024 \quad \text{或者} \quad DR = 6.02N = 6.02 \times 10 = 60.2\text{dB}$$

如果此 DAC 的实际最大 SNR 为 58dB,根据式(14.7),则此 DAC 的 ENOB 为

$$ENOB = \frac{SNR_{actual} - 1.76}{6.02} = \frac{58 - 1.76}{6.02} \approx 9.34 \text{ 位}$$

【例 14.4】 一个 $N=3$ 位的 DAC 参考基准电压 $V_{REF} = 2\text{V}$,当对应输入码为 {000,001,010,011, 100,101,110,111} 时,其输出电压值分别为 {0.01,0.226,0.418,0.602,0.794,1.018,1.194,1.41}V, 求此 DAC 的失调误差、增益误差及 INL 和 DNL。

解：此 $N=3$ 位的 DAC 参考基准电压 $V_{REF} = 2\text{V}$,因此一个 LSB 对应的电压为 $V_{REF}/2^3 = 0.25\text{V}$。 当输入码为 000 时,输出为 0.01V,可知此 DAC 的失调电压为 0.01V,有

$$e_{offset} = \frac{V_{offset}}{V_{LSB}} = \frac{0.01}{0.25} = 0.04\text{LSB}$$

增益误差采用输入为 000 和 111 时的输出值之差与无增益误差的 111 对应输出的偏差进行衡量,有

$$e_{gain} = \frac{V_{111} - V_{000}}{V_{LSB}} - (2^3 - 1 - 0) = \frac{1.41 - 0.01}{0.25} - 7 = -1.4\text{LSB}$$

在计算非线性 INL 和 DNL 时,首先应去除失调误差和增益误差,有

$$V_{n,LSB} = \frac{V_n}{V_{LSB}} - e_{offset} - \frac{n}{2^N - 1}e_{gain} \quad n = 0,1,\cdots,2^N - 1$$

例如,当 $n=1$ 时,为

$$V_{1,LSB} = \frac{0.226}{0.25} - 0.04 - \frac{1}{7} \times (-1.4)$$

这样,去除失调误差和增益误差并采用 LSB 进行归一后的各个输出值为

$$\{0,1.064,2.032,2.968,3.936,5.032,5.936,7\}\text{LSB}$$

对比理想的 3 位 DAC 的输出

$$\{0,1,2,3,4,5,6,7\}\text{LSB}$$

可以得到 INL 为

$$\{0,0.064,0.032,-0.032,-0.064,0.032,-0.064,0\}\text{LSB}$$

DNL 是在纵轴方向上相邻两个电平差偏离理想电压台阶(即 1LSB)的大小,为

$$\{0,0.064,-0.032,-0.064,-0.032,0.096,-0.096,0.064\}\text{LSB}$$

14.2.2 DAC 的典型结构

1. 电阻型 DAC

1) 电阻分压 DAC

如图 14-7 所示,电阻分压 DAC 的结构非常简单明了:利用大小一致的电阻串联而成的电阻链分压,在各个节点就可以得到 DAC 对应不同数字输入译码后的各个电压值。根据数字输入进行译码,控制开关将相应的电压值选择出来,再通过一个输出缓冲级驱动后级电路。对于一个 N 位分辨率的 DAC 来说,需要有 2^N 个电阻和 2^N 个开关。例如 10 位的 DAC 就需要 1024 个电阻和 1024 个开关! 这

个数量是非常巨大的。如果需要平移 LSB/2,则还需要在底端增加一个 $R/2$ 电阻,如图 14-7 所示。在

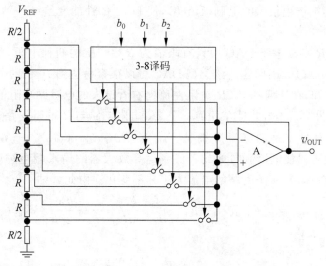

图 14-7 电阻分压 DAC

实际电路中,因为电阻之间匹配精度的限制,这种类型的 DAC 分辨率只能做到 6~8 位。

2)二进制加权电阻 DAC

图 14-8 所示的二进制电阻加权 DAC 工作原理是利用数字码控制的开关控制各电阻支路上电流叠加,然后通过反馈电阻 R_F 在运算放大器输出端产生电压输出。实际上这就是一个反相求和的放大器。输出电压表达式可写为

$$v_{OUT} = -R_F i_{IN} = -R_F \left(\frac{b_0}{R} + \frac{b_1}{2R} + \cdots + \frac{b_{N-1}}{2^{N-1}R} \right) V_{REF} \tag{14.8}$$

令 $R_F = K(R/2)$,则

$$v_{OUT} = -K \left(\frac{b_0}{2} + \frac{b_1}{4} + \cdots + \frac{b_{N-1}}{2^N} \right) V_{REF} \tag{14.9}$$

其中 K 为 DAC 的增益。当 $K=1$ 时,该 DAC 最大电压输出等于满刻度值 FS。

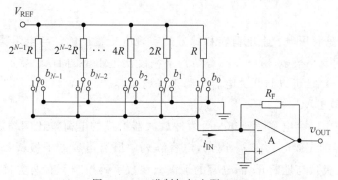

图 14-8 二进制加权电阻 DAC

这种类型 DAC 的优点是不受寄生电容影响,具有很高的速度。但是,从式(14.8)可见,当其位数比较高时,最小电阻和最大电阻之间的比值会变得很大。比如对于一个 8 位的该型 DAC 来说,最低位电阻大小为 R,而最高位电阻大小则为 $128R$。过大的电阻值差将会导致很大的匹配误差。另外,这种类

型的 DAC 还有一个巨大的缺点：当数字码从 011…1 向 100…0 转换时，所有的开关的状态都将同时发生变化，此时将会在输出端产生很大的毛刺(glitch)，使 DAC 的性能变差。

3）R-$2R$ 电阻 DAC

图 14-9 所示的 R-$2R$ 梯形电阻 DAC 中只有阻值为 R 和 $2R$ 的两种电阻，很好地解决了二进制加权电阻 DAC 的电阻值相差过大的问题。该类型 DAC 可以很容易达到 10 位的分辨率，而且可以达到很高的速度。由图 14-9 可知，在任何一个 $2R$ 电阻左侧向右看过去的电阻网络阻值都是 $2R$。因此流过整个电阻网络的电流大小为 V_{REF}/R，并且在任何一个 $2R$ 电阻支路与 R 电阻支路连接点处都会将电流等分。从左到右流过 $2R$ 电阻支路的电流分别是 $V_{REF}/(2R)$，$V_{REF}/(4R)$，…，$V_{REF}/(2^N R)$，其中 N 是 DAC 的位数。选择开关可以使电流流向地或者流到运算放大器的输入端通过反馈电阻产生输出电压 v_{OUT}。但不论开关切换到哪边，每条支路的电流大小并不变化。由此可见

$$v_{OUT} = -R_F i_{IN} = -R_F \left(\frac{b_0}{2R} + \frac{b_1}{4R} + \cdots + \frac{b_{N-1}}{2^N R} \right) V_{REF} \tag{14.10}$$

令 $R_F = KR$，则

$$v_{OUT} = -K \left(\frac{b_0}{2} + \frac{b_1}{4} + \cdots + \frac{b_{N-1}}{2^N} \right) V_{REF} \tag{14.11}$$

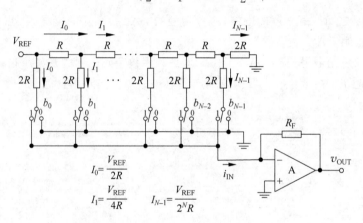

图 14-9　R-$2R$ 梯形电阻 DAC

2. 电容型 DAC

电容型的 DAC 都是利用电容上电荷转移的方式实现电压输出的。与电阻类型 DAC 相比，因为电容在实际工艺中的失配要小很多，所以在同等结构下精度比电阻型的 DAC 要高，同时其直流功耗也小了很多。另外，电容型 DAC 可以与开关电容电路很好地兼容。

1）电荷按比例缩放 DAC

图 14-10 所示的是由一个电容阵列和一个缓冲放大器构成的电荷按比例缩放 DAC，一个两相不交叠时钟被用来控制电容的充放电。在 ϕ_1 周期，电容阵列中所有电容的下极板都接地，电容被清零；在 ϕ_2 周期，所有电容的上极板与地断开，而电容的下极板在数字码控制下有两类接法，一类接到基准电压 V_{REF}（数字码为 1），设这类电容并联后的总电容值为 C_{REF}；另一类仍旧处于接地状态（数字码为 0），设这类电容并联后的总电容值为 C_{GND}，C_{REF} 和 C_{GND} 为串联关系，每类电容存储的总电荷量应相等，于是有

$$(V_{REF} - V_+) C_{REF} = V_+ C_{GND} \tag{14.12}$$

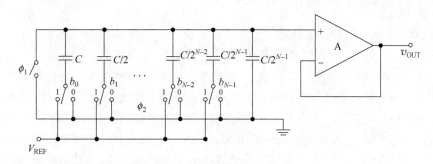

图 14-10　电容按比例缩放 DAC

其中,V_+ 是缓冲放大器正输入端的电压。由式(14.12)进一步推导可得

$$V_{\text{REF}} C_{\text{REF}} = V_+ \left(C_{\text{GND}} + C_{\text{REF}} \right) \tag{14.13}$$

$$V_{\text{REF}} \left(b_0 C + \frac{b_1 C}{2} + \cdots + \frac{b_{N-1} C}{2^{N-1}} \right) = V_+ \left(C_{\text{GND}} + C_{\text{REF}} \right) \tag{14.14}$$

而 $C_{\text{GND}} + C_{\text{REF}}$ 就是所有电容的和 C_{total},由于端电容 $\dfrac{C}{2^{N-1}}$ 的存在,很容易得知所有电容的和 C_{total} 等于 $2C$。并且 $v_{\text{OUT}} = V_+$,则有

$$V_{\text{REF}} \left(b_0 C + \frac{b_1 C}{2} + \cdots + \frac{b_{N-1} C}{2^{N-1}} \right) = V_+ 2C = v_{\text{OUT}} 2C \tag{14.15}$$

$$v_{\text{OUT}} = \left(\frac{b_0}{2} + \frac{b_1}{2^2} + \cdots + \frac{b_{N-1}}{2^N} \right) V_{\text{REF}} \tag{14.16}$$

2) 二进制加权电容 DAC

二进制加权电容 DAC 如图 14-11 所示,在两相不交叠时钟控制下工作。所有电容的一端极板都与反馈放大器相连,而电容的另一端极板在时钟的控制下在不同时钟周期,根据输入数字的情况连接到地或者连接到参考电压 V_{REF} 上:在 ϕ_1 周期,所有电容这一端极板都接地,反馈电容 $2C/K$ 也被清零;在 ϕ_2 周期,当开关对应的数字码为 1 时,则将其对应的电容极板接到参考电压 V_{REF},反之仍接地。这样,有

$$v_{\text{OUT}} = -\frac{K}{2C} \left(b_0 C + \frac{b_1 C}{2} + \cdots + \frac{b_{N-1} C}{2^{N-1}} \right) V_{\text{REF}} \tag{14.17}$$

即

$$v_{\text{OUT}} = -K \left(\frac{b_0}{2} + \frac{b_1}{2^2} + \cdots + \frac{b_{N-1}}{2^N} \right) V_{\text{REF}} \tag{14.18}$$

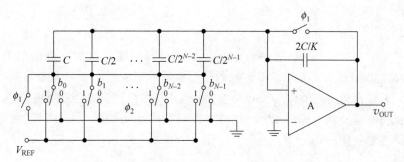

图 14-11　二进制加权电容型 DAC

3. 电流舵型 DAC

电流舵型 DAC(current steering DAC)不使用电阻和电容,而是利用电流源支路上的电流直接叠加来形成 DAC 输出,因此具有高速高精度的特点。该型 DAC 电路图如图 14-12 所示。对比二进制加权电阻 DAC 和 R-$2R$ 电阻型 DAC,可见它们在工作方式上非常相似,都是各支路的电流在开关控制下叠加。在实际工艺中,用作电流源的 MOSFET 通常精度不会低于构成 DAC 的电阻,但是与二进制加权电阻 DAC 有同样的缺点:当某个状态开关同时变化时会产生很大的毛刺。因此在实际电路中,常使用温度计编码来解决这个问题。温度计编码下的开关阵列在任意相邻两个状态下变换时,只有一个开关状态会发生变化,这就避免了大量开关同时变化造成大的毛刺产生。另外,因为电流源阵列的失配会影响 DAC 的精度,因此在版图设计中不仅需要采用中心对称等方法,还要合理安排各个电流源开关导通的顺序,尽量使电流源的误差可以互相抵消,从而减小 INL。

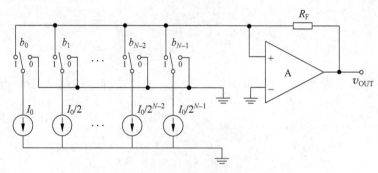

图 14-12　电流舵型 DAC

4. 混合型 DAC

一般来说随着 DAC 分辨率的提高,所需面积也越来越大,而元件之间匹配的精度也会越来越差。混合型 DAC 利用低分辨率的若干子 DAC 组合使用,可以实现分辨率的提高而对面积和匹配精度的要求却不会有太大提高。混合子 DAC 的方法可以是同种类型子 DAC 之间的混合,也可以是不同类型DAC 之间的混合。

14.3　模数转换器(ADC)

模数转换器的功能和数模转换器相反,是将模拟信号转换为数字信号。输入是连续的模拟信号而输出却是精度有限的数字信号,这一过程也称为"量化"。

通常模数转换器电路都由前置滤波器、采样保持电路、量化器和编码器几个部分组成。根据奈奎斯特采样定律,采样时钟频率至少是信号频率的两倍,才能从采样后的信号中恢复出原始信号。前置滤波器的作用是将高于 50% 采样频率(该频率也被称为奈奎斯特频率)的高频信号滤掉,防止其在奈奎斯特频率下的基带内产生信号混叠。通常把需要转换的模拟信号带宽尽可能接近但小于奈奎斯特频率的ADC 叫作奈奎斯特模数转换器;而把需要转换的模拟信号带宽远远小于奈奎斯特频率的 ADC 叫作过采样模数转换器。采样保持电路的作用是对模拟信号采样,并在转换过程中保持该采样信号。量化器是对采保电路所保持的模拟信号进行量化。最后由编码器将量化结果编码为特定的数字码输出,最常见的数字码就是二进制数字码。

14.3.1 ADC 的基本特性

ADC 与 DAC 的静、动态特性的定义也是一致的。只是输入和输出信号类型相互调换，ADC 的输入量是模拟量，而输出量是数字量，如图 14-13 所示，因此，ADC 的输入输出特性是分段的折线。在这点上，DAC 与 ADC 是不同的，DAC 的输入输出特性是离散的点。

ADC 输入模拟量可以是 0 到 FS(满量程)之间的任意值，输出的数字量可以有很多编码形式，包括二进制码、温度计码及格雷码等，当然应用得最广泛的是二进制码。图 14-13 所示的是一个 3 位 ADC 的理想输入输出转移特性图。

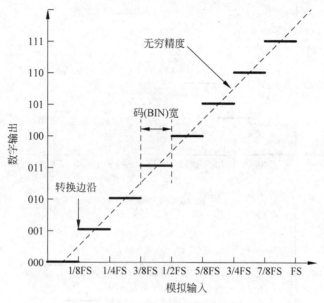

图 14-13 ADC 的输入输出特性

ADC 的特性也包含失调误差(Offset Error)、增益误差(Gain Error)、微分非线性(DNL)和积分非线性(INL)，以及动态范围、信噪比和有效位数等。其特性定义，如动态范围、信噪比和有效位数等，与 DAC 基本相同。这里，从 ADC 输入输出特性的角度，介绍 ADC 特性的几个定义：

(1) 码(Code Bin)k：对应一段特定输入值的数字输出。

(2) 码转换电平(Code Transition Level)$T[k]$：两个相邻代码转换的边界，如图 14-13 所示。

(3) 码宽(Code Bin Width) $W[k]$：相邻的两个代码转换电平之差。即 $W[k]=T[k+1]-T[k]$。

(4) 满量程范围(Full-Scale Range)FSR：ADC 模拟输入允许的最大工作电压与最小工作电压的差值。

(5) LSB(Least Significant Bit)：关于 ADC 输入信号最小幅度的度量单位，等同于一个理想的代码宽度。

(6) 分辨率(Resolution)：分辨率是能够被 ADC 分辨的最小模拟输入量。这里，分辨率是以满量程的百分比或 LSB 的形式给出。

(7) 失调误差(Offset Error)：失调误差是实际的 ADC 与理想的 ADC 的转移特性在 x 方向的偏移。如图 14-14(a)所示。通常可以采用电压值(如 mV)、满量程的百分比或等效 LSB 表示。

(8) 增益误差(Gain Error)：增益误差是实际 ADC 转移特性的拟合直线与理想 ADC 的转移特性拟合直线斜率的偏离。如图 14-14(b)所示。

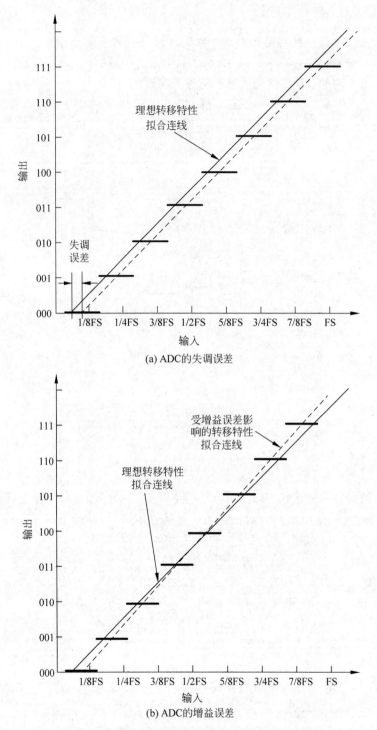

(a) ADC的失调误差

(b) ADC的增益误差

图 14-14 ADC 的失调误差、增益误差、DNL 和 INL

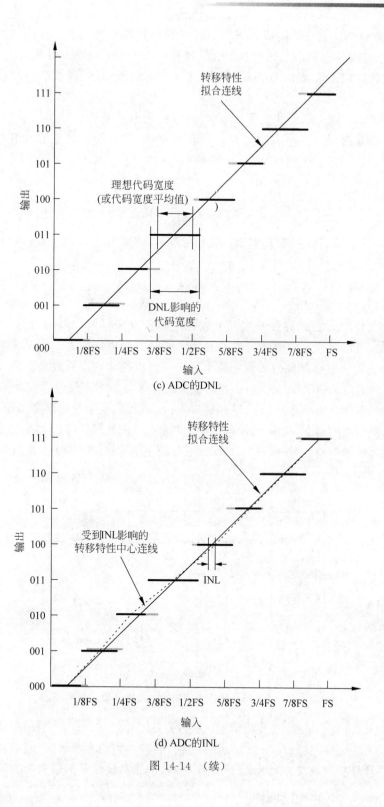

(c) ADC的DNL

(d) ADC的INL

图 14-14 （续）

(9) 微分非线性(DNL)：在实际的 ADC 中,各个代码宽度通常是不一样的,这样会严重地影响转移特性曲线,即产生非线性。修正失调误差和增益误差后,每个代码的 DNL 用代码宽度与代码宽度的平均值(理想值)之间的偏差来表示,如图 14-14(c)所示。而对于 ADC 的 DNL 指标则是用所有代码的 DNL 最大绝对值来表示。

(10) 积分非线性(INL)：积分非线性衡量实际 ADC 的转移特性曲线与拟合直线的偏离情况。修正失调误差和增益误差后,每个码的 INL 用 ADC 转移特性曲线(即代码宽度的中点值)与其拟合直线(理想值)的偏离值表示,如图 14-14(d)所示。像 DNL 一样,ADC 的 INL 则用所有代码的 INL 最大绝对值来表示。每个代码的 INL 值可以用从最低位代码到当前代码所有的 DNL 累计值来计算。

$$\text{INL}_i = \sum_{j=1}^{i} \text{DNL}_j \tag{14.19}$$

(11) 信噪比(SNR)及有效位数 ENOB：信号经过 ADC 量化变成数字量后,相对于输入的模拟信号,引入了量化噪声。量化噪声是 ADC 所固有的。ADC 的信噪比与 ENOB 的表达式与 DAC 是一致的,见式(14.4)~式(14.7)。

ADC 中的采样保持电路(Sample-hold circuit,S/H)是一个关键的单元,它的性能直接影响整个 ADC 的性能。图 14-15 所示为采样保持电路的输出波形。在采样阶段,输出信号(V_{in}^*)跟随输入信号(V_{in})的变化而变化,而在保持阶段则稳定输出最后采样时刻的电压值。由于采保电路的非理想性,其输出波形也是非理想的。这些非理想因素主要来自于采保电路中的运算放大器和开关。运算放大器的有限增益会限制采保电路的精度,而运算放大器的相位裕度又会影响信号的稳定时间,图 14-15 中保持阶段输出信号的减幅振荡就反映了这一点。其中采样时间 t_a 表示的是采样电路必须保持采样状态的时间,这个时间保证了采保电路的输出和输入的误差在一个要求的范围之内;建立时间 t_s 是指采保电路所保持的输出信号稳定在要求的误差范围内的时间。采保电路最小的采样时间等于上述两个时间之和。

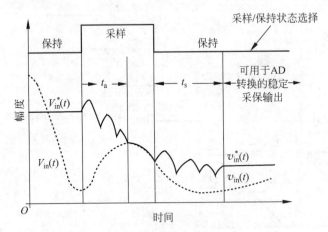

图 14-15　采样保持电路的输入输出波形示意图

采保电路通常分为两类：一类是开环结构;另一类是闭环结构。开环结构的 S/H 结构很简单：一个采样开关和一个采样电容,其后是一个缓冲放大器。这种结构的速度很快,但是对输入信号源的驱动能力要求较高。闭环结构的速度相对较低,但是精度高,而且对信号源的驱动能力要求不高。

14.3.2　ADC 的典型结构

作为人类通向数字化时代的重要桥梁,ADC 的结构不断发展而性能也逐步提高。这里介绍积分型、逐次逼近型、流水线型、迭代循环算法、并行、内插式、折叠式、$\Sigma\Delta$ 型及 ADC 的基本结构和原理。

1. 积分型 ADC

积分型 ADC 一般有单斜率、双斜率和多斜率等不同种类。一般由一个带输入切换开关的模拟积分器、一个比较器和一个计数器构成,结构简单,对输入信号串行变换。

单斜率积分型 ADC 首先对信号采样,然后在时钟到来时积分器开始对参考电压 V_{REF} 进行积分,当采样的输入信号比该积分结果大时,计数器开始计数,直到积分结果大于采样的输入信号时计数器才停止计数,并将计数结果转换成所要求的码型输出。单斜率积分型 ADC 的性能受积分器精度限制很大,并且是单极性的。当输入信号最大(接近参考电压 V_{REF})时转换时间很长,为 $2^N T$。其中 N 是转换器位数,T 为时钟周期。

单斜率积分型 ADC 工作原理简单,但其精度受限于积分斜率的准确性,因此,可以采用双斜率积分型 ADC 克服这个问题。

双斜率积分型 ADC 有正负两个积分周期,使用同一个时钟发生器和计数器来确定积分时间。图 14-16 所示的是一个电路结构的例子,设 N 是转换器位数,T 为时钟周期。

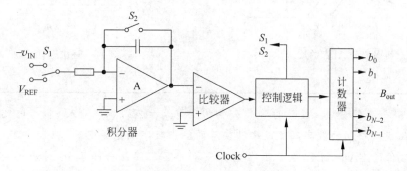

图 14-16 双积分型 ADC 的一种结构

在第一个积分周期 T_1,积分器对输入电压 $-v_{IN}$ 以固定时间常数 $R_1 C_1$ 积分 $N_{REF} = 2^N$ 个时钟周期(由计数器计数),即 $T_1 = 2^N T$,积分结果为

$$V_x = (2^N T \cdot v_{IN})/(R_1 C_1) \tag{14.20}$$

在第二个积分周期 T_2,积分器输入端接到 V_{REF} 仍以同样的时间常数 $R_1 C_1$ 积分(反向),计数器重新计数,直到其结果小于零,所用时钟周期数为 N_2,则又有

$$V_x = (N_2 T \cdot V_{REF})/(R_1 C_1) \tag{14.21}$$

而此时计数器输出 B_{out}(与 N_2 相对应)即为最终的数字码输出。

由式(14.20)和式(14.21)可得

$$N_2 = 2^N v_{IN}/V_{REF} \tag{14.22}$$

可见,由于两次积分都是采用相同的积分常数,转换结果与积分常数的精度无关。图 14-17 所示的是双斜率积分 ADC 的工作波形示意图。

2. 逐次逼近 ADC

逐次逼近 ADC 的工作原理类似于天平称量物体质量的工作过程。首先放上一个中间的砝码,若所称量物体质量比此砝码大则该砝码保留,再加上中间砝码以下的中间砝码;反之取下换上中间砝码以上的中间砝码;如此进行下去(二分之一逼近法),最后天平上剩下的所有砝码就是对应所称量物体的近似质量。对于逐次逼近 ADC 来说,所称量的物体就是采保电路采样并保持的要转换的电压值;由大到小的砝码就是 ADC 权重不同的各个数字码位对应的比较电压；用以比较的天平就是电路中的比较器；取下相应的砝码就是将 ADC 该位置 0,留下相应的砝码就是将 ADC 该位置 1;天平中最终剩下的砝码就是 ADC 相应为 1 的位,将 ADC 其为 0 的位按其权重放回 1 的序列中就是 ADC 的数字码转换结果了。根据上述分析,无论是天平的测量,还是逐次逼近 ADC 的转换,这都是一个逐渐逼近真实值的过程,也正是逐次逼近 ADC 名称的由来。

图 14-18 所示的是一个逐次逼近 ADC 的结构图。包括采样保持电路(S/H)、比较器、加法器、DAC、逐次逼近寄存器(SA Register),因此这种类型的 ADC 也被称为 SAR-ADC。

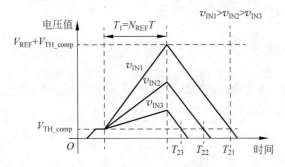

图 14-17 双斜率积分 ADC 的波形

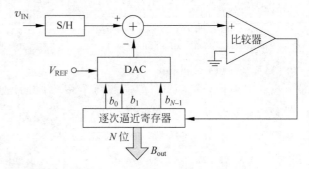

图 14-18 逐次逼近 ADC 的结构图

【例 14.5】 一个 3 位 SAR-ADC 的参考基准电压 $V_{REF}=2V$,如果输入 $v_{IN}=1.43V$,请描述 SAR-ADC 的工作过程,说明中间的数字码及最终转换后的输出数字码是多少?

解: 此 $N=3$ 位的 SAR-ADC 参考基准电压 $V_{REF}=2V$,因此一个 LSB 对应的电压为 $V_{REF}/2^3=0.25V$。

在第一个转换周期,在逐次逼近寄存器中设置 $B_{out}=100$,那么 DAC 的输出为 $V_{DAC}=2\times\left(\dfrac{1}{2}\right)=1V$,由于 $v_{IN}>V_{DAC}$,因此 $b_0=1$;

在第二个转换周期,在逐次逼近寄存器中设置 $B_{out}=110$,那么 DAC 的输出为 $V_{DAC}=2\times\left(\dfrac{1}{2}+\dfrac{1}{2^2}\right)=1.5V$,由于 $v_{IN}<V_{DAC}$,因此 $b_1=0$;

在第三个转换周期,在逐次逼近寄存器中设置 $B_{out}=101$,那么 DAC 的输出为 $V_{DAC}=2\times\left(\dfrac{1}{2}+\dfrac{1}{2^3}\right)=1.25V$,由于 $v_{IN}>V_{DAC}$,因此 $b_2=1$;

这样,最终转换后的输出数字码是 101。量化的误差为 $1.43-1.25=0.18V$,即 $0.72LSB$。

【例 14.6】 一个 6 位 SAR-ADC 的参考基准电压 $V_{REF}=2V$,如果输入 $v_{IN}=1.43V$,请描述 SAR-ADC 的工作过程,说明中间的数字码及最终转换后的输出数字码是多少?

解: 此 $N=6$ 位的 SAR-ADC 参考基准电压 $V_{REF}=2V$,因此一个 LSB 对应的电压为 $V_{REF}/2^6=0.03125V$。

在第一个转换周期,在逐次逼近寄存器中设置 $B_{out}=100\,000$,那么 DAC 的输出为 $V_{DAC}=2\times\left(\dfrac{1}{2}\right)=1V$,由于 $v_{IN}>V_{DAC}$,因此 $b_0=1$;

在第二个转换周期，在逐次逼近寄存器中设置 $B_{out}=110000$，那么 DAC 的输出为 $V_{DAC}=2\times$
$\left(\dfrac{1}{2}+\dfrac{1}{2^2}\right)=1.5\text{V}$，由于 $v_{IN}<V_{DAC}$，因此 $b_1=0$；

在第三个转换周期，在逐次逼近寄存器中设置 $B_{out}=101000$，那么 DAC 的输出为 $V_{DAC}=2\times$
$\left(\dfrac{1}{2}+\dfrac{1}{2^3}\right)=1.25\text{V}$，由于 $v_{IN}>V_{DAC}$，因此 $b_2=1$；

在第四个转换周期，在逐次逼近寄存器中设置 $B_{out}=101100$，那么 DAC 的输出为 $V_{DAC}=2\times$
$\left(\dfrac{1}{2}+\dfrac{1}{2^3}+\dfrac{1}{2^4}\right)=1.375\text{V}$，由于 $v_{IN}>V_{DAC}$，因此 $b_3=1$；

在第五个转换周期，在逐次逼近寄存器中设置 $B_{out}=101110$，那么 DAC 的输出为 $V_{DAC}=2\times$
$\left(\dfrac{1}{2}+\dfrac{1}{2^3}+\dfrac{1}{2^4}+\dfrac{1}{2^5}\right)=1.4375\text{V}$，由于 $v_{IN}<V_{DAC}$，因此 $b_4=0$；

在第六个转换周期，在逐次逼近寄存器中设置 $B_{out}=101101$，那么 DAC 的输出为 $V_{DAC}=2\times$
$\left(\dfrac{1}{2}+\dfrac{1}{2^3}+\dfrac{1}{2^4}+\dfrac{1}{2^6}\right)=1.40625\text{V}$，由于 $v_{IN}>V_{DAC}$，因此 $b_5=1$；

这样，最终转换后的输出数字码是 101101。量化的误差为 $1.43-1.40625=0.02375\text{V}$，即 0.76LSB。

3. 流水线 ADC

流水线 ADC(Pipeline ADC)的工作原理和逐次逼近 ADC 一样都类似于天平称量物体，只是天平和 SAR-ADC 变化的是砝码(比较电平)，而流水线 ADC 变化的却是物体的质量(输入信号大小)，用来称量物体的砝码(比较电平)始终都是不变的。

图 14-19 所示的是一个每级输出 1 位的流水线 ADC 示意图。这种 N 位的 ADC 由 N 个相同的级串接而成。输入 v_{IN} 采用双极性输入，即具有正负值，输入范围是 $\pm V_{REF}$，参考电压为 $\pm V_{REF}$。这样，每一级的比较器用来确定每一位输出的极性。

$$\begin{cases} b_{i-1}=+1, & \text{如果 } V_{i-1}\geqslant 0 \\ b_{i-1}=-1, & \text{如果 } V_{i-1}<0 \end{cases} \tag{14.23}$$

每一级的输入首先经过采样保持电路(S/H)，然后经过比较器输出比较结果。同时，根据此比较结果的

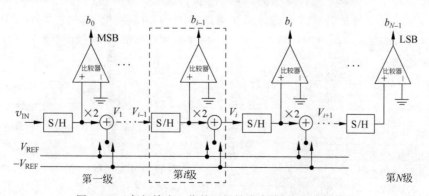

图 14-19　每级输出 1 位的双极性流水线 ADC 的结构图

极性,将输入乘以 2 然后减去或者加上参考电压 V_{REF},即加上 $-V_{REF}$ 还是 V_{REF},如图 14-19 所示。余差信号再输入到下一级的采样保持电路做后续的处理,这样,每一级的输出输入关系可表示为

$$V_i = 2V_{i-1} - b_{i-1}V_{REF} \tag{14.24}$$

这里之所以要乘以 2 然后加上或者减去参考电压就是为了得到余差信号,并且由于是 1 位量化,因此需要放大 2 倍,交于后级采用一致的量化器来进行处理,即可以采用具有相同参考电压范围的流水级进行处理。比较器的输出作为数字量化的输出。比较器输出为正时,数字输出为 1;比较器输出为负时,数字输出为 0,从而实现多位的 ADC 量化输出。

【例 14.7】 一个 4 位,如图 14-19 所示的双极性流水线 ADC 的参考基准电压 $V_{REF}=3V$,如果输入 $v_{IN}=1V$,请描述双极性流水线 ADC 的工作过程,说明最终转换后的输出数字码及代表的模拟量是多少?

解: 由于第一级输入 $v_{IN}=1V$ 为正值,因此,第一级比较器的输出为高,即 $b_0=1$,相应输出数字码 1。根据式(14.24),第一级的输出为 $2×1-1×3=-1V$;

由于第二级输入为 $-1V$ 为负值,因此,第二级比较器的输出为低,即 $b_1=-1$,相应输出数字码 0。根据式(14.24),第二级的输出为 $2×(-1)-(-1)×3=1V$;

由于第三级输入为 1V 为正值,因此,第三级比较器的输出为高,即 $b_2=1$,相应输出数字码 1。根据式(14.24),第三级的输出为 $2×1-1×3=-1V$;

由于第四级输入为 $-1V$ 为负值,因此,第四级比较器的输出为低,即 $b_3=-1$,相应输出数字码 0。

因此,最终转换后的输出数字码是 1010,注意由于这里采用的是双极性输入,输出数字码 1 代表 $b_n=1$,数字码 0 代表 $b_n=-1$,ADC 输出的数字码代表的模拟量为

$$V_A = 3 × \left(\frac{1}{2} - \frac{1}{2^2} + \frac{1}{2^3} - \frac{1}{2^4} \right) = 0.9375V$$

可见,输出的数字码所代表的模拟量收敛于模拟输入量。

从上述流水线 ADC 的工作过程可以看出,转换每一个采样保持的电压都需要经过整条流水线,也就是需要 N 个时钟周期的滞后。但是在这之后,由于每个流水级具有采样保持电路,输入电压可以在每个时钟周期进入流水线,而输出数据便是每个时钟周期的连续输出,即只有 1 个时钟周期的延迟。对单个电压信号而言其工作是顺序进入流水的,但是对多个电压信号的转换其工作是并行的。每个电压信号的转换结果要在其穿过整条流水线后才能最终得到,为了同步输出,需要有一个专门的延迟单元对每一级输出作适当的延迟。一个包含了延迟单元的例子如图 14-20 所示,可见位于信号输入最左端的高位输出具有最多的延迟级数。

流水线 ADC 中的每级也可以输出多位数字码,如图 14-21 所示。由采样保持电路(S/H)、k 位子模数转换器、k 位子数模转换器、减法器和放大器组成,其每一级输出 k 位的数字码输出。首先本级所采样保持的电压信号经过一个 k 位的子模数转换器变为当前级的数字码输出,同时该数字码又通过一个 k 位的子数模转换器变为模拟信号被采样保持的电压信号减去,剩下的余差信号在被放大器放大 2^k 倍后送到下一级进行较低位转换。一般来说,如果性能上更看重流水线 ADC 的速度,则每级的位数应该取得越小越好;若要求流水线 ADC 的精度,则应该将每级的位数取得多一些。对于每级多位流水线 ADC 来说,放大器的增益和带宽限制是一个影响性能的重要因素。幸运的是,利用子区间的概念可以

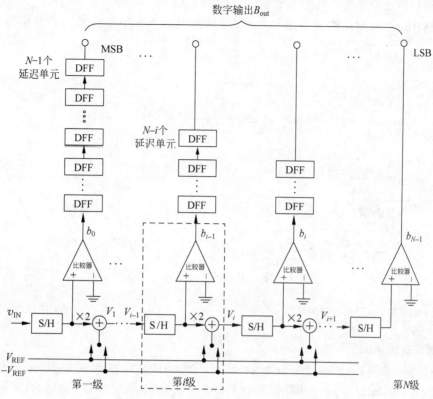

图 14-20　包含延迟单元的流水线 ADC

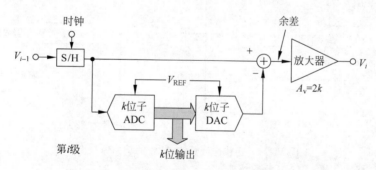

图 14-21　每级多位输出流水线 ADC 的级内结构

发现每增加一级流水,对后级容差的要求就会减小 2^k。

　　另外,数字校正技术的引入大大降低了对多位流水线 ADC 中比较器误差的要求。以一个 1.5 位/级的采用数字校正技术的流水线 ADC 为例,该技术可以校正的比较器误差大小绝对值为 $0.25V_{REF}$。1.5bit 的子级流水结构如图 14-22 所示。两个比较器实现 ADC 的功能,两个判决电压分别为 $1/4 \cdot V_{REF}$ 和 $-1/4 \cdot V_{REF}$,比较器输出的温度计码 00、01、11 经过转码电路后,得到 ADC 的 3 个二进制码分别为 00、01、10,因此称之为 1.5bit。包含 3 个模拟开关的 DAC 在 ADC 输出结果的控制下选择 $-V_{REF}$、0 或 V_{REF}。1.5bit 子流水级的输入输出曲线如图 14-23 所示。

　　参照图 14-23 所示的输入输出曲线,当出现比较器失调、级间增益变化等非理想因素时,会导致图中的判决电平左右移位,但当移位小于等于 $1/4V_{REF}$ 时,输出电压值仍然在后级的有效工作区间内。

1.5bit子流水级结构之所以允许判决电平有$1/4V_{REF}$的误差范围,因为其具有0.5位的冗余位,因此,有效分辨率仍为1bit。而校正的方法也很简单,只是利用一个全加器将每级的输出数字码错位相加即可。

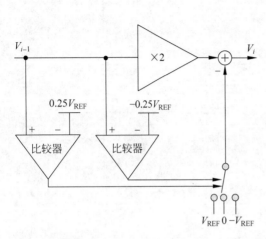

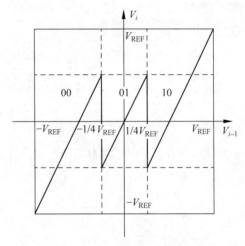

图14-22　1.5bit子流水级的结构　　　　　　　　图14-23　1.5bit子流水级的输入输出关系

4. 迭代循环算法ADC

迭代循环算法ADC(Iterative(Cyclic)algorithmic ADC)的结构如图14-24所示,只有一个采样保持电路、一个增益为2的放大器、一个比较器和一个参考比较电路,数字输出采用一个移位寄存器保存并输出。其基本结构实际上是流水线结构中的一级结构,采用迭代的工作方式实现多位的量化输出。

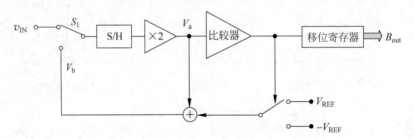

图14-24　迭代循环算法ADC的结构原理图

首先开关S_1接到输入端进行采样,然后采保电路将保持的信号送到增益为2的放大器放大,放大后的信号表示为V_a。和流水线结构ADC一样,输入v_{IN}采用双极性输入,即具有正负值,输入范围是±V_{REF},参考电压为±V_{REF}。这样,比较器可用来确定每一位输出的极性。V_a经过比较器进行比较,若V_a大于零则输出该位的数字码1,并从V_a中减去V_{REF};若V_a小于零,则输出数字码0,并从V_a中加上V_{REF},加或减后的信号标记为$\underline{V}_b$。当完成第一轮转换后,开关S_1将输入v_{IN}断开,而将$\underline{V}_b$接入采保电路,进行下一轮的迭代。这个迭代循环直到输出的位数符合要求为止。输出的数字码串行产生,并保存在移位寄存器中,第一次输出的是最高位MSB。

迭代循环算法ADC所需器件很少,故其所占版图面积也很小。另外,该类型ADC误差主要来自于运算放大器的增益误差、运算放大器和比较器的有限输入失调、开关的电荷注入及时钟馈通、电容的电压相关性误差。

5. 并行 ADC

采用并行(快闪)技术的 Flash ADC(Parallel 或 Flash ADC)具有目前最快的 AD 转换速率,它的转换只需要一个时钟周期。现有的高速 ADC 基本都采用这种结构,目前市场上已经有采样速率达到 1GHz 以上的产品。但是该结构 ADC 分辨率不可能做到太高,通常最多 6~8 位。

图 14-25 所示的是一个 3 位 Flash ADC 的例子,参考电压 V_{REF} 被电阻串联形成的电阻链分压得到具有各个权重的比较电压值,然后通过对应的比较器和输入电压信号直接进行比较。比较所得的 8 位数字码(温度计码)通过编码器并行输出便得到 3 位 ADC 的最终转换结果。

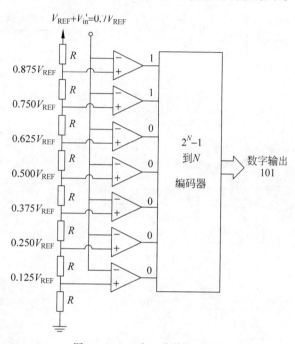

图 14-25　一个 3 位快闪 ADC

输入信号采样的精度对该类型 ADC 的性能影响很大。通常可以采用输入端接入采样保持电路或使用钟控比较器的方法。前一种方法对采保电路速度要求很高,而后者高速时会降低分辨率。一个 N 位的 Flash ADC 需要 2^N 个电阻和 2^N-1 个比较器,所以其面积和功耗都很大;而且信号输入端并联的比较器数量很多,输入电容很大,会严重影响信号的输入带宽。不过这个问题可以使用采样保持电路来解决。电阻串中电阻的匹配精度当然也会影响 Flash ADC 的分辨率,而电阻串的抽头处流出的电流则会使 ADC 特性曲线产生弯曲。使用更精确的电阻或者更大的电流可以消除这种弯曲。

高速比较器中常见的回扫(kickback)或者称为回闪(flashback)也会影响 Flash ADC 的性能。可以在比较器前使用前置放大器或者缓冲器来将回扫和其他比较器隔离。另外,比较器还存在一种被称为亚稳定性的状态,该状态来自于噪声、串扰、带宽限制等。处于这种状态下的比较器输出具有不确定性,其结果是在比较器阵列后的温度计码输出中出现乱码。如全 1 之中出现了 0,而全 0 中出现了 1。这就需要一个逻辑电路或者所谓"去气泡"电路消除这种乱码。

6. 内插式 ADC

内插式 ADC(Interpolating ADC),或者称为"插值"式 ADC,是 Flash ADC 的改进结构。它在输入一侧减少了输入比较器数,减小了输入电容,所以在同等位数的情况下具有比一般 Flash ADC 更快的速度。

图 14-26 所示的是一个内插因数为 4 的 3 位内插式 ADC,信号输入端放大器仅有 2 个,放大器 A_1 和 A_2 的输入输出转移特性如图 14-26(b)的两条粗实线所示,为线性放大,并在电源-地两端存在饱和。这样 ADC 输入处的负载从同样的 3 位 Flash 型 ADC 的 8 个比较器降低为两个放大器,因此降低了输入处的负载,有利于提高工作速度。放大器的输出经过电阻网络插值后,输入输出特性如图 14-26(b)中的细实线所示,这样,第二级比较器(1~8)只需要单阈值电压 $V_{\text{TH\_COMP}}$ 即可。由于只需要一个比较阈值,所以降低了对比较器输入范围的要求,因此第二级比较器的设计可以非常简单,甚至可以用锁存器代替。

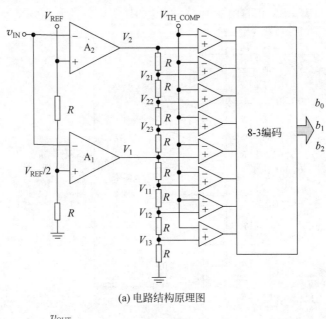

(a) 电路结构原理图

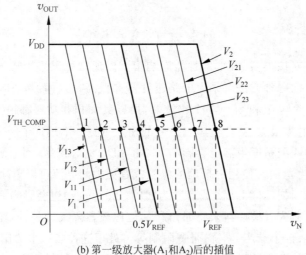

(b) 第一级放大器(A_1和A_2)后的插值

图 14-26   内插因数为 4 的 3 位内插式 ADC

在内插式 ADC 中,要求内插出来的电压应该等间距地分布在 $V_2 \sim V_1$、$V_1 \sim 0$ 电位之间,否则,就会产生 INL 和 DNL。使用电阻的无源内插方式还有一个信号延迟的问题,比较器 A_1 和 A_2 输出的信号到达各个比较器的时间会因为距离的关系有所不同。解决的方法是在第二级比较器输入端接入大小不同的电阻来进行补偿,使各支路延迟时间近似相等。

7. 折叠式 ADC

折叠式 ADC(Folding ADC)的结构如图 14-27 所示。输入信号被分为两条支路进行处理,一条是通过粗量化器,将输入信号量化为 2^{n_1} 个值;另外一条则是首先通过一个折叠电路将信号的 2^{n_1} 个子区间全部映射到一个子区间上,然后再将该信号送到一个含有 2^{n_2} 个子区间的细量化器中进行处理,最后将 n_1 和 n_2 合并进行输出。

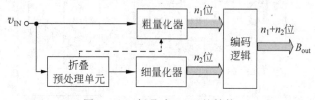

图 14-27　折叠式 ADC 的结构

折叠式 ADC 相比较于 Flash 型 ADC 的优点是降低了硬件消耗,并且其转换也只需要一个时钟周期,速度可以做到很快。实际上,将内插技术和折叠技术相混合的折叠内插式 ADC 是现有 ADC 中在同样分辨率下速度最高的。折叠式 ADC 粗量化器中需要 $2^{n_1}-1$ 个比较器,而细量化器中需要 $2^{n_2}-1$ 个比较器,其总数比同样位数的 Flash ADC 的 $2^{n_1+n_2}-1$ 个比较器个数要少很多,因此在功耗和面积上折叠式 ADC 具有很大优势。

图 14-28 所示的是一个划分了 4 个粗量化区间(2^{n_1},其中 $n_1=2$),每个粗量化区间又分为 8 个子区间(2^{n_2},其中 $n_2=3$)的折叠预处理器特性。由图 14-29 可见输入的模拟信号被折叠到了一个粗量化区间中进行细量化。

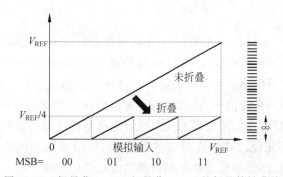

图 14-28　粗量化 $n_1=2$、细量化 $n_2=3$ 的折叠特性曲线

折叠电路是折叠式 ADC 的关键单元,可以用并联差分放大器来实现。图 14-29 所示的是一个 4 次折叠器的实现电路和其输入输出特性图。使用多条平移关系特性曲线的多次折叠可以消除图 14-29 所示的单次折叠在 $0.25V_{REF}$、$0.5V_{REF}$、$0.75V_{REF}$ 处的不连续性。电路中差分放大器的数目和连接方式决定了折叠特性曲线的开始和结束位置。图 14-29 中以大小为 I 的电流来实现特性曲线的开始和结束点。考虑电路中有偶数个差分放大器的情况,此时负输出端的最小输出电压为 $-IR_L$。另外,调整设置放大器一侧输入共模电压的电阻串最顶端和最下端电阻的值可以水平移动折叠特性曲线。

折叠式 ADC 最大的缺点是没有对输入信号采样保持的过程,因此折叠输出的带宽必须是模拟输入带宽的 2^{n_1} 倍!

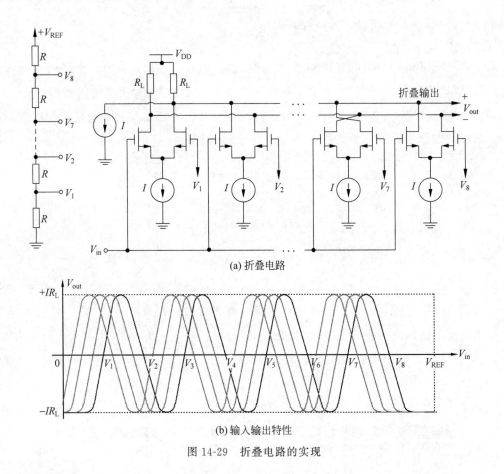

(a) 折叠电路

(b) 输入输出特性

图 14-29　折叠电路的实现

8. ΔΣ ADC

和前面介绍的所有 ADC 不同，ΔΣ ADC 不工作在奈奎斯特频率上，其采样频率远比信号频率要高，是一种过采样模数转换器。通常定义采样速率和奈奎斯特频率之比为过采样率（OSR），通常为 8～256。奈奎斯特模数转换器的输出是对单个输入信号采样的精确量化，而过采样转换器的输出则来自于一系列经过粗量化的输入采样信号，或者说是一种根据前一量值与后一量值差值大小来进行量化编码的增量编码方式。从本质上说，过采样方式的模数转换器就是利用时间换取分辨率，其对元件的匹配等引入误差的因素非常不敏感。在现在的工艺条件下，采用该结构的 24 位的产品已经很常见了。ΔΣ ADC 主要应用于音频、检测等要求分辨率很高而速度较低的领域。

ΔΣ ADC 主要包括模拟 ΔΣ 调制器和数字抽取滤波器，如图 14-30 所示，$f_p = f_a$ 为模拟低通滤波器的通带频率，主要滤除所需信号频率以外的噪声信号；f_s 为 ΔΣ ADC 的输出速率，即奈奎斯特速率；K 等于过采样率 OSR 数，即 $K = OSR$。模拟信号经过模拟低通滤波器滤波，再经过 ΔΣ 调制器编码，然后经过数字低通滤波器滤波配合抽取滤波器输出数字信号。ΔΣ 调制器决定了 ADC 的分辨率，而后面的数字部分决定了 ADC 的面积和功耗。由于采用过采样的工作方式，在一些 ADC 结构中，可以不使用模拟低通滤波器。

1) ΔΣ 调制器

基本的一阶 ΔΣ 调制器结构如图 14-31(a)所示，由加法器、积分器、量化器和延迟单元组成反馈回路，z 域结构框图如图 14-31(b)所示，$E(z)$ 表示量化误差（噪声）。

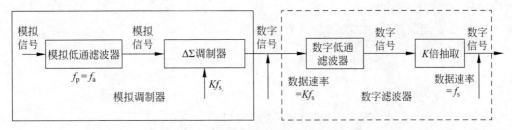

图 14-30　ΔΣ ADC 基本结构图

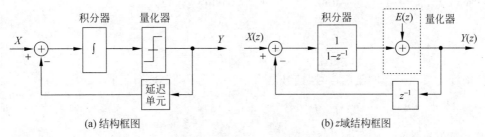

(a) 结构框图　　　　　　　　　　　(b) z域结构框图

图 14-31　一阶 ΔΣ 调制器

可以推导出 z 域表达式为

$$Y(z) = X(z) + E(z)(1 - z^{-1}) \tag{14.25}$$

所以噪声传递函数

$$\text{NTF} = 1 - z^{-1} \tag{14.26}$$

k 阶 ΔΣ 调制器的 z 域表达式为

$$Y(z) = X(z) + E(z)(1 - z^{-1})^k \tag{14.27}$$

$$\text{NTF} = (1 - z^{-1})^k \tag{14.28}$$

NTF 表现为高通特性,因此,将量化噪声向高频处移动。

根据模数/数模转换器的有效位数 ENOB 公式:$\text{ENOB} = \dfrac{\text{SNR}_{\text{actual}} - 1.76}{6.02}$,只要提高信号带内的 SNR 便可以提高转换的精度。

假设采样频率满足奈奎斯特定理 $f_s = 2f_b$,f_b 是输入信号的带宽。代表满量程($-1 \sim +1$)基频为 f_t 的输入信号经 m 位量化后,引入量化噪声,量化噪声可以认为是白噪声,量化步长 $q = \dfrac{2}{2^m - 1} \approx \dfrac{1}{2^{m-1}}$,则 m 位量化噪声功率为

$$P_e = \int_{-q/2}^{q/2} \frac{1}{q} e^2 \, \mathrm{d}e = \frac{q^2}{12} \tag{14.29}$$

则量化噪声功率谱密度(PSD)为

$$\rho(f) = \frac{P_e}{f_s} = \frac{q^2}{12 f_s} \tag{14.30}$$

显而易见,一种降低量化噪声的方法是降低量化步长,即增加量化位数 m;另外一种方法是采用过采样来降低带内噪声,令 $f_s = 2f_b \cdot \text{OSR}$,OSR 是过采样率,则带内噪声为

$$P_{\text{inband}} = \int_{-f_b}^{f_b} \rho(f) \, \mathrm{d}f = \frac{P_e}{\text{OSR}} \tag{14.31}$$

可以看出过采样可以降低带内噪声。

当采用 k 阶 Δ-Σ 调制器后,根据式(14.28),有

$$| \text{NTF}(f) | = | 1 - \text{e}^{-\text{j}2\pi f/f_s} |^k = \left[2\sin\left(\pi\frac{f}{f_s}\right) \right]^k \tag{14.32}$$

则带内噪声功率为

$$P_{\text{inband}} = \int_{-f_b}^{f_b} \rho(f) | \text{NTF} |^2 \text{d}f = \int_0^{f_b} \frac{q^2}{6f_s} \left[2\sin\left(\pi\frac{f}{f_s}\right) \right] 2k \, \text{d}f \tag{14.33}$$

当 $f_s \gg f_b$ 时,$\sin\left(\pi\frac{f}{f_s}\right) \approx \left(\pi\frac{f}{f_s}\right)$,因此

$$P_{\text{inband}} \approx \frac{q^2}{12} \frac{\pi^{2k}}{2k+1} \left(\frac{2f_b}{f_s}\right)^{2k+1} = P_e \frac{\pi^{2k}}{2k+1} \frac{1}{\text{OSR}^{2k+1}} \tag{14.34}$$

对于代表满量程($-1 \sim +1$)的正弦信号,信号功率 $P_s = \frac{1}{2}$,因此 $\Delta\Sigma$ 调制器的 SNR 为

$$\text{SNR}_{\text{ideal}} = \frac{P_s}{P_{\text{inband}}} = \frac{3}{2} \frac{(2^m - 1)^2}{\pi^{2k}} (2k+1) \text{OSR}^{2k+1} \tag{14.35}$$

表示分贝形式,为

$$\text{SNR}_{\text{ideal}} \approx 20\lg(2^m - 1) + 10\lg(2k+1) + 10(2k+1)\lg\left(\frac{\text{OSR}}{\pi}\right) + 6.73(\text{dB}) \tag{14.36}$$

式(14.36)表明即便采用 1 位量化($m=1$),通过提高 OSR,增加 $\Delta\Sigma$ 调制器阶数 k,也可以得到相当高的 SNR,即提高转换的有效位数,这便是 $\Delta\Sigma$ 调制器可以获得很高精度的工作原理。

【例 14.8】 一个 $\Delta\Sigma$ ADC 采用 1 位量化器,过采样率为 OSR$=128$,对于一阶和二阶 $\Delta\Sigma$ 调制器结构,最大可以获得的 SNR 分别为多少?

解: 采用 1 位量化器的 $\Delta\Sigma$ ADC,过采样率为 OSR$=128$,对于一阶 $\Delta\Sigma$ 调制器结构,根据式(14.36)最大可以获得的 SNR 为

$$\text{SNR}_{\text{ideal}} \approx 20\lg(2^m - 1) + 10\lg(2k+1) + 10(2k+1)\lg\left(\frac{\text{OSR}}{\pi}\right) + 6.73$$

$$= 20\lg(2^1 - 1) + 10 \times \lg(2 \times 1 + 1) + 10 \times (2 \times 1 + 1)\lg\left(\frac{128}{\pi}\right) + 6.73$$

$$\approx 59.8\text{dB}$$

相当于 ENOB$=9.64$ 位的有效位数 ADC。

对于二阶 $\Delta\Sigma$ 调制器结构,根据式(14.36)最大可以获得的 SNR 为

$$\text{SNR}_{\text{ideal}} \approx 20\lg(2^m - 1) + 10\lg(2k+1) + 10(2k+1)\lg\left(\frac{\text{OSR}}{\pi}\right) + 6.73$$

$$= 20\lg(2^1 - 1) + 10 \times \lg(2 \times 2 + 1) + 10 \times (2 \times 2 + 1)\lg\left(\frac{128}{\pi}\right) + 6.73$$

$$\approx 94.2\text{dB}$$

相当于 ENOB$=15.36$ 位的有效位数 ADC。

【例 14.9】 一个 $\Delta\Sigma$ ADC 采用 3 位量化器,过采样率为 OSR$=128$,对于一阶和二阶 $\Delta\Sigma$ 调制器结构,最大可以获得的 SNR 分别为多少?

解: 采用 3 位量化器的 $\Delta\Sigma$ ADC, 过采样率为 OSR=128, 对于一阶 $\Delta\Sigma$ 调制器结构, 根据式(14.36)最大可以获得的 SNR 为

$$\mathrm{SNR}_{\mathrm{ideal}} \approx 20\lg(2^m - 1) + 10\lg(2k+1) + 10(2k+1)\lg\left(\frac{\mathrm{OSR}}{\pi}\right) + 6.73$$

$$= 20\lg(2^3 - 1) + 10 \times \lg(2 \times 1 + 1) + 10 \times (2 \times 1 + 1)\lg\left(\frac{128}{\pi}\right) + 6.73$$

$$\approx 76.7\mathrm{dB}$$

相当于 ENOB=12.45 位的有效位数 ADC。

对于二阶 $\Delta\Sigma$ 调制器结构, 根据式(14.36)大可以获得的 SNR 为

$$\mathrm{SNR}_{\mathrm{ideal}} \approx 20\lg(2^m - 1) + 10\lg(2k+1) + 10(2k+1)\lg\left(\frac{\mathrm{OSR}}{\pi}\right) + 6.73$$

$$= 20\lg(2^3 - 1) + 10 \times \lg(2 \times 2 + 1) + 10 \times (2 \times 2 + 1)\lg\left(\frac{128}{\pi}\right) + 6.73$$

$$\approx 111.1\mathrm{dB}$$

相当于 ENOB=18.17 位的有效位数 ADC。

---

2) $\Delta\Sigma$ ADC 中的数字滤波器

$\Delta\Sigma$ 调制器对量化噪声整形以后, 将量化噪声移到所关心的频带以外。对整形的量化噪声可采用数字滤波器滤除。数字滤波前的噪声功率频谱图如图 14-32 所示, 可以看出, 经过调制器后, 量化噪声已经被整形到高频处。此时数字滤波器的作用有两个: 一是相对于最终的采样频率 f_s, 它必须起到抗混叠的作用; 二是必须滤除经过噪声整形后的高频噪声。数字滤波器还要完成 K 倍的抽取。滤除高频量化噪声后的频谱图如图 14-33 所示。

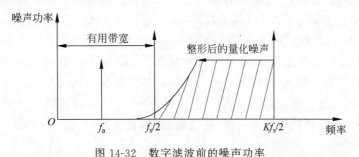

图 14-32　数字滤波前的噪声功率

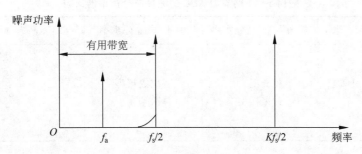

图 14-33　数字滤波后的噪声功率

数字滤波器一般采用多级级联的方式实现,主要形式有 FIR(Finite Impulse Response)型滤波器和 IIR(Infinite Impulse Response)型滤波器。在很多应用领域,比如高品质数字音频,线性相位是很重要的。因此,一般的数字滤波器都采用 FIR 滤波器。通常 ΔΣ ADC 的数字滤波器由两部分组成,第一部分为级联积分梳状(Cascade Integrator Comb,CIC)滤波器,由于其充分节省面积,满足低频滤波器的性能,因此应用较多;第二部分为补偿滤波器和其他类型滤波器,是可以选择的。通常来说,由于 CIC 滤波器存在较大的通带衰减,为了满足通带衰减的要求,可能会采用补偿滤波器。其他类型的滤波器最常用的为两种类型:CIC 降频滤波器和 FIR 型半带滤波器。考虑到 CIC 滤波器的降频不能满足系统信噪比的要求,因此采用了 FIR 半带滤波器,这种滤波器有一半系数为零,在实现滤波的前提下,可以节省芯片面积。数字滤波器的结构如图 14-34 所示。具体设计细节,有兴趣的读者可进一步参考文献[6]。

图 14-34　数字滤波器结构图

14.4　本章小结

DAC 和 ADC 是自然界模拟信号与数字信号转换的重要模块单元电路。DAC 将数字信号转换为模拟信号,而 ADC 将模拟信号量化为数字信号。DAC 和 ADC 的性能参数的含义基本上是一致的。

DAC 的典型结构包括电阻型、电容型及电流型,其中电阻型主要有电阻分压型、二进制加权电阻 DAC 和 R-$2R$ 电阻 DAC 等几种结构,其转换精度受限于电阻的精度及开关的寄生效应;电容型 DAC 主要包括电荷按比例缩放 DAC、二进制加权型电容 DAC,在集成电路中电容的精度要比电阻高,因此,电容型 DAC 的精度要比电阻型 DAC 总体上高一些,但电容型 DAC 容易受到寄生电容的影响。在几种类型的 DAC 结构中,电流型 DAC 的速度是最快的,典型的结构为电流舵型 DAC。

相比 DAC,ADC 的设计则更为困难,结构更为复杂。ADC 有低、中、高速 ADC 之分,表 14-1 列出了各种结构 ADC 的速度和分辨率的比较。表 14-2 则对各种类型 ADC 的速度、分辨率和面积与分辨率之间的关系进行了整体上定性的归纳。在表 14-2 速度一项中,是以时钟周期 T 作为参量来考查的,但不同结构所能采用的最小时钟周期是不一样的,也就是说,表达为一个单位 T 的不同 ADC 结构所能达到的最快速度是不一样的。

表 14-1　不同类型 ADC 的速度与分辨率的比较

低速、极高分辨率	低到中速、高分辨率	中速、中等分辨率	高速、低到中等分辨率
以 ΔΣ ADC 为代表的过采样模数转换器	积分型 过采样型	逐次逼近型 算法型	快闪型 插值型 折叠型 流水线型 时间交织型

表 14-2 不同类型 ADC 的分辨率、速度和面积归纳

AD 转换器类型	可能的分辨率（N 位）	速度（以时钟周期 T 为参量来表示）	面积与分辨率 N 参数的关系
双斜率积分型	12～18	$2(2^{NT})$	关系较弱型
连续逼近型	10～15	NT	$\propto N$
流水线型（k 级流水）	10～14	T	$\propto k \cdot 2^{N/k}$
算法型	12	NT	关系较弱
快闪型（Flash）	6～8	T	$\propto 2^N$
插值型	8	T	$\propto 2^N$
折叠型（n_1 粗量化，n_2 细量化）	8～12	T	$\propto (2^{n1} + 2^{n2})$
$\Delta\Sigma$ 过采样型（k 阶 1 位量化，过采样 $OSR = f_{clock}/2f_b$）	15～24	$OSR \cdot T$	$\propto k$

习题

1. 一个 12 位 DAC，其参考基准电压 $V_{REF} = 3V$，则一个 LSB 电压是多少？$B_{in} = 110011001100$ 的输入，DAC 的输出电压为多少？

2. 一个 12 位 DAC，其参考基准电压 $V_{REF} = 3V$，其满量程 FS 是多少？其满量程范围 FSR 是多少？

3. 一个 12 位 DAC 的参考基准电压 $V_{REF} = 3V$，当输入施加振幅为 $50mV$ 的正弦输入时，数字输出的 SNR 是多少？

4. 12 位 DAC 的最大动态范围（DR）为多少 dB，如果此 DAC 的实际 SNR 为 68dB，则此 DAC 的 ENOB 为多少？

5. 一个 $N = 3$ 位的 DAC，参考基准电压 $V_{REF} = 4V$，当输入码为 $\{000, 001, 010, 011, 100, 101, 110, 111\}$ 时，其输出电压值分别为 $\{0.02, 0.497, 0.938, 1.352, 1.793, 2.306, 2.693, 3.17\}$V，求此 DAC 的失调误差、增益误差及 INL 和 DNL。

6. 一个 8 位 SAR-ADC 的参考基准电压 $V_{REF} = 2V$，如果输入 $v_{IN} = 1.43V$，请描述 SAR-ADC 的工作过程，说明中间的数字码及最终转换后的输出数字码是多少？

7. 一个 8 位 SAR-ADC 的参考基准电压 $V_{REF} = 2V$，如果输入 $v_{IN} = 0.73V$，请描述 SAR-ADC 的工作过程，说明中间的数字码及最终转换后的输出数字码是多少？

8. 一个 4 位、如图 14-19 所示的双极性流水线 ADC 的参考基准电压 $V_{REF} = 5V$，如果输入 $v_{IN} = 2V$，请描述双极性流水线 ADC 的工作过程，说明最终转换后的输出数字码及代表的模拟量是多少？

9. 一个 6 位如图 14-19 所示的双极性流水线 ADC 的参考基准电压 $V_{REF} = 5V$，如果输入 $v_{IN} = -2V$，请描述双极性流水线 ADC 的工作过程，说明最终转换后的输出数字码及代表的模拟量是多少？

10. 一个 $\Delta\Sigma$ ADC 采用 3 位量化器，过采样率为 $OSR = 64$，对于二阶和四阶 $\Delta\Sigma$ 调制器结构，最大可以获得的 SNR 分别为多少？

11. 一个 $\Delta\Sigma$ ADC 采用 1 位量化器，输入信号带宽 $f_b = 20kHz$，为了获得最大 SNR 为 100dB，对于一阶和二阶 $\Delta\Sigma$ 调制器结构，采样时钟频率需要设计到多少？

12. 一个 $\Delta\Sigma$ ADC 采用 3 位量化器，输入信号带宽 $f_b = 20kHz$，为了获得最大 SNR 为 100dB，对于一阶和二阶 $\Delta\Sigma$ 调制器结构，采样时钟频率需要设计到多少？

第 15 章

模拟集成电路的版图设计

主要符号	含　义
$R_\circ$	不受电压和温度影响的电阻值
C_T	电阻的温度系数
C_V	电阻的端口电压系数
C_B	电阻的衬底电压系数
D	片上电感直径
W	片上电感线宽
S	片上电感间距
N	片上电感圈数
L	片上电感电感值
Q	片上电感品质因数
f_{SR}	片上电感谐振频率
v_{IN}	总输入信号电压
v_{OUT}	总输出信号电压

15.1　引言

随着 CMOS 工艺的发展,集成电路经历了从低速、低复杂性、高电压向着高速、高复杂性、低电压方向发展,同时在同一块芯片上集成了越来越多的功能模块,混合信号集成电路已经变得很常见。在模拟或混合信号集成电路设计中,相对数字信号来说,较弱的模拟信号更容易受到干扰,因此模拟集成电路的版图布局显得尤为重要。其核心问题是匹配和抗噪声干扰。

15.2　MOS 晶体管

在 MOS 模拟集成电路中,经常需要实现大尺寸的晶体管。为了减小漏源结面积及栅电阻,这样大尺寸的晶体管常常采用叉指型结构,版图结构如图 15-1(a)所示,等效电路如图 15-1(b)所示。

对于共源共栅电路,若共源共栅的两个晶体管具有相同的栅宽,则版图可以简化,如图 15-2(a)所示,M_1 的漏极和 M_2 的源极共用一个区域,如果不必提供接触孔,则可以简化成图 15-2(b)所示的版图形式。若需要大尺寸的器件,可以采用并联的形式,等效电路如图 15-2(c)所示。

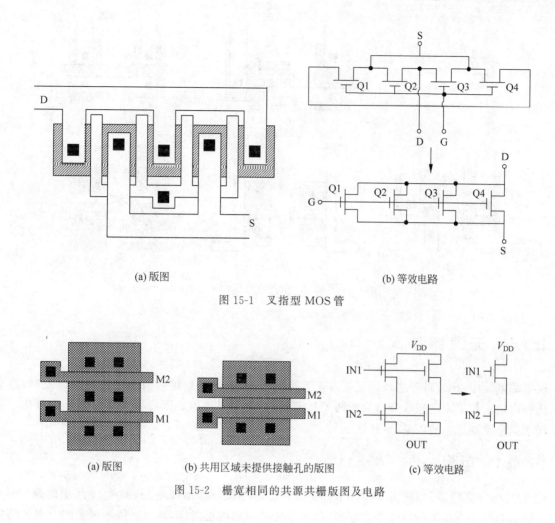

(a) 版图　　　　　　　　　　　　　　　　　　(b) 等效电路

图 15-1　叉指型 MOS 管

(a) 版图　　　　(b) 共用区域未提供接触孔的版图　　　　(c) 等效电路

图 15-2　栅宽相同的共源共栅版图及电路

15.3　对称性

对称性对于模拟集成电路设计尤为重要。例如,在全差动电路中,元器件的不对称性会引入失调,降低电路的共模抑制比,产生偶次非线性失真等。对于如图 15-3(a)所示差动对的版图设计,应考虑将差动对的两个晶体管放置在同一方向上,并且周围的环境要一致。图 15-3(b)所示的方案两个晶体管没有放置在同一朝向上,会产生较大失配;图 15-3(c)、(d)所示的方案都是较好的选择,由于图 15-3(c)的两个晶体管所处的环境大致相同,因此图 15-3(c)的方案更好一些。当在两个晶体管附近有金属走线时,也应使两管的情况一致,例如当其中一个晶体管边有走线时,另一个晶体管边也应放置一条相同的走线,如图 15-3(e)所示。由于工艺总会存在偏差,会造成沿硅片不同方向的杂质浓度不同,对匹配要求高、尺寸较大的器件,可以采用"共中心"的版图布局,以减小器件的失配,如图 15-3(f)所示。

对称性原则不仅适用于 MOS 晶体管等有源器件,而且也适用于电阻、电容等无源器件,在连线版图及整体布局时同样需要考虑对称性。

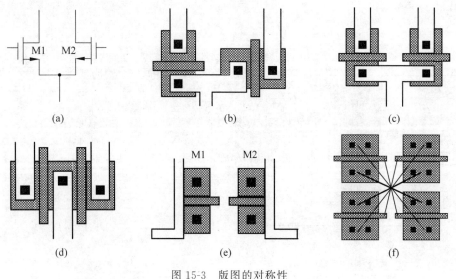

图 15-3 版图的对称性

15.4 无源器件

在集成电路中,比较难于实现的元器件是无源器件,因其制造精度较有源器件要难以控制,造成模拟工艺相比较于数字工艺通常要落后约两年。因此,在无源器件的版图设计中更需要特殊考虑。通常匹配问题仍是主要考虑的因素。

15.4.1 电阻

在 CMOS 工艺中,可以利用 n 阱、n+/p+ 或多晶硅等区域来形成电阻,图 15-4 所示的是一种 p+ 电阻。可见其较分立电阻的特性要差很多,已经不是单纯的两端器件,其电阻值不仅受到电阻的端电压影响,而且还受到衬底电压的影响,除此之外,电阻还会受到温度的影响,因此,其是一个非线性电阻,一般在分析中采用一阶电阻模型,受电压和温度影响的电阻可以表示为

$$R = \frac{V_1 - V_2}{I} \approx R_0 \left[1 + C_T(T - 25) + C_V(V_1 - V_2) + C_B \left(\frac{V_1 + V_2}{2} - V_B \right) \right] \tag{15.1}$$

其中 R_0 是不受电压和温度影响的电阻值;C_T 是电阻的温度系数;C_V 是电阻的端口电压系数;C_B 是电阻的衬底电压系数。表 15-1 列出了 CMOS 工艺中常见的电阻类型,以及各种电阻的常见方块电阻、电压系数和温度系数。在 CMOS 工艺中,工艺导致电阻的绝对偏差通常在 ±20% 量级,甚至能够到达 ±30% 量级。多晶硅电阻的温度和电压性能要好一些,但其方块电阻较小,较其他类型电阻占用的芯片面积要大很多。而 n 阱电阻的方块电阻较大,但其电压系数较大,温度系数较小,性能较差。n+ 或 p+ 电阻性能介于两种类型之间。这里,同时需要注意的是,在不同的电阻类型中,有可能具有正温度系数也有可能具有负温度系数。利用这点,可以配合使用不同的电阻类型,以便降低电路的整体温度系数。

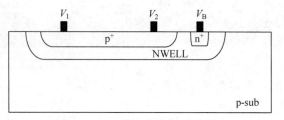

图 15-4 p+ 扩散电阻剖面示意图

表 15-1　CMOS 工艺中常见的电阻类型

工艺层	方块电阻 $R_\square(\Omega/\square)$	温度系数 CT （ppm/℃）25℃	端电压系数 CV（ppm/V）	衬底电压系数 CB （ppm/V）
n＋多晶硅	30	−800	50	50
p＋多晶硅	30	200	50	50
n＋扩散	70	1500	500	−500
p＋扩散	100	1600	500	−500
n 阱	1000	−1500	20 000	30 000

CMOS 工艺中电阻的方块电阻 $R_\square$ 还受电阻尺寸的影响。例如 n 阱电阻，其方块电阻受电阻图形宽度影响的曲线如图 15-5 所示，这是由于在 n 阱的边缘扩散与图形的尺寸有关，因此，在设计电阻的版图时，注意其尺寸应达到一定宽度，以便降低尺寸对方块电阻的影响。例如，对于图 15-5 所示的 n 阱电阻，其宽度要大于 6μm，这样 n 阱电阻的方块电阻才会稳定在所示 1000Ω/□。

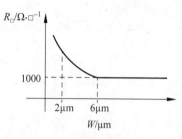

图 15-5　一种 n 阱电阻的方块电阻

电阻的版图设计通常有两种形式，"蛇"形电阻和单位电阻，如图 15-6 所示。图 15-6(a) 所示的为"蛇"形电阻，比较节省芯片面积，但精度较差。如果需要精确匹配，可以设计成图 15-6(b) 所示的单位电阻形式，采用一致电阻值的电阻阵列的方式，端头采用金属连接，R_1 和 R_2 交错分布，并且在电阻阵列的边缘做虚拟电阻，以保证电阻的匹配。在电路设计时，电路的特性尽量采用电阻比的形式出现，因为在实现时电阻比值可以达到较高精度。类似于 MOS 晶体管，为了进一步提高电阻的匹配性，也可以采用"共中心"方案，如图 15-6（c）所示。

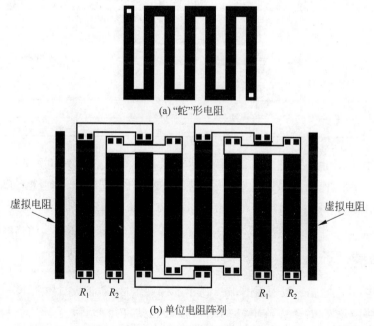

(a) "蛇"形电阻

(b) 单位电阻阵列

图 15-6　电阻的版图设计

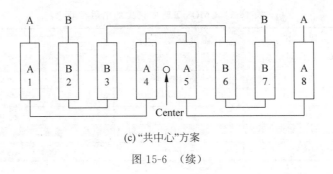

(c)"共中心"方案

图 15-6 （续）

15.4.2 电容

在 CMOS 工艺中,可以采用各种导电层与介质层来形成电容,例如多晶硅与扩散区之间、多晶硅与多晶硅之间、金属层与多晶硅之间、金属层与金属层之间等。另外在一些混合信号工艺中,在金属层之间插入一层金属层作为电容的上极板,形成了更加贴近平板电容的 MIM 电容,其具有更好的精度。由于利用 CMOS 平面工艺中的平板结构,因此电容的工艺实现精度要比电阻高,其绝对精度一般在 5%～20%量级;而其相对精度则更高,取决于其尺寸和制造工艺,相对精度可以达到 0.1%～1%量级甚至更高精度量级。CMOS 工艺中各种不同的电容例子如表 15-2 所示,其中利用 MOS 管形成的电容或 pn 结电容也是 CMOS 电路中常用的一种电容类型,其可以提供很大的单位面积电容,但其精度很差,电容值也很难控制,温度系数和电压系数也很大,一般用在对精度要求不高的地方。

表 15-2　CMOS 工艺中各种不同的电容例子

类　　型	单位面积电容[aF/μm^2]	电压系数 CV[ppm/V]	温度系数 CT[ppm/℃]
MOS 栅	5300	很大	很大
多晶硅-多晶硅	1000	10	25
金属连线之间	50	20	30
MIM	1000	10	10
金属-衬底	30～40	30	30
金属-多晶硅	50～60	10	10
多晶硅-衬底	120	20	30
pn 结电容	～1000	大	大

同样,电容的版图设计也需要考虑匹配问题,尽量采用单位电容阵列的方式。图 15-7 所示的是一种匹配较好的电容版图设计,外围采用虚拟电容,以保证匹配性,同时有 n 阱进行隔离,防止噪声干扰。电容上方尽量不走信号线,减小寄生电容的影响。由于电容极板的连线也会产生寄生电容,因此也考虑了电容极板连线的匹配,做出了极板连线端头,如图 15-7 所示,这样可以达到比较好的匹配效果。

15.4.3 电感

在 CMOS 工艺中,片上电感一般采用图 15-8 所示的螺旋结构,平面版图如图 15-8(a)所示。图 15-8(b)所示的是其结构立体示意图,片上螺旋电感的结构参数包括直径 D、线宽 W、间距 S 及圈数 N。由于 CMOS 工艺是平面工艺,因此,其电感值一般都不大,而且由于存在寄生电阻和电容,其品质因数也不高,等效电路如图 15-8(c)所示。

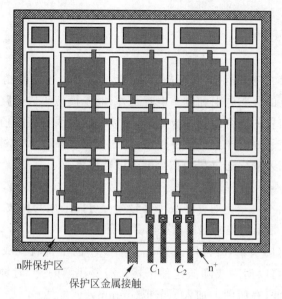

图 15-7 电容的版图设计

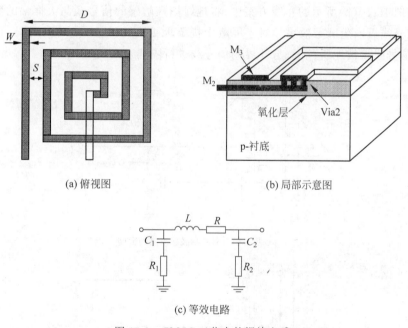

(a) 俯视图   (b) 局部示意图

(c) 等效电路

图 15-8 CMOS 工艺中的螺旋电感

在设计平面电感时应基于以下考虑：直径 D 受限于芯片面积的约束，W、S 和 N 根据希望得到的电感值 L、品质因数 Q 和谐振频率 f_{SR} 而进行优化得到。提高直径 D 有利于提高平面电感的品质因数 Q，然而由于螺旋结构与衬底之间的寄生电容增大了，因而降低了谐振频率 f_{SR}。一般选择直径小于 $200\,\mu m$。在线宽的设计方面，应选择尽量宽的线宽，这样可以降低寄生电阻 R，从而提高品质因数 Q，然而由于趋肤效应又会增加寄生电阻值，因而存在一个优化的宽度值，一般采用 $10\,\mu m < W < 20\,\mu m$。间距 S 应尽量小，这是由于增加间距会降低电感值 L，一般采用工艺允许的最小间距。增加圈数 N 会增加电感值，然而因其会受到直径 D 和线宽 W 的限制，一般根据其他参数的设计而定。

15.5 连线

当今集成电路的特征尺寸越来越小,规模却越来越大,对于高速或高精度电路,连线上的寄生效应必须加以考虑。除了连线上的分布电阻和分布电容之外,对于模拟集成电路,需要特别考虑信号线之间的互扰。特别是存在数字信号的混合信号集成电路,当数字信号线与模拟信号线距离较近时,大摆幅的数字信号线对微弱的模拟信号线会产生严重的侵害,如图15-9(a)所示,时钟信号 ϕ 和数字信号 A 和 Y 会对敏感的模拟放大器的输入输出通过线间耦合电容进行侵害。

从版图布局上,可以让模拟信号线远离数字电路及数字信号线。然而,在混合信号集成电路中,在模拟电路及模拟信号线周围不可避免地存在数字信号线。可以采用两种技术来消除数字信号线对模拟信号线的干扰:第一种方法是采用差分电路,这样,数字信号线对模拟信号线的干扰对于差分信号而言就成为共模干扰,如图15-9(b)所示,时钟线 ϕ 对 v_{IN1} 和 v_{IN2} 的干扰就变成了共模信号干扰,对于高共模抑制比的放大器而言,则可以消除或降低这种干扰。需要注意的是,时钟线 ϕ 对 v_{IN1} 和 v_{IN2} 的耦合路径长度应该保持一致,因此,在版图上加入了虚拟(dummy)匹配线。

第二种方法是对敏感的信号进行屏蔽,如图15-10(a)所示,大摆幅的信号线直接对敏感的信号线造成了侵害。而在图15-10(b)所示的布线方案中,将地线插入敏感的信号线与大摆幅的数字信号线之间,这样对敏感的信号线可产生屏蔽效果。对于屏蔽干扰要求更高的地方,可以采用图15-10(c)所示的方案,这样敏感的信号线就被地所包围,与外界的信号线进行隔离。

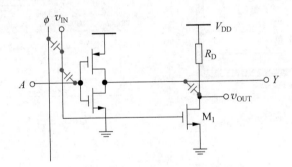

(a) 数字信号对共源极放大器的影响

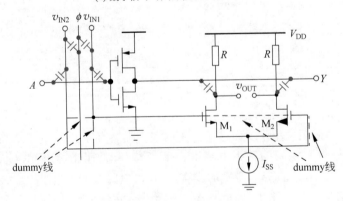

(b) 数字信号对差分电路的影响

图 15-9 数字信号线对模拟电路的影响

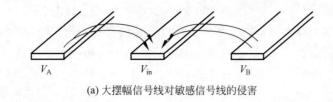

(a) 大摆幅信号线对敏感信号线的侵害

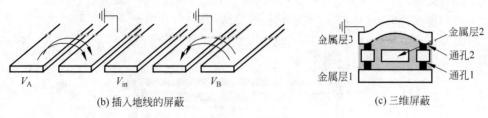

(b) 插入地线的屏蔽　　　　　　　　(c) 三维屏蔽

图 15-10　屏蔽线

15.6　噪声及干扰

这里讨论的噪声问题,主要指在设计时所面临的"衬底噪声耦合"问题。目前,越来越多的芯片上同时集成了数字电路和模拟电路,或者称之为"混合信号"电路。数字信号的翻转会通过衬底耦合到模拟电路部分,如图 15-11 所示。

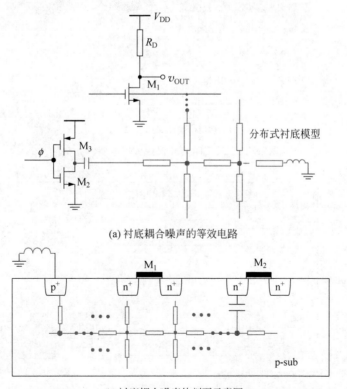

(a) 衬底耦合噪声的等效电路

(b) 衬底耦合噪声的剖面示意图

图 15-11　混合信号电路所面临的"衬底噪声耦合"

为了减小衬底噪声耦合对敏感的模拟电路的影响,在电路设计时,一种方法是模拟电路采用差分工作的方式,以提高对共模噪声的抑制。数字信号以互补的形式分布,从而减小净耦合噪声；另外一种比较有效的方法是采用"隔离环"将敏感的模拟电路同其他产生噪声的电路进行隔离,如图 15-12 所示,利用注入比较深的阱阻止噪声电流在芯片表面流动。在数字电路和模拟电路的整体版图布局安排方面,数字电源和地(VDD 和 GND)与模拟电源和地(VDDA 和 GNDA)采用不同电源网络,在芯片上及封装管脚上增加去耦合电容,如图 15-13 所示,以避免数字电路产生的信号干扰模拟电路的工作。模拟电源如果和数字电源的电压相等,也可以在 PCB 板上连接在一起,但在每个模拟电源和数字电源的引脚处都要增加片外的去耦电容。

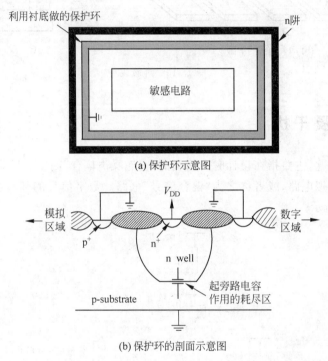

(a) 保护环示意图

(b) 保护环的剖面示意图

图 15-12　采用隔离环保护敏感电路的方案

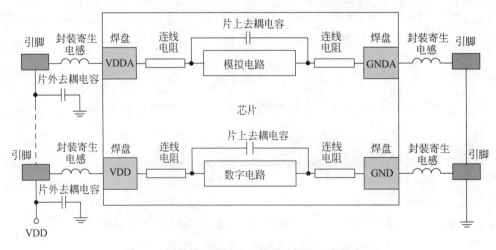

图 15-13　数模混合芯片的模拟数字电源布线布局

在整体布局中,除了采用隔离环等措施外,尽量使敏感的模拟电路远离数字信号区域。图 15-14 所示的是一种可能的版图布局。另外,还有一种有效的措施是在布局完成后,剩余的空间尽量地采用衬底接触或阱接触连接到地和电源上,一方面防止闩锁发生;另一方面也可减小衬底耦合噪声。

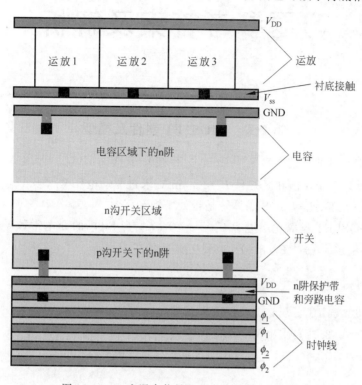

图 15-14　一个混合信号芯片内的版图布局例子

15.7　本章小结

模拟集成电路的版图设计对于模拟集成电路的功能和性能的影响非常大。因此,需要特别重视模拟集成电路的版图设计。模拟集成电路的版图设计特别强调对称性的设计,无论在晶体管的设计中,还是在无源器件、连线走线及版图的布局方面,都体现了这一点。通过合理的布局布线,可以将对模拟电路的干扰转换为共模信号,利用全差分电路来消除共模干扰的影响。对于数模混合信号集成电路,需要关注数字电路对模拟信号的侵害,这种侵害可以通过共模抑制、衬底隔离及合理的布局布线来得以降低和消除。

习题参考答案及解析

第2章　MOSFET器件及模型

1. 一种工艺的 NMOS 的工艺参数 $t_{ox}=4\mathrm{nm}$，$\mu_n=450\mathrm{cm^2/V \cdot s}$，$V_{THN}=0.45\mathrm{V}$，其器件尺寸 $W/L=20$，求 C_{ox}，K_n，为了使其工作在饱和区并且 $I_D=0.3\mathrm{mA}$，求过驱动电压 V_{OD} 及 V_{GS}。如果处于此工作点下的 NMOS 的 $V_{DS}=0.5\mathrm{V}$，此 NMOS 晶体管是否处于饱和区？

解：单位面积 MOSFET 栅氧化层电容 $C_{ox}=\varepsilon_{ox}/t_{ox}$，$\varepsilon_{ox}$ 为 SiO_2 的介电常数 $\varepsilon_{ox}=3.9\varepsilon_o$；$\varepsilon_o$ 为自由空间的介电常数 $\varepsilon_o=8.85\times10^{-14}\mathrm{F/cm}$；$t_{ox}$ 为氧化层厚度。

$$C_{ox}=\frac{\varepsilon_{ox}}{t_{ox}}=\frac{3.9\varepsilon_o}{t_{ox}}=\frac{3.9\times8.85\times10^{-14}}{4\times10^{-9}}\approx8.63\times10^{-7}\mathrm{F/cm^2}$$

$$K_n=\mu_n C_{ox}=450\times8.63\times10^{-7}=388.35\mu\mathrm{A/V^2}$$

应用饱和区电流公式(式(2.12))求出 V_{OD} 为

$$I_D=\frac{1}{2}\mu_n C_{ox}\frac{W}{L}V_{OD}^2$$

$$0.3\times10^{-3}=\frac{1}{2}\times388.35\times10^{-6}\times20\times V_{OD}^2$$

$$|V_{OD}|=0.278\mathrm{V}$$

NMOS 的 V_{OD} 大于 0，所以 $V_{OD}=0.278\mathrm{V}$。

$$V_{GS}=V_{OD}+V_{THN}=0.278+0.45=0.728\mathrm{V}$$

$V_{DS}=0.5\mathrm{V}$，则 $V_{DS}>V_{OD}$，所以 NMOS 晶体管处于饱和区。

2. 一个工艺的 PMOS 的工艺参数 $t_{ox}=4\mathrm{nm}$，$\mu_p=180\mathrm{cm^2/V \cdot s}$，$V_{THP}=-0.5\mathrm{V}$，其器件尺寸 $W/L=50$，求 C_{ox}，K_p，为了使其工作在饱和区并且 $I_D=0.3\mathrm{mA}$，求过驱动电压 V_{OD} 及 V_{GS}。如果处于此工作点下的 PMOS 的 $V_{DS}=-0.2\mathrm{V}$，此 PMOS 晶体管是否处于饱和区？

解：单位面积 MOSFET 栅氧化层电容 $C_{ox}=\varepsilon_{ox}/t_{ox}$，$\varepsilon_{ox}$ 为 SiO_2 的介电常数 $\varepsilon_{ox}=3.9\varepsilon_o$；$\varepsilon_o$ 为自由空间的介电常数 $\varepsilon_o=8.85\times10^{-14}\mathrm{F/cm}$；$t_{ox}$ 为氧化层厚度。

$$C_{ox}=\frac{\varepsilon_{ox}}{t_{ox}}=\frac{3.9\varepsilon_o}{t_{ox}}=\frac{3.9\times8.85\times10^{-14}}{4\times10^{-9}}\approx8.63\times10^{-7}\mathrm{F/cm^2}$$

$$K_p=\mu_p C_{ox}=180\times8.63\times10^{-7}=155.34\mu\mathrm{A/V^2}$$

应用饱和区电流公式求出 V_{OD}，对于 PMOS 管，为了简便，可以全加绝对值，这样所有公式就和 NMOS 管一致了，最后再根据实际情况判断正负即可：

$$|I_D|=\frac{1}{2}\mu_p C_{ox}\frac{W}{L}V_{OD}^2$$

$$0.3 \times 10^{-3} = \frac{1}{2} \times 155.34 \times 10^{-6} \times 50 \times V_{OD}^2$$

$$|V_{OD}| = 0.278V$$

PMOS 的 V_{OD} 小于 0，所以 $V_{OD} = -0.278V$。

$$|V_{OD}| = |V_{GS}| - |V_{THP}|$$

$$0.278 = |V_{GS}| - 0.5$$

$$|V_{GS}| = 0.778V$$

PMOS 的 V_{GS} 小于 0，所以 $V_{GS} = -0.778V$

$V_{DS} = -0.2V$，则 $|V_{DS}| < |V_{OD}|$，所以 PMOS 晶体管不处于饱和区。

3. 一种 $0.5\mu m$ 工艺的 NMOS，$K_n = 120\mu A/V^2$，$W = 16\mu m$，$L = 1\mu m$，沟道长度调制电压 $V_M = 50V$，求 λ。当 $V_{DS} = 1V$，并且 $V_{OD} = 0.5V$ 时，求流经 NMOS 晶体管的漏极电流 I_D，同时求处于此工作点的小信号晶体管模型参数 g_m 和 r_o。如果 V_{DS} 上升至 $2V$，流经 NMOS 晶体管的漏极电流 I_D 为多少？

解： 根据式(2.40)得

$$\lambda = \frac{1}{V_M} = \frac{1}{50} = 0.02$$

当 $V_{DS} = 1V$ 时，因为 $V_{DS} > V_{OD}$，所以 NMOS 处于饱和区。

考虑沟道长度调制效应的影响，根据式(2.21)得

$$I_D = \frac{1}{2}K_n\frac{W}{L}V_{OD}^2(1+\lambda V_{DS})$$

$$= \frac{1}{2} \times 120 \times 10^{-6} \times \frac{16}{1} \times (0.5)^2 \times (1 + 0.02 \times 1)$$

$$= 244.8\mu A$$

根据式(2.39)得

$$g_m = K_n\frac{W}{L}V_{OD} = 120 \times 10^{-6} \times \frac{16}{1} \times 0.5 = 960\mu A/V$$

根据式(2.40)得

$$r_o = \frac{1}{\lambda I_D} = \frac{1}{0.02 \times 244.8 \times 10^{-6}} = 204.25k\Omega$$

考虑沟道长度调制效应的影响，根据式(2.21)有

$$I_D = \frac{1}{2}K_n\frac{W}{L}V_{OD}^2(1+\lambda V_{DS})$$

$$= \frac{1}{2} \times 120 \times 10^{-6} \times \frac{16}{1} \times 10^{-6} \times (0.5)^2 \times (1 + 0.02 \times 2)$$

$$= 249.6\mu A$$

4. 一个放大器中的 NMOS，$V_{GS} = 1.5V$。NMOS 的参数为 $W = 10\mu m$，$L = 1\mu m$，$V_{TH} = 0.7V$，$K_n = 110\mu A/V^2$，$\lambda = 0.1V^{-1}$。求出小信号晶体管模型参数 g_m 和 r_o。

解： 根据式(2.39)得

$$g_m = K_n\frac{W}{L}(V_{GS} - V_{TH}) = 110 \times 10^{-6} \times \frac{10 \times 10^{-6}}{1 \times 10^{-6}} \times (1.5 - 0.7) = 880\mu A/V$$

根据饱和区电流公式(2.12)得

$$I_D = \frac{1}{2} K_n \frac{W}{L} (V_{GS} - V_{TH})^2 = \frac{1}{2} \times 110 \times 10^{-6} \times \frac{10 \times 10^{-6}}{1 \times 10^{-6}} \times (1.5 - 0.7)^2 = 0.352 \text{mA}$$

根据式(2.40)得

$$r_o = \frac{1}{\lambda I_D} = \frac{1}{0.1 \times 0.352 \times 10^{-3}} = 28.4 \text{k}\Omega$$

5. 一个放大器中的 PMOS,$V_{GS} = -1.5$V。NMOS 的参数为 $W = 20\,\mu\text{m}$,$L = 1\,\mu\text{m}$,$V_{TH} = -0.8$V,$K_p = 60\,\mu\text{A/V}^2$,$\lambda = 0.1\,\text{V}^{-1}$。求出小信号晶体管模型参数 g_m 和 r_o。

解:根据式(2.39),对于 PMOS 管,取绝对值进行运算,有

$$g_m = K_p \frac{W}{L} (|V_{GS}| - |V_{TH}|) = 60 \times 10^{-6} \times \frac{20 \times 10^{-6}}{1 \times 10^{-6}} \times (1.5 - 0.8) = 840\,\mu\text{A/V}$$

根据饱和区电流公式(2.12),有

$$|I_D| = \frac{1}{2} K_p \frac{W}{L} (|V_{GS}| - |V_{TH}|)^2 = \frac{1}{2} \times 60 \times 10^{-6} \times \frac{20 \times 10^{-6}}{1 \times 10^{-6}} \times (1.5 - 0.8)^2 = 294\,\mu\text{A}$$

根据式(2.40),有

$$r_o = \frac{1}{\lambda |I_D|} = \frac{1}{0.1 \times 294 \times 10^{-6}} \approx 34 \text{k}\Omega$$

6. 图 2-18 所示的 NMOS 放大器,$V_{GS} = 1.5$V,$V_{DD} = 5$V,$R_D = 10 \text{k}\Omega$。NMOS 的参数为 $W = 10\,\mu\text{m}$,$L = 1\,\mu\text{m}$,$V_{TH} = 0.7$V,$K_n = 110\,\mu\text{A/V}^2$,$\lambda = 0.1\,\text{V}^{-1}$。进行 SPICE 仿真:输入 V_{GS} 从 0V 变化到 5V,考查输入输出特性;在 $V_{GS} = 1.5$V 的偏置下,并且驱动 $C_{LD} = 2.0$pF 的电容负载情况下,考查电路的幅频特性与相频特性;在 $V_{GS} = 1.5$V 的偏置下,叠加幅度为 0.001V 频率为 100kHz 的正弦信号,考查输出的瞬态特性。

解:

```
 * DC, AC and TRAN analysis for AMP in figure 2-18
M1 out in gnd gnd MOSN w = 10u l = 1.0u
RD out vdd 10K
CLD out gnd 2p

Vdd vdd 0 DC 5.0
Vgnd gnd 0 DC 0.0
Vgs in 0 DC 1.5 AC 1.0 sin(1.5 0.001 100KHz)

.op
.dc Vgs 0 5 0.1
.ac DEC 20 100 1000MEG
.tran 0.1uS 30u

.save all
.plot dc V(out)
.plot dc I(Vdd)
.plot ac V(out)
.plot ac VP(out)
.plot tran V(in)
.plot tran V(out)
.probe
```

```
* model
.MODEL MOSN NMOS VTO = 0.7 KP = 110U
+ LAMBDA = 0.1 GAMMA = 0.4 PHI = 0.7

.end
```

直流工作点(.OP)的 SPICE 仿真结果给出：

```
****** operating point information tnom = 25.000 temp = 25.000 *****
***** operating point status is all simulation time is 0.
      node - voltage          node = voltage          node - voltage
    + 0:in = 1.5000         0:out = 1.0947         0:vdd = 5.0000
```

可见，当输入 V_{GS} 为 1.5V 时，输出为 1.0618V。根据理论的计算结果输出为 1.48V。

直流扫描分析的 SPICE 仿真结果如图 A-1 和图 A-2 所示。

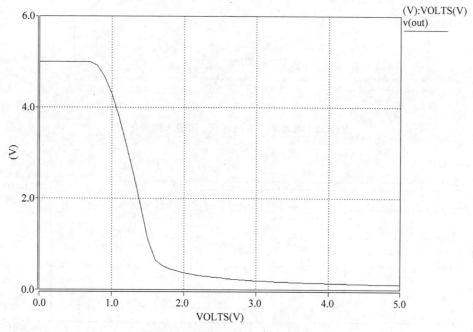

图 A-1　放大器的电压转移特性

电源电流 I_{DD} 随输入变化的特性如图 A-2 所示，此电流与流经 NMOS 晶体管的电流大小相等方向相反。可见当输入 $V_{GS}=1.5V$ 时，支路电流为 0.39mA。根据理论的计算结果为 0.39mA。

交流分析的 SPICE 仿真结果如图 A-3 所示。

当 NMOS 晶体管偏置在饱和区时，图 2-18 所示的 NMOS 放大器的增益可以表示为

$$A_v = -g_m(R_D \parallel r_o)$$

当输入 $V_{GS}=1.5V$ 时，根据理论计算的 g_m 和 r_o，可以得到

$$A_v = -g_m(R_D \parallel r_o) = 165 \times 10^{-6} \times (10 \parallel 1010) \times 10^3 \approx 8.77 = 18.85 \text{dB}$$

仿真得到的增益约为 17.17dB。从图 A-2 所示的转移特性和图 A-3 所示的幅频特性中可见，仿真与理论计算的结果在同一个量级上。

瞬态(TRAN)分析的 SPICE 仿真结果如图 A-4 所示。

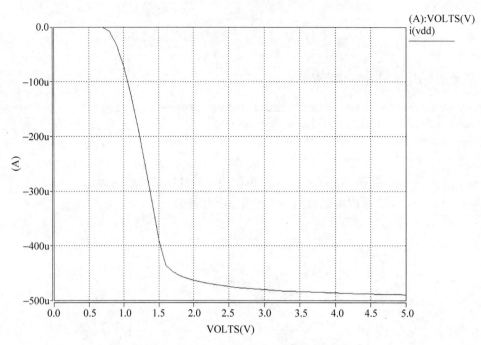

图 A-2　电源 V_{DD} 的电流 I_{DD} 随输入的变化

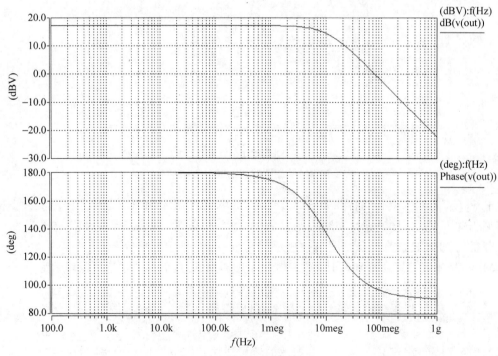

图 A-3　放大器的幅频特性和相频特性

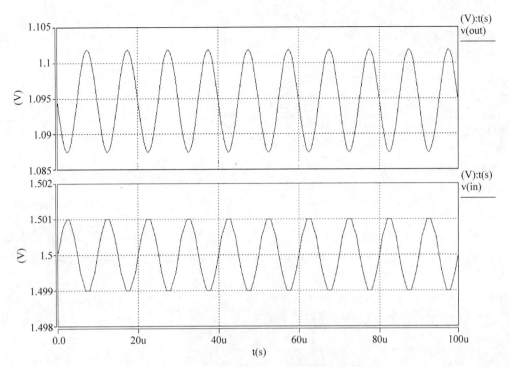

图 A-4　输入节点和输出节点的瞬态波形

从图 A-4 所示的瞬态仿真波形中可见,当输入施加 $0.001V$ 振幅的正弦信号时,输出接近 $0.0715V$ 振幅,可见增益接近 7.15,并且输出信号与输入信号的关系是反相的。仿真与理论计算的结果接近。

7. 一种 $0.5\,\mu m$ 工艺中的 MOSFET 采用 BSIM3 描述 SPICE 器件模型,如果需要采用此工艺进行电路设计,假设对于长沟器件,如何获得用于电路计算的器件阈值电压 V_{TH} 及工艺常数(即 $K'=\mu_n C_{ox}=\mu_n \varepsilon_{ox}/t_{ox}$)。

解:取几组不同的 W 和 L,然后设置 V_{GS} 和 V_{DS} 让 MOS 管工作在饱和区,仿真得到阈值电压 V_{TH};根据仿真出来的电流结果,使用饱和区电流公式计算出用于手工设计的 K'。

注意:此题答案不唯一,这里给出了其中一种方法的参考答案。

第 3 章　CMOS 电流源与电流镜

1. 求基本电流源的输出电流,对于图 3-1 所示的 NMOS 基本电流源,如果想要获得 $100\,\mu A$ 的电流输出,输出电压 v_{OUT} 最低应该为多少? NMOS 的参数为 $W=20\,\mu m$,$L=1\,\mu m$,$V_{THN}=0.7V$,$K_n=110\,\mu A/V^2$,$\lambda=0.04V^{-1}$。在考虑沟道长度调制效应的情况下,分别计算当 $v_{OUT}=2V$ 和 $v_{OUT}=4V$ 时的输出电流。

解:图 3-1 所示的电流源正常工作时需将 NMOS 晶体管偏置在其饱和区,栅-源电压 $v_{GS}=V_{BIAS}$,$K_n=\mu_n C_{ox}=110\,\mu A/V^2$,忽略沟道长度调制效应,$M_1$ 的漏端输出电流为

$$i_{OUT}=\frac{1}{2}\mu_n C_{ox}\frac{W}{L}(V_{BIAS}-V_{THN})^2=\frac{1}{2}\times 110\times 10^{-6}\times\frac{20\times 10^{-6}}{1\times 10^{-6}}\times(V_{BIAS}-0.7)^2=0.1mA$$

得到 $V_{BIAS}\approx 1.0015V$。

输出电压的最小值为

$$v_{\text{OUT}} \geqslant V_{\text{BIAS}} - V_{\text{THN}} = 1.0015 - 0.7 = 0.3015\text{V}$$

考虑沟道长度调制效应,当 $v_{\text{OUT}} = 2\text{V}$ 时,有

$$i_{\text{OUT}} = \frac{1}{2}\mu_{\text{n}}C_{\text{ox}}\frac{W}{L}(V_{\text{BIAS}} - V_{\text{THN}})^2(1 + \lambda v_{\text{OUT}})$$

$$= \frac{1}{2} \times 110 \times 10^{-6} \times \frac{20 \times 10^{-6}}{1 \times 10^{-6}} \times (1.0015 - 0.7)^2 \times (1 + 0.04 \times 2) \approx 108\mu\text{A}$$

考虑沟道长度调制效应,当 $v_{\text{OUT}} = 4\text{V}$ 时,有

$$i_{\text{OUT}} = \frac{1}{2}\mu_{\text{n}}C_{\text{ox}}\frac{W}{L}(V_{\text{BIAS}} - V_{\text{THN}})^2(1 + \lambda v_{\text{OUT}})$$

$$= \frac{1}{2} \times 110 \times 10^{-6} \times \frac{20 \times 10^{-6}}{1 \times 10^{-6}} \times (1.0015 - 0.7)^2 \times (1 + 0.04 \times 4) \approx 116\mu\text{A}$$

2. 求基本电流源的小信号输出电阻,对于图 3-1 所示的 NMOS 基本电流源,晶体管处于饱和区,获得 $100\mu\text{A}$ 的电流输出,求出此 NMOS 电流源的小信号输出电阻是多少? NMOS 的参数为 $W = 20\mu\text{m}$, $L = 1\mu\text{m}$, $V_{\text{THN}} = 0.7\text{V}$, $K_{\text{n}} = 110\mu\text{A/V}^2$, $\lambda = 0.04\text{V}^{-1}$。

解:对于图 3-1 所示的 NMOS 基本电流源,晶体管处于饱和区,$I_{\text{OUT}} = 0.1\text{mA}$,$\lambda = 0.04\text{V}^{-1}$,根据式(3.4),此 NMOS 电流源的小信号输出电阻表示为

$$r_{\text{out}}^{-1} = \frac{\partial i_{\text{OUT}}}{\partial v_{\text{OUT}}} \approx \lambda I_{\text{OUT}}$$

因此解得 $r_{\text{out}} = 250\text{k}\Omega$。

3. 对于图 3-2 所示的 PMOS 基本电流源,$V_{\text{DD}} = 5\text{V}$,如果想要获得 $100\mu\text{A}$ 的电流输出,在不考虑沟道长度调制效应的情况下,M_1 的输入偏置电压(即栅-源电压)应该是多少?输出电压 v_{OUT} 最高应该为多少? PMOS 晶体管的参数为 $W = 20\mu\text{m}$, $L = 1\mu\text{m}$, $V_{\text{THP}} = -0.7\text{V}$, $K_{\text{p}} = 50\mu\text{A/V}^2$, $\lambda = 0.05\text{V}^{-1}$。在考虑沟道长度调制效应的情况下,分别计算当 $v_{\text{OUT}} = 1\text{V}$ 和 $v_{\text{OUT}} = 3\text{V}$ 时的输出电流。

解:对于图 3-2 所示的 PMOS 基本电流源,$V_{\text{GS}} = V_{\text{BIAS}} - V_{\text{DD}}$,$K_{\text{p}} = 50\mu\text{A/V}^2$,在不考虑沟道长度调制效应时,有

$$i_{\text{OUT}} = \frac{1}{2}\mu_{\text{p}}C_{\text{ox}}\frac{W}{L}(|V_{\text{GS}}| - |V_{\text{THP}}|)^2 = \frac{1}{2} \times 50 \times 10^{-6} \times \frac{20 \times 10^{-6}}{1 \times 10^{-6}} \times (|V_{\text{GS}}| - 0.7)^2 = 0.1\text{mA}$$

解得 $|V_{\text{GS}}| = 1.147\text{V}$,因此,$V_{\text{GS}} = -1.147\text{V}$,$V_{\text{BIAS}} = 3.853\text{V}$。

为了保证电流源的性能,M_1 处于饱和区,因此,输出节点的电压应保证

$$|v_{\text{OUT}} - V_{\text{DD}}| \geqslant |V_{\text{BIAS}} - V_{\text{DD}}| - |V_{\text{THP}}|$$

$$v_{\text{OUT}} \leqslant 3.853 + 0.7 = 4.553\text{V}$$

输出电压 v_{OUT} 最高为 4.553V。

在考虑沟道长度调制效应的情况下,当 $v_{\text{OUT}} = 1\text{V}$ 时,$|v_{\text{DS}}| = V_{\text{DD}} - v_{\text{OUT}} = 5 - 1 = 4\text{V}$,有

$$i_{\text{OUT}} = \frac{1}{2}\mu_{\text{p}}C_{\text{ox}}\frac{W}{L}(|V_{\text{GS}}| - |V_{\text{THP}}|)^2(1 + \lambda|v_{\text{DS}}|)$$

$$= \frac{1}{2} \times 50 \times 10^{-6} \times \frac{20 \times 10^{-6}}{1 \times 10^{-6}} \times (1.147 - 0.7)^2 \times (1 + 0.05 \times 4) \approx 0.120\text{mA}$$

在考虑沟道长度调制效应的情况下,当 $v_{\text{OUT}} = 3\text{V}$ 时,$|v_{\text{DS}}| = V_{\text{DD}} - v_{\text{OUT}} = 5 - 3 = 2\text{V}$,有

$$i_{\text{OUT}} = \frac{1}{2}\mu_{\text{p}}C_{\text{ox}}\frac{W}{L}(|V_{\text{GS}}| - |V_{\text{THP}}|)^2(1 + \lambda|v_{\text{DS}}|)$$

$$= \frac{1}{2} \times 50 \times 10^{-6} \times \frac{20 \times 10^{-6}}{1 \times 10^{-6}} \times (1.147 - 0.7)^2 \times (1 + 0.05 \times 2) \approx 0.110 \text{mA}$$

4. 对于图 3-2 所示的 PMOS 基本电流源，晶体管处于饱和区，获得 $100\mu\text{A}$ 的电流输出，求出此 PMOS 电流源的小信号输出电阻是多少？PMOS 晶体管的参数为 $W = 20\mu\text{m}$，$L = 1\mu\text{m}$，$V_{\text{THP}} = -0.7\text{V}$，$K_p = 50\mu\text{A/V}^2$，$\lambda = 0.05\text{V}^{-1}$。

解：对于图 3-2 所示的 PMOS 基本电流源，晶体管处于饱和区，$I_{\text{OUT}} = 0.1\text{mA}$，$\lambda = 0.05\text{V}^{-1}$，根据式(3.4)，此 PMOS 电流源的小信号输出电阻表示为

$$r_{\text{out}}^{-1} = \frac{\partial i_{\text{OUT}}}{\partial v_{\text{OUT}}} \approx \lambda I_{\text{OUT}}$$

解得 $r_{\text{out}} = 200\text{k}\Omega$。

5. 对于图 3-17 所示的 PMOS 共源共栅电流源，$V_{\text{DD}} = 5\text{V}$，如果想要获得 0.1mA 的电流输出，在不考虑沟道长度调制效应的情况下，M_1 的输入偏置电压 V_{BIAS1} 应该是多少？M_2 的栅极偏置电压 V_{BIAS2} 最高应该是多少？输出电压 v_{OUT} 最高应该为多少？PMOS 的参数为 $V_{\text{THP}} = -0.7\text{V}$，$K_p = 50\mu\text{A/V}^2$，$\lambda = 0.05\text{V}^{-1}$。假设所有 PMOS 晶体管的尺寸都为 $W = 20\mu\text{m}$，$L = 1\mu\text{m}$。

解：对于图 3-17 所示的 PMOS 共源共栅电流源，正常工作时，MOS 管处于饱和区，输出电流由 M_1 的漏极电流决定，$I_{\text{OUT}} = 0.1\text{mA}$，这里 $V_{\text{GS1}} = V_{\text{BIAS1}} - V_{\text{DD}}$，$K_p = 50\mu\text{A/V}^2$，$V_{\text{THP}} = -0.7\text{V}$，在不考虑沟道长度调制效应时，有

$$i_{\text{OUT}} = \frac{1}{2}\mu_p C_{\text{ox}} \frac{W}{L}(|V_{\text{GS1}}| - |V_{\text{THP}}|)^2 = \frac{1}{2} \times 50 \times 10^{-6} \times \frac{20 \times 10^{-6}}{1 \times 10^{-6}} \times (|V_{\text{GS1}}| - 0.7)^2 = 0.1\text{mA}$$

解得 $|V_{\text{GS1}}| = 1.147\text{V}$，因此，$V_{\text{GS1}} = -1.147\text{V}$，$V_{\text{BIAS1}} = 3.853\text{V}$。$M_1$ 的过驱动电压 $|V_{\text{OD1}}| = |V_{\text{GS1}}| - |V_{\text{THP}}| = 0.447\text{V}$。

M_2 处于饱和区，忽略沟道长度调制效应，有

$$i_{\text{OUT}} = \frac{1}{2}\mu_p C_{\text{ox}} \frac{W}{L}(|V_{\text{GS2}}| - |V_{\text{THP}}|)^2 = \frac{1}{2} \times 50 \times 10^{-6} \times \frac{20 \times 10^{-6}}{1 \times 10^{-6}} \times (|V_{\text{GS2}}| - 0.7)^2 = 0.1\text{mA}$$

解得 $|V_{\text{GS2}}| = 1.147\text{V}$，因此，$V_{\text{GS2}} = -1.147\text{V}$，$|V_{\text{OD2}}| = |V_{\text{GS2}} - V_{\text{THP}}| = 0.447\text{V}$。

$$V_{\text{BIAS2}} - V_{\text{GS2}} \leqslant V_{\text{DD}} - |V_{\text{OD2}}|$$

解得 $V_{\text{BIAS2}} \leqslant 3.406\text{V}$，因此 V_{BIAS2} 的最高输入电压为 3.406V。

而输出电压 v_{OUT} 的最高值为

$$v_{\text{OUT}} \leqslant V_{\text{DD}} - |V_{\text{OD1}}| - |V_{\text{OD2}}| = 4.106\text{V}$$

6. 对于图 3-17 所示的 PMOS 共源共栅电流源，所有晶体管都处于饱和区，获得 0.1mA 的电流输出，共源共栅电流源的小信号输出电阻是多少？PMOS 的参数为 $V_{\text{THP}} = -0.7\text{V}$，$K_p = 50\mu\text{A/V}^2$，$\lambda = 0.05\text{V}^{-1}$。假设所有 PMOS 晶体管的尺寸都为 $W = 20\mu\text{m}$，$L = 1\mu\text{m}$。

解：所有 PMOS 晶体管都处于饱和区，根据式(3.12)，为了计算此共源共栅电流源的小信号输出电阻，如果忽略体效应，需要计算出 r_{o1}、r_{o2}、g_{m2}。流经晶体管的电流为 0.1mA，根据式(2.39)，有

$$g_{\text{m2}} = \sqrt{\left(2K_p \frac{W}{L}\right)I_{\text{D}}} = \sqrt{\left(2 \times 50 \times 10^{-6} \times \frac{20 \times 10^{-6}}{1 \times 10^{-6}}\right) \times 0.1 \times 10^{-3}} = 447.2\mu\text{A/V}$$

根据式(2.40)，有

$$r_{\text{o1}} = r_{\text{o2}} = \frac{1}{\lambda I_{\text{D}}} = \frac{1}{0.05 \times 0.1 \times 10^{-3}} = 200\text{k}\Omega$$

由此,根据式(3.12),有

$$r_{out} \approx (g_{m2}r_{o2})r_{o1} = 447.2 \times 10^{-6} \times 200 \times 10^3 \times 200 \times 10^3 \approx 17.888 M\Omega$$

7. 对于图 3-10 所示的共源共栅电流镜,$I_{REF} = 0.1 mA$。如果想要获得 $I_{OUT} = 0.2 mA$ 的电流输出,如何设计此共源共栅电流镜电路中的器件尺寸?输出电压 v_{OUT} 最低应该为多少?NMOS 的参数为 $V_{THN} = 0.7V$,$K_n = 110 \mu A/V^2$,$\lambda = 0.04 V^{-1}$。NMOS 晶体管 M_0 和 M_1 的尺寸都为 $W = 20 \mu m$,$L = 1 \mu m$。

解:所有的 NMOS 管都工作在饱和区,要使电流精准复制,则要使 $V_X = V_Y$,而 $V_B = V_{GS0} + V_X = V_{GS3} + V_Y$,因此只要保证 $\dfrac{(W/L)_3}{(W/L)_0} = \dfrac{(W/L)_2}{(W/L)_1}$,此时 $V_X = V_Y$,$V_{GS0} = V_{GS3}$,实现电流精准复制。因此

$$i_{OUT} = \frac{(W/L)_2}{(W/L)_1} i_{OUT} = 0.2 mA$$

所以,使 M_2 和 M_3 的尺寸都为 $W/L = 40$ 即可,这里取 $W = 40 \mu m$,$L = 1 \mu m$。

所有 MOS 晶体管处于饱和区,忽略沟道长度调制效应,有

$$I_{REF} = \frac{1}{2} \mu_n C_{ox} \frac{W}{L} (V_{GS1} - V_{THN1})^2 = \frac{1}{2} \times 110 \times 10^{-6} \times \frac{20 \times 10^{-6}}{1 \times 10^{-6}} \times (V_{GS1} - 0.7)^2 = 0.1 mA$$

解得 $V_{GS1} \approx 1.0015 V$。

$$I_{out} = \frac{1}{2} \mu_n C_{ox} \frac{W}{L} (V_{GS3} - V_{THN3})^2 = \frac{1}{2} \times 110 \times 10^{-6} \times \frac{40 \times 10^{-6}}{1 \times 10^{-6}} \times (V_{GS3} - 0.7)^2 = 0.2 mA$$

解得 $V_{GS3} \approx 1.0015 V$。

其输出节点处的电压应保证

$$v_{OUT} \geqslant V_{GS1} + (V_{GS3} - V_{THN3}) = 1.0015 + 0.3015 = 1.303 V$$

输出电压最小值为 $1.303 V$。

8. 对于图 3-13(a) 所示的大摆幅共源共栅电流镜,$I_{REF} = 0.1 mA$。偏置电压 V_B 最低是多少?输出电压 v_{OUT} 最低应该为多少?如何设计提供 V_B 电压的偏置电路?NMOS 的参数为 $V_{THN} = 0.7V$,$K_n = 110 \mu A/V^2$,$\lambda = 0.04 V^{-1}$。假设所有 NMOS 晶体管的尺寸都为 $W = 20 \mu m$,$L = 1 \mu m$。

解:为了使 M_1 处于饱和区,应满足 $V_X \geqslant V_Z - V_{THN1}$,而 $V_X = V_B - V_{GS0}$,为了使 M_0 处于饱和区,应满足 $V_Z \geqslant V_B - V_{THN0}$,而 $V_Z = V_{GS1}$,由此可得

$$V_{GS0} + (V_{GS1} - V_{THN1}) \leqslant V_B \leqslant V_{GS1} + V_{THN0}$$

即当 $V_{GS0} - V_{THN0} \leqslant V_{THN1}$ 时 V_B 有解,且最低值 $V_B = V_{GS0} + (V_{GS1} - V_{THN1})$。

因为所有 NMOS 管的尺寸相同,因此 $I_{REF} = I_{OUT}$,忽略沟道长度调制效应,有

$$I_{REF} = \frac{1}{2} \mu_n C_{ox} \frac{W}{L} (V_{GS0} - V_{THN0})^2 = \frac{1}{2} \times 110 \times 10^{-6} \times \frac{20 \times 10^{-6}}{1 \times 10^{-6}} \times (V_{GS0} - 0.7)^2 = 0.1 mA$$

解得 $V_{GS0} \approx 1.0015 V$。

$$I_{REF} = \frac{1}{2} \mu_n C_{ox} \frac{W}{L} (V_{GS1} - V_{THN1})^2 = \frac{1}{2} \times 110 \times 10^{-6} \times \frac{20 \times 10^{-6}}{1 \times 10^{-6}} \times (V_{GS1} - 0.7)^2 = 0.1 mA$$

解得 $V_{GS1} \approx 1.0015 V$。

因此,最低值 $V_B = V_{GS0} + (V_{GS1} - V_{THN1}) = 1.0015 + 0.3015 = 1.303 V$。

当选择 $V_B = V_{GS0} + (V_{GS1} - V_{THN1}) = V_{GS3} + (V_{GS2} - V_{THN2})$ 时,电流镜消耗最小的电压裕度,即其输出节点的最小电压可以降低至

$$v_{\text{OUT,min}} = (V_{\text{GS3}} - V_{\text{THN3}}) + (V_{\text{GS2}} - V_{\text{THN2}}) = (V_{\text{GS0}} - V_{\text{THN0}}) + (V_{\text{GS1}} - V_{\text{THN1}}) = 0.603V$$

设计时使 M_5 提供 $V_{\text{GS5}} \approx V_{\text{GS0}}$，$M_4$ 和 R_B 提供 $V_{\text{DS4}} = V_{\text{GS4}} - R_B I_1 \approx V_{\text{GS1}} - V_{\text{THN1}} = V_{\text{OD1}}$ 即可。

9. 对于图 3-16 所示的调节型共源共栅电流镜，所有晶体管都处于饱和区，$I_{\text{REG}} = I_{\text{REF}} = 0.1\text{mA}$，获得 $100\mu A$ 的电流输出。求出此调节型共源共栅电流镜的小信号输出电阻是多少？NMOS 的参数为 $W = 20\mu m$，$L = 1\mu m$，$V_{\text{THN}} = 0.7V$，$K_n = 110\mu A/V^2$，$\lambda = 0.04V^{-1}$。

解：所有 MOS 管都处于饱和区，$I_{\text{REF}} = I_{\text{OUT}} = 0.1\text{mA}$，根据公式（3.32），要求出 r_{o1}、r_{o2}、r_{o3}、g_{m1}、g_{m3} 的值，根据式（2.39），有

$$g_{m2} = \sqrt{\left(2K_n \frac{W}{L}\right) I_D} = \sqrt{\left(2 \times 110 \times 10^{-6} \times \frac{20 \times 10^{-6}}{1 \times 10^{-6}}\right) \times 0.1 \times 10^{-3}} = 663.3\mu A/V$$

根据式（2.40），有

$$r_{o1} = r_{o2} = r_{o3} = \frac{1}{\lambda I_D} = \frac{1}{0.04 \times 0.1 \times 10^{-3}} = 250\text{k}\Omega$$

由此，根据公式（3.32），有

$$r_{\text{out}} = r_{o1} + r_{o2}(1 + g_{m1}r_{o1} + g_{m1}r_{o1}g_{m3}r_{o3}) \approx r_{o2}g_{m1}r_{o1}g_{m3}r_{o3}$$
$$= (250 \times 10^3)^3 \times (663.3 \times 10^{-6})^2$$
$$\approx 6874.48\text{M}\Omega$$

第 4 章　基准源

1. 集电极电流可以写成 $I_C = I_S \exp(V_{\text{BE}}/V_T)$，其中，$I_S$ 是饱和电流；$V_T = kT/q$，k 为玻耳兹曼常数。推导图 4-19 中电路 ΔV_{BE} 的温度系数表达式。忽略电路中的基极电流。

解：由集电极电流公式可得：$V_{\text{BE}} = V_T \ln(I_C/I_S)$，流经 Q_1 的集电极电流约为 mI_0，发射极电流约为 I_s，而流经 Q_2 的集电极电流约为 I_0，发射极电流约为 nI_s，基极电流可以忽略，得

$$\Delta V_{\text{BE}} = V_{\text{BE1}} - V_{\text{BE2}} = V_T \ln\left(\frac{mI_0}{I_s}\right) - V_T \ln\left(\frac{I_0}{nI_s}\right) = V_T \ln(mn)$$

因此，ΔV_{BE} 的温度系数表达式为

$$\frac{\partial \Delta V_{\text{BE}}}{\partial T} = \frac{k}{q} \ln(mn)$$

2. 对于图 4-12 所示的基于电流镜的简单电流基准，其也可以看作采用 MOS 电压基准源构成的电流源，$V_{\text{DD}} = 3V$，电阻 $R = 10\text{k}\Omega$，输出电压基准 V_{REF} 为多少？输出电流 I_{OUT} 是多少？NMOS 的参数为 $V_{\text{THN}} = 0.7V$，$K_n = 110\mu A/V^2$，$\lambda = 0.04V^{-1}$。NMOS 晶体管 M_1 的尺寸为 $W = 20\mu m$，$L = 1\mu m$；M_2 的尺寸为 $W = 40\mu m$，$L = 1\mu m$。

解：当电路正常工作时，M_1 和 M_2 处于饱和区，输出电压基准 V_{REF} 等于处于饱和区的 M_1 管的栅-源电压 V_{GS1}。忽略沟道长度调制效应，有

$$I_{\text{REF}} = \frac{1}{2}\mu_n C_{\text{ox}}\left(\frac{W}{L}\right)_1 (V_{\text{GS1}} - V_{\text{THN}})^2 = \frac{1}{2}\beta_n(V_{\text{GS1}} - V_{\text{THN}})^2$$

其中

$$\beta_n = \mu_n C_{\text{ox}}\left(\frac{W}{L}\right)_1 = 110 \times 10^{-6} \times \frac{20 \times 10^{-6}}{1 \times 10^{-6}} = 2.2\text{mA}/V^2$$

得

$$V_{REF} = V_{GS1} = V_{THN} + \sqrt{\frac{2I_{REF}}{\beta_n}}$$

而流经 M_1 晶体管的电流由电阻 R 确定,为

$$I_{REF} = \frac{V_{DD} - V_{REF}}{R}$$

由此可得

$$V_{REF} = V_{THN} - \frac{1}{R\beta_n} + \sqrt{\frac{2(V_{DD} - V_{THN})}{R\beta_n} + \frac{1}{R^2\beta_n^2}}$$

$$= 0.7 - \frac{1}{10 \times 2.2} + \sqrt{\frac{2 \times 2.3}{10 \times 2.2} + \frac{1}{(10 \times 2.2)^2}}$$

$$\approx 1.11V$$

$$I_{OUT} = \frac{(W/L)_2}{(W/L)_1} I_{REF} = \frac{(W/L)_2}{(W/L)_1} \frac{V_{DD} - V_{GS1}}{R} = 378\mu A$$

3. 对于图 4-15 所示的与电源无关的电流基准源,如果想要获得 $0.1mA$ 的电流输出,则在不考虑沟道长度调制效应的情况下,当 $n = 4$ 时,R_s 取多大值? PMOS 的参数为 $V_{THP} = -0.7V$,$K_p = 50\mu A/V^2$。PMOS 晶体管 M_3 的尺寸为 $W = 20\mu m$,$L = 1\mu m$。

解: 电路正常工作时所有的 MOS 管处于饱和区,因为 R_s 起到限制 M_4 支路电流的作用,并且 NMOS 管具有相同的尺寸,因此有 $I_{OUT} = I_{REF}$。可以写出

$$|V_{GS3}| = |V_{GS4}| + I_{OUT}R_s$$

忽略沟道长度调制效应和体效应,可得

$$|V_{THP}| + \sqrt{\frac{2I_{OUT}}{\beta_P}} = |V_{THP}| + \sqrt{\frac{2I_{OUT}}{n\beta_P}} + I_{OUT}R_s$$

这里 $K_p = \mu_p C_{ox} = 50\mu A/V^2$,$\beta_p = \mu_p C_{ox}\left(\frac{W}{L}\right)_p = 1mA/V^2$,$n = 4$,计算得出

$$I_{OUT} = \frac{2}{\beta_p} \frac{1}{R_s^2}\left(1 - \frac{1}{\sqrt{n}}\right)^2 = 0.1mA$$

得到 $R_s \approx 2.236k\Omega$。

4. 对于图 4-18 所示的带隙基准源,进行温度补偿得到零温度系数,采用一种 CMOS 工艺进行实现,当 $V_{EB} \approx 670mV$,在室温下 $T_0 = 300K$ 时,其工艺兼容的 PNP 晶体管的 V_{EB} 的温度系数约为 $-1.99mV/K$,如何进行此带隙基准电路的设计?输出电压基准为多少?

解: M_5 上流经的 PTAT 电流在 R_2 上产生 PTAT 电压,然后加上 Q_3 的 EB 结压降,便可构成带隙基准电压。正常工作时所有的 MOS 管处于饱和区,为了分析简单,设 M_1、M_2 及 M_3、M_4 均为相同的 MOS 对管,为了使两个支路电流相等,X 点和 Y 点电压也必然相等,因此

$$I_{PTAT} = I_R = \frac{V_{EB1} - V_{EB2}}{R_1} = \frac{V_T \ln n}{R_1}$$

带隙基准电压为

$$V_{REF} = \frac{V_T \ln n}{R_1} \cdot R_2 + V_{EB3}$$

当 $V_{EB} \approx 670mV$,在室温下 $T_0 = 300K$ 时,其工艺兼容的 PNP 晶体管的 V_{EB} 的温度系数约为

-1.99mV/K, 而 $\partial V_T/\partial T \approx 0.087\text{mV/K}$, $V_T=0.026\text{V}$。为了达到零温度系数,可以计算得到 $(R_2/R_1)\ln n=22.87$。为了便于版图设计并且具有更好的匹配性,考虑采用 $n=8$ 的设计。而对于电阻值的设计,可以根据 PNP 晶体管的偏置状态及电路的功耗要求来进行,这里假设电阻 $R_2=22\text{k}\Omega$ 可以使得 PNP 晶体管中的 PN 结偏置在良好的正向导通区,并且尽量降低功耗(在实际设计中这需要进行仔细的仿真来确定)。此时,$R_1=2\text{k}\Omega$。因此

$$V_{\text{REF}} = \frac{V_T\ln n}{R_1} \cdot R_2 + V_{\text{EB3}} = 0.67 + 22.87 \times 0.026 = 1.265\text{V}$$

第 5 章　CMOS 单级放大器

1. 在图 5-3(a)所示的线性放大器中,测量到的信号瞬时值为 $v_{\text{IN}}(t)=V_{\text{IN}}+v_{\text{in}}(t)=2+2\sin 400t$ (mV), $i_{\text{IN}}(t)=I_{\text{IN}}+i_{\text{in}}(t)=0.1+0.1\sin 400t$ (μA), $v_{\text{OUT}}(t)=V_{\text{OUT}}+v_{\text{out}}(t)=0.5+0.5\sin 400t$ (V) 及 $R_L=0.5\text{k}\Omega$。说明放大器的工作点,并求放大器的直流增益 A_{dc} 及小信号增益 A_v、A_i、A_p 和 R_i。

解:在线性放大器中,先考虑直流部分,如果施加一个直流输入信号 $v_{\text{IN}}=V_{\text{IN}}=2\text{mV}$,则输出 v_{OUT} 为直流输出电压 $v_{\text{OUT}}=V_{\text{OUT}}=A_v V_{\text{IN}}=0.5\text{V}$,放大器工作在工作点处。直流增益则表示为

$$A_{\text{dc}} = \frac{V_{\text{OUT}}}{V_{\text{IN}}} = \frac{0.5}{2\times 10^{-3}} = 250\text{V/V}$$

再考虑交流小信号部分,测量到的小信号瞬时值为 $v_{\text{in}}(t)=2\sin 400t\,(\text{mV})$, $i_{\text{in}}(t)=0.1\sin 400t$ (μA), $v_{\text{out}}(t)=0.5\sin 400t\,(\text{V})$,相应的小信号量值可以表示为 $v_{\text{in}}=2\text{mV}$, $v_{\text{out}}=0.5\text{V}$ 及 $i_{\text{in}}=0.1\,\mu\text{V}$。负载电流的小信号量值可以表示为

$$i_{\text{out}} = \frac{v_{\text{out}}}{R_L} = \frac{0.5}{0.5\times 10^3} = 1\text{mA}$$

电压增益为

$$A_v = \frac{v_{\text{out}}}{v_{\text{in}}} = \frac{0.5}{2\times 10^{-3}} = 250\text{V/V}$$

采用分贝表示为 $20\log(250) \approx 47.96\text{dB}$。

电流增益为

$$A_i = \frac{i_{\text{out}}}{i_{\text{in}}} = \frac{1\times 10^{-3}}{0.1\times 10^{-6}} = 10\text{kA/A}$$

采用分贝表示为 $20\log(10\times 10^3)=80\text{dB}$。

功率增益为

$$A_p = A_v A_i = 250\times 10\times 10^3 = 2500\text{kW/W}$$

采用分贝表示为 $10\log(2500\times 10^3) \approx 63.98\text{dB}$。

输入电阻为

$$R_i = \frac{v_{\text{in}}}{i_{\text{in}}} = \frac{2\times 10^{-3}}{0.1\times 10^{-6}} = 20\text{k}\Omega$$

2. 对于图 5-5 所示的共源极放大器,电源电压 $V_{\text{DD}}=5\text{V}$,电阻负载 $R_D=10\text{k}\Omega$,调整输入偏置电压使 M_1 的栅-源电压为 1.2V,考查此放大器是否处于有源放大区,并求此放大器的增益。NMOS 的参数为 $V_{\text{THN}}=0.7\text{V}$, $K_n=110\,\mu\text{A/V}^2$, $\lambda=0.04\text{V}^{-1}$。NMOS 晶体管的尺寸为 $W=20\,\mu\text{m}$, $L=1\,\mu\text{m}$。

解:当放大器的输入从 0 增加并大于晶体管 M_1 的阈值电压时,M_1 会开启并进入饱和区,当 M_1 的

栅-源电压为 1.2V 时,我们先假设 M_1 仍处于饱和区中,并忽略沟道长度调制效应,则有

$$I_{D1} = \frac{1}{2}\mu_n C_{ox}\frac{W}{L}(V_{GS1} - V_{THN})^2 = \frac{1}{2}\times 110\times 10^{-6}\times\frac{20\times 10^{-6}}{1\times 10^{-6}}\times(1.2 - 0.7)^2 = 0.275\text{mA}$$

流经 R_D 的电流也为 0.275mA,因此,在工作点处,偏置 M_1,有

$$V_{DS1} = V_{OUT} = V_{DD} - R_D\cdot I_{D1} = 5 - 10\times 10^3\times 0.275\times 10^{-3} = 2.25\text{V}$$

又由于 M_1 的过驱动电压 V_{OD1} 为

$$V_{OD1} = V_{GS1} - V_{THN} = 1.2 - 0.7 = 0.5\text{V}$$

可见在工作点处,M_1 的漏-源电压远远大于其过驱动电压,说明 M_1 处于饱和区中。这样,NMOS 晶体管处于饱和区,计算出 g_m、r_o。流经晶体管的电流为 0.275mA,根据式(2.39),有

$$g_m = \sqrt{\left(2K_n\frac{W}{L}\right)I_{D1}} = \sqrt{\left(2\times 110\times 10^{-6}\times\frac{20\times 10^{-6}}{1\times 10^{-6}}\right)\times 0.275\times 10^{-3}} = 1.1\text{mA/V}$$

根据式(2.40),有

$$r_o = \frac{1}{\lambda I_D} = \frac{1}{0.04\times 0.275\times 10^{-3}}\approx 90.909\text{k}\Omega$$

由此,根据式(5.20)式或式(5.23),有

$$A_V = -g_m(r_o\parallel R_D) = -1.1\times 10^{-3}\times(90.909\times 10^3\parallel 10\times 10^3)\approx -9.910\text{V/V}$$

负号表示反相放大。

3. 对于图 5-10 所示的共源极放大器,电源电压为 5V,采用 PMOS 晶体管 M_2 实现电流源,为了使偏置电流为 0.1mA,偏置电压 V_B 应该为多少? 并且求此放大器的增益。NMOS 的参数为 $W = 20\mu\text{m}$,$L = 1\mu\text{m}$,$V_{THN} = 0.7\text{V}$,$K_n = 110\mu\text{A/V}^2$,$\lambda_n = 0.04\text{V}^{-1}$。PMOS 晶体管的参数为 $W = 20\mu\text{m}$,$L = 1\mu\text{m}$,$V_{THP} = -0.7\text{V}$,$K_p = 50\mu\text{A/V}^2$,$\lambda_p = 0.05\text{V}^{-1}$。

解: 采用 PMOS 晶体管 M_2 实现电流源,PMOS 晶体管处于饱和区,忽略沟道长度调制效应,当流经晶体管的电流为 0.1mA 时,则有

$$I_D = \frac{1}{2}\mu_p C_{ox}\frac{W}{L}(|V_B - V_{DD}| - |V_{THP}|)^2 = \frac{1}{2}\times 50\times 10^{-6}\times\frac{20\times 10^{-6}}{1\times 10^{-6}}$$
$$\times(|V_B - 5| - 0.7)^2 = 0.1\text{mA}$$

由此可得

$$V_B\approx 3.853\text{V}$$

当流经晶体管 M_1 的电流为 0.1mA 时,根据式(2.39),有

$$g_m = \sqrt{\left(2K_n\frac{W}{L}\right)I_{D1}} = \sqrt{\left(2\times 110\times 10^{-6}\times\frac{20\times 10^{-6}}{1\times 10^{-6}}\right)\times 0.1\times 10^{-3}}\approx 663.3\mu\text{A/V}$$

根据式(2.40),对于 NMOS 管 M_1,有

$$r_{o1} = \frac{1}{\lambda_n I_D} = \frac{1}{0.04\times 0.1\times 10^{-3}} = 250\text{k}\Omega$$

对于 PMOS 管 M_2,有

$$r_{o2} = \frac{1}{\lambda_p I_D} = \frac{1}{0.05\times 0.1\times 10^{-3}} = 200\text{k}\Omega$$

由此,根据式(5.39),有

$$A_v = -g_m(r_{o1}\parallel r_{o2}) = -663.3\times 10^{-6}\times(250\times 10^3\parallel 200\times 10^3)\approx -73.7\text{V/V}$$

负号表示反相放大。

4. 习题 3 中的共源极放大器输出允许的输出摆幅是多少？

解：对于采用电流源负载的共源极放大器，为了使 M_1 处于饱和区，有

$$v_{OUT} \geqslant v_{IN} - V_{THN}$$

流经晶体管 M_1 的偏置电流为 0.1mA，因此，v_{IN} 的偏置电压 V_{IN} 满足

$$I_{D1} = \frac{1}{2}\mu_n C_{ox}\frac{W}{L}(V_{IN} - V_{THN})^2 = \frac{1}{2} \times 110 \times 10^{-6} \times \frac{20 \times 10^{-6}}{1 \times 10^{-6}} \times (V_{IN} - 0.7)^2 = 0.1\text{mA}$$

由此可得

$$V_{IN} \approx 1.0015\text{V}$$

为了使 M_2 处于饱和区，有

$$V_{DD} - v_{OUT} \geqslant V_{DD} - V_B - |V_{THP}|$$

即

$$v_{OUT} \leqslant V_B + |V_{THP}|$$

所以采用电流源负载的共源极放大器允许的最大输出摆幅范围是

$$V_{IN} - V_{THN} \leqslant v_{OUT} \leqslant V_B + |V_{THP}|$$

即

$$0.3015\text{V} \leqslant v_{OUT} \leqslant 4.553\text{V}$$

5. 对于图 5-17 所示的源跟随器(共漏极放大器)，当空载时，即 $R_L = \infty$，求基准电流 I_{REF} 分别为 0.1mA 和 0.01mA 时放大器的输出电阻。PMOS 晶体管的参数为 $V_{THP} = -0.7\text{V}$，$K_p = 50\mu\text{A/V}^2$，$\lambda = 0.05\text{V}^{-1}$。所有 PMOS 晶体管的尺寸都为 $W = 20\mu\text{m}$，$L = 1\mu\text{m}$。

解：当放大器处于正确的有源放大的工作区中时，所有 PMOS 晶体管处于饱和区，并且晶体管的尺寸都为 $W = 20\mu\text{m}$，$L = 1\mu\text{m}$。因此，流经 PMOS 晶体管的电流均等于 I_{REF}，计算出 g_m、r_o。当流经晶体管的电流为 0.1mA 时，有

$$g_{m1} = \sqrt{\left(2K_p\frac{W}{L}\right)I_{D1}} = \sqrt{\left(2 \times 50 \times 10^{-6} \times \frac{20 \times 10^{-6}}{1 \times 10^{-6}}\right) \times 0.1 \times 10^{-3}} \approx 447.2\mu\text{A/V}$$

$$r_{o1} = r_{o2} = \frac{1}{\lambda I_D} = \frac{1}{0.05 \times 0.1 \times 10^{-3}} = 200\text{k}\Omega$$

由此，根据式(5.54)，其中 $g_{ds} = 1/r_o$，并且图 5-17 所示的源跟随器中晶体管不存在体效应，有

$$r_{out} = \frac{1}{g_{m1} + g_{ds1} + g_{ds2}} = \frac{1}{447.2 \times 10^{-6} + 1/(200 \times 10^3) + 1/(200 \times 10^3)} \approx 2187\Omega$$

同样地，当流经晶体管的电流为 0.01mA 时，有

$$g_{m2} = \sqrt{\left(2K_p\frac{W}{L}\right)I_{D1}} = \sqrt{\left(2 \times 50 \times 10^{-6} \times \frac{20 \times 10^{-6}}{1 \times 10^{-6}}\right) \times 0.01 \times 10^{-3}} \approx 141.4\mu\text{A/V}$$

$$r_{o1} = r_{o2} = \frac{1}{\lambda I_D} = \frac{1}{0.05 \times 0.01 \times 10^{-3}} = 2000\text{k}\Omega$$

由此，根据式(5.54)，其中 $g_{ds} = 1/r_o$，有

$$r_{out} = \frac{1}{g_{m1} + g_{ds1} + g_{ds2}} = \frac{1}{141.4 \times 10^{-6} + 1/(2000 \times 10^3) + 1/(2000 \times 10^3)} \approx 7022.5\Omega$$

6. 在图 5-18 所示的共栅极放大器中，求当信号源内阻 $R_s = 1\text{k}\Omega$ 基准电流 I_{REF} 分别为 0.1mA 和

0.01mA 时放大器的输出电阻,忽略体效应。NMOS 的参数为 $V_{THN}=0.7V$, $K_n=110\mu A/V^2$, $\lambda=0.04V^{-1}$。PMOS 晶体管的参数为 $V_{THP}=-0.7V$, $K_p=50\mu A/V^2$, $\lambda=0.05V^{-1}$。所有晶体管的尺寸都为 $W=20\mu m$, $L=1\mu m$。

解: 当放大器处于正确的有源放大的工作区中时,所有 PMOS 及 NMOS 晶体管处于饱和区,并且晶体管的尺寸都为 $W=20\mu m$, $L=1\mu m$,因此,流经晶体管的电流均等于 I_{REF},当流经晶体管的电流为 0.1mA 时,根据式(2.39),有

$$g_{m1}=\sqrt{\left(2K_n\frac{W}{L}\right)I_{D1}}=\sqrt{\left(2\times110\times10^{-6}\times\frac{20\times10^{-6}}{1\times10^{-6}}\right)\times0.1\times10^{-3}}\approx663.3\mu A/V$$

根据式(2.40),NMOS 晶体管 M_1 的输出电阻为

$$r_{o1}=\frac{1}{\lambda I_D}=\frac{1}{0.04\times0.1\times10^{-3}}=250k\Omega$$

有源负载 PMOS 晶体管 M_2 的输出电阻为

$$r_{o2}=\frac{1}{\lambda I_D}=\frac{1}{0.05\times0.1\times10^{-3}}=200k\Omega$$

由此,根据式(5.66),并忽略体效应,有

$$\begin{aligned}r_{out}&=\{[1+(g_{m1}+g_{mb1})r_{o1}]R_s+r_{o1}\}\parallel r_{o2}\\&=\{[1+(663.3\times10^{-6}+0)\times250\times10^3]\times1\times10^3+250\times10^3\}\parallel200\times10^3\\&\approx135.2k\Omega\end{aligned}$$

同样地,当流经晶体管的电流为 0.01mA 时,根据式(2.39),有

$$g_{m1}=\sqrt{\left(2K_n\frac{W}{L}\right)I_{D1}}=\sqrt{\left(2\times110\times10^{-6}\times\frac{20\times10^{-6}}{1\times10^{-6}}\right)\times0.01\times10^{-3}}\approx209.76\mu A/V$$

根据式(2.40),NMOS 晶体管 M_1 的输出电阻为

$$r_{o1}=\frac{1}{\lambda I_D}=\frac{1}{0.04\times0.01\times10^{-3}}=2500k\Omega$$

有源负载 PMOS 晶体管 M_2 的输出电阻为

$$r_{o2}=\frac{1}{\lambda I_D}=\frac{1}{0.05\times0.01\times10^{-3}}=2000k\Omega$$

由此,根据式(5.66),并忽略体效应,有

$$\begin{aligned}r_{out}&=\{[1+(g_{m1}+g_{mb1})r_{o1}]R_s+r_{o1}\}\parallel r_{o2}\\&=\{[1+(209.76\times10^{-6}+0)\times2500\times10^3]\times1\times10^3+2500\times10^3\}\parallel2000\times10^3\\&\approx1204.04k\Omega\end{aligned}$$

7. 在图 5-18 所示的共栅极放大器中,求当信号源内阻 $R_s=0\Omega$、基准电流 I_{REF} 分别为 0.1mA 和 0.01mA 时放大器的输出电阻,忽略体效应。NMOS 的参数为 $V_{THN}=0.7V$, $K_n=110\mu A/V^2$, $\lambda=0.04V^{-1}$。PMOS 晶体管的参数为 $V_{THP}=-0.7V$, $K_p=50\mu A/V^2$, $\lambda=0.05V^{-1}$。所有晶体管的尺寸都为 $W=20\mu m$, $L=1\mu m$。

解: 当放大器处于正确的有源放大的工作区中时,所有 PMOS 及 NMOS 晶体管处于饱和区,并且晶体管的尺寸都为 $W=20\mu m$, $L=1\mu m$。因此,流经晶体管的电流均等于 I_{REF},当流经晶体管的电流为 0.1mA 时,根据式(2.39),有

$$g_{m1} = \sqrt{\left(2K_n \frac{W}{L}\right) I_{D1}} = \sqrt{\left(2 \times 110 \times 10^{-6} \times \frac{20 \times 10^{-6}}{1 \times 10^{-6}}\right) \times 0.1 \times 10^{-3}} \approx 663.3 \mu A/V$$

根据式(2.40),NMOS 晶体管 M_1 的输出电阻为

$$r_{o1} = \frac{1}{\lambda I_D} = \frac{1}{0.04 \times 0.1 \times 10^{-3}} = 250 k\Omega$$

有源负载 PMOS 晶体管 M_2 的输出电阻为

$$r_{o2} = \frac{1}{\lambda I_D} = \frac{1}{0.05 \times 0.1 \times 10^{-3}} = 200 k\Omega$$

由此,根据式(5.66),并忽略体效应,有

$$\begin{aligned}
r_{out} &= \{[1 + (g_{m1} + g_{mb1}) r_{o1}] R_s + r_{o1}\} \| r_{o2} \\
&= \{[1 + (663.3 \times 10^{-6} + 0) \times 250 \times 10^3] \times 0 + 250 \times 10^3\} \| 200 \times 10^3 \\
&\approx 111.11 k\Omega
\end{aligned}$$

同样地,当流经晶体管的电流为 0.01mA 时,根据式(2.39),有

$$g_{m1} = \sqrt{\left(2K_n \frac{W}{L}\right) I_{D1}} = \sqrt{\left(2 \times 110 \times 10^{-6} \times \frac{20 \times 10^{-6}}{1 \times 10^{-6}}\right) \times 0.01 \times 10^{-3}} \approx 209.76 \mu A/V$$

根据式(2.40),NMOS 晶体管 M_1 的输出电阻为

$$r_{o1} = \frac{1}{\lambda I_D} = \frac{1}{0.04 \times 0.01 \times 10^{-3}} = 2500 k\Omega$$

有源负载 PMOS 晶体管 M_2 的输出电阻为

$$r_{o2} = \frac{1}{\lambda I_D} = \frac{1}{0.05 \times 0.01 \times 10^{-3}} = 2000 k\Omega$$

由此,根据式(5.66),并忽略体效应,有

$$\begin{aligned}
r_{out} &= \{[1 + (g_{m1} + g_{mb1}) r_{o1}] R_s + r_{o1}\} \| r_{o2} \\
&= \{[1 + (209.76 \times 10^{-6} + 0) \times 2500 \times 10^3] \times 0 + 2500 \times 10^3\} \| 2000 \times 10^3 \\
&\approx 1111.11 k\Omega
\end{aligned}$$

8. 在图 5-25 所示的共源共栅极放大器中,负载采用理想电流源,求电流源电流分别为 0.1mA 和 0.01mA 时放大器的输出电阻,忽略体效应。NMOS 的参数为 $V_{THN} = 0.7V$,$K_n = 110 \mu A/V^2$,$\lambda = 0.04 V^{-1}$。所有晶体管的尺寸都为 $W = 20 \mu m$,$L = 1 \mu m$。

解:当放大器处于正确的有源放大的工作区中时,所有晶体管都处于饱和区,并且晶体管的尺寸都为 $W = 20 \mu m$,$L = 1 \mu m$,当流经晶体管的电流为 0.1mA 时,根据式(2.39),有

$$g_{m2} = \sqrt{\left(2K_n \frac{W}{L}\right) I_0} = \sqrt{\left(2 \times 110 \times 10^{-6} \times \frac{20 \times 10^{-6}}{1 \times 10^{-6}}\right) \times 0.1 \times 10^{-3}} \approx 663.3 \mu A/V$$

根据式(2.40),NMOS 晶体管 M_1 和 M_2 的输出电阻为

$$r_{o1} = r_{o2} = \frac{1}{\lambda I_0} = \frac{1}{0.04 \times 0.1 \times 10^{-3}} = 250 k\Omega$$

由此,根据式(5.72),并忽略体效应,有

$$\begin{aligned}
r_{out} &\approx [(g_{m2} + g_{mb2}) r_{o2} r_{o1}] \\
&= [(663.3 \times 10^{-6} + 0) \times 250 \times 10^3 \times 250 \times 10^3] \\
&\approx 41.5 M\Omega
\end{aligned}$$

同样地,当流经晶体管的电流为 0.01mA 时,根据式(2.39),有

$$g_{m2} = \sqrt{\left(2K_n \frac{W}{L}\right)I_0} = \sqrt{\left(2 \times 110 \times 10^{-6} \times \frac{20 \times 10^{-6}}{1 \times 10^{-6}}\right) \times 0.01 \times 10^{-3}} \approx 209.76\,\mu A/V$$

根据式(2.40)，NMOS 晶体管 M_1 和 M_2 的输出电阻为

$$r_{o1} = r_{o2} = \frac{1}{\lambda I_D} = \frac{1}{0.04 \times 0.01 \times 10^{-3}} = 2500\,k\Omega$$

由此，根据式(5.72)，并忽略体效应，有

$$\begin{aligned} r_{out} &\approx \left[(g_{m2} + g_{mb2})r_{o2}r_{o1}\right] \\ &= \left[(209.76 \times 10^{-6} + 0) \times 2500 \times 10^3 \times 2500 \times 10^3\right] \\ &\approx 1311\,M\Omega \end{aligned}$$

9. 在图 5-26 所示的共源共栅电流源作为负载的共源共栅极放大器中，讨论 V_{B1}、V_{B2} 及 V_{B3} 偏置电压的设计，并且讨论放大器的输出摆幅范围。

解：当该共源共栅电流源作为负载的共源共栅极放大器处于正常工作状态时，各管均工作在饱和区，所以对于 M_1 管有 $v_X \geqslant v_{IN} - V_{THN1}$，其中 v_X 为 M_1 管漏端电压，这样 V_{B1} 应满足 $V_{B1} \geqslant V_{GS2} + v_{IN} - V_{THN1}$。而为了保证 M_2 处于饱和区，应有 $v_{OUT} \geqslant V_{B1} - V_{THN2}$，如果选择 V_{B1} 使 M_1 刚好处于饱和区，则有 $v_{OUT} \geqslant v_{IN} - V_{THN1} + V_{GS2} - V_{THN2}$，即输出电平的最小值为两个 NMOS 晶体管的过驱动电压之和。

同样地，对于 M_3 和 M_4 管也有类似如上的分析，M_4 管确定电流源负载的电流，有 $|V_{GS4}| - |V_{THP}| = |V_{OD4}|$，即 $V_{B3} = V_{DD} - |V_{OD4}| - |V_{THP}|$。当 M_4 饱和时，$V_{DD} - V_{B2} \geqslant |V_{GS3}| + |V_{OD4}|$，即 $V_{B2} \leqslant V_{DD} - |V_{OD4}| - |V_{THP}| - |V_{OD3}|$，如果选择 V_{B2} 使 M_4 刚好处于饱和区，为了保证 M_3 饱和，则最大的输出电压上限是 $V_{DD} - |V_{GS3} - V_{TH3}| - |V_{GS4} - V_{TH4}|$。

10. 在图 5-26 所示的共源共栅电流源作为负载的共源共栅极放大器中，求偏置电流分别为 0.1mA 和 0.01mA 时放大器的输出电阻，忽略体效应。NMOS 的参数为 $V_{THN} = 0.7V$，$K_n = 110\,\mu A/V^2$，$\lambda = 0.04V^{-1}$。PMOS 晶体管的参数为 $V_{THP} = -0.7V$，$K_p = 50\,\mu A/V^2$，$\lambda = 0.05V^{-1}$。所有晶体管的尺寸都为 $W = 20\,\mu m$，$L = 1\,\mu m$。

解：当放大器处于正确的有源放大的工作区中时，所有晶体管都处于饱和区，并且晶体管的尺寸都为 $W = 20\,\mu m$，$L = 1\,\mu m$，当流经晶体管的电流为 0.1mA 时，根据式(2.39)，有

$$g_{m1} = g_{m2} = \sqrt{\left(2K_n \frac{W}{L}\right)I_0} = \sqrt{\left(2 \times 110 \times 10^{-6} \times \frac{20 \times 10^{-6}}{1 \times 10^{-6}}\right) \times 0.1 \times 10^{-3}} \approx 663.3\,\mu A/V$$

$$g_{m3} = g_{m4} = \sqrt{\left(2K_p \frac{W}{L}\right)I_0} = \sqrt{\left(2 \times 50 \times 10^{-6} \times \frac{20 \times 10^{-6}}{1 \times 10^{-6}}\right) \times 0.1 \times 10^{-3}} \approx 447.2\,\mu A/V$$

根据式(2.40)，NMOS 晶体管 M_1 和 M_2 的输出电阻为

$$r_{o1} = r_{o2} = \frac{1}{\lambda I_0} = \frac{1}{0.04 \times 0.1 \times 10^{-3}} = 250\,k\Omega$$

PMOS 晶体管 M_1 和 M_2 的输出电阻为

$$r_{o3} = r_{o4} = \frac{1}{\lambda' I_0} = \frac{1}{0.05 \times 0.1 \times 10^{-3}} = 200\,k\Omega$$

由此，根据式(5.73)，并忽略体效应，有

$$\begin{aligned} r_{out} &\approx (g_{m2}r_{o2}r_{o1}) \| (g_{m3}r_{o3}r_{o4}) \\ &= (663.3 \times 10^{-6} \times 250 \times 10^3 \times 250 \times 10^3) \| (447.2 \times 10^{-6} \times 200 \times 10^3 \times 200 \times 10^3) \\ &\approx 12.5\,M\Omega \end{aligned}$$

同样地,当流经晶体管的电流为 0.01mA 时,根据式(2.39),有

$$g_{m1} = g_{m2} = \sqrt{\left(2K_n \frac{W}{L}\right) I_0} = \sqrt{\left(2 \times 110 \times 10^{-6} \times \frac{20 \times 10^{-6}}{1 \times 10^{-6}}\right) \times 0.01 \times 10^{-3}} \approx 209.8\,\mu\text{A/V}$$

$$g_{m3} = g_{m4} = \sqrt{\left(2K_p \frac{W}{L}\right) I_0} = \sqrt{\left(2 \times 50 \times 10^{-6} \times \frac{20 \times 10^{-6}}{1 \times 10^{-6}}\right) \times 0.01 \times 10^{-3}} \approx 141.4\,\mu\text{A/V}$$

根据式(2.40),NMOS 晶体管 M_1 和 M_2 的输出电阻为

$$r_{o1} = r_{o2} = \frac{1}{\lambda I_0} = \frac{1}{0.04 \times 0.01 \times 10^{-3}} = 2500\text{k}\Omega$$

PMOS 晶体管 M_1 和 M_2 的输出电阻为

$$r_{o3} = r_{o4} = \frac{1}{\lambda' I_0} = \frac{1}{0.05 \times 0.01 \times 10^{-3}} = 2000\text{k}\Omega$$

由此,根据式(5.73),并忽略体效应,有

$$r_{out} \approx (g_{m2} r_{o2} r_{o1}) \parallel (g_{m3} r_{o3} r_{o4})$$
$$= (209.8 \times 10^{-6} \times 2500 \times 10^3 \times 2500 \times 10^3) \parallel (141.4 \times 10^{-6} \times 2000 \times 10^3 \times 2000 \times 10^3)$$
$$\approx 395.2\text{M}\Omega$$

11. 在图 5-26 所示的共源共栅电流源作为负载的共源共栅极放大器中,求偏置电流分别为 0.1mA 和 0.01mA 时放大器的增益,忽略体效应。NMOS 的参数为 $V_{THN} = 0.7\text{V}, K_n = 110\,\mu\text{A/V}^2, \lambda = 0.04\text{V}^{-1}$。PMOS 晶体管的参数为 $V_{THP} = -0.7\text{V}, K_p = 50\,\mu\text{A/V}^2, \lambda = 0.05\text{V}^{-1}$。所有晶体管的尺寸都为 $W = 20\,\mu\text{m}, L = 1\,\mu\text{m}$。

解: 当放大器处于正确的有源放大的工作区中时,所有晶体管都处于饱和区,并且晶体管的尺寸都为 $W = 20\,\mu\text{m}, L = 1\,\mu\text{m}$,当流经晶体管的电流为 0.1mA 时,根据式(2.39),有

$$g_{m1} = g_{m2} = \sqrt{\left(2K_n \frac{W}{L}\right) I_0} = \sqrt{\left(2 \times 110 \times 10^{-6} \times \frac{20 \times 10^{-6}}{1 \times 10^{-6}}\right) \times 0.1 \times 10^{-3}} \approx 663.3\,\mu\text{A/V}$$

$$g_{m3} = g_{m4} = \sqrt{\left(2K_p \frac{W}{L}\right) I_0} = \sqrt{\left(2 \times 50 \times 10^{-6} \times \frac{20 \times 10^{-6}}{1 \times 10^{-6}}\right) \times 0.1 \times 10^{-3}} \approx 447.2\,\mu\text{A/V}$$

根据式(2.40),NMOS 晶体管 M_1 和 M_2 的输出电阻为

$$r_{o1} = r_{o2} = \frac{1}{\lambda I_0} = \frac{1}{0.04 \times 0.1 \times 10^{-3}} = 250\text{k}\Omega$$

PMOS 晶体管 M_1 和 M_2 的输出电阻为

$$r_{o3} = r_{o4} = \frac{1}{\lambda' I_0} = \frac{1}{0.05 \times 0.1 \times 10^{-3}} = 200\text{k}\Omega$$

由此,根据式(5.74),并忽略体效应,有

$$A_v \approx -g_{m1} [(g_{m2} r_{o2} r_{o1}) \parallel (g_{m3} r_{o3} r_{o4})]$$
$$= -663.3 \times 10^{-6} \times [(663.3 \times 10^{-6} \times 250 \times 10^3 \times 250 \times 10^3) \parallel$$
$$(447.2 \times 10^{-6} \times 200 \times 10^3 \times 200 \times 10^3)]$$
$$\approx -8288.6$$

同样地,当流经晶体管的电流为 0.01mA 时,根据式(2.39),有

$$g_{m1} = g_{m2} = \sqrt{\left(2K_n \frac{W}{L}\right) I_0} = \sqrt{\left(2 \times 110 \times 10^{-6} \times \frac{20 \times 10^{-6}}{1 \times 10^{-6}}\right) \times 0.01 \times 10^{-3}} \approx 209.8\,\mu\text{A/V}$$

$$g_{m3} = g_{m4} = \sqrt{\left(2K_p \frac{W}{L}\right) I_0} = \sqrt{\left(2 \times 50 \times 10^{-6} \times \frac{20 \times 10^{-6}}{1 \times 10^{-6}}\right) \times 0.01 \times 10^{-3}} \approx 141.4 \mu A/V$$

根据式(2.40)，NMOS 晶体管 M_1 和 M_2 的输出电阻为

$$r_{o1} = r_{o2} = \frac{1}{\lambda I_0} = \frac{1}{0.04 \times 0.01 \times 10^{-3}} = 2500 k\Omega$$

PMOS 晶体管 M_1 和 M_2 的输出电阻为

$$r_{o3} = r_{o4} = \frac{1}{\lambda' I_0} = \frac{1}{0.05 \times 0.01 \times 10^{-3}} = 2000 k\Omega$$

由此，根据式(5.74)，并忽略体效应，有

$$A_v \approx -g_{m1} \left[(g_{m2} r_{o2} r_{o1}) \| (g_{m3} r_{o3} r_{o4})\right]$$
$$= -209.8 \times 10^{-6} \times \left[(209.8 \times 10^{-6} \times 2500 \times 10^3 \times 2500 \times 10^3) \| \right.$$
$$\left. (141.4 \times 10^{-6} \times 2000 \times 10^3 \times 2000 \times 10^3)\right]$$
$$\approx -82\,903$$

第 6 章　CMOS 差分放大器

1. 对于图 6-4 所示的基本差分对放大器，尾电流源的电流为 0.2mA，电阻负载 $R = 10 k\Omega$，求此差分对放大器在输入平衡态时的增益。NMOS 的参数为 $V_{THN} = 0.7V$，$K_n = 110 \mu A/V^2$，$\lambda_n = 0.04 V^{-1}$。NMOS 晶体管的尺寸为 $W = 20 \mu m$，$L = 1 \mu m$。

解：当差分对输入处于平衡态时，并且所有晶体管也都处于饱和区，流经差分对 M_1 和 M_2 的电流为 $I_{SS}/2 = 0.1mA$ 时，忽略沟道长度调制效应及体效应，则根据式(6.16)有

$$|A_{vd}| = g_m \cdot R = g_{m1,2} \cdot R = \sqrt{K_n \left(\frac{W}{L}\right) I_{SS}} \cdot R$$

$$= \sqrt{110 \times 10^{-6} \times \frac{20 \times 10^{-6}}{1 \times 10^{-6}} \times 0.2 \times 10^{-3}} \times 10 \times 10^3$$

$$\approx 6.63$$

2. 考查基本差分对放大器的共模范围，如图 6-6 所示，尾电流源的电流为 0.2mA，电阻负载 $R = 5 k\Omega$，电源电压 $V_{DD} = 3V$，求此差分对放大器的输入共模范围。NMOS 的参数为 $V_{THN} = 0.7V$，$K_n = 110 \mu A/V^2$，$\lambda_n = 0.04 V^{-1}$。M_1 和 M_2 晶体管的尺寸为 $W = 20 \mu m$，$L = 1 \mu m$；M_3 晶体管的尺寸为 $W = 40 \mu m$，$L = 1 \mu m$。

解：考查基本差分对的共模输入范围，输入为共模信号，流经差分对 M_1 和 M_2 的电流为 $I_{SS}/2 = 0.1mA$，M_1 和 M_2 晶体管的尺寸为 $W = 20 \mu m$，$L = 1 \mu m$；M_3 晶体管的尺寸为 $W = 40 \mu m$，$L = 1 \mu m$。当所有晶体管都处于饱和区时，忽略沟道长度调制效应及体效应，有

$$I_{D1,2} = \frac{1}{2} \mu_n C_{ox} \frac{W}{L} (V_{GS1,2} - V_{THN})^2 = \frac{1}{2} \times 110 \times 10^{-6} \times \frac{20 \times 10^{-6}}{1 \times 10^{-6}} \times (V_{GS1,2} - V_{THN})^2 = 0.1mA$$

其中 $K_n = \mu_n C_{ox}$，由此得到 M_1 和 M_2 的栅-源电压 $V_{GS1,2}$ 为

$$V_{GS1,2} \approx 1.0015V$$

对于尾电流源，流经晶体管 M_3 的电流为 $I_{SS} = 0.2mA$，NMOS 晶体管的尺寸为 $W = 40 \mu m$，$L = 1 \mu m$，当晶体管处于饱和区时，则有

$$I_{D3} = \frac{1}{2}\mu_n C_{ox} \frac{W}{L} V_{OD3}^2 = \frac{1}{2} \times 110 \times 10^{-6} \times \frac{40 \times 10^{-6}}{1 \times 10^{-6}} \times V_{OD3}^2 = 0.2\text{mA}$$

其中 $K_n = \mu_n C_{ox}$，由此得到 M_3 的过驱动电压 V_{OD3} 为

$$V_{OD3} = V_{GS3} - V_{THN} \approx 0.3015\text{V}$$

为了使所有晶体管都处于饱和区，根据式(6.17)，输入共模电压的下限要求为

$$V_{IN,CM(min)} = V_{GS1,2} + (V_{GS3} - V_{THN3}) = 1.0015 + 0.3015 = 1.303\text{V}$$

根据式(6.18)，输入共模电压的上限要求为

$$V_{IN,CM(max)} = \min[V_{DD} - RI_{SS}/2 + V_{THN}, V_{DD}] = \min[3 - 5 \times 10^3 \times 0.2 \times 10^{-3}/2 + 0.7, 3] = 3\text{V}$$

则输入共模(ICMR)的范围为

$$1.3030\text{V} \leqslant v_{IN,CM} \leqslant 3\text{V}$$

3. 考查图 6-8 所示的基本差分对放大器的共模范围，尾电流源的电流为 0.2mA，电阻负载 $R = 5\text{k}\Omega$，电源电压 $V_{DD} = 5\text{V}$，求此差分对放大器的输入共模范围。PMOS 晶体管的参数为 $V_{THP} = -0.7\text{V}$，$K_p = 50\mu\text{A}/\text{V}^2$，$\lambda_p = 0.05\text{V}^{-1}$。$M_1$ 和 M_2 晶体管的尺寸为 $W = 20\mu\text{m}$，$L = 1\mu\text{m}$；M_3 晶体管的尺寸为 $W = 40\mu\text{m}$，$L = 1\mu\text{m}$。

解：考查基本差分对的共模输入范围，输入为共模信号，流经差分对 M_1 和 M_2 的电流为 $I_{SS}/2 = 0.1\text{mA}$，M_1 和 M_2 晶体管的尺寸为 $W = 20\mu\text{m}$，$L = 1\mu\text{m}$；M_3 晶体管的尺寸为 $W = 40\mu\text{m}$，$L = 1\mu\text{m}$。当所有晶体管都处于饱和区时，忽略沟道长度调制效应及体效应，有

$$I_{D1,2} = \frac{1}{2}\mu_p C_{ox} \frac{W}{L} (|V_{GS1,2}| - |V_{THP}|)^2 = \frac{1}{2} \times 50 \times 10^{-6} \times \frac{20 \times 10^{-6}}{1 \times 10^{-6}} \times$$

$$(|V_{GS1,2}| - |V_{THP}|)^2 = 0.1\text{mA}$$

其中 $K_p = \mu_p C_{ox}$，由此得到 M_1 和 M_2 的栅-源电压 $V_{GS1,2}$ 为

$$|V_{GS1,2}| \approx 1.1472\text{V}$$

对于尾电流源，流经晶体管 M_3 的电流为 $I_{SS} = 0.2\text{mA}$，该晶体管的尺寸为 $W = 40\mu\text{m}$，$L = 1\mu\text{m}$，当晶体管处于饱和区时，则有

$$I_{D3} = \frac{1}{2}\mu_p C_{ox} \frac{W}{L} V_{OD3}^2 = \frac{1}{2} \times 50 \times 10^{-6} \times \frac{40 \times 10^{-6}}{1 \times 10^{-6}} \times V_{OD3}^2 = 0.2\text{mA}$$

其中 $K_p = \mu_p C_{ox}$，由此得到 M_3 的过驱动电压 V_{OD3} 为

$$|V_{OD3}| \approx 0.4472\text{V}$$

电路是完全的对称的，因此只需考查其中一侧。对于 M_1 这侧，当 M_3 饱和时，有

$$|V_{DS3}| = V_{DD} - (V_{SG1} + V_{IN1}) \geqslant |V_{OD3}|$$

则有

$$V_{IN1} \leqslant V_{DD} - V_{SG1} - |V_{OD3}| = 5 - 1.1472 - 0.4472 = 3.4056\text{V}$$

当 M_1 饱和时，有

$$|V_{DS1}| \geqslant |V_{GS1}| - |V_{THP}|$$

则有

$$V_{IN1} \geqslant \max\{IR - |V_{THP}|, \text{gnd}\} = \max\{0.1 \times 10^{-3} \times 5 \times 10^3 - 0.7, 0\} = 0\text{V}$$

综上所述，此差分对放大器的输入共模范围为

$$0\text{V} \leqslant v_{IN,CM} \leqslant 3.4056\text{V}$$

4. 对于图 6-8 所示的基本差分对放大器，尾电流源的电流为 0.2mA，电阻负载 $R = 10\text{k}\Omega$，求此差

分对放大器在输入平衡态时的增益。PMOS 晶体管的参数为 $V_{THP} = -0.7V$，$K_p = 50\mu A/V^2$，$\lambda_p = 0.05V^{-1}$。PMOS 晶体管的尺寸为 $W = 20\mu m$，$L = 1\mu m$。

解：当差分对输入处于平衡态时，并且所有晶体管也都处于饱和区，流经差分对 M_1 和 M_2 的电流为 $I_{SS}/2 = 0.1mA$ 时，忽略沟道长度调制效应及体效应，则根据式 (6.16) 有

$$|A_{vd}| = g_m \cdot R = g_{m1,2} \cdot R = \sqrt{K_p \left(\frac{W}{L}\right) I_{SS}} \cdot R$$

$$= \sqrt{50 \times 10^{-6} \times \frac{20 \times 10^{-6}}{1 \times 10^{-6}} \times 0.2 \times 10^{-3} \times 10 \times 10^3}$$

$$\approx 4.47$$

5. 考查当图 6-4 所示的基本差分对放大器存在器件失配时共模到差模的增益。尾电流源 I_{SS} 采用工作在饱和区的 NMOS 晶体管实现，尾电流源电流为 $0.2mA$，电阻负载 $R = 10k\Omega$，电源电压 $V_{DD} = 5V$，考查仅存在电阻负载的失配时，如图 6-10 所示，此差分对放大器的共模到差模的增益 A_{cm-dm} 的值。电阻负载失配 $\Delta R = 1k\Omega$，NMOS 的参数为 $V_{THN} = 0.7V$，$K_n = 110\mu A/V^2$，$\lambda_n = 0.04V^{-1}$。所有 NMOS 晶体管的尺寸都为 $W = 20\mu m$，$L = 1\mu m$。

解：流经差分对 M_1 和 M_2 的电流为 $I_{SS}/2 = 0.1mA$，NMOS 晶体管的尺寸都为 $W = 20\mu m$，$L = 1\mu m$，当所有晶体管都处于饱和区时，忽略沟道长度调制效应及体效应，有

$$g_m = \sqrt{\left(2K_n \frac{W}{L}\right) I_{D1,2}} = \sqrt{\left(2 \times 110 \times 10^{-6} \times \frac{20 \times 10^{-6}}{1 \times 10^{-6}}\right) \times 0.1 \times 10^{-3}} \approx 663.3\mu A/V$$

流经尾电流源的电流为 $0.2mA$，尾电流源晶体管 M_3 工作在饱和区，其输出电阻为

$$r_{ss} = \frac{1}{\lambda I_{ss}} = \frac{1}{0.04 \times 0.2 \times 10^{-3}} = 125k\Omega$$

当仅存在电阻负载的失配时，根据式 (6.30) 有

$$|A_{cm-dm}| = \frac{g_m \Delta R}{1 + 2g_m r_{ss}} = \frac{663.3 \times 10^{-6} \times 10^3}{1 + 2 \times 663.3 \times 10^{-6} \times 125 \times 10^3} \approx 3.98 \times 10^{-3}$$

或者 $-48dB$。

6. 考查当图 6-4 所示的基本差分对放大器存在器件失配时共模到差模的增益。尾电流源 I_{SS} 采用工作在饱和区的 NMOS 晶体管实现，尾电流源电流为 $0.2mA$，电阻负载 $R = 10k\Omega$，电源电压 $V_{DD} = 5V$，考查仅存在 M_1 和 M_2 失配时，如图 6-10 所示，此差分对放大器的共模到差模的增益 A_{cm-dm} 的值。M_1 和 M_2 的宽失配 $\Delta W = 1\mu m$，NMOS 的参数为 $V_{THN} = 0.7V$，$K_n = 110\mu A/V^2$，$\lambda_n = 0.04V^{-1}$。所有 NMOS 晶体管不存在失配时的尺寸都为 $W = 20\mu m$，$L = 1\mu m$。

解：流经差分对 M_1 和 M_2 的电流为 $I_{SS}/2 = 0.1mA$，由于 M_1 和 M_2 的宽失配 $\Delta W = 1\mu m$，假设 NMOS 晶体管 M_1 的尺寸为 $W = 20\mu m$，$L = 1\mu m$；M_2 的尺寸为 $W = 19\mu m$，$L = 1\mu m$，当所有晶体管都处于饱和区时，忽略沟道长度调制效应及体效应，有

$$g_{m1} = \sqrt{\left(2K_n \frac{W}{L}\right) I_{D1,2}} = \sqrt{\left(2 \times 110 \times 10^{-6} \times \frac{20 \times 10^{-6}}{1 \times 10^{-6}}\right) \times 0.1 \times 10^{-3}} \approx 663.3\mu A/V$$

$$g_{m2} = \sqrt{\left(2K_n \frac{W}{L}\right) I_{D1,2}} = \sqrt{\left(2 \times 110 \times 10^{-6} \times \frac{19 \times 10^{-6}}{1 \times 10^{-6}}\right) \times 0.1 \times 10^{-3}} \approx 646.5\mu A/V$$

流经尾电流源的电流为 $0.2mA$，尾电流源晶体管 M_3 工作在饱和区，其输出电阻为

$$r_{ss}=\frac{1}{\lambda I_{ss}}=\frac{1}{0.04\times0.2\times10^{-3}}=125\text{k}\Omega$$

当仅存在 M_1 和 M_2 失配时,根据式(6.35)得

$$|A_{cm\text{-}dm}|=\frac{(g_{m1}-g_{m2})R}{(g_{m1}+g_{m2})r_{ss}+1}$$

$$=\frac{(663.3\times10^{-6}-646.5\times10^{-6})\times10\times10^{3}}{(663.3\times10^{-6}+646.5\times10^{-6})\times125\times10^{3}+1}$$

$$\approx1.02\times10^{-3}$$

或者 -59.8dB。

7. 考查当图 6-4 所示的基本差分对放大器存在器件失配时共模到差模的增益。尾电流源 I_{ss} 采用工作在饱和区的 NMOS 晶体管实现,尾电流源电流为 0.2mA,电阻负载 $R=10$kΩ,电源电压 $V_{DD}=5$V,考查当 M_1 和 M_2 的宽失配和电阻失配同时存在时,此差分对放大器的共模到差模的增益 $A_{cm\text{-}dm}$ 的值。M_1 和 M_2 的宽失配 $\Delta W=1\mu$m,电阻负载失配 $\Delta R=1$kΩ,NMOS 的参数为 $V_{THN}=0.7$V,$K_n=110\mu$A/V^2,$\lambda_n=0.04$V^{-1}。所有 NMOS 晶体管不存在失配时的尺寸都为 $W=20\mu$m,$L=1\mu$m。

解:流经差分对 M_1 和 M_2 的电流为 $I_{ss}/2=0.1$mA,由于 M_1 和 M_2 的宽失配 $\Delta W=1\mu$m,假设 NMOS 晶体管 M_1 的尺寸为 $W=20\mu$m,$L=1\mu$m;M_2 的尺寸为 $W=19\mu$m,$L=1\mu$m,当所有晶体管都处于饱和区时,忽略沟道长度调制效应及体效应,有

$$g_{m1}=\sqrt{\left(2K_n\frac{W}{L}\right)I_{D1,2}}=\sqrt{\left(2\times110\times10^{-6}\times\frac{20\times10^{-6}}{1\times10^{-6}}\right)\times0.1\times10^{-3}}\approx663.3\mu\text{A/V}$$

$$g_{m2}=\sqrt{\left(2K_n\frac{W}{L}\right)I_{D1,2}}=\sqrt{\left(2\times110\times10^{-6}\times\frac{19\times10^{-6}}{1\times10^{-6}}\right)\times0.1\times10^{-3}}\approx646.5\mu\text{A/V}$$

流经尾电流源的电流为 0.2mA,尾电流源晶体管 M_3 工作在饱和区,其输出电阻为

$$r_{ss}=\frac{1}{\lambda I_{ss}}=\frac{1}{0.04\times0.2\times10^{-3}}=125\text{k}\Omega$$

在同时考虑负载和晶体管的失配的情况下,考虑最坏的情况,即负载的失配与晶体管的失配对电路的影响是相同方向时,利用叠加原理,根据式(6.36)得出

$$|A_{cm\text{-}dm}|=\left(\frac{\frac{1}{2}(g_{m1}+g_{m2})\Delta R+\Delta g_m R}{(g_{m1}+g_{m2})r_{ss}+1}\right)$$

$$=\frac{0.5\times(663.3\times10^{-6}+646.5\times10^{-6})\times10^{3}+(663.3\times10^{-6}-646.5\times10^{-6})\times10\times10^{3}}{(663.3\times10^{-6}+646.5\times10^{-6})\times125\times10^{3}+1}$$

$$\approx5.00\times10^{-3}$$

或者 -46.0dB。

8. 考查图 6-12 所示的电流源作为负载差分对放大器的共模范围,尾电流源采用工作在饱和区的 MOS 晶体管来实现,尾电流源的电流为 0.2mA,电源电压 $V_{DD}=3$V,求此差分对放大器的输入共模范围。NMOS 的参数为 $V_{THN}=0.7$V,$K_n=110\mu$A/V^2,$\lambda_n=0.04$V^{-1}。PMOS 晶体管的参数为 $V_{THP}=-0.7$V,$K_p=50\mu$A/V^2,$\lambda_p=0.05$V^{-1}。所有晶体管的尺寸都为 $W=20\mu$m,$L=1\mu$m。

解:考查电流源作为负载差分对放大器的共模输入范围,输入为共模信号,流经差分对 M_1 和 M_2,以及负载 M_3 和 M_4 的电流为 $I_{ss}/2=0.1$mA,NMOS 晶体管的尺寸都为 $W=20\mu$m,$L=1\mu$m,当所有

晶体管都处于饱和区时,忽略沟道长度调制效应及体效应,有

$$I_{D1,2} = \frac{1}{2}\mu_n C_{ox}\frac{W}{L}(V_{GS1,2}-V_{THN})^2 = \frac{1}{2}\times 110\times 10^{-6}\times\frac{20\times 10^{-6}}{1\times 10^{-6}}\times(V_{GS1,2}-V_{THN})^2 = 0.1\text{mA}$$

其中 $K_n = \mu_n C_{ox}$,由此得到 M_1 和 M_2 的栅-源电压 $V_{GS1,2}$ 为

$$V_{GS1,2}\approx 1.0015\text{V}$$

PMOS 晶体管的尺寸都为 $W=20\mu m, L=1\mu m$,当所有晶体管都处于饱和区时,忽略沟道长度调制效应及体效应,有

$$I_{D3,4} = \frac{1}{2}\mu_p C_{ox}\frac{W}{L}V_{OD3,4}^2 = \frac{1}{2}\times 50\times 10^{-6}\times\frac{20\times 10^{-6}}{1\times 10^{-6}}\times V_{OD3,4}^2 = 0.1\text{mA}$$

由此得到 M_3 和 M_4 的过驱动电压 $V_{OD3,4}$ 为

$$V_{OD3,4}\approx 0.4472\text{V}$$

尾电流源采用工作在饱和区的 MOS 晶体管来实现,则

$$I_{SS} = \frac{1}{2}\mu_n C_{ox}\frac{W}{L}V_{ODS}^2 = \frac{1}{2}\times 110\times 10^{-6}\times\frac{20\times 10^{-6}}{1\times 10^{-6}}\times V_{ODS}^2 = 0.2\text{mA}$$

得

$$V_{ODS}\approx 0.4264\text{V}$$

为了使所有晶体管都处于饱和区,输入共模电压的下限要求为

$$V_{IN,CM(min)} = V_{GS1,2} + V_{ODS} = 1.0015 + 0.4264 = 1.4279\text{V}$$

当输入共模电压增加到一定程度时,则会使 M_1 和 M_2 进入三极管区。因此,输入共模电压的上限要求为

$$V_{IN,CM(max)} = \min[V_{DD}-V_{OD3,4}+V_{TH1,2}, V_{DD}] = \min[3-0.447+0.7, 3] = 3\text{V}$$

则输入共模(ICMR)的范围为

$$1.4279\text{V}\leqslant v_{IN,CM}\leqslant 3\text{V}$$

9. 对于图 6-13 所示的共源共栅电流源负载的差分对放大器,求尾电流 I_{SS} 的电流分别为 0.2mA 和 0.02mA 时放大器的增益。NMOS 的参数为 $V_{THN}=0.7\text{V}$,$K_n=110\mu A/V^2$,$\lambda_n=0.04V^{-1}$。PMOS 晶体管的参数为 $V_{THP}=-0.7\text{V}$,$K_p=50\mu A/V^2$,$\lambda_p=0.05V^{-1}$。所有晶体管的尺寸都为 $W=20\mu m$,$L=1\mu m$。

解:当尾电流源的电流为 0.2mA 时,流经差分对 M_1 和 M_2 及负载的电流为 $I_{SS}/2=0.1\text{mA}$,所有晶体管的尺寸都为 $W=20\mu m, L=1\mu m$,当所有晶体管都处于饱和区时,忽略体效应,计算出 g_m、r_o。根据式(2.39),有

$$g_{m1,2} = g_{m3,4} = \sqrt{\left(2K_n\frac{W}{L}\right)I_{D1,2}} = \sqrt{\left(2\times 110\times 10^{-6}\times\frac{20\times 10^{-6}}{1\times 10^{-6}}\right)\times 0.1\times 10^{-3}}\approx 663.3\mu A/V$$

$$g_{m5,6} = \sqrt{\left(2K_p\frac{W}{L}\right)I_{D1,2}} = \sqrt{\left(2\times 50\times 10^{-6}\times\frac{20\times 10^{-6}}{1\times 10^{-6}}\right)\times 0.1\times 10^{-3}}\approx 447.2\mu A/V$$

根据式(2.40),M_1、M_2、M_3 和 M_4 的输出电阻为

$$r_{o1,2} = r_{o3,4} = \frac{1}{\lambda_n I_{D1,2}} = \frac{1}{0.04\times 0.1\times 10^{-3}} = 250\text{k}\Omega$$

M_5、M_6、M_7 和 M_8 的输出电阻为

$$r_{o5,6} = r_{o7,8} = \frac{1}{\lambda_p I_{D5.6}} = \frac{1}{0.05 \times 0.1 \times 10^{-3}} = 200\text{k}\Omega$$

由此,根据式(6.43),有

$$A_{vd} = -g_{m1,2}(r_N \parallel r_P) \approx -g_{m1,2}[(g_{m3,4}r_{o3,4}r_{o1,2}) \parallel (g_{m5,6}r_{o5,6}r_{o7,8})]$$
$$= -663.3 \times 10^{-6} \times [(663.3 \times 10^{-6} \times 250 \times 10^3 \times 250 \times 10^3) \parallel$$
$$(447.2 \times 10^{-6} \times 200 \times 10^3 \times 200 \times 10^3)]$$
$$\approx -8288.6$$

同样地,当尾电流源的电流为 0.02mA 时,有

$$g_{m1,2} = g_{m3,4} = \sqrt{\left(2K_n \frac{W}{L}\right)I_{D1,2}} = \sqrt{\left(2 \times 110 \times 10^{-6} \times \frac{20 \times 10^{-6}}{1 \times 10^{-6}}\right) \times 0.01 \times 10^{-3}} \approx 209.8\mu\text{A/V}$$

$$g_{m5,6} = \sqrt{\left(2K_p \frac{W}{L}\right)I_{D1,2}} = \sqrt{\left(2 \times 50 \times 10^{-6} \times \frac{20 \times 10^{-6}}{1 \times 10^{-6}}\right) \times 0.01 \times 10^{-3}} \approx 141.4\mu\text{A/V}$$

根据式(2.40),M_1、M_2、M_3 和 M_4 的输出电阻为

$$r_{o1,2} = r_{o3,4} = \frac{1}{\lambda_n I_{D1.2}} = \frac{1}{0.04 \times 0.01 \times 10^{-3}} = 2500\text{k}\Omega$$

M_5、M_6、M_7 和 M_8 的输出电阻为

$$r_{o5,6} = r_{o7,8} = \frac{1}{\lambda_p I_{D5.6}} = \frac{1}{0.05 \times 0.01 \times 10^{-3}} = 2000\text{k}\Omega$$

由此,根据式(6.43),有

$$A_{vd} = -g_{m1,2}(r_N \parallel r_P) \approx -g_{m1,2}[(g_{m3,4}r_{o3,4}r_{o1,2}) \parallel (g_{m5,6}r_{o5,6}r_{o7,8})]$$
$$= -209.8 \times 10^{-6} \times [(209.8 \times 10^{-6} \times 2500 \times 10^3 \times 2500 \times 10^3) \parallel$$
$$(141.4 \times 10^{-6} \times 2000 \times 10^3 \times 2000 \times 10^3)]$$
$$\approx -82\,903$$

10. 对于图 6-15 所示的电流镜作为负载的差分对放大器,求尾电流 I_{SS} 的电流分别为 0.2mA 和 0.02mA 时放大器的增益。NMOS 的参数为 $V_{THN} = 0.7\text{V}$,$K_n = 110\mu\text{A/V}^2$,$\lambda_n = 0.04\text{V}^{-1}$。PMOS 晶体管的参数为 $V_{THP} = -0.7\text{V}$,$K_p = 50\mu\text{A/V}^2$,$\lambda_p = 0.05\text{V}^{-1}$。所有晶体管的尺寸都为 $W = 20\mu\text{m}$,$L = 1\mu\text{m}$。

解：当尾电流源的电流为 0.2mA 时,流经差分对 M_1 和 M_2 及负载的电流为 $I_{SS}/2 = 0.1\text{mA}$,所有晶体管的尺寸都为 $W = 20\mu\text{m}$,$L = 1\mu\text{m}$,当所有晶体管都处于饱和区时,忽略体效应,计算 g_m、r_o。根据式(2.39),有

$$g_{m1,2} = \sqrt{\left(2K_n \frac{W}{L}\right)I_{D1,2}} = \sqrt{\left(2 \times 110 \times 10^{-6} \times \frac{20 \times 10^{-6}}{1 \times 10^{-6}}\right) \times 0.1 \times 10^{-3}} \approx 663.3\mu\text{A/V}$$

根据式(2.40),M_1 和 M_2 的输出电阻为

$$r_{o1,2} = \frac{1}{\lambda_n I_{D1.2}} = \frac{1}{0.04 \times 0.1 \times 10^{-3}} = 250\text{k}\Omega$$

M_3 和 M_4 的输出电阻为

$$r_{o3,4} = \frac{1}{\lambda_p I_{D3.4}} = \frac{1}{0.05 \times 0.1 \times 10^{-3}} = 200\text{k}\Omega$$

由此,根据式(6.53),有

$$A_{vd} = \frac{v_{out}}{v_d} = -g_m r_{out} = -g_m(r_{o2} \parallel r_{o4})$$

$$= -663.3 \times 10^{-6} \times (250 \times 10^3 \parallel 200 \times 10^3)$$

$$\approx -73.7$$

同样地,当尾电流源的电流为 0.02mA 时,有

$$g_{m1,2} = \sqrt{\left(2K_n\frac{W}{L}\right)I_{D1,2}} = \sqrt{\left(2 \times 110 \times 10^{-6} \times \frac{20 \times 10^{-6}}{1 \times 10^{-6}}\right) \times 0.01 \times 10^{-3}} \approx 209.8\mu A/V$$

根据式(2.40),M_1 和 M_2 的输出电阻为

$$r_{o1,2} = \frac{1}{\lambda_n I_{D1,2}} = \frac{1}{0.04 \times 0.01 \times 10^{-3}} = 2500k\Omega$$

M_3 和 M_4 的输出电阻为

$$r_{o3,4} = \frac{1}{\lambda_p I_{D3,4}} = \frac{1}{0.05 \times 0.01 \times 10^{-3}} = 2000k\Omega$$

由此,根据式(6.53),有

$$A_{vd} = \frac{v_{out}}{v_d} = -g_m r_{out} = -g_m(r_{o2} \parallel r_{o4})$$

$$= -209.8 \times 10^{-6} \times (2500 \times 10^3 \parallel 2000 \times 10^3)$$

$$\approx -233$$

第 7 章　CMOS 放大器的频率响应

1. 在图 7-3 所示的放大器的小信号等效电路中,$g_m = 1mA/V$,$R_s = 0\Omega$,$R_i = 100M\Omega$,$R_L = 100k\Omega$,$C_2 = 0.1pF$。求放大器从信号源到输出的低频增益值 $|A_{vo}|$,写出放大器从信号源到输出的 s 域的传递函数,并求高截止频率 ω_H。求当频率分别为 $\omega = \omega_H$ 和 $\omega = 10\omega_H$ 时的增益值,以及产生的相位角变化。

解:图 7-3 所示的放大器从信号源到输出的低频增益为

$$A_{vo} = -\frac{g_m R_L R_i}{R_s + R_i} = -\frac{1m \times 100 \times 10^3 \times 100 \times 10^6}{100 \times 10^6} = -100$$

负号表示的是反相。则放大器从信号源到输出的低频增益值为

$$|A_{vo}| = 100 \quad 或 40dB$$

图 7-3 所示的放大器从信号源到输出的 s 域的传递函数写成一般形式为

$$A_v(s) = \frac{A_{vo}}{1 + s\tau_2} = \frac{A_{vo}}{1 + s/\omega_H}$$

其中,高截止频率为

$$\omega_H = \frac{1}{C_2 R_L} = \frac{1}{0.1 \times 10^{-12} \times 100 \times 10^3} = 100Mrad/s$$

当频率 $\omega = \omega_H$,即 100Mrad/s 时,增益 $|A_v(j\omega)|$ 为

$$|A_v(j\omega)| = \frac{|A_{vo}|}{[1 + (\omega/\omega_H)^2]^{1/2}} = \frac{100}{[1 + (\omega_H/\omega_H)^2]^{1/2}} \approx 70.71 \quad 或 \approx 36.99dB$$

相位角的变化为

$$\phi = -\arctan\left(\frac{\omega}{\omega_H}\right) = -\arctan\left(\frac{\omega_H}{\omega_H}\right) = -45°$$

当频率 $\omega = 10\omega_H$，即 1000Mrad/s 时，增益 $|A_v(j\omega)|$ 为

$$|A_v(j\omega)| = \frac{|A_{vo}|}{[1+(\omega/\omega_H)^2]^{1/2}} = \frac{100}{[1+(10\omega_H/\omega_H)^2]^{1/2}} \approx 9.95 \text{ 或} \approx 20.0\text{dB}$$

相位角的变化为

$$\phi = -\arctan\left(\frac{\omega}{\omega_H}\right) = -\arctan\left(\frac{10\omega_H}{\omega_H}\right) \approx -84.3°$$

2. 图 7-5 所示的放大器小信号等效电路中，$g_m = 1\text{mA/V}$，$R_s = 0\Omega$，$R_i = 100\text{M}\Omega$，$R_L = 100\text{k}\Omega$，$C_1 = 0.1\text{nF}$。求放大器从信号源到输出的通带增益值 $|A_{vo}|$，写出放大器从信号源到输出的 s 域的传递函数，并求低截止频率 ω_L。求当频率分别为 $\omega = \omega_L$ 和 $\omega = \omega_L/10$ 时的增益值，以及产生了多少的相位角变化。

解：图 7-5 所示放大器从信号源到输出的通带增益为

$$A_{vo} = -\frac{g_m R_L R_i}{R_s + R_i} = -\frac{1 \times 10^{-3} \times 100 \times 10^3 \times 100 \times 10^6}{100 \times 10^6} = -100$$

负号表示的是反相。则放大器从信号源到输出的通带增益值为

$$|A_{vo}| = 100 \quad \text{或 } 40\text{dB}$$

图 7-5 所示的放大器从信号源到输出的 s 域的传递函数写成一般形式为

$$A_v(s) = \frac{A_{vo}}{1 + \omega_L/s}$$

其中，低截止频率为

$$\omega_L = \frac{1}{[C_1(R_s + R_i)]} = \frac{1}{0.1 \times 10^{-9} \times 100 \times 10^6} = 100\text{rad/s}$$

当频率 $\omega = \omega_L$，即 100rad/s 时，增益 $|A_v(j\omega)|$ 为

$$|A_v(j\omega)| = \frac{|A_{vo}|}{[1+\omega_L^2/\omega^2]^{1/2}} = \frac{100}{[1+\omega_L^2/\omega_L^2]^{1/2}} \approx 70.71 \quad \text{或} \approx 36.99\text{dB}$$

相位角的变化为

$$\phi = 90° - \arctan(\omega/\omega_L) = 90° - \arctan(1/1) = 45°$$

当频率 $\omega = \omega_L/10$，即 10rad/s 时，增益 $|A_v(j\omega)|$ 为

$$|A_v(j\omega)| = \frac{|A_{vo}|}{[1+\omega_L^2/\omega^2]^{1/2}} = \frac{100}{[1+\omega_L^2/(\omega_L^2/10^2)]^{1/2}} \approx 9.95 \quad \text{或} \approx 20.0\text{dB}$$

相位角的变化为

$$\phi = 90° - \arctan(\omega/\omega_L) = 90° - \arctan(1/10) \approx 84.3°$$

3. 针对图 5-7(a)所示的二极管连接 MOS 晶体管作为负载的共源极 MOSFET 放大器，假设 M_1 和 M_2 的电路参数都为 $C_{gd} = 20\text{fF}$，$C_{gs} = 100\text{fF}$，$C_{db} = 10\text{fF}$，$C_{sb} = 10\text{fF}$，$g_m = 10\text{mA/V}$，$r_o = 200\text{k}\Omega$，信号源 $R_s = 100\text{k}\Omega$。分析此共源极放大器的极点频率，并采用密勒法检验高频截止频率。

解：对于以二极管连接 MOS 晶体管作为负载的共源极 MOSFET 放大器，由式(5.29)可知其负载的等效阻抗为 $\frac{1}{g_{m2}} \| r_{o2}$（忽略体效应），则 $R_{out} = r_{o1} \left\| \frac{1}{g_{m2}} \right\| r_{o2} \approx \frac{1}{g_{m2}}$。$C_i = C_{gs1} = 100\text{fF}$，$C_f = C_{gd1} = 20\text{fF}$，$C_o = C_{db1} + C_{gs2} + C_{sb2} = 120\text{fF}$，根据式(7.55)和式(7.56)有

$$p_1 \approx -\cfrac{1}{R_s C_{gs} + R_s \left(1 + g_{m1} \cfrac{1}{g_{m2}}\right) C_{gd} + \cfrac{1}{g_{m2}}(C_o + C_{gd})}$$

$$= -\cfrac{1}{100 \times 10^3 \times 100 \times 10^{-15} + 100 \times 10^3 \times \left(1 + 10 \times 10^{-3} \times \cfrac{1}{10 \times 10^{-3}}\right) \times 20 \times}$$

$$\cfrac{1}{10^{-15} + \cfrac{1}{10 \times 10^{-3}}(120 \times 10^{-15} + 20 \times 10^{-15})}$$

$$\approx -7.14 \times 10^7 \, \text{rad/s}$$

$$p_2 \approx -\cfrac{R_s C_{gs} + R_s \left(1 + g_{m1} \cfrac{1}{g_{m2}}\right) C_{gd} + \cfrac{1}{g_{m2}}(C_o + C_{gd})}{R_s R_D (C_{gs} C_o + C_{gs} C_{gd} + C_o C_{gd})}$$

$$= -\cfrac{100 \times 10^3 \times 100 \times 10^{-15} + 100 \times 10^3 \times \left(1 + 10 \times 10^{-3} \times \cfrac{1}{10 \times 10^{-3}}\right) \times 20 \times}{100 \times 10^3 \times \cfrac{1}{10 \times 10^{-3}} \times (100 \times 10^{-15} \times 120 \times 10^{-15} + 100 \times 10^{-15} \times 20 \times}$$

$$\cfrac{10^{-15} + \cfrac{1}{10 \times 10^{-3}} \times (120 \times 10^{-15} + 20 \times 10^{-15})}{10^{-15} + 120 \times 10^{-15} \times 20 \times 10^{-15})}$$

$$\approx -4.38 \times 10^{11} \, \text{rad/s}$$

则 $\omega_1 = |p_1| \approx 7.14 \times 10^7 \, \text{rad/s}$，$\omega_2 = |p_2| \approx 4.38 \times 10^{11} \, \text{rad/s}$。

当采用密勒法时，根据式(7.105)和式(7.106)有

$$\omega_1 = \cfrac{1}{\left[C_{gs} + C_{gd}\left(1 + g_{m1} \cfrac{1}{g_{m2}}\right)\right] R_s}$$

$$= \cfrac{1}{\left[100 \times 10^{-15} + 20 \times 10^{-15} \times \left(1 + 10 \times 10^{-3} \times \cfrac{1}{10 \times 10^{-3}}\right)\right] \times 100 \times 10^3}$$

$$\approx 7.14 \times 10^7 \, \text{rad/s}$$

$$\omega_2 = \cfrac{1}{(C_o + C_{gd}) \cfrac{1}{g_{m2}}}$$

$$= \cfrac{1}{(120 \times 10^{-15} + 20 \times 10^{-15}) \times \cfrac{1}{10 \times 10^{-3}}}$$

$$\approx 0.7 \times 10^{11} \, \text{rad/s}$$

由此可见，两种方法得到的第一极点接近相等，而第二极点有一定差距，但在一个数量级上。

4. 针对图 5-10(b)所示的电流源作为负载的共源极 MOSFET 放大器，假设 M_1 和 M_2 的电路参数都为 $C_{gd} = 20\text{fF}$，$C_{gs} = 100\text{fF}$，$C_{db} = 10\text{fF}$，$g_m = 10\text{mA/V}$，$r_o = 200\text{k}\Omega$，信号源 $R_s = 100\text{k}\Omega$。分析此共源极放大器的极点频率，并采用密勒法检验高频截止频率。

解：对于以电流源作为负载的共源极 MOSFET 放大器，由式(5.29)可知其负载的等效阻抗为 r_{o2}

（忽略体效应），则 $R_{\text{out}}=r_{o1}\parallel r_{o2}=100\text{k}\Omega$。$C_i=C_{gs1}=100\text{fF}$，$C_f=C_{gd1}=20\text{fF}$，$C_o=C_{db1}+C_{gd2}=30\text{fF}$，根据式（7.55）和式（7.56）有

$$p_1\approx-\frac{1}{R_sC_{gs}+R_s(1+g_{m1}R_{\text{out}})C_{gd}+R_{\text{out}}(C_o+C_{gd})}$$

$$=-\frac{1}{100\times10^3\times100\times10^{-15}+100\times10^3\times(1+10\times10^{-3}\times100\times10^3)\times20\times}$$

$$\overline{\frac{1}{10^{-15}+100\times10^3\times(30\times10^{-15}+20\times10^{-15})}}$$

$$\approx-4.9628\times10^5\text{rad/s}$$

$$p_2\approx-\frac{R_sC_{gs}+R_s(1+g_{m1}R_{\text{out}})C_{gd}+R_{\text{out}}(C_o+C_{gd})}{R_sR_{\text{out}}(C_{gs}C_o+C_{gs}C_{gd}+C_oC_{gd})}$$

$$=-\frac{100\times10^3\times100\times10^{-15}+100\times10^3\times(1+10\times10^{-3}\times100\times10^3)\times}{100\times10^3\times100\times10^3\times(100\times10^{-15}\times30\times10^{-15}+100\times10^{-15}\times20\times10^{-15}+}$$

$$\frac{20\times10^{-15}+100\times10^3\times(30\times10^{-15}+20\times10^{-15})}{30\times10^{-15}\times20\times10^{-15})}$$

$$\approx-6.30\times10^{10}\text{rad/s}$$

则 $\omega_1=|p_1|\approx4.9628\times10^5\text{rad/s}$，$\omega_2=|p_2|\approx6.30\times10^{10}\text{rad/s}$。

当采用密勒法时，根据式（7.105）和式（7.106）有

$$\omega_1=\frac{1}{[C_{gs}+C_{gd}(1+g_{m1}R_{\text{out}})]R_s}$$

$$=\frac{1}{[100\times10^{-15}+20\times10^{-15}\times(1+10\times10^3\times100\times10^3)]\times100\times10^3}$$

$$\approx4.97\times10^5\text{rad/s}$$

$$\omega_2=\frac{1}{(C_{db}+C_{gd})R_{\text{out}}}$$

$$=\frac{1}{(30\times10^{-15}+20\times10^{-15})\times100\times10^3}$$

$$=2\times10^8\text{rad/s}$$

由此可见，两种方法得到的第一极点接近相等，而第二极点有较大差距。

5. 图 7-22 所示的共漏极 MOSFET 放大器的 s 域等效电路，忽略 C_{gd}、C_{gb} 和 C_{sb} 的影响，并忽略体效应参数影响，电路参数为 $C_{gs}=100\text{fF}$，$g_m=1\text{mA/V}$，$r_o=200\text{k}\Omega$，信号源 $R_s=10\text{k}\Omega$，分析当此共漏极放大器分别驱动 $R_L=2\text{M}\Omega$ 及 $R_L=200\Omega$ 负载时的极点频率。

解：当驱动 $R_L=2\text{M}\Omega$ 的负载时，针对图 7-22 所示的共漏极 MOSFET 放大器的 s 域等效电路，忽略体效应参数影响，$g_{mb}=0$，这样，总的有效负载电阻为

$$R_L'=R_L\parallel r_o\parallel(1/g_{mb})=2\times10^6\parallel200\times10^3\approx181.8\text{k}\Omega$$

忽略 C_{gd}、C_{gb} 和 C_{sb} 的影响，如图 7-23 所示，那么根据式（7.121）式（7.122），有

$$R_1=\frac{R_s+R_L'}{1+g_mR_L'}=\frac{10\times10^3+181.8\times10^3}{1+1\times10^{-3}\times181.8\times10^3}\approx1049.23$$

$$\omega_{p1}=|p_1|=\frac{1}{R_1C_{gs}}=\frac{1}{1049.23\times100\times10^{-15}}\approx9.53\times10^9\text{rad/s}$$

当驱动 $R_L = 200\Omega$ 的负载时,针对图 7-22 所示的共漏极 MOSFET 放大器的 s 域等效电路,忽略体效应参数影响,$g_{mb} = 0$,这样,总的有效负载电阻为

$$R'_L = R_L \parallel r_o \parallel (1/g_{mb}) = 200 \parallel 200 \times 10^3 \approx 199.8\Omega$$

忽略 C_{gd}、C_{gb} 和 C_{sb} 的影响,如图 7-23 所示,那么根据式(7.121)和式(7.122),有

$$R_1 = \frac{R_s + R'_L}{1 + g_m R'_L} = \frac{10 \times 10^3 + 199.8}{1 + 1 \times 10^{-3} \times 199.8} \approx 8501.25$$

$$\omega_{p1} = |p_1| = \frac{1}{R_1 C_{gs}} = \frac{1}{8501.25 \times 100 \times 10^{-15}} \approx 1.18 \times 10^9 \text{rad/s}$$

6. 图 7-22 所示的共漏极 MOSFET 放大器的 s 域等效电路,忽略 C_{gd}、C_{gb} 和 C_{sb} 的影响,并忽略体效应参数影响,电路参数为 $C_{gs} = 100\text{fF}$,$g_m = 1\text{mA/V}$,$r_o = 200\text{k}\Omega$,信号源 $R_s = 10\Omega$,分析当此共漏极放大器分别驱动 $R_L = 2\text{M}\Omega$ 及 $R_L = 200\Omega$ 负载时的极点频率。

解:当驱动 $R_L = 2\text{M}\Omega$ 的负载时,针对图 7-22 所示的共漏极 MOSFET 放大器的 s 域等效电路,忽略体效应参数影响,$g_{mb} = 0$,这样,总的有效负载电阻为

$$R'_L = R_L \parallel r_o \parallel (1/g_{mb}) = 2 \times 10^6 \parallel 200 \times 10^3 = 181.8\text{k}\Omega$$

忽略 C_{gd}、C_{gb} 和 C_{sb} 的影响,如图 7-23 所示,那么根据式(7.121)和式(7.122),有

$$R_1 = \frac{R_s + R'_L}{1 + g_m R'_L} = \frac{10 + 181.8 \times 10^3}{1 + 1 \times 10^{-3} \times 181.8 \times 10^3} \approx 994.58$$

$$\omega_{p1} = |p_1| = \frac{1}{R_1 C_{gs}} = \frac{1}{994.58 \times 100 \times 10^{-15}} \approx 1.005 \times 10^{10} \text{rad/s}$$

当驱动 $R_L = 200\Omega$ 的负载时,针对图 7-22 所示的共漏极 MOSFET 放大器的 s 域等效电路,忽略体效应参数影响,$g_{mb} = 0$,这样,总的有效负载电阻为

$$R'_L = R_L \parallel r_o \parallel (1/g_{mb}) = 200 \parallel 200 \times 10^3 = 199.8\Omega$$

忽略 C_{gd}、C_{gb} 和 C_{sb} 的影响,如图 7-23 所示,那么根据式(7.121)和式(7.122),有

$$R_1 = \frac{R_s + R'_L}{1 + g_m R'_L} = \frac{10 + 199.8}{1 + 1 \times 10^{-3} \times 199.8} \approx 174.86$$

$$\omega_{p1} = |p_1| = \frac{1}{R_1 C_{gs}} = \frac{1}{174.86 \times 100 \times 10^{-15}} \approx 5.72 \times 10^{10} \text{rad/s}$$

7. 图 7-22 所示的共漏极 MOSFET 放大器的 s 域等效电路,考虑 C_{gd}、C_{gb} 和 C_{sb} 的影响,忽略体效应参数影响,电路参数为 $C_{gs} = 100\text{fF}$,$C_{gd} = 10\text{fF}$,$C_{gb} = 1\text{fF}$,$C_{sb} = 1\text{fF}$,$g_m = 10\text{mA/V}$,$r_o = 200\text{k}\Omega$,信号源 $R_s = 10\text{k}\Omega$,分析当此共漏极放大器分别驱动 $R_L = 2\text{M}\Omega$ 及 $R_L = 200\Omega$ 负载时的极点频率。

解:当驱动 $R_L = 2\text{M}\Omega$ 的负载时,针对图 7-23 所示的共漏极 MOSFET 放大器的 s 域等效电路,忽略体效应参数影响,$g_{mb} = 0$,这样,总的有效负载电阻为

$$R'_L = R_L \parallel r_o \parallel (1/g_{mb}) = 2 \times 10^6 \parallel 200 \times 10^3 \approx 181.8\text{k}\Omega$$

考虑 C_{gd}、C_{gb} 和 C_{sb} 的影响,那么根据式(7.127),有

$$\omega_H = \cfrac{1}{R_s(C_{gd} + C_{gb}) + \cfrac{R_s + R'_L}{1 + g_m R'_L}C_{gs} + \left(R'_L \parallel \cfrac{1}{g_m}\right)C_{sb}}$$

$$= \cfrac{1}{10 \times 10^3 \times (10 \times 10^{-15} + 1 \times 10^{-15}) + \cfrac{10 \times 10^3 + 181.8 \times 10^3}{1 + 10 \times 10^{-3} \times 181.8 \times 10^3} \times}$$

$$\frac{1}{100 \times 10^{-15} + \left(181.8 \times 10^3 \parallel \dfrac{1}{10 \times 10^{-3}}\right) \times 1 \times 10^{-15}}$$

$$\approx 8.29 \times 10^9 \, \text{rad/s}$$

当驱动 $R_L = 200\Omega$ 的负载时,针对图 7-23 所示的共漏极 MOSFET 放大器的 s 域等效电路,忽略体效应参数影响,$g_{mb} = 0$,这样,总的有效负载电阻为

$$R'_L = R_L \parallel r_o \parallel (1/g_{mb}) = 200 \parallel 200 \times 10^3 \approx 199.8\Omega$$

考虑 C_{gd}、C_{gb} 和 C_{sb} 的影响,那么根据式(7.127),有

$$\omega_H = \frac{1}{R_s(C_{gd} + C_{gb}) + \dfrac{R_s + R'_L}{1 + g_m R'_L} C_{gs} + \left(R'_L \parallel \dfrac{1}{g_m}\right) C_{sb}}$$

$$= \frac{1}{10 \times 10^3 \times (10 \times 10^{-15} + 1 \times 10^{-15}) + \dfrac{10 \times 10^3 + 199.8}{1 + 10 \times 10^{-3} \times 199.8} \times}$$

$$\frac{1}{100 \times 10^{-15} + \left(199.8 \parallel \dfrac{1}{10 \times 10^{-3}}\right) \times 1 \times 10^{-15}}$$

$$\approx 2.221 \times 10^9 \, \text{rad/s}$$

8. 图 7-22 所示的共漏极 MOSFET 放大器的 s 域等效电路,考虑 C_{gd}、C_{gb} 和 C_{sb} 的影响,忽略体效应参数影响,电路参数为 $C_{gs} = 100\text{fF}$,$C_{gd} = 10\text{fF}$,$C_{gb} = 1\text{fF}$,$C_{sb} = 1\text{fF}$,$g_m = 10\text{mA/V}$,$r_o = 200\text{k}\Omega$,信号源 $R_s = 10\Omega$,分析当此共漏极放大器分别驱动 $R_L = 2\text{M}\Omega$ 及 $R_L = 200\Omega$ 负载时的极点频率。

解:当驱动 $R_L = 2\text{M}\Omega$ 的负载时,针对图 7-23 所示的共漏极 MOSFET 放大器的 s 域等效电路,忽略体效应参数影响,$g_{mb} = 0$,这样,总的有效负载电阻为

$$R'_L = R_L \parallel r_o \parallel (1/g_{mb}) = 2 \times 10^6 \parallel 200 \times 10^3 \approx 181.8\text{k}\Omega$$

考虑 C_{gd}、C_{gb} 和 C_{sb} 的影响,那么根据式(7.127),有

$$\omega_H = \frac{1}{R_s(C_{gd} + C_{gb}) + \dfrac{R_s + R'_L}{1 + g_m R'_L} C_{gs} + \left(R'_L \parallel \dfrac{1}{g_m}\right) C_{sb}}$$

$$= \frac{1}{10 \times (10 \times 10^{-15} + 1 \times 10^{-15}) + \dfrac{10 + 181.8 \times 10^3}{1 + 10 \times 10^{-3} \times 181.8 \times 10^3} \times}$$

$$\frac{1}{100 \times 10^{-15} + \left(181.8 \times 10^3 \parallel \dfrac{1}{10 \times 10^{-3}}\right) \times 1 \times 10^{-15}}$$

$$\approx 9.80 \times 10^{10} \, \text{rad/s}$$

当驱动 $R_L = 200\Omega$ 的负载时,针对图 7-23 所示的共漏极 MOSFET 放大器的 s 域等效电路,忽略体效应参数影响,$g_{mb} = 0$,这样,总的有效负载电阻为

$$R'_L = R_L \parallel r_o \parallel (1/g_{mb}) = 200 \parallel 200 \times 10^3 \approx 199.8\Omega$$

考虑 C_{gd}、C_{gb} 和 C_{sb} 的影响,那么根据式(7.127),有

$$\omega_H = \cfrac{1}{R_s(C_{gd} + C_{gb}) + \cfrac{R_s + R'_L}{1 + g_m R'_L} C_{gs} + \left(R'_L \parallel \cfrac{1}{g_m}\right) C_{sb}}$$

$$= \cfrac{1}{10 \times (10 \times 10^{-15} + 1 \times 10^{-15}) + \cfrac{10 + 199.8}{1 + 10 \times 10^{-3} \times 199.8} \times 100 \times 10^{-15} + }$$

$$\cfrac{1}{\left(199.8 \parallel \cfrac{1}{10 \times 10^{-3}}\right) \times 1 \times 10^{-15}}$$

$$\approx 1.39 \times 10^{11} \text{rad/s}$$

9. 图 7-29 所示的共栅极 MOSFET 放大器的 s 域等效电路,忽略体效应参数影响,电路参数为 $C_{gs} = 100\text{fF}, C_{gd} = 10\text{fF}, C_{db} = 1\text{fF}, C_{sb} = 1\text{fF}, g_m = 10\text{mA/V}$,信号源 $R_s = 100\Omega, R_L = 200\Omega$。分析此共栅极放大器的极点频率。

解:与源极和漏极相关的电容为

$$C_s = C_{gs} + C_{sb} = 100 \times 10^{-15} + 1 \times 10^{-15} = 101\text{fF}$$
$$C_d = C_{gd} + C_{db} = 10 \times 10^{-15} + 1 \times 10^{-15} = 11\text{fF}$$

图 7-29 所示的共栅极 MOSFET 放大器的 s 域等效电路,忽略体效应参数影响,即 $g_{mb} = 0$,根据式(7.147)和式(7.148),输入和输出处两个极点频率为

$$\omega_{p1} = |p_1| = \cfrac{1}{\left[R_s \parallel \cfrac{1}{g_m + g_{mb}}\right] C_s} = \cfrac{1}{\left[100 \parallel \cfrac{1}{10 \times 10^{-3}}\right] \times 101 \times 10^{-15}} \approx 1.98 \times 10^{11} \text{rad/s}$$

$$\omega_{p2} = |p_2| = \cfrac{1}{R_L C_d} = \cfrac{1}{200 \times 11 \times 10^{-15}} \approx 4.545 \times 10^{11} \text{rad/s}$$

10. 图 7-31 所示的共源共栅极 MOSFET 放大器,M$_1$ 和 M$_2$ 的电路参数都为 $C_{gd} = 20\text{fF}, C_{gs} = 100\text{fF}, C_{db} = 10\text{fF}, C_{sb} = 1\text{fF}, g_m = 10\text{mA/V}, r_o = 200\text{k}\Omega$,信号源 $R_s = 100\text{k}\Omega$,采用电流源作为负载 R_L,电流源的输出电阻为 200kΩ。分析此共源共栅极放大器的极点频率。

解:根据图 7-32 所示的交流等效电路,忽略体效应,即 $g_{mb} = 0$,根据式(7.154)、式(7.155)和式(7.156),与输入节点相关的极点频率为

$$\omega_{p,in} = \cfrac{1}{R_s \left[C_{gs1} + \left(1 + \cfrac{g_{m1}}{g_{m2} + g_{mb2}}\right) C_{gd1}\right]} = \cfrac{1}{100 \times 10^3 \times [100 \times 10^{-15} + (1 + 1) \times 20 \times 10^{-15}]}$$

$$\approx 71.43 \times 10^6 \text{rad/s}$$

可见,共源共栅极放大器比同样电路参数的共源极放大器输入处的极点频率高很多。X 节点相关的极点频率为

$$\omega_{p,x} = \cfrac{g_{m2} + g_{mb2}}{\left(1 + \cfrac{g_{m2} + g_{mb2}}{g_{m1}}\right) C_{gd1} + C_{db1} + C_{sb2} + C_{gs2}}$$

$$= \cfrac{10 \times 10^{-3}}{(1 + 1) \times 20 \times 10^{-15} + 10 \times 10^{-15} + 1 \times 10^{-15} + 100 \times 10^{-15}} \approx 66.225 \times 10^9 \text{rad/s}$$

当输出节点空载时,即 $C_L = 0$,相关的极点频率为

$$\omega_{p,out} = \frac{1}{R_L(C_{gd2} + C_{db2} + C_L)} = \frac{1}{200 \times 10^3 \times (20 \times 10^{-15} + 10 \times 10^{-15})} \approx 1.667 \times 10^8 \, rad/s$$

第8章 噪声

1. 在室温 $T = 300K$ 时,电阻 $R = 100k\Omega$,计算电阻的噪声功率值和 rms 值。

解: 噪声功率值为

$$\overline{v_n^2}/\Delta f = 4kTR = 4 \times 1.38 \times 10^{-23} \times 300 \times 100 \times 10^3 = 1.656 \times 10^{-15} \, V^2/Hz$$

rms 值为

$$v_n/\sqrt{\Delta f} = \sqrt{\overline{v_n^2}/\Delta f} \approx 40.69 nV/\sqrt{Hz}$$

2. 对于图 8-2 所示的 RC 电路,如果 $R = 100k\Omega$、$C = 1pF$,计算总的噪声功率。当 $R = 1k\Omega$、$C = 10pF$ 时,总的噪声功率又是怎么样的呢?

解: 电阻 R 的热噪声可用一个串联的电压源来表示,其噪声电压均方值为 $\overline{v_n^2}$,其功率谱密度为

$$S_v(f) = 4kTR$$

从此电压源到输出 s 域的传递函数可以写为

$$H(s) = \frac{1}{1 + RCs}$$

因此,输出的噪声功率谱密度为

$$S_o(f) = S_v(f) |H(f)|^2$$
$$= 4kTR \frac{1}{1 + (2\pi RCf)^2}$$

输出的总噪声功率为

$$P_{n,out} = \int_0^\infty \frac{4kTR}{1 + (2\pi RCf)^2} df$$

由于

$$\int \frac{1}{1 + x^2} dx = \arctan x$$

所以,得

$$P_{n,out} = \frac{2kT}{\pi C} \arctan x \Big|_{x=0}^{x=\infty} = \frac{kT}{C}$$

当 $R = 100k\Omega$、$C = 1pF$ 时

$$P_{n,out} = \frac{2kT}{\pi C} \arctan x \Big|_{x=0}^{x=\infty} = \frac{kT}{C} = \frac{1.38 \times 10^{-23} \times 300}{1 \times 10^{-12}} = 4.14 \times 10^{-9} \, V^2/Hz$$

当 $R = 100k\Omega$、$C = 10pF$ 时

$$P_{n,out} = \frac{2kT}{\pi C} \arctan x \Big|_{x=0}^{x=\infty} = \frac{kT}{C} = \frac{1.38 \times 10^{-23} \times 300}{10 \times 10^{-12}} = 4.14 \times 10^{-10} \, V^2/Hz$$

该电路的噪声功率与电阻无关。

3. 在室温 $T = 300K$ 时,两个电阻并联,电阻 $R_1 = 2k\Omega$、$R_2 = 6k\Omega$,分别计算出每一个电阻的噪声功率表示和 rms 表示,以及两个电阻并联的总噪声功率表示和 rms 表示。

解: R_1 的噪声功率为

$$\overline{v_n^2}/\Delta f = 4kTR_1 = 4 \times 1.38 \times 10^{-23} \times 300 \times 2 \times 10^3 = 3.312 \times 10^{-17}\,\mathrm{V^2/Hz}$$

rms 值为

$$v_n/\sqrt{\Delta f} = \sqrt{\overline{v_n^2}/\Delta f} \approx 5.755\,\mathrm{nV}/\sqrt{\mathrm{Hz}}$$

R_2 的噪声功率为

$$\overline{v_n^2}/\Delta f = 4kTR_2 = 4 \times 1.38 \times 10^{-23} \times 300 \times 6 \times 10^3 = 9.936 \times 10^{-17}\,\mathrm{V^2/Hz}$$

rms 值为

$$v_n/\sqrt{\Delta f} = \sqrt{\overline{v_n^2}/\Delta f} \approx 9.968\,\mathrm{nV}/\sqrt{\mathrm{Hz}}$$

两个电阻并联的噪声功率为

$$\overline{v_n^2}/\Delta f = 4kT(R_1 \parallel R_2) = 4 \times 1.38 \times 10^{-23} \times 300 \times (2 \times 10^3 \parallel 6 \times 10^3) = 2.484 \times 10^{-17}\,\mathrm{V^2/Hz}$$

rms 值为

$$v_n/\sqrt{\Delta f} = \sqrt{\overline{v_n^2}/\Delta f} \approx 4.984\,\mathrm{nV}/\sqrt{\mathrm{Hz}}$$

如果按噪声电流源来表示，R_1 的噪声功率为

$$\overline{i_n^2}/\Delta f = 4kT/R_1 = 4 \times 1.38 \times 10^{-23} \times 300/(2 \times 10^3) = 8.28 \times 10^{-24}\,\mathrm{A^2/Hz}$$

R_2 的噪声功率为

$$\overline{i_n^2}/\Delta f = 4kT/R_2 = 4 \times 1.38 \times 10^{-23} \times 300/(6 \times 10^3) = 2.76 \times 10^{-24}\,\mathrm{A^2/Hz}$$

两个电阻并联的噪声功率为

$$\overline{i_n^2}/\Delta f = 4kT/(R_1 \parallel R_2) = 4 \times 1.38 \times 10^{-23} \times 300/(2 \times 10^3 \parallel 6 \times 10^3) = 11.04 \times 10^{-24}\,\mathrm{A^2/Hz}$$

可见电阻并联时，采用噪声电流源表示，总的噪声功率等于两个电阻并联噪声功率之和。

4. 如果包括热噪声和闪烁噪声的如图 8-11(c)所示的等效输入噪声电压功率谱密度表示为

$$s_i(f) = \left(1 + \frac{10^4}{f}\right) \times 10^{-16}\,\mathrm{V^2/Hz}$$

那么，求

(1) 从 $f_1 = 1\,\mathrm{Hz}$ 到 $f_2 = 100\,\mathrm{kHz}$ 带宽内的噪声功率；

(2) 从 $f_1 = 0.0001\,\mathrm{Hz}$ 到 $f_2 = 100\,\mathrm{kHz}$ 带宽内的噪声功率。

解： 在下限频率为 f_1 和上限频率为 f_2 的带宽内的 MOS 管噪声功率为

$$\overline{v_{iT}^2} = \int_{f_1}^{f_2} s_i(f)\,\mathrm{d}f$$

$$= \int_{f_1}^{f_2} \left(1 + \frac{10^4}{f}\right) \times 10^{-16}\,\mathrm{d}f$$

$$= 10^{-16} \times (f + 10^4 \ln f)\Big|_{f_1}^{f_2}$$

$$= 10^{-16} \times \left[(f_2 - f_1) + 10^4 \ln\frac{f_2}{f_1}\right]$$

(1) 从 $f_1 = 1\,\mathrm{Hz}$ 到 $f_2 = 100\,\mathrm{kHz}$ 带宽内的噪声功率为

$$\overline{v_{iT}^2} = 10^{-16} \times \left[(f_2 - f_1) + 10^4 \times \ln\frac{f_2}{f_1}\right]$$

$$= 10^{-16} \times \left[(10^5 - 1) + 10^4 \times \ln\frac{10^5}{1}\right]$$

$$\approx 2.15 \times 10^{-11} \, \text{V}^2$$

或者表示成 rms 值为

$$v_{iT} \approx 4.637 \times 10^{-6} \, \text{V}_{rms}$$

(2) 从 $f_1 = 0.0001\text{Hz}$ 到 $f_2 = 100\text{kHz}$ 带宽内的噪声功率为

$$\overline{v_{iT}^2} = 10^{-16} \times \left[(f_2 - f_1) + 10^4 \times \ln\frac{f_2}{f_1} \right]$$

$$= 10^{-16} \times \left[(10^5 - 0.0001) + 10^4 \times \ln\frac{10^5}{0.0001} \right]$$

$$\approx 3.072 \times 10^{-11} \, \text{V}^2$$

或者表示成 rms 值为

$$v_{iT} \approx 5.543 \times 10^{-6} \, \text{V}_{rms}$$

5. 对于一个工艺的 MOS 器件,其电路参数为 $g_m = 2\text{mA/V}, W = 100\,\mu\text{m}, L = 1\,\mu\text{m}$,在室温 $T = 300\text{K}$ 下,测得闪烁噪声的转角频率为 200kHz,假定 $t_{ox} = 100\text{Å}$,此工艺的 K_f 是多少?

解:

$$C_{ox} = \frac{\varepsilon_0}{t_{ox}} = \frac{8.854 \times 10^{-12} \times 3.9}{100 \times 10^{-10}} = 3.453\,06 \times 10^{-15} \, \text{F}/\mu\text{m}^2$$

$$K_f = \frac{8kT}{3} f_c WLC_{ox} \frac{1}{g_m}$$

$$= \frac{8 \times 1.38 \times 10^{-23} \times 300}{3} \times 200 \times 10^3 \times 100 \times 1 \times 3.453\,06 \times 10^{-15} \times \frac{1}{2 \times 10^{-3}}$$

$$\approx 3.812 \times 10^{-25} \, \text{V}^2/\text{F}$$

第 9 章   反馈

1. 如果一个放大器的开环增益 $A = 10\,000$,反馈系统中的反馈系数 $\beta = 0.25$。

(1) 确定闭环增益 $A_f = s_o/s_i$;

(2) 如果开环增益 A 变化 $+10\%$,确定闭环增益 A_f 变化的百分比。

解:(1) $A = 10\,000, \beta = 0.25$

由式(9.4)得出

$$A_f = \frac{A}{1 + \beta \cdot A} = \frac{10\,000}{1 + 10\,000 \times 0.25} \approx 3.998$$

(2) 开环增益 A 变化,即 $\delta A/A = 10\%$,根据式(9.18),有

$$\frac{\delta A_f}{A_f} = \frac{10\%}{1 + 10\,000 \times 0.25} \approx 0.004\%$$

2. 考查反馈对放大器频率特性的影响。闭环放大器的反馈系数 $\beta = 0.25$。开环增益表示为

$$A(s) = \frac{2000}{1 + s/(2\pi \times 500)}$$

确定(1)闭环低频增益 A_{of};(2)闭环带宽 BW_f;(3)增益带宽积 GBW。

解:

$$\beta = 0.25, \quad A(s) = \frac{2000}{1 + s/(2\pi \times 500)}$$

由式(9.19)得出

$$\omega_0 = 2\pi \times 500, \quad A_o = 2000$$

由式(9.22)得出

$$A_{of} = \frac{A_o}{1 + \beta A_o} = \frac{2000}{1 + 0.25 \times 2000} \approx 3.992$$

由式(9.23)得出

$$BW_f = f_0(1 + \beta A_o) = 500 \times (1 + 0.25 \times 2000) = 250.5 \text{kHz}$$

由式(9.24)得出

$$GBW = A_o f_0 = 2000 \times 500 = 10^6 \text{Hz}$$

3. 不带反馈的放大器的转移特性近似表示为下列给定输入电压 v_i 范围的开环增益值:

$$A = \begin{cases} 1000 & \text{对于 } 0 < v_i \leqslant 0.1\text{mV} \\ 400 & \text{对于 } 0.1\text{mV} < v_i \leqslant 0.2\text{mV} \\ 200 & \text{对于 } 0.2\text{mV} < v_i \leqslant 0.4\text{mV} \\ 0 & \text{对于 } v_i > 0.4\text{mV} \end{cases}$$

如果反馈系数 $\beta = 0.8$,确定转移特性的闭环增益。

解: 由式(9.10) $A_f = \dfrac{s_o}{s_i} = \dfrac{A}{1 + \beta A}$ 得出闭环增益为

$$A_f = \begin{cases} \dfrac{1000}{1 + 0.8 \times 1000} \approx 1.248 & \text{对于 } 0 < v_i \leqslant 0.1\text{mV} \\[2mm] \dfrac{400}{1 + 0.8 \times 400} \approx 1.246 & \text{对于 } 0.1\text{mV} < v_i \leqslant 0.2\text{mV} \\[2mm] \dfrac{200}{1 + 0.8 \times 200} \approx 1.242 & \text{对于 } 0.2\text{mV} < v_i \leqslant 0.4\text{mV} \\[2mm] 0 & \text{对于 } v_i > 0.4\text{mV} \end{cases}$$

4. 忽略反馈网络和信号源的输出电阻(即内阻)R_s 和负载 R_L 对放大器的影响,即 $R_x = 0, R_y = \infty$, $R_s = 0, R_L = \infty$。图 9-7(b)所示的同相放大器中,反馈电阻 $R_1 = 10\text{k}\Omega, R_F = 90\text{k}\Omega$。运算放大器的参数为 $r_{in} = 10\text{M}\Omega, r_{out} = 50\Omega$,开环电压增益为 $A = 1 \times 10^5$。分析从信号源看到的输入电阻 $R_{if} = v_s/i_s$、输出电阻 R_{of} 及闭环电压增益 $A_f = v_o/v_s$。

解:

如图 A-5 所示,确定反馈网络的 β 值,由式(9.28)得出

$$\beta = \frac{v_f}{v_o}\bigg|_{i_f=0} = \frac{R_1}{R_1 + R_F} = \frac{10 \times 10^3}{10 \times 10^3 + 90 \times 10^3} = 0.1\text{V/V}$$

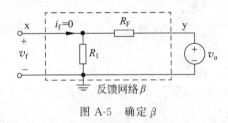

图 A-5 确定 β

由式(9.28)得出闭环增益为

$$A_f = \frac{A}{1 + \beta A} = \frac{10^5}{1 + 0.1 \times 10^5} \approx 9.999$$

由式(9.35)得出输入电阻为

$$R_{if} = \frac{v_s}{i_{in}} = \frac{v_e(1 + \beta A)}{v_e/r_{in}} = (1 + \beta A)r_{in} = (1 + 0.1 \times 10^5) \times 10 \times 10^6 = 100.01\text{G}\Omega$$

由式(9.40)得出输出电阻为

$$R_{\text{of}} = \frac{v_x}{i_x} = \frac{r_{\text{out}}}{1 + \beta A} = \frac{50}{1 + 0.1 \times 10^5} \approx 0.005\Omega$$

5. 对于实际的串联-并联反馈的同相放大器,图 9-7(b)所示的同相放大器具有 $R_L = 100\text{k}\Omega$, $R_s = 50\Omega$。反馈电阻 $R_1 = 10\text{k}\Omega$, $R_F = 90\text{k}\Omega$。运算放大器的参数为 $r_{\text{in}} = 10\text{M}\Omega$, $r_{\text{out}} = 50\Omega$, 开环电压增益为 $A = 1 \times 10^5$。分析从信号源看到的输入电阻 $R_{\text{if}} = v_s/i_s$、输出电阻 R_{of} 及闭环电压增益 $A_f = v_o/v_s$。

解: 电路参数 $R_L = 100\text{k}\Omega$, $R_s = 50\Omega$, $R_1 = 10\text{k}\Omega$, $R_F = 90\text{k}\Omega$, $r_{\text{in}} = 10\text{M}\Omega$, $r_{\text{out}} = 50\Omega$, $A = 1 \times 10^5$。

这里考查由 R_1 和 R_F 组成的反馈网络 β 的输入电阻 R_y 和输出电阻 R_x, 以及信号源电阻 R_s 和电路负载 R_L 对原放大器增益造成的影响。反馈网络产生的反馈电压 v_f 正比于反馈放大器的输出电压 v_o。

放大器采用串联-并联反馈,因此,整个反馈放大器的输出输入量是电压-电压量。根据 9.5.1 节的讨论,反馈网络在整个反馈放大器输入一侧的影响,即 R_x, 通过将输出一侧的并联反馈进行短路来考虑。同样地,在整个反馈放大器输出一侧的影响,即 R_y, 通过断开输入一侧的串联反馈来考虑。计入 R_x 和 R_y 影响的放大器等效电路如图 9-27(b)所示。

$$R_y = R_1 + R_F = 10 \times 10^3 + 90 \times 10^3 = 100\text{k}\Omega$$

$$R_x = R_1 \| R_F = 10 \times 10^3 \| 90 \times 10^3 = 9\text{k}\Omega$$

等效输入电阻是

$$R_{\text{ie}} = R_s + r_{\text{in}} + R_x = 50 + 10 \times 10^6 + 9 \times 10^3 = 10\,009.05\text{k}\Omega$$

等效输出电阻是

$$R_{\text{oe}} = r_{\text{out}} \| R_y \| R_L = 50 \| 100 \times 10^3 \| 100 \times 10^3 \approx 49.95\Omega$$

根据式(9.84),修改后的开环增益 A_e 为

$$\begin{aligned}
A_e &= \frac{R_y \| R_L}{(R_y \| R_L) + r_{\text{out}}} \times \frac{r_{\text{in}}}{r_{\text{in}} + R_x + R_s} A \\
&= \frac{100 \times 10^3 \| 100 \times 10^3}{(100 \times 10^3 \| 100 \times 10^3) + 50} \times \frac{10 \times 10^6}{10 \times 10^6 + 9 \times 10^3 + 50} \times 10^5 \\
&\approx 0.999 \times 10^5
\end{aligned}$$

带反馈的反馈放大器的输入电阻(从信号源看到的)为

$$R_{\text{if}} = \frac{v_s}{i_s} = R_{\text{ie}}(1 + \beta A_e) = 10\,009.05 \times 10^3 \times (1 + 0.1 \times 0.999 \times 10^5) \approx 100\text{G}\Omega$$

带反馈的输出电阻为

$$R_{\text{of}} = \frac{R_{\text{oe}}}{1 + \beta A_e} = \frac{49.95}{1 + 0.1 \times 0.999 \times 10^5} \approx 5\text{m}\Omega$$

闭环电压增益 A_f 为

$$A_f = \frac{v_o}{v_s} = \frac{A_e}{1 + \beta A_e} = \frac{0.999 \times 10^5}{1 + 0.1 \times 0.999 \times 10^5} \approx 9.999\text{V/V}$$

6. 对于带串联-串联反馈的同相放大器,忽略反馈网络和信号源的输出电阻(即内阻) R_s 和负载 R_L 对放大器的影响,即 $R_x = 0$, $R_y = 0$, $R_s = 0$, $R_L = 0$。图 9-8(b)所示的同相放大器,反馈电阻 $R_F = 100\Omega$。运算放大器的参数为 $r_{\text{in}} = 10\text{k}\Omega$, $r_{\text{out}} = 10\text{k}\Omega$, 开环电压增益为 $A_v = 1 \times 10^5$, 因此电流/电压(跨导)增益 A 为 A_v/r_{out}, 确定从信号源看到的输入电阻 $R_{\text{if}} = v_s/i_s$、输出电阻 R_{of}, 以及闭环跨导增益 $A_f = i_o/v_s$。

解: 确定反馈网络的 β 值,由式(9.47)得出

$$\beta = \frac{v_\mathrm{f}}{i_\mathrm{o}}\bigg|_{i_\mathrm{f}=0} = R_\mathrm{F} = 100\Omega$$

将开环电压增益转换为开环跨导增益

$$A = \frac{A_\mathrm{v}}{r_\mathrm{out}} = \frac{1\times10^5}{10\,000} = 10\mathrm{A/V}$$

由式(9.51)得出闭环跨导增益 A_f 为

$$A_\mathrm{f} = \frac{i_\mathrm{o}}{v_\mathrm{s}} = \frac{A}{1+\beta A} = \frac{10}{1+100\times10} \approx 0.01\mathrm{A/V}$$

由式(9.53)得出输入电阻为

$$R_\mathrm{if} = \frac{v_\mathrm{s}}{i_\mathrm{in}} = r_\mathrm{in}(1+\beta A) = 10\,000\times(1+100\times10) = 10.01\mathrm{M}\Omega$$

由式(9.55)得出闭环输出电阻 R_of 为

$$R_\mathrm{of} = \frac{v_\mathrm{x}}{i_\mathrm{x}} = r_\mathrm{out}(1+\beta A) = 10\,000\times(1+100\times10) = 10.01\mathrm{M}\Omega$$

7. 对于实际的带串联-串联反馈的同相放大器,图 9-8(b)所示的同相放大器具有 $R_\mathrm{L}=100\Omega$, $R_\mathrm{s}=50\Omega$。反馈电阻 $R_\mathrm{F}=100\Omega$。运算放大器的参数为 $r_\mathrm{in}=10\mathrm{k}\Omega$, $r_\mathrm{out}=10\mathrm{k}\Omega$,开环电压增益为 $A_\mathrm{v}=1\times10^5$,因此电流/电压(跨导)增益 A 为 $A_\mathrm{v}/r_\mathrm{out}$,确定从信号源看到的输入电阻 $R_\mathrm{if}=v_\mathrm{s}/i_\mathrm{s}$、输出电阻 R_of,以及闭环跨导增益 $A_\mathrm{f}=i_\mathrm{o}/v_\mathrm{s}$。

解：采用图 A-6(a)所示的放大器的等效电路代替图 9-8(b)所示的运算放大器。$R_\mathrm{L}=100\Omega$, $R_\mathrm{s}=50\mathrm{k}\Omega$, $R_\mathrm{F}=100\Omega$, $r_\mathrm{in}=10\mathrm{k}\Omega$, $r_\mathrm{out}=10\mathrm{k}\Omega$, $A_\mathrm{v}=1\times10^5$,其中原来的放大器采用的是具有电压增益的运算放大器,在串联-串联反馈的同相放大器中,前馈放大器的电流/电压(跨导)增益 A 必须以 A/V 为单位,因此,将开环电压增益转换为开环跨导增益

$$A = \frac{A_\mathrm{v}}{r_\mathrm{out}} = \frac{1\times10^5}{10\,000} = 10\mathrm{A/V}$$

输出电阻与电流源并联,这样就把电压放大器转换为跨导放大器。

这里考查由反馈网络 β 的输入电阻 R_y 和输出电阻 R_x,以及信号源电阻 R_s 和电路负载 R_L 对原放大器增益造成的影响。反馈网络中的 R_F 产生的反馈电压 v_f 正比于输出电流 i_o。放大器采用串联-串联反馈。反馈网络的输入是放大器的输出,为电流量,而反馈网络的输出是放大器的输入,为电压量。根据9.5.2节的讨论,通过将 R_F 在 1 侧从运算放大器上断开考查 R_y,以及在 2 侧从 R_L 上断开考查 R_x 来考虑反馈网络的影响。修改如图 A-6(b)所示,那么

$$R_\mathrm{x} = R_\mathrm{F} = 100\Omega$$
$$R_\mathrm{y} = R_\mathrm{F} = 100\Omega$$

这样,这些负载效应可以通过将 R_s、R_x、R_y 及 R_L 包括在原放大器 A 电路中来进行考虑,由于图 A-6(b)所示的放大器是跨导放大器,因此,等效输入电阻为

$$R_\mathrm{ie} = R_\mathrm{s} + r_\mathrm{in} + R_\mathrm{x} = 50 + 10\times10^3 + 100 \approx 10.15\mathrm{k}\Omega$$

等效输出电阻为

$$R_\mathrm{oe} = r_\mathrm{out} + R_\mathrm{L} + R_\mathrm{y} = 10\times10^3 + 100 + 100 = 10.2\mathrm{k}\Omega$$

注意在分析等效输出电阻时,首先将输出端采用电压源的形式进行考查,然后再转换为电流源形式,因此输出电阻是这几个电阻的串联。根据式(9.89),求得修改后的开环跨导增益 A_e 为

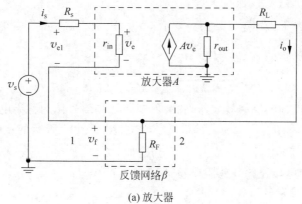

(a) 放大器

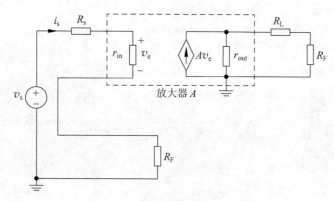

(b) 计入反馈网络影响的等效A电路

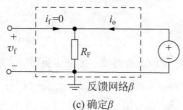

(c) 确定β

图 A-6　带串联-串联反馈的同相放大器

$$A_e = \frac{i_o}{v_{e1}} = \frac{r_{out}r_{in}}{(r_{out}+R_L+R_y)(R_s+r_{in}+R_x)}A$$

$$= \frac{10\times10^3\times10\times10^3}{(10\times10^3+100+100)(50+10\times10^3+100)}\times10$$

$$\approx 9.66\,\mathrm{A/V}$$

由图 A-6(c),由式(9.47)得出反馈系数 β 为

$$\beta = \frac{v_f}{i_o}\bigg|_{i_f=0} = R_F = 100\Omega$$

这样,带反馈的输入电阻(从信号源看到的)为

$$R_{if} = \frac{v_s}{i_s} = R_{ie}(1+\beta A_e)$$

$$= 10.15\times10^3\times(1+100\times9.66)\approx9.815\mathrm{M}\Omega$$

带反馈的输出电阻为

$$R_{of} = R_{oe}(1 + \beta A_e) = 10.2 \times 10^3 \times (1 + 100 \times 9.66) \approx 9.86M\Omega$$

闭环跨导增益 A_f 为

$$A_f = \frac{i_o}{v_s} = \frac{A_e}{1 + \beta A_e} = \frac{9.96}{1 + 100 \times 9.96} \approx 0.01A/V$$

8. 对于带并联-并联反馈的反相放大器,忽略反馈网络和信号源的输出电阻(即内阻)R_s 和负载 R_L 对放大器的影响,即 $R_s = \infty, R_x = \infty, R_y = \infty, R_L = \infty$。图 9-9(b)所示的反相放大器具有 $R_F = 5k\Omega$。运算放大器的参数为 $r_{in} = 200\Omega, r_{out} = 50\Omega$,开环电压增益为 $A_v = 1 \times 10^3$。考查从信号源看到的输入电阻 $R_{if} = v_i/i_s$、输出电阻 R_{of},以及闭环跨阻增益 $A_f = v_o/i_s$。

解: 反馈网络 β 的跨导增益由式(9.58)得

$$\beta = \frac{i_f}{v_o}\bigg|_{v_f=0} = -\frac{1}{R_F} = -\frac{1}{5 \times 10^3} = -0.2mS$$

开环跨阻增益 A 为

$$A = -A_v r_{in} = -1 \times 10^3 \times 200 = -2 \times 10^5 V/A$$

由式(9.62)得出闭环跨阻增益 A_f 为

$$A_f = \frac{v_o}{i_s} = \frac{A}{1 + \beta A} = \frac{-2 \times 10^5}{1 + 0.2 \times 10^{-3} \times 2 \times 10^5} \approx -4.878k\Omega$$

由式(9.66)得出输入电阻 R_{if} 为

$$R_{if} = \frac{v_i}{i_s} = \frac{i_e r_{in}}{i_e(1 + \beta A)} = \frac{r_{in}}{(1 + \beta A)} = \frac{200}{(1 + 0.2 \times 10^{-3} \times 2 \times 10^5)} \approx 4.88\Omega$$

由式(9.70)得出输出电阻 R_{of} 为

$$R_{of} = \frac{r_{out}}{1 + \beta A} = \frac{50}{1 + 0.2 \times 10^{-3} \times 2 \times 10^5} \approx 1.22\Omega$$

9. 对于实际的带并联-并联反馈的反相放大器,图 9-9(b)所示的反相放大器具有 $R_s = 20k\Omega, R_L = 20k\Omega$,以及 $R_F = 5k\Omega$。运算放大器的参数为 $r_{in} = 200\Omega, r_{out} = 50\Omega$,开环电压增益为 $A_v = 1 \times 10^3$。考查从信号源看到的输入电阻 $R_{if} = v_i/i_s$、输出电阻 R_{of},以及闭环跨阻增益 $A_f = v_o/i_s$。

解: $R_s = 20k\Omega, R_L = 20k\Omega, R_F = 5k\Omega, r_{in} = 200\Omega, r_{out} = 50\Omega, A_v = 1 \times 10^3$,采用图 A-7(a)所示的放大器的等效电路代替图 9-9(b)所示的运算放大器。放大器采用并联-并联反馈。这样 A 必须以 V/A 为单位。将电压控制电压源转换为电流控制电压源,得

$$v_o = -A_v v_e = -A_v r_{in} i_e = A i_e$$

由此给出开环跨阻增益 A 为

$$A = -A_v r_{in} = -1 \times 10^3 \times 200 = -2 \times 10^5 V/A$$

这里考查由反馈网络 β 的输入电阻 R_y 和输出电阻 R_x,以及信号源电阻 R_s 和电路负载 R_L 对原放大器增益造成的影响。反馈网络中的 R_F 产生的反馈电流 i_f 正比于输出电压 v_o。

根据 9.5.3 节的讨论,通过在 1 侧将 R_F 短接到地来考查 R_y,以及在 2 侧将 R_F 短接到地来考查 R_x,这样来考虑反馈网络的影响。这个结构如图 A-7(b)所示,那么

$$R_x = R_F = 5k\Omega$$

$$R_y = R_F = 5k\Omega$$

这样,这些负载效应可以通过将 R_s、R_x、R_y 及 R_L 包括在原放大器 A 电路中来进行考虑,采用等效

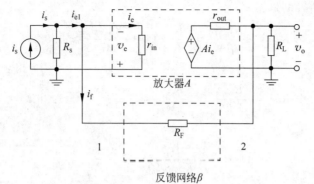

(a) 放大器

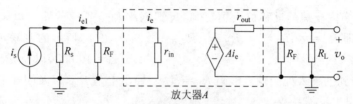

(b) 计入反馈网络影响的等效A电路

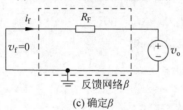

(c) 确定β

图 A-7 反相运算放大器

跨阻放大器表示图 A-7(a)中的放大器,如图 A-7(b)所示,有

$$R_{ie} = R_s \parallel r_{in} \parallel R_F = 20 \times 10^3 \parallel 200 \parallel 5 \times 10^3 \approx 190.48\Omega$$

以及

$$R_{oe} = r_{out} \parallel R_F \parallel R_L = 50 \parallel 5 \times 10^3 \parallel 20 \times 10^3 \approx 49.38\Omega$$

根据式(9.94),求得修改后的开环跨阻增益 A_e 为

$$A_e = \frac{v_o}{i_{el}} = \frac{R_y \parallel R_L}{R_y \parallel R_L + r_{out}} \times \frac{R_s \parallel R_x}{R_s \parallel R_x + r_{in}} A$$

$$= \frac{5 \times 10^3 \parallel 20 \times 10^3}{5 \times 10^3 \parallel 20 \times 10^3 + 50} \times \frac{20 \times 10^3 \parallel 5 \times 10^3}{20 \times 10^3 \parallel 5 \times 10^3 + 200} \times (-2 \times 10^5)$$

$$\approx -0.188 \text{M}\Omega$$

由图 A-7(c),由式(9.58)得出反馈系数 β 为

$$\beta = \frac{i_f}{v_o} \bigg|_{v_f=0} = -\frac{1}{R_F} = -200 \,\mu\text{S}$$

环路增益为

$$G_L = \beta A_e = 200 \times 10^{-6} \times 0.188 \times 10^6 \approx 37.6$$

运算放大器输入一侧的输入电阻为

$$R_{if} = \frac{R_{ie}}{1 + \beta A_e} = \frac{R_{ie}}{1 + G_L} = \frac{190.46}{1 + 37.6} \approx 4.93\Omega$$

带反馈的输出电阻为

$$R_{of} = \frac{R_{oe}}{1 + \beta A_e} = \frac{R_{oe}}{1 + G_L} = \frac{49.38}{1 + 37.6} \approx 1.28\Omega$$

闭环跨阻增益 A_f 为

$$A_f = \frac{v_o}{i_s} = \frac{A_e}{1 + \beta A_e} = \frac{A_e}{1 + G_L}$$

$$= \frac{-0.188 \times 10^6}{1 + 37.6} \approx -4.87\text{k}\Omega$$

10. 对于带并联-串联反馈的反相放大器,忽略反馈网络和信号源的输出电阻(即内阻)R_s 和负载 R_L 对放大器的影响,即 $R_s = \infty$、$R_x = \infty$、$R_y = 0$、$R_L = 0$。图 9-10(b)所示的并联-串联反馈放大器具有 $R_F = 90\Omega$,以及 $R_1 = 10\Omega$。运算放大器的参数为 $r_{in} = 200\Omega$、$r_{out} = 100\text{k}\Omega$,以及开环电压增益 $A_v = 1 \times 10^5$。确定从信号源看到的输入处的输入电阻 $R_{if} = v_i / i_i$、输出电阻 R_{of},以及闭环电流增益 $A_f = i_o / i_i$。

解:由式(9.76)得出反馈系数 β

$$\beta = \frac{i_f}{i_y}\bigg|_{v_f = 0} = \frac{R_1}{R_F + R_1} = \frac{10}{90 + 10} = 0.1\text{A/A}$$

将电压控制电压源转换为电流控制电流源,得

$$i_o = \frac{A_v v_i}{r_{out}} = \frac{A_v r_{in} i_e}{r_{out}} = A i_e$$

由此可得

$$A = \frac{A_v r_{in}}{r_{out}} = \frac{1 \times 10^5 \times 200}{1 \times 10^5} = 200\text{A/A}$$

由式(9.77)得出输入电阻为

$$R_{if} = \frac{v_i}{i_s} = \frac{i_e r_{in}}{i_e(1 + \beta A)} = \frac{r_{in}}{(1 + \beta A)} = \frac{200}{(1 + 0.1 \times 200)} \approx 9.52\Omega$$

由式(9.78)得出输出电阻为

$$R_{of} = r_{out}(1 + \beta A) = 100 \times 10^3 \times (1 + 0.1 \times 200) = 2.1\text{M}\Omega$$

由式(9.79)得出闭环增益为

$$A_f = \frac{i_o}{i_s} = \frac{A}{1 + \beta A} = \frac{200}{(1 + 0.1 \times 200)} \approx 9.52\text{A/A}$$

11. 对于带并联-串联反馈的反相放大器,图 9-10(b)所示的并联-串联反馈放大器具有 $R_L = 10\Omega$、$R_s = 200\text{k}\Omega$、$R_F = 90\Omega$,以及 $R_1 = 10\Omega$。运算放大器的参数为 $r_{in} = 200\Omega$、$r_{out} = 100\text{k}\Omega$,以及开环电压增益 $A_v = 1 \times 10^5$。确定从信号源看到的输入处的输入电阻 $R_{if} = v_i / i_i$、输出电阻 R_{of},以及闭环电流增益 $A_f = i_o / i_i$。

解:$R_L = 10\Omega$,$R_s = 200\text{k}\Omega$,$R_F = 90\Omega$,$R_1 = 10\Omega$。$r_{in} = 200\Omega$,$r_{out} = 100\text{k}\Omega$、$A_v = 1 \times 10^5$,采用图 A-8(a)所示的放大器的等效电路代替运算放大器。将电压控制电压源转换为电流控制电流源,得

$$i_o = \frac{A_v v_i}{r_{out}} = \frac{A_v r_{in} i_e}{r_{out}} = A i_e$$

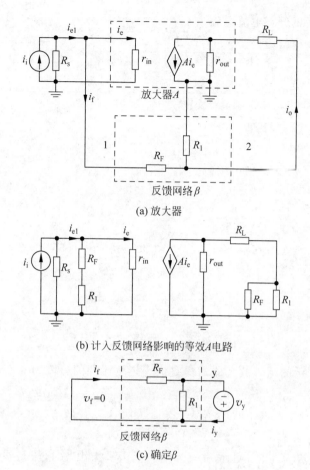

图 A-8 带并联-串联反馈的运算放大器

由此可得

$$A = \frac{A_v r_{in}}{r_{out}} = \frac{1 \times 10^5 \times 200}{1 \times 10^5} = 200 \text{A/A}$$

这里考查由反馈网络 β 的输入电阻 R_y 和输出电阻 R_x，以及信号源电阻 R_s 和电路负载 R_L 对原放大器增益造成的影响。

根据 9.5.4 节的讨论，在 2 侧将 R_1 从负载断开考查 R_x，而在 1 侧将 R_F 短接到地来考查 R_y，这样来考查反馈网络的影响。如图 A-8(b)所示，那么

$$R_x = R_F + R_1 = 90 + 10 = 100\Omega$$
$$R_y = R_F \parallel R_1 = 90 \parallel 10 = 9\Omega$$

这样，这些负载效应可以通过将 R_s、R_x、R_y 及 R_L 包括在原放大器 A 电路中来进行考虑，有

$$R_{ie} = r_{in} \parallel R_x = 200 \parallel 100 \approx 66.67\Omega$$
$$R_{oe} = r_{out} + R_y + R_L = 100\,000 + 9 + 10 = 100.019\text{k}\Omega$$

由式(9.76)得出反馈系数 β 为

$$\beta = \frac{i_f}{i_y}\bigg|_{v_f=0} = \frac{R_1}{R_F + R_1} = \frac{10}{90 + 10} = 0.1\text{A/A}$$

根据式(9.99),求得修改后的开环电流增益 A_e 为

$$A_e = \frac{r_{out}R_x}{(R_y + R_L + r_{out})(r_{in} + R_x)}A$$

$$= \frac{100 \times 10^3 \times 100}{(9 + 10 + 100 \times 10^3)(200 + 100)} \times 200$$

$$\approx 66.65$$

环路增益为

$$G_L = \beta A_e = 0.1 \times 66.65 = 6.665$$

输入输出电阻为

$$R_{if} = \frac{R_{ie}}{1 + G_s} = \frac{66.67}{1 + 6.665} \approx 8.7\Omega$$

$$R_{of} = R_{oe} \times (1 + G_L) = 100.019 \times 10^3 \times (1 + 6.665) \approx 766.646\text{k}\Omega$$

那么

$$A_f = \frac{66.65}{1 + 6.665} \approx 8.70$$

第 10 章　运算放大器

1. 考查图 10-6(b)所示的运算放大器的增益值。尾电流源的电流为 0.2mA,电源电压 $V_{DD} = 5\text{V}$,求此差分对放大器的增益。NMOS 的参数为 $V_{THN} = 0.7\text{V}$,$K_n = 110\mu\text{A/V}^2$,$\lambda_n = 0.04\text{V}^{-1}$。PMOS 晶体管的参数为 $V_{THP} = -0.7\text{V}$,$K_p = 50\mu\text{A/V}^2$,$\lambda_p = 0.05\text{V}^{-1}$。所有 MOS 晶体管的尺寸都为 $W = 20\mu\text{m}$,$L = 1\mu\text{m}$。

解 当尾电流源的电流为 0.2mA 时,并且当输入处于平衡状态时,流经差分对 M_1 和 M_2 的电流为 $I_{ss}/2 = 0.1\text{mA}$,NMOS 晶体管的尺寸都为 $W = 20\mu\text{m}$,$L = 1\mu\text{m}$,当所有晶体管都处于饱和区时,忽略体效应,有

$$g_{m1,2} = \sqrt{\left(2K_n \frac{W}{L}\right)I_{D1,2}} = \sqrt{\left(2 \times 110 \times 10^{-6} \times \frac{20 \times 10^{-6}}{1 \times 10^{-6}}\right) \times 0.1 \times 10^{-3}} \approx 663.3\mu\text{A/V}$$

根据式(2.40),M_1 和 M_2 的输出电阻为

$$r_{o2} = \frac{1}{\lambda_n I_{D1,2}} = \frac{1}{0.04 \times 0.1 \times 10^{-3}} = 250\text{k}\Omega$$

M_4 的输出电阻为

$$r_{o4} = \frac{1}{\lambda_p I_{D3,4}} = \frac{1}{0.05 \times 0.1 \times 10^{-3}} = 200\text{k}\Omega$$

由此,根据式(10.11),有

$$|A_o| = g_{m1,2}(r_{o2} \| r_{o4}) = 663.3 \times 10^{-6} \times (250 \times 10^3 \| 200 \times 10^3) \approx 73.7\text{V/V}$$

或者 $|A_o| \approx 37.35\text{dB}$。

2. 考查图 10-7(b)所示的运算放大器的增益,如果单纯考查运算放大器开环工作状态,此运算放大器的输入共模范围是多少？输出范围是多少？当此运算放大器工作在闭环时,则允许的最大输出摆幅是多少？尾电流源的电流为 0.2mA,电源电压 $V_{DD} = 5\text{V}$,求此差分对放大器的增益。NMOS 的参数为 $V_{THN} = 0.7\text{V}$,$K_n = 110\mu\text{A/V}^2$,$\lambda_n = 0.04\text{V}^{-1}$。PMOS 晶体管的参数为 $V_{THP} = -0.7\text{V}$,$K_p = 50\mu\text{A/V}^2$,

$\lambda_p = 0.05 V^{-1}$。所有 MOS 晶体管的尺寸都为 $W = 20\,\mu m$，$L = 1\,\mu m$。

解：当尾电流源的电流为 0.2mA 时，并且当输入处于平衡状态时，流经差分对每一侧的电流均为尾电流源的一半，即 M_1、M_2 及 M_4、M_6、M_8 的电流均为 $I_{SS}/2 = 0.1$mA，所有晶体管的尺寸都为 $W = 20\,\mu m$，$L = 1\,\mu m$，当所有晶体管都处于饱和区时，忽略体效应，有

$$g_{m1,2} = \sqrt{\left(2K_n \frac{W}{L}\right) I_{D1,2}} = \sqrt{\left(2 \times 110 \times 10^{-6} \times \frac{20 \times 10^{-6}}{1 \times 10^{-6}}\right) \times 0.1 \times 10^{-3}} \approx 663.3\,\mu A/V$$

$$g_{m4} = \sqrt{\left(2K_n \frac{W}{L}\right) I_{D4}} = \sqrt{\left(2 \times 110 \times 10^{-6} \times \frac{20 \times 10^{-6}}{1 \times 10^{-6}}\right) \times 0.1 \times 10^{-3}} \approx 663.3\,\mu A/V$$

以及

$$g_{m6} = \sqrt{\left(2K_p \frac{W}{L}\right) I_{D6}} = \sqrt{\left(2 \times 50 \times 10^{-6} \times \frac{20 \times 10^{-6}}{1 \times 10^{-6}}\right) \times 0.1 \times 10^{-3}} \approx 447.2\,\mu A/V$$

根据式(2.40)，M_2（或 M_1）的输出电阻为

$$r_{o2} = \frac{1}{\lambda_n I_{D1,2}} = \frac{1}{0.04 \times 0.1 \times 10^{-3}} = 250k\Omega$$

M_4（或 M_3）的输出电阻为

$$r_{o4} = \frac{1}{\lambda_n I_{D3,4}} = \frac{1}{0.04 \times 0.1 \times 10^{-3}} = 250k\Omega$$

M_6 和 M_8 的输出电阻为

$$r_{o6} = \frac{1}{\lambda_p I_{D6}} = \frac{1}{0.05 \times 0.1 \times 10^{-3}} = 200k\Omega$$

$$r_{o8} = \frac{1}{\lambda_p I_{D8}} = \frac{1}{0.05 \times 0.1 \times 10^{-3}} = 200k\Omega$$

由此，根据式(10.12)，有

$$|A_o| \approx g_{m1,2}[(r_{o2}g_{m4}r_{o4}) \| (r_{o8}g_{m6}r_{o6})]$$
$$= 663.3 \times 10^{-6} \times [(250 \times 10^3 \times 663.3 \times 10^{-6} \times 250 \times 10^3) \|$$
$$(200 \times 10^3 \times 447.2 \times 10^{-6} \times 200 \times 10^3)]$$
$$\approx 8288.6 V/V$$

或者 $|A_o| \approx 78.4$dB。

下面考查工作在开环时的套筒式共源共栅放大器的输入共模范围和输出范围，以及工作在闭环时的套筒式共源共栅放大器的输出范围，流经 $M_1 \sim M_4$ 的电流为 $I_{SS}/2 = 0.1$mA，那么

$$I_{D4} = \frac{1}{2} K_n \frac{W}{L} V_{OD}^2 = \frac{1}{2} \times 110 \times 10^{-6} \times \frac{20 \times 10^{-6}}{1 \times 10^{-6}} \times V_{OD}^2 = 0.1\text{mA}$$

$M_1 \sim M_4$ 的过驱动电压为

$$V_{OD1} = V_{OD2} = V_{OD3} = V_{OD4} \approx 0.3015V$$

同理可以求出 $M_5 \sim M_8$ 的过驱动电压为

$$|V_{OD5}| = |V_{OD6}| = |V_{OD7}| = |V_{OD8}| \approx 0.4472V$$

以及尾电流源 M_{S1} 的过驱动电压为

$$V_{ODs1} \approx 0.4264V$$

输入共模范围为

$$V_{GS1} + V_{ODs1} \leqslant v_{IN} \leqslant V_{DD} - |V_{OD5}| - |V_{OD7}| - V_{OD3} + V_{THN}$$

$$1.4279\text{V} \leqslant v_{IN} \leqslant 4.5041\text{V}$$

如果 v_{IN} 的共模取可允许的最小值,那么输出共模范围

$$V_{ODs1} + V_{OD1} + V_{OD3} \leqslant v_{OUT} \leqslant V_{DD} - |V_{OD5}| - |V_{OD7}|$$

$$1.0294\text{V} \leqslant v_{OUT} \leqslant 4.1056\text{V}$$

忽略体效应,根据式(10.16),当此运算放大器工作在闭环时,输出 v_{OUT} 最大摆幅为

$$V_{OUT,max} - V_{OUT,min} = V_{TH2} - (V_{GS4} - V_{TH4}) = 0.7 - 0.3015 = 0.3985\text{V}$$

3. 考查图10-10所示的运算放大器的增益和共模输入范围,基准电流源的电流 $I_{REF} = 0.1\text{mA}$,电源电压 $V_{DD} = 5\text{V}$。NMOS的参数 $V_{THN} = 0.7\text{V}$,$K_n = 110\mu\text{A/V}^2$,$\lambda_n = 0.04\text{V}^{-1}$。PMOS晶体管的参数为 $V_{THP} = -0.7\text{V}$,$K_p = 50\mu\text{A/V}^2$,$\lambda_p = 0.05\text{V}^{-1}$。除了尾电流源晶体管 M_{ss} 和折叠电流源晶体管 M_5、M_6 的尺寸为 $2W/L$,其他所有MOS晶体管的尺寸都为 W/L,其中 $W = 20\mu\text{m}$,$L = 1\mu\text{m}$。

解:除了尾电流源晶体管 M_{ss} 和折叠电流源晶体管 M_5、M_6 的尺寸为 $2W/L$,其他所有MOS晶体管的尺寸都为 W/L,其中 $W = 20\mu\text{m}$,$L = 1\mu\text{m}$。基准电流源的电流 $I_{REF} = 0.1\text{mA}$,当输入处于平衡状态时,流经 M_1、M_2 及 M_3、M_4、M_7、M_8、M_9、M_{10} 的电流均等于 $I_{REF} = 0.1\text{mA}$,而流经尾电流源晶体管 M_{ss} 和折叠电流源晶体管 M_5、M_6 的电流为 $2I_{REF} = 0.2\text{mA}$,当所有晶体管都处于饱和区时,忽略体效应,有

$$g_{m1,2} = \sqrt{\left(2K_n \frac{W}{L}\right)I_{D1,2}} = \sqrt{\left(2 \times 110 \times 10^{-6} \times \frac{20 \times 10^{-6}}{1 \times 10^{-6}}\right) \times 0.1 \times 10^{-3}} \approx 663.3\mu\text{A/V}$$

$$g_{m3} = \sqrt{\left(2K_p \frac{W}{L}\right)I_{D3}} = \sqrt{\left(2 \times 50 \times 10^{-6} \times \frac{20 \times 10^{-6}}{1 \times 10^{-6}}\right) \times 0.1 \times 10^{-3}} \approx 447.2\mu\text{A/V}$$

以及

$$g_{m7} = \sqrt{\left(2K_n \frac{W}{L}\right)I_{D7}} = \sqrt{\left(2 \times 110 \times 10^{-6} \times \frac{20 \times 10^{-6}}{1 \times 10^{-6}}\right) \times 0.1 \times 10^{-3}} \approx 663.3\mu\text{A/V}$$

根据式(2.40),M_1(或 M_2)的输出电阻为

$$r_{o1} = \frac{1}{\lambda_n I_{D1,2}} = \frac{1}{0.04 \times 0.1 \times 10^{-3}} = 250\text{k}\Omega$$

M_3(或 M_4)的输出电阻为

$$r_{o3} = \frac{1}{\lambda_p I_{D3,4}} = \frac{1}{0.05 \times 0.1 \times 10^{-3}} = 200\text{k}\Omega$$

M_5(或 M_6)的输出电阻为

$$r_{o5} = \frac{1}{\lambda_p I_{D5,6}} = \frac{1}{0.05 \times 0.2 \times 10^{-3}} = 100\text{k}\Omega$$

M_7 和 M_9 的输出电阻为

$$r_{o7} = \frac{1}{\lambda_n I_{D7}} = \frac{1}{0.04 \times 0.1 \times 10^{-3}} = 250\text{k}\Omega$$

$$r_{o9} = \frac{1}{\lambda_n I_{D9}} = \frac{1}{0.04 \times 0.1 \times 10^{-3}} = 250\text{k}\Omega$$

由此,根据式(10.19),有

$$|A_o| \approx g_{m1,2}\{[g_{m3}r_{o3}(r_{o1} \| r_{o5})] \| (g_{m7}r_{o7}r_{o9})\}$$

$$= 663.3 \times 10^{-6} \times \{[447.2 \times 10^{-6} \times 200 \times 10^3 \times (250 \times 10^3 \| 100 \times 10^3)]$$

$$\parallel (663.3 \times 10^{-6} \times 250 \times 10^3 \times 250 \times 10^3)]$$
$$\approx 3671.7 \text{V/V}$$

或者 $|A_o| \approx 71.3 \text{dB}$。

下面考查折叠式共源共栅放大器的输入共模范围，流经 M_1、M_2 及 M_3、M_4、M_7、M_8、M_9、M_{10} 的电流均等于 $I_{\text{REF}} = 0.1 \text{mA}$，那么

$$I_{\text{D1,2}} = \frac{1}{2} K_n \frac{W}{L} V_{\text{OD1,2}}^2 = \frac{1}{2} \times 110 \times 10^{-6} \times \frac{20 \times 10^{-6}}{1 \times 10^{-6}} \times V_{\text{OD1,2}}^2 = 0.1 \text{mA}$$

M_1 和 M_2 的过驱动电压 $V_{\text{OD1,2}}$ 为

$$V_{\text{OD1,2}} = V_{\text{GS1,2}} - V_{\text{THN}} \approx 0.3015 \text{V}$$

而流经尾电流源晶体管 M_{ss} 和折叠电流源晶体管 M_5、M_6 的电流为 $2I_{\text{REF}} = 0.2 \text{mA}$，那么

$$I_{\text{D,ss}} = \frac{1}{2} K_n \frac{2W}{L} V_{\text{OD,ss}}^2 = \frac{1}{2} \times 110 \times 10^{-6} \times \frac{2 \times 20 \times 10^{-6}}{1 \times 10^{-6}} \times V_{\text{OD,ss}}^2 = 0.2 \text{mA}$$

则 $V_{\text{OD,ss}}$ 为

$$V_{\text{OD,ss}} \approx 0.3015 \text{V}$$

而

$$I_{\text{D5,6}} = \frac{1}{2} K_p \frac{W}{L} V_{\text{OD5,6}}^2 = \frac{1}{2} \times 50 \times 10^{-6} \times \frac{2 \times 20 \times 10^{-6}}{1 \times 10^{-6}} \times V_{\text{OD5,6}}^2 = 0.2 \text{mA}$$

则 $V_{\text{OD5,6}}$ 为

$$|V_{\text{OD5,6}}| \approx 0.4472 \text{V}$$

忽略体效应，从输入范围来看，其输入上限为

$$V_{\text{in,max}} = \min\{V_{\text{DD}} - |V_{\text{OD5,6}}| + V_{\text{TH1,2}}, 5\} = 5 \text{V}$$

输入下限为

$$V_{\text{in,min}} = V_{\text{OD,ss}} + (V_{\text{OD1,2}} + V_{\text{THN}})$$
$$= 0.3015 + (0.3015 + 0.7)$$
$$= 1.303 \text{V}$$

4. 考查图 10-11 所示的运算放大器的增益值。基准电流源的电流 $I_{\text{REF}} = 0.1 \text{mA}$，电源电压 $V_{\text{DD}} = 5 \text{V}$，求此差分对放大器的增益。NMOS 的参数为 $V_{\text{THN}} = 0.7 \text{V}$，$K_n = 110 \mu\text{A/V}^2$，$\lambda_n = 0.04 \text{V}^{-1}$。PMOS 晶体管的参数为 $V_{\text{THP}} = -0.7 \text{V}$，$K_p = 50 \mu\text{A/V}^2$，$\lambda_p = 0.05 \text{V}^{-1}$。除了尾电流源晶体管 M_7 及第二级放大器中的 M_5、M_6 晶体管的尺寸为 $2W/L$，其他所有 MOS 晶体管的尺寸都为 W/L，其中 $W = 20 \mu\text{m}$，$L = 1 \mu\text{m}$。

解：除了尾电流源晶体管 M_7 及第二级放大级中的 M_5 和 M_6 晶体管的尺寸为 $2W/L$，其他所有 MOS 晶体管的尺寸都为 W/L，其中 $W = 20 \mu\text{m}$，$L = 1 \mu\text{m}$。基准电流源的电流 $I_{\text{REF}} = 0.1 \text{mA}$，当输入处于平衡状态时，流经 M_1、M_2 及 M_3、M_4 的电流均为 $I_{\text{REF}} = 0.1 \text{mA}$，而流经尾电流源晶体管 M_5、M_6、M_7 的电流为 $2I_{\text{REF}} = 0.2 \text{mA}$，当所有晶体管都处于饱和区时，忽略体效应，有

$$g_{\text{m1,2}} = \sqrt{\left(2K_n \frac{W}{L}\right) I_{\text{D1,2}}} = \sqrt{\left(2 \times 110 \times 10^{-6} \times \frac{20 \times 10^{-6}}{1 \times 10^{-6}}\right) \times 0.1 \times 10^{-3}} \approx 663.3 \mu\text{A/V}$$

$$g_{\text{m5}} = \sqrt{\left(2K_p \frac{2W}{L}\right) I_{\text{D5}}} = \sqrt{\left(2 \times 50 \times 10^{-6} \times \frac{2 \times 20 \times 10^{-6}}{1 \times 10^{-6}}\right) \times 0.2 \times 10^{-3}} \approx 894.4 \mu\text{A/V}$$

根据式(2.40)，M_2（或 M_1）的输出电阻为

$$r_{o2} = \frac{1}{\lambda_n I_{D1.2}} = \frac{1}{0.04 \times 0.1 \times 10^{-3}} = 250\text{k}\Omega$$

M_4 的输出电阻为

$$r_{o4} = \frac{1}{\lambda_p I_{D3.4}} = \frac{1}{0.05 \times 0.1 \times 10^{-3}} = 200\text{k}\Omega$$

M_5 的输出电阻为

$$r_{o5} = \frac{1}{\lambda_p I_{D5}} = \frac{1}{0.05 \times 0.2 \times 10^{-3}} = 100\text{k}\Omega$$

M_6 的输出电阻为

$$r_{o6} = \frac{1}{\lambda_n I_{D6}} = \frac{1}{0.04 \times 0.2 \times 10^{-3}} = 125\text{k}\Omega$$

由此，根据式(10.22)，有

$$A_o = A_1 A_2 = g_{m1,2}(r_{o2} \parallel r_{o4}) g_{m5}(r_{o5} \parallel r_{o6})$$
$$= 663.3 \times 10^{-6} \times (250 \times 10^3 \parallel 200 \times 10^3) \times 894.4 \times 10^{-6} \times (100 \times 10^3 \parallel 125 \times 10^3)$$
$$\approx 3662.1\text{V/V}$$

或者 $|A_o| \approx 71.3\text{dB}$。

5. 考查图 10-12 所示的运算放大器的增益值。基准电流源的电流 $I_{REF} = 0.1\text{mA}$，电源电压 $V_{DD} = 5\text{V}$，求此差分对放大器的增益。NMOS 的参数为 $V_{THN} = 0.7\text{V}$，$K_n = 110\mu\text{A/V}^2$，$\lambda_n = 0.04\text{V}^{-1}$。PMOS 晶体管的参数为 $V_{THP} = -0.7\text{V}$，$K_p = 50\mu\text{A/V}^2$，$\lambda_p = 0.05\text{V}^{-1}$。除了尾电流源晶体管 M_{SS} 的尺寸为 $2W/L$，其他所有 MOS 晶体管的尺寸都为 W/L，其中 $W = 20\mu\text{m}$，$L = 1\mu\text{m}$。

解：除了尾电流源晶体管 M_{SS} 的尺寸为 $2W/L$，其他所有 MOS 晶体管的尺寸都为 W/L，其中 $W = 20\mu\text{m}$，$L = 1\mu\text{m}$。基准电流源的电流 $I_{REF} = 0.1\text{mA}$，当输入处于平衡状态时，流经 $M_1 \sim M_{12}$ 的电流均为 $I_{REF} = 0.1\text{mA}$，而流经尾电流源晶体管 M_{SS} 的电流为 $2I_{REF} = 0.2\text{mA}$，当所有晶体管都处于饱和区时，忽略体效应，有

$$g_{m1,2} = \sqrt{\left(2K_n \frac{W}{L}\right) I_{D1,2}} = \sqrt{\left(2 \times 110 \times 10^{-6} \times \frac{20 \times 10^{-6}}{1 \times 10^{-6}}\right) \times 0.1 \times 10^{-3}} \approx 663.3\mu\text{A/V}$$

$$g_{m3,4} = \sqrt{\left(2K_n \frac{W}{L}\right) I_{D3,4}} = \sqrt{\left(2 \times 110 \times 10^{-6} \times \frac{20 \times 10^{-6}}{1 \times 10^{-6}}\right) \times 0.1 \times 10^{-3}} \approx 663.3\mu\text{A/V}$$

以及

$$g_{m5,6} = \sqrt{\left(2K_p \frac{W}{L}\right) I_{D5,6}} = \sqrt{\left(2 \times 50 \times 10^{-6} \times \frac{20 \times 10^{-6}}{1 \times 10^{-6}}\right) \times 0.1 \times 10^{-3}} \approx 447.2\mu\text{A/V}$$

$$g_{m9,10} = \sqrt{\left(2K_p \frac{W}{L}\right) I_{D9,10}} = \sqrt{\left(2 \times 50 \times 10^{-6} \times \frac{20 \times 10^{-6}}{1 \times 10^{-6}}\right) \times 0.1 \times 10^{-3}} \approx 447.2\mu\text{A/V}$$

根据式(2.40)，M_2（或 M_1）的输出电阻为

$$r_{o2} = \frac{1}{\lambda_n I_{D1.2}} = \frac{1}{0.04 \times 0.1 \times 10^{-3}} = 250\text{k}\Omega$$

M_4(或 M_3)的输出电阻为

$$r_{o4} = \frac{1}{\lambda_n I_{D3.4}} = \frac{1}{0.04 \times 0.1 \times 10^{-3}} = 250k\Omega$$

$M_{5.6}$ 和 $M_{7.8}$ 的输出电阻为

$$r_{o5,6} = \frac{1}{\lambda_p I_{D5,6}} = \frac{1}{0.05 \times 0.1 \times 10^{-3}} = 200k\Omega$$

$$r_{o7,8} = \frac{1}{\lambda_p I_{D7,8}} = \frac{1}{0.05 \times 0.1 \times 10^{-3}} = 200k\Omega$$

$M_{9,10}$ 的输出电阻为

$$r_{o9,10} = \frac{1}{\lambda_p I_{D9,10}} = \frac{1}{0.05 \times 0.1 \times 10^{-3}} = 200k\Omega$$

$M_{11,12}$ 的输出电阻为

$$r_{o11,12} = \frac{1}{\lambda_n I_{D11,12}} = \frac{1}{0.04 \times 0.1 \times 10^{-3}} = 250k\Omega$$

由此,根据式(10.23),有

$$A_o = A_1 A_2 = g_{m1,2} [(g_{m3,4} r_{o3,4} r_{o1,2}) \| (g_{m5,6} r_{o5,6} r_{o7,8})] g_{m9,10} (r_{o9,10} \| r_{o11,12})$$
$$= 663.3 \times 10^{-6} \times [(663.3 \times 10^{-6} \times 250 \times 10^3 \times 250 \times 10^3) \|$$
$$(447.2 \times 10^{-6} \times 200 \times 10^3 \times 200 \times 10^3)]$$
$$\times 447.2 \times 10^{-6} \times (200 \times 10^3 \| 250 \times 10^3)$$
$$\approx 411\,853.2 V/V$$

或者 $|A_o| \approx 112.3dB$。

6. 考查图 10-14 所示的共漏极放大器的输出级,采用双电源,$V_{DD} = 5V$,驱动 $R_L = 10k\Omega$,当偏置电流源的电流 I_Q 设置在多大时,此输出级可以获得最大效率,如果为了避免晶体管脱离饱和区,输出限制的范围是多少?此时输出级的效率是多少?NMOS 的参数为 $V_{THN} = 0.7V$,$K_n = 110\mu A/V^2$,$\lambda_n = 0.04V^{-1}$。所有 MOS 晶体管的尺寸都为 $W = 20\mu m$,$L = 1\mu m$。

解:在图 10-14 中,所有 MOS 晶体管的尺寸都为 $W = 20\mu m$,$L = 1\mu m$。驱动 $R_L = 10k\Omega$,那么,为了得到最大效率,根据式(10.35),

$$V_p = V_{DD} = R_L I_Q$$

则

$$I_Q = 0.5mA$$

当晶体管都处于饱和区时,对于 M_1 晶体管

$$I_Q = \frac{1}{2} K_n \frac{W}{L} V_{OD1}^2 = \frac{1}{2} \times 110 \times 10^{-6} \times \frac{20 \times 10^{-6} \times 10}{1 \times 10^{-6}} \times V_{OD1}^2 = 0.5mA$$

则 V_{OD1} 为

$$V_{OD1} \approx 0.2132V$$

对于 M_2 晶体管

$$I_Q = \frac{1}{2} K_n \frac{W}{L} V_{OD2}^2 = \frac{1}{2} \times 110 \times 10^{-6} \times \frac{20 \times 10^{-6} \times 10}{1 \times 10^{-6}} \times V_{OD2}^2 = 0.5mA$$

则 V_{OD2} 为

$$V_{\mathrm{OD2}} \approx 0.2132\mathrm{V}$$

当所有晶体管都处于饱和区时,电路的输出信号控制在

$$-V_{\mathrm{DD}} + V_{\mathrm{OD2}} \leqslant v_{\mathrm{OUT}} \leqslant V_{\mathrm{DD}} - V_{\mathrm{OD1}}$$

即峰值 V_{p} 可以达到 $5-0.2132=4.7868\mathrm{V}$,根据式(10.34),此时的电路的效率为:

$$\eta = \frac{V_{\mathrm{p}}^2}{4R_{\mathrm{L}}V_{\mathrm{DD}}I_{\mathrm{Q}}} = \frac{4.7868^2}{4 \times 10 \times 10^3 \times 5 \times 0.5 \times 10^{-6}} = 22.9\%$$

7. 考查图 10-16 所示的共漏极 AB 类推挽输出级,采用双电源,$V_{\mathrm{DD}} = V_{\mathrm{SS}} = 5\mathrm{V}$,驱动 $R_{\mathrm{L}} = 100\Omega$,为了产生 4V 的输出电压最大值,求此 $\mathrm{M_1}$ 的尺寸 W/L。已知 NMOS 的参数为 $V_{\mathrm{THN}} = 0.7\mathrm{V}$,$K_{\mathrm{n}} = 110\mu\mathrm{A/V^2}$,$\lambda_{\mathrm{n}} = 0.04\mathrm{V}^{-1}$。假设 $|V_{\mathrm{OD3}}| = 0.1\mathrm{V}$,并且忽略体效应。

解:根据式(10.40),有

$$v_{\mathrm{GS1}} = V_{\mathrm{DD}} - |V_{\mathrm{OD3}}| - v_{\mathrm{OUT,max}} = 5 - 0.1 - 4 = 0.9\mathrm{V}$$

那么

$$V_{\mathrm{OD1}} = v_{\mathrm{GS1}} - V_{\mathrm{THN}} = 0.9 - 0.7 = 0.2\mathrm{V}$$

当 $v_{\mathrm{OUT,max}} = 4\mathrm{V}$ 时,流经负载的电流为 $4/100 = 40\mathrm{mA}$,此时这些电流全部由 $\mathrm{M_1}$ 提供,即 $I_{\mathrm{D1}} = 40\mathrm{mA}$,而 $I_{\mathrm{D2}} = 0$,这样

$$I_{\mathrm{D1}} = \frac{1}{2}K_{\mathrm{n}}\frac{W}{L}V_{\mathrm{OD1}}^2 = \frac{1}{2} \times 110 \times 10^{-6} \times \frac{W}{L} \times 0.2^2 = 40\mathrm{mA}$$

得

$$W/L \approx 18\,181.8$$

8. 设计图 10-6(b)所示的运算放大器,其中负载电容 $C_{\mathrm{L}} = 5\mathrm{pF}$。运算放大器需满足如下要求:$A_{\mathrm{vo}} > 200\mathrm{V/V}$,$V_{\mathrm{DD}} = 5\mathrm{V}$,$BW_{\mathrm{3dB}} > 50\mathrm{kHz}$,$SR > 10\mathrm{V/\mu s}$,输入共模范围(ICMR)为 $1.5 \sim 4.5\mathrm{V}$,$P_{\mathrm{diss}} \leqslant 1\mathrm{mW}$(不包括电流基准电路部分的电流)。NMOS 的参数为 $V_{\mathrm{THN}} = 0.7\mathrm{V}$,$K_{\mathrm{n}} = 110\mu\mathrm{A/V^2}$,$\lambda_{\mathrm{n}} = 0.04\mathrm{V}^{-1}$。PMOS 晶体管的参数为 $V_{\mathrm{THP}} = -0.7\mathrm{V}$,$K_{\mathrm{p}} = 50\mu\mathrm{A/V^2}$,$\lambda_{\mathrm{p}} = 0.05\mathrm{V}^{-1}$。

解:设计过程如下:

(1)放大器的设计首先要确定放大器的偏置电流。根据式(10.93),转换速率为

$$SR = \frac{I_5}{C_{\mathrm{L}}}$$

为满足转换速率的要求,需要尽量大的偏置电流,有

$$I_5 \geqslant C_{\mathrm{L}}SR = 5 \times 10^{-12} \times 10 \times 10^6 = 50\mu\mathrm{A}$$

而对于功耗的要求,希望偏置电流尽量小,不包括电流基准电路部分的电流

$$I_5 < P_{\mathrm{diss}}/V_{\mathrm{DD}} = 1 \times 10^{-3}/5 = 200\mu\mathrm{A}$$

(2)根据 $-3\mathrm{dB}$ 带宽的要求

$$\omega_{-3\mathrm{dB}} = 1/R_{\mathrm{out}}C_{\mathrm{L}}$$

为了满足 $-3\mathrm{dB}$ 的要求,输出电阻应该尽量小

$$R_{\mathrm{out}} \leqslant 1/(2\pi f_{3\mathrm{dB}}C_{\mathrm{L}}) = 1/(2 \times \pi \times 50 \times 10^3 \times 5 \times 10^{-12}) \approx 636.6\mathrm{k}\Omega$$

而

$$R_{\mathrm{out}} = \frac{1}{(\lambda_{\mathrm{n}} + \lambda_{\mathrm{p}})I_{1,3}} = \frac{2}{(\lambda_{\mathrm{n}} + \lambda_{\mathrm{p}})I_5}$$

这样,得到

$$I_5 \geqslant \frac{2}{(\lambda_n + \lambda_p)R_{out}} = \frac{2}{(0.04 + 0.05) \times 636.6 \times 10^3} \approx 35\,\mu A$$

因此,根据以上条件,偏置电流 I_5 可以选择的范围为 $50\,\mu A \leqslant I_5 < 200\,\mu A$,这里选取 $I_5 = 100\,\mu A$。

(3) 由计算得到的电流偏置值,设计 $W_3/L_3(W_4/L_4)$ 满足上 $ICMR_+$ 的要求,为

$$ICMR_+ = V_{DD} - |V_{OD3}| + V_{TH1}$$

则在 $ICMR_+$ 处,有

$$I_5/2 = |I_{3(4)}| = \frac{1}{2}\mu_p C_{ox} \frac{W}{L}(V_{DD} - ICMR_+ + V_{TH1})^2$$

那么得到

$$\frac{W}{L} > \frac{I_5}{\mu_p C_{ox}(V_{DD} - ICMR_+ + V_{TH1})^2} = \frac{100 \times 10^{-6}}{50 \times 10^{-6} \times (5 - 4.5 + 0.7)^2} \approx 2.191$$

取 $(W/L)_{3,4} = 3$。

(4) 根据增益的要求

$$|A_{vo}| = g_{m1}R_{out} = g_{m1}(r_{O2} \| r_{O4}) = \frac{\sqrt{2 \times 110 \times 10^{-6} \times (W_1/L_1) \times 50 \times 10^{-6}}}{(0.04 + 0.05) \times 50 \times 10^{-6}}$$

得到 $(W/L)_{1,2} = 73.6$,取 $(W/L)_{1,2} = 74$。

(5) 设计 W_5/L_5 满足下 $ICMR_-$(或输出摆幅)的要求

$$ICMR_- = V_{inCM,min} = V_{OD5} + V_{GS1} = V_{OD5} + V_{OD1} + V_{THN1}$$

即

$$1.5 = V_{OD5} + \sqrt{\frac{2 \times 50 \times 10^{-6}}{110 \times 10^{-6} \times 74}} + 0.7$$

又根据

$$I_5 = \frac{1}{2}\mu_n C_{ox} \frac{W_5}{L_5} V_{OD5}^2$$

得到 $W_5/L_5 = 3.83$,取 $W_5/L_5 = 4$。

(6) 如果不能满足设计要求,调整设计参数,重复以上过程。例如调整偏置电流或者各个晶体管的过驱动电压。

备注:这里给出的为参考答案,设计题没有唯一解。

第 11 章 稳定性与频率补偿

1. 求阶跃输入的稳定性,一个放大器的开环增益为

$$A(s) = \frac{s}{s^2 - 2}$$

确定阶跃输入信号闭环响应的稳定性。假设反馈系数 $\beta(s) = 1$。

解:根据式(11.1),当反馈系数 $\beta(s) = 1$ 时,闭环增益为

$$A_f(s) = \frac{s/(s^2 - 2)}{1 + s/(s^2 - 2)} = \frac{s}{s^2 + s - 2}$$

对于阶跃输入,$S_i(s) = 1/s$,输出响应为

$$S_o(s) = A_f(s)S_i(s) = \frac{A_f(s)}{s} = \frac{1}{s^2 + s - 2} = \frac{1}{3}\left(\frac{1}{s-1} - \frac{1}{s+2}\right)$$

这样,在时域,阶跃输入的输出响应变为

$$s_o(t) = \frac{1}{3} e^t - \frac{1}{3} e^{-2t}$$

因此,当 $t = \infty$ 时,$s_o(t) = \infty$。放大器是不稳定的。

2. 一个反馈放大器在相位交点处的环路增益为 2,在增益交点处的相移为 $-190°$,判断此反馈放大器是否稳定。

解:当反馈放大器处于相位交点处时,即产生了 $180°$ 相移,环路增益 $x = 2$,即 $x > 1$。这样,频率轨迹将会包围 $(-1, 0)$,说明达到 $-180°$ 时增益已经超过单位 1,则闭环放大器将是不稳定的。

3. 一个反馈放大器的环路增益具有 2 个左半复平面极点和 1 个右半复平面零点,并且这些极点频率和零点频率均处于增益交点以内,绘制其伯德图(包括幅频特性和相频特性),并讨论由此构成的闭环系统的稳定性。

解:环路增益具有 2 个左半复平面极点和 1 个右半复平面零点,并且这些极点频率和零点频率均处于增益交点以内,其伯德图如图 A-9 所示。

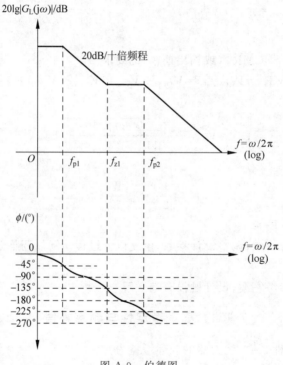

图 A-9 伯德图

右半平面的零点提高增益同时进一步降低相位,因此,两个极点加上右半平面的零点可提供 $-270°$ 相移,并且由于两个极点频率和零点频率均在增益交点频率以内,在增益下降到单位增益带宽之前,相移值早已超过 $180°$,即相位交点将在增益交点的左边,因此这样的系统构成反馈后是不稳定的。

4. 一个放大器的开环增益的拐点频率为 $f_{p1} = 100\text{Hz}$,$f_{p2} = 1\text{kHz}$ 及 $f_{p3} = 100\text{kHz}$。低频(或直流)增益为 $A_o = 1 \times 10^4$。计算当 $\beta = 1$、0.1 及 0.01,频率 $f = 20\text{kHz}$ 时的环路增益值及环路相位角。

解:开环增益幅度由下式给出

$$A(\mathrm{j}\omega) = \frac{1 \times 10^4}{(1+\mathrm{j}f/10^2)(1+\mathrm{j}f/10^3)(1+\mathrm{j}f/10^5)}$$

当 $\beta=1$ 时,频率 $f=20\mathrm{kHz}$ 时的环路增益值为

$$|G_{\mathrm{L}}(\mathrm{j}\omega)| = \beta |A(\mathrm{j}\omega)| = \frac{1 \times 10^4}{[1+(f/10^2)^2]^{1/2}[1+(f/10^3)^2]^{1/2}[1+(f/10^5)^2]^{1/2}}$$

$$= \frac{1 \times 10^4}{[1+(20\times10^3/10^2)^2]^{1/2}[1+(20\times10^3/10^3)^2]^{1/2}[1+(20\times10^3/10^5)^2]^{1/2}}$$

$$\approx 2.45$$

根据式(11.37),相位角为

$$\phi = -\arctan\left(\frac{f}{10^2}\right) - \arctan\left(\frac{f}{10^3}\right) - \arctan\left(\frac{f}{10^5}\right)$$

$$= -\arctan\left(\frac{20\times10^3}{10^2}\right) - \arctan\left(\frac{20\times10^3}{10^3}\right) - \arctan\left(\frac{20\times10^3}{10^5}\right)$$

$$\approx -188°$$

当 $\beta=0.1$ 时,频率 $f=20\mathrm{kHz}$ 时的环路增益值为

$$|G_{\mathrm{L}}(\mathrm{j}\omega)| = \beta |A(\mathrm{j}\omega)| = \frac{0.1 \times 1 \times 10^4}{[1+(f/10^2)^2]^{1/2}[1+(f/10^3)^2]^{1/2}[1+(f/10^5)^2]^{1/2}}$$

$$= \frac{0.1 \times 1 \times 10^4}{[1+(20\times10^3/10^2)^2]^{1/2}[1+(20\times10^3/10^3)^2]^{1/2}[1+(20\times10^3/10^5)^2]^{1/2}}$$

$$\approx 0.245$$

根据式(11.37),相位角仍为

$$\phi = -\arctan\left(\frac{f}{10^3}\right) - \arctan\left(\frac{f}{10^4}\right) - \arctan\left(\frac{f}{10^6}\right)$$

$$= -\arctan\left(\frac{200\times10^3}{10^3}\right) - \arctan\left(\frac{200\times10^3}{10^4}\right) - \arctan\left(\frac{200\times10^3}{10^6}\right)$$

$$\approx -188°$$

当 $\beta=0.01$ 时,频率 $f=20\mathrm{kHz}$ 时的环路增益值为

$$|G_{\mathrm{L}}(\mathrm{j}\omega)| = \beta |A(\mathrm{j}\omega)| = \frac{0.01 \times 1 \times 10^4}{[1+(f/10^2)^2]^{1/2}[1+(f/10^3)^2]^{1/2}[1+(f/10^5)^2]^{1/2}}$$

$$= \frac{0.01 \times 1 \times 10^4}{[1+(20\times10^3/10^2)^2]^{1/2}[1+(20\times10^3/10^3)^2]^{1/2}[1+(20\times10^3/10^5)^2]^{1/2}}$$

$$\approx 0.0245$$

根据式(11.37),相位角仍为

$$\phi \approx -188°$$

5. 求一个反馈放大器的的相位交点频率和稳定性,一个放大器开环增益的拐点频率为 $f_{\mathrm{p1}}=100\mathrm{Hz}$,$f_{\mathrm{p2}}=1\mathrm{kHz}$ 及 $f_{\mathrm{p3}}=100\mathrm{kHz}$。低频(或直流)增益为 $A_0=1\times10^4$。计算当 $\beta=1$ 时,相位交点频率 f_{p}。并且分析当 $\beta=1$、0.1 及 0.01 时,反馈放大器增益裕度及稳定性。

解:开环增益幅度由下式给出

$$A(\mathrm{j}\omega) = \frac{1 \times 10^4}{(1+\mathrm{j}f/10^2)(1+\mathrm{j}f/10^3)(1+\mathrm{j}f/10^5)}$$

当 $\beta=1$ 时,环路增益 $G_L(j\omega)=\beta A(j\omega)=A(j\omega)$,有

$$|G_L(j\omega)|=\beta|A(j\omega)|=\frac{1\times10^4}{[1+(f/10^2)^2]^{1/2}[1+(f/10^3)^2]^{1/2}[1+(f/10^5)^2]^{1/2}}$$

在 $\phi=-180°$ 的频率下,精确结果可以通过计算相位角得出,根据式(11.37),相位角为

$$\phi=-\arctan\left(\frac{f}{10^2}\right)-\arctan\left(\frac{f}{10^3}\right)-\arctan\left(\frac{f}{10^5}\right)$$

要求出精确结果,需要进行多次的迭代才能够得到。这里,采用伯德图近似的方法进行分析,对于极点 ω_p,相位在 $0.1\omega_p$ 处开始下降,在 ω_p 处相位角为 $-45°$,在大于 $10\omega_p$ 处相位角达到近似 $-90°$,那么,可以得到,在 $f=1\mathrm{kHz}$ 处,$\phi\approx-90°-45°=-135°$;在 $f=10\mathrm{kHz}$ 处,$\phi\approx-90°-90°=-180°$,因此,相位交点频率约为 $f=10\mathrm{kHz}$。可以采用式(11.37)验算一下,有

$$\phi=-\arctan\left(\frac{f}{10^2}\right)-\arctan\left(\frac{f}{10^3}\right)-\arctan\left(\frac{f}{10^5}\right)$$

$$=-\arctan\left(\frac{10\times10^3}{10^2}\right)-\arctan\left(\frac{10\times10^3}{10^3}\right)-\arctan\left(\frac{10\times10^3}{10^5}\right)$$

$$\approx-179°$$

可见采用伯德图近似的方法得到的结果与精确计算结果非常接近。

下面分析反馈放大器的稳定性,当 $\beta=1$ 时,在相位交点频率约为 $f=10\mathrm{kHz}$ 处,有

$$|G_L(j\omega)|=\beta|A(j\omega)|=\frac{1\times10^4}{[1+(f/10^2)^2]^{1/2}[1+(f/10^3)^2]^{1/2}[1+(f/10^5)^2]^{1/2}}$$

$$=\frac{1\times10^4}{[1+(10\times10^3/10^2)^2]^{1/2}[1+(10\times10^3/10^3)^2]^{1/2}[1+(10\times10^3/10^5)^2]^{1/2}}$$

$$\approx9.9$$

增益裕度为

$$\mathrm{GM}=20\lg\left(\frac{1}{9.9}\right)\approx-19.9\mathrm{dB}$$

可见在相位交点频率处,环路增益值仍然大于1,没有增益裕度,这说明在这种情况下,反馈放大器不稳定。

同样地,当 $\beta=0.1$ 时,在相位交点频率约为 $f=10\mathrm{kHz}$ 处,有

$$|G_L(j\omega)|=\beta|A(j\omega)|=\frac{0.1\times1\times10^4}{[1+(f/10^2)^2]^{1/2}[1+(f/10^3)^2]^{1/2}[1+(f/10^5)^2]^{1/2}}$$

$$=\frac{0.1\times1\times10^4}{[1+(10\times10^3/10^2)^2]^{1/2}[1+(10\times10^3/10^3)^2]^{1/2}[1+(10\times10^3/10^5)^2]^{1/2}}$$

$$\approx0.99$$

增益裕度为

$$\mathrm{GM}=20\lg\left(\frac{1}{0.99}\right)\approx0.087\mathrm{dB}$$

可见在相位交点频率处,环路增益值略小于1,这说明在这种情况下,反馈放大器处于临界稳定。

当 $\beta=0.01$ 时,在相位交点频率约为 $f=10\mathrm{kHz}$ 处,有

$$|G_L(j\omega)|=\beta|A(j\omega)|=\frac{0.01\times1\times10^4}{[1+(f/10^2)^2]^{1/2}[1+(f/10^3)^2]^{1/2}[1+(f/10^5)^2]^{1/2}}$$

$$= \frac{0.01 \times 1 \times 10^4}{[1+(10 \times 10^3/10^2)^2]^{1/2}[1+(10 \times 10^3/10^3)^2]^{1/2}[1+(10 \times 10^3/10^5)^2]^{1/2}}$$

$$\approx 0.099$$

增益裕度为

$$\mathrm{GM} = 20\lg\left(\frac{1}{0.099}\right) \approx 20.1\mathrm{dB}$$

可见在相位交点频率处,环路增益值明显小于1,增益裕度约为20.1dB,这说明在这种情况下,反馈放大器处于稳定状态。

6. 求一个反馈放大器的的相位交点频率和相位裕度,一个放大器开环增益的拐点频率为 $f_{\mathrm{p1}}=$ 1kHz, $f_{\mathrm{p2}}=10\mathrm{kHz}$ 及 $f_{\mathrm{p3}}=1\mathrm{MHz}$。低频(或直流)增益为 $A_0=1\times10^5$。计算当 $\beta=1$ 时,相位交点频率 f_{p}。并且分析当 $\beta=1$、0.01 及 0.001 时,反馈放大器的相位裕度及稳定性。

解:开环增益幅度由下式给出

$$A(\mathrm{j}\omega) = \frac{1 \times 10^5}{(1+\mathrm{j}f/10^3)(1+\mathrm{j}f/10^4)(1+\mathrm{j}f/10^6)}$$

当 $\beta=1$ 时,环路增益 $G_{\mathrm{L}}(\mathrm{j}\omega)=\beta A(\mathrm{j}\omega)=A(\mathrm{j}\omega)$,有

$$|G_{\mathrm{L}}(\mathrm{j}\omega)| = \beta|A(\mathrm{j}\omega)| = \frac{1 \times 10^5}{[1+(f/10^3)^2]^{1/2}[1+(f/10^4)^2]^{1/2}[1+(f/10^6)^2]^{1/2}}$$

在 $\phi=-180°$ 的频率下,精确结果可以计算相位角得出,根据式(11.37),相位角为

$$\phi = -\arctan\left(\frac{f}{10^3}\right) - \arctan\left(\frac{f}{10^4}\right) - \arctan\left(\frac{f}{10^6}\right)$$

要求出精确结果,需要进行多次的迭代才能够得到。这里,采用伯德图近似的方法进行分析,对于极点 ω_{p},相位在 $0.1\omega_{\mathrm{p}}$ 处开始下降,在 ω_{p} 处相位角为 $-45°$,在大于 $10\omega_{\mathrm{p}}$ 处相位角达到近似 $-90°$,那么,可以得到,在 $f=10\mathrm{kHz}$ 处,$\phi \approx -90°-45°=-135°$;在 $f=100\mathrm{kHz}$ 处,$\phi \approx -90°-90°=-180°$,因此,相位交点频率约为 $f=100\mathrm{kHz}$。可以采用式(11.37)验算一下,有

$$\phi = -\arctan\left(\frac{f}{10^3}\right) - \arctan\left(\frac{f}{10^4}\right) - \arctan\left(\frac{f}{10^6}\right)$$

$$= -\arctan\left(\frac{100 \times 10^3}{10^3}\right) - \arctan\left(\frac{100 \times 10^3}{10^4}\right) - \arctan\left(\frac{100 \times 10^3}{10^6}\right)$$

$$\approx -179°$$

可见采用伯德图近似的方法得到的结果与精确计算结果非常接近。

下面分析反馈放大器的稳定性,当 $\beta=1$ 时,求增益交点

$$|G_{\mathrm{L}}(\mathrm{j}\omega)| = \beta|A(\mathrm{j}\omega)| = \frac{1 \times 10^5}{[1+(f/10^3)^2]^{1/2}[1+(f/10^4)^2]^{1/2}[1+(f/10^6)^2]^{1/2}} \approx 1$$

这里,采用伯德图近似的方法进行分析,每遇到一个极点频率,幅频特性曲线的斜率在原来的基础上按 $-20\mathrm{dB}$/十倍频程变化,在 $f=1\mathrm{kHz}$ 处,在第一个极点频率后,幅频特性曲线的斜率按 $-20\mathrm{dB}$/十倍频程变化,$|A(\mathrm{j}\omega)| \approx A_0=100\mathrm{dB}$;在 $f=10\mathrm{kHz}$ 处,在第二个极点频率后,幅频特性曲线的斜率按 $-40\mathrm{dB}$/十倍频程变化,$|A(\mathrm{j}\omega)| \approx 100-20=80\mathrm{dB}$;在 $f=100\mathrm{kHz}$ 处,$|A(\mathrm{j}\omega)| \approx 80-40=40\mathrm{dB}$;在 $f=1\mathrm{MHz}$ 处,$|A(\mathrm{j}\omega)| \approx 40-40=0\mathrm{dB}$,因此,增益交点频率约为 $f=1\mathrm{MHz}$。可以验算一下,有

$$|G_{\mathrm{L}}(\mathrm{j}\omega)| = \beta|A(\mathrm{j}\omega)| = \frac{1 \times 10^5}{[1+(f/10^3)^2]^{1/2}[1+(f/10^4)^2]^{1/2}[1+(f/10^6)^2]^{1/2}}$$

$$= \frac{1 \times 10^5}{[1+(1 \times 10^6/10^3)^2]^{1/2}[1+(1 \times 10^6/10^4)^2]^{1/2}[1+(1 \times 10^6/10^6)^2]^{1/2}}$$

$$\approx 0.707$$

即 -3dB，在极点 1MHz 处，幅频响应为 -3dB，而不是 0dB，这和理论预期值相一致。根据式(11.37)，相位角为

$$\phi = -\arctan\left(\frac{f}{10^3}\right) - \arctan\left(\frac{f}{10^4}\right) - \arctan\left(\frac{f}{10^6}\right)$$

$$= -\arctan\left(\frac{1 \times 10^6}{10^3}\right) - \arctan\left(\frac{1 \times 10^6}{10^4}\right) - \arctan\left(\frac{1 \times 10^6}{10^6}\right)$$

$$\approx -244.4°$$

可见在增益交点频率处，相移超过 $180°$，没有相位裕度，这说明在这种情况下，反馈放大器不稳定。

同样地，当 $\beta = 0.01$ 时，在增益交点频率约为 $f = 100\text{kHz}$ 处，有

$$|G_\text{L}(j\omega)| = \beta |A(j\omega)| = \frac{0.01 \times 1 \times 10^5}{[1+(f/10^3)^2]^{1/2}[1+(f/10^4)^2]^{1/2}[1+(f/10^6)^2]^{1/2}}$$

$$= \frac{0.01 \times 1 \times 10^5}{[1+(100 \times 10^3/10^3)^2]^{1/2}[1+(100 \times 10^3/10^4)^2]^{1/2}[1+(100 \times 10^3/10^6)^2]^{1/2}}$$

$$\approx 0.99$$

根据式(11.37)，相位角为

$$\phi = -\arctan\left(\frac{f}{10^3}\right) - \arctan\left(\frac{f}{10^4}\right) - \arctan\left(\frac{f}{10^6}\right)$$

$$= -\arctan\left(\frac{100 \times 10^3}{10^3}\right) - \arctan\left(\frac{100 \times 10^3}{10^4}\right) - \arctan\left(\frac{100 \times 10^3}{10^6}\right)$$

$$\approx -179.4°$$

可见在增益交点频率处，相移略小于 $180°$，相位裕度不大，这说明在这种情况下，反馈放大器是临界稳定的。

当 $\beta = 0.001$ 时，在增益交点频率约为 $f = 31\text{kHz}$ 处，有

$$|G_\text{L}(j\omega)| = \beta |A(j\omega)| = \frac{0.001 \times 1 \times 10^5}{[1+(f/10^3)^2]^{1/2}[1+(f/10^4)^2]^{1/2}[1+(f/10^6)^2]^{1/2}}$$

$$= \frac{0.001 \times 1 \times 10^5}{[1+(31 \times 10^3/10^3)^2]^{1/2}[1+(31 \times 10^3/10^4)^2]^{1/2}[1+(31 \times 10^3/10^6)^2]^{1/2}}$$

$$\approx 0.99$$

根据式(11.37)，相位角为

$$\phi = -\arctan\left(\frac{f}{10^3}\right) - \arctan\left(\frac{f}{10^4}\right) - \arctan\left(\frac{f}{10^6}\right)$$

$$= -\arctan\left(\frac{31 \times 10^3}{10^3}\right) - \arctan\left(\frac{31 \times 10^3}{10^4}\right) - \arctan\left(\frac{31 \times 10^3}{10^6}\right)$$

$$\approx -162°$$

可见在增益交点频率处，相移小于 $180°$，相位裕度为 $18°$，这说明在这种情况下，反馈放大器是稳定的。

7. 如何通过增加一个主极点稳定习题11.5中当 $\beta = 1$ 时的反馈放大器，使相位裕度为 $45°$？

解：由于增益带宽积必须保持为常数，低频环路增益应以 $20\text{dB}/$十倍频程的斜率，从在 f_D 处 $A_\text{o}\beta$

(或者 $1\times10^4\times1=1\times10^4$)下降到 $f_{p1}(=100\mathrm{Hz})$ 处的单位增益。这显示直接的正比关系。即 $f_D\times A_o\beta=f_{p1}\times1$,由此给出

$$f_D=\frac{f_{p1}}{A_o\beta}=\frac{1\times10^2}{1\times10^4}=0.01\mathrm{Hz}$$

因此,修改后的环路增益如下

$$G_L(\mathrm{j}\omega)=A(\mathrm{j}\omega)\beta=\frac{1\times10^4}{(1+\mathrm{j}f/f_D)(1+\mathrm{j}f/f_{p1})(1+\mathrm{j}f/f_{p2})(1+\mathrm{j}f/f_{p3})}$$

验算一下在增益交点处的增益与相位,即频率 $f=100\mathrm{Hz}$ 时的坏路增益值为

$$|G_L(\mathrm{j}\omega)|=\beta|A(\mathrm{j}\omega)|=\frac{1\times10^4}{[1+(f/10^{-2})^2]^{1/2}[1+(f/10^3)^2]^{1/2}[1+(f/10^4)^2]^{1/2}[1+(f/10^6)^2]^{1/2}}$$

$$=\frac{1\times10^4}{[1+(100/10^{-2})^2]^{1/2}[1+(100/10^3)^2]^{1/2}[1+(100/10^4)^2]^{1/2}[1+(100/10^6)^2]^{1/2}}$$

$$\approx0.707$$

或者表示为 $|G_L(\mathrm{j}\omega)|\approx-3\mathrm{dB}$,由于在极点频率处,增益会下降 3dB,而不是估算的 0dB。根据式(11.37),相位角为

$$\phi=-\arctan\left(\frac{f}{10^{-2}}\right)-\arctan\left(\frac{f}{10^2}\right)-\arctan\left(\frac{f}{10^3}\right)-\arctan\left(\frac{f}{10^5}\right)$$

$$=-\arctan\left(\frac{100}{10^{-2}}\right)-\arctan\left(\frac{100}{10^2}\right)-\arctan\left(\frac{100}{10^3}\right)-\arctan\left(\frac{100}{10^5}\right)$$

$$\approx-140.8°$$

这样,相位裕度约为 PM$=\phi_m=180°-|\phi|=180°-140.8°=39.2°$。在确定 f_D 时假设拐点频率 f_{p1} 不影响相移。然而,在这个例子中,f_{p2} 和 f_{p1} 较近,将贡献一定相移,造成相位裕度不能达到 45°。

8. 一个放大器的开环增益为 1×10^5,拐点频率为 $f_{p1}=100\mathrm{kHz}$,$f_{p2}=1\mathrm{MHz}$ 和 $f_{p3}=10\mathrm{MHz}$。放大器的增益级等效电路如图 11-15(c)所示,其中参数 $g_{m2}=100\mathrm{mA/V}$,$C_1=50\mathrm{pF}$ 和 $C_2=10\mathrm{pF}$。确定补偿电容 C_x 的值,使闭环相位裕度为 45°,阻性反馈 $\beta=1$。

解:$g_{m2}=100\mathrm{mA/V}$,$C_1=50\mathrm{pF}$,$C_2=10\mathrm{pF}$,$f_{p1}=100\mathrm{kHz}$,$f_{p2}=1\mathrm{MHz}$ 和 $f_{p3}=10\mathrm{MHz}$。可以求得 R_1 和 R_2 的值如下

$$R_1=\frac{1}{2\pi f_{p1}C_1}=\frac{1}{2\pi\times100\times10^3\times50\times10^{-12}}\approx31.8\mathrm{k}\Omega$$

$$R_2=\frac{1}{2\pi f_{p2}C_2}=\frac{1}{2\pi\times1\times10^6\times10\times10^{-12}}\approx15.9\mathrm{k}\Omega$$

这里先估算密勒补偿后的 f'_{p2} 值,根据式(11.47),可以有

$$f'_{p2}\approx\frac{g_{m2}C_x}{2\pi(C_1C_2+C_xC_1+C_xC_2)}\approx\frac{g_{m2}}{2\pi(C_1+C_2)}=\frac{100\times10^{-3}}{2\pi\times(50\times10^{-12}+10\times10^{-12})}\approx265.3\mathrm{MHz}$$

其大于 $f_{p3}(=10\mathrm{MHz})$。这样,假定 f_{p3} 为第二个极点频率并找到补偿电容 C_x 来设定 45°相位裕度,在 $f_{p3}=10\mathrm{MHz}$ 处为单位增益。即 $f_D\times A_o\beta=f_{p3}\times1$,由此给出修改后的主极点频率为

$$f'_{p1}\approx f_D=\frac{f_{p3}}{A_o\beta}=\frac{10\times10^6}{1\times10^5\times1}=100\mathrm{Hz}$$

根据式(11.46),得到第一主极点 f'_{p1} 的电容 C_x 为

$$C_x \approx \frac{1}{2\pi f'_{p1} g_{m2} R_1 R_2} = \frac{1}{2\pi \times 100 \times 100 \times 10^{-3} \times 15.9 \times 10^3 \times 31.8 \times 10^3} \approx 31.5\text{pF}$$

再根据式(11.47)来验证修改后的 f'_{p2} 值,即

$$f'_{p2} \approx \frac{g_{m2} C_x}{2\pi(C_1 C_2 + C_x C_1 + C_x C_2)} = \frac{100 \times 10^{-3}}{2\pi(50 \times 10^{-12} \times 10 \times 10^{-12}/31.5 \times 10^{-12} + 50 \times 10^{-12} + 10 \times 10^{-12})}$$

$$\approx 209.76\text{MHz}$$

可见和估计值差距不大,而且大于 $f_{p3}(=10\text{MHz})$,由于密勒补偿的极点分裂,其中一个极点推到了比较高的频率处。这样,假定密勒补偿后 f_{p3} 作为第二个极点频率是合理的。

9. 设计图 11-22 所示的二级运算放大器,采用密勒电容进行补偿。其中负载电容 $C_L = 5\text{pF}$。运算放大器需满足如下要求:$A_{vo} > 2000\text{V/V}$,$V_{DD} = 5\text{V}$,增益带宽积 $\text{GBW} \geqslant 5\text{MHz}$,$\text{SR} > 5\text{V/}\mu\text{S}$,相位裕度 PM 达到 $60°$,输入共模范围(ICMR)为 $1.5 \sim 4.5\text{V}$,输出摆幅范围为 $0.5 \sim 4.5\text{V}$,$P_{\text{diss}} \leqslant 2\text{mW}$(不包括电流基准电路部分的电流)。NMOS 的参数为 $V_{THN} = 0.7\text{V}$,$K_n = 110\mu\text{A/V}^2$。PMOS 晶体管的参数为 $V_{THP} = -0.7\text{V}$,$K_p = 50\mu\text{A/V}^2$。其中沟道长度调制效应系数:当有效沟道长度为 $1\mu\text{m}$ 时,$\lambda_n = 0.04\text{V}^{-1}$,$\lambda_p = 0.05\text{V}^{-1}$;当有效沟道长度为 $2\mu\text{m}$ 时,$\lambda_n = 0.01\text{V}^{-1}$,$\lambda_p = 0.01\text{V}^{-1}$,假定 $C_{ox} = 0.4\text{fF/}\mu\text{m}^2$,栅源电容按 $C_{gs3} = 0.67 W_3 L_3 C_{ox}$ 计算。

解:由于是设计题,因此结果并不唯一,并且数值舍入的处理也不一样,任何合理的计算都是一种解决方案,下面只是对关键步骤给出参考的设计步骤和计算。在进行电路参数计算前,首先应保证图 11-22 所示的二级运算放大器具有正确的电路偏置,以便保证所有晶体管处于饱和区中。可以选取这样的偏置方案,保证良好的电流镜关系,有

$$V_{SG4} = V_{SG6}$$

这样

$$I_6 = \frac{(W/L)_6}{(W/L)_4} I_4$$

以及

$$I_7 = \frac{(W/L)_7}{(W/L)_5} I_5 = \frac{(W/L)_7}{(W/L)_5}(2I_4)$$

而 $I_6 = I_7$,则有

$$\frac{(W/L)_6}{(W/L)_4} = \frac{2(W/L)_7}{(W/L)_5}$$

下面进行电路参数的计算:

(1) 此二级运算放大器采用密勒电容补偿,并且考虑到密勒电容引入零点的影响,根据需要的 $\text{PM} = 60°$,求出密勒补偿电容 C_x(假定 $\omega_z \geqslant 10\text{GBW}$),

$$C_x \geqslant 0.22 C_L$$

则得到 $C_x \geqslant 1.1\text{pF}$,这里留出余量,取 $C_x = 2\text{pF}$。

(2) 由已知的 C_x 并根据转换速率的要求选择 $I_{SS}(I_5)$ 的范围

$$I_5 \geqslant \text{SR} \cdot C_x = 5 \times 10^6 \times 2 \times 10^{-12} = 10\mu\text{A}$$

取 $I_5 = 10\mu\text{A}$。

(3) 由计算得到电流偏置值,设计 $W_3/L_3(W_4/L_4)$ 满足上 ICMR_+ 的要求,有

$$\text{ICMR}_+ = V_{DD} - |V_{GS3}| + V_{THN}$$

则有

$$\frac{I_5}{2} = |I_{3,4}| = \frac{1}{2}K_p\left(\frac{W}{L}\right)_{3,4}(V_{DD} - ICMR_+ + V_{THN} - |V_{THP}|)^2$$

得

$$\left(\frac{W}{L}\right)_{3,4} = \frac{I_5}{K_p(V_{DD} - ICMR_+ + V_{THN} - |V_{THP}|)^2} = \frac{10 \times 10^{-6}}{50 \times 10^{-6} \times (5 - 4.5 + 0.7 - 0.7)^2} = 0.8$$

这里取$(W/L)_{3,4} = 1$。

(4) 图 11-22 所示的放大器具有一个镜像极点,验证 M_3 处镜像极点是否大于 10GBW,根据式(7.172),镜像极点处的电容近似为 $C_{gs3} + C_{gs4}$,此极点频率为

$$\frac{g_{m3}}{C_{gs3} + C_{gs4}} = \frac{g_{m3}}{2C_{gs3}} = \frac{\sqrt{2K_p\frac{W_3}{L_3}I_3}}{2 \times 0.67W_3L_3C_{ox}} = \frac{\sqrt{2 \times 50 \times 10^{-6} \times 1 \times 5 \times 10^{-6}}}{2 \times 0.67 \times 1 \times 10^{-6} \times 1 \times 10^{-6} \times 0.4 \times 10^{-5}/\times 10^{-12}}$$
$$\approx 41.7 \times 10^9 \text{rad/s}$$

其中栅长 $L = 1\mu m$,此镜像极点频率值为 6.64GHz,远远大于 10GBW $= 10 \times 5MHz = 50MHz$。

(5) 设计 $W_1/L_1(W_2/L_2)$ 满足 GBW 的要求,由式(11.49),有
$$GBW = g_{m1,2}/C_x$$

得

$$g_{m1,2} = \sqrt{2K_n\left(\frac{W}{L}\right)_{1,2}I_{1,2}} = GBW \times C_x = 2\pi \times 5 \times 10^6 \times 2 \times 10^{-12} \approx 62.83\mu S$$

有

$$\left(\frac{W}{L}\right)_{1,2} = \frac{(GBW \cdot C_x)^2}{2K_nI_{1,2}} = \frac{(2\pi \times 5 \times 10^6 \times 2 \times 10^{-12})^2}{2 \times 110 \times 10^{-6} \times 5 \times 10^{-6}} \approx 3.6 \approx 4$$

取$(W/L)_{1,2} = 4$。

(6) 设计 W_5/L_5 满足下 $ICMR_-$(或输出摆幅)的要求
$$ICMR_- = V_{OD5} + V_{GS1} = V_{OD5} + V_{OD1} + V_{THN}$$

得

$$V_{OD5} = ICMR_- - V_{GS1} = ICMR_- - \left(\sqrt{\frac{2I_1}{K_n(W/L)_1}} + V_{THN}\right) = 1.5 - \left(\sqrt{\frac{2 \times 5 \times 10^{-6}}{110 \times 10^{-6} \times 4}} + 0.7\right) \approx 0.65V$$

再根据

$$I_5 = \frac{1}{2}\mu_nC_{ox}(W/L)_5V_{OD}^2$$

得

$$(W/L)_5 = \frac{2I_5}{\mu_nC_{ox}V_{OD}^2} = \frac{2 \times 10}{110 \times 0.65^2} \approx 0.43$$

取$(W/L)_5 = 1$。

(7) 根据 PM $= 60°$ 的要求,$\omega_z \geqslant 10GBW$,即 $g_{m6}/C_x \geqslant 10g_{m1}/C_x$,有
$$g_{m6} \geqslant 10g_{m1} = 628.3\mu S$$

并且根据偏置条件 $V_{SG4} = V_{SG6}$ 可计算得到 M_6 的尺寸,得到 $\left(\frac{W}{L}\right)_6 = \frac{g_{m6}}{g_{m4}}\left(\frac{W}{L}\right)_4$,而 $g_{m4} = $

$$\sqrt{2K_p(W/L)_4 I_4} = \sqrt{2 \times 50 \times 10^{-6} \times 1 \times 5 \times 10^{-6}} \approx 22\,\mu\mathrm{S}，得到(W/L)_6 = 30。$$

（8）根据偏置条件 $V_{SG4} = V_{SG6}$，且晶体管处于饱和区，$I_6 = I_4 \times (W/L)_6/(W/L)_4$，或根据 $g_{m6} = \sqrt{2K_p(W/L)_6 I_6}$ 计算 I_6，得到 $I_6 = 150\,\mu\mathrm{A}$。

并验证 $V_{\mathrm{out,max}}$ 是否满足要求

$$V_{\mathrm{out,max}} = V_{DD} - V_{OD6} = V_{DD} - \sqrt{\frac{2I_6}{K_p(W/L)_6}} = 5 - \sqrt{\frac{2 \times 150 \times 10^{-6}}{50 \times 10^{-6} \times 30}} \approx 4.55\mathrm{V}$$

满足要求。

（9）计算 M_7 的尺寸，并验证 $V_{\mathrm{out,min}}$ 是否满足要求，M_7 的尺寸为

$$\left(\frac{W}{L}\right)_7 = \left(\frac{I_6}{I_5}\right)\left(\frac{W}{L}\right)_5 = \left(\frac{150}{10}\right) \times 1 = 15$$

$$V_{\mathrm{out,min}} = V_{OD7} = \sqrt{\frac{2I_7}{K_n(W/L)_7}} = \sqrt{\frac{2 \times 150 \times 10^{-6}}{110 \times 10^{-6} \times 15}} \approx 0.426\mathrm{V}$$

满足要求。

（10）验证增益和功耗

$$A_v = \frac{g_{m1,2}g_{m6}}{I_5/2(\lambda_2 + \lambda_4)I_6(\lambda_6 + \lambda_7)} = \frac{2 \times 62.83 \times 10^{-6} \times 628.3 \times 10^{-6}}{10 \times 10^{-6} \times (0.04 + 0.05) \times 150 \times 10^{-6} \times (0.04 + 0.05)}$$

$$\approx 6498.1$$

满足要求。

功耗 $P_{\mathrm{diss}} = 5 \times (10 \times 10^{-6} + 150 \times 10^{-6}) = 0.9\mathrm{mW}$，满足要求。

（11）若增益不满足要求，可采用降低 I_5 和 I_6 或提高 M_1/M_2、M_6 的尺寸等措施，需要重复以上步骤进行验证。

10. 对于习题 9 设计得到的放大器，如果想要使增益至少提高为原来的 2 倍，而其他要求不变，如何修改电路参数？

解：

$$A_v = \frac{g_{m1,2}g_{m6}}{I_5/2(\lambda_2 + \lambda_4)I_6(\lambda_6 + \lambda_7)}$$

（1）增大 g_{m2}、g_{m6}。由 $g_m = \sqrt{2\mu C_{\mathrm{ox}}\left(\frac{W}{L}\right)I}$，电流不变时，增加 M_2、M_6 的尺寸，可增加 g_{m2}、g_{m6}，但同时会影响晶体管的过驱动电压，进而影响输入共模范围和输出摆幅等性能参数。

（2）减小偏置电流 I_5、I_6，可以使增益级的输出电阻得到提高，然而由 $g_m = \sqrt{2\mu C_{\mathrm{ox}}\left(\frac{W}{L}\right)I}$，在减小 I 的同时，g_m 也会减小，所以当 I 减小为原来的 1/4 时，增益才能增大 2 倍。降低偏置电流也会降低放大器的增益带宽积。

注意： 此题为讨论题，因此答案并不唯一。

第 12 章　比较器

1. 一个比较器在线性工作状态时的主极点频率为 $10^4\,\mathrm{rad/s}$，直流增益 $A_v = 10^4$，转换速率（slewrate）为 $0.1\mathrm{V}/\mu\mathrm{s}$，输出摆幅为 $1\mathrm{V}$，假设施加到输入的信号为 $100\mathrm{mV}$，请计算此比较器的传输

延迟。

解：首先考虑小信号特性限制。此比较器的传递函数在 s 域可以表示为

$$A_v(s) = \frac{A_v(0)}{\dfrac{s}{\omega_1}+1} = \frac{A_v(0)}{s\tau_1+1} = \frac{10^4}{\dfrac{s}{10^4}+1} = \frac{10^4}{10^{-4}s+1}$$

则时间常数 $\tau_1 = 10^{-4}$s。根据式(12.10)，此比较器能够分辨的最小输入电压为

$$V_{min} = \frac{V_{OH}-V_{OL}}{A_v(0)} = \frac{1}{10^4} = 0.1\text{mV}$$

则输入驱动强度 $k = V_0/V_{min} = 100/0.1 = 1000$，那么根据式(12.12)可得

$$t_p = \tau_1 \ln\left(\frac{2k}{2k-1}\right) = 10^{-4} \times \ln\left(\frac{2 \times 1000}{2 \times 1000 - 1}\right) \approx 0.05\mu\text{s}$$

考虑大信号特性，根据式(12.14)，受限于大信号特性的传输延迟

$$t_p = \frac{V_{OH}-V_{OL}}{2 \cdot SR} = \frac{1}{2 \times 0.1 \times 10^6} = 5\mu\text{s}$$

比较器的传输延迟最终由比较器的小信号特性和大信号特性共同决定，可见此比较器的传输延迟主要由大信号特性限制。

2. 对于图 12-4 所示的同相阈值比较器，参考电压 $V_{REF} = 3$V，$R_1 = 10$kΩ，$R_F = 20$kΩ，求此比较器的低阈值电压 V_{Lt}。

解：根据式(12.17)，有

$$V_{Lt} = -\frac{R_1}{R_F}V_{ref} = -\frac{10 \times 10^3}{20 \times 10^3} \times 3 = -1.5\text{V}$$

3. 对于图 12-5 所示的同相阈值比较器的反相接法，参考电压 $V_{REF} = 3$V，$R_1 = 10$kΩ，$R_F = 20$kΩ，求此比较器的高阈值电压 V_{Ht}。

解：根据式(12.18)，有

$$V_{Ht} = \frac{R_1}{R_1+R_F}V_{ref} = \frac{10 \times 10^3}{10 \times 10^3 + 20 \times 10^3} \times 3 = 1\text{V}$$

4. 图 12-9(b)所示的基于锁存结构的比较器，锁存器的偏置电流为 0.1mA。输出摆幅为 $V_{OH} - V_{OL} = 1$V，求当输入分别为 $\Delta V_i = 10$mV 和 $\Delta V_i = 100$mV 时此比较器的传输延迟。PMOS 晶体管的参数为 $V_{THP} = -0.7$V，$K_p = 50\mu\text{A/V}^2$，$\lambda_p = 0.05\text{V}^{-1}$。所有 MOS 晶体管的尺寸都为 $W = 20\mu\text{m}$，$L = 1\mu\text{m}$。假设输出节点的寄生电容 $C = 50$fF。

解：锁存器的偏置电流为 0.1mA，锁存器中晶体管的跨导为

$$g_m = \sqrt{\left(2K_p\frac{W}{L}\right)I_D} = \sqrt{\left(2 \times 50 \times 10^{-6} \times \frac{20 \times 10^{-6}}{1 \times 10^{-6}}\right) \times 0.1 \times 10^{-3}} \approx 447.2\mu\text{A/V}$$

节点的寄生电容 $C = 50$fF，根据式(12.24)得

$$\tau_L = \frac{C}{g_m} = \frac{50\text{f}}{447.2\mu} \approx 0.112\text{ns}$$

那么由式(12.27)，当输入为 $\Delta V_i = 10$mV 时，此比较器的传输延迟为

$$t_p = \tau_L \ln\left(\frac{V_{OH}-V_{OL}}{2\Delta V_i}\right) = 0.112 \times \ln\left(\frac{1}{2 \times 10 \times 10^{-3}}\right) \approx 0.438\text{ns}$$

当输入为 $\Delta V_i = 100$mV 时，此比较器的传输延迟为

$$t_p = \tau_L \ln\left(\frac{V_{OH} - V_{OL}}{2\Delta V_i}\right) = 0.112 \times \ln\left(\frac{1}{2 \times 100 \times 10^{-3}}\right) \approx 0.18 \text{ns}$$

5. 采用图 12-14 所示的开关电容比较器,放大器的增益 $A_v = 10^3$,$V_{OS} = 1\text{mV}$,输出摆幅要求达到 $V_{OH} - V_{OL} = 5\text{V}$,采样电容 $C = 2\text{pF}$,输入端寄生电容 $C_p = 10\text{fF}$,计算在忽略寄生电容和考虑寄生电容的情况下,比较器的精度,即比较器能够分辨的最小输入电压。

解:图 12-14 所示的开关电容比较器可以抵消放大器的失调,根据式(12.29),有

$$v_{OUT}(\phi_2) = -A_v(v_2 - v_1)\frac{C}{C + C_p}$$

那么根据比较器精度的定义式(12.10),即比较器能够分辨的最小输入电压为

$$V_{min} = \frac{V_{OH} - V_{OL}}{|A_v(0)|} = \frac{V_{OH} - V_{OL}}{A_{vo}\dfrac{C}{C + C_p}}$$

输出摆幅要求达到 $V_{OH} - V_{OL} = 5\text{V}$,采样电容 $C = 2\text{pF}$,寄生电容 $C_p = 10\text{fF}$,在忽略寄生电容情况下,比较器的精度为

$$V_{min} = \frac{V_{OH} - V_{OL}}{|A_v(0)|} = \frac{V_{OH} - V_{OL}}{A_{vo}\dfrac{C}{C + C_p}} \approx \frac{V_{OH} - V_{OL}}{A_{vo}} = \frac{5}{10^3} = 5\text{mV}$$

输出摆幅要求达到 $V_{OH} - V_{OL} = 5\text{V}$,采样电容 $C = 2\text{pF}$,寄生电容 $C_p = 10\text{fF}$,在考虑寄生电容情况下,比较器的精度为

$$V_{min} = \frac{V_{OH} - V_{OL}}{|A_v(0)|} = \frac{V_{OH} - V_{OL}}{A_{vo}\dfrac{C}{C + C_p}} = \frac{5}{10^3 \times \dfrac{2 \times 10^{-12}}{2 \times 10^{-12} + 10 \times 10^{-15}}} = 5.025\text{mV}$$

也就是说,寄生电容带来了 $(5.025 - 5)/5 = 0.5\%$ 精度的损失。

6. 采用图 12-14 所示的开关电容比较器,$V_{OS} = 1\text{mV}$,输出摆幅要求达到 $V_{OH} - V_{OL} = 3\text{V}$,输入端寄生电容 $C_p = 10\text{fF}$,如果希望获得 0.3mV 的比较器精度,并且误差不超过 0.5%,则放大器的增益和采样电容需要达到多少?

解:图 12-14 所示的开关电容比较器可以抵消放大器的失调,根据式(12.29),有

$$v_{OUT}(\phi_2) = -A_v(v_2 - v_1)\frac{C}{C + C_p}$$

那么根据比较器精度的定义式(12.10),即比较器能够分辨的最小输入电压为

$$V_{min} = \frac{V_{OH} - V_{OL}}{|A_v(0)|} = \frac{V_{OH} - V_{OL}}{A_{vo}\dfrac{C}{C + C_p}}$$

输出摆幅要求达到 $V_{OH} - V_{OL} = 3\text{V}$,寄生电容 $C_p = 10\text{fF}$,在忽略寄生电容情况下,比较器的精度为

$$V_{min} = \frac{V_{OH} - V_{OL}}{|A_v(0)|} = \frac{V_{OH} - V_{OL}}{A_{vo}\dfrac{C}{C + C_p}} \approx \frac{V_{OH} - V_{OL}}{A_{vo}} = 0.3\text{mV}$$

$$A_{vo} \approx \frac{V_{OH} - V_{OL}}{V_{min}} = \frac{3}{0.3 \times 10^{-3}} = 10^4$$

输出摆幅要求达到 $V_{OH} - V_{OL} = 3\text{V}$,寄生电容 $C_p = 10\text{fF}$,在考虑寄生电容情况下,比较器的精度,并且误

差不超过 0.5%,有

$$V_{\min} = \frac{V_{\mathrm{OH}} - V_{\mathrm{OL}}}{|A_v(0)|} = \frac{V_{\mathrm{OH}} - V_{\mathrm{OL}}}{A_{\mathrm{vo}} \dfrac{C}{C + C_p}} \approx 0.3 \times (1 + 0.5\%) = 0.3015\,\mathrm{mV}$$

$$C = 2\,\mathrm{pF}$$

7. 如图 12-16(a)所示,设计一个迟滞比较器使 $V_{\mathrm{th}} = |+V_{\mathrm{th}}| = |-V_{\mathrm{th}}| = 2.5\mathrm{V}$。假设 $V_{\mathrm{sat}} = |-V_{\mathrm{sat}}| = 5\mathrm{V}$。

解: 设计此迟滞比较器,找出 R_1 和 R_F 的值,有

$$V_{\mathrm{th}} = V_{\mathrm{sat}} \times \frac{R_1}{R_F} = 5 \times \frac{R_1}{R_F} = 2.5$$

所以 $R_1/R_F = 0.5$。令 $R_1 = 10\mathrm{k\Omega}$,则

$$R_F = 20\mathrm{k\Omega}$$

选择失调最小化电阻 R_x 的值为

$$R_X = R_1 \,||\, R_F = 10 \times 10^3 \,||\, 20 \times 10^3 = 6.67\mathrm{k\Omega}$$

8. 图 12-17(a)所示的带参考电压的迟滞比较器,设计此迟滞比较器使 $V_{\mathrm{Ht}} = 3.5\mathrm{V}$ 且 $V_{\mathrm{Lt}} = 1.5\mathrm{V}$。假设 $V_{\mathrm{sat}} = |-V_{\mathrm{sat}}| = 5\mathrm{V}$。确定 R_1、R_F 和 V_{REF} 的值。

解: 设计此迟滞比较器,找出 R_1 和 R_F 的值。由式(12.35)和式(12.36),可以找出迟滞环(HB)的输入宽度为

$$\mathrm{HB} = V_{\mathrm{Ht}} - V_{\mathrm{Lt}} = \frac{2R_1}{R_1 + R_F} V_{\mathrm{sat}}$$

由此给出

$$1 + \frac{R_F}{R_1} = \frac{2V_{\mathrm{sat}}}{V_{\mathrm{Ht}} - V_{\mathrm{Lt}}} = \frac{2 \times 5}{3.5 - 1.5} = 5$$

令 $R_1 = 10\mathrm{k\Omega}$,则 $R_F = (5-1) \times R_1 = 40\mathrm{k\Omega}$。然后,确定参考电压 V_{REF} 的值。

$$V_{\mathrm{st}} = \frac{R_F}{R_1 + R_F} V_{\mathrm{ref}} = \frac{V_{\mathrm{Ht}} + V_{\mathrm{Lt}}}{2} = \frac{3.5 + 1.5}{2} = 2.5\mathrm{V}$$

由此得到 $V_{\mathrm{REF}} = 3.125\mathrm{V}$。

9. 采用输入失调存储技术消除比较器(或放大器)的失调,如图 12-21 所示,放大器的增益 $A_v = 10^4$,放大器的失调 $V_{\mathrm{OS}} = 10\mathrm{mV}$,那么采用输入失调存储技术以后比较器(或放大器)的失调为多少?忽略开关的注入电荷的失调。

解: 由式(12.40),采用输入失调存储技术消除放大器(或比较器)的失调为

$$V_{\mathrm{OS,tot}} = \frac{V_{\mathrm{OS}}}{1 + A_v} = \frac{10 \times 10^{-3}}{1 + 10^4} \approx 1\,\mathrm{\mu V}$$

10. 采用辅助放大器失调存储技术消除比较器(或放大器)的失调,如图 12-22(d)所示,放大器的失调 $V_{\mathrm{OS1}} = 20\mathrm{mV}$,$V_{\mathrm{OS2}} = 5\mathrm{mV}$,尾电流源的电流 $I_{\mathrm{SS1}} = 0.2\mathrm{mA}$,$I_{\mathrm{SS2}} = 0.02\mathrm{mA}$。共源共栅级的总输出电阻 $R = 5\mathrm{M\Omega}$。NMOS 的参数为 $V_{\mathrm{THN}} = 0.7\mathrm{V}$,$K_n = 110\mathrm{\mu A/V^2}$,$\lambda_n = 0.04\mathrm{V^{-1}}$。除了尾电流源晶体管,其他所有 MOS 晶体管的尺寸都为 W/L,其中 $W = 20\mathrm{\mu m}$,$L = 1\mathrm{\mu m}$。那么采用输入失调存储技术以后比较器(或放大器)的失调为多少?忽略开关的注入电荷的失调。

解: 流经 M_1 和 M_2 的电流 $I_{\mathrm{SS1}}/2 = 0.1\mathrm{mA}$,流经 M_3、M_4 的电流 $I_{\mathrm{SS2}}/2 = 0.01\mathrm{mA}$,那么

$$g_{\mathrm{m1,2}} = \sqrt{\left(2K_n \frac{W}{L}\right) I_{\mathrm{D1,2}}} = \sqrt{\left(2 \times 110 \times 10^{-6} \times \frac{20 \times 10^{-6}}{1 \times 10^{-6}}\right) \times 0.1 \times 10^{-3}} \approx 663.3\,\mathrm{\mu A/V}$$

$$g_{m3,4} = \sqrt{\left(2K_n \frac{W}{L}\right)I_{D3,4}} = \sqrt{\left(2 \times 110 \times 10^{-6} \times \frac{20 \times 10^{-6}}{1 \times 10^{-6}}\right) \times 0.01 \times 10^{-3}} \approx 209.75\,\mu A/V$$

忽略开关的注入电荷的失调,共源共栅级的总输出电阻 $R=5M\Omega$,那么如果对于 M_1、M_2 增益级和 M_3、M_4 辅助增益级,$g_m R \gg 1$,由式(12.45)可得

$$V_{os,tot} \approx \frac{V_{OS1}}{g_{m3,4}R} + \frac{V_{OS2}}{g_{m1,2}R} = \frac{20 \times 10^{-3}}{209.75 \times 10^{-6} \times 5 \times 10^6} + \frac{5 \times 10^{-3}}{663.3 \times 10^{-6} \times 5 \times 10^6} \approx 20.6\,\mu V$$

11. 针对例题 12.7 采用辅助放大器的失调存储技术,如果想要进一步降低放大器的失调电压,应该如何调整电路参数?

解: 由式(12.45),得到失调电压

$$V_{os,tot} \approx \frac{V_{OS1}}{g_{m3,4}R} + \frac{V_{OS2}}{g_{m1,2}R}$$

为了降低整体失调电压,可以调整输出电阻、$M_{1,2}$ 或 $M_{3,4}$ 的 g_m 值。

第 13 章　开关电容电路

1. 如图 13-2 所示,在 1MHz 采样频率下,$C_1=1pF$ 采样电容的开关电容电路的等效电阻是多少?如果 $C_2=0.1pF$,那么时间常数是多少?如果在一种 CMOS 工艺中,电阻实现的绝对精度为 $\pm 20\%$,电容实现的绝对精度为 $\pm 15\%$,而电容实现的相对精度为 $\pm 0.1\%$,评估如图 13-2 所示的连续信号和开关电容实现 RC 电路的精度。

解: 采用开关电容电路等效 R_1,采样频率为 $f_c=1MHz$,采样电容 $C_1=1pF$,根据式(13.2),此等效 R_1 的开关电容电路等效电阻为

$$R_{eff} = \frac{1}{f_c C_1} = \frac{1}{1 \times 10^6 \times 1 \times 10^{-12}} = 1M\Omega$$

$C_2=0.1pF$,根据式(13.5),采用此开关电容电路实现的 RC 电路的时间常数为

$$\tau_D = \frac{1}{f_c}\left(\frac{C_2}{C_1}\right) = \frac{1}{1 \times 10^6} \times \left(\frac{0.1 \times 10^{-12}}{1 \times 10^{-12}}\right) = 0.1\,\mu s$$

对于连续信号 RC 电路,有

$$\tau_D = RC$$

由于电阻实现的绝对精度为 $\pm 20\%$,电容实现的绝对精度为 $\pm 15\%$,若按照最大误差考虑,向下偏差值为 $(1-20\%)R \times (1-15\%)C = 0.68RC$;向上偏差值为 $(1+20\%)R \times (1+15\%)C = 1.38RC$,即连续信号的时间常数是理论值的 $0.68 \sim 1.38$。对于开关电容电路实现方式,有

$$\tau_D = \frac{1}{f_c}\left(\frac{C_2}{C_1}\right) = (1 \pm 0.1\%)\frac{1}{f_c}\left(\frac{C_2}{C_1}\right)$$

时间常数在理论值的 $\pm 0.1\%$ 之间。

2. 如图 13-3 所示的反相放大器,$R_2=10k\Omega$,$R_1=1k\Omega$,实际上采用有限增益和输出电阻的放大器,增益 $A_v=10^4$,输出电阻 $R_{out}=200k\Omega$,求实际反相放大器的增益。

解: 希望得到的反相放大器的增益为 $R_2/R_1=10$,而实际上采用有限增益和输出电阻的放大器,增益 $A_v=10^4$,输出电阻 $R_{out}=200k\Omega$,根据式(13.8),实际反相放大器的增益为

$$\frac{v_{out}}{v_{in}} = -\left(\frac{R_2}{R_1}\right) \cdot \frac{A_v - R_{out}/R_2}{1 + R_{out}/R_1 + A_v + R_2/R_1}$$

$$= -\left(\frac{10 \times 10^3}{1 \times 10^3}\right) \cdot \frac{10^4 - 200 \times 10^3/10 \times 10^3}{1 + 200 \times 10^3/1 \times 10^3 + 10^4 + 10 \times 10^3/1 \times 10^3}$$

$$\approx -9.774$$

3. 如图 13-7(b)所示的 NMOS 开关,采样电容 $C = 5\mathrm{pF}$,时钟信号的电压为 $\phi = V_{\mathrm{DD}} = 5\mathrm{V}$,请分别计算当 $v_1 = 1.5\mathrm{V}$ 和 $v_1 = 2.5\mathrm{V}$ 时 NMOS 开关的导通电阻,并且求在室温 $T = 300\mathrm{K}$ 时此开关电容电路的总输出等效噪声功率。NMOS 的参数为 $V_{\mathrm{THN}} = 0.7\mathrm{V}, K_{\mathrm{n}} = 110\mu\mathrm{A/V^2}, \lambda_{\mathrm{n}} = 0.04\mathrm{V^{-1}}$。NMOS 晶体管的尺寸为 $W = 20\mu\mathrm{m}, L = 1\mu\mathrm{m}$。

解:晶体管的栅压为 $\phi = V_{\mathrm{DD}} = 5\mathrm{V}$,那么,当 $v_1 = 1.5\mathrm{V}$ 和 $v_1 = 2.5\mathrm{V}$ 时,输出稳定以后晶体管的源极电压和漏极电压几乎相等且都小于栅压,由于 $V_{\mathrm{DS}} \ll V_{\mathrm{GS}} - V_{\mathrm{TH}}$,因此,晶体管处于深线性区,忽略体效应,根据式(2.5),NMOS 开关的导通电阻为

$$r_{\mathrm{DS}} = \frac{1}{\mu_{\mathrm{n}} C_{\mathrm{ox}} \dfrac{W}{L} (V_{\mathrm{DD}} - v_1 - V_{\mathrm{TH}})}$$

其中 $\mu_{\mathrm{n}} C_{\mathrm{ox}} = K_{\mathrm{n}} = 110\mu\mathrm{A/V^2}$,当 $v_1 = 1.5\mathrm{V}$ 时,有

$$r_{\mathrm{DS}} = \frac{1}{110 \times 10^{-6} \times 20 \times (5 - 1.5 - 0.7)} \approx 162.3\Omega$$

当 $v_1 = 2.5\mathrm{V}$ 时,有

$$r_{\mathrm{DS}} = \frac{1}{110 \times 10^{-6} \times 20 \times (5 - 2.5 - 0.7)} \approx 252.5\Omega$$

图 13-7 所示的开关电容电路等效一个 RC 电路,无论导通电阻为多少,在室温 $T = 300\mathrm{K}$ 时总输出等效噪声功率为

$$P_{\mathrm{n, out}} = \frac{kT}{C} = \frac{1.38 \times 10^{-23} \times 300}{5 \times 10^{-12}} = 0.828\mathrm{nV^2}$$

表示成 rms 形式为 $28.8\mu\mathrm{V}$。

4. 如图 13-7(a)所示的 CMOS 开关,时钟信号的电压为 $\phi = V_{\mathrm{DD}} = 5\mathrm{V}, \bar{\phi} = 0\mathrm{V}$,请分别计算当 $v_1 = 1.5\mathrm{V}$ 和 $v_1 = 2.5\mathrm{V}$ 时 CMOS 开关的导通电阻。NMOS 的参数为 $V_{\mathrm{THN}} = 0.7\mathrm{V}, K_{\mathrm{n}} = 110\mu\mathrm{A/V^2}, \lambda_{\mathrm{n}} = 0.04\mathrm{V^{-1}}$。PMOS 晶体管的参数为 $V_{\mathrm{THP}} = -0.7\mathrm{V}, K_{\mathrm{p}} = 50\mu\mathrm{A/V^2}, \lambda_{\mathrm{p}} = 0.05\mathrm{V^{-1}}$。所有 MOS 晶体管的尺寸都为 $W = 20\mu\mathrm{m}, L = 1\mu\mathrm{m}$。

解:NMOS 晶体管的栅压为 $\phi = V_{\mathrm{DD}} = 5\mathrm{V}$,那么,当 $v_1 = 1.5\mathrm{V}$ 和 $v_1 = 2.5\mathrm{V}$ 时,输出稳定以后晶体管的源极电压和漏极电压几乎相等且都小于栅压,由于 $V_{\mathrm{DS}} \ll V_{\mathrm{GS}} - V_{\mathrm{TH}}$,因此,NMOS 晶体管处于深线性区。同理,由于 $\bar{\phi} = 0\mathrm{V}$,PMOS 晶体管也处于深线性区。

当 $v_1 = 1.5\mathrm{V}$ 时,忽略体效应,根据式(2.5),NMOS 开关的导通电阻为

$$r_{\mathrm{DSn}} = \frac{1}{\mu_{\mathrm{n}} C_{\mathrm{ox}} \dfrac{W}{L} (V_{\mathrm{GS}} - V_{\mathrm{THN}})} = \frac{1}{110 \times 10^{-6} \times 20 \times (5 - 1.5 - 0.7)} \approx 162.3\Omega$$

PMOS 开关的导通电阻为

$$r_{\mathrm{DSp}} = \frac{1}{\mu_{\mathrm{p}} C_{\mathrm{ox}} \dfrac{W}{L} (|V_{\mathrm{GS}}| - |V_{\mathrm{THP}}|)} = \frac{1}{50 \times 10^{-6} \times 20 \times (|0 - 1.5| - 0.7)} = 1250\Omega$$

则 CMOS 开关的导通电阻为

$$r_{DS} = r_{DSn} \parallel r_{DSp} = 162.3 \parallel 1250 \approx 143.6\Omega$$

同样地,当 $v_1 = 2.5\text{V}$ 时,忽略体效应,根据式(2.5),NMOS 开关的导通电阻为

$$r_{DSn} = \cfrac{1}{\mu_n C_{ox} \cfrac{W}{L}(V_{GS} - V_{THN})} = \frac{1}{110 \times 10^{-6} \times 20 \times (5 - 2.5 - 0.7)} \approx 252.5\Omega$$

PMOS 开关的导通电阻为

$$r_{DSp} = \cfrac{1}{\mu_p C_{ox} \cfrac{W}{L}(|V_{GS}| - |V_{THP}|)} = \frac{1}{50 \times 10^{-6} \times 20 \times (|0 - 2.5| - 0.7)} = 555.6\Omega$$

则 CMOS 开关的导通电阻为

$$r_{DS} = r_{DSn} \parallel r_{DSp} = 252.5 \parallel 555.6 \approx 173.6\Omega$$

5. 推导如图 13-21 所示的开关电容电路的 z 域传递函数,并说明功能。

解:在 ϕ_1 采样阶段,C_1 对输入信号进行采样,在时刻 $(n-1)T$ 之后,ϕ_1 开关断开,C_1 上的采样电压为 $v_{in}(n-1)T$;随后 ϕ_2 开关闭合 C_1 跨接在运算放大器的输入输出两端,电路进入放大模式,在 ϕ_2 相位结束时,即在 $(n-1/2)T$ 时刻,可以写出

$$C_1 v_{out}\left(nT - \frac{T}{2}\right) = C_1 v_{in}(nT - T)$$

如果假设输入信号在 $(n-3/2)T$ 到 $(n-1)T$ 期间内不发生变化,有

$$v_{in}(nT - T) = v_{in}\left(nT - \frac{3}{2}T\right)$$

这样得到

$$C_1 v_{out}\left(nT - \frac{T}{2}\right) = C_1 v_{in}\left(nT - \frac{3}{2}T\right)$$

由此,可以得到 z 域表达式为

$$H(z) = \frac{v_{out}(z)}{v_{in}(z)} = z^{-1}$$

其功能为单位增益采样器。

6. 推导如图 13-22 所示的开关电容电路的 z 域传递函数,并说明功能。

解:在 ϕ_1 采样阶段,C_1 对输入信号进行采样,C_2 被清零,在时刻 $(n-1)T$ 之后,ϕ_1 开关断开,C_1 上的采样电压为 $v_{in}(n-1)T$;随后 ϕ_2 开关闭合,在运算放大器反馈电路的作用下,C_1 上的电荷传输到 C_2 上,对于该结构正输入电压会导致 C_2 上的正电压,在 ϕ_2 相位结束时,即在 $(n-1/2)T$ 时刻,可以写出

$$C_2 v_{out}\left(nT - \frac{T}{2}\right) = C_1 v_{in}(nT - T)$$

如果假设输入信号在 $(n-3/2)T$ 到 $(n-1)T$ 期间内不发生变化,有

$$v_{in}(nT - T) = v_{in}\left(nT - \frac{3}{2}T\right)$$

这样得到

$$C_2 v_{out}\left(nT - \frac{T}{2}\right) = C_1 v_{in}\left(nT - \frac{3}{2}T\right)$$

由此,可以得到 z 域表达式为

$$H(z) = \frac{v_{\text{out}}(z)}{v_{\text{in}}(z)} = \frac{C_1}{C_2} z^{-1}$$

其功能为同相放大器。

7. 讨论图 13-22 所示的开关电容电路与图 13-5 及图 13-13 所示的开关电容放大器的区别。

解：

图 13-22 所示的是同相放大器；

图 13-5 所示的是反相放大器；

图 13-13 所示的是对寄生电容不敏感的同相放大器与反相放大器。

8. 推导如图 13-23 所示的开关电容电路的 z 域传递函数，并说明功能。

解： 在 ϕ_1 采样阶段，C_1 对输入信号进行采样，C_2 保持电荷，在时刻 $(n-1)T$ 之后，ϕ_1 开关断开，C_1 上的采样电压为 $v_{\text{in}}(n-1)T$；在运算放大器反馈电路的作用下，C_1 的上极板虚地，C_1 上的电荷传输到 C_2 上，并且 ϕ_2 开关断开后，在下一个 ϕ_1 期间 C_2 上一直保持电荷不变，直到下一个 ϕ_2 周期才进行下一次的积分。故而可得

$$v_{\text{out}}(nT) = v_{\text{out}}(nT - T) - v_{\text{in}}(nT - T) \frac{C_1}{C_2}$$

转化为 z 域表达式为

$$v_{\text{out}}(z) = v_{\text{out}}(z) z^{-1} - \frac{C_1}{C_2} v_{\text{in}}(z) z^{-1}$$

得到传递函数为

$$H(z) = \frac{v_{\text{out}}(z)}{v_{\text{in}}(z)} = -\frac{C_1 z^{-1}}{C_2(1 - z^{-1})}$$

其功能为反相积分器。

9. 讨论图 13-23 所示的开关电容电路与图 13-16 所示的开关电容积分器的区别。

解： 图 13-16 所示的开关电容积分器相比于图 13-23 所示的开关电容电路具有对寄生参数不敏感的特点。

第 14 章　DAC 与 ADC 电路概论

1. 一个 12 位 DAC，其参考基准电压 $V_{\text{REF}} = 3\text{V}$，则一个 LSB 电压是多少？$B_{\text{in}} = 110011001100$ 的输入，DAC 的输出电压为多少？

解： $V_{\text{LSB}} = V_{\text{REF}}/2^N = 3/2^{12} = 0.732\,421\,875\text{mV}$ 假设此 DAC 的增益 $K = 1$，则根据式(14.1)，有

$$v_{\text{OUT}} = K V_{\text{REF}} \left(\frac{b_0}{2^1} + \frac{b_1}{2^2} + \frac{b_2}{2^3} + \ldots + \frac{b_{N-1}}{2^N} \right)$$

$$= 3 \times \left(\frac{1}{2^1} + \frac{1}{2^2} + \frac{1}{2^5} + \frac{1}{2^6} + \frac{1}{2^9} + \frac{1}{2^{10}} \right)$$

$$= 2.399\,414\,062\,5\text{V}$$

2. 一个 12 位 DAC，其参考基准电压 $V_{\text{REF}} = 3\text{V}$，其满量程 FS 是多少？其满量程范围 FSR 是多少？

解： $\text{FS} = V_{\text{REF}} - \text{LSB} = V_{\text{REF}} \left(1 - \frac{1}{2^N} \right) = 3 \times \left(1 - \frac{1}{2^{12}} \right) = 2.999\,267\,578\,125\text{V}$

$\text{FSR} = V_{\text{REF}} = 3\text{V}$

3. 一个 12 位 DAC 的参考基准电压 $V_{REF} = 3V$,当在输入施加振幅为 50mV 的正弦输入时,数字输出的 SNR 是多少?

解：由于此 12 位 DAC 的 $V_{REF} = 3V$,当 DAC 的输入达到满量程范围的 1.5V 正弦输入振幅时,根据式(14.6),达到的最大 SNR 为

$$SNR_{max} = 6.02N + 1.76 = 6.02 \times 12 + 1.76 = 74dB$$

而当输入施加振幅为 50mV 的正弦输入时,其低于满量程范围的输入 $29.54dB\left(20\lg\dfrac{0.05}{1.5} \approx -29.54dB\right)$,因此,此时 SNR 为

$$SNR = SNR_{max} - 29.54 = 74 - 29.54 = 44.46dB$$

4. 12 位 DAC 的最大动态范围(DR)为多少 dB,如果此 DAC 的实际 SNR 为 68dB,则此 DAC 的 ENOB 为多少?

解：根据式(14.3),12 位 DAC 的最大动态范围(DR)为 $DR = 2^N = 2^{12} = 4096$ 或者 $DR = 6.02N = 6.02 \times 12 = 72.24dB$

如果此 DAC 的实际最大 SNR 为 68dB,根据式(14.7),则此 DAC 的 ENOB 为 $ENOB = \dfrac{SNR_{actual} - 1.76}{6.02} = \dfrac{68 - 1.76}{6.02} \approx 11$ 位

5. 一个 $N = 3$ 位的 DAC,参考基准电压 $V_{REF} = 4V$,当输入码为{000,001,010,011,100,101,110,111}时,其输出电压值分别为{0.02,0.497,0.938,1.352,1.793,2.306,2.693,3.17}V,求此 DAC 的失调误差、增益误差及 INL 和 DNL。

解：此 $N = 3$ 位的 DAC 的参考基准电压 $V_{REF} = 4V$,因此一个 LSB 对应的电压为 $V_{REF}/2^3 = 0.5V$。当输入码为 000 时,输出为 0.02V,可知此 DAC 的失调电压为 0.02V,这样

$$e_{offset} = \frac{V_{offset}}{V_{LSB}} = \frac{0.02}{0.5} = 0.04LSB$$

增益误差采用输入为 000 和 111 时的输出值之差与无增益误差的 111 对应输出的偏差进行衡量,有

$$e_{gain} = \frac{V_{111} - V_{000}}{V_{LSB}} - (2^3 - 1 - 0) = \frac{3.17 - 0.02}{0.5} - 7 = -0.7LSB$$

在计算非线性 INL 和 DNL 时,首先应去除失调误差和增益误差,有

$$V_{n,LSB} = \frac{V_n}{V_{LSB}} - e_{offset} - \frac{n}{2^N - 1}e_{gain} \quad n = 0,1,\cdots,2^N - 1$$

例如,对于 $n = 1$ 时

$$V_{1,LSB} = \frac{0.497}{0.5} - 0.04 - \frac{1}{7} \times (-0.7) = 1.054LSB$$

这样,去除失调误差和增益误差并采用 LSB 进行归一后的各个输出值为

$$\{0, 1.054, 2.036, 2.964, 3.946, 5.072, 5.946, 7\}LSB$$

对比理想的 3 位 DAC 的输出

$$\{0, 1, 2, 3, 4, 5, 6, 7\}LSB$$

可以得到 INL 为

$$\{0, 0.054, 0.036, -0.036, -0.054, 0.072, -0.054, 0\}LSB$$

DNL 是在纵轴方向上相邻两个电平差偏离理想电压台阶(即 1LSB)的大小,可以得到 DNL 为

$$\{0, 0.054, -0.018, -0.072 - 0.018, 0.126, -0.126, 0.054\}LSB$$

6. 一个 8 位 SAR-ADC 的参考基准电压 $V_{REF}=2V$,如果输入 $v_{IN}=1.43V$,请描述 SAR-ADC 的工作过程,说明中间的数字码及最终转换后的输出数字码是多少?

解:此 $N=8$ 位的 SAR-ADC 的参考基准电压 $V_{REF}=2V$,因此一个 LSB 对应的电压为 $V_{REF}/2^8=7.8125\mathrm{mV}$。

在第一个转换周期,在逐次逼近寄存器中设置 $B_{out}=10000000$,那么 DAC 的输出为 $V_{DAC}=2\times\left(\dfrac{1}{2}\right)=1V$,由于 $v_{IN}>V_{DAC}$,因此 $b_0=1$;

在第二个转换周期,在逐次逼近寄存器中设置 $B_{out}=11000000$,那么 DAC 的输出为 $V_{DAC}=2\times\left(\dfrac{1}{2}+\dfrac{1}{2^2}\right)=1.5V$,由于 $v_{IN}<V_{DAC}$,因此 $b_1=0$;

在第三个转换周期,在逐次逼近寄存器中设置 $B_{out}=10100000$,那么 DAC 的输出为 $V_{DAC}=2\times\left(\dfrac{1}{2}+\dfrac{1}{2^3}\right)=1.25V$,由于 $v_{IN}>V_{DAC}$,因此 $b_2=1$;

在第四个转换周期,在逐次逼近寄存器中设置 $B_{out}=10110000$,那么 DAC 的输出为 $V_{DAC}=2\times\left(\dfrac{1}{2}+\dfrac{1}{2^3}+\dfrac{1}{2^4}\right)=1.375V$,由于 $v_{IN}>V_{DAC}$,因此 $b_3=1$;

在第五个转换周期,在逐次逼近寄存器中设置 $B_{out}=10111000$,那么 DAC 的输出为 $V_{DAC}=2\times\left(\dfrac{1}{2}+\dfrac{1}{2^3}+\dfrac{1}{2^4}+\dfrac{1}{2^5}\right)=1.4375V$,由于 $v_{IN}<V_{DAC}$,因此 $b_4=0$;

在第六个转换周期,在逐次逼近寄存器中设置 $B_{out}=10110100$,那么 DAC 的输出为 $V_{DAC}=2\times\left(\dfrac{1}{2}+\dfrac{1}{2^3}+\dfrac{1}{2^4}+\dfrac{1}{2^6}\right)=1.40625V$,由于 $v_{IN}>V_{DAC}$,因此 $b_5=1$;

在第七个转换周期,在逐次逼近寄存器中设置 $B_{out}=10110110$,那么 DAC 的输出为 $V_{DAC}=2\times\left(\dfrac{1}{2}+\dfrac{1}{2^3}+\dfrac{1}{2^4}+\dfrac{1}{2^6}+\dfrac{1}{2^7}\right)=1.421875V$,由于 $v_{IN}>V_{DAC}$,因此 $b_6=1$;

在第八个转换周期,在逐次逼近寄存器中设置 $B_{out}=10110111$,那么 DAC 的输出为 $V_{DAC}=2\times\left(\dfrac{1}{2}+\dfrac{1}{2^3}+\dfrac{1}{2^4}+\dfrac{1}{2^6}+\dfrac{1}{2^7}+\dfrac{1}{2^8}\right)=1.4296875V$,由于 $v_{IN}>V_{DAC}$,因此 $b_7=1$。

这样,最终转换后的输出数字码是 10110111。量化的误差为 $1.43-1.4296875=0.3125\mathrm{mV}$,即 $0.04\mathrm{LSB}$。

7. 一个 8 位 SAR-ADC 的参考基准电压 $V_{REF}=2V$,如果输入 $v_{IN}=0.73V$,请描述 SAR-ADC 的工作过程,说明中间的数字码及最终转换后的输出数字码是多少?

解:此 $N=8$ 位的 SAR-ADC 的参考基准电压 $V_{REF}=2V$,因此一个 LSB 对应的电压为 $V_{REF}/2^8=7.8125\mathrm{mV}$。

在第一个转换周期,在逐次逼近寄存器中设置 $B_{out}=10000000$,那么 DAC 的输出为 $V_{DAC}=2\times\left(\dfrac{1}{2}\right)=1V$,由于 $v_{IN}<V_{DAC}$,因此 $b_0=0$;

在第二个转换周期,在逐次逼近寄存器中设置 $B_{out}=01000000$,那么 DAC 的输出为 $V_{DAC}=2\times\left(\dfrac{1}{2^2}\right)=0.5V$,由于 $v_{IN}>V_{DAC}$,因此 $b_1=1$;

在第三个转换周期,在逐次逼近寄存器中设置 $B_{out} = 01100000$,那么 DAC 的输出为 $V_{DAC} = 2 \times \left(\dfrac{1}{2^2} + \dfrac{1}{2^3}\right) = 0.75\text{V}$,由于 $v_{IN} < V_{DAC}$,因此 $b_2 = 0$;

在第四个转换周期,在逐次逼近寄存器中设置 $B_{out} = 01010000$,那么 DAC 的输出为 $V_{DAC} = 2 \times \left(\dfrac{1}{2^2} + \dfrac{1}{2^4}\right) = 0.625\text{V}$,由于 $v_{IN} > V_{DAC}$,因此 $b_3 = 1$;

在第五个转换周期,在逐次逼近寄存器中设置 $B_{out} = 01011000$,那么 DAC 的输出为 $V_{DAC} = 2 \times \left(\dfrac{1}{2^2} + \dfrac{1}{2^4} + \dfrac{1}{2^5}\right) = 0.6875\text{V}$,由于 $v_{IN} > V_{DAC}$,因此 $b_4 = 1$;

在第六个转换周期,在逐次逼近寄存器中设置 $B_{out} = 01011100$,那么 DAC 的输出为 $V_{DAC} = 2 \times \left(\dfrac{1}{2^2} + \dfrac{1}{2^4} + \dfrac{1}{2^5} + \dfrac{1}{2^6}\right) = 0.71875\text{V}$,由于 $v_{IN} > V_{DAC}$,因此 $b_5 = 1$;

在第七个转换周期,在逐次逼近寄存器中设置 $B_{out} = 01011110$,那么 DAC 的输出为 $V_{DAC} = 2 \times \left(\dfrac{1}{2^2} + \dfrac{1}{2^4} + \dfrac{1}{2^5} + \dfrac{1}{2^6} + \dfrac{1}{2^7}\right) = 0.734375\text{V}$,由于 $v_{IN} < V_{DAC}$,因此 $b_6 = 0$;

在第八个转换周期,在逐次逼近寄存器中设置 $B_{out} = 01011101$,那么 DAC 的输出为 $V_{DAC} = 2 \times \left(\dfrac{1}{2^2} + \dfrac{1}{2^4} + \dfrac{1}{2^5} + \dfrac{1}{2^6} + \dfrac{1}{2^8}\right) = 0.7265625\text{V}$,由于 $v_{IN} > V_{DAC}$,因此 $b_7 = 1$。

这样,最终转换后的输出数字码是 01011101。量化的误差为 $0.73 - 0.7265625 = 3.4375\text{mV}$,即 0.44LSB。

8. 一个 4 位如图 14-19 所示的双极性流水线 ADC 的参考基准电压 $V_{REF} = 5\text{V}$,如果输入 $v_{IN} = 2\text{V}$,请描述双极性流水线 ADC 的工作过程,说明最终转换后的输出数字码及代表的模拟量是多少?

解: 由于第一级输入 $v_{IN} = 2\text{V}$ 为正值,因此,第一级比较器的输出为高,即 $b_0 = 1$,相应输出数字码 1。根据式(14.24),第一级的输出为 $2 \times 2 - 1 \times 5 = -1\text{V}$;

由于第二级输入为 -1V 为负值,因此,第二级比较器的输出为低,即 $b_1 = -1$,相应输出数字码 0。根据式(14.24),第二级的输出为 $2 \times (-1) - (-1) \times 5 = 3\text{V}$;

由于第三级输入为 3V 为正值,因此,第三级比较器的输出为高,即 $b_2 = 1$,相应输出数字码 1。根据式(14.24),第二级的输出为 $2 \times 3 - 1 \times 5 = 1\text{V}$;

由于第四级输入为 1V 为正值,因此,第四级比较器的输出为高,即 $b_3 = 1$,相应输出数字码 1。

因此,最终转换后的输出数字码是 1011,注意由于这里采用双极性输入,输出数字码 1 代表 $b_n = 1$,而数字码 0 代表 $b_n = -1$,这样,ADC 输出的数字码代表的模拟量为

$$V_A = 5 \times \left(\frac{1}{2} - \frac{1}{2^2} + \frac{1}{2^3} + \frac{1}{2^4}\right) = 2.1875\text{V}$$

9. 一个 6 位如图 14-19 所示的双极性流水线 ADC 的参考基准电压 $V_{REF} = 5\text{V}$,如果输入 $v_{IN} = -2\text{V}$,请描述双极性流水线 ADC 的工作过程,说明最终转换后的输出数字码及代表的模拟量是多少?

解: 由于第一级输入 $v_{IN} = -2\text{V}$ 为负值,因此,第一级比较器的输出为低,即 $b_0 = -1$,相应输出数字码 0。根据式(14.24),第一级的输出为 $2 \times (-2) - (-1) \times 5 = 1\text{V}$;

由于第二级输入为 1V 为正值,因此,第二级比较器的输出为高,即 $b_1 = 1$,相应输出数字码 1。根据式(14.24),第二级的输出为 $2 \times 1 - 1 \times 5 = -3\text{V}$;

由于第三级输入为 -3V 为负值,因此,第三级比较器的输出为低,即 $b_2 = -1$,相应输出数字码 0。根据式(14.24),第二级的输出为 $2 \times (-3) - (-1) \times 5 = -1\text{V}$;

由于第四级输入为 $-1V$ 为负值,因此,第四级比较器的输出为低,即 $b_3 = -1$,相应输出数字码 0。根据式(14.24),第四级的输出为 $2 \times (-1) - (-1) \times 5 = 3V$;

由于第五级输入为 $3V$ 为正值,因此,第五级比较器的输出为高,即 $b_4 = 1$,相应输出数字码 1。根据式(14.24),第五级的输出为 $2 \times 3 - 1 \times 5 = 1V$;

由于第六级输入为 $1V$ 为正值,因此,第六级比较器的输出为高,即 $b_5 = 1$,相应输出数字码 1。

因此,最终转换后的输出数字码是 010011,注意由于这里采用双极性输入,输出数字码 1 代表 $b_n = 1$,而数字码 0 代表 $b_n = -1$,这样,ADC 输出的数字码代表的模拟量为

$$V_A = 5 \times \left(-\frac{1}{2} + \frac{1}{2^2} - \frac{1}{2^3} - \frac{1}{2^4} + \frac{1}{2^5} + \frac{1}{2^6} \right) = -1.953\,125V$$

10. 一个 $\Delta\Sigma$ ADC 采用 3 位量化器,过采样率为 OSR=64,对于二阶和四阶 $\Delta\Sigma$ 调制器结构,最大可以获得的 SNR 分别为多少?

解:采用 3 位量化器的 $\Delta\Sigma$ ADC,过采样率为 OSR=64,对于二阶 $\Delta\Sigma$ 调制器结构,根据式(14.36)最大可以获得的 SNR 为

$$SNR_{ideal} \approx 20\lg(2^m - 1) + 10\lg(2k + 1) + 10(2k + 1)\lg\left(\frac{OSR}{\pi}\right) + 6.73$$

$$= 20\lg(2^3 - 1) + 10 \times \lg(2 \times 2 + 1) + 10 \times (2 \times 2 + 1)\lg\left(\frac{64}{\pi}\right) + 6.73$$

$$\approx 96.07dB$$

相当于 ENOB=15.67 位的有效位数 ADC。

对于四阶 $\Delta\Sigma$ 调制器结构,根据式(14.36)最大可以获得的 SNR 为

$$SNR_{ideal} \approx 20\lg(2^m - 1) + 10\lg(2k + 1) + 10(2k + 1)\lg\left(\frac{OSR}{\pi}\right) + 6.73$$

$$= 20\lg(2^3 - 1) + 10 \times \lg(2 \times 4 + 1) + 10 \times (2 \times 4 + 1)\lg\left(\frac{64}{\pi}\right) + 6.73$$

$$\approx 151.0dB$$

相当于 ENOB=24.79 位的有效位数 ADC。

11. 一个 $\Delta\Sigma$ ADC 采用 1 位量化器,输入信号带宽 $f_b = 20kHz$,为了获得最大 SNR 为 100dB,对于一阶和二阶 $\Delta\Sigma$ 调制器结构,采样时钟频率需要设计到多少?

解:采样时钟频率 $f_s = 2 \cdot f_b \cdot OSR$

$$SNR_{ideal} \approx 20\lg(2^m - 1) + 10\lg(2k + 1) + 10(2k + 1)\lg\left(\frac{OSR}{\pi}\right) + 6.73$$

令 $m = 1, k = 1$,$SNR_{ideal} > 100dB$,解不等式得 OSR>2799,所以 $f_s > 111.96MHz$;

令 $m = 1, k = 2$,$SNR_{ideal} > 100dB$,解不等式得 OSR>167,所以 $f_s > 6.68MHz$。

12. 一个 $\Delta\Sigma$ ADC 采用 3 位量化器,输入信号带宽 $f_b = 20kHz$,为了获得最大 SNR 为 100dB,对于一阶和二阶 $\Delta\Sigma$ 调制器结构,采样时钟频率需要设计到多少?

解:采样时钟频率 $f_s = 2 \cdot f_b \cdot OSR$

$$SNR_{ideal} \approx 20\lg(2^m - 1) + 10\lg(2k + 1) + 10(2k + 1)\lg\left(\frac{OSR}{\pi}\right) + 6.73$$

令 $m = 3, k = 1$,$SNR_{ideal} > 100dB$,解不等式得 OSR>765,所以 $f_s > 30.6MHz$;

令 $m = 3, k = 2$,$SNR_{ideal} > 100dB$,解不等式得 OSR>77,所以 $f_s > 3.08MHz$。

参 考 文 献

[1] Gray P R，Hurst P J，Lewis S H，et al. Analysis and Design of Analog Integrated Circuits[M]. 5th ed. New York：Wiley，2009.

[2] Razavi B. Design of Analog CMOS Integrated Circuits[M]. New York：McGraw-Hill，2001.

[3] Allen P E，Holberg D R. CMOS Analog Circuit Design[M]. 2nd ed Oxfrod：Oxford University Press，2002.

[4] Baker R J. CMOS Circuit Design Layout and Simulation[M]. 3rd ed Hoboken：John Wiley & Sons，Inc. 2010.

[5] Sedra A S，Smith K C. Microelectronic Circuits[M]. 7th ed，Oxford：Oxford University Press，2015.

[6] BSIM3. http://bsim. berkeley. edu/models/bsim3.

[7] 杨之廉. 超大规模集成电路设计方法学导论[M]. 北京：清华大学出版社，1999.

[8] BSIM Group. http://bsim. berkeley. edu/models/.

[9] Kundert K S. The Designer's Guide to Spice and Spectre[M]. Berlin：Springer，1995.

[10] Rashid M H. 电子电路分析与设计[M]. 2 版. 王永生，等译. 北京：清华大学出版社，2015.

[11] 叶以正，来逢昌. 集成电路设计[M]. 2 版. 北京：清华大学出版社，2016.

[12] Laker K R，Sansen W M C. Design of Analog Integrated Circuits and Systems[M]. New York：McGraw-Hill，Inc. 1994.

[13] Carusone T C，Johns D A，Martin K W. Analog Integrated Circuit Design[M]. 2nd ed. Hoboken：John Wiley & Sons，Inc. 2011.

[14] Witte J F，Makinwa K A A，Huijsing J H. Dynamic Offset Compensated CMOS Amplifiers[M]. Berlin：Springer，2009.